Domingo Paola
Michele Impedovo Ercole Castagnola

C Matematica dappertutto

Impara con l'eBook multimediale

1 REGISTRATI

Vai su **my.zanichelli.it** e iscriviti come studente

2 ATTIVA IL TUO LIBRO

Nella tua area **myZanichelli**, clicca su **attiva opera** e inserisci la **chiave di attivazione** che trovi sul bollino argentato nella prima pagina

3 CLICCA SULLA COPERTINA

Puoi:
- sfogliare l'**eBook online**
- **scaricarlo offline** sul tuo computer o sul tuo tablet

ZANICHELLI

SOMMARIO

RISORSE DIGITALI sull'eBook e online.scuola.zanichelli.it/paolaimpedovo

ZTE 100 **test interattivi** ZTE di allenamento e di verifica

40 **esplorazioni** con fogli elettronici e animazioni di geometria dinamica

FONTI DELLE ILLUSTRAZIONI

SEZIONE A

Pagina di apertura
1: https://upload.wikimedia.org/
1: Garsya/Shutterstock

Problema di apertura
3: www.bookrepublic.it
3: https://upload.wikimedia.org/
3: www.sofijon.pl

Capitolo 2
12: MBLifestyle/Shutterstock
14: http://versusgiornale.it

Matematica & Filosofia
30: https://upload.wikimedia.org/wikipedia/commons/
32-33: https://andreaplazzi.wordpress.com/2008/03/28/cantor-hilbert-osenda/

SEZIONE B

Pagina di apertura
37: www.androidpit.com

Problema di apertura
38: www.didatticare.it
39: en.wikipedia.org

Matematica & Matematica
95: http://www.maa.org

Matematica & Geografia
118: http://maps.bpl.org
121: http://www.raremaps.com

SEZIONE C

Pagina di apertura
125: Nicotombo/Shutterstock

Problema di apertura
126: Nelosa/Shutterstock
127: MilanB/Shutterstock

Capitolo 7
138: Andrei Shumskiy/Shutterstock

Matematica & Matematica
275 (a): vitals/Shutterstock
275 (b): LALS STOCK/Shutterstock
275 (c): design36/Shutterstock

Capitolo 11
276: Leigh Prather/Shutterstock

Matematica & Fisica
302: http://image.anobii.com
303: Ella Hanochi/Shutterstock

SEZIONE D

Pagina di apertura
309: https://upload.wikimedia.org/

Problema di apertura
310 (a): Anneka/Shutterstock
310 (b): https://upload.wikimedia.org/
313: https://upload.wikimedia.org/

Matematica & Economia Politica
370 (a): cybrain/Shutterstock
370 (b): https://images-na.ssl_images_amazon.com
372 (a): http://www.beursgeschiedenis.nl
372 (b): https://guideimg.alibaba.com
373 (a): https://conservativenewager.files.wordpress.com
373 (b): https://upload.wikipedia.org

SEZIONE

A

ARITMETICA E ALGEBRA

INIZIAMO CON UN PROBLEMA
Congetture in aritmetica

INIZIAMO CON UN PROBLEMA

Congetture in aritmetica

Una **congettura** è una proposizione non ancora dimostrata, ma ritenuta vera sulla base di fondati elementi.
Se una congettura riguarda un insieme infinito di oggetti non è sufficiente verificarla in un numero finito n di casi, comunque sia grande questo n. Invece è possibile confutarla, cioè dimostrare la sua falsità, trovando anche un solo caso, detto **controesempio**, in cui la congettura risulta falsa.
L'aritmetica è ricca di congetture formulabili in modo semplice, comprensibili anche dai non esperti della materia, ma difficili da dimostrare o da confutare.

Consideriamo tre congetture.

1 Per ogni numero naturale n la funzione $f(n) = n^2 - 79n + 1601$ genera solo numeri primi.

2 La somma di due numeri primi maggiori di 2 è un numero pari.

3 Ogni numero pari maggiore di 2 è somma di due numeri primi.

Sono vere o false? Possiamo confutarle o dimostrarle?

Prima congettura

Per confutare la congettura 1 basta individuare un controesempio, cioè un numero naturale n per cui $f(n)$ non è un numero primo.

Proviamo a calcolare $f(n)$ per qualche valore di n:

$f(0) = 1601$ $\quad f(2) = 1447$

$f(1) = 1523$ $\quad f(3) = 1373.$

Quelli che abbiamo ottenuto sono tutti numeri primi. Usiamo un foglio elettronico per effettuare molte verifiche, riducendo i tempi di calcolo.

L'esplorazione a fondo pagina permette di confutare la prima congettura e di concludere che la proposizione

> «Per ogni numero naturale n la funzione $f(n) = n^2 - 79n + 1601$ genera solo numeri primi»

è falsa.
Osserviamo che in 80 casi, per n da 0 a 79, abbiamo ottenuto tutti numeri primi: questo però non è stato sufficiente a garantire la validità della congettura.

Seconda congettura

Se cercassimo un controesempio per confutare la congettura 2, saremmo destinati a una ricerca senza fine: infatti è possibile dimostrare che la somma di due numeri primi maggiori di 2 è un numero pari. Dimostriamolo.
Ogni numero primo maggiore di 2 è dispari.
Infatti, se, per assurdo, fosse pari sarebbe divisibile per 2 e quindi non sarebbe primo.
Pertanto la somma di due numeri primi maggiori di 2 è una somma di due numeri dispari e quindi è pari, come volevamo dimostrare.

ESPLORA CON UN FOGLIO ELETTRONICO

Prima congettura: sono tutti numeri primi?

Apri il foglio elettronico che trovi sull'eBook e sul sito del libro.
Nella prima colonna abbiamo riportato i numeri naturali da 0 a 150, nella seconda colonna i corrispondenti valori di $f(n) = n^2 - 79n + 1601$ e nella terza il risultato di un test di primalità di $f(n)$.
Come puoi verificare, $n^2 - 79n + 1601$ è un numero primo per n che va da 0 a 79. Per $n = 80$ otteniamo un numero non primo:

$$f(80) = 1681 = 41^2.$$

Terza congettura

La congettura **3** fu formulata nel 1742 da Christian Goldbach che scrisse una lettera al matematico Eulero proponendogliela nella forma:

> «Ogni numero intero maggiore di 5 può essere scritto come somma di tre numeri primi».

Eulero la riformulò nella versione attuale:

> «Ogni numero pari maggiore di 2 è somma di due numeri primi».

Si può dimostrare che le due versioni sono equivalenti. Concentriamoci sulla seconda formulazione e facciamo qualche esempio:

$4 = 2 + 2$
$6 = 3 + 3$
$8 = 5 + 3$
$10 = 7 + 3$
$\ldots$

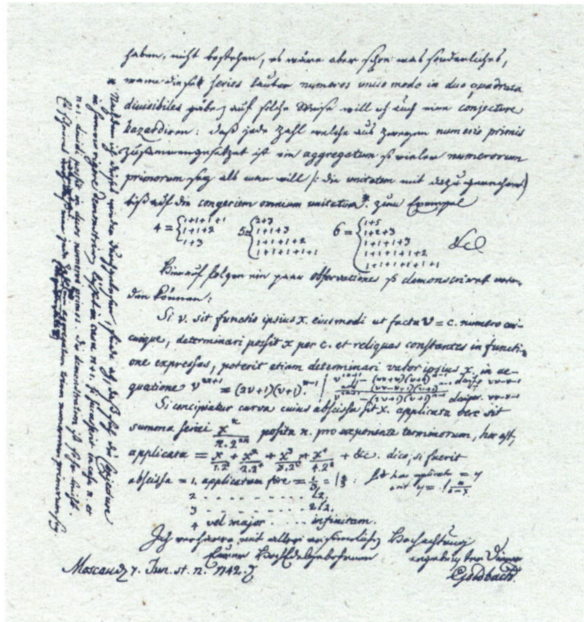

▲ *Lettera di Christian Goldbach a Eulero*, 7 giugno 1742 (riprodotta, più grande, anche a pagina 1).

La congettura di Goldbach ha attirato l'attenzione di molti matematici che si occupano di teoria dei numeri e che hanno ottenuto, nella ricerca di una sua dimostrazione, risultati parziali e significativi, ma mai definitivi. A tutt'oggi non esiste una dimostrazione per la congettura di Goldbach, né esiste una sua confutazione, nonostante sia stata verificata per tutti i numeri pari minori di $4 \cdot 10^{18}$.
La maggior parte dei matematici ritiene che la congettura sia vera, fondandosi su considerazioni di carattere probabilistico.
La congettura di Goldbach potrebbe essere un esempio di proposizione vera, ma non dimostrabile; oppure la sua dimostrazione, nonostante la semplicità dell'enunciato, potrebbe essere al di fuori della portata delle attuali conoscenze matematiche.

La dialettica tra verità e dimostrazione ha caratterizzato la ricerca matematica dell'inizio del XX secolo; in particolare Kurt Gödel ha dimostrato nel 1931 che *in aritmetica l'insieme delle proposizioni vere non coincide con l'insieme delle proposizioni dimostrabili.*

◄ La congettura di Goldbach è la protagonista del romanzo *Zio Petros e la congettura di Goldbach* scritto nel 1992 da Apostolos Doxiadis. Un editore britannico offrì una ricompensa di un milione di dollari per chi fosse riuscito a dimostrare la congettura entro l'aprile del 2002. Nessuno ci riuscì.

► La congettura nota come *Ultimo teorema di Fermat* fu elaborata da Pierre de Fermat nel Seicento, ma dimostrata da Andrew Wiles solo nel 1994.
La congettura afferma che, se $n > 2$, non esistono a, b e c interi positivi tali che $a^n + b^n = c^n$.

CAPITOLO 1 Un sistema assiomatico per i numeri naturali

PROBLEMA

Perché gli anagrammi della parola *contare* sono 5040?

Anagrammare una parola vuol dire modificare l'ordine delle lettere con cui è scritta. Per esempio, un anagramma di *contare* è *cantore*.
Alcuni anagrammi sono sorprendenti: un anagramma della parola *teatro* è *attore* e un anagramma della parola *informatica* è *minor fatica*.

Come contiamo tutti gli anagrammi, anche senza significato, della parola *contare*?

Risoluzione

Il numero di anagrammi, anche senza significato, di una parola di k lettere distinte è $k!$.
Quindi il numero di anagrammi della parola *contare* è:

$$7! = 7 \cdot 6 \cdot 5 \cdot 4 \cdot 3 \cdot 2 \cdot 1 = 5040.$$

Ma ci chiediamo ora qualcosa di più:

«*Perché* 7! è uguale a 5040?».

Come possiamo rispondere a domande di questo tipo?

«*Perché* un triangolo isoscele ha due angoli di uguale ampiezza?»

«*Perché* la retta di equazione $y = 0$ è tangente nel punto di ascissa 0 alla parabola di equazione $y = x^2$?»

La risposta dipende dalle definizioni, dagli assiomi e dai teoremi della teoria di riferimento.
Nel caso degli anagrammi la risposta dipende dalla definizione che abbiamo dato di fattoriale di un numero nel capitolo 1 del volume B:

$$\begin{cases} 0! = 1 \\ n! = n \cdot (n-1)! \end{cases}$$

Quindi, seguendo la definizione ricorsiva di fattoriale:

$7! = 7 \cdot 6!$
$6! = 6 \cdot 5!$
$5! = 5 \cdot 4!$
$4! = 4 \cdot 3!$
$3! = 3 \cdot 2!$
$2! = 2 \cdot 1!$
$1! = 1 \cdot 0!$

Siccome per definizione $0! = 1$, possiamo calcolare a ritroso:

$1! = 1 \cdot 1 = 1$
$2! = 2 \cdot 1 = 2$
$3! = 3 \cdot 2 = 6$
$4! = 4 \cdot 6 = 24$
$5! = 5 \cdot 24 = 120$
$6! = 6 \cdot 120 = 720$
$7! = 7 \cdot 720 = 5040.$

Con questo procedimento abbiamo dato una giustificazione del calcolo di $7! = 5040$.

Alcune domande che aprono nuove prospettive

Possiamo utilizzare le nostre conoscenze teoriche per spiegare *perché* $2 \cdot 3 = 6$ oppure *perché* $1 + 1 = 2$?
È possibile *spiegare tutto* in matematica oppure ci sono conoscenze che dobbiamo dare per scontate?

Gli assiomi di Peano per i numeri naturali

Spesso diciamo che i numeri naturali sono *i numeri che servono per contare.*
Questa caratterizzazione presuppone che si conosca il significato di contare; ma contare oggetti significa elencare opportuni elementi dell'insieme dei numeri naturali.
Quindi c'è un evidente circolo vizioso.

I numeri naturali fanno parte della nostra esperienza fin da bambini e per questo ci sono così familiari. Il matematico Leopold Kronecker (1823-1891) afferma che «[...] Il buon Dio ha creato i numeri naturali. Tutto il resto è opera dell'uomo [...]». Con questa affermazione Kronecker sosteneva l'inutilità di dare una definizione precisa del concetto di numero naturale, che riteneva il fondamento di tutta la conoscenza matematica.
Agli inizi del XX secolo alcuni matematici, detti *intuizionisti*, basarono tutta la matematica sui numeri naturali, senza preoccuparsi di definirli.
Il matematico italiano Giuseppe Peano nel 1889 scelse di caratterizzare i numeri naturali precisando le regole che un numero deve seguire per potersi chiamare *numero naturale.*
Queste regole, dette **assiomi di Peano**, si basano su tre concetti primitivi, cioè non definibili: **numero**, **zero** (0) e **successore**.
Enunciamo gli assiomi di Peano nella tabella della pagina successiva evidenziando le loro prime dirette conseguenze.

	Assioma	Conseguenze
A1.	0 è un numero naturale.	L'insieme dei numeri naturali *non è vuoto*: contiene almeno il numero 0.
A2.	Il successore di un numero naturale è un numero naturale.	La funzione successore associa a un numero naturale un numero naturale.
A3.	Numeri con successori uguali sono uguali.	La funzione successore è iniettiva e quindi si può invertire, a patto di escludere lo 0 (vedi assioma **A4**). Il *predecessore* di ogni numero diverso da 0 è un numero naturale, univocamente determinato.
A4.	0 non è il successore di alcun numero naturale.	Questo assioma esclude modelli di insiemi di numeri naturali che non abbiano un punto di partenza, oppure modelli periodici, con andamento circolare. In altri termini gli assiomi **A3** e **A4** affermano che la funzione successore induce un ordinamento nell'insieme dei numeri naturali e consentono anche di affermare che *l'insieme dei numeri naturali non è finito.*
A5.	**Principio di induzione** Ogni sottoinsieme di numeri naturali che contenga 0 e il successore di ogni proprio elemento coincide con l'intero insieme dei numeri naturali.	Applicando ripetutamente a 0 la funzione successore è possibile raggiungere ogni numero naturale. L'insieme dei numeri naturali è il più piccolo insieme che contenga 0 e il successore di ogni suo elemento. Sono quindi esclusi modelli di numeri naturali in cui sia possibile pensare a elementi che non appartengano alla *sequenza illimitata dei successori di 0.*

I cinque assiomi che abbiamo enunciato sono sufficienti a caratterizzare univocamente il concetto di numero naturale e l'intera aritmetica. Il merito di Peano è stato quello di essere riuscito a farlo utilizzando solo tre concetti primitivi, cioè non definibili, e cinque assiomi, cioè proposizioni sulle quali si fonda la teoria e che quindi non sono oggetto di dimostrazione.

L'insieme dei numeri naturali 0, 1, 2, 3, …, secondo la caratterizzazione di Peano, andrebbe costruito così:

$$0,\ 1 = S(0),\ 2 = S\big(S(0)\big),\ 3 = S\Big(S\big(S(0)\big)\Big), \ldots$$

dove S è la *funzione successore*.

In questo sistema assiomatico possiamo definire le operazioni tipiche dell'aritmetica e dimostrare le proprietà dei numeri naturali e delle operazioni con essi.

In queste definizioni e dimostrazioni gioca un ruolo fondamentale il principio di induzione.

Le operazioni nel sistema di Peano

La definizione di addizione nel sistema di Peano

Il sistema assiomatico di Peano permette di dare senso a domande del tipo «*Perché* $2 + 1 = 3$?» e formulare delle risposte.

I passi da fare per rispondere sono due:

- definire, utilizzando gli oggetti primitivi e gli assiomi, l'operazione di addizione di due numeri naturali;
- applicare la definizione data per calcolare 2 + 1.

► Le seguenti condizioni definiscono l'**addizione** fra due qualunque numeri naturali a e b e il suo risultato, detto **somma**:

$$\begin{cases} a+0=a \\ a+S(b)=S(a+b) \end{cases}$$

OSSERVA

Nella definizione compaiono:

- la costante 0 e la funzione S (successore) che sono due oggetti primitivi del sistema di assiomi di Peano;
- due variabili a e b che indicano due numeri naturali qualunque;
- il segno + che indica l'operazione di addizione, cioè l'oggetto che vogliamo definire.

La definizione si struttura in due parti:

- $a+0$ è detta *regola base* e definisce che cosa è la somma fra un qualunque numero e 0;
- $a+S(b)=S(a+b)$ è detta *passo induttivo* e definisce la somma tra un qualunque numero a e il successore di un qualunque numero b nei termini del successore della somma $a+b$.

Questo tipo di definizioni è noto con il nome di **definizioni induttive** o anche **ricorsive**. La somma $a+b$ viene definita *per induzione* a partire dai concetti primitivi di numero, 0 e successore.

Addizionare due numeri naturali a e b vuol dire applicare l'operazione così definita:

$$\begin{cases} a+0=a \\ a+S(b)=S(a+b) \end{cases}$$

Cerchiamo ora di rispondere alla domanda: «*Perché* 2 + 1 = 3?»
Definiamo innanzitutto 1, 2 e 3 nei termini della funzione S e di 0:

$$1=S(0)$$

$$2=S\big(S(0)\big)=S(1)$$

$$3=S\Big(S\big(S(0)\big)\Big)=S(2).$$

Applichiamo ora la definizione di addizione di due numeri naturali a e b per calcolare 2 + 1:

$$\begin{cases} 2+0=2 \\ 2+S(0)=S(2+0)=S(2) \end{cases}$$

Il passo induttivo afferma che $2+S(0)=S(2)$, cioè che $2+1=3$.
Abbiamo quindi prodotto una dimostrazione della proposizione «2 + 1 = 3», precisando tutti i passi che la legano agli oggetti della teoria (oggetti primitivi, assiomi, definizioni, eventuali teoremi già dimostrati).
La dimostrazione che abbiamo prodotto non ha lo scopo di *convincere* che 2 + 1 = 3, ma di *spiegare perché* le cose stanno in un certo modo, cioè di precisare la relazione di conseguenza logica tra la proposizione da dimostrare e i fondamenti del sistema assiomatico.

OSSERVA

Aver dimostrato che $2 + 1 = 3$ non consente di affermare che $1 + 2 = 3$. Per questo è necessario dimostrare la *proprietà commutativa dell'addizione*, oppure produrre una dimostrazione diretta che $1 + 2 = 3$.

La definizione di moltiplicazione nel sistema di Peano

Per definire la moltiplicazione fra due numeri naturali utilizziamo non solo i concetti primitivi di numero, zero e successore, ma anche quanto è stato definito in precedenza, in particolare la somma di due numeri naturali con le sue proprietà.

Le due seguenti condizioni definiscono la **moltiplicazione** fra due qualunque numeri naturali a e b e il suo risultato, detto **prodotto**:

$$\begin{cases} a \cdot 0 = 0 \\ a \cdot S(b) = a \cdot b + a \end{cases}$$

Anche in questo caso abbiamo una *regola base*, cioè $a \cdot 0 = 0$, e un *passo induttivo*, cioè $a \cdot S(b) = a \cdot b + a$.

PER ESEMPIO

Calcoliamo, a partire dalla definizione appena data, il prodotto $2 \cdot 3$, ricordando che $2 = S(S(0))$ e $3 = S(S(S(0)))$. Quindi $2 \cdot 3 = 2 \cdot S(S(S(0)))$.
Effettuiamo ora i seguenti calcoli:

a. $2 \cdot 0 = 0$ per la *regola base* della definizione di moltiplicazione;
b. $2 \cdot S(0) = 2 \cdot 0 + 2$ per il *passo induttivo* della definizione di moltiplicazione;
c. $2 \cdot 0 + 2 = 0 + 2$ per la *regola base* della definizione di moltiplicazione;
d. $0 + 2 = 2$ per definizione di somma;
e. $2 \cdot S(S(0)) = 2 \cdot S(0) + 2$ per il *passo induttivo* della definizione di moltiplicazione;
f. $2 \cdot S(0) + 2 = 2 + 2$ per quanto dimostrato dal passo **b.** al passo **d.**;
g. $2 + 2 = 4$ per definizione di somma;
h. $2 \cdot S(S(S(0))) = 2 \cdot S(S(0)) + 2$ per il *passo induttivo* della definizione di moltiplicazione;
i. $2 \cdot S(S(0)) + 2 = 4 + 2$ per quanto dimostrato dal passo **e.** al passo **g.**;
l. $4 + 2 = 6$ per definizione di somma;
m. $2 \cdot S(S(S(0))) = 2 \cdot 3 = 6$ per quanto dimostrato dal passo **h.** al passo **l.**.

La definizione di elevamento a potenza nel sistema di Peano

Per definire l'elevamento a potenza n-esima di un numero naturale a possiamo utilizzare sia i concetti primitivi di numero, zero e successore sia le definizioni già introdotte di somma e prodotto di due numeri naturali.

Le seguenti condizioni definiscono l'**elevamento a potenza** n-esima di un numero naturale a diverso da 0, dove n è un numero naturale qualunque:

$$\begin{cases} a^0 = 1 \\ a^{S(n)} = a^n \cdot a \end{cases}$$

La *regola base* è $a^0 = 1$ e il *passo induttivo* è $a^{S(n)} = a^n \cdot a$.

La definizione ricorsiva di fattoriale

Consideriamo la definizione ricorsiva di fattoriale:

$$\begin{cases} 0! = 1 \\ n! = n \cdot (n-1)! \end{cases}$$

Il *passo induttivo* afferma che, se sappiamo calcolare il fattoriale di $(n-1)$, allora sappiamo calcolare anche il fattoriale di n. Questa è una caratteristica tipica del *passo induttivo* di una definizione ricorsiva: insegna a calcolare la funzione per il valore n, supponendo di saperla calcolare per $n-1$ e quindi per tutti i valori minori di n.
La *regola base* consente di evitare un regresso all'infinito: in altri termini stabilisce una condizione di uscita dal calcolo. Se vogliamo calcolare 8!, scriveremo $8! = 8 \cdot 7!$ e poi $7! = 7 \cdot 6!$ e così via fino ad arrivare a $1! = 1 \cdot 0!$. La *regola base*, cioè $0! = 1$, consente di ritornare sui propri passi, calcolando 1!, poi 2!, poi 3! fino ad arrivare a 8!.

Le definizioni *ricorsive* o *induttive* in genere non sono efficienti da un punto di vista computazionale.
Il calcolo del fattoriale di numeri grandi comporta un'occupazione consistente della memoria di uno strumento di calcolo. Per esempio nel calcolo di 8! dobbiamo lasciare in sospeso tutte le operazioni da $8! = 8 \cdot 7!$ fino a quando non arriviamo a 0!. Solo da quel momento in poi possiamo iniziare davvero a calcolare.

Il sistema assiomatico di Peano con il calcolatore

Usando gli assiomi di Peano possiamo implementare l'aritmetica con un linguaggio di programmazione.

L'addizione

Usando esclusivamente le operazioni +1 (S, successore) e la sua inversa –1 (P, predecessore), definita per ogni numero naturale diverso da 0, possiamo procedere così:

- definiamo le funzioni S e P: S(a):=a+1 e P(a):=se(a=0, ERRORE, a–1);
- definiamo la somma: SOMMA(a,b):=se(b=0, a, S(SOMMA(a,P(b)))).

La moltiplicazione

Usando la funzione SOMMA, già definita, e la funzione predecessore P, possiamo implementare in un linguaggio di programmazione la moltiplicazione in questo modo:

PRODOTTO(a,b):=se(b=0, 0, SOMMA(PRODOTTO(a,P(b)),a)).

L'elevamento a potenza

Usando la funzione PRODOTTO, già definita, e la funzione predecessore P, possiamo implementare l'elevamento a potenza di un numero naturale non nullo in questo modo:

POTENZA(a,n):=se(n=0, 1, PRODOTTO(POTENZA(a,P(n)), a)).

Il fattoriale

Usando la funzione PRODOTTO, già definita, e la funzione predecessore P possiamo implementare la funzione fattoriale in un linguaggio di programmazione:

FATTORIALE(n):=se(n=0, 1, PRODOTTO(n, FATTORIALE(P(n)))).

ESERCIZI

1 Calcola $1 + 2$ a partire dalla definizione di addizione, sapendo che $1 = S(0)$, $2 = S(1)$, $3 = S(2)$.

2 Calcola $1 \cdot 3$ a partire dalla definizione di moltiplicazione di due numeri naturali e assumendo di saper calcolare la somma di due numeri naturali.

3 Calcola 3^2 a partire dalla definizione di elevamento a potenza nell'insieme dei numeri naturali e assumendo di saper calcolare il prodotto di due numeri naturali.

4 Calcola 4! a partire dalla definizione ricorsiva di fattoriale, assumendo di saper calcolare la somma e il prodotto di due numeri naturali.

5 Osserva la seguente definizione ricorsiva del massimo comune divisore di due numeri naturali a e b, con $a \neq 0$:

$$\begin{cases} \mathrm{MCD}(a, 0) = a \\ \mathrm{MCD}(a, b) = \mathrm{MCD}(b, a \bmod b) \end{cases}$$

dove $a \bmod b$ restituisce il resto della divisione tra il dividendo a e il divisore b, con b non nullo.

Calcola, seguendo la definizione:

a] MCD(24, 10);

b] MCD(8, 12);

c] MCD(3, 7).

6 Considera la seguente definizione ricorsiva della funzione f dove n è un numero naturale maggiore di 0:

$$\begin{cases} f(1) = 1 \\ f(n+1) = f(n) + (n+1) \end{cases}$$

a] Calcola, seguendo la definizione, $f(4)$ e $f(5)$.

b] Che cosa consente di calcolare, in generale, la funzione f?

[a) 10; 15; b) la somma dei primi n numeri naturali maggiori di 0]

7 Considera la seguente definizione ricorsiva della funzione f dove n è un numero naturale maggiore di 0:

$$\begin{cases} f(1) = 1 \\ f(n+1) = f(n) + (n+1)^2 \end{cases}$$

a] Calcola, seguendo la definizione $f(4)$ e $f(5)$.

b] Che cosa consente di calcolare, in generale, la funzione f?

[a) 30; 55; b) la somma dei quadrati dei primi n numeri naturali maggiori di 0]

8 Fornisci una definizione ricorsiva della funzione che associa a ogni numero naturale n il suo triplo.

9 Fornisci una definizione ricorsiva della funzione che associa a ogni numero naturale n il numero 3^n.

10 Fornisci una definizione ricorsiva della funzione che associa a ogni numero naturale n il suo doppio aumentato di 3.

11 Fornisci una definizione ricorsiva della funzione che associa a ogni numero naturale n il numero 3^{n+1}.

12 **La torre di Hanoi**

Secondo un'antica leggenda, in India, nel tempio di Benares, furono portate tre colonne di diamante A, B e C. Sulla colonna A erano impilati, dal più grande, in basso, al più piccolo, in alto, 64 dischi d'oro tutti di dimensioni diverse.

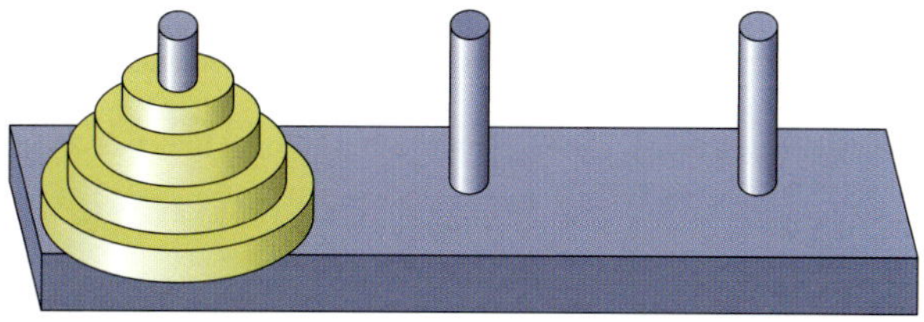

Ai monaci del tempio fu chiesto di spostare i 64 dischi dalla colonna A alla colonna C, rispettando le seguenti regole:

- si può spostare un solo disco alla volta;
- si può spostare solo un disco che non ha altri dischi sopra;
- non si può mai mettere un disco più grande su uno più piccolo.

La leggenda narra che il mondo finirà quando i monaci avranno completato il compito loro assegnato.
In realtà il gioco è stato ideato nell'Ottocento da uno studioso di teoria dei numeri, il matematico francese Edouard Lucas: egli calcolò che se i monaci avessero effettuato una mossa al secondo ci sarebbero voluti circa cinque miliardi di secoli per concludere lo spostamento. Infatti è possibile dimostrare che i movimenti necessari a spostare i 64 dischi sono $2^{64} - 1$.

a] Costruisci un modello del gioco della torre di Hanoi e prova a risolvere il problema con 3 dischi e con 4 dischi.

b] Fai una ricerca sul gioco della torre di Hanoi, concentrandoti sulle sue relazioni con la ricorsione.

CAPITOLO 2 Dimostrazioni per induzione

PROBLEMA

La somma dei primi *n* numeri naturali

Quanto vale la somma dei primi n numeri naturali maggiori di 0?

Risoluzione

Iniziamo ad affrontare il problema facendo alcuni esempi.
La somma dei primi due numeri naturali maggiori di 0 è $1 + 2 = 3$; la somma dei primi tre è $1 + 2 + 3 = 6$; la somma dei primi quattro è $1 + 2 + 3 + 4 = 10$; la somma dei primi n è $1 + 2 + 3 + 4 + \ldots + n$.
Il problema chiede di determinare la funzione che associa a ogni numero naturale n maggiore o uguale a 2 la somma dei primi n numeri naturali. Chiamiamo s questa funzione.
In simboli:

$$s(2) = 1 + 2 = 3$$
$$s(3) = 1 + 2 + 3 = 6$$
$$s(4) = 1 + 2 + 3 + 4 = 10$$
$$\ldots$$
$$s(n) = 1 + 2 + 3 + 4 + \ldots + n.$$

L'addizione è una *funzione binaria*, cioè una funzione a due argomenti (due INPUT). Possiamo comunque definire la funzione s su tutti i numeri naturali ponendo $s(0) = 0$ e $s(1) = 1$. Il calcolo di $s(n)$, per ogni numero naturale n fissato, diventa molto lungo per grandi valori di n.

Per calcolare la somma dei primi 100 numeri naturali maggiori di 0 possiamo aiutarci con un foglio elettronico. Scriviamo nella prima colonna i numeri naturali (da 1 a 100) e nella seconda i corrispondenti valori di $s(n)$:

$$s(1) = 1$$
$$s(2) = 1 + 2 = 3 = s(1) + 2$$
$$s(3) = 1 + 2 + 3 = 6 = s(2) + 3$$
$$s(4) = 1 + 2 + 3 + 4 = 10 = s(3) + 4$$
$$\ldots$$
$$s(n) = 1 + 2 + 3 + 4 + \ldots + n = s(n - 1) + n.$$

In altri termini definiamo la funzione s per induzione:

$$\begin{cases} s(1) = 1 \\ s(n+1) = s(n) + n + 1 \end{cases}$$

Possiamo calcolare i primi 100 valori di s mediante la seguente procedura:

- inseriamo nella colonna A i numeri naturali da 1 a 100 a partire dalla cella A2;
- inseriamo nella cella B2 il numero 1;
- inseriamo nella cella B3 la formula =B2+A3;
- copiamo la formula fino alla cella B101.

	A	B
1	n	$s(n)$
2	1	1
3	2	3
4	3	6
5	4	10
6	5	15
7	6	21
8	7	28
9	8	36
10	9	45
11	10	55
12	11	66
13	12	78
14	13	91
15	14	105
16	15	120
17	16	136
18	17	153
19	18	171
20	19	190

Nella tabella a lato vediamo le prime 20 righe del foglio così ottenuto.
Nella cella B101 compare il numero 5050, che è la somma dei primi 100 numeri naturali maggiori di 0.

Esiste una formula per calcolare la somma dei primi n numeri naturali maggiori di zero, qualsiasi sia il numero naturale n?
Usiamo ancora un foglio elettronico per cercare una formula, con la tecnica delle differenze finite.
Usiamo le colonne C e D per calcolare le differenze finite prime e seconde e osserviamo che le differenze seconde sono costanti. Ciò suggerisce che la successione s sia *quadratica*, cioè del tipo $s(n) = an^2 + bn + c$, con a, b e c costanti da determinare.
Se s è una funzione quadratica, sono sufficienti tre coppie ordinate di valori $(n, s(n))$, per esempio $(1, 1)$, $(2, 3)$ e $(3, 6)$, per impostare il seguente sistema:

$$\begin{cases} a+b+c=1 \\ 4a+2b+c=3 \\ 9a+3b+c=6 \end{cases} \Leftrightarrow \begin{cases} c=1-a-b \\ 4a+2b+1-a-b=3 \\ 9a+3b+1-a-b=6 \end{cases} \Leftrightarrow$$

$$\Leftrightarrow \begin{cases} c=1-a-b \\ 3a+b=2 \\ 8a+2b=5 \end{cases} \Leftrightarrow \begin{cases} c=1-a-b \\ b=2-3a \\ 8a+4-6a=5 \end{cases} \Leftrightarrow \begin{cases} c=1-a-b \\ b=2-3a \\ a=\frac{1}{2} \end{cases} \Leftrightarrow \begin{cases} c=0 \\ b=\frac{1}{2} \\ a=\frac{1}{2} \end{cases}$$

Concludiamo quindi che $s(n) = \frac{1}{2}n^2 + \frac{1}{2}n = \frac{n(n+1)}{2}$.
Avremmo potuto semplificare i calcoli definendo la successione anche per $n = 0$, ponendo $s(0) = 0$.

ESPLORA CON UN FOGLIO ELETTRONICO

La somma dei primi 100 numeri naturali diversi da zero

Sull'eBook e sul sito del libro trovi il foglio elettronico che ti permette di vedere nella pratica il ragionamento appena descritto e di fare rapidi calcoli per qualsiasi valore di n.

Si racconta che il matematico Carl Friederich Gauss (1777-1855) risolse in brevissimo tempo all'età di nove anni il problema di determinare la somma dei primi 100 numeri naturali.
Osservò che accoppiando il primo e l'ultimo addendo, cioè 1 e 100, poi il secondo e il penultimo, cioè 2 e 99, poi il terzo e il terzultimo, cioè 3 e 98 e così via, fino a 49 e 52 e a 50 e 51, si ottengono 50 coppie, ciascuna di somma 101.
Gauss si accorse che avrebbe ottenuto lo stesso risultato addizionando 50 addendi tutti uguali a 101 e concluse che la somma è:

$$50 \cdot 101 = 5050.$$

Generalizziamo il ragionamento di Gauss: il procedimento funziona sempre se gli addendi crescono o decrescono in modo lineare e la loro somma è sempre la media del primo e dell'ultimo termine, moltiplicata per il numero dei termini.
In simboli, nel caso della somma dei primi n numeri naturali, otteniamo la formula:

$$s(n) = \frac{n(n+1)}{2}.$$

Possiamo anche fornirne una rappresentazione geometrica.

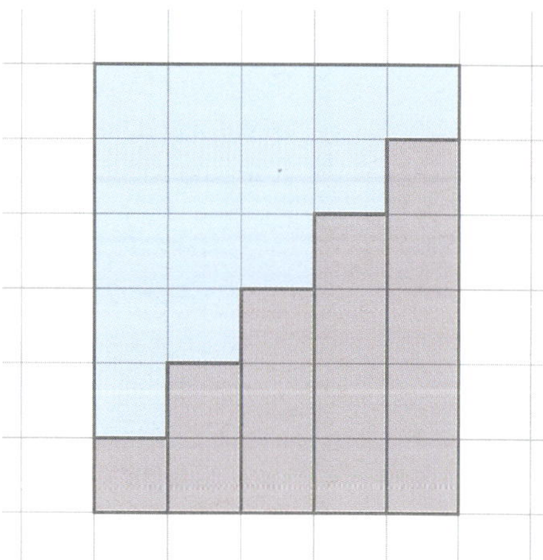

Il rettangolo in figura è composto da due figure poligonali uguali fra loro, ciascuna delle quali è formata da 5 rettangoli. Il primo di questi rettangoli è formato a sua volta da un quadrato, il secondo da due quadrati, il terzo da tre quadrati, il quarto da quattro quadrati e il quinto da cinque quadrati. Se supponiamo che ogni quadrato abbia lato unitario, la somma delle aree di questi quadrati è data da $1 + 2 + 3 + 4 + 5$, somma che corrisponde alla metà dell'area del rettangolo grande.
In simboli:

$$1 + 2 + 3 + 4 + 5 = \frac{5 \cdot 6}{2}.$$

Generalizziamo:

$$1 + 2 + 3 + 4 + 5 + \ldots n = s(n) = \frac{n(n+1)}{2}.$$

Alcune domande che aprono nuove prospettive

Le risoluzioni del problema che abbiamo presentato sono una dimostrazione della correttezza della formula $s(n) = \frac{n(n+1)}{2}$?

Che cosa significa *dimostrare* che $s(n) = \frac{n(n+1)}{2}$?

Il principio di induzione e le dimostrazioni in aritmetica

Dimostrare vuol dire *spiegare perché* una determinata affermazione è vera. Per farlo occorre precisare le proposizioni che possono essere usate, quindi qual è la teoria di riferimento. Queste proposizioni sono gli assiomi, le definizioni, i teoremi già dimostrati e le eventuali ipotesi relative alla tesi da dimostrare. Quando vogliamo dimostrare proposizioni aritmetiche la teoria di riferimento può essere il sistema assiomatico di Peano, dove il principio di induzione svolge un ruolo essenziale e fondamentale. La seguente formulazione del principio di induzione è particolarmente utile per dimostrare proprietà dell'aritmetica.

Principio di induzione

Consideriamo una proprietà P tale che:
- P vale per $n = 0$;
- se P vale per n, allora P vale anche per $n + 1$.

Allora P vale per ogni numero naturale n.

OSSERVA

L'ipotesi che P valga per $n = 0$ è la *regola base*.
L'implicazione interna richiede che la proprietà *passi al successivo*: se P vale per un generico numero n, allora vale anche per il successivo $n + 1$.
Se mettiamo insieme queste due condizioni, possiamo affermare una catena illimitata di deduzioni: P vale per $n = 0$, quindi, poiché P passa al successivo, vale per $n = 1$, quindi vale per $n = 2$, quindi vale per $n = 3$, ...
Il principio di induzione ci permette di chiudere questa catena illimitata di deduzioni affermando che P vale *per ogni* numero naturale n.

Non è sempre necessario partire da 0. Una proprietà può essere valida a partire da un certo numero naturale in poi. Per esempio, la proposizione $2^n > 2n$ vale definitivamente a partire da $n = 3$.
Per dimostrarla per induzione è quindi sufficiente verificare che essa vale per $n = 3$ e poi dimostrare che *se* si suppone valida per n *allora* vale anche per $n + 1$. Se entrambi questi passi hanno successo, possiamo concludere che la proprietà vale per ogni numero naturale n maggiore o uguale a 3. Una formulazione più generale del principio di induzione è quindi la seguente.

Principio di induzione (formulazione generale)

Consideriamo una proprietà P tale che:
- P vale per $n = k$;
- se P vale per n, allora P vale anche per $n + 1$.

Allora P vale per ogni numero naturale maggiore o uguale a k.

Alcune dimostrazioni per induzione

Vediamo alcuni esempi di proprietà dimostrabili con il principio di induzione.

La somma dei primi *n* numeri naturali maggiori di zero

Dimostriamo che la somma dei primi n numeri naturali maggiori di 0 è $s(n) = \frac{n(n+1)}{2}$, con $n \geq 2$. Assumiamo come già dimostrate le proprietà dell'addizione e della moltiplicazione tra numeri naturali.

Dimostrazione

Verifichiamo che la formula vale per $n = 2$:

$$1 + 2 = 3 = s(2) = \frac{2 \cdot 3}{2} = 3.$$

Abbiamo verificato che vale la *regola base*.
Dimostriamo ora che se supponiamo la formula valida per n allora vale anche per $n + 1$.

Ipotesi: $s(n) = \frac{n(n+1)}{2}$.

Tesi: $s(n+1) = \frac{(n+1)(n+2)}{2}$.

Per definizione e per le ipotesi:

$$s(n+1) = s(n) + n + 1 = \frac{n(n+1)}{2} + n + 1.$$

Per come sono definite le operazioni di addizione e moltiplicazione nei numeri naturali abbiamo:

$$s(n+1) = \frac{n(n+1)}{2} + \frac{2(n+1)}{2} = \frac{n(n+1) + 2(n+1)}{2} = \frac{(n+1)(n+2)}{2}.$$

Quindi $s(n+1) = \frac{(n+1)(n+2)}{2}$ come volevamo dimostrare.
Di conseguenza, per il principio di induzione, la formula vale per ogni numero naturale n maggiore o uguale a 2.

Osserviamo che se definiamo $s(0) = 0$ e $s(1) = 1$, allora la formula vale per ogni numero naturale.

La proprietà associativa dell'addizione

Usiamo ora il principio di induzione per dimostrare la proprietà associativa dell'addizione.
Per ogni terna di numeri naturali a, b e c vale:

$$a + (b + c) = (a + b) + c.$$

Dimostrazione

Dimostriamo la proprietà agendo per induzione sul numero naturale c.
La proprietà vale per $c = 0$. Infatti:

$$a + (b + 0) = a + b$$
$$(a + b) + 0 = a + b.$$

per la *regola base* della definizione di addizione.

Quindi abbiamo verificato che se $c = 0$, allora $a + (b + c) = (a + b) + c$.
Dimostriamo ora che se la proprietà vale per un generico numero naturale c, allora vale anche per il successivo $S(c) = c + 1$.

Ipotesi: $a + (b + c) = (a + b) + c$.

Tesi: $a + \big(b + S(c)\big) = (a + b) + S(c)$.

Consideriamo $(a + b) + S(c)$.

1 Per il *passo induttivo* nella definizione di addizione:

$$(a+b) + S(c) = S\big((a+b)+c\big).$$

2 Per l'ipotesi fatta:

$$S\big((a+b)+c\big) = S\big(a+(b+c)\big).$$

3 Per il *passo induttivo* nella definizione di addizione:

$$S\big(a+(b+c)\big) = a + S(b+c).$$

4 Per il *passo induttivo* nella definizione di addizione:

$$a + S(b+c) = a + \big(b + S(c)\big).$$

Per la proprietà transitiva dell'uguaglianza possiamo uguagliare il primo membro del passo **1** e il secondo membro del passo **4**:

$$(a+b) + S(c) = a + \big(b + S(c)\big).$$

Infine, per la proprietà simmetrica dell'uguaglianza, abbiamo la tesi:

$$a + \big(b + S(c)\big) = (a+b) + S(c).$$

Quindi, per il principio di induzione possiamo concludere che nell'insieme dei numeri naturali vale la proprietà associativa dell'addizione.

OSSERVA

La dimostrazione della proprietà associativa dell'addizione è più complessa e difficile delle altre dimostrazioni per induzione proposte in questo capitolo. Infatti nelle altre dimostrazioni abbiamo usato diverse proprietà delle operazioni con i numeri naturali, mentre in questa dimostrazione facciamo uso solo della definizione di addizione e dei concetti primitivi di 0 e successore.

La somma dei cubi dei primi *n* numeri naturali

Dimostriamo per induzione che la somma dei cubi dei primi n numeri naturali è uguale al quadrato della somma dei primi n numeri naturali, cioè $1^3 + 2^3 + \ldots + n^3 = (1 + 2 + \ldots + n)^2$.

Dimostrazione

La proprietà vale per $n = 1$:

$$1^3 = 1^2.$$

Supponiamo che la proprietà valga per n e dimostriamola per $n + 1$.

Ipotesi: $1^3 + 2^3 + \ldots + n^3 = (1 + 2 + \ldots + n)^2$.

Tesi: $1^3 + 2^3 + \ldots + n^3 + (n+1)^3 = \big(1 + 2 + \ldots + n + (n+1)\big)^2$.

Sviluppiamo l'uguaglianza che esprime la tesi. Per l'ipotesi induttiva:

$$1^3 + 2^3 + \ldots + n^3 + (n+1)^3 = (1 + 2 + \ldots + n)^2 + (n+1)^3.$$

Per le proprietà dell'addizione e della moltiplicazione:

$$\left(1+2+\ldots+n+(n+1)\right)^2 =$$
$$=(1+2+\ldots+n)^2+2(1+2+\ldots+n)(n+1)+(n+1)^2.$$

Dunque la tesi è dimostrata se e solo se vale:

$$(1+2+\ldots+n)^2+(n+1)^3=$$
$$=(1+2+\ldots+n)^2+2(1+2+\ldots+n)(n+1)+(n+1)^2.$$

Sottraiamo a entrambi i membri $(1+2+\ldots+n)^2$:

$$(n+1)^3=2(1+2+\ldots+n)(n+1)+(n+1)^2.$$

Abbiamo già dimostrato che:

$$1+2+\ldots+n=\frac{n(n+1)}{2}.$$

Sostituiamo nel secondo membro:

$$(n+1)^3=n(n+1)^2+(n+1)^2$$
$$(n+1)^3=(n+1)^2(n+1)$$
$$(n+1)^3=(n+1)^3$$

e così resta provata la tesi.

Le dimostrazioni per induzione hanno il pregio di utilizzare solo gli assiomi di Peano ed eventualmente i teoremi già dimostrati. Sono dimostrazioni condotte all'interno di una teoria assiomatica dell'aritmetica e, come tali, particolarmente adatte a dimostrare proprietà aritmetiche, in particolare quelle più elementari e fondamentali.

ESERCIZI

1 Considera la somma d dei primi n numeri dispari. Formula una congettura su un'espressione della funzione $d = d(n)$ e dimostrala. $[d(n) = n^2]$

2 Dimostra che se $\frac{1}{1 \cdot 2} + \frac{1}{2 \cdot 3} + \ldots + \frac{1}{n(n+1)} = \frac{2n+1}{n+1}$, allora:

$$\frac{1}{1 \cdot 2} + \frac{1}{2 \cdot 3} + \ldots + \frac{1}{(n+1)(n+2)} = \frac{2n+3}{n+2}.$$

Puoi concludere che la formula $\frac{1}{1 \cdot 2} + \frac{1}{2 \cdot 3} + \ldots + \frac{1}{n(n+1)} = \frac{2n+1}{n+1}$ è vera per ogni numero naturale n maggiore di 0? Perché?

3 Il seguente ragionamento è corretto? Perché?

> $100n^2 + 1 > 2^n - 1$.
> Infatti:
> - se $n = 0$ abbiamo $1 > 0$;
> - se $n = 1$ abbiamo $101 > 1$;
> - se $n = 2$ abbiamo $401 > 3$.
>
> Il termine a primo membro cresce, al crescere di n, più rapidamente del termine a secondo membro, quindi per ogni n abbiamo che:
> $$100n^2 + 1 > 2^n - 1.$$

4 Dimostra per induzione che $2^n \geq n + 1$ per ogni numero naturale n.

5 Determina una formula che dia la somma p dei primi n numeri naturali pari e poi dimostrane per induzione la correttezza. $[p(n) = n^2 - n]$

6 Dimostra per induzione che la somma dei quadrati dei primi n numeri naturali maggiori di 0 è data da $q(n) = \frac{n(n+1)(2n+1)}{6}$.

7 Dimostra per induzione che, per ogni numero naturale n maggiore di 0, vale la seguente uguaglianza: $\frac{1}{1 \cdot 2} + \frac{1}{2 \cdot 3} + \ldots + \frac{1}{n(n+1)} = \frac{n}{n+1}$.

8 Dimostra per induzione che la somma delle ampiezze degli angoli interni di un poligono di n lati è $(n-2) \cdot 180°$.

9 Quante sono le possibili strette di mani in un gruppo di n persone supponendo che ciascuna persona stringa la mano una sola volta a tutte le altre persone del gruppo? Determina la risposta e poi dimostra la sua correttezza per induzione. $\left[\frac{n(n-1)}{2}\right]$

10 Dimostra per induzione che, per ogni numero naturale n maggiore di 0, i valori della funzione $f(n) = n^3 + 11n$ sono divisibili per 6.

>> ESERCIZI DI CONSOLIDAMENTO • p. 378

CAPITOLO 3

Le successioni

PROBLEMA

Achille e la tartaruga

Zenone di Elea, filosofo greco del V secolo a.C., per sostenere la teoria parmenidea che *il movimento è solo apparenza*, propose il paradosso di Achille e la tartaruga, che possiamo riformulare così:

> *Achille piè veloce, che corre 10 volte più veloce della tartaruga, le lascia 10 metri di vantaggio. Achille non riuscirà mai a raggiungere la tartaruga perché, nel tempo che Achille impiega a colmare i 10 metri di vantaggio che la tartaruga ha su di lui, la tartaruga sarà avanzata di 1 metro.*
> *Analogamente, nel tempo impiegato da Achille per colmare il vantaggio di 1 metro che la tartaruga ha su di lui, la tartaruga sarà avanzata di 10 cm.*
> *Il ragionamento può essere ripetuto all'infinito e ciò dimostra che Achille piè veloce, pur avvicinandosi sempre più alla tartaruga, non la raggiungerà mai.*

Noi invece sappiamo che Achille raggiungerà e supererà la tartaruga. Dove è sbagliato il ragionamento di Zenone? E *perché* è sbagliato?

Risoluzione

Il punto debole del ragionamento di Zenone è ritenere che una somma di infiniti termini sia sempre infinita. Achille infatti raggiungerà la tartaruga dopo aver percorso:

$$(10 + 1 + 10^{-1} + 10^{-2} + \ldots) \text{ metri.}$$

Nel volume A abbiamo visto che la somma $10 + 1 + 10^{-1} + 10^{-2} + \ldots$ è uguale a $\frac{100}{9} = 11.\bar{1}$ e quindi è finita.
Vogliamo ora capire meglio il *perché* di questo risultato.
La somma degli n termini $1 + 10^{-1} + 10^{-2} + \ldots + 10^{-n+1}$ può anche essere riscritta così:

$$1 + \frac{1}{10} + \frac{1}{100} + \ldots + \frac{1}{10^{n-1}}.$$

Usiamo il principio di induzione per dimostrare che:

$$1+\frac{1}{10}+\frac{1}{100}+\ldots+\frac{1}{10^{n-1}}=\frac{1-\dfrac{1}{10^n}}{1-\dfrac{1}{10}}.$$

Verifichiamo innanzitutto che l'uguaglianza vale per $n = 1$:

$$1=\frac{1-\dfrac{1}{10^1}}{1-\dfrac{1}{10}}=1.$$

Dimostriamo ora che se l'uguaglianza vale per il generico numero naturale n, allora vale anche per il successivo $n + 1$.

Ipotesi: $1+\frac{1}{10}+\frac{1}{100}+\ldots+\frac{1}{10^{n-1}}=\frac{1-\frac{1}{10^n}}{1-\frac{1}{10}}$

Tesi: $1+\frac{1}{10}+\frac{1}{100}+\ldots+\frac{1}{10^{n-1}}+\frac{1}{10^n}=\frac{1-\frac{1}{10^{n+1}}}{1-\frac{1}{10}}$

Per ipotesi:

$$1+\frac{1}{10}+\frac{1}{100}+\ldots+\frac{1}{10^{n-1}}=\frac{1-\dfrac{1}{10^n}}{1-\dfrac{1}{10}}.$$

Addizioniamo $\frac{1}{10^n}$ a entrambi i membri:

$$1+\frac{1}{10}+\frac{1}{100}+\ldots+\frac{1}{10^{n-1}}+\frac{1}{10^n}=\frac{1-\dfrac{1}{10^n}}{1-\dfrac{1}{10}}+\frac{1}{10^n}.$$

Riscriviamo l'espressione $\frac{1-\frac{1}{10^n}}{1-\frac{1}{10}}+\frac{1}{10^n}$ come segue:

$$\frac{\dfrac{10^n-1}{10^n}}{\dfrac{9}{10}}+\frac{1}{10^n}=\frac{10^{n+1}-10}{9\cdot 10^n}+\frac{1}{10^n}=\frac{10^{n+1}-10+9}{9\cdot 10^n}=\frac{10^{n+1}-1}{9\cdot 10^n}.$$

Dividiamo ora numeratore e denominatore per 10^{n+1}:

$$\frac{\dfrac{10^{n+1}-1}{10^{n+1}}}{\dfrac{9\cdot 10^n}{10^{n+1}}}=\frac{1-\dfrac{1}{10^{n+1}}}{\dfrac{9}{10}}=\frac{1-\dfrac{1}{10^{n+1}}}{1-\dfrac{1}{10}}.$$

Questo è ciò che volevamo dimostrare.
Per il principio di induzione possiamo quindi affermare che, per ogni numero naturale $n \geq 1$, vale:

$$1+\frac{1}{10}+\frac{1}{100}+\ldots+\frac{1}{10^{n-1}}=\frac{1-\dfrac{1}{10^n}}{1-\dfrac{1}{10}}.$$

Consideriamo che cosa accade a questa somma se n tende a $+\infty$:

$$\lim_{n\to+\infty}\frac{1-\dfrac{1}{10^n}}{1-\dfrac{1}{10}}.$$

Per n che tende a $+\infty$, la frazione $\frac{1}{10^n}$ tende a 0, perché il suo numeratore è sempre uguale a 1, mentre il denominatore diventa maggiore di un qualunque numero naturale prefissato.
Possiamo quindi affermare che:

$$\lim_{n\to+\infty}\frac{1-\frac{1}{10^n}}{1-\frac{1}{10}}=\frac{1}{1-\frac{1}{10}}=\frac{10}{9}.$$

Quindi Achille raggiungerà la tartaruga dopo aver percorso $10+\frac{10}{9}=\frac{100}{9}\approx 11$ m.

Alcune domande che aprono nuove prospettive

Nella risoluzione del problema abbiamo dimostrato l'uguaglianza:

$$1+\frac{1}{10}+\frac{1}{100}+\ldots+\frac{1}{10^{n-1}}=\frac{1-\frac{1}{10^n}}{1-\frac{1}{10}}.$$

Che cosa possiamo dire, in generale, della somma $1+a+a^2+a^3+\ldots$?
Come possiamo studiare il comportamento, per n che tende a $+\infty$, di una successione?
E che cos'è esattamente una successione?

Che cos'è una successione

Nel corso dei tuoi studi hai più volte preso in considerazione delle successioni. Vediamo alcuni esempi.

PER ESEMPIO

1 Le somme

$s(1)=1$

$s(2)=1+2$

$s(3)=1+2+3$

…

$s(n)=1+2+3+4+\ldots+n$

…

sono termini di una successione. Il suo termine generale è $s(n)=\frac{n(n+1)}{2}$.

2 Le somme

$s(1)=1$

$s(2)=1+10^{-1}$

$s(3)=1+10^{-1}+10^{-2}$

…

$s(n)=1+10^{-1}+10^{-2}+\ldots+10^{-n+1}$

…

sono i termini di una successione. Il suo termine generale è $s(n)=\frac{1-\frac{1}{10^n}}{1-\frac{1}{10}}$.

3 I numeri naturali sono una successione.

L'insieme $\mathbb{N}$ dei numeri naturali costituisce la base per definire una qualunque successione. Infatti se a ogni elemento di $\mathbb{N}$ facciamo corrispondere un numero reale definiamo la successione seguente:

$$\begin{array}{ccccccccc} 0 & 1 & 2 & 3 & 4 & \dots & n & \dots \\ \downarrow & \downarrow & \downarrow & \downarrow & \downarrow & \dots & \downarrow & \dots \\ a_0 & a_1 & a_2 & a_3 & a_4 & \dots & a_n & \dots \end{array}$$

con $a_i \in \mathbb{R}$.

Si dice **successione** una qualunque funzione f definita in $\mathbb{N}$ e che assume valori in $\mathbb{R}$.

Per esempio
Sono esempi di successioni:
- quella dei numeri dispari $\longrightarrow 1, 3, 5, \dots, 2n + 1, \dots$;
- quella delle radici quadrate dei numeri naturali $\longrightarrow 0, 1, \sqrt{2}, \sqrt{3}, 2, \dots \sqrt{n}, \dots$.

Una successione può essere definita per induzione oppure precisando come il termine generale dipende da n.
Per esempio abbiamo visto che la successione i cui termini sono costituiti, al variare di n, dalle somme dei primi n numeri naturali, può essere definita sia ricorsivamente da

$$\begin{cases} s(0) = 0 \\ s(n) = n + s(n-1) \end{cases}$$

sia dalla formula

$$s(n) = \frac{n(n+1)}{2}.$$

Le progressioni aritmetiche

Consideriamo un particolare tipo di successioni: le *progressioni aritmetiche*, dette anche *successioni lineari*, perché il termine generale $f(n)$ dipende linearmente da n.

Una **progressione aritmetica** è una successione definita da un valore iniziale a_0 detto **base** e tale che ogni altro elemento si ottiene addizionando al precedente un numero r detto **ragione**.

Una progressione aritmetica è quindi definita ricorsivamente da:

$$\begin{cases} f(0) = a_0 \\ f(n) = f(n-1) + r \end{cases}$$

Utilizziamo la definizione ricorsiva e calcoliamo per iterazione alcuni termini:

$$a_0, a_0 + r, a_0 + 2r, a_0 + 3r, \dots, a_0 + nr, \dots.$$

Quindi una progressione aritmetica può anche essere definita dalla formula:

$$f(n) = a_0 + nr.$$

PER ESEMPIO

1 La successione dei numeri pari è una progressione aritmetica di base 0 e ragione 2.

2 La successione dei numeri naturali che divisi per 5 danno come resto 1 è una progressione aritmetica di base 1 e ragione 5.

Il seguente teorema stabilisce quanto vale la somma S_n dei primi n termini di una progressione aritmetica, con $n > 1$.

La somma dei primi n termini, con $n > 1$, di una progressione aritmetica di base a_0 e ragione r è:

$$S_n = a_0 + a_1 + \ldots + a_{n-1} = n \cdot \frac{a_0 + a_{n-1}}{2}.$$

Dimostrazione

Dimostriamo il teorema per induzione, ricordando che:

$$a_{n-1} = a_0 + (n-1)r.$$

Verifichiamo innanzitutto che la formula $S_n = n \cdot \frac{a_0 + a_{n-1}}{2}$ vale per $n = 2$:

$$S_2 = a_0 + a_1 = 2 \cdot \frac{a_0 + a_{2-1}}{2} = a_0 + a_1.$$

Dimostriamo ora che se supponiamo $S_n = n \cdot \frac{a_0 + a_{n-1}}{2}$, allora $S_{n+1} = (n+1) \cdot \frac{a_0 + a_n}{2}$.

Ipotesi: $S_n = n \cdot \frac{a_0 + a_{n-1}}{2}$

Tesi: $S_{n+1} = (n+1) \cdot \frac{a_0 + a_n}{2}$

Per ipotesi:

$$S_n = n \cdot \frac{a_0 + a_{n-1}}{2}$$

$$S_{n+1} = S_n + a_n.$$

Poiché $a_n = a_0 + nr$ e $a_{n-1} = a_n - r$ abbiamo:

$$S_{n+1} = n \cdot \frac{a_0 + a_{n-1}}{2} + a_0 + nr = \frac{na_0 + na_n - nr + 2a_0 + 2nr}{2} =$$

$$= \frac{na_0 + na_n + nr + 2a_0}{2}.$$

Poiché $nr + a_0 = a_n$ abbiamo:

$$S_{n+1} = \frac{na_0 + na_n + nr + 2a_0}{2} = \frac{na_0 + na_n + a_n + a_0}{2} =$$

$$= \frac{n(a_0 + a_n) + a_n + a_0}{2} = (n+1) \cdot \frac{a_0 + a_n}{2}.$$

Per il principio di induzione, possiamo quindi affermare che, per ogni $n > 1$:

$$S_n = n \cdot \frac{a_0 + a_{n-1}}{2}.$$

OSSERVA

I numeri naturali maggiori di 0 possono essere considerati come una progressione aritmetica di base $a_0 = 1$ e ragione $r = 1$, quindi possiamo applicare la formula appena dimostrata per determinare la somma dei primi n numeri naturali maggiori di 0. Ritroviamo il risultato già dimostrato:

$$S_n = n \cdot \frac{1+n}{2} = \frac{n(n+1)}{2}.$$

Le progressioni geometriche

Consideriamo un altro tipo di successione detta *progressione geometrica*, o anche *successione esponenziale* perché la dipendenza tra n e il termine generale $f(n)$ è di tipo esponenziale.

Una **progressione geometrica** è una successione definita da un valore iniziale b_0 detto **base** e tale che ogni altro elemento si ottiene moltiplicando il precedente per un numero q detto **ragione**.

Una progressione geometrica è quindi definita ricorsivamente da:

$$\begin{cases} f(0) = b_0 \\ f(n) = f(n-1) \cdot q \end{cases}$$

Utilizziamo la definizione ricorsiva e calcoliamo per iterazione alcuni termini:

$$b_0,\ qb_0,\ q^2b_0,\ q^3b_0,\ \ldots,\ q^nb_0,\ \ldots.$$

Quindi una progressione geometrica può anche essere definita dalla formula:

$$f(n) = q^nb_0.$$

Per esempio, la successione delle potenze di 2 è una progressione geometrica di base 1 e ragione 2.

Il seguente teorema stabilisce quanto vale la somma S_n dei primi n termini di una progressione geometrica, con $n > 1$.

La somma dei primi n termini, con $n > 1$, di una progressione geometrica di base b_0 e ragione q diversa da 1 è:

$$S_n = b_0 + qb_0 + q^2b_0 + \ldots + q^{n-1}b_0 = b_0 \cdot \frac{1-q^n}{1-q}.$$

La dimostrazione di questo teorema è lasciata per esercizio.

OSSERVA

Il precedente teorema generalizza quanto dimostrato nel problema di apertura. Infatti $1 + 10^{-1} + 10^{-2} + \ldots$ è la somma dei termini della progressione geometrica di base $b_0 = 1$ e ragione $q = \frac{1}{10}$.

Il carattere di una successione

Si può dimostrare che π è il limite della successione $f(n) = 3 \cdot 2^{n-1} \cdot l_n$ dove l_n è a sua volta una successione definita per ricorrenza da:

$$\begin{cases} l_1 = 1 \\ l_{n+1} = \sqrt{2 - \sqrt{4 - l_n^2}} \end{cases}$$

Il numero e di Eulero è il limite per n che tende a $+\infty$ della successione $\left(1 + \frac{1}{n}\right)^n$.

π ed e, due numeri che hanno ruoli cruciali in matematica, possono quindi essere rappresentati come limiti di particolari successioni.

Calcolare il limite di una successione $f(n)$ significa determinare, se esiste, il valore a cui tende $f(n)$ per n che diventa infinitamente grande. Scriviamo così:

$$\lim_{n \to +\infty} f(n)$$

e leggiamo «limite, per n che tende a più infinito, di $f(n)$».

Ottenere informazioni sull'esistenza del limite di una successione vuol dire determinare il **carattere** di una successione.

Una successione ha **carattere convergente** o, semplicemente, si dice **convergente** se:

$$\lim_{n \to +\infty} f(n) = l,$$

con l numero reale.
Affermare che $\lim_{n \to +\infty} f(n) = l$ equivale a dire che, qualunque numero reale ε positivo si consideri, esiste un numero naturale $\bar{n}$ tale che, per ogni $n > \bar{n}$, si ha $|f(n) - l| < \varepsilon$.

PER ESEMPIO

1. La successione $f(n) = \left(1 + \frac{1}{n}\right)^n$ ha carattere convergente e converge al numero e:

$$\lim_{n \to +\infty} \left(1 + \frac{1}{n}\right)^n = e.$$

2. La successione $f(n) = \frac{1}{n}$ converge a 0: $\lim_{n \to +\infty} \frac{1}{n} = 0$.

Una successione è detta **divergente** se $\lim_{n \to +\infty} f(n) = +\infty$ oppure $\lim_{n \to +\infty} f(n) = -\infty$.
Affermare che $\lim_{n \to +\infty} f(n) = +\infty$ (rispettivamente $-\infty$) equivale a dire che qualunque numero reale M positivo si consideri, esiste un numero naturale $\bar{n}$ tale che, per ogni $n > \bar{n}$, risulta $f(n) > M$ (rispettivamente $f(n) < -M$).

PER ESEMPIO

1. La successione dei numeri dispari, $f(n) = 2n + 1$ diverge a $+\infty$:

$$\lim_{n \to +\infty} (2n + 1) = +\infty.$$

2. La successione $f(n) = \ln \frac{1}{n+1}$ diverge a $-\infty$:

$$\lim_{n \to +\infty} \ln\left(\frac{1}{n+1}\right) = -\infty.$$

Infine una successione può anche non essere divergente, né convergente: in questo caso diciamo che è *irregolare*.

PER ESEMPIO

1. La successione $f(n) = (-1)^n$ che vale $+1$ se n è pari e -1 se n è dispari, non converge ad alcun numero reale, né diverge: è irregolare.
2. La successione $f(n) = (-1)^n n$ è irregolare. Infatti per ogni n pari $f(n)$ ha segno positivo, mentre per ogni n dispari ha segno negativo. Al crescere di n, quindi, i termini della successione tendono a crescere in valore assoluto, ma due termini consecutivi sono sempre discordi. Quindi la successione non converge, né diverge a $+\infty$ o a $-\infty$.

Le progressioni aritmetiche, definite da una legge del tipo $f(n) = a_0 + nr$ con $r \neq 0$, sono divergenti. In particolare tendono a $+\infty$ se $r > 0$ e tendono a $-\infty$ se $r < 0$, indipendentemente dal valore iniziale a_0.
Invece il carattere di una progressione geometrica può essere convergente, divergente o irregolare a seconda del valore della ragione q.
In particolare, considerata $f(n) = q^n b_0$, per ogni $b_0 \neq 0$ e per ogni $q \neq 0$ e $q \neq 1$ e risulta:

- se $|q| < 1$, allora f converge a 0;
- se $q > 1$, allora f diverge a $+\infty$ se $b_0 > 0$ e diverge a $-\infty$ se $b_0 < 0$;
- se $q \leq -1$ allora f è irregolare.

ESERCIZI

Per ciascuna delle successioni definite ricorsivamente negli esercizi seguenti, scrivi i primi cinque termini e poi determina una formula che fornisca il termine n-esimo della successione in funzione di n. (Esercizi da 1 a 3)

1 $\begin{cases} f(0)=1 \\ f(n)=3f(n-1) \end{cases}$ $[f(n)=3^n]$

2 $\begin{cases} f(0)=-4 \\ f(n)=\frac{1}{2}f(n-1) \end{cases}$ $\left[f(n)=-\frac{4}{2^n}\right]$

3 $\begin{cases} f(0)=b \\ f(n)=kf(n-1) \end{cases}$ $[f(n)=bk^n]$

4 **La successione di Fibonacci**
Determina i primi sei termini della successione definita da:

$$\begin{cases} f(0)=1 \\ f(1)=1 \\ f(n)=f(n-1)+f(n-2) \end{cases}$$

Attività di ricerca. Verifica che questa successione soddisfa il seguente problema, posto dal matematico Leonardo Pisano (1170-1250), detto Fibonacci:
«*Quante coppie di conigli si ottengono in un anno, supponendo che*

- *all'istante iniziale vi sia una sola coppia giovane di conigli;*
- *nessun coniglio muoia;*
- *ogni coppia dia alla luce un'altra coppia ogni mese;*
- *le coppie più giovani siano in grado di riprodursi già al secondo mese di vita?*»

Cerca in rete notizie sulla successione di Fibonacci in particolare sulle sue relazioni con la sezione aurea.

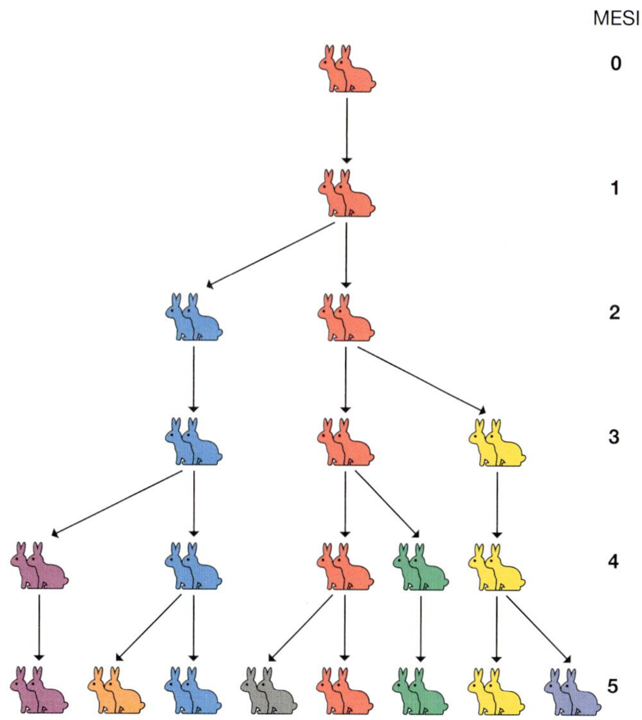

Determina i primi quattro termini di una progressione aritmetica che ha termine iniziale a_0 e ragione r.

5 $a_0=2$; $r=3$.

6 $a_0=-1$; $r=\frac{1}{2}$.

7 $a_0=10$; $r=-5$.

▶ Calcola il primo termine a_0 della progressione aritmetica $f(n) = a_n$ di ragione r sulla quale hai le seguenti informazioni.

8 $a_{10} = 40; \quad r = 2.$ [20]

9 $a_{30} = 80; \quad r = 3.$ [−10]

▶ Calcola la ragione della progressione aritmetica $f(n) = a_n$ sulla quale hai le seguenti informazioni.

10 $a_{10} = 40; \quad a_5 = 20.$ [4]

11 $a_{30} = -4; \quad a_5 = 30.$ $\left[-\frac{34}{25}\right]$

▶ Calcola la somma dei primi 100 termini della progressione aritmetica $f(n) = a_n$ di base a_0 e ragione r sulla quale hai le seguenti informazioni.

12 $a_0 = 3; \quad a_{20} = 15.$ [3270]

13 $a_{10} = -6; \quad r = 2.$ [7300]

▶ Determina i primi quattro termini di una progressione geometrica che ha termine iniziale b_0 e ragione q.

14 $b_0 = 1; \quad q = -2.$

15 $b_0 = -10; \quad q = 2.$

16 $b_0 = 100; \quad q = \frac{1}{2}.$

▶ Calcola il primo termine b_0 della progressione geometrica $f(n) = b_n$ di ragione q sulla quale hai le seguenti informazioni.

17 $b_{10} = 256; \quad q = 2.$ $\left[\frac{1}{4}\right]$

18 $b_5 = 27; \quad q = 3.$ $\left[\frac{1}{9}\right]$

▶ Calcola la ragione q della progressione geometrica $f(n) = b_n$ sulla quale hai le seguenti informazioni. (Esercizi 19 e 20)

19 $b_5 = 100; \quad b_2 = 5.$ $[\sqrt[3]{20}]$

20 $b_6 = 4; \quad b_3 = 12.$ $\left[\frac{1}{\sqrt[3]{3}}\right]$

21 Dimostra per induzione che la somma S_n dei primi n termini, con $n > 1$, di una progressione geometrica di base b_0 diversa da 0 e ragione q diversa da 0 e da 1 è $b_0 \frac{1-q^n}{1-q}$.

▶ Calcola la somma dei primi 15 termini della progressione geometrica $f(n) = b_n$ di ragione q e primo termine b_0 sulla quale hai le seguenti informazioni.

22 $b_2 = 2; \quad b_{10} = 512.$ [16383.5]

23 $b_6 = 4; \quad q = \frac{1}{2}.$ $\left[\frac{32767}{64}\right]$

▶ Calcola il limite per n che tende a $+\infty$ delle seguenti successioni.

24 $f(n) = \frac{2+n}{n+1}$ [1]

25 $f(n) = \frac{2n^2+n+1}{n^2}$ [2]

26 $f(n) = \frac{1}{n} - \frac{1}{n+1}$ [0]

27 $f(n) = \dfrac{2+\sin(n)}{n^2+n}$ [0]

28 $f(n) = \dfrac{2+\dfrac{1}{2^n}}{n+1}$ [0]

29 $f(n) = \sqrt{16-\dfrac{2}{n}}$ [4]

Calcola il limite per n che tende a $+\infty$ della somma S_n dei primi n termini delle progressioni geometriche f di cui forniamo il termine generale negli esercizi da 30 a 33.

30 $f(n) = \dfrac{3}{2^n}$ [6]

31 $f(n) = 4\cdot\dfrac{1}{3^n}$ [6]

32 $f(n) = \left(\dfrac{3}{4}\right)^n$ [4]

33 $f(n) = \left(-\dfrac{3}{4}\right)^n$ $\left[\dfrac{4}{7}\right]$

34 Calcola il limite per n che tende a $+\infty$ della somma S_n dei primi n termini della successione f il cui termine generale è $f(n) = \dfrac{1}{n} - \dfrac{1}{n+1}$. [1]

35 Verifica in modo empirico con un foglio elettronico che la successione

$$s(n) = \left(1+\frac{1}{n}\right)^n$$

converge al numero e di Eulero.
Segui i seguenti passaggi:

- nella colonna **A** scrivi i primi 100 numeri naturali, escluso lo zero, 1, 2, 3, …;
- nella cella **B1** scrivi il comando:

  `=(1+1/A1)^A1`

  e copia verso il basso.

Cosa puoi osservare nella colonna **B**?

36 Costruisci con un foglio elettronico una successione che converge al numero e di Eulero.
Segui questi passaggi:

- nella colonna **A** scrivi i primi 100 numeri naturali 0, 1, 2, 3, …;
- nella cella **B1** scrivi il comando:

  `=1/FATTORIALE(A1)`

  e copia verso il basso;
- nella cella **C1** copia il contenuto della cella **B1**;
- nella cella **C2** scrivi il comando:

  `=C1+B2`

  e copia verso il basso.

a] Cosa osservi nella colonna **C**?

b] Secondo te, converge più rapidamente questa successione oppure quella descritta nell'esercizio 35?

MATEMATICA & FILOSOFIA

L'infinito

Un paradosso galileiano

Sono di più i numeri naturali o i loro quadrati?
Secondo Galileo il problema ammette due possibili risposte in contraddizione fra loro.

- Ogni quadrato di un numero naturale è un numero naturale, ma non è vero il viceversa, allora dobbiamo concludere che **i numeri naturali sono più numerosi dei loro quadrati**. Per esempio 2 è un numero naturale, ma non è il quadrato di alcun numero naturale: l'insieme dei quadrati è strettamente contenuto nell'insieme dei numeri naturali.
- Costruiamo una corrispondenza biunivoca tra numeri naturali e loro quadrati e concludiamo che **i numeri naturali sono tanti quanti i loro quadrati**. In termini moderni, la funzione definita sui numeri naturali $f(n) = n^2$ stabilisce una corrispondenza biunivoca tra l'insieme dei numeri naturali e l'insieme dei quadrati dei numeri naturali:

$0 \leftrightarrow 0$
$1 \leftrightarrow 1$
$2 \leftrightarrow 4$
$3 \leftrightarrow 9$
$4 \leftrightarrow 16$
$5 \leftrightarrow 25$
$\dots$

Galileo sostiene che questo paradosso sia dovuto al fatto che ha poco senso parlare di numero di elementi di un insieme **infinito**.

La conclusione di Galileo è perfettamente condivisibile: come si può dare una risposta se non è stato definito un procedimento per estendere l'operazione del contare anche a insiemi infiniti?
L'atteggiamento di Galileo nei confronti dell'infinito rispecchia perfettamente la tradizione del pensiero occidentale che ha sempre ritenuto l'infinito un concetto difficile da afferrare razionalmente.
La stessa caratterizzazione linguistica di *infinito* come ciò che *non è* finito, *non è* limitato, *non è* terminato, *non è* definito, è tipica del pensiero occidentale. Il termine utilizzato nell'antica Grecia era ἄπειρον (*apèiron*), che vuol appunto dire *non* finito, *non* delimitato, *senza* confini.

Dedekind cattura l'infinito

Nel 1905 il matematico tedesco Richard Dedekind dà una caratterizzazione in positivo dell'infinito, precisando *che cosa è* un insieme infinito.

> Un insieme si dice **infinito** se e solo se può essere messo in corrispondenza biunivoca con un suo sottoinsieme proprio.

L'idea di Dedekind estende l'operazione del contare dal finito all'infinito utilizzando il concetto di corrispondenza biunivoca. È possibile dire che due insiemi hanno lo stesso numero di elementi se e solo se possono essere messi in corrispondenza biunivoca: questo criterio funziona nel finito e si stabilisce di estenderlo agli insiemi infiniti.

▸ Domenico Tintoretto, *Ritratto di Galileo Galilei* – National Maritime Museum, Greenwich, Londra.

Ora abbiamo un criterio per risolvere il paradosso di Galileo: i quadrati dei numeri naturali, che sono un sottoinsieme proprio dell'insieme dei numeri naturali, sono tanti quanti i numeri naturali. Si dice quindi che i due insiemi hanno la stessa **cardinalità**. Infatti è possibile stabilire fra i due insiemi la corrispondenza biunivoca $f(n) = n^2$.
Analogamente possiamo dire che i numeri pari sono tanti quanti i numeri naturali, perché fra i due insiemi esiste la corrispondenza biunivoca $f(n) = 2n$ che associa a ogni numero naturale n il numero pari $2n$ e, viceversa, a ogni numero pari $2n$ il numero naturale n.
Allo stesso modo i numeri dispari hanno la stessa cardinalità dei numeri naturali, perché fra i due insiemi è possibile stabilire la corrispondenza biunivoca $f(n) = 2n + 1$.

I numeri interi hanno la stessa cardinalità dei numeri naturali. Infatti possiamo costruire la seguente corrispondenza biunivoca tra i due insiemi:

- associamo il numero naturale 0 al numero intero 0;
- associamo il numero naturale $2n$ al numero intero n;
- associamo il numero naturale $2n + 1$ al numero intero $-n$.

Possiamo quindi concludere che a ogni numero naturale corrisponde uno e un solo numero intero e, viceversa, a ogni numero intero uno e un solo numero naturale.

Il paradiso di Cantor

Finora tutti gli insiemi infiniti che abbiamo considerato hanno la stessa cardinalità dei numeri naturali: si dice anche che si tratta di insiemi **numerabili**.
Che cosa possiamo dire della cardinalità dell'insieme $\mathbb{Q}$ dei numeri razionali? $\mathbb{Q}$ è numerabile?
Se la risposta è sì, allora dobbiamo contare i numeri razionali ordinandoli in modo tale che sia possibile individuare un primo, un secondo, un terzo elemento, e così via...
È il matematico tedesco Georg Cantor a trovare una corrispondenza biunivoca tra $\mathbb{Q}$ e $\mathbb{N}$.
Per farlo Cantor considera l'insieme di tutte le frazioni non negative e riesce a metterlo in corrispondenza biunivoca con l'insieme dei numeri naturali, ordinando gli elementi come segue:

$$\frac{0}{1}$$
$$\frac{1}{1}$$
$$\frac{2}{1}, \frac{1}{2}$$
$$\frac{3}{1}, \frac{2}{2}, \frac{1}{3}$$
$$\frac{4}{1}, \frac{3}{2}, \frac{2}{3}, \frac{1}{4}$$
$$\dots$$

Nella prima riga compare $\frac{0}{1}$, l'unica frazione per cui la somma tra numeratore e denominatore è 1; nella seconda riga compaiono tutte le frazioni non nulle per cui la somma tra numeratore e denominatore è 2; nella terza riga compaiono tutte le frazioni non nulle per cui la somma fra numeratore e denominatore è 3. In generale nell'n-esima riga compaiono tutte le frazioni non nulle per cui la somma fra numeratore e denominatore è n, e così via all'infinito.

La tabella di Cantor non esclude alcuna frazione, anzi contiene infinite frazioni fra loro equivalenti, che rappresentano lo stesso numero razionale. Nonostante ciò esse possono essere contate, cioè possono essere messe in corrispondenza biunivoca con i numeri naturali, associando 0 alla prima frazione, 1 alla seconda, 2 alla terza, e così via.

La corrispondenza biunivoca tra $\mathbb{N}$ e l'insieme delle frazioni non negative consente di costruire anche una corrispondenza biunivoca tra $\mathbb{N}$ e l'insieme dei numeri razionali non negativi.
A questo punto possiamo concludere che l'insieme dei numeri razionali è in corrispondenza biunivoca con l'insieme dei naturali facendo queste considerazioni:

- costruiamo una corrispondenza biunivoca tra l'insieme dei numeri pari e l'insieme dei numeri razionali non negativi: ciò è possibile perché i numeri razionali non negativi sono in corrispondenza biunivoca con i naturali che a loro volta hanno la stessa cardinalità dei numeri pari;
- costruiamo una corrispondenza biunivoca tra l'insieme dei numeri dispari e l'insieme dei numeri razionali negativi.

In questo modo abbiamo stabilito una corrispondenza biunivoca tra l'insieme dei numeri razionali e l'insieme dei numeri naturali. Anche l'insieme $\mathbb{Q}$ ha la cardinalità del numerabile: opportunamente riordinati, i suoi elementi possono essere contati.

Possiamo allora concludere che la cardinalità del numerabile è una caratteristica di tutti gli insiemi infiniti?
È ancora Cantor a dimostrare che *i numeri reali non possono essere contati*. Osserviamo che il problema di dimostrare la non numerabilità di $\mathbb{R}$ è intrinsecamente molto più difficile dei precedenti: è necessario dimostrare che qualunque funzione si definisca sull'insieme $\mathbb{N}$, la sua immagine $f(\mathbb{N})$ non può essere uguale a $\mathbb{R}$.
Cantor riesce nel suo intento dimostrando che l'intervallo di numeri reali $]0, 1[$, che ha la stessa cardinalità dell'insieme $\mathbb{R}$, non è un insieme numerabile. Da ciò segue che $\mathbb{R}$ non è numerabile.
La dimostrazione di Cantor è complessa, ma possiamo evidenziarne le linee essenziali.

- Ogni numero reale compreso tra 0 e 1 può essere rappresentato in forma decimale con una scrittura del tipo $0, b_1b_2b_3\ldots b_n\ldots$ con le cifre decimali b_i comprese tra 0 e 9 e non tutte uguali a 9.
- Se i numeri reali dell'intervallo $]0, 1[$ potessero essere contati, allora dovrebbero poter essere elencati in una tabella del tipo:

$$
\begin{array}{l}
0, a_{11}a_{12}a_{13}a_{14}\ldots a_{1n}\ldots \\
0, a_{21}a_{22}a_{23}a_{24}\ldots a_{2n}\ldots \\
0, a_{31}a_{32}a_{33}a_{34}\ldots a_{3n}\ldots \\
\ldots \\
0, a_{n1}a_{n2}a_{n3}a_{n4}\ldots a_{nn}\ldots \\
\ldots
\end{array}
$$

Il pedice di ciascuna cifra è formato da due elementi: il primo indica l'ordine del numero considerato; il secondo indica l'ordine della cifra decimale considerata del numero. Così, per esempio, a_{11} indica la prima cifra decimale del primo numero; a_{21} indica la prima cifra decimale del secondo numero; a_{34} indica la quarta cifra decimale del terzo numero, e così via.

◄ ► Davide Osenda, *Ultima lezione a Gottinga* (2009).

Stanno prendendo piede negli ultimi anni racconti illustrati con la tecnica del fumetto, detti *graphic novel*, che trattano argomenti matematici.
Il lavoro di Davide Osenda è stato presentato anche al festival della matematica di Roma.
Il racconto tratta dell'ultima lezione che il professor Fiz, di origine ebrea, tiene a Gottinga in un'aula pressoché deserta, negli anni Trenta. La lezione riguarda il concetto di infinito in matematica, attraverso i lavori e le riflessioni di Cantor, Hilbert, Zermelo e Gödel.
Il matematico Odifreddi ha scritto, nella sua introduzione al racconto: *Il fumetto, alternando il chiaroscuro infernale del nazismo alla luminosità paradisiaca della matematica, riesce a far intravedere con gli occhi del corpo ciò che si può vedere compiutamente solo con gli occhi della mente* [...].

- Consideriamo il numero reale $c = 0{,}c_1c_2c_3\ldots c_n\ldots$ così costruito:

  $c_1 \neq a_{11}$
  $c_2 \neq a_{22}$
  $\ldots$
  $c_n \neq a_{nn}$
  $\ldots$

  Il numero c è diverso da ogni numero elencato nella tabella. Allo stesso modo potremmo costruire infiniti numeri che non possono essere elencati nella tabella.
- Deduciamo che l'ipotesi assunta, cioè che l'insieme di numeri reali appartenenti all'intervallo $]0, 1[$ è numerabile, conduce a una contraddizione e pertanto è da rifiutare. Concludiamo quindi che $\mathbb{R}$ non è numerabile.

La dimostrazione di Cantor conduce a considerare un infinito di tipo diverso da quello numerabile: si dice anche che i numeri reali hanno la **cardinalità del continuo**.

Ma si può provare che esiste anche una cardinalità maggiore di quella del continuo. Infatti l'insieme delle parti di $\mathbb{N}$, cioè l'insieme che contiene tutti i sottoinsiemi di $\mathbb{N}$, ha la cardinalità del continuo. Ma è possibile dimostrare che l'insieme delle parti di un qualunque insieme A ha cardinalità maggiore di A, quindi possiamo concludere che l'insieme delle parti di $\mathbb{R}$ ha una cardinalità maggiore del continuo. Essa corrisponde alla cardinalità dell'insieme delle funzioni reali di variabile reale.
I *tipi di infinito* che possono essere individuati rispetto alla cardinalità assumono, in un certo senso, una gerarchia.

Gli studi di Cantor aprirono la strada a sviluppi formidabili del pensiero matematico, in particolare alla possibilità di formalizzare nel linguaggio degli insiemi i più importanti concetti della matematica.
Il matematico David Hilbert (1862-1943) dice in proposito: «Nessuno ci caccerà dal Paradiso che Cantor ha creato per noi».

LABORATORIO DI **MATEMATICA CON LO SMARTPHONE**

Le successioni

1 **Come puoi rappresentare un numero finito di termini di una successione con il tuo smartphone?**
Quali esplorazioni possono aiutarti a fare congetture plausibili sull'eventuale carattere della successione?

2 **Come puoi osservare l'andamento della somma dei primi n termini di una progressione geometrica?**

1 **Usa un'app per rappresentare graficamente i primi 10 termini della successione definita da $f(n) = \dfrac{n+1}{n}$.**

Crea una variabile n costruendo un cursore (indicato spesso nelle app con il termine *slider*) che assuma valori nell'insieme dei numeri naturali. In particolare poni:

- uguale a 1 il valore iniziale del cursore;
- uguale a 1 l'incremento;
- uguale a 10 il valore massimo del cursore.

Definisci il punto di coordinate $\left(n, \dfrac{n+1}{n}\right)$ e usa il cursore per modificare il valore della variabile n: in questo modo puoi vedere l'andamento del grafico dei primi 10 termini della successione. In generale le app rappresentano un solo punto per volta.
Per ottenere il grafico di tutti i 10 valori considerati:

- cancella la variabile n;
- crea una lista di valori naturali da 1 a 10, che puoi chiamare ancora n, come nelle immagini riportate: $n = [1, 2, \ldots, 10]$;
- crea la lista di punti $\left(n, \dfrac{n+1}{n}\right)$.

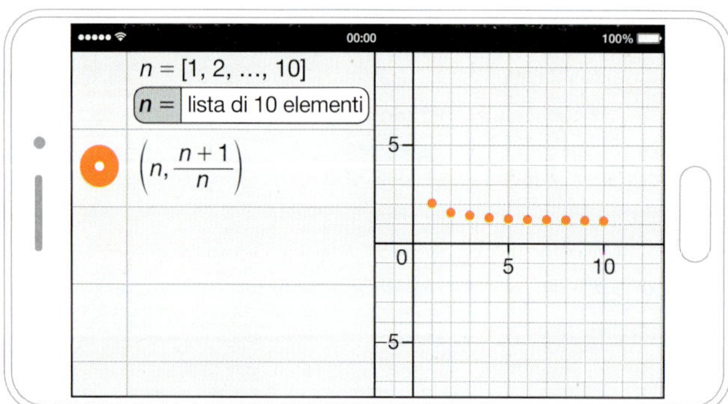

► Figura 1

In questo modo l'app visualizza tutti i 10 punti.

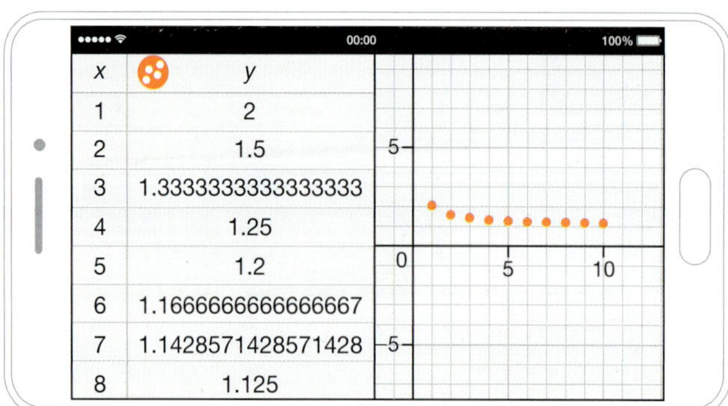

► Figura 2

Puoi anche convertire la lista dei punti in una tabella che riporta le coordinate dei punti rappresentati: nella prima colonna le ascisse x, che corrispondono ai valori della variabile indipendente; nella seconda colonna le ordinate y, che corrispondono ai valori $f(n)$.

In genere le app consentono di costruire tabelle di successioni anche in modo diretto, assegnando alla variabile indipendente n i valori desiderati.
Alcune app hanno restrizioni sul nome della variabile indipendente, che viene assegnato in modo automatico. Se, per esempio, il nome assegnato di default alla variabile indipendente è x_1, i valori della variabile n devono essere memorizzati in x_1. Quindi nella seconda colonna, dove vuoi inserire i valori assunti dalla successione $f(n) = \frac{n+1}{n}$, occorre che tu scriva $(x_1 + 1)/x_1$.

Se vuoi stimare il limite della successione puoi, per esempio, far calcolare $f(x_1)$ per x_1 che varia su un insieme di potenze di 10 con esponenti positivi.

L'esplorazione suggerisce che $\lim_{n \to +\infty} \frac{n+1}{n} = 1$.

x_1	$\frac{x_1+1}{x_1}$
10	1.1
10^2	1.01
10^3	1.001
10^4	1.0001
10^5	1.00001

▲ **Figura 3**

2 **Costruisci due cursori** che rappresentino:

- il termine iniziale a_0 della progressione geometrica;
- la ragione q.

Crea una tabella inserendo la legge della progressione geometrica, per esempio $a_0 q^{x_2}$ dove alla variabile indipendente n è stato assegnato il nome x_2.

In figura puoi avere un'idea di come cambia l'andamento della progressione al variare della ragione q con $a_0 = 0.5$.

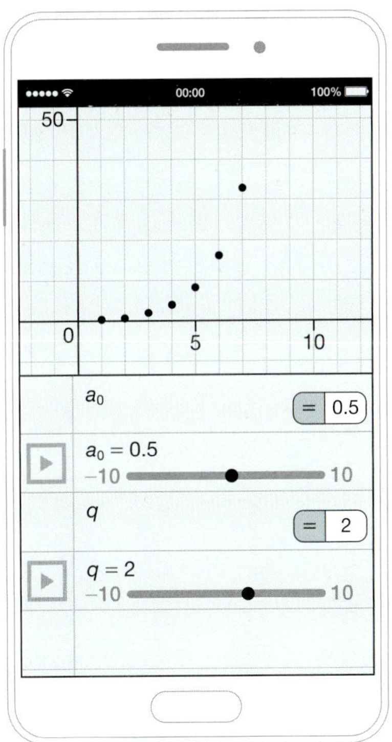

▲ **Figura 4**

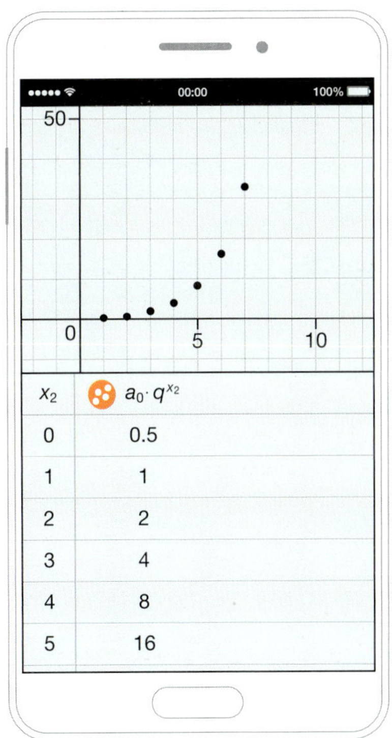

▲ **Figura 5**

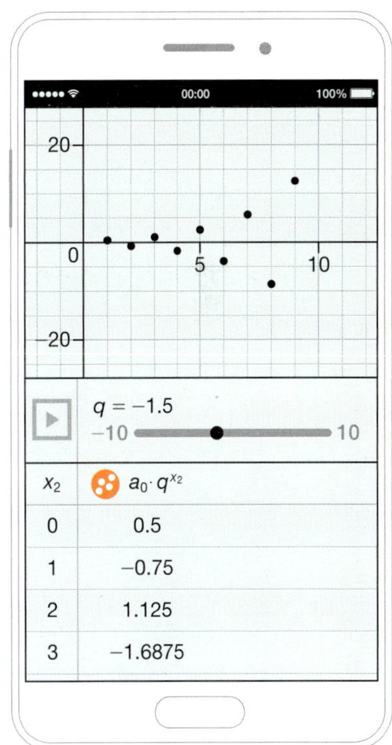

▲ **Figura 6**

Usa il cursore a_0 per variare il primo termine e osserva come cambiano i valori della progressione geometrica; analogamente, varia il cursore q e osserva come cambia l'andamento della progressione geometrica al variare della ragione.
Se applichi una funzione logaritmica a una progressione geometrica con termini positivi ottieni una progressione aritmetica; se, invece, applichi una funzione esponenziale a una progressione aritmetica ottieni una progressione geometrica. Sai spiegare perché?

SEZIONE

B

GEOMETRIA

INIZIAMO CON UN PROBLEMA
Sezioni di un cubo e percorsi minimi

INIZIAMO CON UN PROBLEMA

Sezioni di un cubo e percorsi minimi

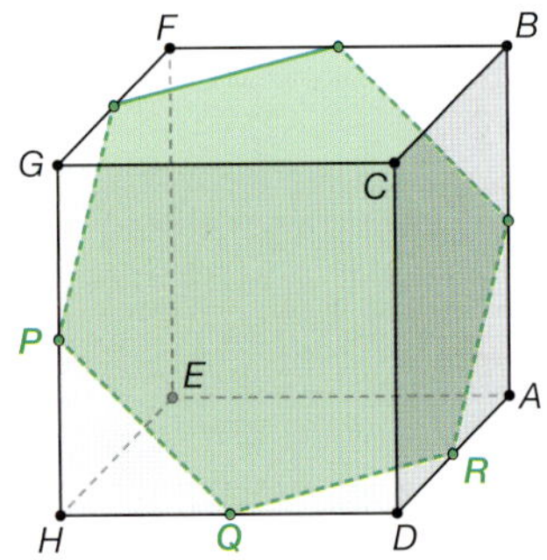

Sia *ABCDHEFG* un cubo. Per sezionarlo con dei piani, considera le seguenti possibilità:

1 i piani sono paralleli allo spigolo *EF* e intersecano gli spigoli *FG* e *FB*;

2 i piani sono paralleli alla faccia *ABFE* e intersecano lo spigolo *FG*;

3 i piani intersecano gli spigoli *FG* e *FB* e la retta su cui giace lo spigolo *EF*, come in figura.

Che tipo di sezioni ottieni?

Nei casi 1 e 2 è immediato riconoscere che le sezioni sono rettangoli, quadrati oppure segmenti (nel caso di sezioni degeneri).

Nel caso 3 il problema riserva qualche sorpresa. Per studiarlo possiamo usare un cubo trasparente e un elastico che, opportunamente posizionato, consente di individuare le diverse sezioni. Simuliamo con l'elastico i piani che intersecano gli spigoli *FG* e *FB* in due punti e la retta *EF* in un punto: possiamo osservare triangoli, quadrilateri, pentagoni ed esagoni. La fotografia a lato rappresenta un cubo trasparente riempito in parte di liquido colorato che, inclinato in modo opportuno, mostra un esagono regolare.

Se sezioniamo il cubo con un piano perpendicolare alla diagonale *EC* e passante per il suo punto medio otteniamo un esagono regolare.

Le conoscenze di geometria analitica dello spazio descritte nel capitolo 4 ti consentiranno di dimostrare questa affermazione.

Percorsi minimi

Il percorso di minima lunghezza tra due punti del piano, come è noto, è il segmento che li congiunge.

Quali sono i percorsi di minima lunghezza sulla superficie di un cubo?

L'esagono regolare che si forma sezionando il cubo con il piano perpendicolare alla diagonale *EC* e passante per il suo punto medio è un percorso di minima lunghezza. Infatti se consideriamo lo sviluppo piano del cubo in figura, l'esagono corrisponde al segmento rosso e quindi a un percorso di minima lunghezza. L'esagono regolare non è l'unico percorso di lunghezza minima: qualunque segmento parallelo a quello con tratto rosso e compreso tra i due segmenti tratteggiati è un percorso di minima lunghezza.

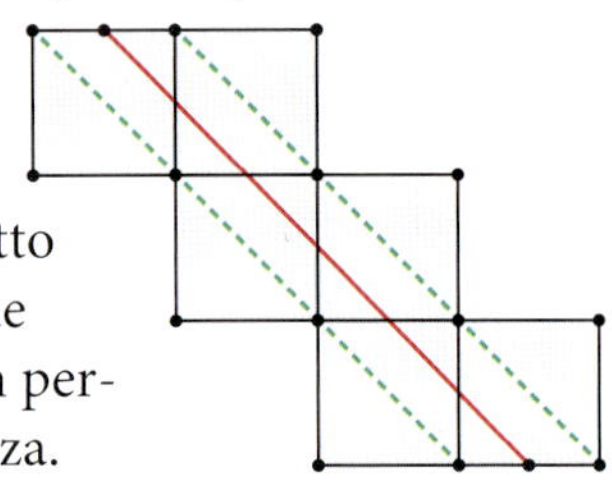

La figura a lato suggerisce come riottenere un cubo dallo sviluppo piano precedentemente considerato: è sufficiente piegarlo in modo che facce dello stesso colore siano facce opposte del cubo.

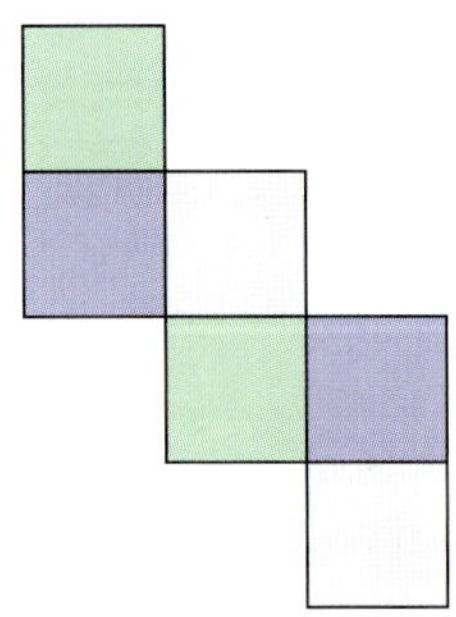

Oltre la terza dimensione

Le sezioni che si ottengono intersecando un cubo con un piano possono essere pensate come proiezioni su uno schermo di un cubo illuminato da diversi punti di vista. Se una persona osserva solo le ombre e conosce un po' di geometria, può fare congetture plausibili sulle caratteristiche del solido che proietta le ombre sullo schermo. Queste considerazioni suggeriscono di pensare le figure solide come ombre proiettate su schermi tridimensionali da figure quadridimensionali.

Come immaginare figure a quattro dimensioni?

Assegniamo a un punto dimensione 0; da questo costruiamo un segmento, che ha dimensione 1. Sul segmento ottenuto costruiamo un quadrato (dimensione 2) e da questo innalziamo un cubo (dimensione 3).

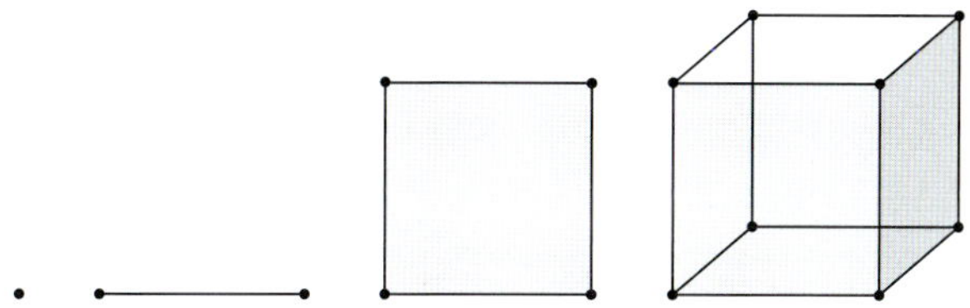

Come possiamo passare alla dimensione 4? Immaginiamo di innalzare sul cubo di dimensione 3 un oggetto di dimensione 4 costruendo su ciascuna faccia del cubo un nuovo cubo nella direzione perpendicolare alle tre dimensioni spaziali. Otteniamo così un cubo quadridimensionale detto **ipercubo**.

Proviamo a costruire un'immagine di un ipercubo. Illuminiamo un cubo dall'alto con una sorgente luminosa puntiforme in modo che i raggi incidano in direzione ortogonale a una faccia del cubo e raccogliamo su uno schermo parallelo a questa faccia le ombre prodotte.
Se la sorgente è posta all'infinito l'ombra è un quadrato: in questo caso la proiezione della faccia illuminata coincide con quella della faccia opposta.
Immaginiamo ora di avvicinare la sorgente alla faccia illuminata: la proiezione della faccia illuminata, cioè quella più vicina alla sorgente, assume dimensioni maggiori della proiezione della faccia opposta. Sul piano dello schermo otteniamo quindi una figura costituita da:

- un quadrato interno, che è la proiezione sul piano della faccia opposta a quella illuminata;
- un quadrato esterno, che è la proiezione sul piano della faccia illuminata;
- quattro trapezi, che sono le proiezioni sul piano delle facce laterali del cubo.

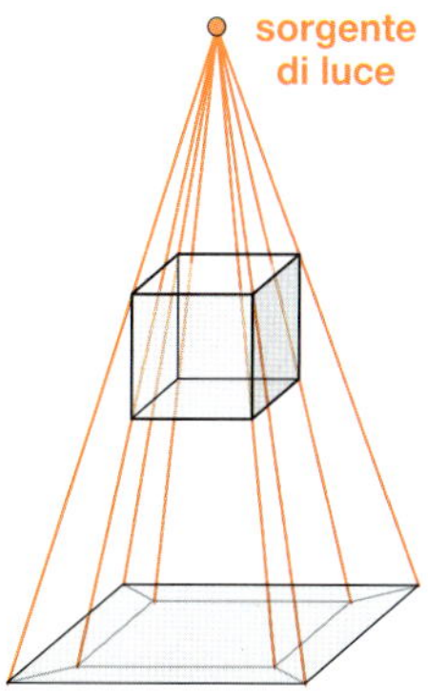

▶ Ombra di un cubo sul piano.

Per analogia proiettiamo ortogonalmente un ipercubo sullo spazio tridimensionale. Se il punto da cui effettuiamo la proiezione è all'infinito otteniamo un cubo; se il punto da cui proiettiamo si trova a distanza finita da una delle *facce* dell'ipercubo, otteniamo due cubi uno interno all'altro.

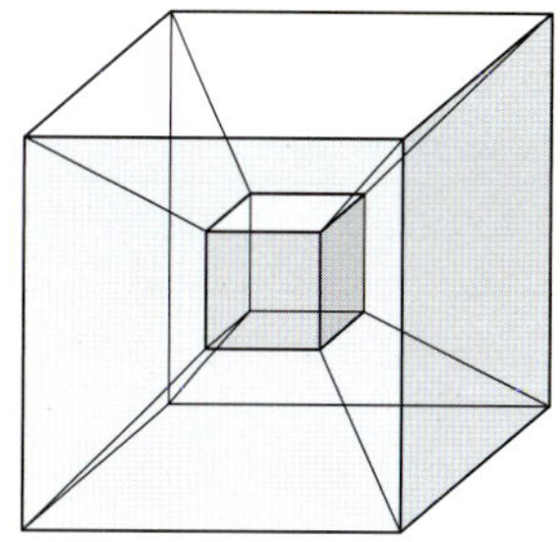

▲ Ombra di un ipercubo nello spazio.

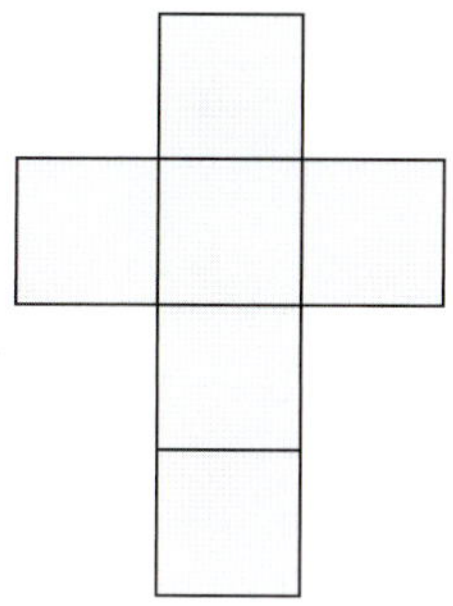

Un altro modo di immaginare un ipercubo è utilizzare l'analogia con gli sviluppi piani del cubo, che sono combinazioni di sei quadrati come per esempio quello in figura.

Possiamo immaginare, per analogia, che lo sviluppo solido di un ipercubo sia costituito da combinazioni di otto cubi, come per esempio quello rappresentato in figura.

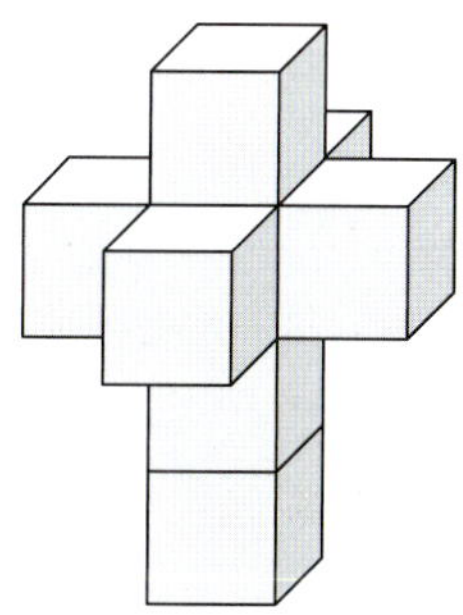

▶ Salvador Dalì, *Corpus Hypercubus* (1954), Metropolitan Museum of Art, New York. La croce alla quale è accostato il Cristo è lo sviluppo dell'ipercubo nello spazio 3D.

CAPITOLO 4 Punti, rette e piani nello spazio

PROBLEMA

Dipende dal contesto

Che cosa rappresenta l'uguaglianza $x = 2$?

Risoluzione

Le risposte sono diverse a seconda del contesto in cui viene posta la domanda.
Se il contesto è $\mathbb{R}$, cioè la retta reale, allora $x = 2$ individua il punto di ascissa 2.

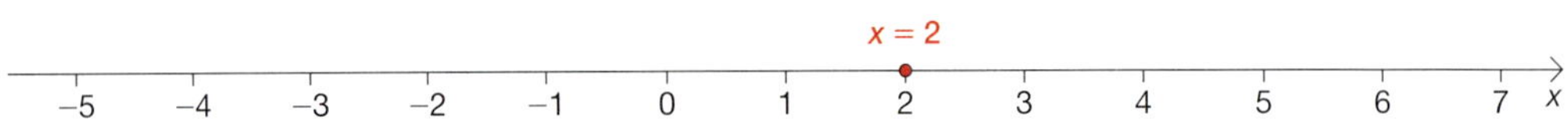

Nel piano $\mathbb{R}^2$ l'uguaglianza $x = 2$ individua tutti i punti che hanno ascissa uguale a 2, cioè tutti i punti del piano appartenenti alla retta parallela all'asse y di equazione $x = 2$.

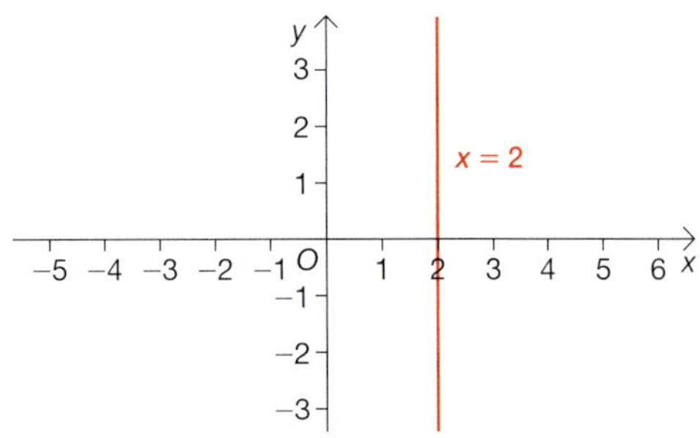

Nello spazio $\mathbb{R}^3$ dobbiamo considerare le terne ordinate di numeri reali (x, y, z) che soddisfano l'equazione data, cioè il luogo geometrico dei punti dello spazio che hanno coordinate del tipo $(2, y, z)$, dove x è fissata e uguale a 2 mentre y e z variano liberamente. Si tratta dei punti del piano perpendicolare al piano xy che lo interseca nella retta $x = 2$.

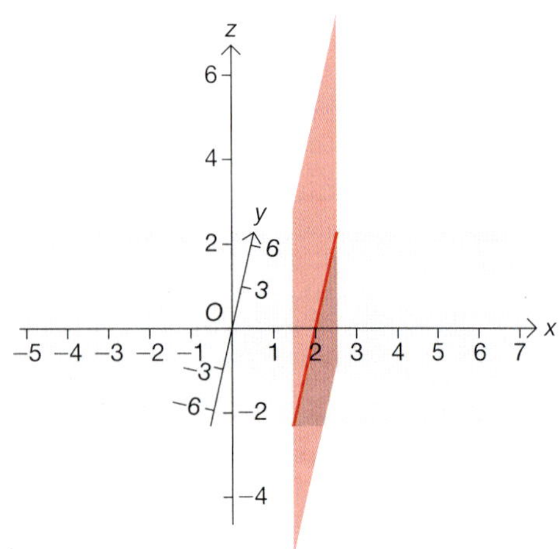

Alcune domande che aprono nuove prospettive

Come usare l'algebra per rappresentare punti, rette e piani nello spazio? Come estendere i metodi della geometria analitica dal piano allo spazio?

La retta nello spazio

Equazioni di una retta per due punti

Nel piano e nello spazio
Una retta è univocamente individuata da due punti distinti o da un punto e una direzione.

Una retta passante per un punto A e con direzione individuata da un vettore $\mathbf{v}$ non nullo può essere pensata come il luogo geometrico dei punti P dello spazio tali che il vettore $\overrightarrow{AP}$ ha la stessa direzione di $\mathbf{v}$.

Consideriamo nello spazio due punti distinti $A(x_A, y_A, z_A)$ e $B(x_B, y_B, z_B)$: il vettore $\mathbf{v} = \overrightarrow{AB}$ individua la direzione della retta passante per A e per B. Un punto $P(x, y, z)$ distinto da A appartiene a questa retta se e solo se il vettore $\overrightarrow{AP}$ ha la stessa direzione del vettore $\mathbf{v}$.
In altri termini deve esistere un numero reale $t \neq 0$ tale che:

$$\overrightarrow{AP} = t\,\overrightarrow{AB}$$

cioè

$$[x - x_A, y - y_A, z - z_A] = t[x_B - x_A, y_B - y_A, z_B - z_A].$$

Da questa uguaglianza ricaviamo l'**equazione vettoriale della retta** passante per i punti A e B:

$$[x, y, z] = [x_A, y_A, z_A] + t[x_B - x_A, y_B - y_A, z_B - z_A].$$

OSSERVA

L'equazione $[x, y, z] = [x_A, y_A, z_A] + t[x_B - x_A, y_B - y_A, z_B - z_A]$ vale anche per $t = 0$. In questo caso il punto P coincide con A:

$$[x, y, z] = [x_A, y_A, z_A] + 0 \cdot [x_B - x_A, y_B - y_A, z_B - z_A] = [x_A, y_A, z_A].$$

L'equazione $[x, y, z] = [x_A, y_A, z_A] + t[x_B - x_A, y_B - y_A, z_B - z_A]$ può anche essere espressa mediante il sistema:

$$\begin{cases} x = x_A + t(x_B - x_A) \\ y = y_A + t(y_B - y_A) \\ z = z_A + t(z_B - z_A) \end{cases}$$

Le equazioni del sistema sono dette **equazioni parametriche di una retta nello spazio**.
Ogni valore reale del parametro t individua un punto della retta; viceversa a ogni punto della retta corrisponde un valore reale di t.
Quindi la conoscenza del numero reale t consente di individuare il punto sulla retta: per questo si dice che t rappresenta la **coordinata parametrica** del corrispondente punto sulla retta.
La figura mostra la retta AB e i vettori:

$$\mathbf{a} = [x_A, y_A, z_A]$$
$$\mathbf{b} = [x_B, y_B, z_B]$$
$$\mathbf{r} = [x_P, y_P, z_P]$$
$$\mathbf{v} = \overrightarrow{AB}.$$

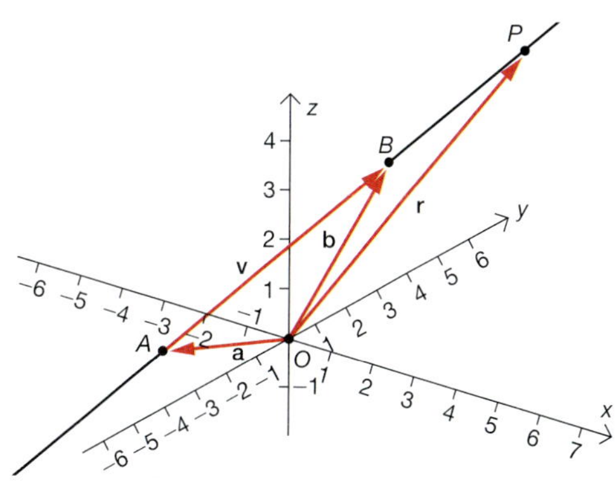

In particolare:
- al valore $t = 0$ corrisponde il punto A;
- al valore $t = 1$ corrisponde il punto B.

Se facciamo variare t su opportuni sottoinsiemi di $\mathbb{R}$ possiamo esprimere particolari sottoinsiemi della retta.

Per esempio, se $t \in [0, 1]$ otteniamo tutti e soli i punti del segmento AB.
Se invece $t \in [0, +\infty[$ oppure se $t \in]-\infty, 0]$ otteniamo le due semirette di origine A e fra loro *opposte*.

OSSERVA

Un'equazione vettoriale della retta passante per i punti A e B

$$[x, y, z] = [x_A, y_A, z_A] + t[x_B - x_A, y_B - y_A, z_B - z_A]$$

si può scrivere anche nella forma equivalente

$$[x, y, z] = \mathbf{a} + t(\mathbf{b} - \mathbf{a})$$

oppure nella forma

$$[x, y, z] = (1 - t)\mathbf{a} + t\mathbf{b}.$$

Di volta in volta sceglieremo la rappresentazione più adeguata al contesto.

PER ESEMPIO

Determiniamo un'equazione vettoriale e un sistema di equazioni parametriche della retta passante per i punti $A(2, 1, -3)$ e $B(1, -1, -5)$.
Scegliamo come vettore direzione $\mathbf{v} = [x_B - x_A, y_B - y_A, z_B - z_A] = [-1, -2, -2]$ e imponiamo il passaggio per A: un'equazione vettoriale della retta è

$$[x - 2, y - 1, z + 3] = t[-1, -2, -2]$$

che possiamo anche scrivere nella forma

$$[x, y, z] = [2, 1, -3] + t[-1, -2, -2].$$

Un sistema di equazioni parametriche è:

$$\begin{cases} x = 2 - t \\ y = 1 - 2t \\ z = -3 - 2t \end{cases}$$

Se imponiamo il passaggio per il punto B e scegliamo come vettore direzione $\mathbf{v}' = -2\mathbf{v}$ otteniamo un'altra delle infinite rappresentazioni parametriche della stessa retta:

$$\begin{cases} x = 1 + 2t \\ y = -1 + 4t \\ z = -5 + 4t \end{cases}$$

Appartenenza di un punto a una retta

Mostriamo con un esempio come verificare l'appartenenza di un punto a una retta.

PER ESEMPIO

Verifichiamo che il punto $Q(9, -2, 7)$ appartiene alla retta r di equazione vettoriale $[x, y, z] = [3, 4, -5] + t[1, -1, 2]$ e che il punto $R(5, -3, 11)$ non appartiene a r.
Q appartiene alla retta se e solo se esiste un valore del parametro t tale che:

$$[9, -2, 7] = [3, 4, -5] + t[1, -1, 2]$$

cioè

$$\begin{cases} 9 = 3 + t \\ -2 = 4 - t \\ 7 = -5 + 2t \end{cases}$$

Dalla prima equazione ricaviamo $t = 6$. Questo valore di t rende vere sia la seconda sia la terza uguaglianza e quindi Q appartiene alla retta r.

Per il punto R verifichiamo che non esiste t tale che:

$$\begin{cases} 5 = 3 + t \\ -3 = 4 - t \\ 11 = -5 + 2t \end{cases}$$

Dalla prima equazione ricaviamo $t = 2$, ma questo valore di t non soddisfa né la seconda né la terza equazione.
Anche se per $t = 2$ non fosse stata verificata *una sola* delle altre equazioni avremmo potuto concludere che R non appartiene alla retta.

Le posizioni reciproche di due rette nello spazio

Nel piano	**Nello spazio**
Due rette sono *incidenti* se hanno un solo punto in comune, mentre sono *parallele* se coincidono o non hanno punti in comune.	Due rette senza punti in comune possono *non* essere *parallele*.

MEMO

Nello spazio, come nel piano, due rette sono parallele se i rispettivi vettori direzione sono proporzionali.

Per esempio dato il cubo $ABCDHEFG$ consideriamo le due rette su cui giacciono gli spigoli AB e FG. Queste rette non hanno punti in comune, ma non sono parallele, perché i vettori direzione delle due rette non sono proporzionali.

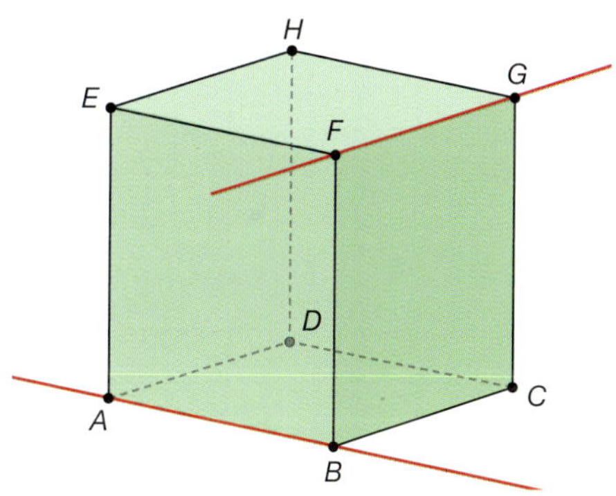

Nello spazio due rette che non hanno punti in comune e non sono parallele si dicono *sghembe*.

- Due rette dello spazio sono **sghembe** se e solo se non esiste un piano che le contenga entrambe.
- Due rette che appartengono a uno stesso piano sono **incidenti** oppure **parallele**.

Vediamo mediante alcuni esempi come determinare le reciproche posizioni di due rette dello spazio.

PER ESEMPIO

1 Dimostriamo che le seguenti equazioni vettoriali rappresentano la stessa retta:

$[x, y, z] = [-1, 1, 2] + t[2, 2, 1]$

$[x, y, z] = [5, 7, 5] + s[6, 6, 3]$.

Osserviamo che i due vettori direzione sono proporzionali:

$[6, 6, 3] = 3[2, 2, 1]$.

Pertanto le due rette sono parallele. Se dimostriamo che hanno un punto in comune, allora sono anche coincidenti, cioè sono la stessa retta.
Ponendo $s = 0$ risulta che il punto di coordinate $(5, 7, 5)$ appartiene alla seconda retta.
Vediamo se appartiene anche alla prima retta, quindi se esiste un valore del parametro t tale che $[5, 7, 5] = [-1, 1, 2] + t[2, 2, 1]$:

$$\begin{cases} 5 = -1 + 2t \\ 7 = 1 + 2t \\ 5 = 2 + t \end{cases}$$

Dalla prima equazione ricaviamo $t = 3$. Questo valore di t rende vere sia la seconda sia la terza uguaglianza e quindi le due equazioni rappresentano la stessa retta, come volevamo dimostrare.

2 Dimostriamo che le seguenti equazioni vettoriali rappresentano due rette parallele e distinte:

$$[x, y, z] = [-1, 1, 2] + t[2, 2, 1]$$
$$[x, y, z] = [-5, -3, 1] + s[-4, -4, -2].$$

Anche in questo caso i vettori direzione sono proporzionali, quindi le due rette sono parallele:

$$[-4, -4, -2] = -2[2, 2, 1].$$

Vediamo se esiste un valore di t tale che $[-5, -3, 1] = [-1, 1, 2] + t[2, 2, 1]$:

$$\begin{cases} -5 = -1 + 2t \\ -3 = 1 + 2t \\ 1 = 2 + t \end{cases}$$

Dalla prima equazione otteniamo $t = -2$. Questo valore di t rende vera la seconda equazione, ma non la terza, quindi le due rette sono parallele e distinte.

3 Dimostriamo che le seguenti equazioni vettoriali rappresentano due rette sghembe:

$$r: [x, y, z] = [1, -1, 2] + t[-3, 1, -1]$$
$$r': [x, y, z] = [1, 3, -3] + s[2, -2, 3].$$

r e r' non sono parallele poiché i relativi vettori direzione non sono proporzionali.
Se le due rette sono incidenti allora esiste un punto $P(x, y, z)$ che appartiene sia alla retta r sia alla retta r'. Quindi devono esistere un valore reale del parametro t e un valore reale del parametro s che rendono vere le tre uguaglianze seguenti:

$$\begin{cases} 1 - 3t = 1 + 2s \\ -1 + t = 3 - 2s \\ 2 - t = -3 + 3s \end{cases}$$

Risolviamo il sistema composto dalle prime due equazioni e verifichiamo se le soluzioni trovate soddisfano anche la terza.

Dalle prime due equazioni otteniamo $t = -2$ e $s = 3$. Se sostituiamo questi valori nella terza equazione otteniamo $4 = 6$, cioè un'uguaglianza falsa. Quindi r e r' non hanno punti in comune.
Possiamo concludere che r e r' sono sghembe, perché non sono parallele e non hanno punti in comune.

4 Dimostriamo che le seguenti equazioni vettoriali rappresentano due rette incidenti e determiniamo l'ampiezza di uno degli angoli che esse formano:

r: $[x, y, z] = [0, 1, 3] + t[2, 1, 1]$

r': $[x, y, z] = [0, 2, 2] + s[1, 0, 1]$.

r e r' non sono parallele poiché i relativi vettori direzione non sono proporzionali. Le due rette sono incidenti se esistono un valore del parametro t e un valore del parametro s che rendono vere le tre uguaglianze seguenti:

$$\begin{cases} 2t = s \\ 1 + t = 2 \\ 3 + t = 2 + s \end{cases}$$

Dalle prime due equazioni otteniamo $t = 1$ e $s = 2$. Se sostituiamo questi valori nella terza equazione otteniamo $3 + 1 = 2 + 2$, cioè un'uguaglianza vera. Quindi le due rette sono incidenti.

Per trovare il punto di intersezione P sostituiamo $t = 1$ nell'equazione di r oppure $s = 2$ nell'equazione di r'. Otteniamo $P(2, 2, 4)$.

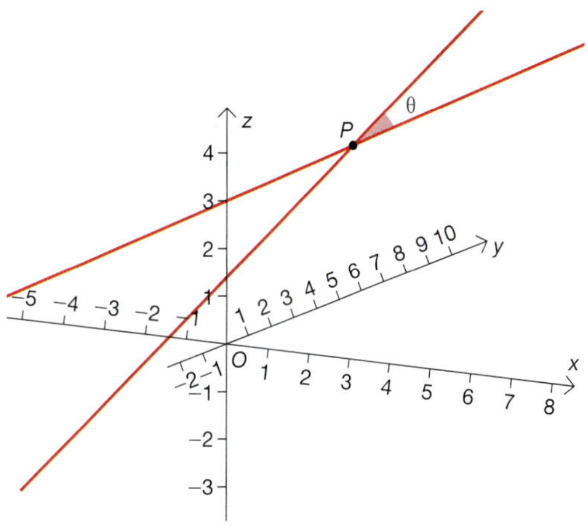

Le rette r e r' formano quattro angoli a due a due di uguale ampiezza. Possiamo quindi limitarci a considerare due di essi, per esempio:

- l'angolo acuto θ formato dai vettori direzione $\mathbf{v} = [2, 1, 1]$ e $\mathbf{v}' = [1, 0, 1]$;
- il suo supplementare, l'angolo ottuso γ di ampiezza $180° - \theta$.

Possiamo usare la relazione:

$$\cos(\theta) = \frac{\mathbf{v} \cdot \mathbf{v}'}{|\mathbf{v}||\mathbf{v}'|} = \frac{2+1}{\sqrt{6}\sqrt{2}} = \frac{3}{\sqrt{12}} = \frac{3}{2\sqrt{3}} = \frac{\sqrt{3}}{2} \Rightarrow \theta = 30°.$$

L'angolo ottuso γ formato da r e r' è l'angolo supplementare di θ:

$\gamma = 180° - \theta = 150°$.

Rette perpendicolari nello spazio

Nello spazio, come nel piano, la condizione di perpendicolarità fra due rette r e r' è equivalente alla condizione di perpendicolarità dei relativi vettori direzione.
Diamo quindi la seguente definizione.

Due rette r e r' dello spazio si dicono **perpendicolari** oppure **ortogonali** se e solo se il prodotto scalare tra i loro vettori direzione è uguale a 0.

Esiste però una sostanziale differenza tra quello che accade nel piano e quello che accade nello spazio.

Nel piano	Nello spazio
Due rette perpendicolari sono necessariamente incidenti.	Due rette potrebbero essere perpendicolari e non incidenti.

Nello spazio due rette potrebbero avere vettori direzione ortogonali, cioè con prodotto scalare nullo, ma essere sghembe. Riprendiamo l'esempio del cubo *ABCDEFGH* e consideriamo le due rette sui cui giacciono i due spigoli *AB* e *FG*.

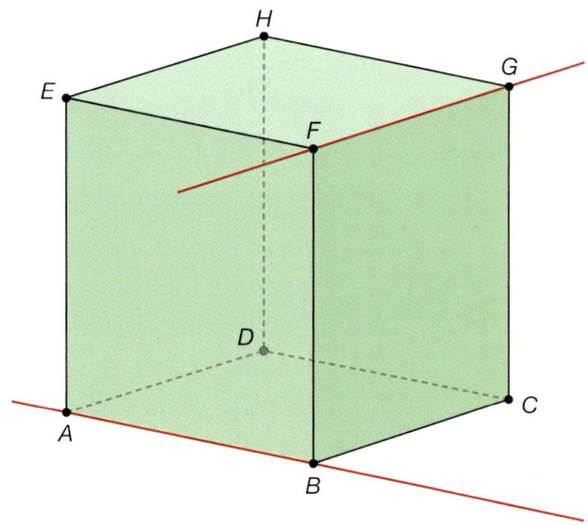

I vettori direzione delle rette *AB* e *FG* sono ortogonali e quindi il loro prodotto scalare è nullo, però le due rette non sono incidenti e dunque sono sghembe.

Nel piano	Nello spazio
Due rette perpendicolari a una stessa retta sono tra loro parallele.	Due rette perpendicolari a una stessa retta possono formare angoli qualsiasi.

Nella figura precedente, le rette *HD* e *FG* sono entrambe ortogonali alla retta *AB* e sono tra loro ortogonali.

PER ESEMPIO

Dimostriamo che le seguenti equazioni vettoriali rappresentano due rette ortogonali e non incidenti.

$$[x, y, z] = t[2, 1, 0]$$

$$[x, y, z] = [3, -2, 0] + s[0, 0, 1]$$

Osserviamo che il prodotto scalare dei due vettori direzione vale 0:

$$[2, 1, 0] \cdot [0, 0, 1] = 2 \cdot 0 + 1 \cdot 0 + 0 \cdot 1 = 0.$$

Quindi le rette sono ortogonali.
Per verificare che non sono incidenti dobbiamo mostrare che non hanno punti in comune: poiché non sono parallele, questo equivale a provare che sono sghembe.
Consideriamo il sistema seguente:

$$\begin{cases} 2t = 3 \\ t = -2 \\ 0 = s \end{cases}$$

Le prime due equazioni sono incompatibili, quindi non esiste alcuna coppia di valori di t e s che rende vere tutte e tre le equazioni. Pertanto le due rette non hanno punti in comune e sono sghembe.

Esiste un'altra caratteristica che distingue le rette perpendicolari nel piano dalle rette perpendicolari nello spazio.

Nel piano	**Nello spazio**
Data una retta r e un punto P esiste un'unica retta passante per P e perpendicolare a r.	Le rette ortogonali a una retta r passanti per un punto P sono infinite.

Vediamolo con un esempio.

PER ESEMPIO

Consideriamo la retta r di equazione vettoriale $[x, y, z] = [-1, 3, 2] + t[1, 1, 1]$ e il suo punto $P(-1, 3, 2)$ che si ottiene per $t = 0$.
Consideriamo la generica retta r' passante per P di equazione vettoriale:

$$[x, y, z] = [-1, 3, 2] + s[a, b, c].$$

$\mathbf{v} = [a, b, c]$ è il vettore direzione di r' ed è non nullo.
Affinché r sia perpendicolare a r' il prodotto scalare dei due vettori direzione deve essere nullo:

$$[1, 1, 1] \cdot [a, b, c] = a + b + c = 0 \Rightarrow c = -a - b.$$

Se imponiamo la condizione $c = -a - b$, troviamo che ogni retta r' di equazione vettoriale

$$[x, y, z] = [-1, 3, 2] + s[a, b, -a - b]$$

è perpendicolare a r.
Possiamo assegnare alla coppia a, b infiniti valori diversi, non entrambi nulli: otteniamo in questo modo infinite rette perpendicolari a r e passanti per P. Quindi esistono infinite rette perpendicolari a r. Esiste infatti un solo piano passante per P e perpendicolare a r: tutte le rette di quel piano sono perpendicolari a r.

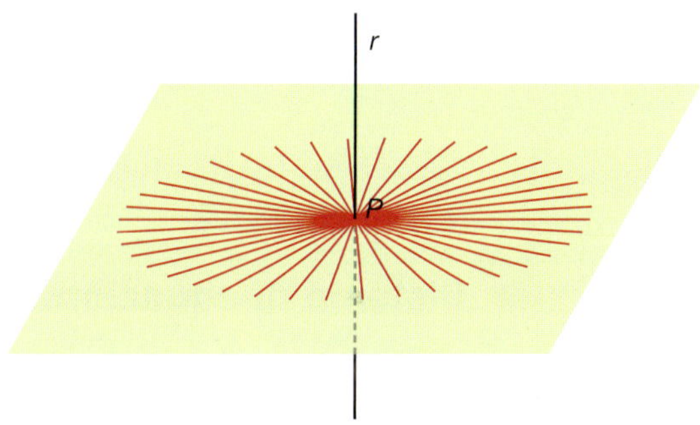

Nel piano e nello spazio
Esiste una e una sola retta r' perpendicolare e incidente a una retta r e passante per un punto Q non appartenente a r.

PER ESEMPIO

Consideriamo la retta r di equazione vettoriale $[x, y, z] = [-1, 3, 2] + t[1, 1, 1]$ e il punto $Q(5, 1, 3)$ che non appartiene a r.
Determiniamo la retta r' che passa per Q ed è perpendicolare e incidente a r.
Questa retta ha vettore direzione $\mathbf{v}$ ortogonale al vettore direzione $\mathbf{d} = [1, 1, 1]$ di r, quindi:

$$\mathbf{v} \cdot \mathbf{d} = 0.$$

Per determinare $\mathbf{v}$:

- consideriamo un punto $P_0 \in r$ che quindi ha coordinate del tipo $(-1 + t_0, 3 + t_0, 2 + t_0)$;
- determiniamo il vettore $\mathbf{v} = \overrightarrow{P_0Q} = [6 - t_0, -2 - t_0, 1 - t_0]$;
- imponiamo che $\mathbf{v} \cdot \mathbf{d} = 0$, cioè $6 - t_0 - 2 - t_0 + 1 - t_0 = 0$, da cui $t_0 = \frac{5}{3}$ e quindi $P_0\left(\frac{2}{3}, \frac{14}{3}, \frac{11}{3}\right)$. P_0 è il punto di incidenza tra le due rette ortogonali r e r'.

Infine troviamo $\mathbf{v} = \left[\frac{13}{3}, -\frac{11}{3}, -\frac{2}{3}\right]$.

Un'equazione vettoriale di r' è quindi:

$$[x, y, z] = [5, 1, 3] + s\left[\frac{13}{3}, -\frac{11}{3}, -\frac{2}{3}\right].$$

Puoi verificare che il punto P_0 corrisponde al valore -1 del parametro s.

Il modulo di $\mathbf{v} = \overrightarrow{P_0Q}$ fornisce anche la distanza del punto Q dalla retta r:

$$d(Q, r) = |\mathbf{v}| = \sqrt{\left(\frac{13}{3}\right)^2 + \left(-\frac{11}{3}\right)^2 + \left(-\frac{2}{3}\right)^2} = \sqrt{\frac{294}{9}} = \frac{7\sqrt{6}}{3}.$$

La retta r' incidente a una retta r e passante per un punto $Q \notin r$ è unica. Infatti, se consideriamo due punti A e B di r e un punto Q non appartenente a r, allora esiste un solo piano α a cui appartengono i tre punti A, B e Q. La retta r è contenuta in α ed è unica la retta r' che giace sul piano, passa per Q ed è perpendicolare a r.

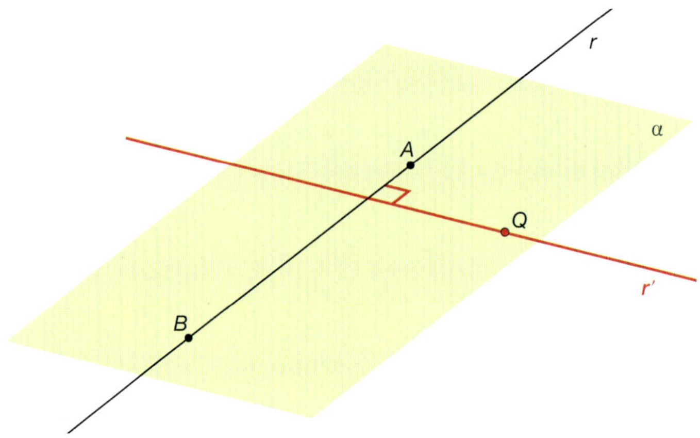

Sistema di equazioni cartesiane di una retta

Vediamo con un esempio come descrivere una retta mediante un sistema di equazioni cartesiane.

PER ESEMPIO

Consideriamo la retta nello spazio passante per i punti $A(2, -1, -2)$ e $B(3, 2, -4)$. Una sua equazione vettoriale è $[x, y, z] = [2, -1, -2] + t[1, 3, -2]$, che equivale alle seguenti equazioni parametriche:

$$\begin{cases} x = 2 + t \\ y = -1 + 3t \\ z = -2 - 2t \end{cases}$$

Eliminiamo il parametro t in modo da ottenere equazioni che contengano solo x, y e z. Per farlo possiamo esplicitare il parametro t nella prima equazione e sostituirlo nelle altre due equazioni:

$$\begin{cases} t = x - 2 \\ y = -1 + 3t \\ z = -2 - 2t \end{cases} \Rightarrow \begin{cases} t = x - 2 \\ y = -1 + 3x - 6 \\ z = -2 - 2x + 4 \end{cases} \Rightarrow \begin{cases} 3x - y - 7 = 0 \\ 2x + z - 2 = 0 \end{cases}$$

Che cosa rappresentano le ultime due equazioni?

Determiniamo l'insieme dei punti dello spazio che verificano, per esempio, l'equazione:

$$3x - y - 7 = 0.$$

Nel piano xy questa equazione individua la retta r.

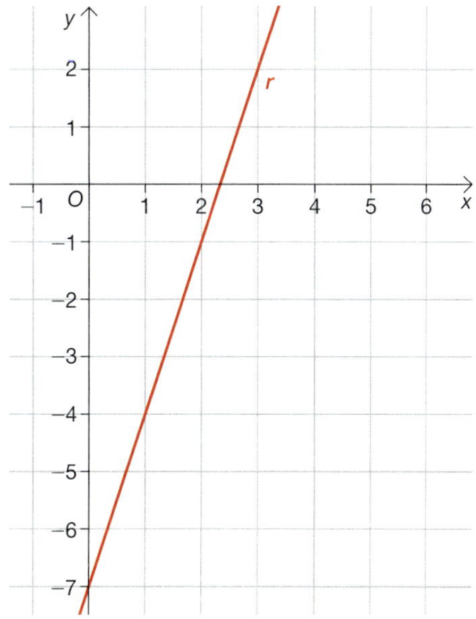

Troviamo i punti (x, y, z) dello spazio che verificano l'equazione.
Poiché nell'equazione non compare z, non stiamo imponendo alcun vincolo su z.
In altre parole, se prendiamo un punto di coordinate $(x_0, y_0, 0)$ che appartiene alla retta r del piano xy, cioè tale che $3x_0 - y_0 - 7 = 0$, ogni altra terna (x_0, y_0, z) continua a verificare l'equazione.
Per ogni punto $(x_0, y_0, 0)$ di r l'insieme dei punti (x_0, y_0, z) individua la retta perpendicolare al piano xy e passante per il punto $(x_0, y_0, 0)$.
L'insieme di tutte queste rette forma il piano ortogonale al piano xy e che lo interseca nella retta di equazione $3x - y - 7 = 0$.

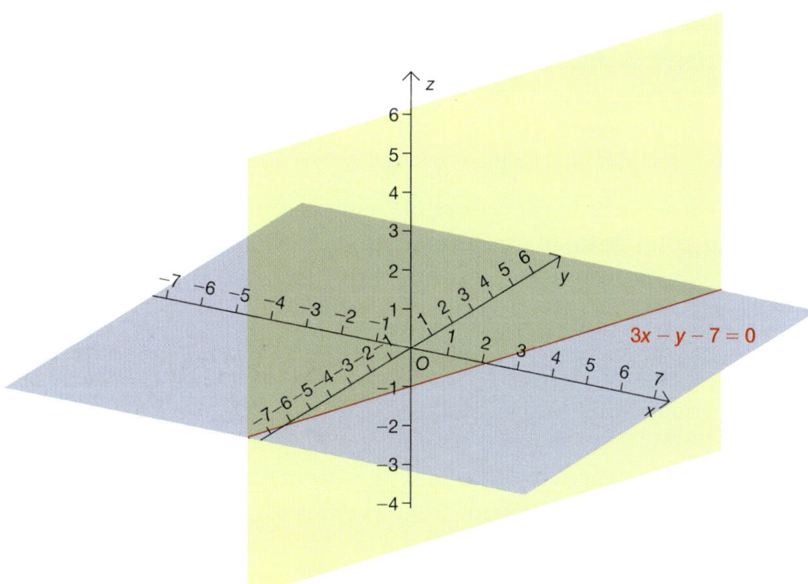

Un discorso del tutto analogo vale per l'equazione $2x + z - 2 = 0$ che nello spazio è l'equazione del piano ortogonale al piano xz che lo interseca nella retta che, nel piano xz, ha equazione $2x + z - 2 = 0$.

In conclusione possiamo descrivere una retta nello spazio anche utilizzando un sistema formato da due equazioni lineari nelle variabili x, y, z, detto **sistema di equazioni cartesiane di una retta**. Come mostreremo nel corso del capitolo, dal punto di vista geometrico questo corrisponde a ottenere una retta come intersezione di due piani. La seguente figura illustra il caso della retta AB dell'esempio precedente.

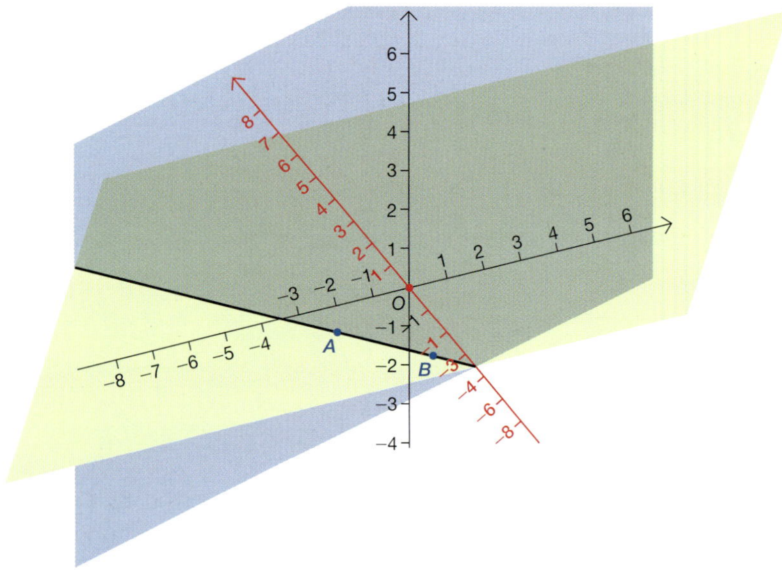

I piani nello spazio

Equazioni di un piano nello spazio

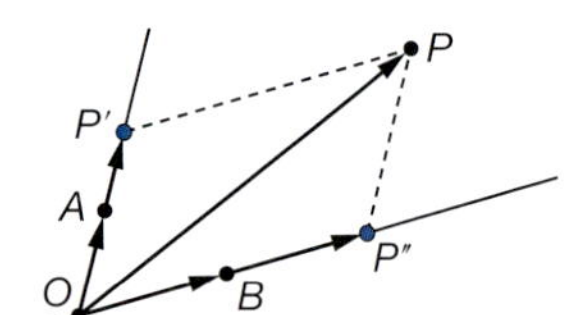

Dati in un piano tre punti non allineati O, A, B, i due vettori $\mathbf{a} = \overrightarrow{OA}$ e $\mathbf{b} = \overrightarrow{OB}$ sono non paralleli. Fissato un punto qualsiasi P del piano, possiamo esprimere il vettore $\overrightarrow{OP}$ come somma di due vettori $\overrightarrow{OP'}$ e $\overrightarrow{OP''}$ che hanno la stessa direzione rispettivamente dei vettori **a** e **b**.
Quindi esistono due numeri reali s e t tali che $\overrightarrow{OP'} = s\mathbf{a}$ e $\overrightarrow{OP''} = t\mathbf{b}$ e possiamo scrivere:

$$\overrightarrow{OP} = s\mathbf{a} + t\mathbf{b}.$$

Si dice anche che il vettore $\overrightarrow{OP}$ è una **combinazionc lincarc** dci vcttori **a** e **b**.
In generale un piano si caratterizza mediante tre punti A, B e C non allineati; tutti i punti del piano si possono esprimere mediante un'opportuna combinazione lineare dei vettori $\overrightarrow{AB}$ e $\overrightarrow{AC}$.

▶ Tre punti $A(x_A, y_A, z_A)$, $B(x_B, y_B, z_B)$ e $C(x_C, y_C, z_C)$ nello spazio non allineati individuano uno e un solo piano.

Dato un generico punto $P(x, y, z)$ di questo piano, possiamo esprimere il vettore $\mathbf{r} = \overrightarrow{AP}$ come combinazione lineare dei vettori $\mathbf{v} = \overrightarrow{AB}$ e $\mathbf{w} = \overrightarrow{AC}$:

$$\mathbf{r} = s\mathbf{v} + t\mathbf{w}$$

o, in forma equivalente,

$$[x - x_A, y - y_A, z - z_A] = s[x_B - x_A, y_B - y_A, z_B - z_A] + t[x_C - x_A, y_C - y_A, z_C - z_A].$$

Questa equazione prende il nome di **equazione vettoriale** del piano passante per i punti A, B e C.

L'equazione vettoriale del piano passante per i punti A, B e C può essere espressa anche mediante il seguente sistema:

$$\begin{cases} x = x_A + s(x_B - x_A) + t(x_C - x_A) \\ y = y_A + s(y_B - y_A) + t(y_C - y_A) \\ z = z_A + s(z_B - z_A) + t(z_C - z_A) \end{cases}$$

Le equazioni che compongono il sistema sono dette **equazioni parametriche del piano**.
Ogni coppia ordinata di valori reali dei parametri s e t individua un punto del piano; viceversa a ogni punto del piano corrisponde una coppia ordinata di valori reali dei parametri s e t.
In particolare il punto A si ottiene per $s = 0$ e $t = 0$, il punto B per $s = 1$ e $t = 0$ e il punto C per $s = 0$ e $t = 1$.
In generale la coppia di numeri reali (s, t) costituisce le *coordinate parametriche* del punto P sul piano individuato dal punto A e dai vettori **v** e **w**.

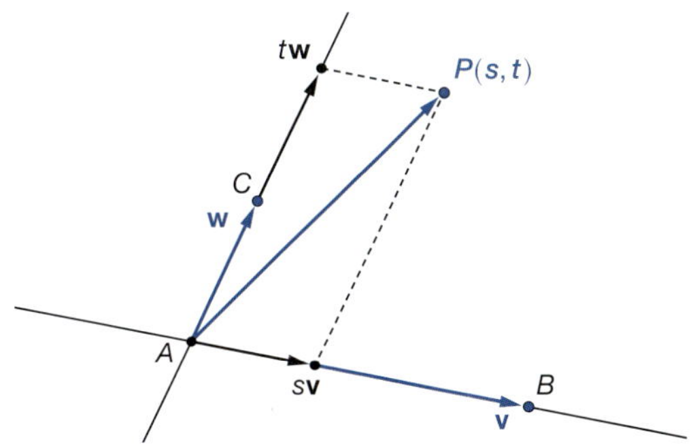

PER ESEMPIO

Determiniamo un'equazione vettoriale e un sistema di equazioni parametriche del piano passante per $A(2, -1, 3)$, $B(4, 1, -1)$ e $C(-3, 3, 2)$.
Abbiamo $\mathbf{v} = \overrightarrow{AB} = [2, 2, -4]$ e $\mathbf{w} = \overrightarrow{AC} = [-5, 4, -1]$.
Quindi un'equazione vettoriale del piano è:

$$[x-2, y+1, z-3] = s[2, 2, -4] + t[-5, 4, -1]$$

che possiamo anche scrivere nella forma

$$[x, y, z] = [2, -1, 3] + s[2, 2, -4] + t[-5, 4, -1].$$

Un sistema di equazioni parametriche è:

$$\begin{cases} x = 2 + 2s - 5t \\ y = -1 + 2s + 4t \\ z = 3 - 4s - t \end{cases}$$

Quindi le coordinate del generico punto di questo piano nello spazio tridimensionale sono $(2 + 2s - 5t, -1 + 2s + 4t, 3 - 4s - t)$.

L'equazione vettoriale di un piano si può scrivere come

$$\mathbf{x} = \mathbf{a} + s\mathbf{v} + t\mathbf{w},$$

dove con $\mathbf{x} = \overrightarrow{OX}$ indichiamo il vettore posizione del generico punto $X(x, y, z)$ del piano e con $\mathbf{a} = \overrightarrow{OA}$ il vettore posizione di un determinato punto A del piano. Allora **un piano è individuato da un punto e da due direzioni non parallele**.
Per individuare una retta sono sufficienti invece un punto e una direzione.

Riprendiamo in considerazione il sistema di equazioni parametriche del piano ottenuto nel precedente esempio e risolviamolo rispetto ai parametri s e t:

$$\begin{cases} x = 2 + 2s - 5t \\ y = -1 + 2s + 4t \\ z = 3 - 4s - t \end{cases}$$

Sottraiamo membro a membro le prime due equazioni e otteniamo $x - y = 3 - 9t$ da cui:

$$t = \frac{3 - x + y}{9}.$$

Moltiplichiamo per 2 entrambi i membri della seconda equazione:

$$2y = 2(-1 + 2s + 4t).$$

Addizioniamo l'equazione risultante alla terza e otteniamo:

$$2y + z = 2(-1 + 2s + 4t) + (3 - 4s - t) \Rightarrow 2y + z = 1 + 7t.$$

Poniamo $t = \dfrac{3 - x + y}{9}$ e semplifichiamo:

$$7x + 11y + 9z - 30 = 0.$$

Questa è un'equazione lineare nelle variabili x, y e z ed è detta *equazione cartesiana del piano* nello spazio.

Nel piano	**Nello spazio**
Data l'equazione cartesiana di una retta $ax + by + c = 0$, il vettore $[a, b]$ è ortogonale alla retta.	Data l'equazione cartesiana di un piano $ax + by + cz + d = 0$, il vettore $[a, b, c]$ è ortogonale al piano.

Generalizziamo considerando il punto $P_0(x_0, y_0, z_0)$ di un piano e il vettore $\mathbf{n} = [a, b, c]$ non nullo ortogonale al piano. Allora $\mathbf{n}$ è ortogonale a tutte le rette del piano passanti per P_0.
Sia $X(x, y, z)$ il generico punto del piano: il vettore $\overrightarrow{P_0X} = [x - x_0, y - y_0, z - z_0]$ è ortogonale a $\mathbf{n}$.
Due vettori sono ortogonali se e solo se il loro prodotto scalare è uguale a 0, quindi deve essere $\mathbf{n} \cdot \overrightarrow{P_0X} = 0$, cioè:

$$[a, b, c] \cdot [x - x_0, y - y_0, z - z_0] = 0.$$

Svolgendo i calcoli, otteniamo

$$a(x - x_0) + b(y - y_0) + c(z - z_0) = 0$$

o anche

$$ax + by + cz - ax_0 - by_0 - cz_0 = 0.$$

Poniamo $d = -ax_0 - by_0 - cz_0$ e otteniamo:

$$ax + by + cz + d = 0,$$

che è la forma standard dell'equazione lineare in tre variabili che rappresenta un piano nello spazio, detta anche **equazione cartesiana del piano**. Quindi **un piano può essere individuato da un punto e un vettore ortogonale al piano**.

Nel piano	**Nello spazio**
Una retta è rappresentata da un'equazione lineare in due variabili: $ax + by + c = 0$.	Un piano è rappresentato da un'equazione lineare in tre variabili: $ax + by + cz + d = 0$.
I coefficienti a e b nell'equazione lineare $ax + by + c = 0$ della retta nel piano xy sono le componenti di un vettore $\mathbf{v}$ perpendicolare alla retta.	I coefficienti a, b e c nell'equazione del piano $ax + by + cz + d = 0$ sono le componenti di un vettore $\mathbf{n}$ ortogonale al piano.
La dimensione di una retta in $\mathbb{R}^2$ è $2 - 1 = 1$.	La dimensione di un piano in $\mathbb{R}^3$ è $3 - 1 = 2$.

OSSERVA

Se A e B sono due punti qualsiasi di un piano, un vettore **n** ortogonale al piano è ortogonale al vettore $\overrightarrow{AB}$.

In riferimento alla figura:

$$\mathbf{n} \cdot \mathbf{a} = 0, \mathbf{n} \cdot \mathbf{b} = 0 \Rightarrow$$
$$\Rightarrow \mathbf{n} \cdot \mathbf{b} - \mathbf{n} \cdot \mathbf{a} = \mathbf{n} \cdot (\mathbf{b} - \mathbf{a}) = 0$$

quindi **n** è ortogonale a $\mathbf{b} - \mathbf{a} = \overrightarrow{AB}$.

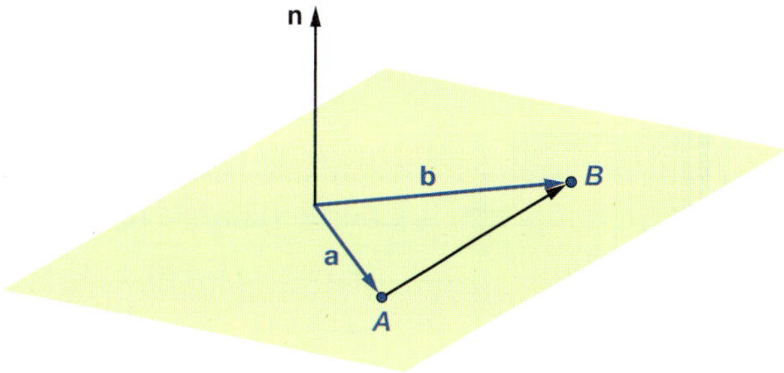

PER ESEMPIO

Riprendiamo l'esempio di pagina 47. Consideriamo la retta r di equazione vettoriale $[x, y, z] = [-1, 3, 2] + t[1, 1, 1]$ e il punto $Q(5, 1, 3)$ che non appartiene a r.
Determiniamo un'equazione dell'unico piano α perpendicolare a r e passante per Q.
Il piano α è perpendicolare a r, quindi il vettore direzione di r, cioè $[1, 1, 1]$, è ortogonale ad α. Il punto Q appartiene ad α, quindi, se $X(x, y, x)$ è un qualunque punto di α, abbiamo:

$$[1, 1, 1] \cdot [x - 5, y - 1, z - 3] = 0 \quad \text{cioè } x + y + z - 9 = 0.$$

Consideriamo ora la retta r' passante per Q ortogonale e incidente a r, di cui avevamo trovato un sistema di equazioni parametriche:

$$\begin{cases} x = 5 + \dfrac{13}{3}s \\ y = 1 - \dfrac{11}{3}s. \\ z = 3 - \dfrac{2}{3}s \end{cases}$$

Verifichiamo che r' appartiene al piano α: sostituiamo ognuna delle equazioni del sistema nell'equazione del piano α e otteniamo

$$5 + \frac{13}{3}s + 1 - \frac{11}{3}s + 3 - \frac{2}{3}s - 9 = 0$$

cioè $0 = 0$, qualsiasi sia il valore di s. Abbiamo così dimostrato che r' giace sul piano α perché ognuno dei suoi punti soddisfa l'equazione di α.

OSSERVA

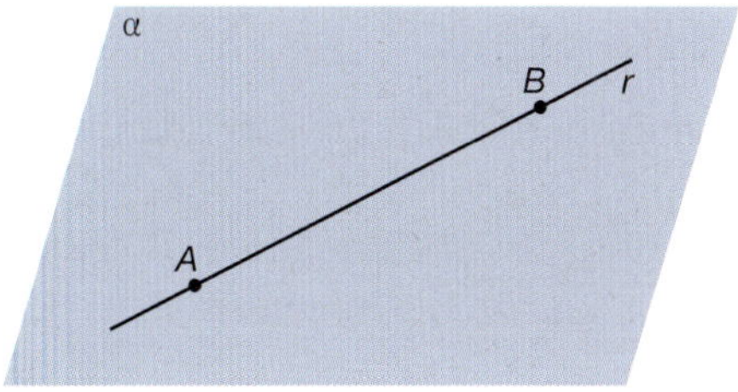

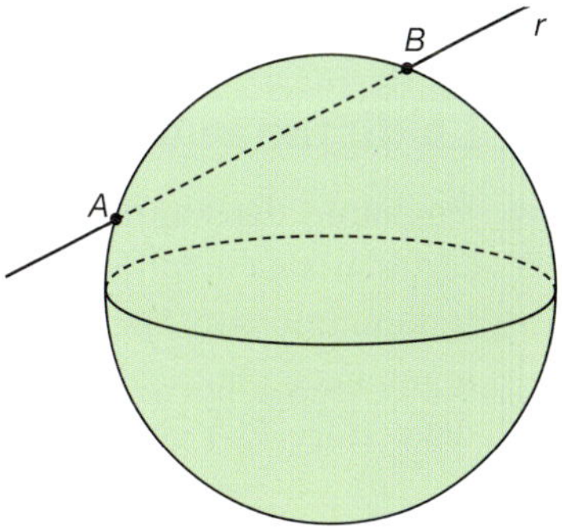

Se una retta ha due punti in comune con un piano, allora tutti i suoi punti appartengono al piano. Questa proprietà corrisponde all'idea intuitiva che un piano deve essere *piatto*. Questa proprietà non vale, per esempio, per la sfera: se una retta ha due punti in comune con una superficie sferica, nessun altro punto di questa superficie appartiene alla retta.

In sintesi, possiamo individuare un piano mediante:

- tre punti non allineati;
- un punto e due vettori non paralleli;
- un punto e un vettore ortogonale al piano stesso.

Un piano può essere individuato anche tramite una coppia di rette incidenti o una coppia di rette parallele e distinte. Vediamolo con un esempio.

PER ESEMPIO

1 Due rette incidenti individuano uno e un solo piano

Consideriamo le rette r e r' di equazioni vettoriali:

$$r: [x, y, z] = [0, 1, 3] + t[2, 1, 1]$$
$$r': [x, y, z] = [0, 2, 2] + s[1, 0, 1].$$

Abbiamo dimostrato nell'esempio a pagina 45 che r e r' sono rette incidenti e che $P(2, 2, 4)$ è il loro punto di intersezione.
Determiniamo altri due punti Q e R, con $Q \in r$ e $R \in r'$.
Poniamo per esempio uguale a 0 il valore del parametro nelle due equazioni, ottenendo $Q(0, 1, 3)$ e $R(0, 2, 2)$. Abbiamo dunque determinato una terna di punti non allineati per cui passa il piano. Siccome P e Q appartengono alla retta r, allora r giace sul piano individuato dai tre punti. Analogamente r' appartiene a questo piano.
Puoi verificare che un'equazione del piano è:

$$x - y - z + 4 = 0.$$

2 Due rette parallele e distinte individuano uno e un solo piano

Consideriamo le rette l e l' di equazioni vettoriali:

$$l: [x, y, z] = [-1, 1, 2] + t[2, 2, 1]$$
$$l': [x, y, z] = [-5, -3, 1] + s[-4, -4, -2].$$

Abbiamo dimostrato nell'esempio di pagina 44 che si tratta di due rette parallele e distinte. Se poniamo $t = 0$ e $t = 1$ nella prima equazione, otteniamo due punti A e B di l: $A(-1, 1, 2)$ e $B(1, 3, 3)$.
Analogamente, se poniamo $s = 0$ nella seconda equazione, otteniamo il punto $C(-5, -3, 1)$ di l'.
Puoi verificare che un'equazione del piano è:

$$x - y + 2 = 0.$$

La distanza di un punto da un piano

Questo ragionamento ripercorre quello fatto nel volume B per determinare la distanza di un punto da una retta di equazione $ax + by + c = 0$.

Vogliamo determinare la distanza di un punto $A(x_A, y_A, z_A)$ da un piano α di equazione cartesiana $ax + by + cz + d = 0$.
Indichiamo con $P_0(x_0, y_0, z_0)$ un punto qualsiasi del piano α. Il vettore $\mathbf{n} = [a, b, c]$ è ortogonale al piano e la distanza $d(A, \alpha)$ è uguale alla lunghezza della proiezione ortogonale del vettore $\overrightarrow{P_0A}$ su $\mathbf{n}$:

$$d(A, \alpha) = \frac{|\overrightarrow{P_0A} \cdot \mathbf{n}|}{|\mathbf{n}|}.$$

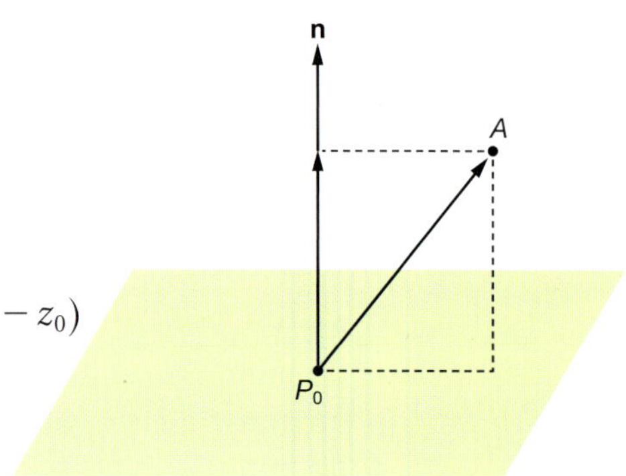

D'altra parte:

$$\overrightarrow{P_0A} = [x_A - x_0, y_A - y_0, z_A - z_0]$$
$$\overrightarrow{P_0A} \cdot \mathbf{n} = a(x_A - x_0) + b(y_A - y_0) + c(z_A - z_0)$$
$$|\mathbf{n}| = \sqrt{a^2 + b^2 + c^2}.$$

Quindi:

$$d(A, \alpha) = \frac{|a(x_A - x_0) + b(y_A - y_0) + c(z_A - z_0)|}{\sqrt{a^2 + b^2 + c^2}} = \frac{|ax_A - ax_0 + by_A - by_0 + cz_A - cz_0|}{\sqrt{a^2 + b^2 + c^2}}.$$

Poiché il punto $P_0(x_0, y_0, z_0)$ appartiene al piano α le sue coordinate soddisfano l'equazione del piano, cioè:

$$ax_0 + by_0 + cz_0 + d = 0,$$

da cui $d = -ax_0 - by_0 - cz_0$.

Sostituiamo questa espressione nella precedente uguaglianza e otteniamo che la distanza del punto $A(x_A, y_A, z_A)$ dal piano di equazione $ax + by + cz + d = 0$ è:

$$d(A, \alpha) = \frac{|ax_A + by_A + cz_A + d|}{\sqrt{a^2 + b^2 + c^2}}.$$

PER ESEMPIO

Determiniamo con la formula appena dimostrata la distanza del punto $A(1, -4, -3)$ dal piano α di equazione $2x - 3y + 6z + 1 = 0$:

$$d(A, \alpha) = \frac{|2 \cdot 1 + (-3) \cdot (-4) + 6 \cdot (-3) + 1|}{\sqrt{2^2 + (-3)^2 + 6^2}} = \frac{3}{7}.$$

Possiamo arrivare allo stesso risultato determinando il punto A_0, piede della perpendicolare condotta dal punto A al piano α. Un vettore direzione della perpendicolare è il vettore $\mathbf{n} = [2, -3, 6]$, quindi una sua equazione vettoriale è

$$[x, y, z] = [1, -4, -3] + t[2, -3, 6]$$

a cui corrispondono le seguenti equazioni parametriche:

$$\begin{cases} x = 1 + 2t \\ y = -4 - 3t \\ z = -3 + 6t \end{cases}$$

Se sostituiamo queste equazioni nell'equazione di α, otteniamo:

$$2(1 + 2t) - 3(-4 - 3t) + 6(-3 + 6t) + 1 = 0,$$

da cui $t = \frac{3}{49}$, cioè il valore del parametro che corrisponde al punto A_0, intersezione tra la retta e il piano. Quindi $A_0\left(\frac{55}{49}, -\frac{205}{49}, -\frac{129}{49}\right)$ e di conseguenza:

$$d(A, A_0) = d(A, \alpha) = \frac{3}{7},$$

come ci aspettavamo.

Dimostriamo ora quanto affermato nella rubrica *Iniziamo con un problema* a pagina 38.

Il piano perpendicolare a una diagonale di un cubo e che passa per il suo punto medio *taglia* il cubo lungo un esagono regolare.

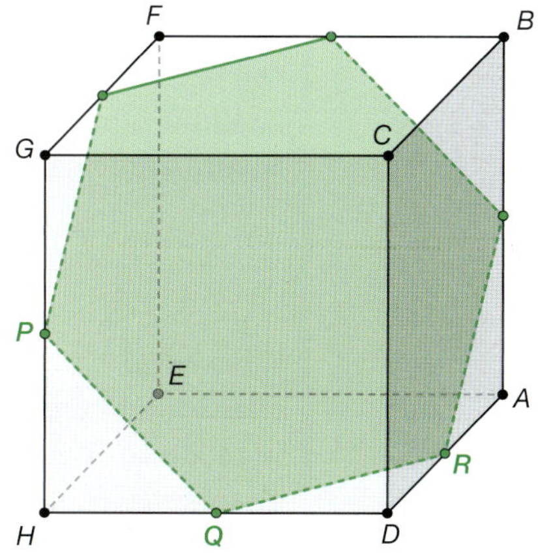

Dimostrazione

Fissiamo un sistema di riferimento cartesiano ortogonale monometrico $Oxyz$ tale che:

- l'origine O coincida con il centro di simmetria del cubo, cioè con il punto di intersezione delle sue diagonali;
- gli assi cartesiani e l'unità di misura scelta siano tali per cui i vertici del cubo abbiano le seguenti coordinate: $A(2,-2,-2)$, $B(-2,-2,-2)$, $C(-2,2,-2)$, $D(2,2,-2)$, $E(2,-2,2)$, $F(-2,-2,2)$, $G(-2,2,2)$ e $H(2,2,2)$.

Con questa scelta, che non fa perdere di generalità, il punto medio di qualunque diagonale del cubo è il punto $O(0,0,0)$.
Determiniamo i vertici dell'esagono. Per farlo troviamo:

- un'equazione del piano passante per O e perpendicolare, per esempio, alla diagonale EC;
- un'equazione per ciascuno degli spigoli del cubo.

Un vettore **n** ortogonale al piano è il vettore che individua la diagonale EC:

$$\overrightarrow{EC}=[-2,2,-2]-[2,-2,2]=[-4,4,-4]=-4[1,-1,1].$$

I coefficienti dell'equazione del piano sono determinati a meno di una costante moltiplicativa non nulla, quindi possiamo scegliere come vettore perpendicolare al piano il vettore $[1,-1,1]$. Un'equazione del piano è dunque:

$$x-y+z=0.$$

Siccome il termine noto d è nullo, il piano passa per l'origine.
Determiniamo le equazioni degli spigoli.
Un'equazione vettoriale dello spigolo DH del cubo è:

$$\mathbf{x}-\mathbf{d}=t(\mathbf{h}-\mathbf{d})$$

con $0\leq t\leq 1$; con $\mathbf{x}=[x,y,z]$ abbiamo indicato il vettore corrispondente al generico punto dello spigolo.
Se esplicitiamo questa equazione vettoriale mediante le componenti otteniamo:

$$[x-2,y-2,z+2]=t[0,0,4]$$

con $0\leq t\leq 1$ a cui corrisponde il seguente sistema di equazioni parametriche

$$\begin{cases}x=2\\y=2\\z=-2+4t\end{cases}$$

con $0\leq t\leq 1$.
La limitazione $0\leq t\leq 1$ permette di individuare tutti e soli i punti dello spigolo DH.
Sostituiamo nell'equazione del piano:

$$2-2-2+4t=0$$

da cui $t=\frac{1}{2}$.

Cioè, come potevamo prevedere in base alla simmetria, il piano interseca lo spigolo DH nel suo punto medio Q che ha coordinate $(2,2,0)$.
In modo analogo possiamo dimostrare che il piano di equazione $x-y+z=0$ interseca gli spigoli GH, AD, AB, FB e FG nei relativi punti medi, che sono i vertici dell'esagono.

Indichiamo con P, Q e R rispettivamente i punti medi degli spigoli GH, DH e AD. Risulta $P(0, 2, 2)$, $Q(2, 2, 0)$ e $R(2, 0, -2)$. Applichiamo la formula della distanza tra due punti nello spazio:

$$GE = ED = DB = \sqrt{32} = 4\sqrt{2}.$$
$$QP = QR = \sqrt{8} = 2\sqrt{2}.$$

In modo analogo possiamo dimostrare che ogni lato dell'esagono misura $2\sqrt{2}$ e cioè che il lato dell'esagono è uguale alla metà della diagonale di una faccia del cubo.
Determiniamo l'ampiezza θ dell'angolo $R\widehat{Q}P$: per farlo consideriamo i vettori $\overrightarrow{QR} = \mathbf{r} - \mathbf{q} = [0, -2, -2]$ e $\overrightarrow{QP} = \mathbf{p} - \mathbf{q} = [-2, 0, 2]$:

$$\cos(\theta) = \frac{\overrightarrow{QP} \cdot \overrightarrow{QR}}{|\overrightarrow{QP}||\overrightarrow{QR}|} = \frac{-4}{\sqrt{8} \cdot \sqrt{8}} = -\frac{1}{2}$$

da cui otteniamo $\theta = \cos^{-1}\left(-\frac{1}{2}\right) = 120°$. Allo stesso modo possiamo dimostrare che ognuno degli angoli interni dell'esagono ha ampiezza 120°.
Abbiamo così dimostrato che il piano perpendicolare a una diagonale di un cubo e passante per il suo punto medio taglia il cubo lungo un esagono regolare.

Il prodotto vettoriale di due vettori

Definizione di prodotto vettoriale

Vogliamo determinare nello spazio un vettore **n** ortogonale a un piano individuato da tre punti non allineati o da un punto e due direzioni non parallele. Come possiamo farlo? La risposta è fornita da un'operazione, che è definita solo per vettori di $\mathbb{R}^3$, detta *prodotto vettoriale*.

Dati due vettori $\mathbf{v} = [v_1, v_2, v_3]$ e $\mathbf{w} = [w_1, w_2, w_3]$ di $\mathbb{R}^3$ si chiama **prodotto vettoriale** di **v** e **w** e si indica con $\mathbf{v} \times \mathbf{w}$, il vettore **u** tale che:

$$\mathbf{u} = \mathbf{v} \times \mathbf{w} = [v_2w_3 - v_3w_2, v_3w_1 - v_1w_3, v_1w_2 - v_2w_1].$$

PER ESEMPIO

1 Se $\mathbf{v} = [1, -2, 3]$ e $\mathbf{w} = [2, 1, -1]$ allora:

$$\mathbf{v} \times \mathbf{w} = [-2 \cdot (-1) - 3 \cdot 1, 3 \cdot 2 - 1 \cdot (-1), 1 \cdot 1 - (-2) \cdot 2] = [-1, 7, 5].$$

2 Se $\mathbf{v} = [1, 2, 0]$ e $\mathbf{w} = [3, -1, 0]$ allora:

$$\mathbf{v} \times \mathbf{w} = [2 \cdot 0 - 0 \cdot (-1), 0 \cdot 3 - 1 \cdot 0, 1 \cdot (-1) - 2 \cdot 3] = [0, 0, -7].$$

Alcune proprietà del prodotto vettoriale

Scelti tre vettori qualsiasi $\mathbf{u} = [u_1, u_2, u_3]$, $\mathbf{v} = [v_1, v_2, v_3]$ e $\mathbf{w} = [w_1, w_2, w_3]$ in $\mathbb{R}^3$ e per ogni $s \in \mathbb{R}$ sono vere le seguenti proprietà.

1 $\mathbf{u} \times \mathbf{v} = -(\mathbf{v} \times \mathbf{u})$

Infatti, siccome per i prodotti tra le componenti vale la proprietà commutativa, abbiamo:

$$\mathbf{u} \times \mathbf{v} = [u_2v_3 - u_3v_2, u_3v_1 - u_1v_3, u_1v_2 - u_2v_1] =$$
$$= -[v_2u_3 - v_3u_2, v_3u_1 - v_1u_3, v_1u_2 - v_2u_1] = -(\mathbf{v} \times \mathbf{u}).$$

Quindi il prodotto vettoriale *non è commutativo*: modificando l'ordine dei fattori si ottiene il vettore opposto.

2 $\mathbf{u}\times(\mathbf{v}+\mathbf{w})=\mathbf{u}\times\mathbf{v}+\mathbf{u}\times\mathbf{w}$ e $(\mathbf{v}+\mathbf{w})\times\mathbf{u}=\mathbf{v}\times\mathbf{u}+\mathbf{w}\times\mathbf{u}$.

Dimostriamo la prima relazione:

$$\mathbf{u}\times(\mathbf{v}+\mathbf{w})=[u_1, u_2, u_3]\times[v_1+w_1, v_2+w_2, v_3+w_3]=$$
$$=[u_2(v_3+w_3)-u_3(v_2+w_2), u_3(v_1+w_1)-u_1(v_3+w_3), u_1(v_2+w_2)-u_2(v_1+w_1)]=$$
$$=[u_2v_3-u_3v_2, u_3v_1-u_1v_3, u_1v_2-u_2v_1]+[u_2w_3-u_3w_2, u_3w_1-u_1w_3, u_1w_2-u_2w_1]=$$
$$=\mathbf{u}\times\mathbf{v}+\mathbf{u}\times\mathbf{w}.$$

Quindi vale la *proprietà distributiva* del prodotto vettoriale rispetto alla somma di vettori.

3 $s(\mathbf{u}\times\mathbf{v})=(s\mathbf{u})\times\mathbf{v}=\mathbf{u}\times(s\mathbf{v})$

Lasciamo come esercizio la dimostrazione di questa proprietà.

4 $\mathbf{u}\cdot(\mathbf{u}\times\mathbf{v})=0$ e $\mathbf{v}\cdot(\mathbf{u}\times\mathbf{v})=0$,

cioè $\mathbf{u}\times\mathbf{v}$ è ortogonale sia a $\mathbf{u}$ sia a $\mathbf{v}$.

Dimostriamo che $\mathbf{u}\times\mathbf{v}$ è ortogonale a $\mathbf{u}$:

$$\mathbf{u}\cdot(\mathbf{u}\times\mathbf{v})=[u_1, u_2, u_3]\cdot[u_2v_3-u_3v_2, u_3v_1-u_1v_3, u_1v_2-u_2v_1]=$$
$$=u_1(u_2v_3-u_3v_2)+u_2(u_3v_1-u_1v_3)+u_3(u_1v_2-u_2v_1)=$$
$$=u_1u_2v_3-u_1u_3v_2+u_2u_3v_1-u_1u_2v_3+u_1u_3v_2-u_2u_3v_1=0.$$

5 $|\mathbf{u}\times\mathbf{v}|^2=|\mathbf{u}|^2|\mathbf{v}|^2-(\mathbf{u}\cdot\mathbf{v})^2$

Infatti in base alla definizione di modulo di un vettore risulta:

$$|\mathbf{u}\times\mathbf{v}|^2=(u_2v_3-u_3v_2)^2+(u_3v_1-u_1v_3)^2+(u_1v_2-u_2v_1)^2$$
$$|\mathbf{u}|^2|\mathbf{v}|^2-(\mathbf{u}\cdot\mathbf{v})^2=(u_1^2+u_2^2+u_3^2)(v_1^2+v_2^2+v_3^2)-(u_1v_1+u_2v_2+u_3v_3)^2.$$

Se svolgiamo i calcoli possiamo verificare che i secondi membri delle due precedenti uguaglianze coincidono.

6 $\mathbf{u}\times\mathbf{v}=\mathbf{0}$ se e solo se $\mathbf{u}$ e $\mathbf{v}$ sono paralleli.

Infatti se $\mathbf{u}$ e $\mathbf{v}$ sono paralleli esiste un numero reale s tale che $\mathbf{v}=s\mathbf{u}$. Di conseguenza:

$$\mathbf{u}\times\mathbf{v}=\mathbf{u}\times(s\mathbf{u})=s(\mathbf{u}\times\mathbf{u})=s[u_2u_3-u_3u_2, u_3u_1-u_1u_3, u_1u_2-u_2u_1]=$$
$$=s[0, 0, 0]=\mathbf{0}.$$

Viceversa se $\mathbf{u}\times\mathbf{v}=\mathbf{0}$, allora:

$$\begin{cases} u_2v_3-u_3v_2=0 \\ u_3v_1-u_1v_3=0 \\ u_1v_2-u_2v_1=0 \end{cases}$$

cioè, con u_1, u_2, u_3 non nulli

$$\begin{cases} \dfrac{v_3}{u_3}=\dfrac{v_2}{u_2} \\ \dfrac{v_1}{u_1}=\dfrac{v_3}{u_3} \\ \dfrac{v_2}{u_2}=\dfrac{v_1}{u_1} \end{cases}$$

Da queste uguaglianze deduciamo che:

$$\frac{v_1}{u_1}=\frac{v_2}{u_2}=\frac{v_3}{u_3}.$$

Se indichiamo con k il valore comune di questi rapporti possiamo scrivere di conseguenza che $\mathbf{v}=k\mathbf{u}$, che equivale a dire che i vettori $\mathbf{u}$ e $\mathbf{v}$ sono paralleli.

OSSERVA

Dalla dimostrazione dell'ultima proprietà segue in particolare che per ogni vettore $\mathbf{u}$ risulta $\mathbf{u}\times\mathbf{u}=\mathbf{0}$.

Vettore ortogonale a un piano

Mediante il prodotto vettoriale è possibile determinare un vettore ortogonale a un piano.

PER ESEMPIO

1 Consideriamo i tre punti non allineati $A(2,-1,3)$, $B(4,1,-1)$ e $C(-3,3,2)$ e determiniamo un'equazione del piano che passa per A, B e C.
I vettori $\mathbf{v}=\overrightarrow{AB}=[2,2,-4]$ e $\mathbf{w}=\overrightarrow{AC}=[-5,4,-1]$ individuano due direzioni del piano; per la proprietà 4 del prodotto vettoriale, il vettore $\mathbf{v}\times\mathbf{w}$ è ortogonale a $\mathbf{v}$, a $\mathbf{w}$ e quindi a ogni vettore che sia una combinazione lineare di $\mathbf{v}$ e $\mathbf{w}$.
Pertanto $\mathbf{v}\times\mathbf{w}$ è uno degli infiniti vettori ortogonali al piano passante per i tre punti dati.
Calcoliamo il prodotto vettoriale di $\mathbf{v}$ e $\mathbf{w}$:

$$\mathbf{v}\times\mathbf{w}=[14,22,18]=2[7,11,9].$$

Ciò equivale a dire che il vettore $\mathbf{n}=[7,11,9]$ è ortogonale al piano che passa per A, B e C. Un'equazione di questo piano è quindi $\overrightarrow{AX}\cdot\mathbf{n}=0$ per $X(x,y,z)$ generico punto dello spazio, cioè:

$$[x-2,y+1,z-3]\cdot[7,11,9]=0$$

da cui $7x+11y+9z-30=0$, che avevamo determinato con un altro procedimento nell'esempio a pagina 51.

2 Consideriamo la coppia di rette incidenti r e r' di equazioni vettoriali:

$$r:[x,y,z]=[1,-6,2]+t[1,2,1]$$
$$r':[x,y,z]=[0,4,1]+s[2,1,2].$$

Vogliamo determinare un'equazione del piano α individuato da r e r' e un'equazione della retta perpendicolare ad α e passante per il punto $P(8,8,9)$ di intersezione di r e r'.
Un vettore $\mathbf{n}$ ortogonale ad α è anche ortogonale ai vettori direzione $\mathbf{v}=[1,2,1]$ e $\mathbf{w}=[2,1,2]$ delle due rette.
Poniamo

$$\mathbf{n}=\mathbf{v}\times\mathbf{w}=[2\cdot2-1\cdot1,1\cdot2-1\cdot2,1\cdot1-2\cdot2]=[3,0,-3]=3[1,0,-1]$$

e deduciamo che anche il vettore $[1,0,-1]$ è ortogonale ad α.
Pertanto un'equazione del piano α è:

$$[x-8,y-8,z-9]\cdot[1,0,-1]=0$$

cioè $x-z+1=0$.
Il vettore $[1,0,-1]$ è anche un vettore direzione per la retta perpendicolare ad α e passante per P. Quindi un'equazione vettoriale di questa retta è:

$$[x,y,z]=[8,8,9]+\lambda[1,0,-1].$$

Un'interpretazione geometrica di $|\mathbf{u}\times\mathbf{v}|$

Abbiamo visto che:

$$|\mathbf{u}\times\mathbf{v}|^2=|\mathbf{u}|^2|\mathbf{v}|^2-(\mathbf{u}\cdot\mathbf{v})^2.$$

Se $\mathbf{u}$ e $\mathbf{v}$ sono entrambi diversi dal vettore $\mathbf{0}$ ha senso parlare di angolo compreso tra i due vettori. Indichiamo con θ la sua ampiezza, con $0\le\theta\le180°$; sappiamo che risulta:

$$\mathbf{u}\cdot\mathbf{v}=|\mathbf{u}||\mathbf{v}|\cos(\theta).$$

Se sostituiamo questa espressione nella precedente uguaglianza otteniamo:

$$|\mathbf{u}\times\mathbf{v}|^2=|\mathbf{u}|^2|\mathbf{v}|^2-|\mathbf{u}|^2|\mathbf{v}|^2\cos^2(\theta)=|\mathbf{u}|^2|\mathbf{v}|^2(1-\cos^2(\theta))=|\mathbf{u}|^2|\mathbf{v}|^2\sin^2(\theta).$$

Poiché $0\le\theta\le180°$, segue che $\sin(\theta)\ge0$ e quindi possiamo scrivere:

$$|\mathbf{u}\times\mathbf{v}|=|\mathbf{u}||\mathbf{v}|\sin(\theta).$$

Se pensiamo **u** e **v** come due vettori che hanno l'origine in comune, allora **u** e **v** determinano un parallelogramma in cui $|\mathbf{u}|$ e $|\mathbf{v}|$ rappresentano le lunghezze di due lati consecutivi e $|\mathbf{v}|\sin(\theta)$ è l'altezza del parallelogramma relativa alla base **u**. Pertanto

$$|\mathbf{u}\times\mathbf{v}| = |\mathbf{u}||\mathbf{v}|\sin(\theta)$$

rappresenta l'area del parallelogramma determinato da **u** e **v**.
La relazione è valida anche quando **u** e **v** sono paralleli perché in questo caso $\mathbf{u}\times\mathbf{v} = \mathbf{0}$ e il parallelogramma degenere ha area 0.

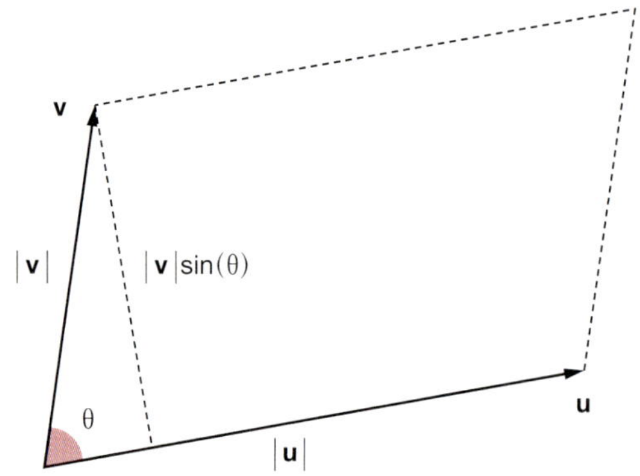

PER ESEMPIO

Determiniamo l'area del triangolo che ha come vertici i punti $A(2, 2, 0)$, $B(-1, 0, 2)$ e $C(0, 4, 3)$.
L'area del triangolo è la metà dell'area del parallelogramma determinato dai vettori $\mathbf{u} = \overrightarrow{AB}$ e $\mathbf{v} = \overrightarrow{AC}$, cioè $\mathbf{u} = [-3, -2, 2]$ e $\mathbf{v} = [-2, 2, 3]$. Di conseguenza $\mathbf{u}\times\mathbf{v} = [-10, 5, -10]$ e quindi:

$$\text{Area}(ABC) = \frac{1}{2}|\mathbf{u}\times\mathbf{v}| = \frac{15}{2}.$$

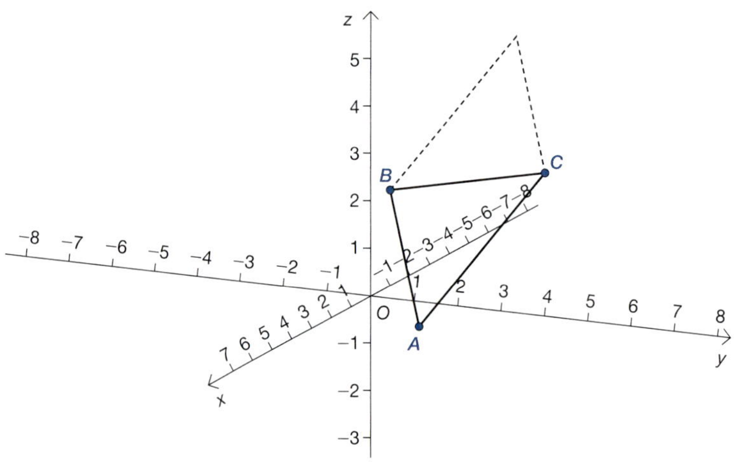

OSSERVA

Grazie al calcolo vettoriale abbiamo ottenuto l'area di un triangolo:
- in funzione delle lunghezze di due lati e dell'ampiezza dell'angolo fra essi compreso;
- in funzione delle coordinate dei vertici del triangolo.

Si tratta di due modalità di calcolo già presentate nel volume B, ma giustificate da un punto di vista vettoriale.

Prodotto vettoriale e distanza di un punto da una retta

Tramite il prodotto vettoriale è possibile esprimere la distanza $d(Q, r)$ di un punto Q da una retta r.
Se Q appartiene alla retta, la distanza di Q da r è uguale a zero, quindi possiamo supporre che Q non appartenga alla retta.

Sia P un punto della retta r e P_0 il piede della retta perpendicolare condotta da Q a r e incidente con r in P_0. Come vettore direzione della retta possiamo considerare il vettore $\mathbf{v} = \overrightarrow{PP_0}$. Se indichiamo con θ l'angolo compreso tra i vettori $\overrightarrow{PP_0}$ e $\overrightarrow{PQ}$, risulta:

$$d(Q, r) = \left|\overrightarrow{P_0Q}\right| = \left|\overrightarrow{PQ}\right| \sin(\theta).$$

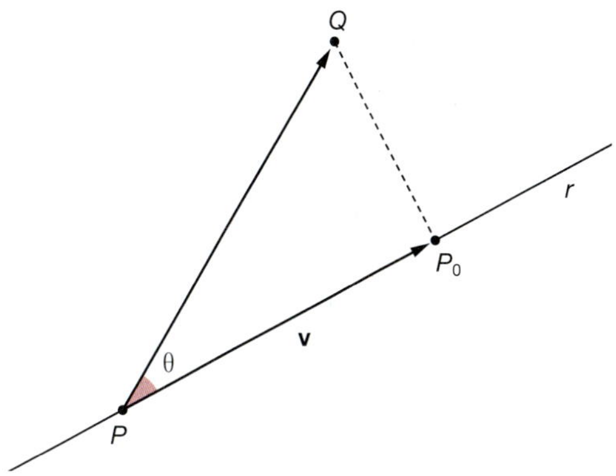

D'altra parte sappiamo che $\left|\overrightarrow{PQ} \times \mathbf{v}\right| = \left|\overrightarrow{PQ}\right| \cdot \left|\mathbf{v}\right| sin(\theta)$ e di conseguenza otteniamo:

$$d(Q, r) = \frac{\left|\overrightarrow{PQ} \times \mathbf{v}\right|}{\left|\mathbf{v}\right|}.$$

Mediante questa relazione è possibile determinare la distanza di un qualsiasi punto Q da una retta r, noti un punto P di r e un qualsiasi vettore direzione $\mathbf{v}$ di r, senza dover determinare il piede P_0 della perpendicolare condotta da P a r.

PER ESEMPIO Determiniamo la distanza del punto $Q(5, 1, 3)$ dalla retta r di equazione vettoriale $[x, y, z] = [-1, 3, 2] + t[1, 1, 1]$ usando il prodotto vettoriale.
Un punto di r è $P(-1, 3, 2)$ e un suo vettore direzione è $\mathbf{v} = [1, 1, 1]$. Otteniamo $\overrightarrow{PQ} = [6, -2, 1]$ e, di conseguenza, $\overrightarrow{PQ} \times \mathbf{v} = [-3, -5, 8]$, da cui:

$$d(Q, r) = \frac{\sqrt{98}}{\sqrt{3}} = \frac{7\sqrt{2}}{\sqrt{3}} = \frac{7\sqrt{6}}{3}$$

che coincide con il risultato trovato nell'esempio a pagina 47.

Distanza tra due rette sghembe

Per determinare la distanza tra due rette r e r' nello spazio dobbiamo prendere in considerazione i seguenti casi:

- se r e r' sono incidenti o coincidenti, la distanza tra r e r' è uguale a 0;
- se r e r' sono parallele e distinte, basta scegliere un qualsiasi punto P appartenente per esempio a r e determinare la distanza $d(P, r')$ tra il punto P e la retta r';
- se r e r' sono sghembe, la loro distanza è **la lunghezza del segmento che congiunge un punto di r con un punto di r' e che è perpendicolare a entrambe le rette**.

Vediamo con un esempio come determinare la distanza tra due rette sghembe.

PER ESEMPIO Determiniamo la distanza tra le rette sghembe di equazioni vettoriali:

$$r: [x, y, z] = [5, -4, -2] + s[1, 2, 3]$$
$$r': [x, y, z] = [2, 0, 1] + t[2, -1, 1].$$

Scegliamo due punti P e Q appartenenti rispettivamente alle rette r e r'. Per esempio possiamo prendere $P(5, -4, -2)$ e $Q(2, 0, 1)$.
Indichiamo con P_0 e Q_0 i due estremi del segmento perpendicolare a entrambe le rette.
Poiché gli angoli $P\widehat{P_0}Q_0$ e $Q\widehat{Q_0}P_0$ hanno ampiezza uguale a 90°, il vettore $\overrightarrow{P_0Q_0}$ è la proiezione del vettore $\overrightarrow{PQ}$ lungo un qualsiasi vettore $\mathbf{n}$ che abbia la stessa direzione di $\overrightarrow{P_0Q_0}$.

Pertanto il modulo di $\overrightarrow{P_0Q_0}$, che fornisce la distanza cercata, è dato da:

$$\left|\overrightarrow{P_0Q_0}\right| = \frac{\left|\overrightarrow{PQ} \cdot \mathbf{n}\right|}{|\mathbf{n}|}.$$

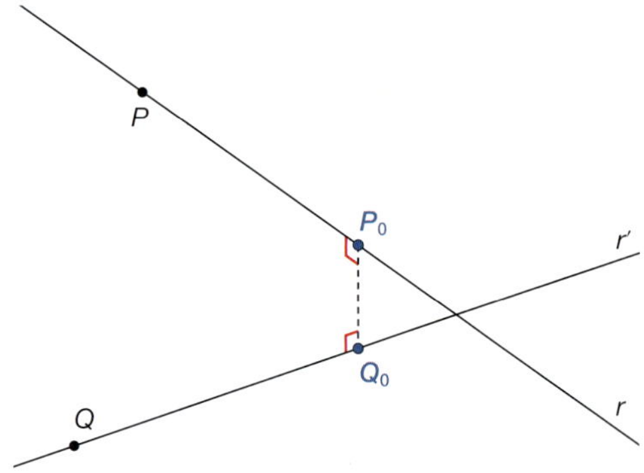

Poiché il vettore $\mathbf{n}$ deve essere ortogonale a entrambe le rette possiamo considerare $\mathbf{n} = k(\mathbf{u} \times \mathbf{v})$, dove $\mathbf{u} = [1, 2, 3]$ e $\mathbf{v} = [2, -1, 1]$ sono i vettori direzione delle due rette e k è numero reale diverso da 0. Svolgiamo i calcoli:

$$\mathbf{u} \times \mathbf{v} = [1, 2, 3] \times [2, -1, 1] = [5, 5, -5] = 5[1, 1, -1].$$

Se scegliamo, per comodità, $k = \frac{1}{5}$ otteniamo $\mathbf{n} = [1, 1, -1]$.
Inoltre abbiamo $\overrightarrow{PQ} = [2, 0, 1] - [5, -4, -2] = [-3, 4, 3]$.
In definitiva risulta:

$$\left|\overrightarrow{P_0Q_0}\right| = \frac{\left|[-3, 4, 3] \cdot [1, 1, -1]\right|}{\left|[1, 1, -1]\right|} = \frac{2}{\sqrt{3}} = \frac{2\sqrt{3}}{3}.$$

OSSERVA

Avremmo potuto seguire un'altra strategia per calcolare la distanza tra le due rette sghembe del precedente esempio.
Immaginiamo che i due punti P e Q si possano *muovere* sulle due rette r e r': i punti P_0 e Q_0 corrispondono a una particolare coppia s_0 e t_0 di valori dei due parametri s e t.
Dalle equazioni vettoriali delle due rette deriva che le coordinate di P_0 sono $(5 + s_0, -4 + 2s_0, -2 + 3s_0)$ e quelle di Q_0 sono $(2 + 2t_0, -t_0, 1 + t_0)$. Di conseguenza:

$$\overrightarrow{P_0Q_0} = [-3 - s_0 + 2t_0, 4 - 2s_0 - t_0, 3 - 3s_0 + t_0].$$

Per determinare s_0 e t_0 imponiamo che il vettore $\overrightarrow{P_0Q_0}$ sia ortogonale a entrambe le rette r e r'. Deve quindi risultare:

$$\overrightarrow{P_0Q_0} \cdot \mathbf{u} = 0 \text{ e } \overrightarrow{P_0Q_0} \cdot \mathbf{v} = 0$$

dove $\mathbf{u}$ e $\mathbf{v}$ sono i vettori direzione delle due rette.
Otteniamo un sistema di due equazioni lineari nelle incognite s_0 e t_0 che ha come soluzione $s_0 = \frac{7}{5}$ e $t_0 = \frac{28}{15}$, da cui $P_0\left(\frac{32}{5}, -\frac{6}{5}, \frac{11}{5}\right)$ e $Q_0\left(\frac{86}{15}, -\frac{28}{15}, \frac{43}{15}\right)$.
Se ora applichiamo la formula della distanza tra due punti abbiamo $d(P_0, Q_0) = \frac{2\sqrt{3}}{3}$, come ottenuto nell'esempio precedente.

Le posizioni reciproche tra una retta e un piano

Abbiamo già considerato alcuni esempi di intersezioni tra rette e piani. Vogliamo ora analizzare in modo sistematico le reciproche posizioni tra una retta r e un piano α nello spazio.

- Se r e α hanno almeno due punti in comune, la retta r è *contenuta* nel piano α: $r \subseteq \alpha$.
- Se r e α hanno uno e un solo punto in comune, la retta r *interseca* il piano α in un punto P_0 e si dice che r e α sono incidenti: $r \cap \alpha = \{P_0\}$.
- Se r e α non hanno punti in comune, la retta r è *parallela* al piano α: $r \cap \alpha = \varnothing$.

Vediamo come caratterizzare analiticamente le posizioni reciproche tra una retta e un piano. Supponiamo che la retta r abbia equazione vettoriale

$$[x, y, z] = [x_A, y_A, z_A] + t[v_1, v_2, v_3]$$

e che il piano α abbia equazione cartesiana

$$ax + by + cz + d = 0.$$

Sostituiamo al posto delle variabili x, y e z nell'equazione di α la loro espressione data dalle equazioni parametriche di r. Otteniamo un'equazione lineare nell'incognita t:

$$a(x_A + tv_1) + b(y_A + tv_2) + c(z_A + tv_3) + d = 0.$$

Esaminiamo tre casi, ripresi anche nell'esempio.

1. Se questa equazione si riduce a un'*identità* allora r è contenuta in α; infatti le coordinate di ogni punto di r soddisfano l'equazione del piano.
2. Se questa equazione ha *una sola soluzione* t_0, allora r e α hanno uno e un solo punto in comune. Le sue coordinate si possono determinare sostituendo il valore t_0 nelle equazioni parametriche della retta.
3. Se questa equazione *non ha soluzioni*, allora r e α non hanno punti in comune e quindi r è parallela ad α .

Si può accelerare il procedimento osservando che se r è contenuta in α oppure se r è parallela a α, il vettore direzione $\mathbf{v}$ di r è ortogonale al vettore $\mathbf{n} = [a, b, c]$. Quindi, dopo aver stabilito se $\mathbf{v} \cdot \mathbf{n} = 0$, basta scegliere un punto di r e sostituire le sue coordinate nell'equazione del piano: se si ottiene un'uguaglianza vera r è contenuta in α, altrimenti r è parallela ad α.

OSSERVA

Se la retta r è parallela al piano α possiamo ottenere la distanza di r da α calcolando la distanza di un punto qualsiasi di r da α.

PER ESEMPIO

1. Stabiliamo la posizione reciproca tra il piano α di equazione $2x - y = 0$ e la retta r di equazione $[x, y, z] = t[1, 2, 0]$.
   Poiché $[2, -1, 0] \cdot [1, 2, 0] = 2 - 2 + 0 = 0$, la retta r è contenuta in α oppure è parallela ad α. Consideriamo un punto di r, per esempio quello di coordinate $(0, 0, 0)$, e verifichiamo se appartiene ad α.
   Sostituendo nell'equazione di α otteniamo $0 - 0 = 0$, cioè un'uguaglianza vera. Quindi r è contenuta in α.
2. Stabiliamo la posizione reciproca tra il piano α di equazione $3x - y + 4z - 8 = 0$ e la retta r di equazione $[x, y, z] = [3, 0, 5] + t[7, -11, -8]$.
   Poiché $[3, -1, 4] \cdot [7, -11, -8] = 21 + 11 - 32 = 0$, la retta r è contenuta in α oppure è parallela ad α. Consideriamo un punto di r, per esempio quello di coordinate $[3, 0, 5]$, e verifichiamo se appartiene ad α. Sostituendo nell'equazione di α otteniamo $9 + 20 - 8 = 0$, cioè un'uguaglianza falsa. Quindi r è parallela a α.
3. Stabiliamo la posizione reciproca tra il piano α di equazione
   $$9x + 13y - 2z - 29 = 0$$
   e la retta r di equazione
   $$[x, y, z] = [5, -5, 2] + t[2, -5, 3].$$
   Poiché $[9, 13, -2] \cdot [2, -5, 3] = -53 \neq 0$, r e α sono incidenti.
   Per determinare le coordinate del punto di intersezione utilizziamo le equazioni parametriche della retta:
   $$\begin{cases} x = 5 + 2t \\ y = -5 - 5t \\ z = 2 + 3t \end{cases}$$

Sostituiamo nell'equazione del piano:

$$9(5+2t)+13(-5-5t)-2(2+3t)-29=0.$$

Svolgendo i calcoli troviamo $t=-1$.
Pertanto il punto di intersezione ha coordinate $(3, 0, -1)$.

Angolo tra una retta e un piano

Osserviamo che:

- una retta e un piano sono *incidenti* se e solo se il vettore direzione della retta e il vettore ortogonale al piano non sono ortogonali;
- una retta e un piano sono ortogonali se e solo se il vettore direzione della retta e il vettore ortogonale al piano sono paralleli.

Se una retta r è perpendicolare a un piano α allora, indicato con P_0 il punto di intersezione tra r e α, r è perpendicolare a ciascuna delle infinite rette del piano passanti per P_0.
In generale se r e α sono incidenti in un punto P_0 allora l'angolo formato da r con una retta t contenuta in α e passante per P_0 cambia al variare di t, come suggerisce la figura. Per questo motivo definiamo **angolo tra la retta r e il piano α** il più piccolo angolo acuto formato da r con le rette di α passanti per P_0.
Si può dimostrare che questo angolo è formato da r e dalla retta s di intersezione di α con il piano perpendicolare ad α e che contiene r. In altri termini la retta s è la proiezione ortogonale di r sul piano α.

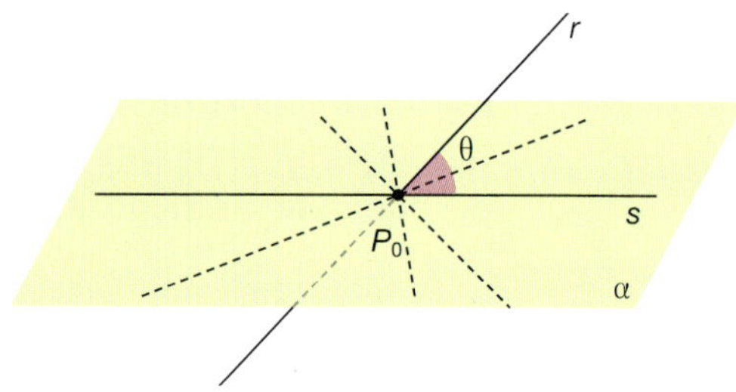

OSSERVA

Per determinare l'angolo θ fra una retta r e un piano α incidenti e non perpendicolari è utile determinare prima l'angolo ϕ complementare di θ:

- dato α di equazione $ax+by+cz+d=0$ è noto il vettore $\mathbf{n}=[a, b, c]$ ortogonale ad α;
- data la retta r è noto il suo vettore direzione $\mathbf{v}$;
- ϕ è l'angolo acuto individuato dalle rette passanti per P_0 e aventi come vettori direzione $\mathbf{n}$ e $\mathbf{v}$.

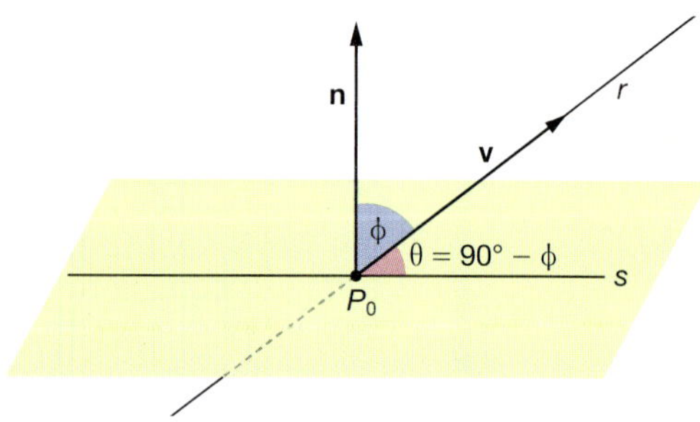

Per le proprietà del prodotto scalare otteniamo:

$$\cos(\phi)=\frac{|\mathbf{n}\cdot\mathbf{v}|}{|\mathbf{n}||\mathbf{v}|}\Rightarrow\phi=\cos^{-1}\left(\frac{|\mathbf{n}\cdot\mathbf{v}|}{|\mathbf{n}||\mathbf{v}|}\right).$$

Il valore assoluto del prodotto scalare ci assicura che otteniamo l'angolo acuto cercato.
Se conosciamo ϕ possiamo determinare il suo complementare:

$$\theta=90°-\phi.$$

PER ESEMPIO

Consideriamo la retta r di equazione

$$[x, y, z]=[4, 0, 7]+t[3, 3, 2]$$

e il piano α di equazione

$$5x-y+z-7=0.$$

Il vettore direzione di r, cioè $\mathbf{v} = [3, 3, 2]$, e il vettore ortogonale al piano, cioè $\mathbf{n} = [5, -1, 1]$, non sono ortogonali; infatti $\mathbf{n} \cdot \mathbf{v} = 14 \neq 0$. Quindi la retta r e il piano α sono incidenti. Inoltre i vettori $\mathbf{n}$ e $\mathbf{v}$ non sono paralleli e di conseguenza r non è ortogonale ad α.
Determiniamo l'angolo θ tra la retta e il piano.
Sia ϕ il suo complementare:

$$\cos(\phi) = \frac{|[5, -1, 1] \cdot [3, 3, 2]|}{|[5, -1, 1]| \cdot |[3, 3, 2]|} = \frac{14}{\sqrt{594}} \approx 0.574 \Rightarrow \phi = \cos^{-1}\left(\frac{14}{\sqrt{594}}\right) \approx 54.9°.$$

Dunque $\theta = 90° - \phi \approx 35.1°$.

Le posizioni reciproche di due piani

Il comportamento di due piani α e α' nello spazio è molto simile al comportamento di due rette nel piano.
Due piani possono essere **paralleli** o **incidenti**.

Se α e α' sono paralleli abbiamo due alternative:

- **paralleli e distinti** se non hanno punti in comune;
- **paralleli e coincidenti** se hanno tutti i punti in comune.

Se i due piani sono **incidenti** la loro intersezione è costituita da una retta.

La figura seguente illustra le tre possibilità.

▲ Piani paralleli e coincidenti.

▲ Piani paralleli e distinti.

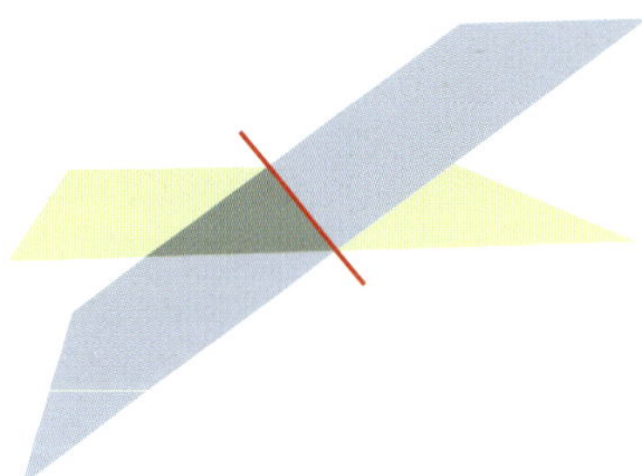

▲ Piani incidenti.

Vediamo come stabilire analiticamente se due piani sono paralleli.
Consideriamo i due piani:

$$\alpha: ax + by + cz + d = 0$$

$$\alpha': a'x + b'y + c'z + d' = 0.$$

Se α e α' sono paralleli, allora sono paralleli anche i relativi vettori ortogonali $\mathbf{n} = [a, b, c]$ e $\mathbf{n}' = [a', b', c']$.

I piani α e α' sono paralleli se e solo se esiste un numero reale $k \neq 0$ tale che:

$$\mathbf{n}' = k\mathbf{n}.$$

In particolare:

- se α e α' sono paralleli e coincidenti deve risultare $d' = kd$, cioè $[a', b', c', d'] = k[a, b, c, d]$;
- se α e α' sono paralleli e distinti deve risultare essere $\mathbf{n}' = k\mathbf{n}$, ma $d' \neq kd$.

PER ESEMPIO

1 Consideriamo due piani:

$\alpha: 2x - y + z + 1 = 0$

$\alpha': -6x + 3y - 3z - 3 = 0$

e determiniamo se sono paralleli o incidenti.
Osserviamo che $[-6, 3, -3, -3] = -3[2, -1, 1, 1]$, quindi i due piani sono paralleli e coincidenti.

2 Consideriamo due piani:

$\alpha: 2x - 6y + 4z - 7 = 0$

$\alpha': 3x - 9y + 6z - 2 = 0$

e determiniamo se sono paralleli o incidenti.
Osserviamo che $[3, -9, 6] = \frac{3}{2}[2, -6, 4]$, ma $-2 \neq \frac{3}{2} \cdot (-7)$, quindi i due piani sono paralleli e distinti.

Se **n** e **n**′ non sono paralleli allora i due piani α e α' sono incidenti. In questo caso si pone il problema di **determinare l'equazione della retta di intersezione**.

PER ESEMPIO

Consideriamo due piani:

$\alpha: 2x - 3y + 2z - 9 = 0$

$\alpha': x + 2y - z + 4 = 0$

e determiniamo se sono paralleli o incidenti.
Osserviamo che i due vettori $\mathbf{n} = [2, -3, 2]$ e $\mathbf{n}' = [1, 2, -1]$ non sono paralleli, quindi i due piani sono incidenti.
Determiniamo un'equazione della retta r intersezione dei due piani.
Poiché r è contenuta in entrambi i piani, i vettori **n** e **n**′ sono entrambi ortogonali a r.
Quindi il vettore $\mathbf{n} \times \mathbf{n}'$ è un vettore direzione di r.
Calcoliamo dunque $\mathbf{v} = \mathbf{n} \times \mathbf{n}' = [2, -3, 2] \times [1, 2, -1] = [-1, 4, 7]$.
Resta da determinare un punto P_0 di r.
Poniamo per esempio $y = 0$ nelle equazioni dei due piani:

$$\begin{cases} 2x + 2z - 9 = 0 \\ x - z + 4 = 0 \end{cases}$$

Se risolviamo questo sistema rispetto a x e z troviamo come soluzioni $x = \frac{1}{4}$ e $z = \frac{17}{4}$.
Quindi il punto $P_0\left(\frac{1}{4}, 0, \frac{17}{4}\right)$ appartiene sia ad α sia ad α'.
Pertanto P_0 è anche un punto di r.
Un'equazione vettoriale della retta r è:

$$[x, y, z] = \left[\frac{1}{4}, 0, \frac{17}{4}\right] + t[-1, 4, 7].$$

Le relative equazioni parametriche sono:

$$\begin{cases} x = \frac{1}{4} - t \\ y = 4t \\ z = \frac{17}{4} + 7t \end{cases}$$

Distanza tra due piani

Per determinare la distanza tra due piani α e α' consideriamo i seguenti casi:

- se α e α' sono paralleli e coincidenti oppure incidenti, la loro distanza è uguale a 0;
- se α e α' sono paralleli e distinti, basta scegliere un punto P_0 qualsiasi di uno dei due piani, per esempio di α, e calcolare la distanza $d(P_0, \alpha')$ di P_0 dall'altro piano.

PER ESEMPIO

Riprendiamo l'esempio di pagina 66 e consideriamo i piani α e α' di equazioni cartesiane:

$$\alpha: 2x - 6y + 4z - 7 = 0$$

$$\alpha': 3x - 9y + 6z - 2 = 0.$$

Abbiamo già verificato che α e α' sono paralleli e distinti. Vogliamo determinare la loro distanza.

Scegliamo un punto $P_0 \in \alpha$, per esempio $P_0\left(\frac{1}{2}, -1, 0\right)$ e applichiamo la formula della distanza di un punto da un piano:

$$d(P_0, \alpha') = \frac{\left|3 \cdot \frac{1}{2} - 9 \cdot (-1) + 6 \cdot 0 - 2\right|}{\sqrt{3^2 + 9^2 + 6^2}} = \frac{17}{6\sqrt{14}} \approx 0.757.$$

Possiamo verificare che otteniamo lo stesso risultato se scegliamo un punto di α' e calcoliamo la sua distanza dal piano α.

Per esempio consideriamo $Q_0\left(3, 1, \frac{1}{3}\right)$ e calcoliamo $d(Q_0, \alpha)$:

$$d(Q_0, \alpha) = \frac{\left|2 \cdot 3 - 6 \cdot 1 + 4 \cdot \frac{1}{3} - 7\right|}{\sqrt{2^2 + 6^2 + 4^2}} = \frac{17}{6\sqrt{14}}.$$

Angolo tra due piani

Due piani incidenti formano due angoli fra loro supplementari.
Consideriamo due piani incidenti α e α' di equazioni cartesiane:

$$ax + by + cz + d = 0$$

$$a'x + b'y + c'z + d' = 0.$$

Uno dei due angoli tra i due piani è l'angolo θ formato dai due vettori direzione $\mathbf{n} = [a, b, c]$ e $\mathbf{n}' = [a', b', c']$:

$$\cos(\theta) = \frac{\mathbf{n} \cdot \mathbf{n}'}{|\mathbf{n}||\mathbf{n}'|} = \frac{[a, b, c] \cdot [a', b', c']}{\sqrt{a^2 + b^2 + c^2} \cdot \sqrt{a'^2 + b'^2 + c'^2}}.$$

Applicando la funzione inversa del coseno possiamo risalire all'ampiezza dell'angolo.

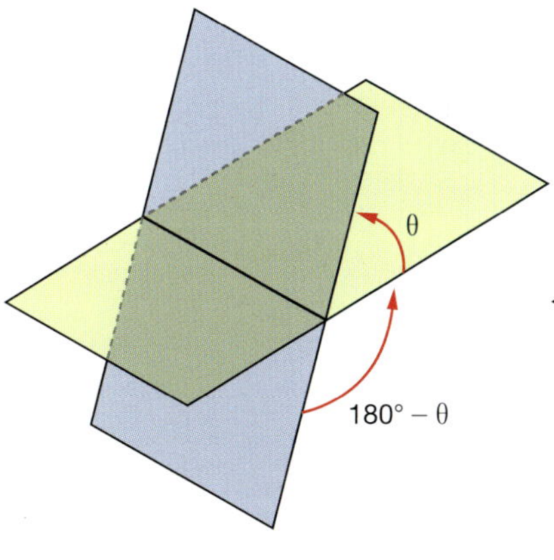

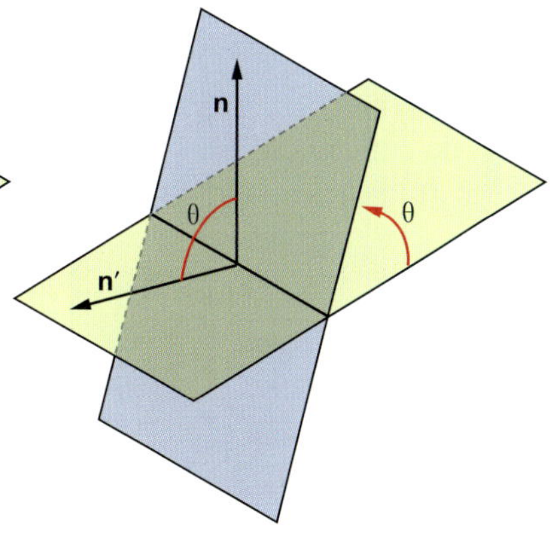

L'ampiezza dell'angolo tra due piani incidenti dipende dalla scelta dei vettori direzione dei piani: se si moltiplica uno dei due vettori direzione per un numero negativo si ottiene l'angolo supplementare.
Quando si parla di angolo tra due piani incidenti è opportuno specificare a quale dei due angoli fra loro supplementari ci si riferisce.
Per ottenere l'**angolo acuto θ formato da due piani incidenti** (eventualmente retto, se i due piani sono ortogonali) è sufficiente utilizzare la formula:

$$\cos(\theta) = \frac{|\mathbf{n} \cdot \mathbf{n}'|}{|\mathbf{n}||\mathbf{n}'|} = \frac{|[a, b, c] \cdot [a', b', c']|}{\sqrt{a^2 + b^2 + c^2} \cdot \sqrt{a'^2 + b'^2 + c'^2}}.$$

OSSERVA

Indichiamo con r la retta intersezione di α e α' e scegliamo un punto $P \in r$. Intersechiamo r con un piano β perpendicolare a r e passante per P; l'intersezione di β con α e α' è costituita da due rette s e t incidenti in P che formano tra loro l'angolo θ sopra determinato. Si può dimostrare che θ non dipende dalla scelta del punto P.

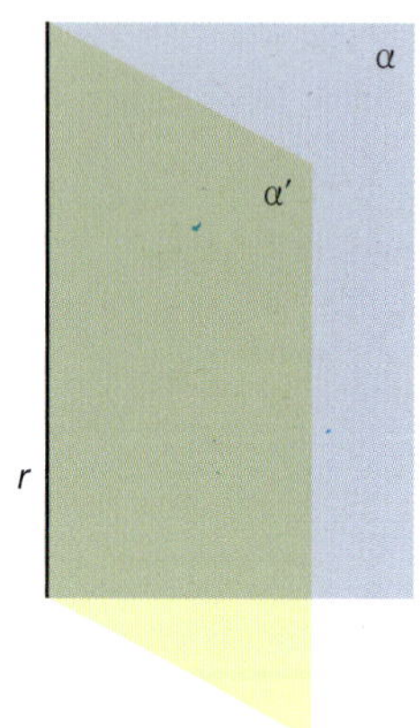

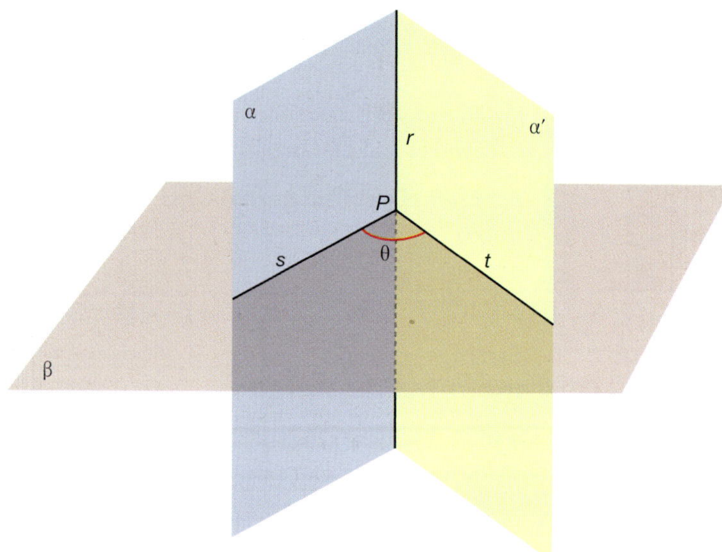

PER ESEMPIO

Determiniamo l'angolo acuto θ tra i piani α e α' di equazioni cartesiane:

α: $3x + y - 2z - 4 = 0$

α': $2x - y + 5z - 1 = 0$.

I vettori ortogonali sono $\mathbf{n} = [3, 1, -2]$ e $\mathbf{n}' = [2, -1, 5]$. Pertanto:

$$\cos(\theta) = \frac{|[3, 1, -2] \cdot [2, -1, 5]|}{|[3, 1, -2]||[2, -1, 5]|} = \frac{5}{\sqrt{14} \cdot \sqrt{30}},$$

da cui $\theta = \cos^{-1}\left(\frac{5}{\sqrt{14} \cdot \sqrt{30}}\right) \approx 75.9°$.

ESERCIZI

Determina un'equazione vettoriale e un sistema di equazioni parametriche della retta passante per i punti *A* e *B*. Nelle risposte riportiamo solo l'equazione vettoriale.

1 $A(3,-1,4), B(1,2,-1)$ $\quad [[x, y, z] = [3, -1, 4] + t[-2, 3, -5]]$

2 $A(1,2,-1), B(-1,-2,-5)$ $\quad [[x, y, z] = [1, 2, -1] + t[-2, -4, -4]]$

3 $A(0,0,0), B(1,1,1)$ $\quad [[x, y, z] = [0, 0, 0] + t[1, 1, 1]]$

4 $A(1,0,0), B(1,1,0)$ $\quad [[x, y, z] = [1, 0, 0] + t[0, 1, 0]]$

5 $A(3,0,0), B(0,2,0)$ $\quad [[x, y, z] = [3, 0, 0] + t[-3, 2, 0]]$

6 $A(1,-1,-2), B(0,2,1)$ $\quad [[x, y, z] = [1, -1, -2] + t[-1, 3, 3]]$

7 $A(1,3,-2), B(3,\sqrt{2},7)$ $\quad [[x, y, z] = [1, 3, -2] + t[2, \sqrt{2}-3, 9]]$

Determina un'equazione vettoriale e un sistema di equazioni parametriche della retta passante per il punto *A* e che ha la stessa direzione del vettore **v**. Nelle risposte riportiamo solo l'equazione vettoriale.

8 $A(1,0,5), \mathbf{v} = [3,-2,2]$ $\quad [[x, y, z] = [1, 0, 5] + t[3, -2, 2]]$

9 $A(0,0,0), \mathbf{v} = [0,2,1]$ $\quad [[x, y, z] = [0, 0, 0] + t[0, 2, 1]]$

10 $A(3,-2,1), \mathbf{v} = [2,-1,3]$ $\quad [[x, y, z] = [3, -2, 1] + t[2, -1, 3]]$

11 $A(2,4,5), \mathbf{v} = [3,7,-5]$ $\quad [[x, y, z] = [2, 4, 5] + t[3, 7, -5]]$

12 $A(3,-1,2), \mathbf{v} = [2,1,3]$ $\quad [[x, y, z] = [3, -1, 2] + t[2, 1, 3]]$

13 $A(-2,3,-3), \mathbf{v} = [3,-3,-1]$ $\quad [[x, y, z] = [-2, 3, -3] + t[3, -3, -1]]$

14 $A(3,4,-1), \mathbf{v} = [1,1,1]$ $\quad [[x, y, z] = [3, 4, -1] + t[1, 1, 1]]$

Verifica se il punto *A* appartiene alla retta di equazione $[x, y, z] = [1, 3, -7] + t[2, -1, 3]$. (Esercizi da 15 a 19)

15 $A(7,0,2)$ $\quad$ [Appartiene]

16 $A(2,1,-3)$ $\quad$ [Non appartiene]

17 $A(13,-3,11)$ $\quad$ [Appartiene]

18 $A(-4,0.5,-14.5)$ $\quad$ [Non appartiene]

19 $A(3,5,4)$ $\quad$ [Non appartiene]

20 La retta r ha equazione vettoriale $[x, y, z] = [4, -3, 2] + t[1, 8, -3]$. Stabilisci:

a] se il punto $P(7, -21, 7)$ appartiene alla retta r.

b] se la retta r interseca la retta r' di equazione vettoriale $[x, y, z] = [2, -19, 8] + s[4, -5, -9]$.

c] se la retta r interseca la retta r'' di equazione vettoriale $[x, y, z] = [1, 0, 3] + \lambda[4, -5, 9]$.

Giustifica le risposte. [a) Non appartiene; b) sì, perché…; c) no, perché…]

21 Date le seguenti coppie di rette stabilisci se sono parallele, incidenti o sghembe. Nel caso in cui siano incidenti o sghembe stabilisci se sono ortogonali. Giustifica la risposta.

a] r: $[x, y, z] = [3, -1, 8] + t[4, -6, -15]$; r': $[x, y, z] = [1, 1, 0] + s[-8, 12, 30]$

b] r_1: $[x, y, z] = [10, 2, -3] + t[5, 1, -5]$; r_2: $[x, y, z] = [1, 1, 0] + s[1, 5, 2]$

[a) Sono parallele, perché…; b) sono sghembe e ortogonali, perché…]

22 Verifica che le due rette r e r' di equazione vettoriale:

$$r: [x, y, z] = [3, 1, -1] + t[2, -2, 3]$$

$$r': [x, y, z] = [5, -1, 2] + s[1, -3, 5]$$

sono incidenti. Determina poi l'ampiezza in gradi dell'angolo acuto formato dalle due rette.

[Circa 19.5°]

23 Determina un'equazione vettoriale della retta r passante per il punto $Q(6, -2, 1)$, ortogonale e incidente alla retta r' di equazione $[x, y, z] = [1, 4, -2] + t[3, -1, 1]$.

$$\left[[x, y, z] = [6, -2, 1] + s\left[-\frac{17}{11}, -\frac{42}{11}, \frac{9}{11}\right]\right]$$

24 Determina la distanza del punto $Q(-6, 1, 3)$ dalla retta r di equazione:

$$[x, y, z] = [9, 5, -3] + t[1, -3, 7].$$

$$\left[\frac{\sqrt{874498}}{59}\right]$$

25 La retta r passa per il punto $P(1, -6, 2)$ e ha vettore direzione $\mathbf{u} = [1, 2, 1]$; la retta r' passa per il punto $P'(0, 4, 1)$ e ha vettore direzione $\mathbf{v} = [2, 1, 2]$. Stabilisci se r e r' sono parallele, incidenti o sghembe. Se sono incidenti determina il loro punto di intersezione e l'ampiezza dell'angolo acuto θ tra le due rette.

[Le rette sono incidenti; il loro punto di intersezione è $P_0(8, 8, 9)$; $\theta \approx 35.3°$]

Stabilisci se i punti *A*, *B* e *C* sono allineati. Nel caso in cui non siano allineati determina un'equazione vettoriale e un sistema di equazioni parametriche del piano passante per i tre punti.

26 $A(3, -1, 4)$, $B(0, 2, 3)$, $C(-1, -2, 5)$

$[[x, y, z] = [3, -1, 4] + s[-3, 3, -1] + t[-4, -1, 1]]$

27 $A(1, 2, -1)$, $B(1, 1, 1)$, $C(-2, -1, 4)$ $[[x, y, z] = [1, 2, -1] + s[0, -1, 2] + t[-3, -3, 5]]$

28 $A(0, 0, 0)$, $B(1, 1, 0)$, $C(0, 1, 1)$ $[[x, y, z] = s[1, 1, 0] + t[0, 1, 1]]$

29 $A(0, -1, 1)$, $B(1, 2, -2)$, $C(-2, -7, 7)$ [A, B e C sono allineati, pertanto esistono infiniti piani passanti per A, B e C]

30 $A(4, -1, 8)$, $B(3, 1, -5)$, $C(1, -1, -3)$

$[[x, y, z] = [4, -1, 8] + s[-1, 2, -13] + t[-3, 0, -11]]$

Determina un'equazione vettoriale e un sistema di equazioni parametriche del piano individuato dal punto *A* e dai due vettori direzione v e w.

31 $A(3,-2,1)$, $\mathbf{v}=[0,0,1]$, $\mathbf{w}=[3,7,-5]$

32 $A(2,4,5)$, $\mathbf{v}=[2,-1,3]$, $\mathbf{w}=[3,-3,-1]$

33 $A(3,4,-1)$, $\mathbf{v}=[4,-2,3]$, $\mathbf{w}=[1,-1,4]$

34 $A(1,-2,5)$, $\mathbf{v}=[-3,5,-2]$, $\mathbf{w}=[2,-1,2]$

35 $A(4,1,-2)$, $\mathbf{v}=[0,1,2]$, $\mathbf{w}=[7,0,-1]$ $\quad [[x,y,z]=[4,1,-2]+s[0,1,2]+t[7,0,-1]]$

Calcola il prodotto vettoriale a × b.

36 $\mathbf{a}=[2,1,2]$, $\mathbf{b}=[5,2,2]$ $\quad [[-2,6,-1]]$

37 $\mathbf{a}=[3,-1,2]$, $\mathbf{b}=[-12,4,-8]$ $\quad [[0,0,0]]$

38 $\mathbf{a}=[4,-2,1]$, $\mathbf{b}=[1,-1,3]$ $\quad [[-5,-11,-2]]$

39 $\mathbf{a}=[0,-3,1]$, $\mathbf{b}=[2,0,-4]$ $\quad [[12,2,6]]$

Determina la distanza tra le seguenti coppie di rette sghembe. (Esercizi 40 e 41)

40 r: $[x,y,z]=[3,1,0]+s[1,8,2]$; r': $[x,y,z]=[-4,2,1]+t[-1,-2,1]$ $\quad \left[\frac{9\sqrt{21}}{7}\right]$

41 r: $[x,y,z]=[2,0,8]+s[0,3,2]$; r': $[x,y,z]=[1,1,1]+t[4,0,-1]$ $\quad \left[\frac{95}{\sqrt{217}}\right]$

42 I punti $A(3,1,2)$, $B(-1,1,5)$ e $C(7,2,3)$ sono i vertici di un parallelogramma $ABCD$.

a] Determina le coordinate del vertice D. $\quad [D(11,2,0)]$

b] Verifica che D appartiene al piano individuato dai punti A, B e C.

c] Calcola l'area del parallelogramma $ABCD$. $\quad [\sqrt{281}]$

43 Dimostra che per ogni coppia di vettori **a** e **b** risulta $(\mathbf{a}-\mathbf{b})\times(\mathbf{a}+\mathbf{b})=2\mathbf{a}\times\mathbf{b}$.

44 Verifica che la retta r di equazione vettoriale $[x,y,z]=[0,2,5]+t[3,-1,-5]$ e il piano di equazione $2x+3y+z-7=0$ sono incidenti. Determina poi le coordinate del loro punto di intersezione. $\quad [(6,0,-5)]$

45 Determina un'equazione cartesiana del piano α sapendo che esso contiene la retta r di equazione vettoriale $[x,y,z]=[1,2,4]+t[4,1,11]$ ed è perpendicolare alla retta r' di equazione vettoriale $[x,y,z]=[4,15,8]+s[2,3,-1]$. $\quad [\alpha: 2x+3y-z-4=0]$

46 Considera la retta r di equazione vettoriale $[x,y,z]=[-2,3,12]+s[-2,1,5]$ e la retta r' di equazione vettoriale $[x,y,z]=[1,-4,4]+t[-6,3,15]$.

a] r e r' sono parallele, incidenti o sghembe? $\quad$ [Parallele e distinte]

b] Determina un'equazione cartesiana del piano α sapendo che esso contiene le rette r e r' $\quad [\alpha: 27x-y+11z-75=0]$

47 Dimostra che la retta r di equazione vettoriale $[x, y, z] = [-3, -6, -11] + t[22, 1, -11]$ è contenuta nel piano α individuato dai tre punti $A(2, 5, 6)$, $B(-7, 1, 4)$ e $C(6, -2, -9)$.

48 È dato il piano di equazione $2x + 3y + 4z - 24 = 0$ e le tre rette di equazioni vettoriali:

$$[x, y, z] = [0, 0, 6] + k[3, 2, -3]$$
$$[x, y, z] = [14, -12, 8] + s[1, -2, 1]$$
$$[x, y, z] = [9, -10, 9] + t[1, 6, -5].$$

a] Dimostra che ciascuna delle rette giace nel piano.

b] Determina i vertici del triangolo individuato dalle tre rette. $[A(6, 4, 0), B(10, -4, 4)$ e $C(12, 8, -6)]$

c] Determina perimetro e area del triangolo. $[4\sqrt{6} + 2\sqrt{22} + 2\sqrt{62}; 8\sqrt{29}]$

ESAME DI STATO **49** Determina un'espressione analitica della retta r perpendicolare nel punto $(1, 1, 1)$ al piano di equazione $2x - 3y + z = 0$.

[ESAME DI STATO – Simulazione per il liceo scientifico A. S. 2015/2016]

[Un'equazione vettoriale di r è $[x, y, z] = [1, 1, 1] + t[2, -3, 1]$]

ESAME DI STATO **50** Determina un'espressione analitica della retta r perpendicolare nell'origine al piano di equazione $x + y - z = 0$.

[ESAME DI STATO – Sessione ordinaria per il liceo scientifico A. S. 2014/2015]

[Un'equazione vettoriale di r è $[x, y, z] = t[1, 1, -1]$]

ESAME DI STATO **51** In un sistema di riferimento cartesiano $Oxyz$ sono dati i punti $A(-3, 4, 0)$ e $C(-2, 1, 2)$. I tre punti O, A e C giacciono su un piano E. Determina un'equazione che descriva il piano E.

[ESAME DI STATO – Sessione suppletiva per il liceo scientifico A. S. 2014/2015]

[Un'equazione cartesiana del piano è $8x + 6y + 5z = 0$]

52 Verifica che i piani α e β di equazioni cartesiane $3x - y + 2z - 8 = 0$ e $x - 2y + z - 1 = 0$ sono incidenti. Determina poi un'equazione vettoriale della retta r intersezione di α e β.

$[r: [x, y, z] = [0, 2, 5] + t[3, -1, -5]]$

ESAME DI STATO **53** Nello spazio sono dati due piani di equazioni:

$$\alpha: x - 3y + z - 5 = 0$$
$$\beta: x + 2y - z + 3 = 0.$$

a] Determina un sistema di equazioni parametriche della retta r da essi individuata.

b] Verifica che r appartiene al piano γ di equazione $3x + y - z + 1 = 0$.

[ESAME DI STATO – Sessione straordinaria per il liceo scientifico A. S. 2014/2015]

$$\left[r: \begin{cases} x = t \\ y = -2 + 2t \\ z = -1 + 5t \end{cases} \right]$$

Determina la distanza tra il punto A e il piano α. (Esercizi da 54 a 57)

54 $A(1, -4, -3)$; $\alpha: 2x - 3y + 6z + 1 = 0.$ $\left[\frac{3}{7}\right]$

55 $A(3, 1, -2)$; $\alpha: x + 2y - 2z - 4 = 0.$ $\left[\frac{5}{3}\right]$

56 $A(-1, 2, 1)$; $\quad \alpha: 2x + 3y - 4z = 1$. $\left[\frac{\sqrt{29}}{29}\right]$

57 $A(0, 3, -2)$; $\quad \alpha: x - y - z = 3$. $\left[\frac{4\sqrt{3}}{3}\right]$

58 Determina un'equazione cartesiana di un piano che contiene il punto $A(1, -1, 2)$ e la retta di equazioni parametriche:

$$\begin{cases} x = t \\ y = 1 + t \\ z = -3 + 2t \end{cases}$$

$[3x - y - z - 2 = 0]$

59 Considera la seguente terna di piani:

$\alpha_1: 2x - 3y + 5z - 12 = 0$

$\alpha_2: -2x + 3y + 5z + 12 = 0$

$\alpha_3: 4x - 6y - 10z + 1 = 0$.

a] Quali coppie di piani sono paralleli e distinti? Determina la loro distanza.

b] Quali coppie di piani sono incidenti? Determina l'ampiezza dell'angolo acuto da essi formato.

c] Osserva l'analogia con le rette parallele tagliate da una trasversale nel piano.

[a) I piani α_2 e α_3 sono paralleli; $d(\alpha_2, \alpha_3) = \frac{25\sqrt{38}}{76}$; b) le coppie di piani α_1, α_2 e α_1, α_3 sono incidenti e l'ampiezza dell'angolo compreso è uguale per le due coppie: $\theta \approx 71.6°$]

60 I punti $A(8, 0, 4)$, $B(12, -1, 5)$ e $C(10, 0, 7)$ appartengono al piano α.

a] Calcola il prodotto vettoriale $\overrightarrow{AB} \times \overrightarrow{AC}$. $[[-3, -10, 2]]$

b] Usa il risultato ottenuto in **a]** per determinare l'area del triangolo ABC. [Area ≈ 5.32]

c] Determina un'equazione cartesiana di α. $[3x + 10y - 2z - 16 = 0]$

d] Determina un'equazione vettoriale della retta r passante per $D(-7, -28, 11)$ e perpendicolare al piano α. $[[x, y, z] = [-7, -28, 11] + t[3, 10, -2]]$

e] Calcola la distanza tra D e α. $[d(D, \alpha) = 3\sqrt{113} \approx 31.9]$

f] Calcola le coordinate del punto E di intersezione tra il piano α e la retta r determinata in **d]**. $[(2, 2, 5)]$

ESAME DI STATO **61** In un riferimento cartesiano nello spazio $Oxyz$, data la retta r di equazioni:

$$\begin{cases} x = 2t + 1 \\ y = 1 + t \\ z = kt \end{cases}$$

e il piano P di equazione

$$x + 2y - z + 2 = 0,$$

determina per quale valore di k la retta r e il piano P sono paralleli e calcola la distanza tra di essi.

[ESAME DI STATO – Sessione straordinaria per il liceo scientifico A. S. 2014/2015]

$\left[k = 4;\ d(P, r) = \frac{5\sqrt{6}}{6}\right]$

>> ESERCIZI DI CONSOLIDAMENTO • p. 379

CAPITOLO 5 Il tetraedro

PROBLEMA

Il teorema di Pitagora nello spazio

Nello spazio tridimensionale esiste un teorema analogo al teorema di Pitagora?

Risoluzione

Cerchiamo innanzitutto una figura solida che consenta di fare analogie con le proprietà dei triangoli nel piano, in particolare di quelli rettangoli.
Questa figura è una piramide a base triangolare, detta **tetraedro**.
Il tetraedro ha quattro facce triangolari, quattro vertici e sei spigoli.
I punti A, B, C e D sono i vertici del tetraedro; le quattro facce sono i triangoli ABC, BCD, CDA e BDA; gli spigoli sono i lati delle facce.
Affinché la figura solida non sia *degenere*:

- ogni vertice deve essere non allineato con un'altra coppia di vertici;
- ogni vertice non deve appartenere al piano generato dagli altri tre.

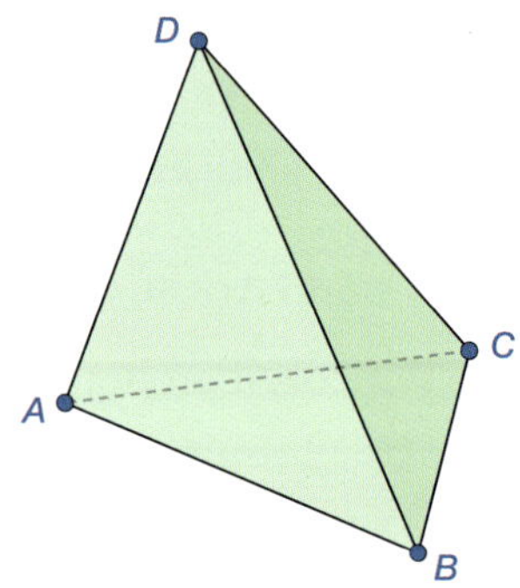

In particolare un tetraedro si dice *tetraedro rettangolo*, o anche *trirettangolo*, se tre delle sue facce sono costituite da triangoli rettangoli che hanno in comune il vertice corrispondente all'angolo retto indicato in figura con O. Il trirettangolo è la figura solida che, nell'analogia tra lo spazio e il piano che proponiamo, corrisponde al triangolo rettangolo.

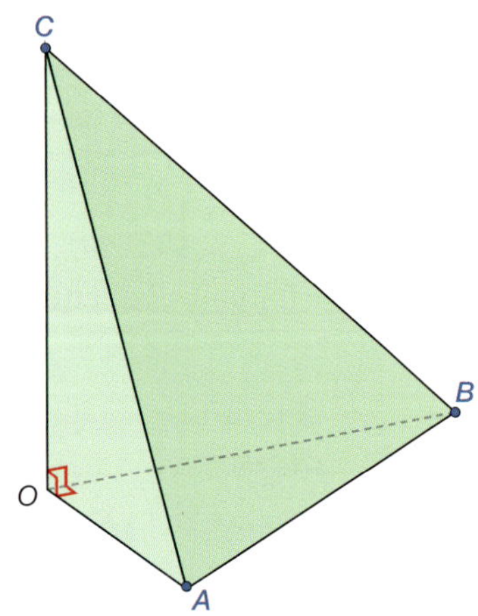

Vediamo ora in che senso possiamo parlare di *teorema di Pitagora nello spazio*.
Chiamiamo:

- A_1 l'area della faccia OAB;
- A_2 l'area della faccia OAC;
- A_3 l'area della faccia OBC;
- A_4 l'area della faccia ABC.

Vogliamo dimostrare che vale la relazione:

$$(A_1)^2 + (A_2)^2 + (A_3)^2 = (A_4)^2.$$

Questa uguaglianza può essere considerata l'analogo della relazione pitagorica nel piano.
Introduciamo un riferimento cartesiano ortogonale dove l'origine coincide con il punto O, l'asse x è la retta su cui giace il lato OA, l'asse y è la retta su cui giace OB e l'asse z è la retta su cui giace OC. Indichiamo rispettivamente con a, b e c le lunghezze degli spigoli OA, OB e OC; le coordinate dei vertici del tetraedro sono: $O(0, 0, 0)$, $A(a, 0, 0)$, $B(0, b, 0)$ e $C(0, 0, c)$.

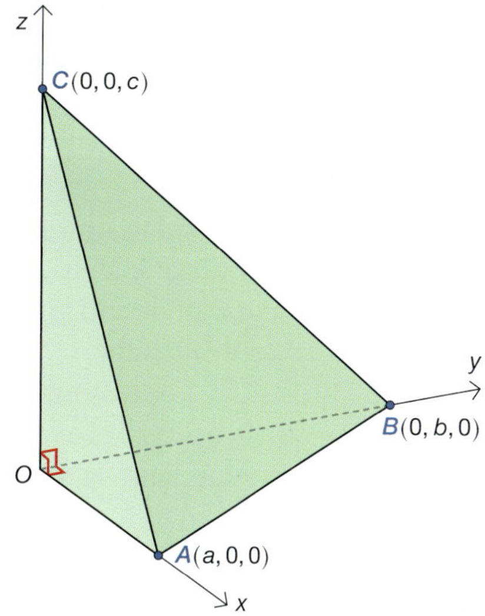

Calcoliamo le aree dei tre triangoli rettangoli:

$$\mathrm{A}_1 = \frac{1}{2}ab$$

$$\mathrm{A}_2 = \frac{1}{2}ac$$

$$\mathrm{A}_3 = \frac{1}{2}bc.$$

Quindi:

$$(\mathrm{A}_1)^2 + (\mathrm{A}_2)^2 + (\mathrm{A}_3)^2 = \frac{1}{4}(a^2b^2 + a^2c^2 + b^2c^2).$$

Determiniamo ora l'area A_4 del triangolo ABC.
Siccome $\mathbf{u} = \overrightarrow{AB} = [-a, b, 0]$ e $\mathbf{v} = \overrightarrow{AC} = [-a, 0, c]$, abbiamo:

$$\mathrm{A}_4 = \frac{1}{2}|\mathbf{u} \times \mathbf{v}| = \frac{1}{2}|[bc, ac, ab]| = \frac{1}{2}\sqrt{b^2c^2 + a^2c^2 + a^2b^2} \Rightarrow$$

$$\Rightarrow (\mathrm{A}_4)^2 = \frac{1}{4}(a^2b^2 + a^2c^2 + b^2c^2) = (\mathrm{A}_1)^2 + (\mathrm{A}_2)^2 + (\mathrm{A}_3)^2$$

che è la relazione che volevamo dimostrare.

Alcune domande che aprono nuove prospettive

Nei tetraedri possiamo individuare punti notevoli analoghi a baricentro, circocentro, ortocentro e incentro? Esistono tetraedri isosceli?

Punti notevoli di un tetraedro

Nel piano esistono punti notevoli per il triangolo come il baricentro, il circocentro, l'ortocentro e l'incentro. Proseguiamo nell'analogia tra il piano e lo spazio e cerchiamo anche per il tetraedro eventuali punti notevoli. Facciamo qualche premessa.

- Un vertice di un tetraedro $ABCD$ che non appartiene a una faccia si dice **opposto** alla faccia stessa.
- Due spigoli di un tetraedro si dicono tra loro **opposti** se non hanno punti in comune.

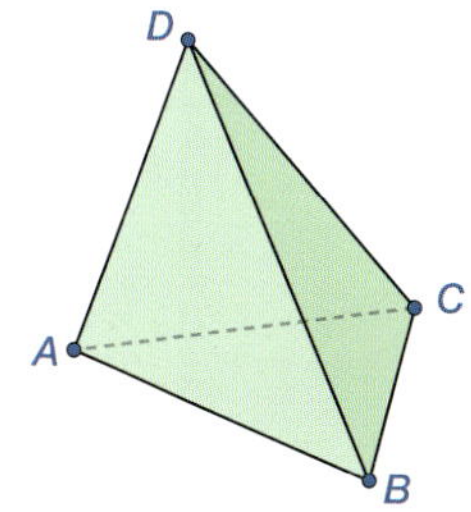

PER ESEMPIO

In riferimento alla figura:
- il vertice A è opposto alla faccia BCD e il vertice B è opposto alla faccia ACD;
- lo spigolo AB è opposto allo spigolo CD e lo spigolo AC è opposto allo spigolo BD.

Ricordiamo inoltre che le coordinate nel piano del baricentro G di un triangolo di vertici $A(x_A, y_A)$, $B(x_B, y_B)$ e $C(x_C, y_C)$ si ottengono calcolando la media aritmetica delle ascisse e delle ordinate dei vertici:

$$G\left(\frac{x_A+x_B+x_C}{3}, \frac{y_A+y_B+y_C}{3}\right).$$

Se consideriamo un triangolo (figura piana) nello spazio tridimensionale, vale una relazione del tutto analoga. Indicati con $\mathbf{a}=[x_A, y_A, z_A]$, $\mathbf{b}=[x_B, y_B, z_B]$ e $\mathbf{c}=[x_C, y_C, z_C]$ i vettori corrispondenti ai tre vertici A, B e C del triangolo e con $\mathbf{g}$ il vettore corrispondente al baricentro risulta:

$$\mathbf{g}=\frac{1}{3}(\mathbf{a}+\mathbf{b}+\mathbf{c}).$$

Tralasciamo la dimostrazione ma verifichiamo l'uguaglianza con un esempio.

PER ESEMPIO

Consideriamo nello spazio il triangolo di vertici $A(2,-6,8)$, $B(9,0,2)$ e $C(-1,3,-2)$ a cui associamo i vettori $\mathbf{a}=[2,-6,8]$, $\mathbf{b}=[9,0,2]$ e $\mathbf{c}=[-1,3,-2]$. Vogliamo verificare che il vettore

$$\mathbf{g}=\frac{1}{3}(\mathbf{a}+\mathbf{b}+\mathbf{c})=\frac{1}{3}[10,-3,8]=$$
$$=\left[\frac{10}{3},-1,\frac{8}{3}\right]$$

fornisce le coordinate del baricentro G del triangolo ABC.

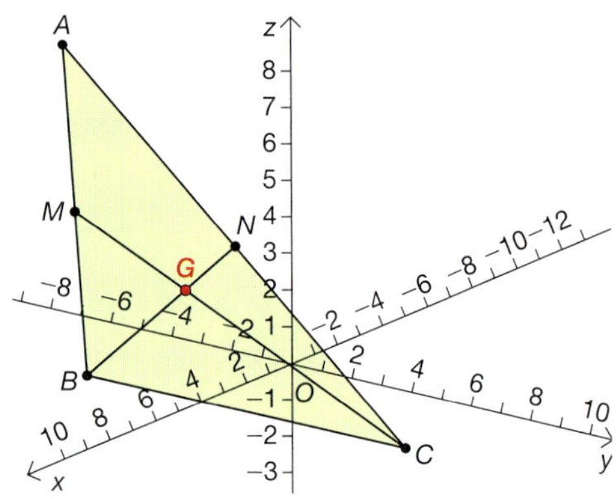

Indichiamo rispettivamente con $\mathbf{m}$ e $\mathbf{n}$ i vettori corrispondenti ai punti medi M e N dei lati AB e AC:

$$\mathbf{m}=\frac{1}{2}(\mathbf{a}+\mathbf{b})=\left[\frac{11}{2},-3,5\right]$$

$$\mathbf{n}=\frac{1}{2}(\mathbf{a}+\mathbf{c})=\left[\frac{1}{2},-\frac{3}{2},3\right].$$

Un'equazione vettoriale della retta su cui giace la mediana CM è:

$$[x,y,z]=\mathbf{c}+t(\mathbf{m}-\mathbf{c})=[-1,3,-2]+t\left[\frac{13}{2},-6,7\right].$$

Un corrispondente sistema di equazioni parametriche è:

$$\begin{cases} x=-1+\dfrac{13}{2}t \\ y=3-6t \\ z=-2+7t \end{cases}$$

Analogamente un'equazione vettoriale della retta su cui giace la mediana BN è:

$$[x,y,z]=\mathbf{b}+s(\mathbf{n}-\mathbf{b})=[9,0,2]+s\left[-\frac{17}{2},-\frac{3}{2},1\right].$$

Un corrispondente sistema di equazioni parametriche è:

$$\begin{cases} x=9-\dfrac{17}{2}s \\ y=-\dfrac{3}{2}s \\ z=2+s \end{cases}$$

Le due rette si intersecano se esiste una coppia di valori dei parametri t e s che rende vere le seguenti uguaglianze:

$$\begin{cases} -1+\dfrac{13}{2}t=9-\dfrac{17}{2}s \\ 3-6t=-\dfrac{3}{2}s \\ -2+7t=2+s \end{cases}$$

Risolvendo le due ultime equazioni otteniamo $t=s=\dfrac{2}{3}$ che sostituito nella prima equazione dà come risultato $\dfrac{10}{3}=\dfrac{10}{3}$, cioè un'uguaglianza vera.

Quindi le due rette si intersecano nel baricentro $G\left(\dfrac{10}{3}, -1, \dfrac{8}{3}\right)$.

Puoi verificare per esercizio che G appartiene anche alla terza mediana del triangolo ABC.

Baricentro di un tetraedro

Vediamo che cosa si intende con *mediana* di un tetraedro.

In un tetraedro, si dice **mediana** relativa a una faccia il segmento che congiunge il baricentro della faccia con il vertice opposto.

PER ESEMPIO

Nel tetraedro in figura il segmento DE è la mediana relativa alla faccia ABC.

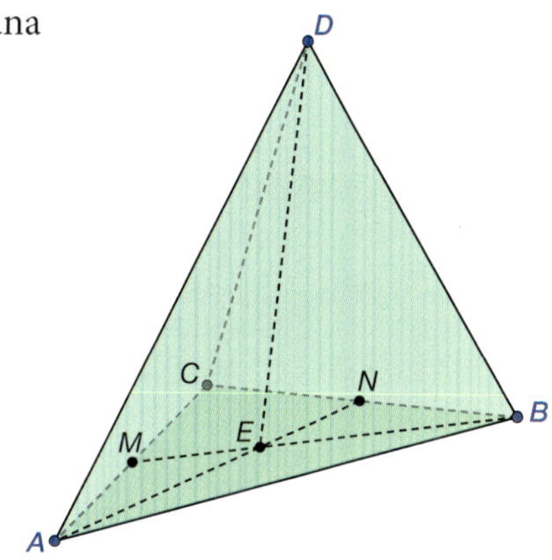

Anche nello spazio possiamo parlare di *baricentro* come punto d'incontro delle mediane.

In un qualunque tetraedro $ABCD$
- le quattro mediane si intersecano in uno stesso punto G, detto **baricentro** del tetraedro;
- vale la relazione:

$$\mathbf{g}=\frac{1}{4}(\mathbf{a}+\mathbf{b}+\mathbf{c}+\mathbf{d})$$

dove $\mathbf{a}$, $\mathbf{b}$, $\mathbf{c}$, $\mathbf{d}$ e $\mathbf{g}$ sono, rispettivamente, i vettori associati ai punti A, B, C, D e G.

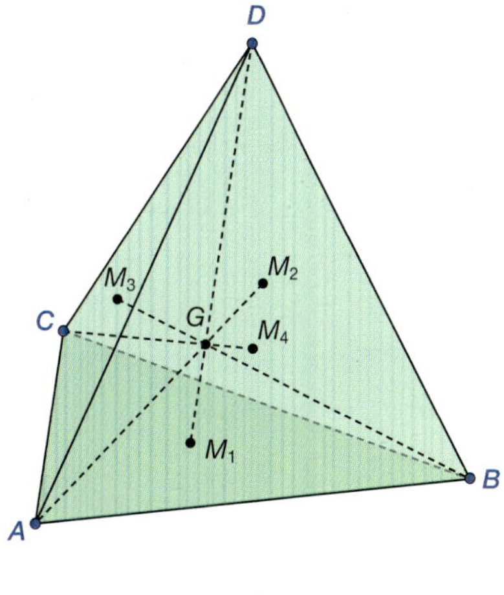

Prima di dimostrare il teorema, verifichiamolo su un caso particolare.

PER ESEMPIO

Consideriamo il tetraedro di vertici $A(-1, 2, 1)$, $B(1, -6, -1)$, $C(2, 2, 2)$ e $D(0, 1, -1)$, a cui associamo i vettori $\mathbf{a} = [-1, 2, 1]$, $\mathbf{b} = [1, -6, -1]$, $\mathbf{c} = [2, 2, 2]$ e $\mathbf{d} = [0, 1, -1]$.

Verifichiamo che le quattro mediane si intersecano in un punto *G*

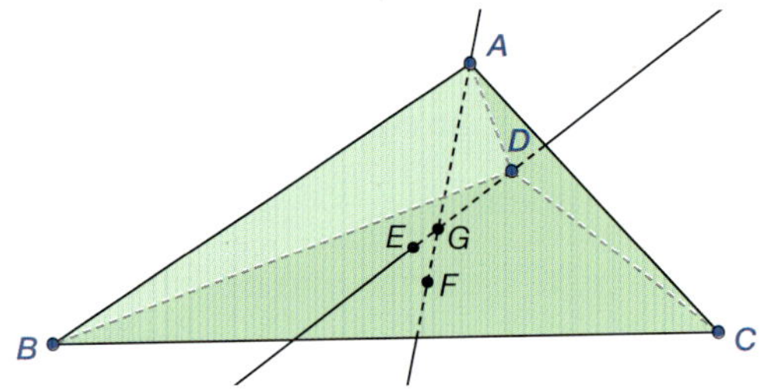

Indichiamo con E il baricentro della faccia ABC. Risulta:

$$\mathbf{e} = \frac{1}{3}(\mathbf{a} + \mathbf{b} + \mathbf{c}) = \frac{1}{3}[2, -2, 2] = \left[\frac{2}{3}, -\frac{2}{3}, \frac{2}{3}\right].$$

Un'equazione vettoriale della retta su cui giace la mediana DE è:

$$[x, y, z] = \mathbf{d} + t(\mathbf{e} - \mathbf{d}) = [0, 1, -1] + t\left[\frac{2}{3}, -\frac{5}{3}, \frac{5}{3}\right].$$

Un corrispondente sistema di equazioni parametriche è:

$$\begin{cases} x = \frac{2}{3}t \\ y = 1 - \frac{5}{3}t \\ z = -1 + \frac{5}{3}t \end{cases}$$

Analogamente se indichiamo con F il baricentro della faccia BCD risulta:

$$\mathbf{f} = \frac{1}{3}(\mathbf{b} + \mathbf{c} + \mathbf{d}) = \frac{1}{3}[3, -3, 0] = [1, -1, 0].$$

Un'equazione vettoriale della retta su cui giace la mediana AF è:

$$[x, y, z] = \mathbf{a} + s(\mathbf{f} - \mathbf{a}) = [-1, 2, 1] + s[2, -3, -1].$$

Un corrispondente sistema di equazioni parametriche è:

$$\begin{cases} x = -1 + 2s \\ y = 2 - 3s \\ z = 1 - s \end{cases}$$

Le due rette si intersecano se esiste una coppia di valori dei parametri t e s che rende vere le seguenti uguaglianze:

$$\begin{cases} \frac{2}{3}t = -1 + 2s \\ 1 - \frac{5}{3}t = 2 - 3s \\ -1 + \frac{5}{3}t = 1 - s \end{cases}$$

Se addizioniamo membro a membro le ultime due equazioni otteniamo $s = \frac{3}{4}$. Se sostituiamo questo valore in una delle due equazioni troviamo $t = \frac{3}{4}$.
Sostituendo questo valore comune nella prima equazione otteniamo $\frac{1}{2} = \frac{1}{2}$, cioè un'uguaglianza vera.

Deduciamo che le due rette si intersecano nel punto $G\left(\frac{1}{2}, -\frac{1}{4}, \frac{1}{4}\right)$.

Puoi verificare per esercizio che G appartiene anche alle altre due mediane.

Verifichiamo che vale la formula data per calcolare il baricentro

Dimostriamo che il vettore $\mathbf{g} = \left[\frac{1}{2}, -\frac{1}{4}, \frac{1}{4}\right]$, corrispondente al baricentro, è dato da $\mathbf{g} = \frac{1}{4}(\mathbf{a} + \mathbf{b} + \mathbf{c} + \mathbf{d})$:

$$\frac{1}{4}(\mathbf{a} + \mathbf{b} + \mathbf{c} + \mathbf{d}) = \frac{1}{4}[2, -1, 1] = \left[\frac{1}{2}, -\frac{1}{4}, \frac{1}{4}\right] = \mathbf{g}$$

come volevamo dimostrare.

Dimostriamo ora che le mediane di un tetraedro si intersecano in uno stesso punto detto *baricentro* del tetraedro.

Dimostrazione

Indichiamo con **a**, **b**, **c** e **d** i vettori associati ai vertici A, B, C e D del tetraedro.

Il vettore

$$\mathbf{e} = \frac{1}{3}(\mathbf{b} + \mathbf{c} + \mathbf{d})$$

individua il baricentro E della faccia BCD del tetraedro.

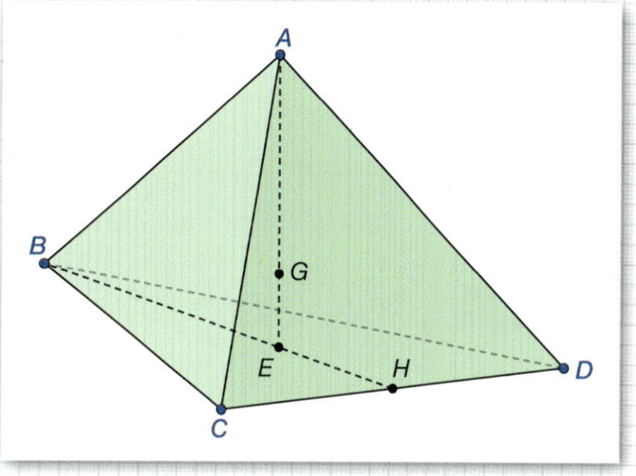

Indichiamo con G il punto corrispondente al vettore:

$$\mathbf{g} = \frac{1}{4}(\mathbf{a} + \mathbf{b} + \mathbf{c} + \mathbf{d}).$$

Allora G appartiene alla mediana AE perché:

- $\mathbf{g} = \frac{1}{4}\mathbf{a} + \frac{1}{4}(\mathbf{b} + \mathbf{c} + \mathbf{d}) = \frac{1}{4}\mathbf{a} + \frac{3}{4}\mathbf{e}$;
- un'equazione vettoriale della mediana AE è $[x, y, z] = \mathbf{a} + t(\mathbf{e} - \mathbf{a})$ e per $t = \frac{3}{4}$ otteniamo proprio g e quindi il punto G che gli corrisponde.

In modo del tutto analogo puoi dimostrare che G appartiene alle altre tre mediane.

Nella dimostrazione precedente, se consideriamo i coefficienti dei vettori **a** ed **e**, possiamo dedurre che:

$$AG = 3GE,$$

in riferimento alle lettere della figura. Una relazione simile vale anche per le altre tre mediane. Questa relazione ricorda quella già vista nel piano per i triangoli.

Nel piano	Nello spazio
Il baricentro di un triangolo divide ogni mediana in due segmenti di cui uno è il *doppio* dell'altro.	Il baricentro di un tetraedro divide ogni mediana in due segmenti di cui uno è il *triplo* dell'altro.

PER ESEMPIO

Consideriamo il tetraedro $ABCD$ di vertici $A(-1,2,1)$, $B(1,-6,-1)$, $C(2,2,2)$ e $D(0,1,-1)$.

Nell'esempio di pagina 77 abbiamo determinato il suo baricentro $G\left(\frac{1}{2}, -\frac{1}{4}, \frac{1}{4}\right)$.

Verifichiamo che valgono le relazioni $DG = 3GE$ e $AG = 3GF$.

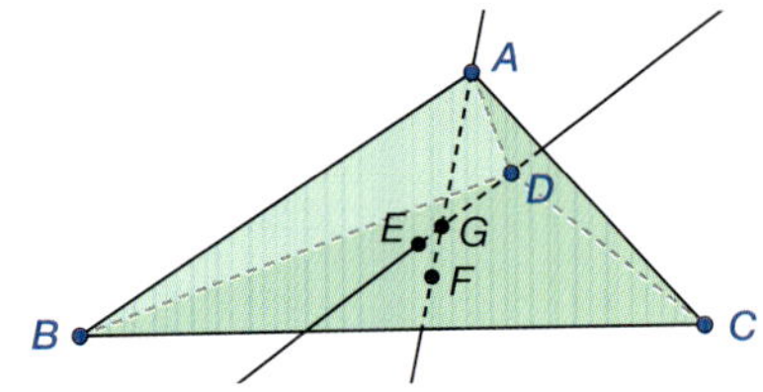

Applichiamo la formula della distanza tra due punti nello spazio:

$$DG = \sqrt{\frac{1}{4} + \frac{25}{16} + \frac{25}{16}} = \sqrt{\frac{54}{16}} = \frac{3\sqrt{6}}{4}$$

$$GE = \sqrt{\frac{1}{36} + \frac{25}{144} + \frac{25}{144}} = \sqrt{\frac{54}{144}} = \sqrt{\frac{6}{16}} = \frac{\sqrt{6}}{4}$$

cioè

$$DG = 3GE.$$

Analogamente:

$$AG = \sqrt{\frac{9}{4} + \frac{81}{16} + \frac{9}{16}} = \sqrt{\frac{126}{16}} = \frac{3\sqrt{14}}{4}$$

$$GF = \sqrt{\frac{1}{4} + \frac{9}{16} + \frac{1}{16}} = \frac{\sqrt{14}}{4}$$

cioè

$$AG = 3GF.$$

Puoi verificare per esercizio che anche per le altre due mediane vale una relazione analoga.

OSSERVA

Se un tetraedro ha densità costante, allora il suo centro di massa è il baricentro G.
Infatti la retta BE divide il triangolo BCD in due triangoli di area uguale. Pertanto il piano ABE divide il tetraedro $ABCD$ in due tetraedri di volume uguale. Quindi il centro di massa appartiene a questo piano. Allo stesso modo possiamo affermare che il centro appartiene al piano contenente il triangolo ACE.
Di conseguenza il centro di massa appartiene alla mediana AE.
Ripetendo il ragionamento per tutte le mediane, proviamo che il centro di massa del tetraedro coincide con il baricentro G.

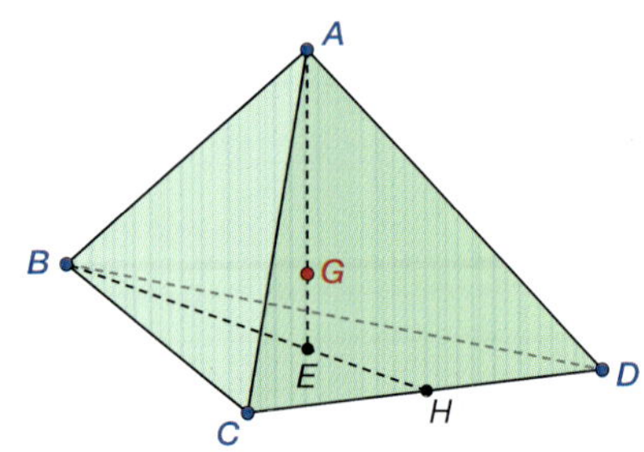

Circocentro di un tetraedro

Il circocentro di un triangolo è il punto di intersezione degli assi dei lati.
Per parlare di *circocentro di un tetraedro* introduciamo il concetto di *piano assiale* nello spazio, che è l'analogo dell'asse di un segmento nel piano.

▶ Si dice **piano assiale** di un segmento AB il piano perpendicolare ad AB e passante per il suo punto medio.

Si può dimostrare che il piano assiale di un segmento AB è il luogo geometrico dei punti dello spazio equidistanti dai punti A e B.
Enunciamo senza dimostrarlo il seguente teorema.

▶ I sei piani assiali degli spigoli di un tetraedro si intersecano in uno stesso punto detto **circocentro** del tetraedro.

OSSERVA

Il circocentro è il centro della sfera circoscritta al tetraedro.
Vedremo nel prossimo capitolo come determinare l'equazione della sfera circoscritta a un tetraedro.

Vediamo su un esempio particolare come determinare il circocentro di un tetraedro.

PER ESEMPIO

Consideriamo il tetraedro di vertici $A(1, 4, 1)$, $B(3, 1, 2)$, $C(0, 1, 3)$ e $D(1, 1, 2)$ e determiniamo le coordinate del suo circocentro come intersezione dei piani assiali dei suoi spigoli.
Determiniamo il piano assiale dello spigolo AB, cioè il piano α perpendicolare ad AB e passante per il suo punto medio.
Il vettore $\overrightarrow{AB} = \mathbf{n} = [2, -3, 1]$ è un vettore ortogonale al piano assiale di AB.

Il punto medio M di AB ha coordinate $\left(2, \frac{5}{2}, \frac{3}{2}\right)$.

Quindi se indichiamo con $P(x, y, z)$ il generico punto di α abbiamo che:

$$\overrightarrow{MP} \cdot \mathbf{n} = 0$$

cioè

$$\left[x - 2, y - \frac{5}{2}, z - \frac{3}{2}\right] \cdot [2, -3, 1] = 0.$$

Se svolgiamo i calcoli e semplifichiamo, otteniamo:

$$2x - 3y + z + 2 = 0$$

che è un'equazione cartesiana del piano assiale di AB.
Verifichiamo che otteniamo lo stesso risultato se determiniamo il luogo dei punti equidistanti da A e da B.
Deve risultare $PA = PB$, quindi applichiamo la formula della distanza tra due punti dello spazio:

$$\sqrt{(x-1)^2 + (y-4)^2 + (z-1)^2} = \sqrt{(x-3)^2 + (y-1)^2 + (z-2)^2}.$$

Eleviamo al quadrato entrambi i membri di questa uguaglianza, svolgiamo i calcoli e semplifichiamo:

$$4x - 6y + 2z + 4 = 0.$$

Dividendo entrambi i membri per 2, abbiamo:

$$2x - 3y + z + 2 = 0$$

che coincide con l'equazione trovata in precedenza.
In modo analogo otteniamo

- un'equazione cartesiana del piano assiale di AC: $x + 3y - 2z - 4 = 0$;
- un'equazione cartesiana del piano assiale di AD: $-3y + z + 6 = 0$.

Per calcolare le coordinate del punto K di intersezione dei piani assiali di AB, AC e AD risolviamo il sistema formato dalle loro equazioni:

$$\begin{cases} 2x - 3y + z = -2 \\ x + 3y - 2z = 4 \\ -3y + z = -6 \end{cases}$$

Il circocentro K ha coordinate $\left(2, \frac{10}{3}, 4\right)$.

Il circocentro K è equidistante dai quattro vertici del tetraedro. Applichiamo la formula della distanza fra due punti:

$$AK = BK = CK = DK = \frac{\sqrt{94}}{3}.$$

Puoi verificare, per esercizio, che il punto K appartiene anche agli altri tre piani assiali.

Incentro di un tetraedro

L'incentro di un triangolo è il punto d'incontro delle bisettrici.
Per parlare di incentro di un tetraedro, introduciamo il concetto di *piano bisettore* dell'angolo tra due facce di un tetraedro. Esso può essere visto come l'analogo, nello spazio, della bisettrice di un angolo nel piano.

Si dice **piano bisettore** dell'angolo individuato da due facce di un tetraedro il piano che passa per lo spigolo comune alle due facce e che divide in due parti uguali l'angolo da esse individuato.

Si può dimostrare che il piano bisettore di un angolo α è il luogo dei punti equidistanti dalle due facce che individuano α.
Enunciamo senza dimostrarlo il seguente teorema.

I sei piani bisettori di un tetraedro si intersecano in uno stesso punto detto **incentro** del tetraedro.

OSSERVA

L'incentro è il centro della sfera inscritta nel tetraedro.
Vedremo nel prossimo capitolo come determinare l'equazione della sfera inscritta in un tetraedro.

Vediamo su un esempio particolare come determinare l'incentro di un tetraedro.

PER ESEMPIO

Consideriamo il tetraedro di vertici $A(2, -2, 0)$, $B(6, -8, 0)$, $C(2, -8, 8)$ e $D(6, -2, 8)$ e determiniamo le coordinate del suo incentro come intersezione dei piani bisettori degli angoli individuati dalle facce del tetraedro.
Determiniamo un'equazione per ogni piano bisettore degli angoli tra le facce del tetraedro.
Dobbiamo determinare innanzitutto un'equazione per ciascuno dei piani *ABC*, *ABD*, *ACD* e *BCD*.

Determiniamo un'equazione del piano *ABC*

Poniamo $\mathbf{v} = \overrightarrow{AB} = [4, -6, 0]$ e $\mathbf{w} = \overrightarrow{AC} = [0, -6, 8]$, quindi:

$$\mathbf{v} \times \mathbf{w} = [4, -6, 0] \times [0, -6, 8] = [-48, -32, -24] = -8[6, 4, 3].$$

Possiamo prendere come vettore ortogonale al piano *ABC* il vettore $\mathbf{n} = [6, 4, 3]$.
Indichiamo con $P(x, y, z)$ il generico punto del piano *ABC*. Possiamo determinare una sua equazione cartesiana imponendo:

$$\overrightarrow{AP} \cdot \mathbf{n} = 0$$

cioè

$$[x-2, y+2, z] \cdot [6, 4, 3] = 0.$$

Svolgiamo i calcoli e otteniamo:

$$6x + 4y + 3z - 4 = 0.$$

Equazioni degli altri piani

In modo analogo otteniamo:

- per il piano *ABD* l'equazione $6x + 4y - 3z - 4 = 0$;
- per il piano *ACD* l'equazione $6x - 4y - 3z - 20 = 0$;
- per il piano *BCD* l'equazione $6x - 4y + 3z - 68 = 0$.

Equazione del piano bisettore dell'angolo tra le facce *ABC* e *ABD*

Questo piano bisettore è il luogo geometrico dei punti dello spazio equidistanti dai piani *ABC* e *ABD*. Quindi:

$$\frac{|6x + 4y + 3z - 4|}{\sqrt{61}} = \frac{|6x + 4y - 3z - 4|}{\sqrt{61}}.$$

Se eliminiamo il valore assoluto e semplifichiamo otteniamo le due equazioni lineari seguenti:

$$6x + 4y + 3z - 4 = 6x + 4y - 3z - 4 \Rightarrow z = 0$$
$$6x + 4y + 3z - 4 = -6x - 4y + 3z + 4 \Rightarrow 3x + 2y - 2 = 0.$$

Verifichiamo quale dei due piani interseca lo spigolo *CD*.
Un sistema di equazioni parametriche della retta *CD* è:

$$\begin{cases} x = 2 + 4t \\ y = -8 + 6t \\ z = 8 \end{cases}$$

Sostituiamo nell'equazione del piano $3x + 2y - 2 = 0$:

$$6 + 12t - 16 + 12t - 2 = 0 \Rightarrow t = \frac{1}{2}.$$

Quindi questo piano interseca lo spigolo *CD* nel suo punto medio.
Se sostituiamo le equazioni parametriche della retta *CD* nell'equazione del piano $z = 0$ otteniamo $8 = 0$, che è un'uguaglianza falsa: questo piano non interseca la retta *CD*.
Concludiamo che il piano bisettore delle facce *ABC* e *ABD* ha equazione $3x + 2y - 2 = 0$.

Equazioni degli altri piani bisettori

In modo analogo troviamo che:

- il piano bisettore dell'angolo tra le facce *ABC* e *ACD* ha equazione $4y + 3z + 8 = 0$;
- il piano bisettore dell'angolo tra le facce *ABD* e *BCD* ha equazione $4y - 3z + 32 = 0$.

Coordinate dell'incentro

Per determinare l'incentro *I* risolviamo il sistema:

$$\begin{cases} 3x + 2y = 2 \\ 4y + 3z = -8 \\ 4y - 3z = -32 \end{cases}$$

Otteniamo $I(4, -5, 4)$.
Puoi verificare come esercizio che *I* appartiene anche agli altri tre piani bisettori.

OSSERVA

Nel piano
Il luogo dei punti equidistanti da due rette è una coppia di rette tra loro perpendicolari (le bisettrici degli angoli formati dalle due rette).
Nello spazio
Il luogo dei punti equidistanti da due piani è una coppia di piani tra loro perpendicolari.

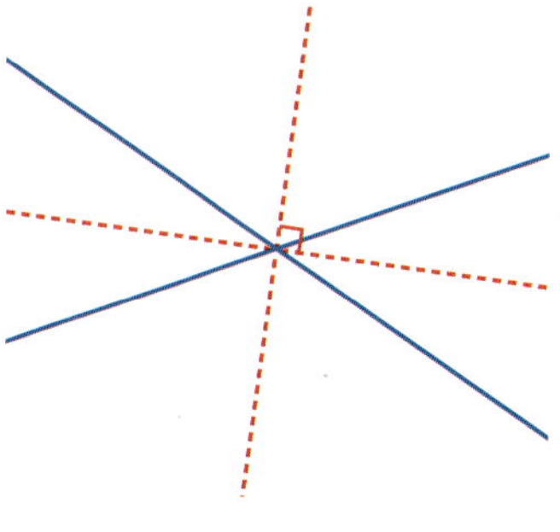

Per esempio Possiamo verificare che il prodotto scalare tra i vettori ortogonali dei due piani di equazioni $z = 0$ e $3x + 2y - 2 = 0$ è nullo:

$$[0, 0, 1] \cdot [3, 2, 0] = 0.$$

Nel piano
Il luogo dei punti equidistanti dalle rette su cui giacciono due lati di un triangolo fornisce le equazioni di due rette; una di esse biseca l'angolo interno e interseca il lato opposto in un punto interno, l'altra non interseca il lato opposto.
Nello spazio
Il luogo dei punti equidistanti dai piani su cui giacciono due facce di un tetraedro fornisce le equazioni di due piani: uno biseca l'angolo interno e interseca lo spigolo opposto, l'altro non interseca lo spigolo opposto.

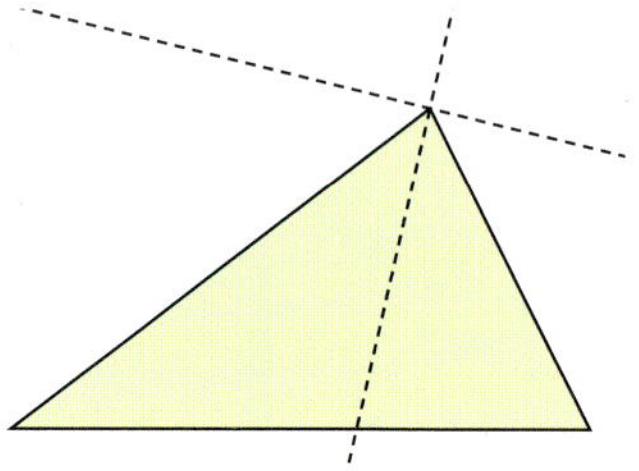

Esiste l'ortocentro di un tetraedro?

Abbiamo visto che ogni tetraedro ha baricentro, circocentro e incentro. Ci chiediamo se esiste anche il punto di intersezione delle altezze.
Nel triangolo il punto di intersezione delle altezze è l'ortocentro.
Diamo innanzi tutto la definizione di *altezza* di un tetraedro.

▶ Si dice **altezza** di un tetraedro il segmento condotto da un vertice perpendicolarmente al piano della faccia opposta.

Ogni tetraedro ha quattro altezze, una relativa a ogni faccia. In generale le quattro altezze non ammettono un punto di intersezione comune, quindi l'ortocentro di un tetraedro non sempre esiste.
Vediamolo con un esempio.

PER ESEMPIO

Consideriamo il tetraedro rettangolo *ABCD* in figura, detto *tetraedro di Dehn*, inscritto in un cubo.

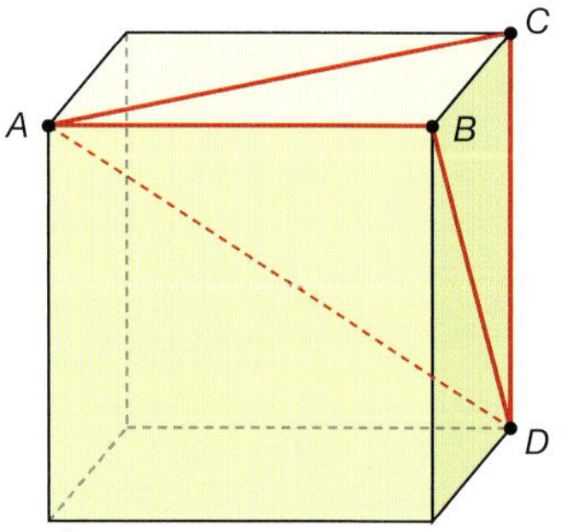

L'altezza *AB* relativa alla faccia *BCD* e l'altezza *CD* relativa alla faccia *ABC* non si intersecano perché giacciono su due rette sghembe.

Esistono particolari tetraedri che ammettono un *ortocentro*, come afferma il seguente teorema che non dimostriamo.

▶ Le altezze di un tetraedro *ABCD* si intersecano in uno stesso punto, detto **ortocentro**, se e solo se ogni spigolo è ortogonale allo spigolo opposto e cioè se e solo se:

- *AB* è ortogonale a *CD*;
- *AC* è ortogonale a *BD*;
- *AD* è ortogonale a *BC*.

I tetraedri per i quali esiste l'ortocentro si dicono **ortocentrici**.

PER ESEMPIO

Consideriamo il tetraedro di vertici $A(0, 0, 2)$, $B(4, 4, 0)$, $C(4, -2, 0)$ e $D(2, 0, 0)$. Verifichiamo che si tratta di un tetraedro ortocentrico e determiniamo il suo ortocentro.
Indichiamo con **a**, **b**, **c** e **d** i vettori corrispondenti ai quattro vertici A, B, C e D. Risulta:

- $(\mathbf{d}-\mathbf{a})\cdot(\mathbf{c}-\mathbf{b}) = [2, 0, -2]\cdot[0, -6, 0] = 0$ e quindi lo spigolo AD è ortogonale allo spigolo BC;
- $(\mathbf{b}-\mathbf{a})\cdot(\mathbf{d}-\mathbf{c}) = [4, 4, -2]\cdot[-2, 2, 0] = 0$ e quindi AB è ortogonale a CD;
- $(\mathbf{c}-\mathbf{a})\cdot(\mathbf{d}-\mathbf{b}) = [4, -2, -2]\cdot[-2, -4, 0] = 0$ e quindi AC è ortogonale a BD.

Quindi il tetraedro è ortocentrico.

Un'equazione cartesiana del piano contenente la faccia ABC è:

$$x + 2z - 4 = 0.$$

Un'equazione cartesiana del piano contenente la faccia ABD è:

$$2x - y + 2z - 4 = 0.$$

Un vettore ortogonale al piano ABC è $[1, 0, 2]$ e quindi un'equazione vettoriale della retta r perpendicolare al piano ABC e passante per D è:

$$[x, y, z] = [2, 0, 0] + t[1, 0, 2].$$

Un corrispondente sistema di equazioni parametriche è:

$$\begin{cases} x = 2 + t \\ y = 0 \\ z = 2t \end{cases}$$

Un vettore ortogonale al piano contenente la faccia ABD è $[2, -1, 2]$ e quindi un'equazione vettoriale della retta r' perpendicolare al piano ABD e passante per C è:

$$[x, y, z] = [4, -2, 0] + s[2, -1, 2].$$

Un corrispondente sistema di equazioni parametriche è:

$$\begin{cases} x = 4 + 2s \\ y = -2 - s \\ z = 2s \end{cases}$$

Le due rette r e r' ammettono un punto di intersezione se esiste una coppia di valori di s e t che rende vere le seguenti uguaglianze:

$$\begin{cases} 2 + t = 4 + 2s \\ 0 = -2 - s \\ 2t = 2s \end{cases}$$

Se risolviamo questo sistema troviamo come risultato $s = t = -2$ a cui corrisponde il punto $H(0, 0, -4)$.
Puoi verificare per esercizio che H appartiene anche alle altre due altezze del tetraedro.
Pertanto H è l'ortocentro di $ABCD$.

Volume di un tetraedro

Aver definito cosa si intende per altezza relativa a una faccia di un tetraedro ci permette di proporre una formula per il calcolo del volume di questo solido.

La formula per calcolare il volume V di un qualsiasi tetraedro è:

$$V = \frac{1}{3}Ah$$

dove A rappresenta l'area di una delle quattro facce e h l'altezza a essa relativa.

PER ESEMPIO

Consideriamo il tetraedro di vertici $A(-1, 2, 1)$, $B(1, -6, -1)$, $C(2, 2, 2)$ e $D(0, 1, -1)$ già utilizzato nell'esempio a pagina 77 e a pagina 79.
Poniamo $\mathbf{u} = \overrightarrow{AB} = [2, -8, -2]$ e $\mathbf{v} = \overrightarrow{AC} = [3, 0, 1]$. Per la faccia ABC risulta:

$$\text{Area}(ABC) = \frac{1}{2}|\mathbf{u} \times \mathbf{v}| = 4\sqrt{11}.$$

Un'equazione del piano α contenente la faccia ABC è

$$x + y - 3z + 2 = 0$$

e quindi l'altezza relativa a tale faccia è

$$h = d(D, \alpha) = \frac{6}{\sqrt{11}}.$$

Pertanto:

$$V = \frac{1}{3} \cdot 4\sqrt{11} \cdot \frac{6}{\sqrt{11}} = 8.$$

La «retta di Eulero» per i tetraedri ortocentrici

Nel volume B abbiamo visto che per ogni triangolo *non equilatero* esiste una retta, detta retta di Eulero, che passa per baricentro, ortocentro e circoncentro del triangolo. Un'analoga proprietà può essere enunciata nello spazio.

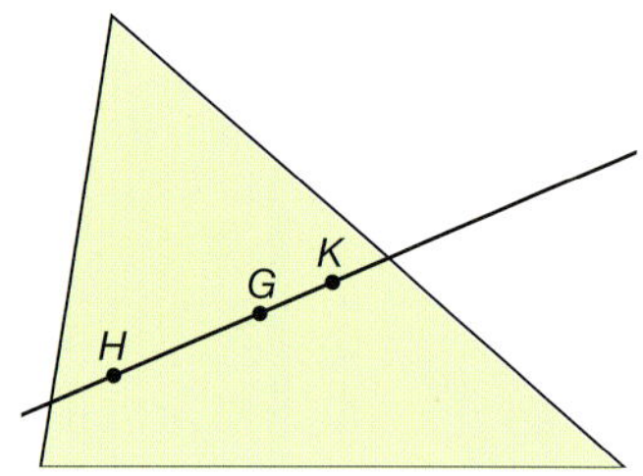

Nel piano	Nello spazio
In un triangolo il baricentro G, l'ortocentro H e il circocentro K sono allineati e $HG = 2GK$.	In un tetraedro ortocentrico il baricentro G, l'ortocentro H e il circocentro K sono allineati e G è il punto medio del segmento KH.

Quindi nel piano per ogni triangolo non equilatero esiste la retta di Eulero; nello spazio, per ogni tetraedro ortocentrico, esiste una retta che passa per il baricentro, l'ortocentro e il circoncentro del tetraedro. L'unica eccezione è il tetraedro regolare per il quale i tre punti coincidono. Verifichiamo l'esistenza di questa retta su un caso particolare.

PER ESEMPIO

Consideriamo ancora il tetraedro ortocentrico di vertici $A(0, 0, 2)$, $B(4, 4, 0)$, $C(4, -2, 0)$ e $D(2, 0, 0)$, già studiato nell'esempio a pagina 84.
Verifichiamo che, detti rispettivamente G, H e K il suo baricentro, il suo ortocentro e il suo circocentro, i punti G, H e K sono allineati e risulta $KG = GH$. Abbiamo già determinato l'ortocentro $H = (0, 0, -4)$.
Indichiamo con $\mathbf{a}$, $\mathbf{b}$, $\mathbf{c}$ e $\mathbf{d}$ i vettori corrispondenti ai quattro vertici A, B, C e D e con $\mathbf{g}$ il vettore corrispondente al baricentro G. Abbiamo:

$$\mathbf{g} = \frac{1}{4}(\mathbf{a} + \mathbf{b} + \mathbf{c} + \mathbf{d}) = \left[\frac{5}{2}, \frac{1}{2}, \frac{1}{2}\right]$$

e quindi $G\left(\frac{5}{2}, \frac{1}{2}, \frac{1}{2}\right)$.

Consideriamo ora un'equazione cartesiana per ciascuno dei piani assiali degli spigoli del tetraedro $ABCD$. Puoi verificare che:

- un'equazione del piano assiale di AB è: $2x + 2y - z - 7 = 0$;
- un'equazione del piano assiale di AC è: $2x - y - z - 4 = 0$;
- un'equazione del piano assiale di AD è: $x - z = 0$.

Risolviamo il sistema formato dalle equazioni dei tre piani assiali per calcolare le coordinate del circocentro K:

$$\begin{cases} 2x + 2y - z = 7 \\ 2x - y - z = 4 \\ x - z = 0 \end{cases}.$$

Otteniamo $K(5, 1, 5)$.
Puoi verificare per esercizio che K appartiene anche agli altri tre piani assiali del tetraedro.
Verifichiamo ora che i tre punti $H(0, 0, -4)$, $G\left(\frac{5}{2}, \frac{1}{2}, \frac{1}{2}\right)$ e $K(5, 1, 5)$ sono allineati e che $HG = GK$:

- i vettori $HK = [5, 1, 9]$ e $HG = \left[\frac{5}{2}, \frac{1}{2}, \frac{9}{2}\right]$ sono paralleli;
- $HG = GK$, infatti indicati rispettivamente con $\mathbf{g}$, $\mathbf{h}$ e $\mathbf{k}$ i vettori corrispondenti a G, H e K risulta $\mathbf{g} = \frac{1}{2}(\mathbf{h} + \mathbf{k})$.

Tetraedro isoscele

Diamo innanzitutto la definizione di *tetraedro isoscele*.

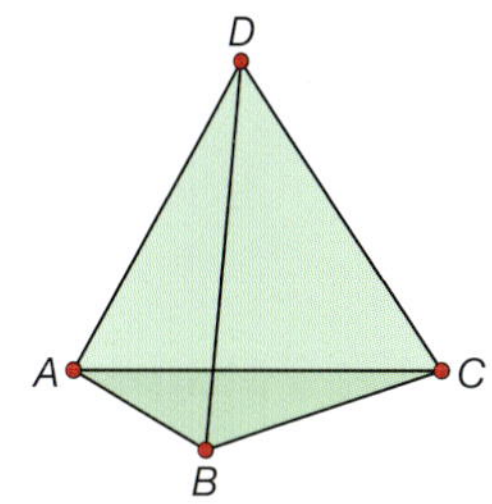

Un tetraedro $ABCD$ si dice **isoscele** se ogni spigolo ha la stessa lunghezza del suo spigolo opposto, cioè se $AB = CD$, $AC = BD$ e $AD = BC$.

OSSERVA

La figura suggerisce come costruire un tetraedro isoscele: è sufficiente ripiegare un qualunque triangolo acutangolo lungo i segmenti che congiungono i punti medi dei lati.
Si può dimostrare che tutti i tetraedri isosceli si ottengono con questa costruzione.

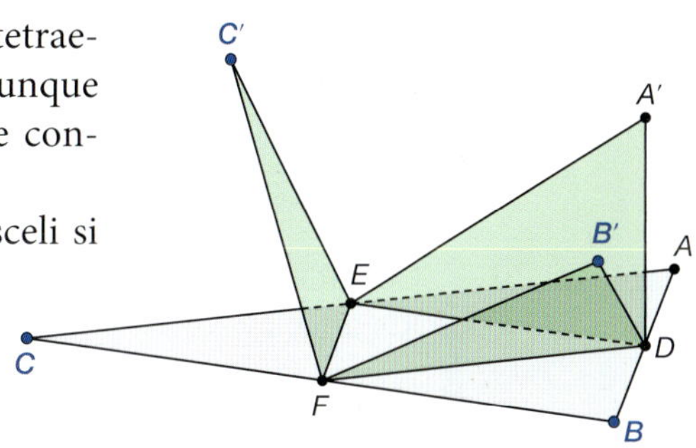

Il terzo criterio di uguaglianza dei triangoli garantisce che le facce di un tetraedro isoscele sono quattro triangoli uguali.
Elenchiamo qui di seguito quattro teoremi che enunciano proprietà dei tetraedri isosceli, ciascuno dei quali potrebbe essere usato come definizione equivalente a quella fornita. Dimostriamo solo il secondo dei quattro teoremi enunciati.

Un tetraedro è isoscele se e solo se la somma delle ampiezze dei tre angoli piani uscenti da ognuno dei suoi vertici è uguale a un angolo piatto.

Con **angolo piano uscente da un vertice** A di un poliedro intendiamo l'angolo interno di vertice A di una faccia del poliedro.

Un tetraedro è isoscele se e solo se tutte le sue facce hanno lo stesso perimetro.

Dimostrazione

Se il tetraedro è isoscele allora tutte le facce sono uguali e quindi hanno lo stesso perimetro.

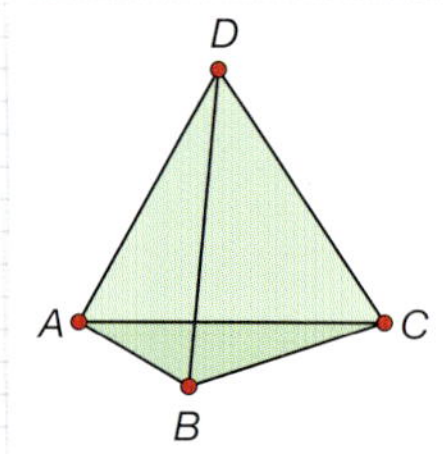

Se le facce hanno lo stesso perimetro possiamo scrivere:

$$AB + BC + AC = AB + BD + AD = AC + CD + AD =$$
$$= BC + BD + CD.$$

Dalla prima uguaglianza otteniamo

$$BC + AC = BD + AD$$

e dall'ultima

$$AC + AD = BC + BD.$$

Addizioniamo membro a membro queste due uguaglianze, semplifichiamo e otteniamo $AC = BD$.
Da $AC = BD$ e da $BC + AC = BD + AD$ otteniamo $BC = AD$.
Infine da $AB + BC + AC = BC + BD + CD$ e da $AC = BD$ otteniamo $AB = CD$.
Quindi il tetraedro è isoscele.

▶ Un tetraedro è isoscele se e solo se tutte le sue facce hanno aree uguali.

▶ Un tetraedro è isoscele se e solo se tutte le sue altezze sono uguali.

Volume di un tetraedro isoscele

La seguente formula fornisce il volume di un tetraedro isoscele note le lunghezze a, b e c dei suoi spigoli:

$$V = \sqrt{\frac{1}{72}(a^2 + b^2 - c^2)(a^2 + c^2 - b^2)(b^2 + c^2 - a^2)}.$$

Questa relazione ricorda la formula di Erone per il calcolo dell'area di un triangolo note le lunghezze dei suoi lati.

PER ESEMPIO

Consideriamo il tetraedro di vertici $A(2, -2, 0)$, $B(6, -8, 0)$, $C(2, -8, 8)$ e $D(6, -2, 8)$. Risulta:

$$a = AB = CD = 2\sqrt{13}$$
$$b = AC = BD = 10$$
$$c = AD = BC = 4\sqrt{5}.$$

Quindi:

$$V = \sqrt{\frac{1}{72}(52 + 100 - 80)(52 + 80 - 100)(100 + 80 - 52)} = \sqrt{4096} = 64.$$

OSSERVA

Dalla formula del volume di un tetraedro è possibile dedurre che ogni faccia di un tetraedro isoscele è un triangolo acutangolo.
Per provarlo supponiamo che c rappresenti la lunghezza del lato maggiore.
Se il triangolo fosse rettangolo, per il teorema di Pitagora, l'espressione $(a^2 + b^2 - c^2)$ sarebbe uguale a zero e anche il volume del tetraedro isoscele sarebbe nullo.
Se il triangolo fosse ottusangolo allora l'espressione $(a^2 + b^2 - c^2)$ sarebbe minore di zero e quindi la radice quadrata non sarebbe definita.
Pertanto l'angolo opposto al lato maggiore deve essere acuto e quindi devono essere acuti anche gli altri due angoli.

Nel caso dei triangoli nel piano la coincidenza tra circocentro, baricentro e incentro si verifica per i triangoli equilateri.
Vediamo che cosa accade invece nello spazio.

► In un tetraedro isoscele il circocentro, il baricentro e l'incentro coincidono.

PER ESEMPIO

Consideriamo il tetraedro di vertici $A(1, 1, 0)$, $B(3, 4, 0)$, $C(1, 4, 4)$ e $D(3, 1, 4)$.

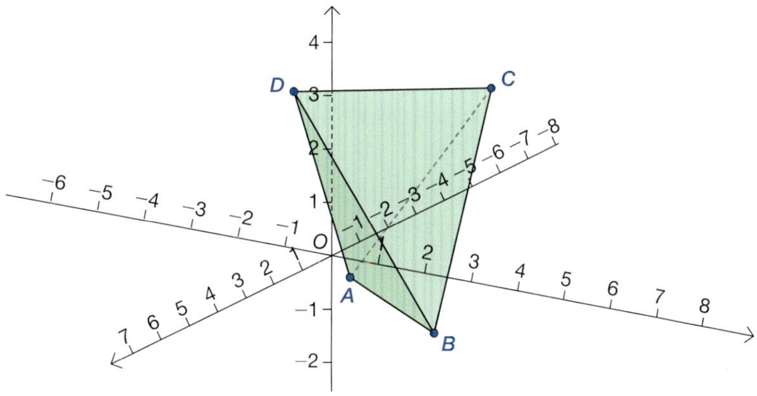

ABCD è un tetraedro isoscele

Applichiamo la formula per calcolare la distanza tra due punti nello spazio:

$$AB = \sqrt{4+9} = \sqrt{13}$$
$$AC = \sqrt{9+16} = 5$$
$$AD = \sqrt{4+16} = \sqrt{20} = 2\sqrt{5}$$
$$BC = \sqrt{20} = 2\sqrt{5} = AD$$
$$BD = 5 = AC$$
$$CD = \sqrt{13} = AB.$$

Di conseguenza il tetraedro è isoscele.

Baricentro, circocentro e incentro del tetraedro _ABCD_ coincidono

Calcoliamo le coordinate del baricentro G. Il vettore corrispondente a G è:

$$\mathbf{g} = \frac{1}{4}(\mathbf{a}+\mathbf{b}+\mathbf{c}+\mathbf{d}) = \frac{1}{4}[8, 10, 8] = \left[2, \frac{5}{2}, 2\right].$$

Quindi $G\left(2, \frac{5}{2}, 2\right)$.

Calcoliamo le coordinate del circocentro K.
Determiniamo un'equazione per ciascuno dei piani assiali dei diversi spigoli. Il piano assiale di AB è il luogo geometrico dei punti dello spazio equidistanti da A e da B, quindi una sua equazione cartesiana è:

$$(x-1)^2 + (y-1)^2 + z^2 = (x-3)^2 + (y-4)^2 + z^2,$$

da cui, se svolgiamo i calcoli e semplifichiamo, otteniamo

$$4x + 6y - 23 = 0.$$

In modo analogo otteniamo che un'equazione cartesiana del piano assiale di AC è

$$6y + 8z - 31 = 0$$

e una del piano assiale di AD è

$$x + 2z - 6 = 0.$$

Per determinare il circocentro K risolviamo il sistema:

$$\begin{cases} 4x+6y=23 \\ 6y+8z=31 \\ x+2z=6 \end{cases}$$

Otteniamo $K\left(2, \frac{5}{2}, 2\right)$ che coincide con il baricentro G.

Per completare la verifica dobbiamo dimostrare che anche l'incentro I coincide con K e con G.
Determiniamo un'equazione cartesiana per ciascuno dei piani che contengono le facce del tetraedro.
Per quanto riguarda il piano ABC poniamo $\mathbf{v} = \overrightarrow{AB} = [2, 3, 0]$ e $\mathbf{w} = \overrightarrow{AC} = [0, 3, 4]$. Quindi risulta:

$$\mathbf{v} \times \mathbf{w} = [12, -8, 6] = 2[6, -4, 3].$$

Pertanto possiamo prendere come vettore ortogonale al piano ABC il vettore $\mathbf{n} = [6, -4, 3]$.
Indichiamo con $P(x, y, z)$ il generico punto del piano ABC. Allora un'equazione cartesiana di ABC è:

$$\overrightarrow{AP} \cdot \mathbf{n} = 0$$

cioè

$$[x-1, y-1, z] \cdot [6, -4, 3] = 0.$$

Svolgendo i calcoli troviamo:

$$6x-4y+3z-2=0.$$

In modo analogo otteniamo:

- per il piano ABD l'equazione $6x-4y-3z-2=0$;
- per il piano ACD l'equazione $6x+4y-3z-10=0$;
- per il piano BCD l'equazione $6x+4y+3z-34=0$.

Determiniamo ora un'equazione cartesiana del piano bisettore dell'angolo individuato dalle facce ABC e ABD. Imponiamo che il piano bisettore dell'angolo tra le facce ABC e ABD sia il luogo geometrico dei punti dello spazio equidistanti dai piani ABC e ABD:

$$\frac{|6x-4y+3z-2|}{\sqrt{61}} = \frac{|6x-4y-3z-2|}{\sqrt{61}}.$$

Otteniamo le due equazioni:

$$6x-4y+3z-2 = 6x-4y-3z-2 \Rightarrow z=0$$

$$6x-4y+3z-2 = -6x+4y+3z+2 \Rightarrow 3x-2y-1=0.$$

Per determinare quale di questi due piani rappresenta il piano bisettore delle facce ABC e ABD osserviamo che questo piano deve intersecare lo spigolo opposto CD in un suo punto.
Un sistema di equazioni parametriche della retta CD è:

$$\begin{cases} x=1+2t \\ y=4-3t \\ z=4 \end{cases}$$

Sostituendo nell'equazione del piano $z=0$ otteniamo la contraddizione $4=0$.
Sostituendo nell'equazione del piano $3x-2y-1=0$ otteniamo $t=\frac{1}{2}$, quindi il piano bisettore delle facce ABC e ABD è il piano di equazione $3x-2y-1=0$.

In modo analogo troviamo che:

- il piano bisettore dell'angolo tra le facce ABD e ACD ha equazione $2x - z - 2 = 0$;
- il piano bisettore dell'angolo tra le facce ACD e BCD ha equazione $3x + 2y - 11 = 0$.

Per determinare l'incentro I risolviamo il sistema:

$$\begin{cases} 3x - 2y = 1 \\ 2x - z = 2 \\ 3x + 2y = 11 \end{cases}$$

Otteniamo $I\left(2, \frac{5}{2}, 2\right)$.

Quindi I coincide con G e con K, come volevamo dimostrare.

Calcoliamo il volume del tetraedro

Ricordiamo che il volume V di un tetraedro può essere calcolato con la formula:

$$V = \frac{1}{3}Ah$$

dove A rappresenta l'area di una delle quattro facce e h l'altezza a essa relativa.
L'area della faccia ABC è:

$$\frac{1}{2}\left|\overrightarrow{AB} \times \overrightarrow{AC}\right| = \frac{1}{2}\left|[12, -8, 6]\right| = \sqrt{61}.$$

Determiniamo l'altezza relativa alla faccia ABC, cioè la distanza del vertice $D(3, 1, 4)$ dal piano di equazione $6x - 4y + 3z - 2 = 0$ contenente la faccia ABC.
Otteniamo:

$$h = \frac{|6 \cdot 3 - 4 \cdot 1 + 3 \cdot 4 - 2|}{\sqrt{61}} = \frac{24}{\sqrt{61}}.$$

Quindi il volume è:

$$V = \frac{1}{3}\sqrt{61} \cdot \frac{24}{\sqrt{61}} = 8.$$

Puoi verificare, per esercizio, che otterresti lo stesso risultato applicando la formula che fornisce il volume di un tetraedro isoscele note le lunghezze dei suoi spigoli.

Nel prossimo capitolo verificheremo che la sfera inscritta in un tetraedro isoscele tocca ciascuna faccia nel suo circocentro.

ESERCIZI

1 Considera il triangolo nello spazio di vertici $A(2,-6,8)$, $B(9,0,2)$ e $C(-1,3,-2)$. Indicato con L il punto medio del lato BC, determina un'equazione della retta r_{AL} su cui giace la mediana AL e poi verifica che il baricentro $G\left(\frac{10}{3},-1,\frac{8}{3}\right)$ appartiene a questa retta.

$\left[r_{AL}: [x, y, z] = [2, -6, 8] + t\left[2, \frac{15}{2}, -8\right]\right]$

2 Considera il tetraedro di vertici $A(-1,2,1)$, $B(1,-6,-1)$, $C(2,2,2)$ e $D(0,1,-1)$ e indica con L e M i baricentri rispettivamente delle facce ACD e ABD.

a] Determina le equazioni delle rette r_{BL} e r_{CM} su cui giacciono, rispettivamente, le mediane BL e CM.

$\left[r_{BL}: [x, y, z] = [1, -6, -1] + s\left[-\frac{2}{3}, \frac{23}{3}, \frac{5}{3}\right]; r_{CM}: [x, y, z] = [2, 2, 2] + t\left[-2, -3, -\frac{7}{3}\right]\right]$

b] Verifica che il baricentro $G\left(\frac{1}{2},-\frac{1}{4},\frac{1}{4}\right)$ del tetraedro appartiene anche a queste due mediane.

c] Verifica che anche per queste due mediane valgono le relazioni $BG = 3GL$ e $CG = 3GM$.

3 Considera il tetraedro di vertici $A(1,4,1)$, $B(3,1,2)$, $C(0,1,3)$, $D(1,1,2)$. Determina le equazioni dei piani assiali degli spigoli BC, BD e CD e verifica che il circocentro $K\left(2,\frac{10}{3},4\right)$ appartiene a ognuno di questi piani assiali.

[I tre piani assiali hanno equazioni: $3x - z - 2 = 0$, $x - 2 = 0$ e $x - z + 2 = 0$]

4 Considera il tetraedro $OABC$ di vertici $O(0,0,0)$, $A(4\sqrt{2},0,0)$, $B(0,4\sqrt{2},0)$ e $C(0,0,5)$. Stabilisci, per ciascuna faccia, di che tipo di triangolo si tratta. Calcola l'area S della superficie totale e il volume V del tetraedro.

$\left[S = 16 + 20\sqrt{2} + 4\sqrt{41}; V = \frac{80}{3}\right]$

5 Considera il tetraedro ortocentrico di vertici $A(0,0,2)$, $B(4,4,0)$, $C(4,-2,0)$ e $D(2,0,0)$. Determina le equazioni delle rette r e r' su cui giacciono le altezze relative rispettivamente alle facce ACD e BCD e verifica che il punto $H(0,0,-4)$ appartiene a queste due rette.

$[r: [x, y, z] = [4, 4, 0] + s[1, 1, 1]; r': [x, y, z] = [0, 0, 2] + t[0, 0, 1]]$

6 Considera il tetraedro isoscele di vertici $A(1,1,0)$, $B(3,4,0)$, $C(1,4,4)$ e $D(3,1,4)$. Determina il volume V del tetraedro applicando la relazione che utilizza le lunghezze degli spigoli.

$[V = 8]$

7 Considera il tetraedro di vertici $A(2,-4,-2)$, $B(-2,12,2)$, $C(-4,-4,-4)$ e $D(0,-2,2)$. Determina il suo baricentro G e poi verifica che G è il punto medio dei segmenti che congiungono i punti medi degli spigoli opposti.

$\left[G\left(-1, \frac{1}{2}, -\frac{1}{2}\right)\right]$

8 Considera il tetraedro di vertici $A(2,-4,-2)$, $B(-2,12,2)$, $C(-4,-4,-4)$ e $D(0,-2,2)$. Verifica che la somma dei quadrati delle lunghezze degli spigoli è uguale a quattro volte la somma dei quadrati delle lunghezze dei segmenti che uniscono i punti medi degli spigoli opposti.

9 Considera il tetraedro di vertici $A(2, -4, -2)$, $B(-2, 12, 2)$, $C(-4, -4, -4)$ e $D(0, -2, 2)$.

a] Determina le coordinate del circocentro di ogni faccia.

$\left[\text{Circocentro di } ABC\text{: } \left(-\frac{39}{22}, \frac{41}{11}, -\frac{15}{22}\right)\text{; circocentro di } ABD\text{: } \left(\frac{88}{59}, \frac{316}{59}, -\frac{232}{59}\right)\text{; circocentro di } ACD\text{: } \left(-\frac{94}{59}, -\frac{186}{59}, -\frac{72}{59}\right)\text{; circocentro di } BCD\text{: } \left(-\frac{178}{45}, \frac{206}{45}, -\frac{20}{9}\right)\right]$

b] Per ciascuna faccia, determina un'equazione della retta passante per il circocentro della faccia e a questa perpendicolare.

$\left[r_1\text{: } [x, y, z] = \left[-\frac{39}{22}, \frac{41}{11}, -\frac{15}{22}\right] + s[1, 1, -3]\text{; } r_2\text{: } [x, y, z] = \left[\frac{88}{59}, \frac{316}{59}, -\frac{232}{59}\right] + t[7, 1, 3]\text{; } r_3\text{: } [x, y, z] = \left[-\frac{94}{59}, -\frac{186}{59}, -\frac{72}{59}\right] + \lambda[1, 7, -3]\text{; } r_4\text{: } [x, y, z] = \left[-\frac{178}{45}, \frac{206}{45}, -\frac{20}{9}\right] + \mu[7, 1, -5]\right]$

c] Verifica che le rette determinate in **b]** si intersecano nel circocentro K del tetraedro.

$\left[K\left(-\frac{5}{12}, \frac{61}{12}, -\frac{19}{4}\right)\right]$

10 Dimostra che se due coppie di spigoli opposti di un tetraedro sono tra loro ortogonali allora anche gli spigoli opposti della terza coppia sono tra loro ortogonali.

11 Considera il tetraedro ortocentrico di vertici $A(0, 0, 2)$, $B(4, 4, 0)$, $C(4, -2, 0)$ e $D(2, 0, 0)$. Verifica che il piede di ogni altezza condotta da un vertice del tetraedro è l'ortocentro della faccia opposta.

12 Considera il tetraedro trirettangolo di vertici $O(0, 0, 0)$, $A(a, 0, 0)$, $B(0, b, 0)$ e $C(0, 0, c)$, con $a, b, c > 0$. Dimostra che la faccia ABC non può essere un triangolo rettangolo.

13 Considera il tetraedro trirettangolo di vertici $O(0, 0, 0)$, $A(a, 0, 0)$, $B(0, b, 0)$ e $C(0, 0, c)$, con $a, b, c > 0$. Questo tetraedro è anche ortocentrico? In caso di risposta affermativa, qual è il suo ortocentro? [Sì; $O(0, 0, 0)$]

14 Considera il tetraedro di vertici $A(2, 0, 0)$, $B(-1, \sqrt{3}, 0)$, $C(-1, -\sqrt{3}, 0)$, $D(0, 0, 2\sqrt{2})$.

a] Verifica che si tratta di un tetraedro regolare, cioè che tutte le facce sono triangoli equilateri uguali fra loro.

b] Determina l'ampiezza dell'angolo tra due facce e verifica che ottieni lo stesso valore per ogni coppia di facce. $\left[\theta = \cos^{-1}\left(\frac{1}{3}\right) \approx 70.5°\right]$

15 Considera il tetraedro regolare di vertici $A(2, 0, 0)$, $B(-1, \sqrt{3}, 0)$, $C(-1, -\sqrt{3}, 0)$ e $D(0, 0, 2\sqrt{2})$. Indicato con O il punto di coordinate $(0, 0, 0)$ e con M il punto medio del segmento OD, dimostra che il tetraedro $MABC$ ha tre facce costituite da triangoli rettangoli.

16 Considera il tetraedro regolare di vertici $A(2, 0, 0)$, $B(-1, \sqrt{3}, 0)$, $C(-1, -\sqrt{3}, 0)$, $D(0, 0, 2\sqrt{2})$. Indica con N il punto medio dello spigolo CD e determina l'ampiezza dell'angolo $A\hat{N}B$. $\left[\theta = \cos^{-1}\left(\frac{1}{3}\right) \approx 70.5°\right]$

>> **ESERCIZI DI CONSOLIDAMENTO** • p. 383

MATEMATICA & **MATEMATICA**

Quanti sono i poliedri regolari?

Un poliedro è un solido delimitato da quattro o più poligoni tali che ogni lato è comune esattamente a due poligoni i quali non giacciono sullo stesso piano.

I poligoni si dicono **facce**, i loro lati si dicono **spigoli**, i loro vertici si dicono ancora **vertici** del poliedro.
Chiamiamo **poliedri convessi** i poliedri che sono interamente situati dalla stessa parte rispetto al piano che contiene una qualsiasi delle loro facce. Chiamiamo **concavi** i poliedri non convessi.

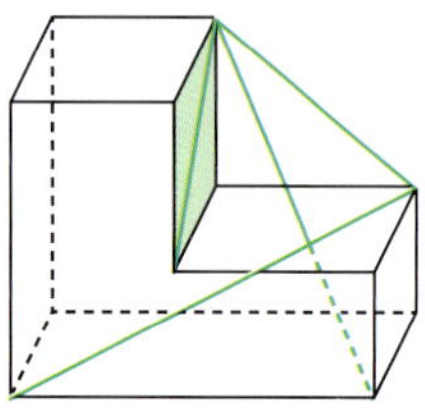

▲ Poliedro concavo.

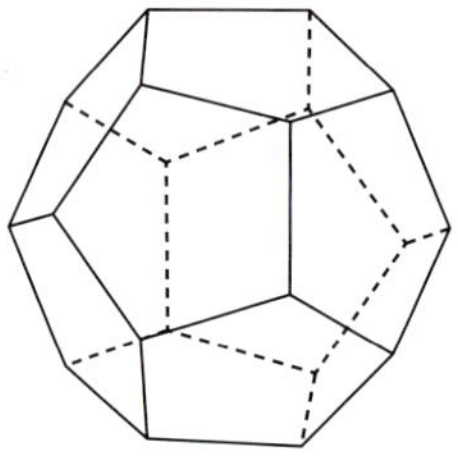

▲ Poliedro convesso.

Noi ci limitiamo a considerare poliedri convessi.
Sono poliedri convessi i cubi, i parallelepipedi, le piramidi, i prismi.
Casi particolari di poliedri convessi sono i *poliedri regolari*.

Un **poliedro regolare** è un poliedro convesso tale che:
- le facce sono poligoni regolari uguali fra loro;
- in ogni vertice converge lo stesso numero di spigoli.

Il *tetraedro regolare* è un esempio di poliedro regolare: le sue facce sono quattro triangoli equilateri e ogni vertice è in comune a tre spigoli. Tuttavia, se *incolliamo* due tetraedri regolari uguali lungo una faccia, come in figura, otteniamo un poliedro non regolare.

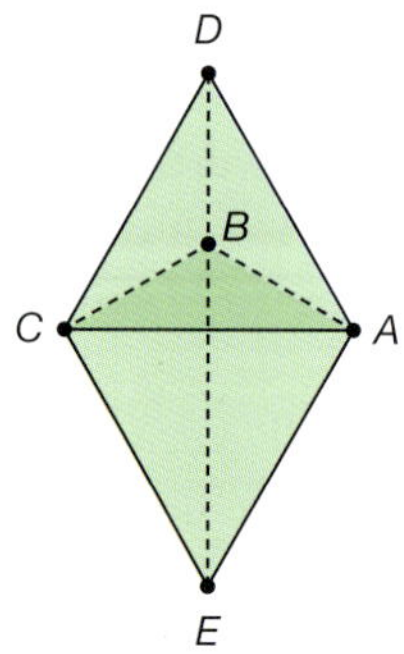

Infatti nei vertici D ed E concorrono tre spigoli, mentre in ognuno dei vertici A, B, e C concorrono quattro spigoli.
Tra i composti chimici conosciuti è presente una struttura simile: nella molecola del pentacloruro di fosforo PCl_5, l'atomo di fosforo occupa il centro del triangolo equilatero ABC e i cinque atomi di cloro sono disposti ai vertici del poliedro.

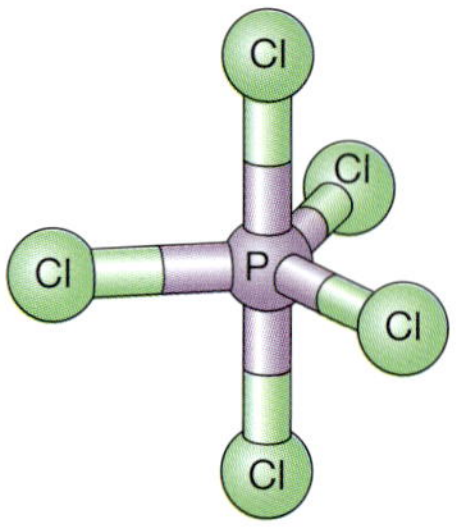

La prima citazione nota dei poliedri regolari si trova in un dialogo di Platone, il *Timeo*. Per questo motivo i poliedri regolari sono noti anche col nome di *solidi platonici*. La loro prima descrizione matematica si trova negli *Elementi* di Euclide.
I poliedri regolari nello spazio possono essere paragonati ai poligoni regolari nel piano. Tuttavia mentre i poligoni regolari, a meno di similitudini, sono infiniti, i poliedri regolari sono solo cinque: il **tetraedro**, il **cubo**, l'**ottaedro**, l'**icosaedro** e il **dodecaedro**.
Dato un qualsiasi poliedro regolare ogni vertice deve essere comune almeno a tre facce. Per evitare che facce adiacenti si dispongano su un unico piano, la somma degli angoli con vertice comune deve essere strettamente minore di 360°.
Esaminiamo i casi possibili.

Se le facce sono triangoli equilateri, ogni loro angolo misura 60°. Quindi in ciascun vertice possono concorrere solo tre, quattro o cinque triangoli equilateri:

$$60° \cdot 3 = 180° < 360°$$
$$60° \cdot 4 = 240° < 360°$$
$$60° \cdot 5 = 300° < 360°.$$

Per un numero di triangoli maggiore di 5 la condizione non è più verificata:

$$60° \cdot 6 = 360°$$
$$60° \cdot 7 = 420° > 360°$$
$$\ldots$$

Quindi esistono solo tre poliedri regolari che hanno come facce triangoli equilateri.

- **Tetraedro regolare**: in ciascun vertice concorrono tre triangoli equilateri.

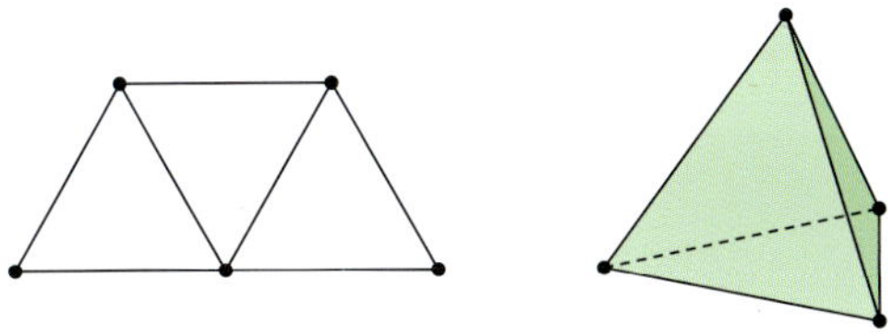

- **Ottaedro regolare**: in ciascun vertice concorrono quattro triangoli equilateri.

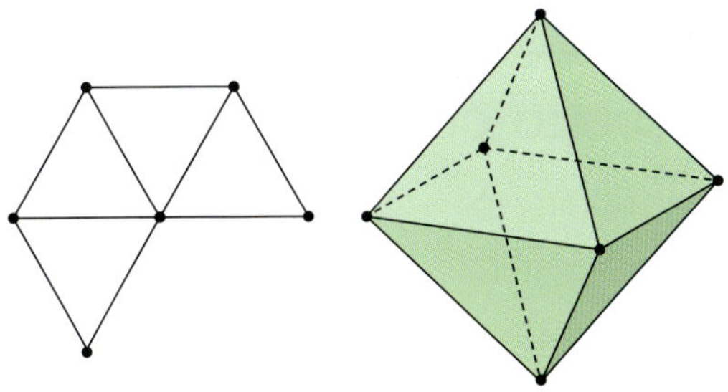

- **Icosaedro regolare**: in ciascun vertice concorrono cinque triangoli equilateri.

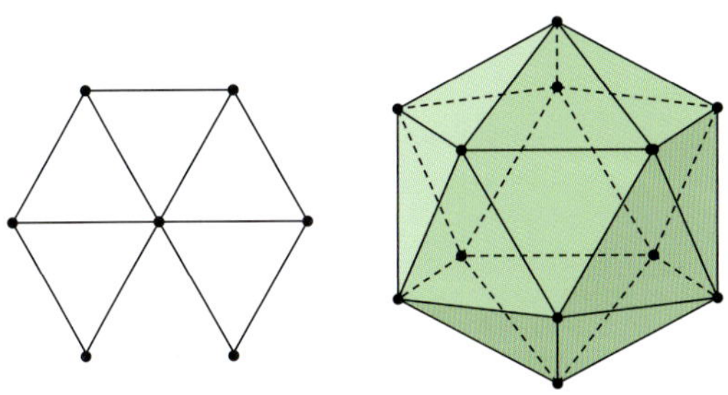

Se le facce sono quadrati, ogni loro angolo misura 90°. Quindi in ciascun vertice possono concorrere solo tre quadrati:

$$90° \cdot 3 = 270° < 360°.$$

Per un numero di quadrati maggiore di 3 la condizione non è più verificata:

$$90° \cdot 4 = 360°$$
$$90° \cdot 5 = 450° > 360°$$
$$\ldots$$

Quindi esiste solo un poliedro regolare con facce quadrate.

- **Cubo**: in ogni vertice concorrono tre quadrati.

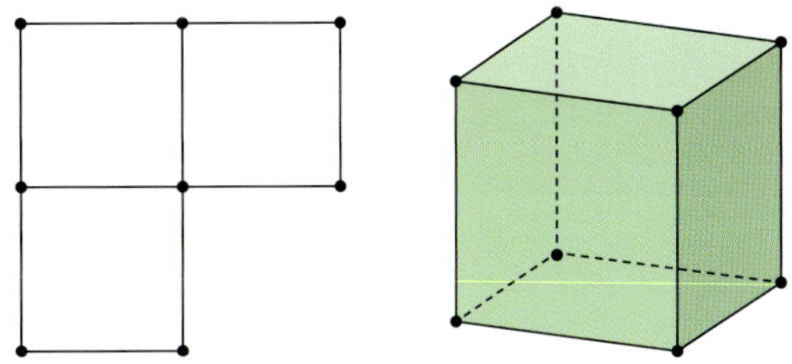

Se le facce sono pentagoni regolari, ogni loro angolo misura 108°. Quindi in ciascun vertice possono concorrere solo tre pentagoni:

$$108° \cdot 3 = 324° < 360°.$$

Per un numero di pentagoni maggiore di 3 la condizione non è più verificata:

$$108° \cdot 4 = 432° > 360°$$
$$108° \cdot 5 = 540° > 360°$$
$$\ldots$$

Quindi esiste solo un poliedro regolare le cui facce sono pentagoni regolari.

- **Dodecaedro regolare**: in ogni vertice concorrono tre pentagoni.

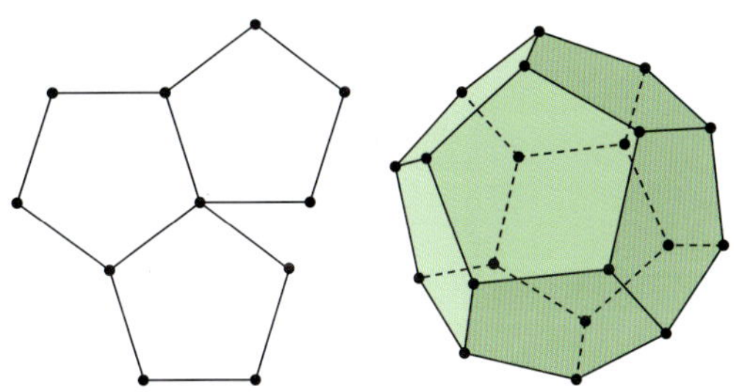

Non possono esistere altri poliedri regolari. Infatti già se le facce fossero esagoni, i cui angoli interni hanno ampiezza 120°, tre di essi concorrendo in un vertice occuperebbero un angolo di 360°.

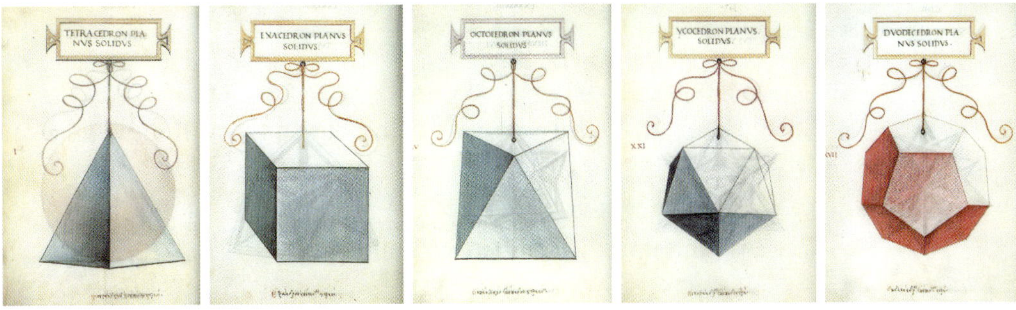

► I cinque poliedri regolari disegnati da Leonardo da Vinci per illustrare il manoscritto di Luca Pacioli *De divina proporzione* (1498).

CAPITOLO 6 La sfera

PROBLEMA

Intersezione di un piano con una sfera

Intersechiamo una superficie sferica con centro $O(0, 0, 0)$ e raggio 3 con il piano di equazione $z = 2$. Verifichiamo che l'intersezione è una circonferenza di centro $C(0, 0, 2)$ e raggio $\sqrt{5}$.

Risoluzione

La curva rappresentata in figura con il tratto rosso è l'intersezione del piano di equazione $z = 2$ con la superficie sferica di centro $O(0, 0, 0)$ e raggio 3.

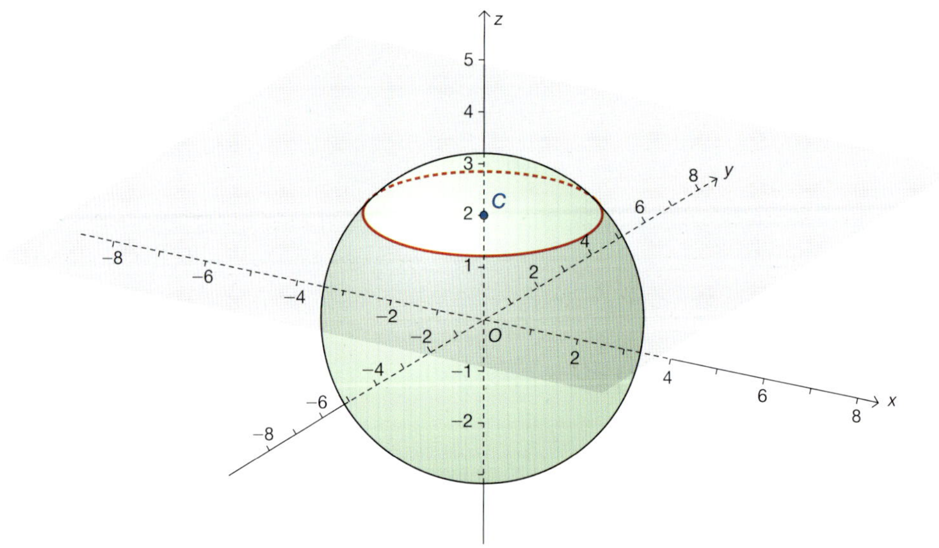

La curva può sembrare un'ellisse e non una circonferenza: è un effetto dovuto al modo con cui rappresentiamo una figura tridimensionale.
Usiamo le nostre conoscenze di geometria analitica per dimostrare che si tratta di una circonferenza.
La superficie sferica in figura è il luogo dei punti dello spazio che hanno distanza 3 dall'origine O degli assi.
Chiamiamo $P(x, y, z)$ il generico punto della superficie sferica e applichiamo la formula della distanza tra due punti dello spazio:

$$PO = 3 \Leftrightarrow \sqrt{x^2 + y^2 + z^2} = 3.$$

Eleviamo entrambi i membri al quadrato:

$$x^2 + y^2 + z^2 = 9.$$

Quindi la curva intersezione della superficie sferica e del piano di equazione $z = 2$ è espressa dal sistema seguente:

$$\begin{cases} x^2 + y^2 + z^2 = 9 \\ z = 2 \end{cases} \Leftrightarrow \begin{cases} x^2 + y^2 = 5 \\ z = 2 \end{cases}$$

Nel piano xy la prima equazione del sistema rappresenta una circonferenza γ con centro nell'origine e raggio $\sqrt{5}$.
La seconda equazione rappresenta il piano di equazione $z = 2$. Possiamo allora interpretare geometricamente la soluzione del sistema come la proiezione ortogonale della circonferenza γ sul piano di equazione $z = 2$.
Quindi l'intersezione tra il piano di equazione $z = 2$ e la superficie sferica è la circonferenza di centro $C(0, 0, 2)$ e raggio $r = \sqrt{5}$.
Si può dimostrare che, in generale, se intersechiamo una superficie sferica con un piano troviamo sempre una circonferenza.

Alcune domande che aprono nuove prospettive

Come usare la geometria analitica per individuare alcune proprietà della sfera?

La definizione di sfera come luogo geometrico

Dati un punto C dello spazio e un numero reale r non negativo, si dice **superficie sferica** di centro C e raggio r il luogo geometrico dei punti dello spazio che hanno distanza r da C.

Per semplicità di notazione, da ora in avanti chiameremo la superficie sferica semplicemente **sfera**.
Siano $C(x_C, y_C, z_C)$ e r rispettivamente il centro e il raggio di una sfera. Per definizione, un punto $P(x, y, z)$ dello spazio appartiene alla sfera di centro C e raggio r se e solo se $PC = r$:

$$PC = \sqrt{(x - x_C)^2 + (y - y_C)^2 + (z - z_C)^2} = r.$$

Se eleviamo al quadrato otteniamo:

$$(x - x_C)^2 + (y - y_C)^2 + (z - z_C)^2 = r^2$$

che rappresenta la sfera di centro $C(x_C, y_C, z_C)$ e raggio r.

PER ESEMPIO

1 Un'equazione della sfera di centro $C(5, -1, 3)$ e raggio 4 è:

$$(x - 5)^2 + (y + 1)^2 + (z - 3)^2 = 16.$$

2 La sfera di equazione:

$$(x + 4)^2 + (y - 2)^2 + (z - 3)^2 = 9$$

ha centro $C(-4, 2, 3)$ e raggio 3.

Un modo equivalente per individuare una sfera è darne il centro C e un suo punto qualsiasi.

PER ESEMPIO

Determiniamo l'equazione della sfera di centro $C(1, -1, 2)$ e passante per il punto $A(-2, 1, -1)$.
La distanza del punto A dal centro è uguale al raggio, cioè:

$$r = AC = \sqrt{22}.$$

Quindi l'equazione della sfera è:

$$(x - 1)^2 + (y + 1)^2 + (z - 2)^2 = 22.$$

Espandendo i quadrati dell'equazione $(x-x_C)^2+(y-y_C)^2+(z-z_C)^2=r^2$ otteniamo un'equazione equivalente:

$$x^2+y^2+z^2-2x_Cx-2y_Cy-2z_Cz+(x_C)^2+(y_C)^2+(z_C)^2-r^2=0.$$

Poniamo, per semplicità:

$$a=-2x_C \qquad c=-2z_C$$
$$b=-2y_C \qquad d=(x_C)^2+(y_C)^2+(z_C)^2-r^2.$$

Otteniamo l'equazione:

$$x^2+y^2+z^2+ax+by+cz+d=0$$

che è anche detta **equazione in forma standard** o **in forma normale** di una sfera.
Ricaviamo le relazioni che legano i coefficienti a, b, c, d alle coordinate del centro e alla misura del raggio e confrontiamole con quelle analoghe valide per la circonferenza.

Nel piano	**Nello spazio**
Circonferenza	Sfera
Equazione in forma standard $x^2+y^2+ax+by+c=0$	Equazione in forma standard $x^2+y^2+z^2+ax+by+cz+d=0$
Centro $C\left(-\frac{a}{2},-\frac{b}{2}\right)$	Centro $C\left(-\frac{a}{2},-\frac{b}{2},-\frac{c}{2}\right)$
Raggio $r=\sqrt{\frac{a^2+b^2-4c}{4}}=\frac{1}{2}\sqrt{a^2+b^2-4c}$ con $a^2+b^2-4c\geq 0$.	Raggio $r=\sqrt{\frac{a^2+b^2+c^2-4d}{4}}=\frac{1}{2}\sqrt{a^2+b^2+c^2-4d}$ con $a^2+b^2+c^2-4d\geq 0$.

PER ESEMPIO

La sfera di equazione:

$$x^2+y^2+z^2-4x+6y-8z+13=0$$

ha centro $C(2,-3,4)$ e raggio 4. Infatti:

$$r=\frac{1}{2}\sqrt{16+36+64-52}=4.$$

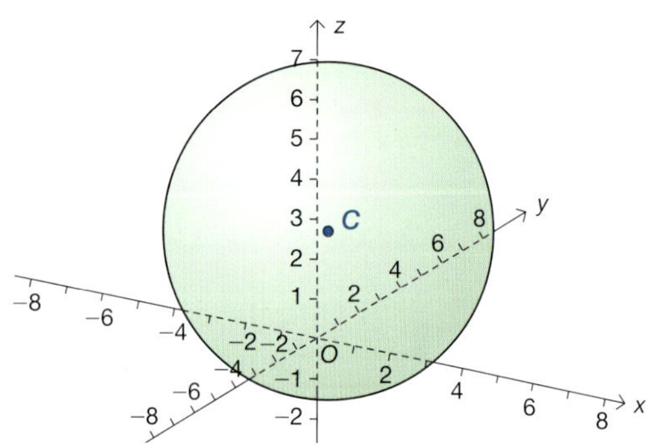

- Un punto è **esterno** a una sfera se la sua distanza dal centro è maggiore del raggio.
- Un punto è **interno** a una sfera se la sua distanza dal centro è minore del raggio.
- Un punto **appartiene** a una sfera se la sua distanza dal centro è uguale al raggio.

PER ESEMPIO

1 Il punto $A(6,-4,2)$ è esterno alla sfera di centro $C(2,-3,4)$ e raggio 4. Infatti:

$$CA=\sqrt{(6-2)^2+(-4+3)^2+(2-4)^2}=\sqrt{16+1+4}=\sqrt{21}>4.$$

2 Il punto $B(5,-5,3)$ è interno alla sfera di centro $C(2,-3,4)$ e raggio 4. Infatti:

$$CB=\sqrt{(5-2)^2+(-5+3)^2+(3-4)^2}=\sqrt{9+4+1}=\sqrt{14}<4.$$

3 Il punto $D(2, -7, 4)$ appartiene alla sfera di centro $C(2, -3, 4)$ e raggio 4. Infatti:

$$CD = \sqrt{(2-2)^2 + (-7+3)^2 + (4-4)^2} = \sqrt{16} = 4.$$

L'appartenenza del punto $D(2, -7, 4)$ alla sfera può essere verificata anche sostituendo le coordinate di D nell'equazione $x^2 + y^2 + z^2 - 4x + 6y - 8z + 13 = 0$ che rappresenta la sfera:

$$2^2 + (-7)^2 + 4^2 - 4(2) + 6(-7) - 8(4) + 13 = 4 + 49 + 16 - 8 - 42 - 32 + 13 = 0.$$

Posizioni reciproche di piani e sfere

▶ Un piano è **esterno** a una sfera se non ha punti in comune con la sfera.

▶ Un piano è **tangente** a una sfera se ha uno e un solo punto in comune con la sfera.

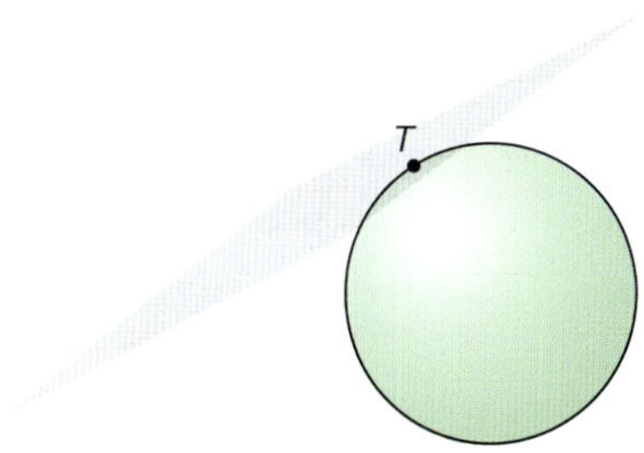

▶ Un piano è **secante** una sfera se ha più di un punto in comune con la sfera.

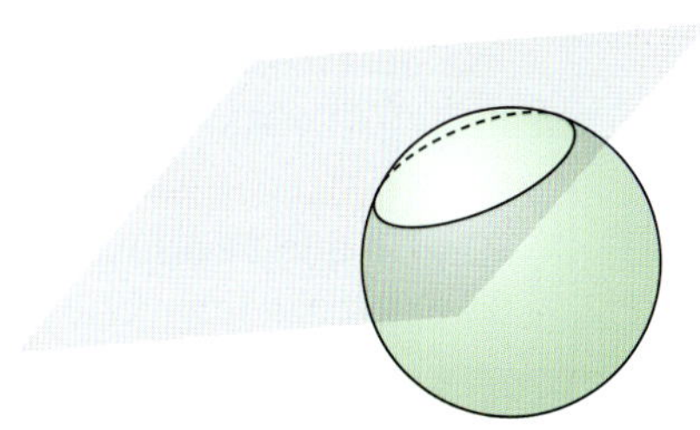

OSSERVA Si può dimostrare che se un piano è secante una sfera la sua intersezione con la sfera è una circonferenza.

Caratterizzazioni analitiche delle posizioni reciproche tra un piano e una sfera

Le definizioni date hanno un equivalente analitico che si può esprimere come confronto fra il raggio e la distanza tra il centro della sfera e il piano.

▶ Un piano è **esterno** a una sfera se la distanza del centro della sfera dal piano è maggiore del raggio.

PER ESEMPIO

Il piano α di equazione $3x + 3y + 2z - 19 = 0$ è esterno alla sfera di equazione:

$$x^2 + y^2 + z^2 - 2x + 4y - 4 = 0,$$

che ha centro in $C(1, -2, 0)$ e raggio 3. Infatti la distanza del centro C dal piano è maggiore del raggio:

$$d(C, \alpha) = \frac{22}{\sqrt{22}} = \sqrt{22} \approx 4.7 > 3.$$

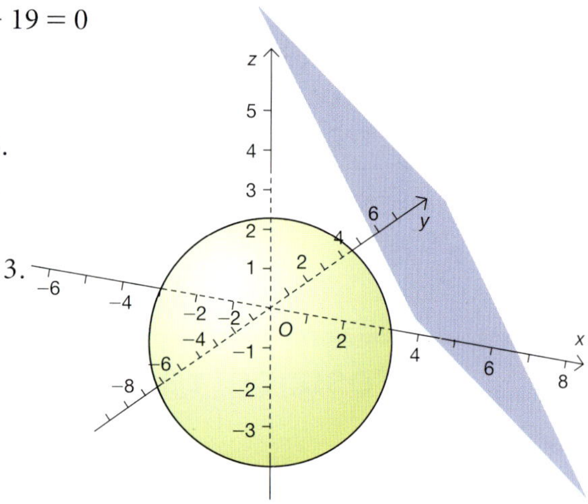

► Un piano è **tangente** a una sfera se la distanza del centro della sfera dal piano è uguale al raggio.

PER ESEMPIO

Il piano α di equazione

$$x - 4y + 4z - 23 = 0$$

è tangente alla sfera di equazione:

$$x^2 + y^2 + z^2 - 4x - 2y + 4z - 24 = 0,$$

che ha centro in $C(2, 1, -2)$ e raggio $\sqrt{33}$. Infatti la distanza del centro C dal piano α è uguale al raggio:

$$d(C, \alpha) = \frac{33}{\sqrt{33}} = \sqrt{33}.$$

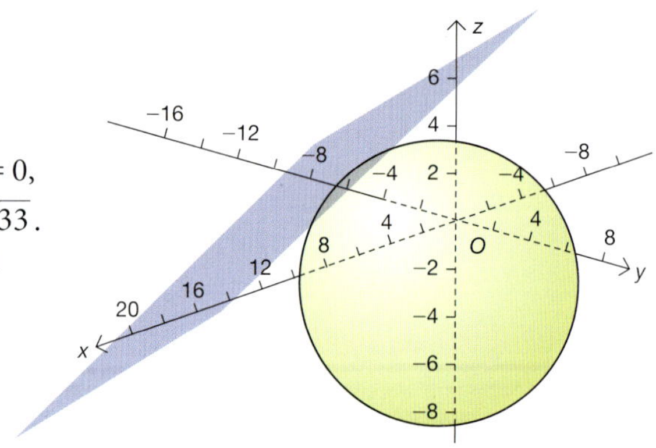

► Un piano è **secante** una sfera se la distanza del centro della sfera dal piano è minore del raggio.

In questo caso il sistema formato dalle equazioni della sfera e del piano individua la circonferenza intersezione delle due superfici.

PER ESEMPIO

Il piano α di equazione $x - 4y + 4z - 12 = 0$ è secante la sfera che ha equazione $x^2 + y^2 + z^2 - 4x - 2y + 4z - 24 = 0$, centro in $C(2, 1, -2)$ e raggio $\sqrt{33}$.
Infatti la distanza del centro C dal piano α è minore del raggio:

$$d(C, \alpha) = \frac{22}{\sqrt{33}} = \frac{2\sqrt{33}}{3} < \sqrt{33}.$$

Il sistema

$$\begin{cases} x - 4y + 4z - 12 = 0 \\ x^2 + y^2 + z^2 - 4x - 2y + 4z - 24 = 0 \end{cases}$$

individua la circonferenza intersezione delle due superfici.
Vedremo più avanti come determinare centro e raggio di questa circonferenza.

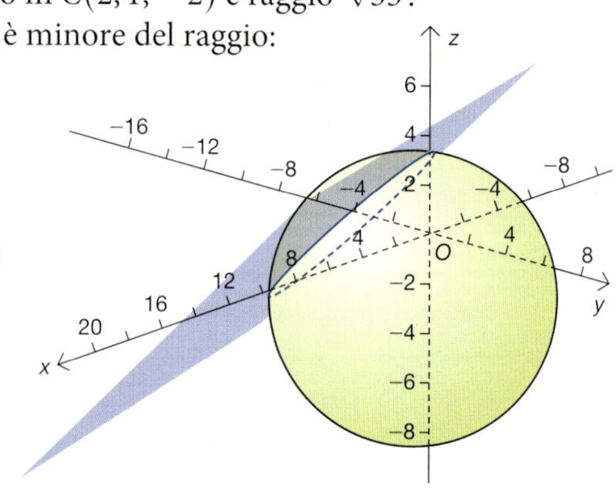

Posizioni reciproche di rette e sfere e loro caratterizzazione analitica

Una retta è **esterna** a una sfera se non ha punti in comune con la sfera.

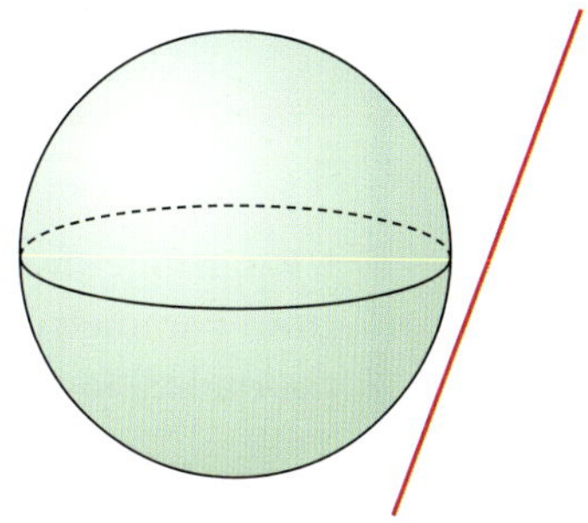

Una retta è **tangente** a una sfera se ha uno e un solo punto in comune con la sfera.

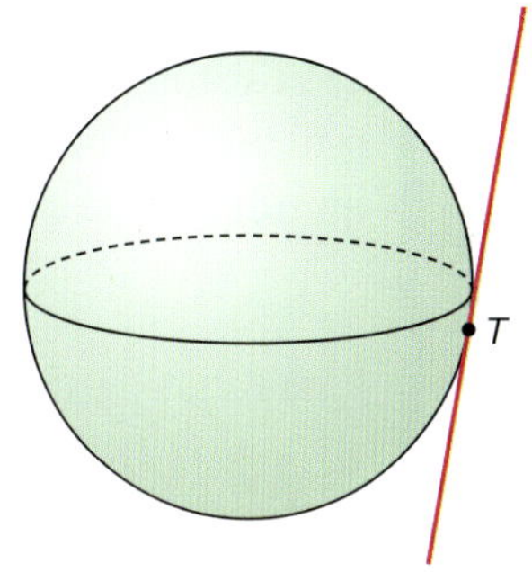

Una retta è **secante** una sfera se ha esattamente due punti in comune con la sfera.

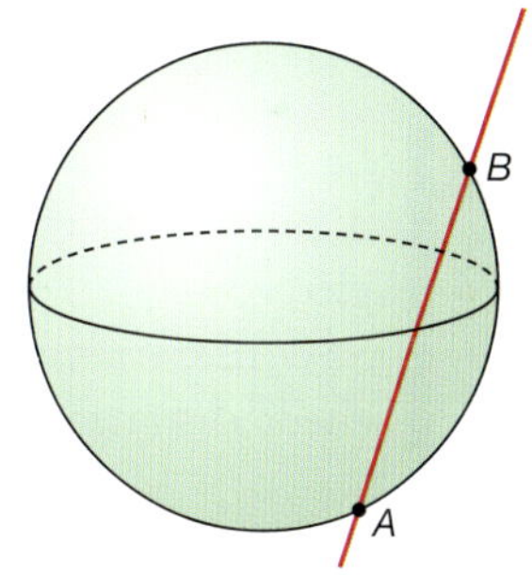

Caratterizzazione analitica delle posizioni reciproche tra retta e sfera

Le definizioni date hanno un equivalente analitico che si può esprimere sia come confronto fra il raggio e la distanza tra il centro della sfera e la retta, sia come numero di soluzioni dell'equazione di secondo grado ottenuta sostituendo nell'equazione della sfera le equazioni parametriche della retta.

Una retta è esterna a una sfera se:

- la distanza tra il centro della sfera e la retta è maggiore del raggio;
- l'equazione di secondo grado ottenuta sostituendo nell'equazione della sfera le equazioni parametriche della retta non ha soluzioni.

PER ESEMPIO

La retta r di equazione vettoriale $[x, y, z] = [3, -4, 5] + t[-1, -1, 1]$ è esterna alla sfera di equazione $x^2 + y^2 + z^2 = 9$ che ha centro in $O(0, 0, 0)$ e raggio 3.
Se consideriamo il punto $P(3, -4, 5)$ di r e il vettore direzione $\mathbf{v} = [-1, -1, 1]$, otteniamo che la distanza tra il centro O e la retta r è maggiore del raggio:

$$d(O, r) = \frac{|\overrightarrow{PO} \times \mathbf{v}|}{|\mathbf{v}|} = \frac{|[-3, 4, -5] \times [-1, -1, 1]|}{|[-1, -1, 1]|} = \frac{|[-1, 8, 7]|}{|[-1, -1, 1]|} = \frac{\sqrt{114}}{\sqrt{3}} =$$

$$= \sqrt{38} \approx 6.2 > 3.$$

L'equazione di secondo grado ottenuta sostituendo nell'equazione della sfera le equazioni parametriche della retta non ha soluzioni. Infatti all'equazione vettoriale di r corrisponde il seguente sistema di equazioni parametriche:

$$\begin{cases} x = 3 - t \\ y = -4 - t \\ z = 5 + t \end{cases}$$

Se sostituiamo queste equazioni nell'equazione della sfera, svolgiamo i calcoli e semplifichiamo, otteniamo l'equazione $3t^2 + 12t + 41 = 0$, che ha discriminante negativo e quindi non ha soluzioni.

▶ Una retta è tangente a una sfera se:

- la distanza tra il centro della sfera e la retta è uguale al raggio;
- l'equazione di secondo grado ottenuta sostituendo nell'equazione della sfera le equazioni parametriche della retta ha una e una sola soluzione o, come si dice talvolta, due soluzioni coincidenti.

PER ESEMPIO

La retta r di equazione vettoriale $[x, y, z] = [7, -2, 2] + t[4, 1, 0]$ è tangente alla sfera di equazione $x^2 + y^2 + z^2 - 4x - 2y + 4z - 24 = 0$, che ha centro in $C(2, 1, -2)$ e raggio $\sqrt{33}$.
Se consideriamo il punto $P(7, -2, 2)$ di r e il vettore direzione $\mathbf{v} = [4, 1, 0]$, otteniamo che la distanza tra il centro C e la retta r è uguale al raggio:

$$d(C, r) = \frac{|\overrightarrow{PC} \times \mathbf{v}|}{|\mathbf{v}|} = \frac{|[-5, 3, -4] \times [4, 1, 0]|}{|[4, 1, 0]|} =$$

$$= \frac{|[4, -16, -17]|}{|[4, 1, 0]|} = \frac{\sqrt{561}}{\sqrt{17}} = \sqrt{33}.$$

L'equazione di secondo grado ottenuta sostituendo nell'equazione della sfera le equazioni parametriche della retta ha una e una sola soluzione. Infatti all'equazione vettoriale di r corrisponde il seguente sistema di equazioni parametriche:

$$\begin{cases} x = 7 + 4t \\ y = -2 + t \\ z = 2 \end{cases}$$

Se sostituiamo queste equazioni nell'equazione della sfera, svolgiamo i calcoli e semplifichiamo, otteniamo l'equazione $t^2 + 2t + 1 = 0$, che ha discriminante uguale a zero. L'unica soluzione allora è $t = -1$, a cui corrisponde il punto di tangenza $P_0(3, -3, 2)$.

La retta r dell'esempio precedente non è l'unica retta tangente alla sfera nel suo punto P_0. Confrontiamo infatti quello che accade nello spazio con i risultati già noti nel piano.

Nel piano	**Nello spazio**
È unica la retta r tangente a una circonferenza in un suo punto P_0.	È unico il piano α tangente a una sfera in un suo punto P_0. Tutte le infinite rette che giacciono sul piano α e passano per P_0 sono tangenti alla sfera.

OSSERVA

Nell'esempio a pagina 100 avevamo dimostrato che il piano α di equazione $x-4y+4z-23=0$ è tangente alla sfera di equazione $x^2+y^2+z^2-4x-2y+4z-24=0$. Puoi verificare che la retta dell'esempio precedente è tangente a questa sfera ed è contenuta in α.

Una retta è secante una sfera se:

- la distanza tra il centro della sfera e la retta è minore del raggio;
- l'equazione di secondo grado ottenuta sostituendo nell'equazione della sfera le equazioni parametriche della retta ha due soluzioni distinte.

PER ESEMPIO

La retta r di equazione vettoriale $[x, y, z]=[-3,-1,3]+t[5,2,-5]$ è secante la sfera di equazione $x^2+y^2+z^2-4x-2y+4z-24=0$, che ha centro in $C(2,1,-2)$ e raggio $\sqrt{33}$.
Se consideriamo il punto $P(-3,-1,3)$ di r e il vettore direzione $\mathbf{v}=[5,2,-5]$, otteniamo che la distanza tra il centro C e la retta r è uguale a:

$$d(C,r)=\frac{|\vec{PC}\times\mathbf{v}|}{|\mathbf{v}|}=\frac{|[5,2,-5]\times[5,2,-5]|}{|[5,2,-5]|}=0.$$

Allora PC e $\mathbf{v}$ sono paralleli e quindi la retta r passa per il centro C della sfera. Avremmo potuto verificarlo anche osservando che se poniamo $t=1$ nell'equazione vettoriale di r otteniamo proprio il centro della sfera.
L'equazione di secondo grado ottenuta sostituendo nell'equazione della sfera le equazioni parametriche della retta ha due soluzioni distinte. Infatti all'equazione vettoriale di r corrisponde il seguente sistema di equazioni parametriche:

$$\begin{cases} x=-3+5t \\ y=-1+2t \\ z=3-5t \end{cases}$$

Se sostituiamo queste equazioni nell'equazione della sfera, svolgiamo i calcoli e semplifichiamo, otteniamo l' equazione $18t^2-36t+7=0$, che ha discriminante positivo.
Le sue soluzioni sono $\frac{6-\sqrt{22}}{6}$ e $\frac{6+\sqrt{22}}{6}$ a cui corrispondono i punti:

$$R\left(\frac{12-5\sqrt{22}}{6}, \frac{3-\sqrt{22}}{3}, \frac{-12+5\sqrt{22}}{6}\right); S\left(\frac{12+5\sqrt{22}}{6}, \frac{3+\sqrt{22}}{3}, \frac{-12-5\sqrt{22}}{6}\right).$$

OSSERVA

Se nell'esempio precedente calcoliamo la lunghezza del segmento RS otteniamo $RS=2\sqrt{33}$, cioè il doppio del raggio. Allora RS è un diametro della sfera.
Punti come R e S si dicono *antipodali* o *diametralmente opposti*.
Se assimiliamo la Terra a una sfera i punti corrispondenti al Polo Nord e al Polo Sud sono esempi di punti antipodali.

Alcuni problemi sulla sfera

Determinare un'equazione della sfera circoscritta a un tetraedro di vertici dati

Il problema di determinare un'equazione della sfera circoscritta a un tetraedro di vertici dati può essere risolto con la seguente procedura:

- determinare il circocentro del tetraedro, che è il centro della sfera a esso circoscritta;
- determinare la distanza del circocentro da uno dei vertici del tetraedro, ottenendo così il raggio della sfera;
- scrivere un'equazione della sfera di cui sono noti il centro e il raggio.

PER ESEMPIO Consideriamo il tetraedro di vertici $A(1, 4, 1)$, $B(3, 1, 2)$, $C(0, 1, 3)$ e $D(1, 1, 2)$ e determiniamo un'equazione della sfera a esso circoscritta.

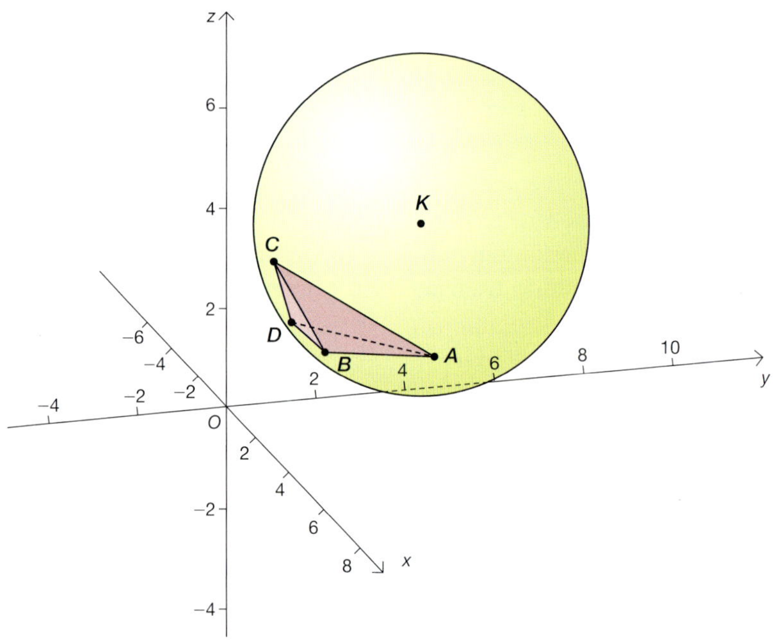

Metodo analitico con considerazioni geometriche

Nel capitolo 5 abbiamo determinato

- il circocentro K di questo tetraedro: $K\left(2, \frac{10}{3}, 4\right)$;
- la distanza d di K da ognuno dei vertici del tetraedro: $d = \frac{\sqrt{94}}{3}$.

La sfera circoscritta al tetraedro $ABCD$ ha centro $K\left(2, \frac{10}{3}, 4\right)$ e raggio $\frac{\sqrt{94}}{3}$, quindi una sua equazione è:

$$(x-2)^2 + \left(y - \frac{10}{3}\right)^2 + (z-4)^2 = \frac{94}{9}.$$

Se svolgiamo i calcoli e semplifichiamo, otteniamo:

$$x^2 + y^2 + z^2 - 4x - \frac{20}{3}y - 8z + \frac{62}{3} = 0.$$

Metodo esclusivamente analitico

Per determinare l'equazione della sfera possiamo imporre l'appartenenza dei vertici del tetraedro all'equazione standard della sfera. Dobbiamo quindi determinare i coefficienti a, b, c, d dell'equazione

$$x^2 + y^2 + z^2 + ax + by + cz + d = 0$$

imponendo che la sfera passi per i quattro punti $A(1, 4, 1)$, $B(3, 1, 2)$, $C(0, 1, 3)$ e $D(1, 1, 2)$. Otteniamo il sistema lineare:

$$\begin{cases} a + 4b + c + d = -18 \\ 3a + b + 2c + d = -14 \\ b + 3c + d = -10 \\ a + b + 2c + d = -6 \end{cases}$$

Sottraiamo membro a membro l'ultima uguaglianza dalla seconda e otteniamo $2a = -8$, da cui $a = -4$. Sostituiamo questo valore nel sistema iniziale in modo da ricondurci alla risoluzione del seguente sistema di tre equazioni in tre incognite:

$$\begin{cases} 4b + c + d = -14 \\ b + 2c + d = -2 \\ b + 3c + d = -10 \end{cases}$$

Se sottraiamo membro a membro la seconda uguaglianza dalla terza otteniamo $c = -8$ e quindi il sistema si riduce a:

$$\begin{cases} 4b + d = -6 \\ b + d = 14 \end{cases}$$

La sua soluzione è $b = -\frac{20}{3}$, $d = \frac{62}{3}$.

In definitiva la soluzione del sistema lineare iniziale è:

$$a = -4 \qquad b = -\frac{20}{3} \qquad c = -8 \qquad d = \frac{62}{3}.$$

Quindi la sfera cercata può essere rappresentata con l'equazione:

$$x^2 + y^2 + z^2 - 4x - \frac{20}{3}y - 8z + \frac{62}{3} = 0$$

che è la stessa equazione ottenuta con il metodo precedente.

Il metodo esclusivamente analitico proposto nell'esempio spiega algebricamente perché per quattro punti non complanari (e a tre a tre non allineati) passa una e una sola sfera: imporre il passaggio per quattro punti è equivalente a imporre quattro condizioni lineari sui coefficienti a, b, c e d.

Determinare un'equazione del piano tangente a una sfera in un suo punto

Il problema di determinare un'equazione del piano tangente a una sfera di centro C e raggio r in un suo punto P_0 può essere risolto con la seguente procedura:

- determinare il vettore $\overrightarrow{CP_0}$;
- determinare il piano che passa per P_0 e che è ortogonale a $\overrightarrow{CP_0}$.

Questa procedura risolutiva è giustificata dal fatto che *nello spazio il piano tangente a una sfera in un suo punto P_0 è perpendicolare al raggio che passa per P_0.*

PER ESEMPIO

Consideriamo la sfera di equazione $x^2 + y^2 + z^2 - 2x - 4y - 6z - 16 = 0$ e determiniamo il piano tangente alla sfera nel suo punto $P_0(-1, 1, -2)$.
Il centro C della sfera ha coordinate $(1, 2, 3)$, quindi il vettore $\overrightarrow{CP_0} = [-2, -1, -5]$ è ortogonale al piano.
Indicato con $P(x, y, z)$ il generico punto del piano, un'equazione del piano tangente è $\overrightarrow{P_0P} \cdot \overrightarrow{CP_0} = 0$ cioè $[x+1, y-1, z+2] \cdot [-2, -1, -5] = 0$.
Se svolgiamo i calcoli e semplifichiamo, otteniamo: $2x + y + 5z + 11 = 0$.

Per determinare un'equazione del piano tangente a una sfera di centro $C(x_C, y_C, z_C)$ in un suo punto $P_0(x_0, y_0, z_0)$ è quindi sufficiente imporre che sia nullo il prodotto scalare tra il vettore $\overrightarrow{CP_0}$ e il vettore $\overrightarrow{P_0P}$, dove $P(x, y, z)$ è il generico punto del piano.
In altri termini un'equazione del piano è:

$$[x - x_0, y - y_0, z - z_0] \cdot [x_0 - x_C, y_0 - y_C, z_0 - z_C] = 0.$$

Determinare il centro e il raggio della circonferenza intersezione tra una sfera e un piano secante

Per ottenere il centro C' della circonferenza intersezione tra una sfera di centro C e raggio r e un piano secante α, intersechiamo il piano α con la retta passante per C e perpendicolare ad α.
Per ottenere il raggio r' della circonferenza applichiamo il teorema di Pitagora a un triangolo rettangolo la cui ipotenusa misura r e i cui cateti hanno lunghezze rispettivamente uguali a CC' e a r'.

PER ESEMPIO

Nell'esempio a pagina 100 abbiamo visto che il piano α di equazione $x - 4y + 4z - 12 = 0$ è secante la sfera di equazione $x^2 + y^2 + z^2 - 4x - 2y + 4z - 24 = 0$, che ha centro in $C(2, 1, -2)$ e raggio $r = \sqrt{33}$.

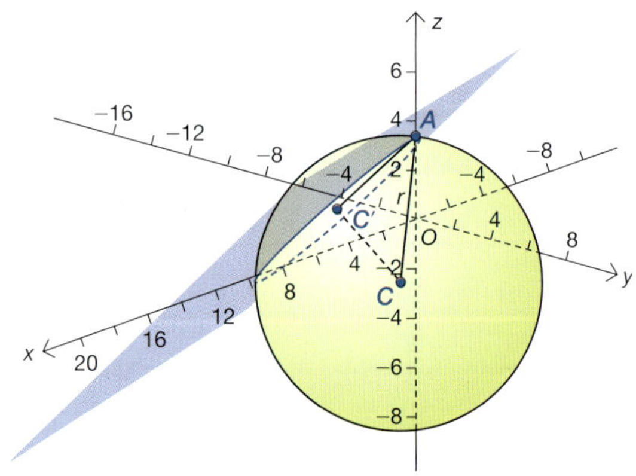

Determiniamo il centro C' e il raggio r' della circonferenza γ che si ottiene da questa intersezione.
Il centro C' è l'intersezione del piano α con la retta s passante per C e perpendicolare ad α.
Un vettore direzione della retta s è $\mathbf{n} = [1, -4, 4]$, pertanto un'equazione vettoriale di s è:

$$[x, y, z] = [2, 1, -2] + t[1, -4, 4]$$

a cui corrisponde il seguente sistema di equazioni parametriche

$$\begin{cases} x = 2 + t \\ y = 1 - 4t \\ z = -2 + 4t \end{cases}$$

Sostituiamo nell'equazione del piano α e otteniamo l'equazione lineare:

$$2 + t - 4(1 - 4t) + 4(-2 + 4t) - 12 = 0 \Rightarrow t = \frac{2}{3}.$$

Allora il centro di γ è il punto $C'\left(\frac{8}{3}, -\frac{5}{3}, \frac{2}{3}\right)$. Verifichiamo che $CC' = \frac{2\sqrt{33}}{3}$.
Per determinare r' applichiamo il teorema di Pitagora al triangolo rettangolo $CC'A$:

$$r' = \sqrt{r^2 - CC'^2} = \sqrt{33 - \frac{4 \cdot 33}{9}} = \frac{\sqrt{165}}{3} \approx 4.3.$$

Determinare la retta complanare a una circonferenza e tangente a essa in un punto

Consideriamo una circonferenza γ come intersezione tra una sfera e un piano secante α. Per determinare un'equazione della retta t che giace su α e che è tangente a γ in un suo punto P_0 possiamo adottare una delle due seguenti procedure:

1. rappresentare t come intersezione tra il piano α su cui giace la circonferenza e il piano α' tangente alla sfera in P_0;
2. determinare prima il centro C' di γ e poi la retta t che giace su α perpendicolare e incidente al raggio $C'P_0$ nel punto P_0.

PER ESEMPIO

Consideriamo la sfera di equazione:

$$x^2 + y^2 + z^2 - 2x + 4y - 6z + 3 = 0$$

che ha centro C di coordinate $(1, -2, 3)$ e raggio $\sqrt{11}$.
Il piano α di equazione $x + 4y - 3z + 2 = 0$ è secante la sfera. Infatti la distanza del centro C da α è minore del raggio:

$$d(C, \alpha) = \frac{14}{\sqrt{26}} \approx 2.7 < \sqrt{11}.$$

Quindi α interseca la sfera in una circonferenza γ.
Consideriamo ora il punto $P_0(2, -1, 0)$ che appartiene sia alla sfera che al piano α e quindi appartiene anche a γ.
Determiniamo sul piano α la retta t tangente a γ in P_0 e confrontiamo tra loro le due possibili procedure risolutive.

Metodo 1

La retta t è contenuta sia in α sia nel piano α' tangente alla sfera in P_0. Quindi t è l'intersezione dei piani α e α'.
Come abbiamo già visto, un'equazione di α' è data da:

$$\overrightarrow{P_0P} \cdot \overrightarrow{CP_0} = 0$$

dove P è un generico punto (x, y, z) di α'.
Abbiamo quindi:

$$[x-2, y+1, z] \cdot [1, 1, -3] = 0.$$

Eseguiamo i calcoli e semplifichiamo: un'equazione di α' è

$$x + y - 3z - 1 = 0.$$

Un sistema di equazioni cartesiane di t è quindi:

$$\begin{cases} x + y - 3z - 1 = 0 \\ x + 4y - 3z + 2 = 0 \end{cases}$$

Determiniamo un'equazione vettoriale di t.
Indichiamo con $\mathbf{n} = [1, 4, -3]$ e $\mathbf{n}' = [1, 1, -3]$ due vettori ortogonali rispettivamente ai piani α e α'.
Abbiamo che:

$$\mathbf{n} \times \mathbf{n}' = [-9, 0, -3] = -3[3, 0, 1]$$

quindi $\mathbf{d} = [3, 0, 1]$ è un vettore direzione della retta t.
Sappiamo che $P_0(2, -1, 0)$ è un punto di t, quindi un'equazione vettoriale di t è:

$$[x, y, z] = [2, -1, 0] + s[3, 0, 1].$$

Metodo 2

Possiamo ottenere il centro C' di γ come intersezione del piano α con la retta r' passante per C e perpendicolare ad α.
Un'equazione di r' è:

$$[x, y, z] = [1, -2, 3] + q[1, 4, -3]$$

quindi un sistema di equazioni parametriche è

$$\begin{cases} x = 1 + q \\ y = -2 + 4q \\ z = 3 - 3q \end{cases}$$

Sostituiamo nell'equazione del piano α:

$$26 - 14q = 0 \Rightarrow q = \frac{7}{13}.$$

In modo analogo a quanto visto nell'esempio precedente otteniamo $C'\left(\frac{20}{13}, \frac{2}{13}, \frac{18}{13}\right)$.

La tangente t alla circonferenza γ nel punto P_0 è perpendicolare al raggio della circonferenza $C'P_0$. Quindi il vettore direzione di t è ortogonale sia a $\mathbf{n} = [1, 4, -3]$ sia al vettore:

$$\overrightarrow{C'P_0} = \left[\frac{6}{13}, -\frac{15}{13}, -\frac{18}{13}\right] = \frac{3}{13}[2, -5, -6].$$

Calcoliamo il prodotto vettoriale:

$$[1, 4, -3] \times [2, -5, -6] = [-39, 0, -13] = -13[3, 0, 1].$$

Pertanto possiamo scegliere $\mathbf{d} = [3, 0, 1]$ come vettore direzione della retta t.
Di conseguenza un'equazione vettoriale della retta t è:

$$[x, y, z] = [2, -1, 0] + s[3, 0, 1],$$

che coincide con quella trovata con il metodo 1.

Determinare un'equazione della sfera inscritta in un tetraedro

Per determinare un'equazione della sfera inscritta in un tetraedro possiamo adottare la seguente procedura:

- determinare le coordinate (x_C, y_C, z_C) dell'incentro del tetraedro, che è il centro C della sfera inscritta;
- determinare la distanza di C da una delle facce del tetraedro, che è uguale al raggio r della sfera inscritta;
- scrivere l'equazione $(x - x_C)^2 + (y - y_C)^2 + (z - z_C)^2 = r^2$ della sfera inscritta nel tetraedro.

PER ESEMPIO

Consideriamo il tetraedro di vertici $A(1, 1, 0)$, $B(3, 4, 0)$, $C(1, 4, 4)$ e $D(3, 1, 4)$.

L'incentro I di questo tetraedro ha coordinate $\left(2, \frac{5}{2}, 2\right)$ e coincide con il centro della sfera inscritta.
Le equazioni dei piani che contengono le facce del tetraedro sono le seguenti:

- faccia ABC: $6x - 4y + 3z - 2 = 0$;
- faccia ABD: $6x - 4y - 3z - 2 = 0$;
- faccia ACD: $6x + 4y - 3z - 10 = 0$;
- faccia BCD: $6x + 4y + 3z - 34 = 0$.

Il raggio r della sfera inscritta nel tetraedro è uguale alla distanza dell'incentro I da una delle facce, per esempio dal piano α che contiene la faccia ABC:

$$d(I, \alpha) = \frac{\left| 6 \cdot 2 - 4 \cdot \frac{5}{2} + 3 \cdot 2 - 2 \right|}{\sqrt{36 + 16 + 9}} = \frac{6}{\sqrt{61}} \approx 0.77.$$

Puoi verificare che si ottiene lo stesso risultato calcolando la distanza del punto I dagli altri piani su cui giacciono le facce del tetraedro.

Pertanto un'equazione della sfera inscritta nel tetraedro è:

$$(x-2)^2 + \left(y - \frac{5}{2}\right)^2 + (z-2)^2 = \frac{36}{61}.$$

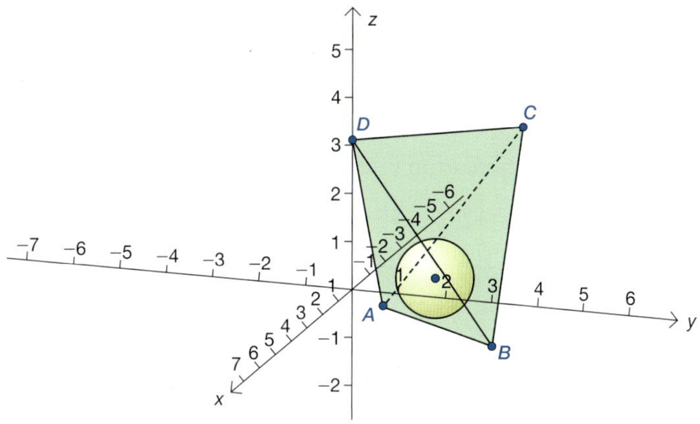

Determinare il punto di tangenza tra una faccia di un tetraedro e la sfera inscritta

Verifichiamo su un caso particolare il seguente teorema.

Sia T il punto di tangenza tra una faccia di un tetraedro e la sfera inscritta nel tetraedro. Allora T coincide con il circocentro di questa faccia.

PER ESEMPIO

Consideriamo:

- il tetraedro $ABCD$ dell'esempio a pagina 108 di vertici $A(1, 1, 0)$, $B(3, 4, 0)$, $C(1, 4, 4)$ e $D(3, 1, 4)$;
- il piano α di equazione $6x - 4y + 3z - 2 = 0$ che contiene la faccia ABC del tetraedro.

Determiniamo il punto T di tangenza tra il piano α e la sfera inscritta nel tetraedro.

T può essere pensato come punto di intersezione di α con la retta s ortogonale al piano α e che passa per l'incentro $I\left(2, \frac{5}{2}, 2\right)$ del tetraedro.

Un vettore ortogonale ad α è $\mathbf{n} = [6, -4, 3]$, quindi un'equazione vettoriale della retta s è:

$$[x, y, z] = \left[2, \frac{5}{2}, 2\right] + t[6, -4, 3]$$

a cui corrisponde il seguente sistema di equazioni parametriche

$$\begin{cases} x = 2 + 6t \\ y = \frac{5}{2} - 4t. \\ z = 2 + 3t \end{cases}$$

Sostituiamo nell'equazione del piano α e otteniamo l'equazione lineare:

$$6(2+6t)-4\left(\frac{5}{2}-4t\right)+3(2+3t)-2=0 \Rightarrow t=-\frac{6}{61}.$$

Di conseguenza il punto di tangenza della sfera con il piano α è $E\left(\frac{86}{61}, \frac{353}{122}, \frac{104}{61}\right)$.

Verifichiamo che E è anche il circocentro della faccia ABC.
Determiniamo gli assi di due spigoli, per esempio gli assi di AB e AC, ricordando che l'asse di un segmento è la retta che è perpendicolare al segmento e che passa per il suo punto medio.
Cerchiamo un'equazione vettoriale dell'asse di AB:

- $\overrightarrow{AB}=[2,3,0]$;
- $\mathbf{n}=[6,-4,3]$ è ortogonale alla faccia ABC;
- $\mathbf{d}=[2,3,0]\times[6,-4,3]=[9,-6,-26]$ è un vettore direzione dell'asse di AB;
- il punto medio di AB ha coordinate $\left(2, \frac{5}{2}, 0\right)$.

Pertanto un'equazione vettoriale dell'asse di AB è:

$$[x,y,z]=\left[2,\frac{5}{2},0\right]+s[9,-6,-26]$$

a cui corrisponde il seguente sistema di equazioni parametriche

$$\begin{cases} x=2+9s \\ y=\frac{5}{2}-6s. \\ z=-26s \end{cases}$$

In modo analogo determiniamo un'equazione dell'asse di AC:

- $\overrightarrow{AC}=[0,3,4]$;
- $\mathbf{d}'=[0,3,4]\times[6,-4,3]=[25,24,-18]$ è un vettore direzione dell'asse di AC;
- il punto medio di AC ha coordinate $\left(1, \frac{5}{2}, 2\right)$.

Pertanto un'equazione vettoriale dell'asse di AC è:

$$[x,y,z]=\left[1,\frac{5}{2},2\right]+t[25,24,-18]$$

a cui corrisponde il seguente sistema di equazioni parametriche

$$\begin{cases} x=1+25t \\ y=\frac{5}{2}+24t. \\ z=2-18t \end{cases}$$

Il circocentro della faccia ABC corrisponde alla coppia di valori dei parametri s e t che rende vere le seguenti uguaglianze:

$$\begin{cases} 2+9s=1+25t \\ \frac{5}{2}-6s=\frac{5}{2}+24t. \\ -26s=2-18t \end{cases}$$

Se risolviamo il sistema, otteniamo $s=-\frac{4}{61}$ e $t=\frac{1}{61}$.

Di conseguenza il circocentro di ABC ha coordinate $\left(\frac{86}{61}, \frac{353}{122}, \frac{104}{61}\right)$ e quindi coincide con il punto di tangenza della faccia ABC con la sfera inscritta nel tetraedro.
In modo analogo a quanto fatto per la faccia ABC puoi verificare la validità del teorema considerando ciascuna delle altre facce del tetraedro.

La rappresentazione di una sfera sul piano

Ogni volta che disegniamo su un foglio una figura solida, stiamo rappresentando su un piano un oggetto tridimensionale. Esistono diversi modi per rappresentare oggetti di $\mathbb{R}^3$ sul piano $\mathbb{R}^2$: uno di questi è l'**assonometria**.

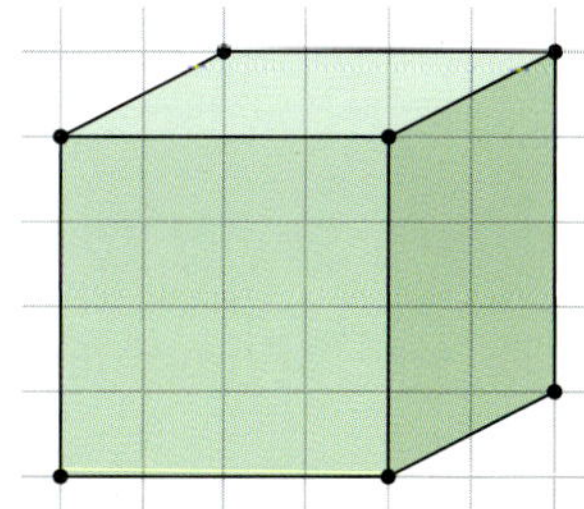

▶ Disegno di un cubo in assonometria.

Proprietà fondamentale

L'assonometria *conserva il parallelismo*: rette parallele di $\mathbb{R}^3$ vengono trasformate in rette parallele di $\mathbb{R}^2$.

Supponiamo che il cubo della precedente figura sia una particolare rappresentazione in assonometria del cubo di lato unitario. Introduciamo un opportuno sistema di riferimento in $\mathbb{R}^3$, per esempio quello in figura, dove $A = (1, 0, 0)$, $B = (0, 1, 0)$, $C = (0, 0, 1)$.

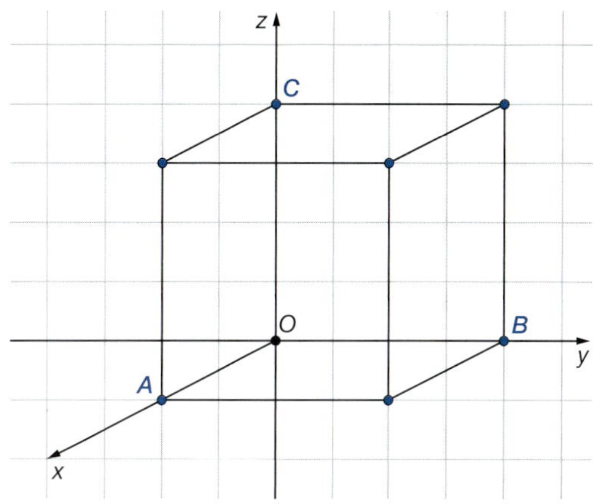

La quadrettatura della figura ci suggerisce di interpretare la figura precedente come un disegno sul piano $\mathbb{R}^2$, in cui:

- il punto $B = (0, 1, 0)$ di $\mathbb{R}^3$ viene rappresentato mediante il punto $B' = (4, 0)$ di $\mathbb{R}^2$;
- il punto $C = (0, 0, 1)$ di $\mathbb{R}^3$ viene rappresentato mediante il punto $C' = (0, 4)$ di $\mathbb{R}^2$;
- il punto $A = (1, 0, 0)$ di $\mathbb{R}^3$ viene rappresentato mediante il punto $A' = (-2, -1)$ di $\mathbb{R}^2$.

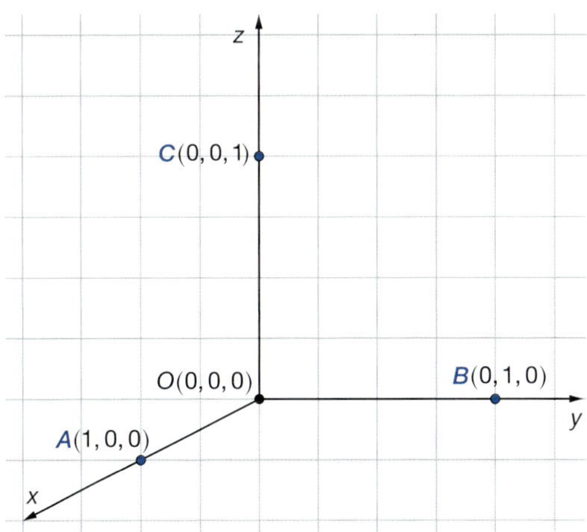

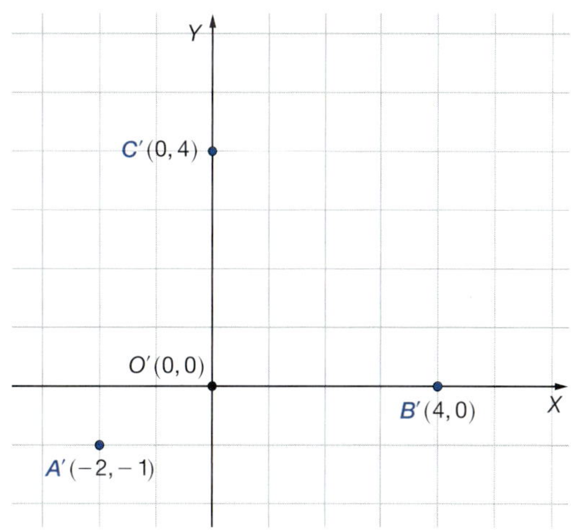

La rappresentazione dei punti A, B, C di $\mathbb{R}^3$ con i punti A', B', C' di $\mathbb{R}^2$ determina univocamente la rappresentazione assonometrica di qualunque punto (x, y, z) di $\mathbb{R}^3$. Infatti se associamo al generico punto (x, y, z) di $\mathbb{R}^3$ il corrispondente vettore $[x, y, z]$ risulta:

$$[x, y, z] = x[1, 0, 0] + y[0, 1, 0] + z[0, 0, 1].$$

Poiché

$$[1,0,0] \to [-2,-1] \qquad [0,1,0] \to [4,0] \qquad [0,0,1] \to [0,4]$$

se sostituiamo, otteniamo:

$$[x, y, z] = x[-2,-1] + y[4,0] + z[0,4] = [-2x+4y, -x+4z].$$

Quindi in questa rappresentazione assonometrica il generico punto (x, y, z) di $\mathbb{R}^3$ viene trasformato nel punto $(-2x+4y, -x+4z)$ di $\mathbb{R}^2$; possiamo scrivere sinteticamente questa funzione da $\mathbb{R}^3$ in $\mathbb{R}^2$ come segue:

$$(x, y, z) \to (-2x+4y, -x+4z).$$

Se indichiamo con X e Y gli assi cartesiani di $\mathbb{R}^2$ abbiamo:

$$\begin{cases} X = -2x+4y \\ Y = -x+4z \end{cases}$$

PER ESEMPIO

Il punto $P\left(2, \frac{3}{2}, 1\right)$ di $\mathbb{R}^3$ viene trasformato nel punto di $\mathbb{R}^2$ di coordinate:

$$\left(-2 \cdot 2 + 4 \cdot \frac{3}{2}, -2 + 4 \cdot 1\right) = (2, 2).$$

Nella figura a lato possiamo vedere cose diverse: se ci concentriamo sulle linee tratteggiate vediamo il punto $P\left(2, \frac{3}{2}, 1\right)$; se ci concentriamo sulla quadrettatura del foglio vediamo il punto (2, 2) di $\mathbb{R}^2$.

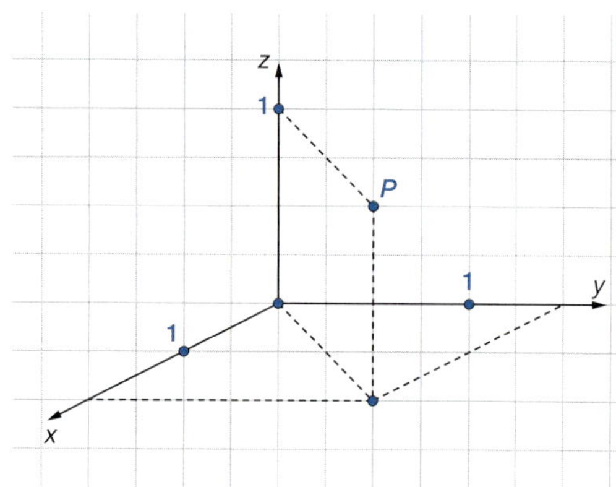

OSSERVA

La scelta dei vettori $[-2,-1]$, $[4,0]$, $[0,4]$ per rappresentare in $\mathbb{R}^2$ i vettori unitari di $\mathbb{R}^3$ è arbitraria. Scelte diverse portano a rappresentazioni diverse. Per esempio se la rappresentazione fosse la seguente

$$[1,0,0] \to [-1,-1] \qquad [0,1,0] \to [2,0] \qquad [0,0,1] \to [0,2]$$

allora risulterebbe:

$$[x, y, z] = x[1,0,0] + y[0,1,0] + z[0,0,1] = x[-1,-1] + y[2,0] + z[0,2] =$$
$$= [-x+2y, -x+2z].$$

Il generico punto (x, y, z) di $\mathbb{R}^3$ verrebbe trasformato nel punto $(-x+2y, -x+2z)$ di $\mathbb{R}^2$.

Per esempio Il punto $P\left(2, \frac{3}{2}, 1\right)$ di $\mathbb{R}^3$ viene trasformato nel punto di $\mathbb{R}^2$ di coordinate:

$$\left(-2 + 2 \cdot \frac{3}{2}, -2 + 2 \cdot 1\right) = (1, 0).$$

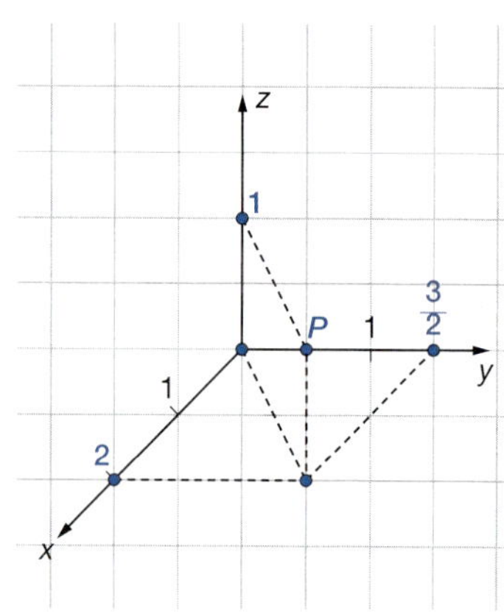

Possiamo rappresentare sul piano anche il luogo dei punti descritto da un'equazione cartesiana, oppure da equazioni parametriche.

PER ESEMPIO

In $\mathbb{R}^3$ la circonferenza che giace nel piano xz, di centro $O(0, 0, 0)$ e raggio 1 ha equazioni parametriche:

$$\begin{cases} x = \cos(t) \\ y = 0 \\ z = \sin(t) \end{cases}$$

MEMO

In $\mathbb{R}^2$ la circonferenza di centro l'origine degli assi e raggio 1 ha equazioni parametriche:

$$\begin{cases} x = \cos(t) \\ y = \sin(t) \end{cases}.$$

Se facciamo assumere a t tutti i valori reali compresi tra 0 e 2π, il punto $(\cos(t), \sin(t))$ descrive tutti i punti di questa circonferenza.

Sostituendo nell'assonometria

$$\begin{cases} X = -2x + 4y \\ Y = -x + 4z \end{cases}$$

otteniamo la curva di $\mathbb{R}^2$ di equazioni parametriche:

$$\begin{cases} X = -2\cos(t) \\ Y = -\cos(t) + 4\sin(t) \end{cases}$$

Tracciamo questa curva con un software.

Come mostra la figura, questa curva è un'ellisse in $\mathbb{R}^2$ ed è la rappresentazione in $\mathbb{R}^2$ della circonferenza in $\mathbb{R}^3$.

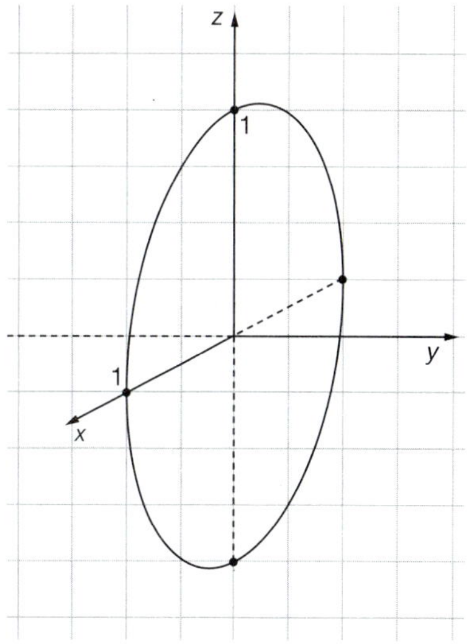

La funzione $(x, y, z) \to (-2x + 4y, -x + 4z)$ da $\mathbb{R}^3$ in $\mathbb{R}^2$ non è biunivoca: a ogni punto di $\mathbb{R}^3$ è associato uno e un solo punto di $\mathbb{R}^2$, ma non è vero il viceversa. Fissato un punto P in $\mathbb{R}^2$, sono infiniti i punti di $\mathbb{R}^3$ che vengono rappresentati con lo stesso punto P.

PER ESEMPIO

Quali sono i punti (x, y, z) di $\mathbb{R}^3$ che vengono trasformati nel punto $(0, 0)$ di $\mathbb{R}^2$?
Per rispondere a questa domanda risolviamo il sistema:

$$\begin{cases} -2x + 4y = 0 \\ -x + 4z = 0 \end{cases}$$

Ciascuna equazione rappresenta un piano di $\mathbb{R}^3$ e l'intersezione di due piani (non paralleli, come in questo caso) è una retta. Poniamo per esempio $z = t$, risolviamo rispetto a x e y le due equazioni e otteniamo le equazioni parametriche di questa retta:

$$\begin{cases} x = 4t \\ y = 2t \\ z = t \end{cases}$$

La retta passa per l'origine e ha vettore direzione $\mathbf{v} = [4, 2, 1]$.
Questo significa che gli infiniti punti $(4t, 2t, t)$, al variare di t in $\mathbb{R}$, vengono tutti visti dall'osservatore come un unico punto: l'origine $(0, 0)$ di $\mathbb{R}^2$.
È come se l'occhio dell'osservatore fosse posizionato lungo la direzione del vettore $\mathbf{v}$; allora tutti i punti della retta vengono "schiacciati" in un unico punto, cioè $(0, 0)$.

Ora vediamo come usare l'assonometria per rappresentare, per esempio, la sfera di centro $(0, 0, 0)$ e raggio 1.
Rappresentiamo innanzitutto le tre circonferenze di centro O e raggio 1 che giacciono rispettivamente sul piano xy, sul piano yz e sul piano xz.
Abbiamo già visto come trasformare la circonferenza sul piano xz:

circonferenza sul piano xz: $\left(\cos(t), 0, \sin(t)\right) \to \left(-2\cos(t), -\cos(t) + 4\sin(t)\right)$.

In modo analogo otteniamo:

circonferenza sul piano xy: $\left(\cos(t), \sin(t), 0\right) \to \left(-2\cos(t) + 4\sin(t), -\cos(t)\right)$

circonferenza sul piano yz: $\left(0, \cos(t), \sin(t)\right) \to \left(4\cos(t), 4\sin(t)\right)$.

Disegniamo con un software le tre circonferenze in un'unica finestra grafica.

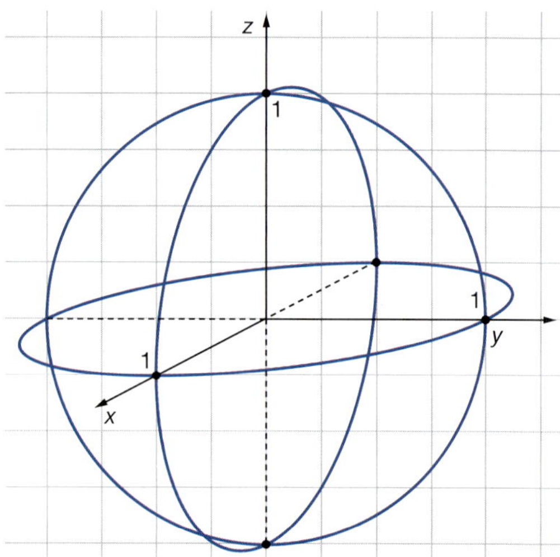

Se immaginiamo che la sfera sia una rappresentazione della Terra, queste tre circonferenze rappresentano l'equatore e due meridiani perpendicolari.
Vogliamo infine disegnare in assonometria il *contorno apparente* della sfera, cioè il contorno della sfera visto dall'osservatore che, nella rappresentazione assonometrica scelta, si trova allineato con l'origine nella direzione del vettore $\mathbf{v} = [4, 2, 1]$.
In questa rappresentazione il *contorno apparente* di una sfera coincide con la circonferenza γ ottenuta intersecando la sfera con il piano α passante per l'origine e ortogonale a $\mathbf{v}$; questo piano ha equazione cartesiana:

$$4x + 2y + z = 0.$$

Costruiamo delle equazioni parametriche per la circonferenza γ che ha centro nell'origine, raggio 1 e che giace sul piano α. Nel piano xy una circonferenza unitaria di centro O ha equazioni parametriche $(\cos(t), \sin(t), 0)$ che possiamo anche scrivere nella forma

$$[x, y, z] = \cos(t)[1, 0, 0] + \sin(t)[0, 1, 0]$$

mettendo in evidenza due vettori unitari ortogonali sul piano xy.
Procediamo in modo analogo sul piano α; dobbiamo innanzi tutto determinare su α una coppia qualsiasi di vettori ortogonali.
Per esempio sostituiamo $z = 0$ nell'equazione $4x + 2y + z = 0$ e otteniamo la seguente relazione tra x e y:

$$y = -2x.$$

Quindi il punto $(1, -2, 0)$ appartiene ad α e $\mathbf{h} = [1, -2, 0]$ è un vettore che giace su α.
Per determinare un vettore $\mathbf{k}$ ortogonale a $\mathbf{h}$ calcoliamo il prodotto vettoriale tra $\mathbf{v}$ e $\mathbf{h}$:

$$\mathbf{k} = [4, 2, 1] \times [1, -2, 0] = [2, 1, -10].$$

Poiché vogliamo generare una circonferenza di raggio 1, trasformiamo $\mathbf{h}$ e $\mathbf{k}$ in vettori di modulo 1:

$$\mathbf{h}' = \frac{\mathbf{h}}{|\mathbf{h}|} = \frac{[1, -2, 0]}{\sqrt{5}} = \left[\frac{1}{\sqrt{5}}, -\frac{2}{\sqrt{5}}, 0\right]$$

$$\mathbf{k}' = \frac{\mathbf{k}}{|\mathbf{k}|} = \frac{[2, 1, -10]}{\sqrt{105}} = \left[\frac{2}{\sqrt{105}}, \frac{1}{\sqrt{105}}, -\frac{10}{\sqrt{105}}\right].$$

Il generico punto E della circonferenza γ si ottiene, al variare di t tra 0 e 2π, nel seguente modo:

$$OE = \cos(t)\mathbf{h}' + \sin(t)\mathbf{k}' = \left[\frac{\cos(t)}{\sqrt{5}}, -\frac{2\cos(t)}{\sqrt{5}}, 0\right] + \left[\frac{2\sin(t)}{\sqrt{105}}, \frac{\sin(t)}{\sqrt{105}}, -\frac{10\sin(t)}{\sqrt{105}}\right] =$$

$$= \left[\frac{\cos(t)}{\sqrt{5}} + \frac{2\sin(t)}{\sqrt{105}}, -\frac{2\cos(t)}{\sqrt{5}} + \frac{\sin(t)}{\sqrt{105}}, -\frac{10\sin(t)}{\sqrt{105}}\right].$$

Trasformiamo il punto $E\left(\frac{\cos(t)}{\sqrt{5}} + \frac{2\sin(t)}{\sqrt{105}}, -\frac{2\cos(t)}{\sqrt{5}} + \frac{\sin(t)}{\sqrt{105}}, -\frac{10\sin(t)}{\sqrt{105}}\right)$ di $\mathbb{R}^3$ nel punto E' di $\mathbb{R}^2$ mediante l'assonometria:

$$E' = \left(\frac{-2\cos(t)}{\sqrt{5}} - \frac{4\sin(t)}{\sqrt{105}} - \frac{8\cos(t)}{\sqrt{5}} + \frac{4\sin(t)}{\sqrt{105}}, -\frac{\cos(t)}{\sqrt{5}} - \frac{2\sin(t)}{\sqrt{105}} - \frac{40\sin(t)}{\sqrt{105}}\right) =$$

$$= \left(\frac{-10\cos(t)}{\sqrt{5}}, -\frac{\cos(t)}{\sqrt{5}} - \frac{42\sin(t)}{\sqrt{105}}\right).$$

Possiamo dare ora una rappresentazione efficace della sfera disegnando il suo contorno apparente e le tre circonferenze fondamentali (tratteggiando la parte non visibile all'osservatore).

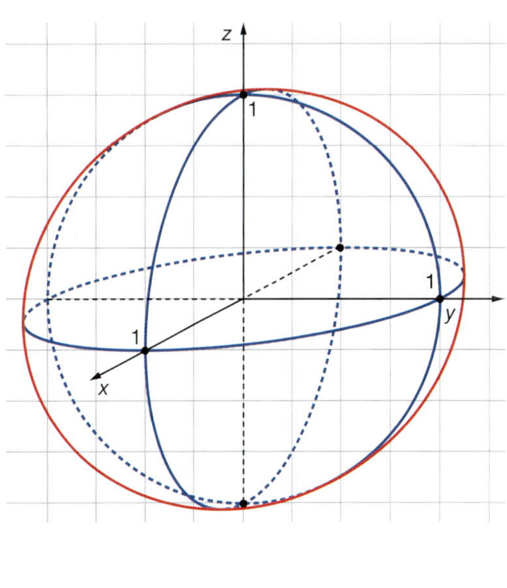

ESERCIZI

1 Determina un'equazione della sfera che ha raggio 3 e centro $C(5,-2,0)$.

2 Determina il centro e il raggio della sfera di equazione $x^2+y^2+z^2+6x+2y-4z=11$.

3 Determina il centro e il raggio della sfera di equazione $x^2+y^2+z^2+2x-4y=0$.

4 Considera il tetraedro isoscele di vertici $A(1,1,0)$, $B(3,4,0)$, $C(1,4,4)$ e $D(3,1,4)$.

a] Determina un'equazione della sfera circoscritta al tetraedro. $[x^2+y^2+z^2-4x-5y-4z+7=0]$

b] Determina le coordinate dell'incentro I del tetraedro. $\left[I\left(2,\frac{5}{2},2\right)\right]$

5 Determina un'equazione della sfera che ha come diametro il segmento di estremi $A(0,4,2)$ e $B(6,0,2)$. $[(x-3)^2+(y-2)^2+(z-2)^2=13]$

6 Determina un'equazione della sfera che ha centro $C(1,-2,3)$ e passa per il punto $A(3,1,-2)$. $[(x-1)^2+(y+2)^2+(z-3)^2=38]$

7 Verifica che il punto $A(-6,3,2)$ appartiene alla sfera di equazione

$$x^2+y^2+z^2+6x+2y-4z-11=0.$$

Determina poi il punto B della sfera diametralmente opposto ad A. $[B(0,-5,2)]$

8 Verifica che il piano α di equazione $2x+3y-2z-14=0$ è tangente alla sfera di equazione $x^2+y^2+z^2-2x+2y-2z-14=0$. Determina poi il punto P_0 di tangenza. $[P_0(3,2,-1)]$

9 Considera il piano α di equazione $x+y-z=0$ e la sfera di equazione $x^2+y^2+z^2-2x+$ $+2y-2z-10=0$.

a] Verifica che α è secante la sfera.

b] Determina le coordinate del centro C' e il raggio r' della circonferenza γ ottenuta dall'intersezione di α con la sfera. $\left[C'\left(\frac{4}{3},-\frac{2}{3},\frac{2}{3}\right); r'=\frac{\sqrt{114}}{3}\right]$

c] Determina un'equazione della retta t complanare e tangente a γ nel punto $P_0(1,2,3)$. $[t:[x,y,z]=[1,2,3]+\lambda[5,-2,3]]$

10 Determina i punti A e B di intersezione della sfera di equazione $x^2+y^2+z^2+2x-2z-1=0$ con la retta di equazioni parametriche:

$$\begin{cases} x=-1+t \\ y=t \\ z=1+t \end{cases}$$

I punti di intersezione sono diametralmente opposti? Giustifica la risposta.
$[A(-2,-1,0)$ e $B(0,1,2)$; sì sono diametralmente opposti perché...$]$

11 Considera il tetraedro regolare di vertici $A(2, 0, 0)$, $B(-1, \sqrt{3}, 0)$, $C(-1, -\sqrt{3}, 0)$, $D(0, 0, 2\sqrt{2})$.

a] Determina un'equazione della sfera circoscritta e un'equazione della sfera inscritta.

$$\left[x^2 + y^2 + \left(z - \frac{\sqrt{2}}{2}\right)^2 = \frac{9}{2};\ x^2 + y^2 + \left(z - \frac{\sqrt{2}}{2}\right)^2 = \frac{1}{2}\right]$$

b] Determina le coordinate dei punti in cui la sfera inscritta è tangente alle facce del tetraedro.

$$\left[(0, 0, 0); \left(\frac{1}{3}, \frac{\sqrt{3}}{3}, \frac{2\sqrt{2}}{3}\right); \left(\frac{1}{3}, -\frac{\sqrt{3}}{3}, \frac{2\sqrt{2}}{3}\right); \left(-\frac{2}{3}, 0, \frac{2\sqrt{2}}{3}\right)\right]$$

c] Che relazione c'è tra il raggio r della sfera circoscritta e il raggio r' della sfera inscritta?

$[r = 3r']$

12 Determina un'equazione della sfera di centro $C(5, 3, 2)$ e raggio 3. Determina poi, se esistono, le intersezioni della sfera trovata coi piani xy, xz e yz.

[$(x-5)^2 + (y-3)^2 + (z-2)^2 = 9$; l'intersezione della sfera con il piano xy è la circonferenza di centro $C'(5, 3, 0)$ e raggio $\sqrt{5}$; l'intersezione della sfera con il piano xz è il punto $P_0(5, 0, 2)$; non esistono intersezioni della sfera con il piano yz]

13 Determina un'equazione della sfera di centro $C(-1, -1, -2)$ e tangente al piano α di equazione $x + y + z - 2 = 0$. $[(x+1)^2 + (y+1)^2 + (z+2)^2 = 12]$

ESAME DI STATO **14** In un riferimento cartesiano $Oxyz$, verifica che la circonferenza γ, intersezione della sfera di equazione $x^2 + y^2 + z^2 = 4$ e del piano $z = 1$, ha centro in $(0, 0, 1)$ e raggio $\sqrt{3}$. Immagina che una sorgente di luce puntiforme S sia situata sul semiasse positivo delle z. A quale distanza dal centro della sfera si deve trovare S affinché γ sia il confine tra la zona della sfera che risulta illuminata e quella che resta in ombra?

[ESAME DI STATO – Sessione ordinaria per il liceo scientifico, scuole italiane all'estero A.S. 2014/2015] [4]

15 Considera la sfera di equazione $x^2 + y^2 + z^2 = 62$ e il piano α passante per il punto $A(0, -1, -1)$ e di vettore ortogonale $\mathbf{n} = [-2, 3, 8]$.

a] Determina un'equazione cartesiana del piano α. $[-2x + 3y + 8z + 11 = 0]$

b] Determina il centro C' e il raggio r' della circonferenza che si ottiene dall'intersezione della sfera col piano α. $\left[C'\left(\frac{2}{7}, -\frac{3}{7}, -\frac{8}{7}\right); r' = \sqrt{\frac{423}{7}} \approx 7.8\right]$

c] $D(-7, -3, d)$ e $F(-6, f, -1)$ sono due punti della sfera. Determina d e f sapendo che $d < 0$ e $f < 0$. $[d = -2; f = -5]$

d] Determina un'equazione di ognuno dei piani tangenti alla sfera in D e F.

$[7x + 3y + 2z + 62 = 0; 6x + 5y + z + 62 = 0]$

e] Determina l'ampiezza dell'angolo θ formato dai due piani trovati al punto **d]**. Poi determina l'ampiezza dell'angolo θ' formato dalla retta DF col piano tangente alla sfera in F.

$[\theta \approx 17.9°; \theta' \approx 8.9°]$

MATEMATICA & **GEOGRAFIA**

La sfera e le carte geografiche

▶ Willem Janszoon Blaeu, planisfero da *Nova totius terrarum orbis geographica ac hydrographica tabula*, 1638.

Chi prepara le carte geografiche deve realizzare una corrispondenza tra la superficie di una sfera, cioè la Terra o una parte di essa, e una superficie piana. Matematicamente questo significa individuare delle funzioni, dette **proiezioni cartografiche**, che a ogni punto sulla sfera fanno corrispondere un punto sulla carta geografica.

Idealmente una carta geografica dovrebbe:

- rappresentare correttamente, a meno di un fattore di scala, la distanza tra due punti sulla sfera: proiezione **equidistante**;
- conservare il rapporto tra le superfici delle diverse zone rappresentate: proiezione **equivalente**;
- conservare l'angolo tra due diverse direzioni: proiezione **conforme**.

È impossibile realizzare una corrispondenza tra la superficie sferica e il piano che possieda tutte queste caratteristiche.
Nel 1775 Eulero dimostrò che è impossibile costruire un'isometria tra una sfera e una superficie piana. Pertanto in ogni carta geografica è presente una *distorsione* che dipende da quali caratteristiche si vogliono conservare e quali si è disposti, almeno in parte, a sacrificare.

La proiezione cilindrica

Una delle proiezioni cartografiche più semplici è la **proiezione cilindrica**. Per costruirla immaginiamo che la Terra, rappresentata mediante una sfera di raggio R, sia *avvolta* in un cilindro tangente alla sfera nell'equatore, come in figura.

Immaginiamo che dei raggi di luce escano in tutte le direzioni da una sorgente posta nel centro O della sfera. Così un punto P sulla superficie della sfera viene proiettato in un punto P' sul cilindro.
Variando opportunamente l'altezza del cilindro, tutti i punti

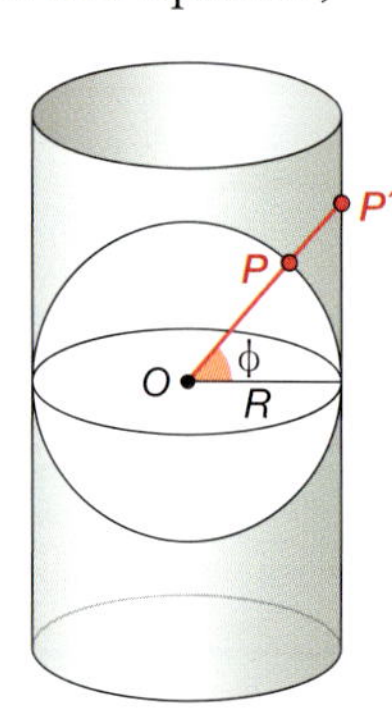

▲ **Proiezione cilindrica**.

▶ **Proiezione cilindrica**: relazione tra un punto *P* sulla sfera e la sua immagine *P*′.

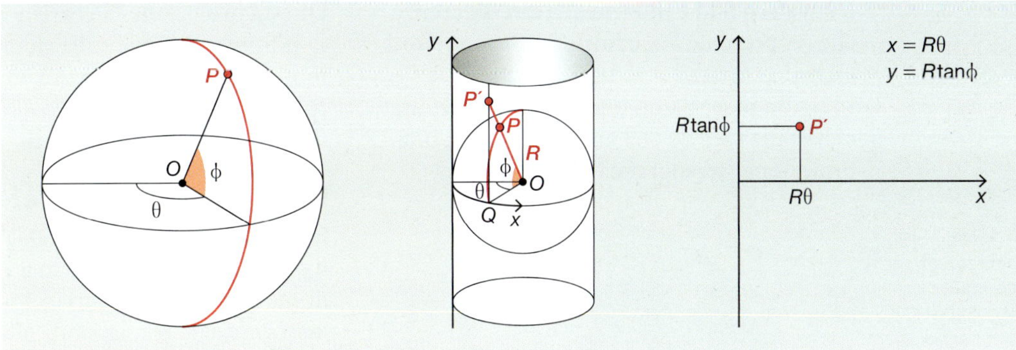

della superficie terrestre vengono proiettati, tranne il polo Nord e il polo Sud: questi si trovano sull'asse del cilindro e vengono proiettati all'infinito.
Se svolgiamo la superficie laterale del cilindro come fosse un foglio arrotolato otteniamo una mappa piana della superficie terrestre (esclusi i poli).

Nella proiezione cilindrica i **meridiani** sono rappresentati sulla mappa piana da segmenti *paralleli* ed *equidistanti* tra loro; i **paralleli** sono rappresentati da segmenti *ortogonali* ai precedenti la cui *spaziatura cresce con la latitudine*.
Vogliamo stabilire la relazione tra un punto P sulla sfera e la sua immagine P' sul cilindro. Esprimiamo la posizione di P mediante la sua **longitudine** e la sua **latitudine**.
Misuriamo la longitudine verso Est o verso Ovest lungo l'equatore a partire dal meridiano 0 che passa per Greenwich. Indichiamo con θ il suo valore in radianti, con $-\pi < \theta \leq \pi$: i valori positivi indicano la longitudine Est e quelli negativi la longitudine Ovest.
Misuriamo la latitudine verso Nord o verso Sud a partire dall'equatore lungo un qualsiasi meridiano. Indichiamo con ϕ il suo valore in radianti, con $-\frac{\pi}{2} \leq \phi \leq \frac{\pi}{2}$: i valori positivi indicano la latitudine Nord e quelli negativi la latitudine Sud.
Se indichiamo con x e y le coordinate di P' sul cilindro disteso sul piano, abbiamo:

$$x = R\theta$$
$$y = R\tan(\phi),$$

come indicato nella figura in alto.
La proiezione cilindrica produce una notevole distorsione nella forma dei continenti man mano che ci si avvicina ai poli. Ciò è dovuto alla presenza del termine $\tan(\phi)$ nell'espressione dell'ordinata di P'. Si ottiene una riproduzione fedele solo in corrispondenza della fascia equatoriale.

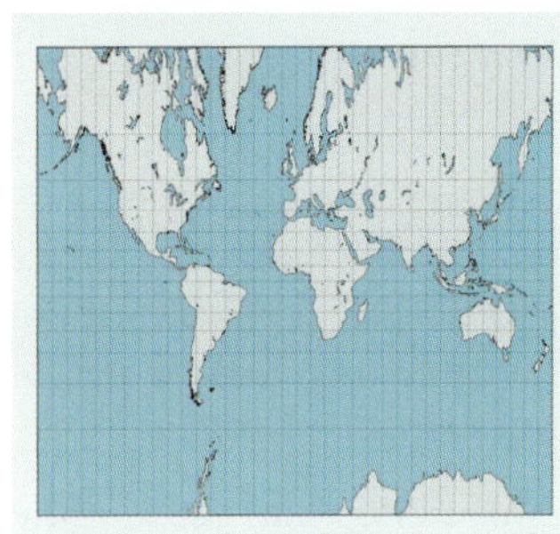

◀ Rappresentazione della superficie terrestre mediante **proiezione cilindrica** (pura): si produce una notevole distorsione nella forma dei continenti man mano che ci si avvicina ai poli.

La proiezione stereografica e la proiezione gnomonica

Nella **proiezione stereografica**, la sfera viene *appoggiata* su un piano in modo che questo sia tangente alla sfera nel polo Sud. La sorgente luminosa che realizza la corrispondenza tra i punti della sfera e i punti del piano è posta al polo Nord.

Nella proiezione stereografica i meridiani sono rappresentati da rette uscenti dal polo Sud, mentre i paralleli, in particolare l'equatore, da circonferenze concentriche aventi come centro il Polo Sud stesso.

▶ Costruzione della **proiezione stereografica**.

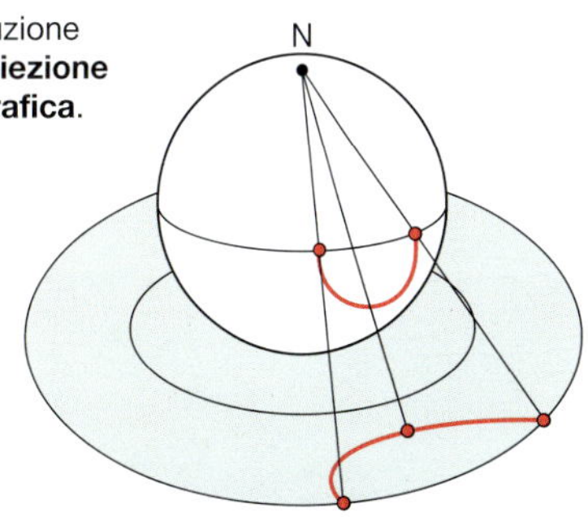

L'emisfero Sud è interno alla circonferenza che rappresenta l'equatore, l'emisfero Nord è esterno.
In figura osserviamo una rappresentazione abbastanza fedele dell'emisfero Sud in una proiezione stereografica dal polo Nord.

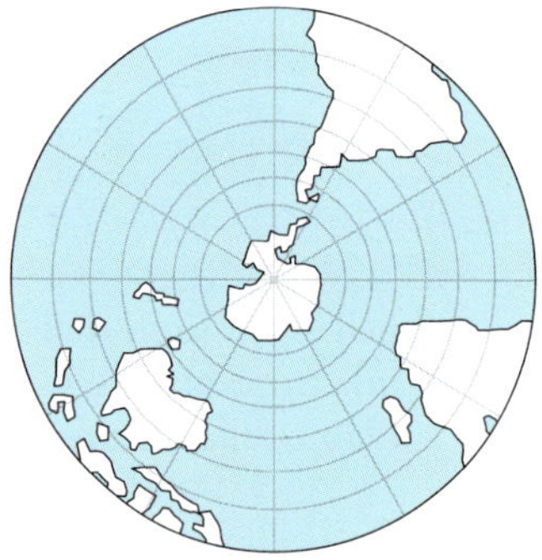

▸ L'emisfero Sud in una *proiezione stereografica* dal polo Nord.

Se, invece, avessimo rappresentato, con la stessa proiezione, l'emisfero Nord avremmo ottenuto una figura con forti distorsioni: in particolare il polo Nord non avrebbe immagine sulla mappa, perché verrebbe proiettato all'infinito.

Si può dimostrare che la proiezione stereografica conserva l'angolo fra due direzioni, cioè è un esempio di *proiezione conforme*.
Analoga alla proiezione stereografica è la **proiezione gnomonica**: in questo caso la sorgente luminosa che realizza la corrispondenza è posta al centro della sfera.
I punti sull'equatore o al di sopra di esso non vengono proiettati sul piano, pertanto la carta geografica mostra solo l'emisfero Sud. Per ottenere la mappa della Terra intera possiamo variare il punto di tangenza, ponendolo in punti diversi dal polo Sud.

Questa proiezione fa corrispondere a percorsi di minima distanza sulla sfera percorsi di minima distanza sul piano. Quindi fa corrispondere agli archi di circonferenze massime detti *ortodromie*, i segmenti.

La proiezione di Mercatore

Gerhard Kremer (1512-1594) è considerato il più famoso cartografo mai esistito. Il suo nome è stato latinizzato in Mercatore, cioè *mercante*, che corrisponde alla traduzione letterale della parola tedesca *Krämer*. Da allora è conosciuto con il nome di Gerardo Mercatore.
Prima di Mercatore le carte erano più simili a oggetti d'arte che a vere rappresentazioni della Terra: venivano decorate con figure mitologiche e paesi fantastici.
Mercatore è stato il primo a disegnare le sue carte geografiche sulla base dei dati raccolti dagli esploratori e in questo modo ha trasformato l'arte della cartografia in una scienza.
Mercatore è stato anche uno dei primi a rilegare in un unico volume la sua collezione di carte a cui ha dato il nome di *Atlante* in onore della figura mitologica che sorregge il globo presente sul frontespizio.
Il lavoro di Mercatore si colloca in un'epoca storica in cui era molto facile *perdere la rotta*.
Per molti anni i navigatori hanno pensato che un percorso con direzione costante, noto col nome di *lossodromia* (dal greco loxos, curvo, e dromos, percorso), fosse un arco di circonferenza massima.
Il portoghese Pedro Nuñes (1502-1578) ha dimostrato invece che la lossodromia è una curva a spirale che si avvolge attorno a uno dei poli senza mai raggiungerlo.

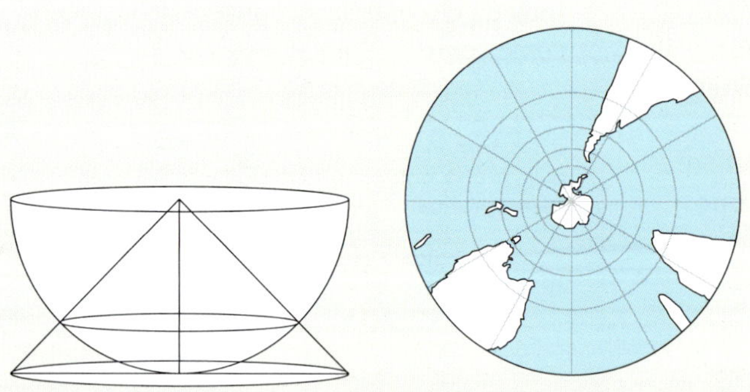

▴ **Proiezione gnomonica**.

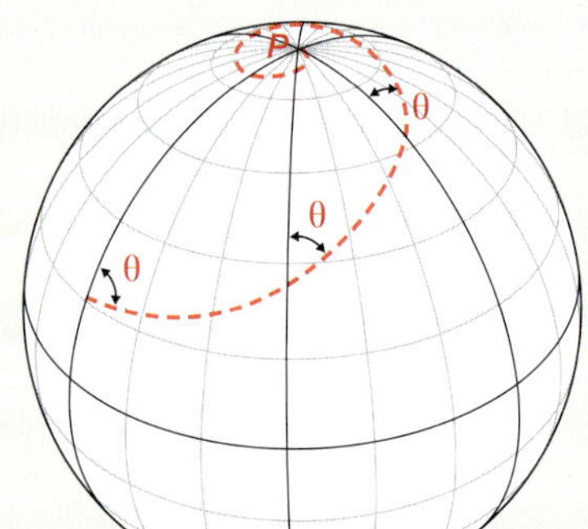

▴ **Lossodromia**.

▲ **Gerhard Kremer (Mercatore), *Atlas Cosmographicae*, quinta edizione, Amsterdam 1623.** Particolare del frontespizio.

La sfida che hanno dovuto affrontare i cartografi del sedicesimo secolo, tra i quali Mercatore, è stata quella di produrre una proiezione cartografica in grado di rappresentare tutte le lossodromie come segmenti: in tal caso, infatti, si sarebbe potuta mantenere costante la direzione durante la navigazione. Una mappa di questo tipo permette di congiungere il punto di partenza e quello di arrivo con una linea retta e misurare l'angolo tra questa retta e la direzione Nord (se nell'emisfero Nord). In figura abbiamo indicato questo angolo con θ. θ rappresenta la direzione che le navi dovevano seguire per compiere il percorso desiderato.

Nel 1569 Mercatore ha presentato una carta geografica innovativa, creata seguendo due principi fondamentali.

- La carta geografica deve essere disposta su una griglia rettangolare simile a quella della proiezione cilindrica: i paralleli sono rappresentati da segmenti paralleli all'equatore e di uguale lunghezza, i meridiani da segmenti perpendicolari all'equatore in modo da mantenere costante la distanza tra due meridiani successivi.
- La proiezione cartografica deve essere *conforme* in modo che la carta possa indicare la reale direzione tra due punti del globo.

La figura in basso mette in evidenza su una carta di Mercatore la differenza tra una *lossodromia* e una *ortodromia*, cioè l'arco di circonferenza massima, che collega gli stessi due punti sul globo.

Si può dimostrare che le equazioni che legano le coordinate di un punto P' sulla carta di Mercatore alla longitudine θ e alla latitudine ϕ del corrispondente punto P sul globo sono le seguenti:

$$x = R\theta$$

$$y = R \cdot \ln\left|\frac{1}{\cos(\phi)} + \tan(\phi)\right|.$$

Quando ci avviciniamo ai poli la latitudine si avvicina a $\pm\frac{\pi}{2}$ e di conseguenza il termine

$$\left|\frac{1}{\cos(\phi)} + \tan(\phi)\right|$$

tende all'infinito. Questo spiega perché sulla carta di Mercatore i Paesi prossimi ai poli come la Groenlandia sono così estesi rispetto ai paesi equatoriali.

Come tracciare una rotta

Per ottimizzare il suo percorso un navigatore può tracciare una rotta con il seguente procedimento.
Su una carta gnomonica traccia una linea retta che collega il punto di partenza al punto di arrivo, che rappresenta il percorso più breve possibile tra i due punti. A intervalli regolari segna sulla mappa alcuni punti di riferimento lungo questa rotta e li collega tra loro con dei segmenti. Questa è la rotta effettiva di viaggio.
Così, con la bussola, può seguire un percorso di direzione costante da un punto di riferimento al successivo. La rotta risultante è vicina alla rotta ottimale di minima distanza e richiede solo modifiche periodiche della direzione nei punti di riferimento.

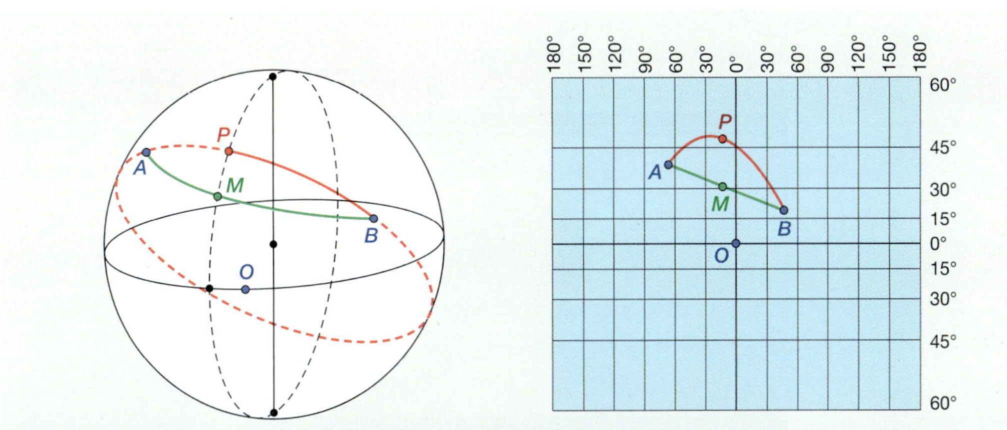

► L'*ortodromia* (in rosso) è il cammino più corto da *A* a *B*: è un arco di cerchio massimo. La *lossodromia* (in verde) è la traiettoria in linea retta sulla carta di Mercatore: forma un angolo costante con i meridiani.

LABORATORIO DI **MATEMATICA CON LO SMARTPHONE**

Geometria in tre dimensioni

1 **Come puoi rappresentare graficamente figure tridimensionali con lo smartphone?**

2 **Come puoi usare il calcolo vettoriale con il tuo smartphone per individuare relazioni tra oggetti tridimensionali?**

1 Usa un'app o un visualizzatore di oggetti 3D online per **rappresentare graficamente piani, rette, sfere e intersezioni tra sfere e piani.**

Piani

Inserisci l'equazione di un piano, per esempio α: $2x - y + z + 1 = 0$.
Il disegno che ottieni è simile a una delle seguenti immagini.

▶ **Figura 1** Rappresentazione grafica di α con trama piena.

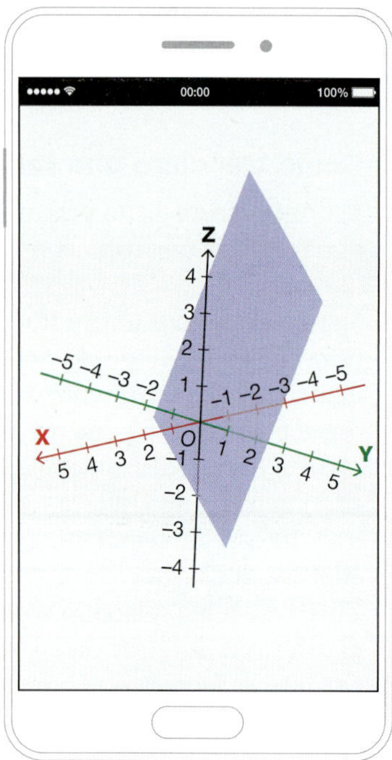

◀ **Figura 2** Rappresentazione grafica di α con trama rigata.

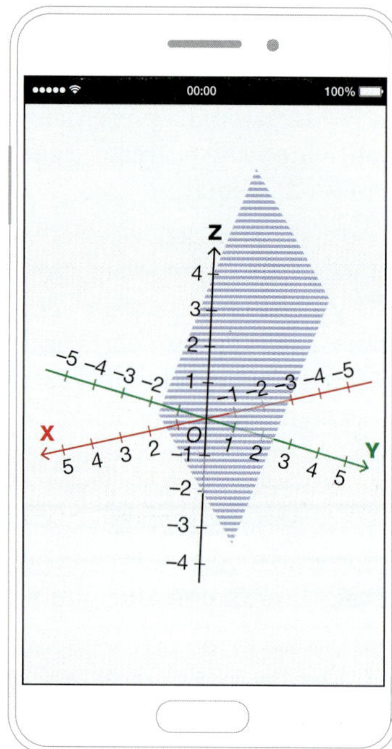

Prova ora a rappresentare graficamente il piano β: $\frac{x}{-1} + \frac{y}{3} + \frac{z}{1} = 1$.

Osserva che i coefficienti delle variabili forniscono un'informazione immediata sulle intersezioni del piano con gli assi cartesiani.

▶ **Figura 3**

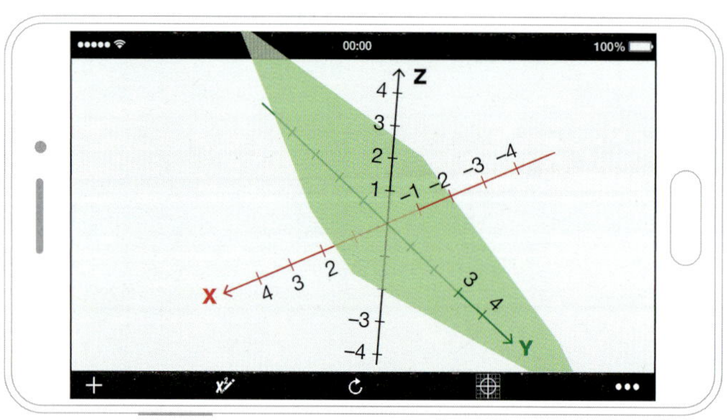

Rette

Una retta si può rappresentare come intersezione di due piani.
Rappresenta graficamente, per esempio, la retta definita dal seguente sistema di equazioni cartesiane:

$$\begin{cases} x - y + z + 1 = 0 \\ 2x - z = 0 \end{cases}$$

Ottieni un risultato simile a quello in **figura 4**.

Sfera

Rappresenta graficamente la sfera di centro O e raggio 3, che ha equazione: $x^2 + y^2 + z^2 = 9$.
Ottieni qualcosa di simile alla **figura 5**.

► **Figura 4**

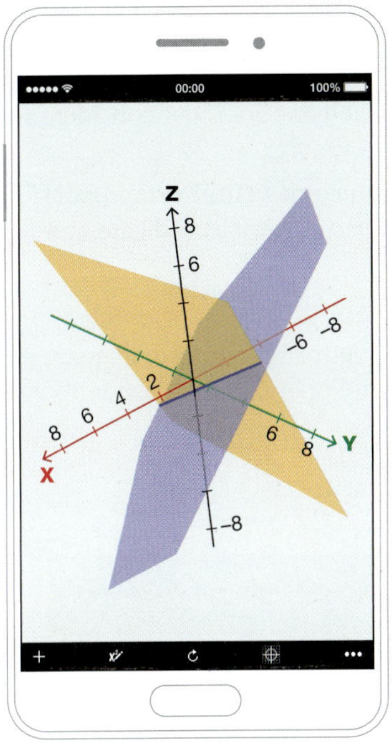

◄ **Figura 5**

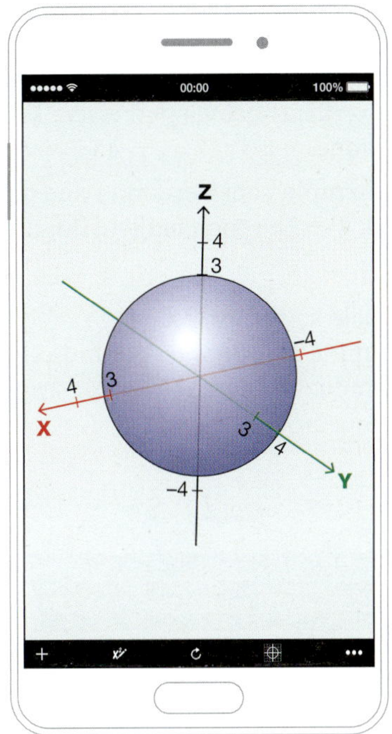

Intersezioni tra una sfera e un piano dipendente da un parametro

Alcune app permettono di gestire anche oggetti che dipendono da uno o più parametri. Per esempio puoi visualizzare le intersezioni tra una sfera e un piano di equazione $z = k$ con k numero reale.

Per variare il valore di k costruisci un cursore, assegnando il suo valore minimo, il suo valore massimo e il passo di variazione. Rappresenta la seguente intersezione:

$$\begin{cases} x^2 + y^2 + z^2 = 100 \\ z = k \end{cases}$$

▼ **Figura 6** Intersezioni fra la sfera di centro l'origine e raggio 10 con il piano di equazione $z = k$, al variare del parametro k.

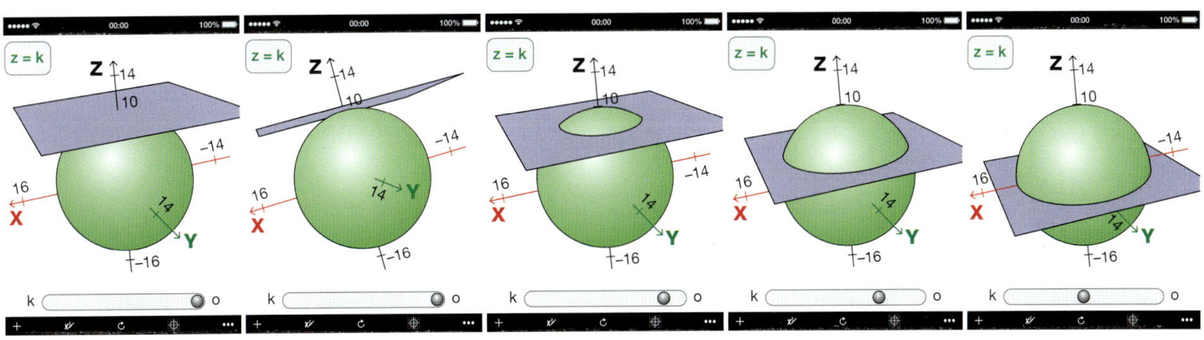

2 Per **verificare se due piani sono perpendicolari tra loro, calcola il prodotto scalare** dei rispettivi vettori ortogonali. Se questo prodotto è nullo, allora i due piani sono perpendicolari. Una verifica analoga può essere fatta per la perpendicolarità fra rette, considerando i loro vettori direzione.

Per esempio consideriamo i due piani che hanno come vettori normali $[5, -2, 1]$ e $[2, 3, -4]$: sono perpendicolari, infatti il loro prodotto scalare, indicato con

vdot([5, −2, 1], [2, 3, −4]),

è uguale a 0.
Il termine *dotproduct* per indicare il prodotto scalare è in uso nei paesi anglosassoni: la sua traduzione letterale è *prodotto – punto*; infatti l'operazione di prodotto scalare si indica con un punto.

Analogamente per **verificare se due piani sono paralleli tra loro, calcola il prodotto vettoriale dei loro vettori ortogonali**. Se questo prodotto è nullo, allora i piani sono paralleli. Una verifica analoga può essere fatta per il parallelismo fra rette, considerando i loro vettori direzione.

Per esempio consideriamo i due piani che hanno come vettori ortogonali $[5, -2, 1]$ e $[-10, 4, -2]$: sono paralleli, infatti il loro prodotto vettoriale, indicato con

vcross([5, −2, 1], [−10, 4, −2]),

è uguale al vettore nullo **0**.
Il termine *crossproduct* per indicare il prodotto vettoriale è in uso nei paesi anglosassoni: la sua traduzione letterale è *prodotto – croce*; infatti l'operazione di prodotto vettoriale si indica con una croce.

► Figura 7

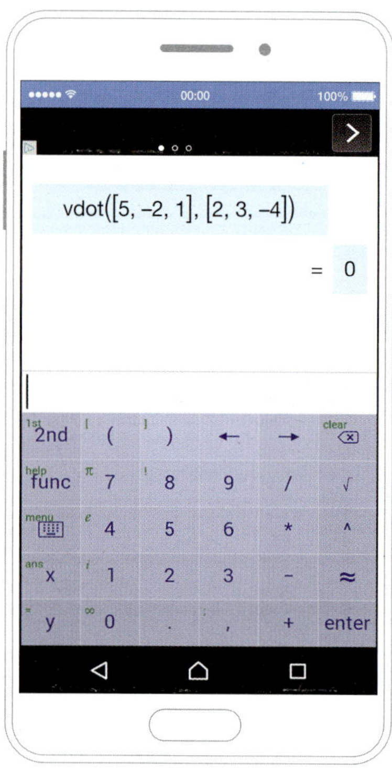

◄ Figura 8

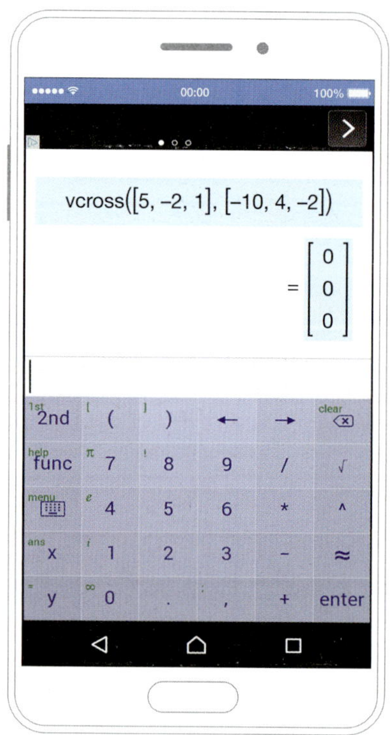

In maniera analoga alcune app permettono di rappresentare, per esempio, un piano per tre punti o un angolo fra due piani, usando opportunamente il calcolo vettoriale.

SEZIONE

C

RELAZIONI E FUNZIONI

INIZIAMO CON UN PROBLEMA
Un problema di minimo

INIZIAMO CON UN PROBLEMA

Un problema di minimo

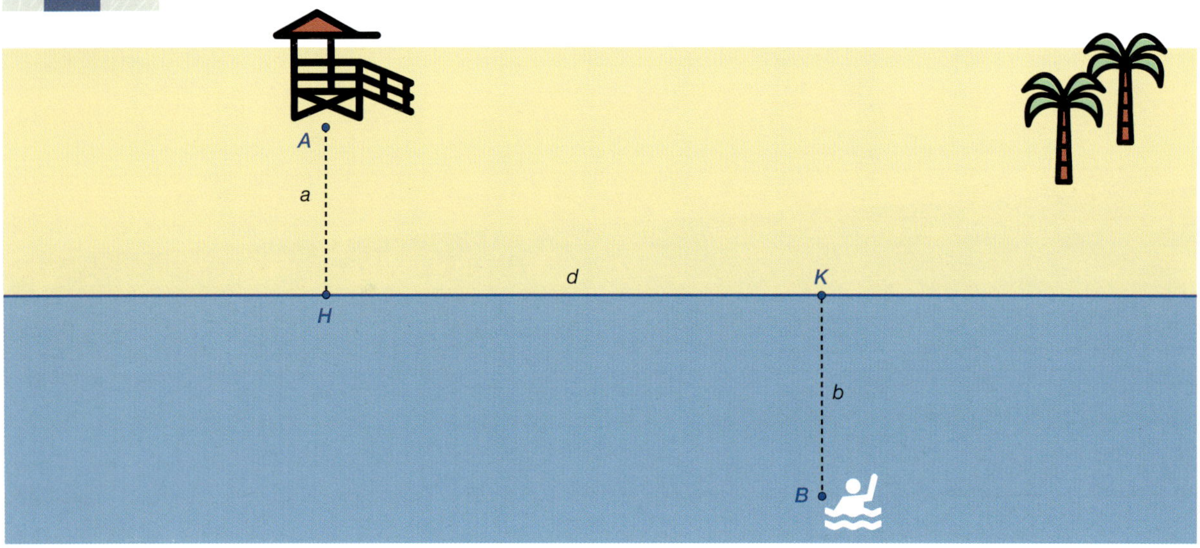

Un bagnino si trova nel punto A alla distanza di a metri dalla riva del mare. Nel punto B si trova un bagnante in difficoltà in mare alla distanza di b metri dalla riva. Il bagnino può correre a una velocità media v_1 (in m/s) e può nuotare a una velocità media v_2 (in m/s). Vale:

$$v_1 > v_2.$$

Supponiamo di conoscere la distanza d tra le proiezioni ortogonali H e K dei punti A e B sulla riva.

Quale percorso deve compiere il bagnino per raggiungere, nel minimo tempo possibile, la posizione *B* in cui si trova il bagnante?

È ragionevole pensare che il percorso che minimizza il tempo non sia quello più breve, cioè il segmento AB, dobbiamo tenere conto che $v_1 > v_2$.

Schematizziamo la situazione con una figura che riassume i dati. Per farlo supponiamo che la riva si possa identificare con una linea retta.
Per raggiungere B il bagnino deve percorrere un tragitto $AC + CB$ dove C è un punto del segmento HK.
Scegliamo come incognita la distanza $HC = x$.

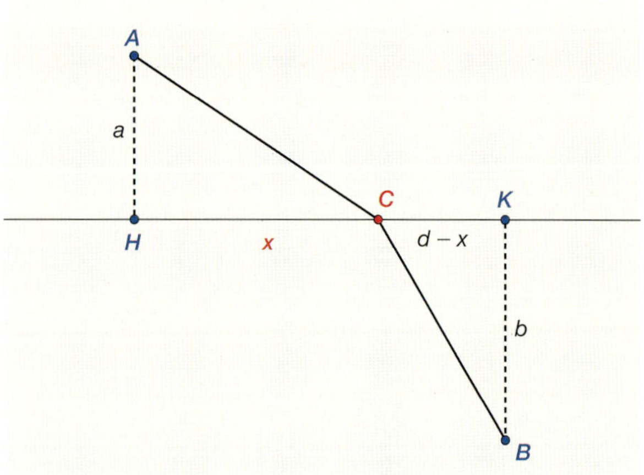

Vogliamo determinare x in modo da rendere minimo il tempo richiesto per andare da A a B passando per C di HK.
Determiniamo una formula che esprime il tempo t impiegato per andare da A a B in funzione della distanza x:

$$t = \frac{AC}{v_1} + \frac{CB}{v_2}.$$

Per il teorema di Pitagora:

$$AC = \sqrt{a^2 + x^2}$$

$$CB = \sqrt{b^2 + (d - x)^2}.$$

Quindi $t = \dfrac{\sqrt{a^2 + x^2}}{v_1} + \dfrac{\sqrt{b^2 + (d - x)^2}}{v_2}$.

Il valore di x per cui la funzione t assume valore minimo consente di individuare il punto C in cui il bagnino dovrà entrare in acqua per minimizzare il tempo.

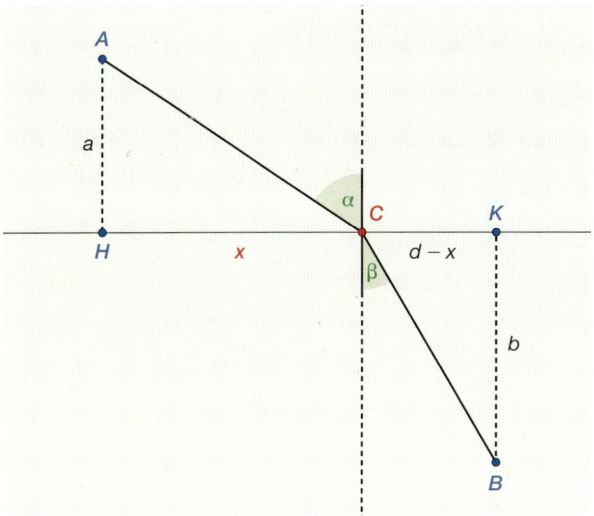

Con le tecniche di analisi matematica che imparerai studiando i capitoli della sezione C potrai dimostrare che il valore di x che rende minimo $t(x)$ è dato dalla soluzione dell'equazione:

$$\frac{x}{v_1\sqrt{x^2 + a^2}} = \frac{d - x}{v_2\sqrt{b^2 + (d - x)^2}}.$$

Osserva che:

- $\dfrac{x}{\sqrt{x^2 + a^2}} = \dfrac{CH}{AC} = \cos(A\widehat{C}H) = \sin(\alpha)$;
- $\dfrac{d - x}{\sqrt{b^2 + (d - x)^2}} = \dfrac{CK}{CB} = \cos(B\widehat{C}K) = \sin(\beta)$;

dove α e β sono gli angoli che i segmenti AC e CB formano rispettivamente con la retta perpendicolare alla riva in C.
Possiamo allora riscrivere la relazione

$$\frac{x}{v_1\sqrt{x^2 + a^2}} = \frac{d - x}{v_2\sqrt{b^2 + (d - x)^2}}$$

come

$$\frac{\sin(\alpha)}{\sin(\beta)} = \frac{v_1}{v_2}.$$

Il matematico e magistrato francese Pierre de Fermat (1601-1665) enunciò il principio che porta il suo nome e che risolve il problema qui proposto. Gli studi di Fermat anticiparono il calcolo differenziale di Newton e Leibniz.

► La formula $\dfrac{\sin(\alpha)}{\sin(\beta)} = \dfrac{v_1}{v_2}$ regola anche il fenomeno di **rifrazione della luce**.
Se un raggio luminoso attraversa la superficie di separazione di due mezzi diversi, come l'aria e l'acqua, viene deviato. Questo è il motivo per cui una cannuccia inclinata in un bicchiere riempito di acqua sembra piegarsi in corrispondenza della superficie di separazione tra l'aria e l'acqua.

ESPLORA CON UN'ANIMAZIONE DI GEOMETRIA DINAMICA

Un problema di minimo

Apri l'animazione che trovi sull'eBook e sul sito del libro e osserva la traccia rossa lasciata, al variare del punto C, dal punto P.
P ha come ascissa l'ascissa di C e come ordinata il valore del tempo impiegato a percorrere il tragitto $AC + CB$.

La lieve variazione dell'ordinata del punto P permette di intuire che esiste una posizione di C per cui l'ordinata del punto P è minima. Quella è la posizione di C che minimizza il tempo di percorrenza.

CAPITOLO 7 La continuità

PROBLEMA

Esistenza di uno zero di una funzione su un intervallo

Consideriamo la funzione di variabile reale definita da $f(x) = 2^x - 10$. Sappiamo già che $\log_2(10)$ è un suo zero, ma *perché* possiamo affermare che esiste uno zero della funzione f?

Risoluzione

Poiché $2^3 = 8$ e $2^4 = 16$ vale:

$$f(3) = 8 - 10 < 0$$
$$f(4) = 16 - 10 > 0.$$

Ci aspettiamo quindi che esista un numero c compreso tra 3 e 4 tale che $f(c) = 0$. Dal grafico possiamo dedurre che le nostre aspettative sono corrette.

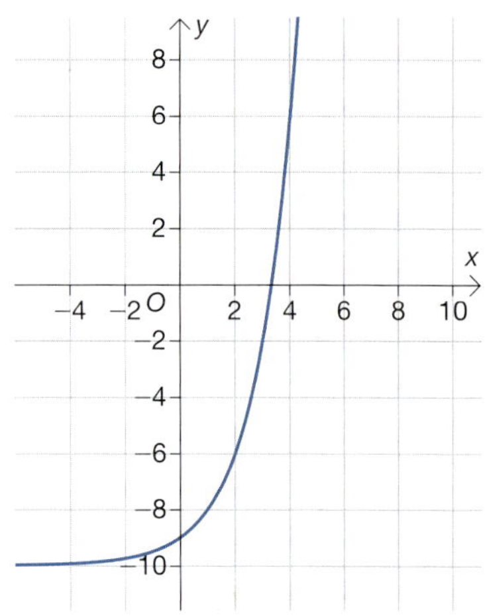

▲ Grafico della funzione f.

In generale è vero che una funzione definita su un intervallo $[a, b]$ e che assume valori discordi agli estremi dell'intervallo ammette uno zero compreso tra a e b? La risposta è no: questa proprietà non sempre è vera. Vediamo un controesempio.

Consideriamo la funzione g definita sull'intervallo $[3, 4]$ da:

$$g(x) = \begin{cases} -1 & \text{se } 3 \le x < \frac{7}{2} \\ 1 & \text{se } \frac{7}{2} \le x \le 4 \end{cases}$$

Abbiamo che $g(3) = -1 < 0$ e $g(4) = 1 > 0$. Nonostante g ammetta valori discordi agli estremi dell'intervallo su cui è definita, g non ammette zeri su questo intervallo, come si può dedurre anche dal suo grafico.

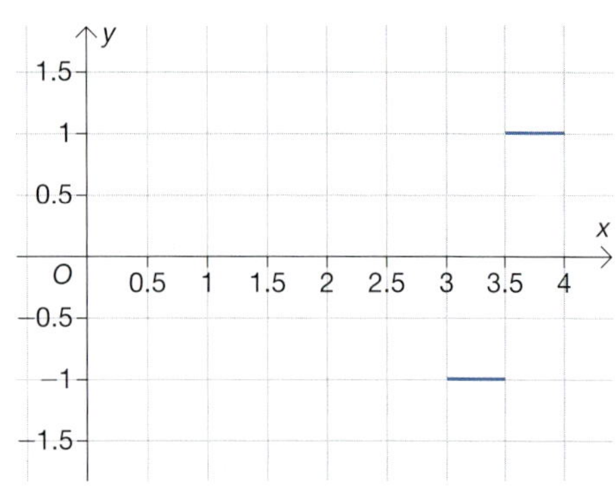

▲ Grafico della funzione g.

Sia f sia g assumono valori discordi agli estremi dell'intervallo $[3, 4]$; eppure f ammette uno zero in tale intervallo, mentre g no.

La differenza è che f è una *funzione continua* su $[3, 4]$ cioè, intuitivamente, il suo grafico può essere tracciato *senza staccare la penna dal foglio*. La funzione g invece non è continua. In generale una funzione continua definita su un intervallo $[a, b]$ che assume valori discordi agli estremi dell'intervallo ammette almeno uno zero compreso tra a e b.
Questo enunciato prende il nome di *teorema degli zeri*.
È proprio la continuità che consente di affermare che la funzione definita da $f(x) = 2^x - 10$ ammette almeno uno zero appartenente all'intervallo $]3, 4[$.

Tracciare il grafico di una funzione su un intervallo $[a, b]$ con un software e osservare se tale grafico attraversa o no l'asse delle x, non garantisce l'esistenza di uno zero su $[a, b]$. Infatti consideriamo la funzione definita da $h(x) = 2^x - 10$ per ogni x reale diverso da $\log_2(10)$, dove imponiamo che non sia definita. Se tracciamo con un software il grafico di h otteniamo lo stesso grafico di f, perché il software non riesce ad apprezzare la differenza tra il grafico della funzione continua f e il grafico di h. La funzione h infatti non è definita solo in un punto e altrove coincide con f. Però, poiché h non è definita per $x = \log_2(10)$, a differenza di f, non ammette alcuno zero sull'intervallo $[3, 4]$.

Alcune domande che aprono nuove prospettive

Finora abbiamo descritto una funzione continua come una funzione il cui grafico può essere disegnato senza staccare la penna dal foglio, ma che cosa vuol dire dal punto di vista matematico che una funzione è continua in un punto del suo dominio?

Funzioni continue in un punto

Un approccio numerico

Molti concetti di analisi si possono affrontare sia da una prospettiva globale sia da una locale. La descrizione qualitativa che abbiamo dato di continuità di una funzione in un intervallo rappresenta il punto di vista *globale*. Quali caratteristiche ha invece la continuità da un punto di vista *locale*?
Se una funzione f è continua in un punto x_0 del suo dominio, deve essere possibile approssimare $f(x_0)$ con $f(x)$ con una qualunque precisione prefissata, a patto di prendere x abbastanza vicino a x_0.
A livello intuitivo questo vuol dire che, se consideriamo valori di x che approssimano sempre meglio x_0, otteniamo corrispondenti valori di $f(x)$ che approssimano sempre meglio $f(x_0)$.

PER ESEMPIO

1 La funzione f definita sull'insieme dei numeri reali da $f(x) = x + 1$ è continua in 0: infatti, possiamo approssimare $f(0) = 1$ con $f(x)$ a patto di sostituire a x valori sempre più prossimi a 0.

2 La funzione definita sull'insieme dei numeri reali da

$$f(x) = \begin{cases} -1 & \text{se } x < 0 \\ 0 & \text{se } x = 0 \\ 1 & \text{se } x > 0 \end{cases}$$

non è continua in $x = 0$. Infatti per quanto ci avviciniamo a 0 da sinistra la funzione vale sempre -1 e per quanto ci avviciniamo a 0 da destra la funzione vale sempre 1. Entrambi questi valori non consentono di approssimare $f(0) = 0$ con un errrore piccolo a piacere.

Quindi la continuità di una funzione in un punto x del suo dominio garantisce che approssimazioni sempre migliori di x comportano approssimazioni sempre migliori di $f(x)$.

Definizione di funzione continua in un punto x_0 del suo dominio

Per definire la continuità in un punto si usa l'operazione di limite che traduce, in termini formali, l'idea che una funzione f è continua in un punto x_0 del suo dominio se e solo se al tendere a 0 di $|x-x_0|$ tende a 0 anche $|f(x)-f(x_0)|$.

Per formalizzare le nozioni di continuità e di discontinuità di una funzione in un punto x_0 introduciamo le nozioni di *intorno* di un numero reale x_0 e di *punto di accumulazione* di un insieme di numeri.

Dato un numero reale x_0, chiamiamo:

- **intorno** di x_0 ogni intervallo aperto contenente x_0;
- **intorno bucato** di x_0 ogni insieme del tipo $]a, x_0[\, \cup \,]x_0, b[$ con $a < b$;
- **intorno bucato destro** di x_0 ogni intervallo del tipo $]x_0, b[$;
- **intorno bucato sinistro** di x_0 ogni intervallo del tipo $]a, x_0[$.

Un punto x_0 è detto **punto di accumulazione** di un insieme D di numeri reali se a ogni intorno bucato di x_0 appartengono punti di D.
x_0 è un **punto di accumulazione da destra** di un insieme D se a ogni intorno bucato destro di x_0 appartengono punti di D.
x_0 è un **punto di accumulazione da sinistra** di un insieme D se a ogni intorno bucato sinistro di x_0 appartengono punti di D.

Per calcolare il limite di una funzione nel punto x_0 non occorre che questa sia definita in x_0, ma è sufficiente che x_0 sia punto di accumulazione del dominio di f.

Per esempio, possiamo scrivere $\lim_{x\to 0^-}\frac{1}{x}=-\infty$ e $\lim_{x\to 0^+}\frac{1}{x}=+\infty$ perché 0 è un punto di accumulazione del dominio naturale della funzione di variabile reale $f(x)=\frac{1}{x}$. Infatti f può essere definita in un intorno bucato di 0.

Sia f una funzione definita sull'insieme D e sia $x_0 \in D$ un punto di accumulazione di D. La funzione f è **continua** nel punto x_0 se:

$$\lim_{x\to x_0^-} f(x)=\lim_{x\to x_0^+} f(x)=f(x_0).$$

Quindi, se una funzione è continua, possiamo calcolare il $\lim_{x\to x_0} f(x)$ calcolando $f(x_0)$.
Definiamo ora che cosa si intende per continuità a destra e a sinistra.

Sia f una funzione definita sull'insieme D e sia $x_0 \in D$ un punto di accumulazione da destra di D. La funzione f è **continua a destra** di x_0 se:

$$\lim_{x\to x_0^+} f(x)=f(x_0).$$

Sia f una funzione definita sull'insieme D e sia $x_0 \in D$ un punto di accumulazione da sinistra di D. La funzione f è **continua a sinistra** di x_0 se:

$$\lim_{x\to x_0^-} f(x)=f(x_0).$$

Punti di discontinuità

Una funzione che non è continua in x_0 si dice **discontinua in x_0**.
Condizione *necessaria ma non sufficiente* per la continuità di f in x_0 è che f sia definita nel punto x_0. Anche per caratterizzare i punti di discontinuità è bene fare riferimento a punti in cui la funzione f esiste, cioè punti che fanno parte del dominio di f.
Classifichiamo i punti di discontinuità di una funzione come segue.
Una funzione f ha un **salto finito** in x_0 se è definita in x_0 e se:

$$\lim_{x \to x_0^-} f(x) = l_1 \in \mathbb{R} \text{ e } \lim_{x \to x_0^+} f(x) = l_2 \in \mathbb{R}, \text{ con } l_1 \neq l_2.$$

PER ESEMPIO

La funzione definita, sull'insieme dei numeri reali, da

$$f(x) = \begin{cases} 3x - 1 & \text{se } x \leq 1 \\ 3x + 1 & \text{se } x > 1 \end{cases}$$

è discontinua in $x = 1$, dove ha un salto finito.
Infatti

$$\lim_{x \to 1^-} f(x) = \lim_{x \to 1^-} (3x - 1) = 2 = f(1)$$

$$\lim_{x \to 1^+} f(x) = \lim_{x \to 1^+} (3x + 1) = 4 \neq f(1)$$

come suggerisce il grafico.

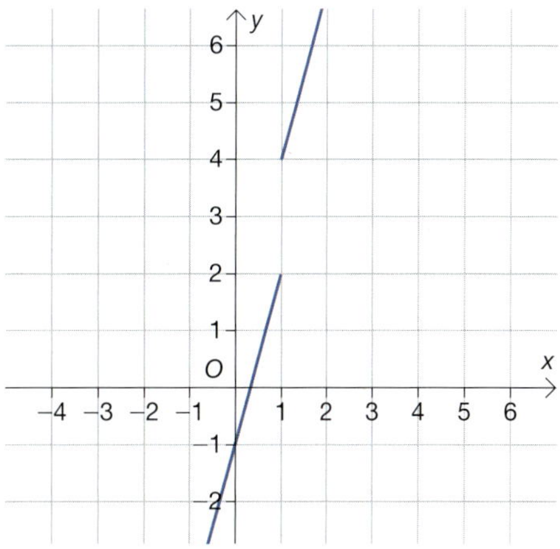

Una funzione f ha un **salto non finito** in x_0 se è definita in x_0, cioè se $f(x_0)$ è un numero reale, ma almeno uno dei limiti per x che tende a x_0 da destra o da sinistra è infinito.

PER ESEMPIO

La funzione definita, sull'insieme dei numeri reali, da

$$f(x) = \begin{cases} \dfrac{1}{x} & \text{se } x \neq 0 \\ 0 & \text{se } x = 0 \end{cases}$$

è discontinua in $x = 0$, dove ha un salto non finito.
Infatti

$$\lim_{x \to 0^-} f(x) = \lim_{x \to 0^-} \frac{1}{x} = -\infty$$

$$\lim_{x \to 0^+} f(x) = \lim_{x \to 0^+} \frac{1}{x} = +\infty$$

come suggerisce il grafico.

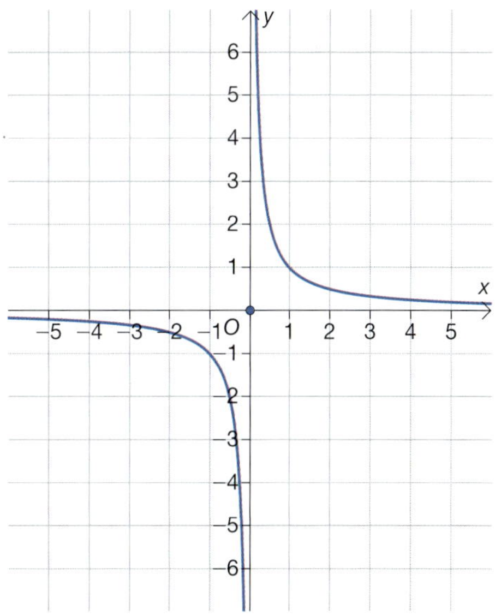

Una funzione f ha un punto di **discontinuità eliminabile** in x_0 se $\lim_{x \to x_0^-} f(x) = \lim_{x \to x_0^+} f(x) = l \in \mathbb{R}$, ma $f(x_0) \neq l$. In questo caso si dice che la funzione è **prolungabile per continuità** in x_0 imponendo $f(x_0) = l$.

OSSERVA

Una funzione si dice prolungabile per continuità in x_0 anche quando f non è definita in x_0 e si ha:

$$\lim_{x \to x_0^-} f(x) = \lim_{x \to x_0^+} f(x) = l \in \mathbb{R}.$$

Però in questo caso non consideriamo x_0 un punto di discontinuità, perché la funzione non è definita in x_0.

PER ESEMPIO

1 La funzione definita da

$$f(x) = \begin{cases} xe^{x-1} & \text{se } x < 0 \\ 1 & \text{se } x = 0 \\ \sin(x) & \text{se } x > 0 \end{cases}$$

presenta in $x = 0$ un punto di discontinuità eliminabile, perché:

$$\lim_{x \to 0^-} f(x) = \lim_{x \to 0^-} xe^{x-1} = 0 = \lim_{x \to 0^+} f(x) = \lim_{x \to 0^+} \sin(x),$$

ma $f(0) = 1 \neq 0$.

Per prolungare f per continuità in $x = 0$ dobbiamo sostituire il valore 1 che f assume in $x = 0$ con il valore 0.

2 La funzione definita da $f(x) = \dfrac{x^2 - 4}{x - 2}$ è continua sul suo dominio naturale, cioè sull'insieme $]-\infty, 2[\cup]2, +\infty[$ e può essere prolungata per continuità in 2:

$$\lim_{x \to 2^-} \frac{x^2 - 4}{x - 2} = \lim_{x \to 2^-} \frac{(x-2)(x+2)}{x-2} = \lim_{x \to 2^-} (x+2) = 4 = \lim_{x \to 2^+} \frac{x^2 - 4}{x - 2} = \lim_{x \to 2^+} (x+2) = 4.$$

Possiamo ottenere la funzione g, prolungamento per continuità di f in $x = 2$, aggiungendo al grafico di f il punto di coordinate $(2, 4)$. Otteniamo così:

$$g(x) = \begin{cases} \dfrac{x^2 - 4}{x - 2} & \text{se } x \neq 2 \\ 4 & \text{se } x = 2 \end{cases} \qquad \text{o, equivalentemente, } g(x) = x + 2.$$

I grafici di f e g differiscono per il solo punto di coordinate $(2, 4)$.

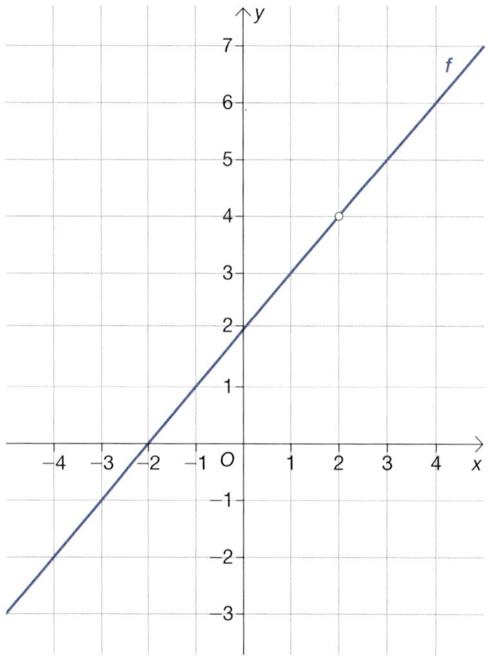

▲ Grafico della funzione f.

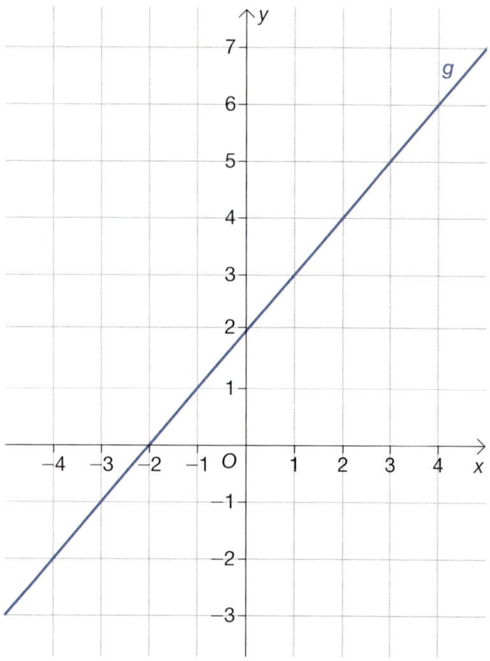

▲ Grafico della funzione g.

Diamo una definizione di continuità equivalente a quella già fornita.

▶ Una funzione f definita in un intorno di x_0 si dice **continua** in x_0 se:

$$\lim_{h \to 0} f(x_0 + h) = f(x_0).$$

Funzioni continue su un intervallo

Sia f una funzione definita su un intervallo I. Per definire la continuità di f su I utilizziamo la continuità puntuale di f in ciascun punto di I. Distinguiamo due casi:

- l'intervallo I è aperto;
- l'intervallo I è chiuso.

▶ Una funzione f si dice **continua sull'intervallo aperto** $]a, b[$ su cui è definita se f è continua in ogni punto dell'intervallo.
In questo caso a può anche essere $-\infty$ e b può anche essere $+\infty$.

▶ Una funzione f si dice **continua sull'intervallo chiuso** $[a, b]$ su cui è definita se:

- f è continua in ogni punto dell'intervallo aperto $]a, b[$;
- f è continua a destra di a;
- f è continua a sinistra di b.

PER ESEMPIO

1 La funzione definita sui numeri reali positivi da $f(x) = \ln(x)$ è continua sull'intervallo $]0, +\infty[$.

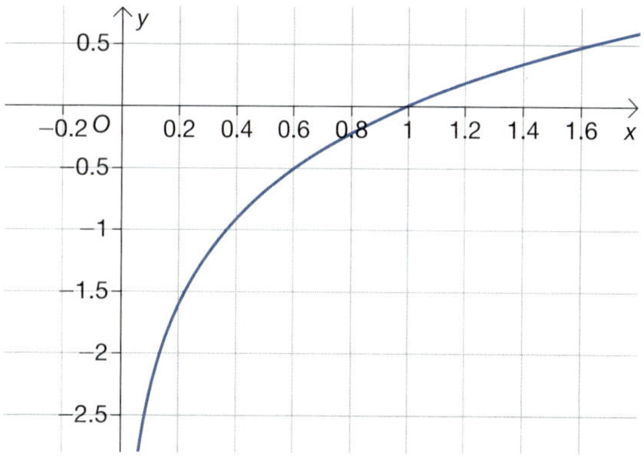

2 La funzione definita sull'intervallo $I = [-2, 2]$ da $g(x) = \sqrt{4 - x^2}$ è continua su I.

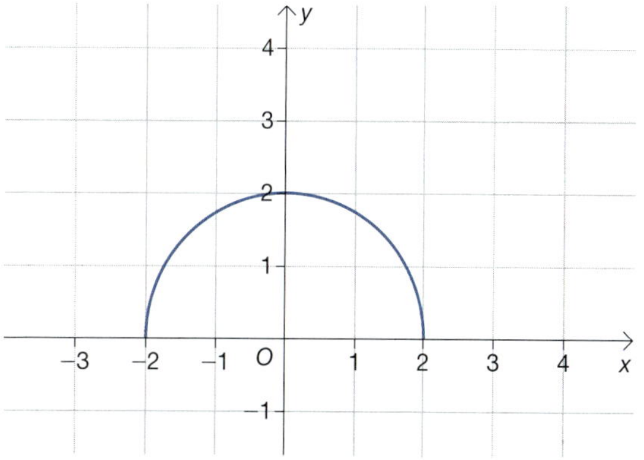

Continuità delle funzioni elementari e operazioni con funzioni continue

Ci chiediamo come determinare l'insieme di continuità di una funzione f, cioè l'insieme di *tutti e soli* i numeri reali appartenenti al dominio di f su cui f è continua.

OSSERVA

- Se f non è definita in x_0, allora non ha senso chiedersi se è continua in x_0: la continuità in un punto o su un intervallo è una proprietà che può caratterizzare solo funzioni definite in quel punto o su quell'intervallo. Al più possiamo parlare di prolungamento per continuità in x_0 se $\lim_{x \to x_0^-} f(x) = \lim_{x \to x_0^+} f(x) = l$.
- Il fatto che f sia definita in x_0 non garantisce però che f sia continua in x_0.

Per esempio La funzione definita sull'insieme dei numeri reali da:

$$f(x) = \begin{cases} x-1 & \text{se } x \le 0 \\ x+1 & \text{se } x > 0 \end{cases}$$

è definita in $x = 0$, ma non è continua in questo punto.
Infatti i limiti per x che tende a 0 da sinistra e da destra sono diversi:

$$\lim_{x \to 0^-} f(x) = \lim_{x \to 0^-} (x-1) = -1 = f(0)$$

$$\lim_{x \to 0^+} f(x) = \lim_{x \to 0^+} (x+1) = 1 \neq f(0).$$

I teoremi che enunciamo di seguito consentono di determinare l'insieme di continuità di una funzione f. La maggior parte delle funzioni che hai incontrato nel tuo corso di studi sono continue nel loro dominio naturale. Fanno eccezione le funzioni definite a tratti, come quella dell'esempio precedente, per le quali è necessario verificare l'eventuale continuità nei punti di raccordo.

Le funzioni seguenti sono *continue nel loro dominio naturale D*:

- funzioni polinomiali, $D = \mathbb{R}$;
- funzioni razionali fratte, cioè rapporti di polinomi, $D = \mathbb{R} - Z$, dove Z è l'insieme degli zeri del denominatore;
- $f(x) = \sqrt[n]{x}$, $D = [0; +\infty[$ se n è pari, $D = \mathbb{R}$ se n è dispari;
- $f(x) = |x|$, $D = \mathbb{R}$;
- $f(x) = a^x$, con $a > 0$ e $a \neq 1$, $D = \mathbb{R}$;
- $f(x) = \log_a(x)$, con $a > 0$ e $a \neq 1$, $D =]0; +\infty[$;
- $f(x) = \sin(x)$, $D = \mathbb{R}$;
- $f(x) = \cos(x)$, $D = \mathbb{R}$;
- $f(x) = \tan(x)$, $D = \mathbb{R} - \left\{x \in \mathbb{R}: x = \frac{\pi}{2} + k\pi, k \in \mathbb{Z}\right\}$;
- $f(x) = \arcsin(x)$, $D = [-1, 1]$;
- $f(x) = \arccos(x)$, $D = [-1, 1]$;
- $f(x) = \arctan(x)$, $D = \mathbb{R}$.

Enunciamo due teoremi sulla continuità di somme, prodotti, quozienti e composizioni di funzioni continue.

Continuità di somma, prodotto e quoziente di funzioni continue

Se f e g sono funzioni continue su un intervallo I, allora sono continue su I anche:

$$f+g; \qquad f\cdot g.$$

$\dfrac{f}{g}$ è continua su tutti i numeri reali appartenenti a I tali che $g(x)\neq 0$.

Continuità della funzione composta

Se g è continua sull'intervallo I e f è continua su $g(I)$, allora $f(g(x))$ è continua su I.

Vediamo come determinare l'insieme di continuità di una funzione attraverso due esempi che ti possono guidare nell'affrontare alcuni degli esercizi proposti.

PER ESEMPIO

Determiniamo l'insieme di continuità della funzione definita da:

$$f(x)=\begin{cases} e^{x^2-1} & \text{se } x\leq -1 \\ \cos(x+1) & \text{se } x>-1 \end{cases}$$

La funzione f è definita a tratti:

- sull'intervallo $]-\infty,-1]$ vale e^{x^2-1};
- sull'intervallo $]-1,+\infty[$ vale $\cos(x+1)$.

Per i teoremi sulle funzioni continue, f è sicuramente continua sull'insieme:

$$]-\infty,-1[\,\cup\,]-1,+\infty[.$$

Ci limitiamo a verificare la continuità in $x=-1$:

$$\lim_{x\to -1^-} f(x)=\lim_{x\to -1^-} e^{x^2-1}=1=f(-1)$$

Verifichiamo la definizione di continuità in un punto x_0: $\lim_{x\to x_0^-} f(x)=\lim_{x\to x_0^+} f(x)=f(x_0)$

$$\lim_{x\to -1^+} f(x)=\lim_{x\to -1^+}\left(\cos(x+1)\right)=\cos(0)=1=f(-1).$$

Possiamo pertanto affermare che f è continua in -1 e quindi è continua su $\mathbb{R}$.

Data una funzione f, dipendente da parametri e definita a tratti, determiniamo se esistono valori dei parametri per cui f è continua sul suo dominio naturale.

PER ESEMPIO

Determiniamo, se esistono, i valori dei parametri a e b per cui la funzione definita da

$$f(x)=\begin{cases} ax^2+bx & \text{se } x<1 \\ b-1 & \text{se } x=1 \\ 2x+1 & \text{se } x>1 \end{cases}$$

è continua su $\mathbb{R}$.

Per qualunque valore di a e di b, la funzione f è continua sull'insieme $]-\infty,1[\,\cup\,]1,+\infty[$, analogamente a quanto visto nell'esempio precedente.

Ci limitiamo quindi a verificare la sua continuità in $x=1$.

Sappiamo che f è continua in $x=1$ se:

$$\lim_{x\to 1^-} f(x)=\lim_{x\to 1^+} f(x)=f(1).$$

Calcoliamo i limiti e il valore di $f(1)$:

$$\lim_{x\to 1^-} f(x)=\lim_{x\to 1^-}(ax^2+bx)=a+b$$

$$\lim_{x\to 1^+} f(x)=\lim_{x\to 1^+}(2x+1)=3$$

$$f(1)=b-1.$$

Affinché f sia continua su $\mathbb{R}$ dobbiamo avere:

$$\begin{cases} b-1=3 \\ a+b=b-1 \end{cases} \Leftrightarrow \begin{cases} b=4 \\ a=-1 \end{cases}$$

Quindi la funzione definita da

$$f(x)=\begin{cases} -x^2+4x & \text{se } x<1 \\ 3 & \text{se } x=1 \\ 2x+1 & \text{se } x>1 \end{cases}$$

è continua su $\mathbb{R}$.

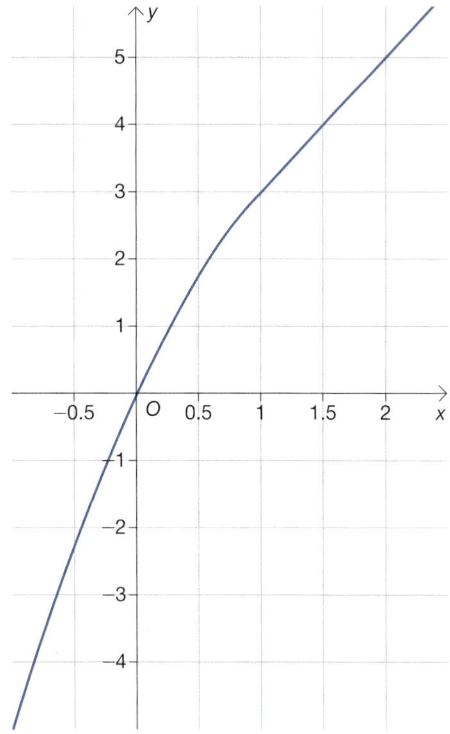

OSSERVA

La definizione di continuità puntuale si fonda sulla nozione di limite, che abbiamo introdotto nel capitolo 14 del volume B. Nel calcolo di limiti come $\lim_{x \to 3}(x^2-4)$, sostituiamo 3 al posto di x e diciamo che il limite è uguale a $9-4=5$. Questo procedimento, però, si basa sulla continuità della funzione $f(x)=x^2-4$.
In altri termini, possiamo affermare che $\lim_{x \to 3}(x^2-4)=3^2-4=5$ se e solo se la funzione $f(x)=x^2-4$ è continua in 3.
Quindi, per dimostrare i teoremi sulla continuità, dobbiamo precisare che cosa intendiamo con la scrittura $\lim_{x \to x_0} f(x)$ e dobbiamo individuare procedure di calcolo indipendenti dalla definizione di continuità della funzione f in x_0.
La precisazione del concetto di limite ha richiesto ai matematici circa due secoli di lavoro ed è stata ottenuta solo intorno alla metà del XIX secolo, grazie al matematico tedesco Karl Weierstrass. La definizione di limite di una funzione in un punto è complessa dal punto di vista logico. Inoltre i matematici hanno potuto affrontare con successo molti problemi applicativi e teorici anche senza possedere questa definizione. Per questo motivo per ora ci affidiamo alla comprensione intuitiva del concetto di limite, in attesa di sistemarlo nel capitolo 11 di questo volume.

Teoremi sulle funzioni continue

Teorema di Weierstrass

Sia f una funzione continua definita su un intervallo chiuso $[a, b]$. Allora f ammette nell'intervallo $[a, b]$ un punto di minimo assoluto e un punto di massimo assoluto. Esistono quindi due numeri reali x_1 e x_2 appartenenti ad $[a, b]$ tali che:

$$f(x_1) \leq f(x) \leq f(x_2) \text{ per ogni } x \in [a, b].$$

Tutte le ipotesi del teorema sono necessarie.
Se viene meno l'ipotesi di continuità su $[a, b]$ esistono funzioni per le quali la proprietà non vale.

PER ESEMPIO

Consideriamo la funzione definita sull'intervallo $[-2, 2]$ da:

$$f(x) = \begin{cases} 1 & \text{se } x = -2 \\ x & \text{se } -2 < x < 2 \\ 1 & \text{se } x = 2 \end{cases}$$

Puoi verificare dal grafico che la funzione non ha, sul dominio $[-2, 2]$, né minimo, né massimo.

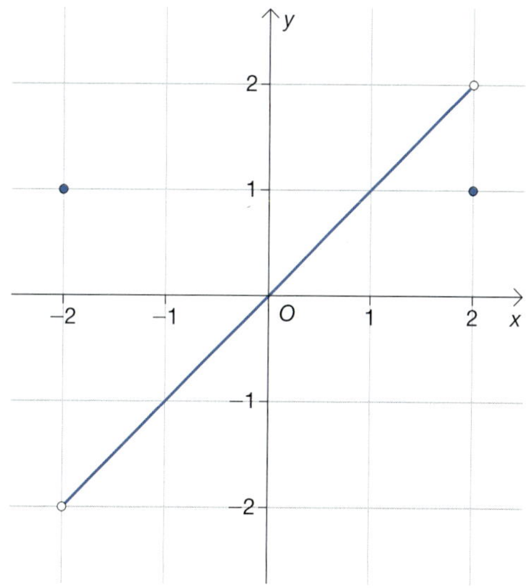

Analogamente, il teorema non vale se si lascia cadere l'ipotesi dell'intervallo chiuso.

PER ESEMPIO

La funzione definita sull'intervallo $]0, 1[$ da $f(x) = \frac{1}{x}$ non ha né massimo, né minimo su $]0, 1[$, come suggerisce il suo grafico.

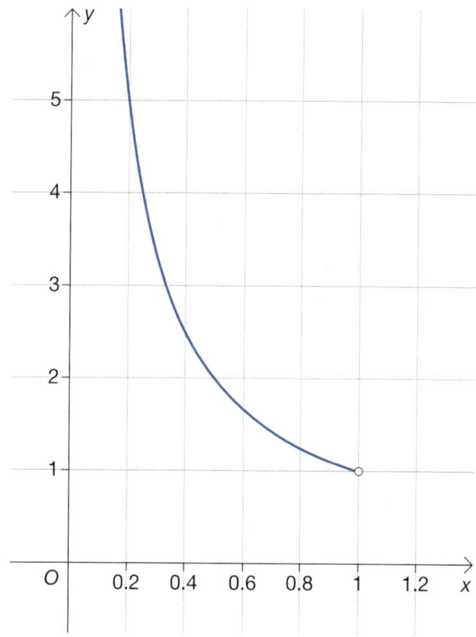

Teoremi di Weierstrass generalizzati

- Sia f una funzione continua su $]a, b[$ tale che $\lim_{x \to a^+} f(x) = +\infty$ e $\lim_{x \to b^-} f(x) = +\infty$. Allora f ammette un punto di minimo assoluto sull'intervallo $]a, b[$.
- Sia f una funzione continua su $]a, b[$ tale che $\lim_{x \to a^+} f(x) = -\infty$ e $\lim_{x \to b^-} f(x) = -\infty$. Allora f ammette un punto di massimo assoluto sull'intervallo $]a, b[$.

I precedenti teoremi valgono anche nel caso in cui $a = -\infty$ o $b = +\infty$.

Teorema dei valori intermedi

Se f è una funzione continua su un intervallo $[a, b]$ e k è un numero reale compreso tra $f(a)$ e $f(b)$, allora esiste almeno un numero reale x_0 appartenente all'intervallo $[a, b]$ tale che $f(x_0) = k$.

Il teorema dei valori intermedi ha due importanti conseguenze.

- L'insieme immagine di una funzione continua su un intervallo è un intervallo, eventualmente ridotto a un punto nel caso in cui f sia costante.
- **Teorema degli zeri.** Se f è una funzione continua sull'intervallo $[a, b]$ e $f(a) \cdot f(b) < 0$, allora esiste almeno un numero reale c appartenente all'intervallo $[a, b]$ tale che $f(c) = 0$.

Abbiamo già utilizzato il teorema degli zeri nel problema di apertura di questo capitolo e anche nel capitolo 4 del volume B, dove ci ha consentito di determinare un'approssimazione di uno zero di una funzione continua appartenente a un dato intervallo $[a, b]$.
Il teorema degli zeri afferma che il grafico di una funzione continua su un intervallo $[a, b]$, che assume valori discordi agli estremi dell'intervallo, deve attraversare almeno una volta l'asse x.

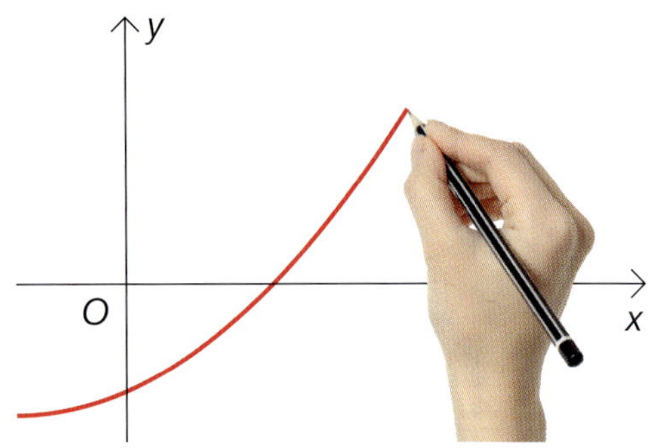

► Ricordando la nozione intuitiva di continuità, è immediato comprendere il significato del teorema degli zeri.

Algoritmo di bisezione

Presentiamo un algoritmo, detto di **bisezione**, per approssimare uno zero di una funzione f continua nell'intervallo $[a, b]$ tale che $f(a)f(b) < 0$.
L'algoritmo di bisezione si fonda sul teorema degli zeri e può essere descritto come segue.

Chiamiamo c il punto $\frac{a+b}{2}$.

Se $f(c) = 0$ allora c è lo zero cercato.
Altrimenti, dei due intervalli $[a, c]$ e $[c, b]$, consideriamo quello per cui la funzione assume valori discordi agli estremi, che certamente esiste.
Ripetiamo il procedimento: c diventa il nuovo estremo destro o sinistro dell'intervallo in cui cercare lo zero. Iterando il procedimento, dopo n passi avremo determinato un intervallo di ampiezza $\frac{b-a}{2^n}$ a cui appartiene lo zero cercato.

Quindi a ogni passo dimezziamo l'incertezza con cui conosciamo lo zero, anche se la determinazione dello zero non è garantita, in quanto il procedimento potrebbe continuare all'infinito.
La proprietà sopra enunciata, e cioè che a ogni passo viene dimezzata l'incertezza con cui si conosce lo zero, permette di assegnare una condizione di terminazione dell'algoritmo: fissata l'approssimazione ε con cui vogliamo determinare lo zero possiamo imporre che l'algoritmo si interrompa quando l'ampiezza dell'intervallo sia minore di ε.

Proponiamo una formulazione dell'algoritmo che si presta a essere tradotta in un linguaggio di programmazione. La notazione $c := (a + b)/2$ vuol dire che alla variabile c si assegna il valore $(a + b)/2$. In altri termini il segno := è un operatore di assegnazione.

1 leggi f, a, b, ε

2 $c := (a+b)/2$

se $f(a)\cdot f(c) < 0$ allora $b := c$

se $f(a)\cdot f(c) > 0$ allora $a := c$

se $f(a)\cdot f(c) = 0$ allora vai al passo **4**

3 se $|b-a| > \varepsilon$ allora vai al passo **2**

4 stampa c

L'algebra dei limiti

Procediamo nello studio dell'Analisi basandoci sull'idea intuitiva di limite. Enunciamo alcuni risultati utili per lo studio delle funzioni.

- Per calcolare il limite per x che tende a x_0 di una funzione f è necessario che x_0 sia un punto di accumulazione del dominio di f.
- Il limite di una funzione per x che tende a un punto di accumulazione del suo dominio, se esiste, è unico.

La condizione che x_0 sia un punto di accumulazione per il dominio di f non è sufficiente a garantire l'esistenza del limite per x che tende a x_0 di $f(x)$.

PER ESEMPIO

1 $\lim_{x\to 0}\frac{1}{x}$ non esiste, infatti se esistesse sarebbe unico, invece: $\lim_{x\to 0^-}\frac{1}{x} = -\infty$ e $\lim_{x\to 0^+}\frac{1}{x} = +\infty$.

2 $\lim_{x\to -\infty}\sin(x)$ non esiste, perché la funzione, per x che tende a $-\infty$, assume ogni valore compreso fra -1 e 1.

Studiamo ora diverse operazioni sui limiti e determiniamo, quando possibile, il loro risultato.

Limite della somma di due funzioni

Sia x_0 un punto di accumulazione per i domini di due funzioni f e g.
Se $\lim_{x\to x_0} f(x) = l$ e $\lim_{x\to x_0} g(x) = m$ con l e m numeri reali, allora:

$$\lim_{x\to x_0}\left(f(x)+g(x)\right) = l + m.$$

Per esempio

$\lim_{x\to 0}\left(\cos(x) + 2^x\right) = \lim_{x\to 0}\cos(x) + \lim_{x\to 0} 2^x =$
$= 1 + 1 = 2$

La regola è valida anche se al posto di x_0 consideriamo $+\infty$ oppure $-\infty$, a patto che siano punti di accumulazione per i domini di f e di g.

PER ESEMPIO

$$\lim_{x\to +\infty}\left(\frac{3}{x} + \arctan(x)\right) = \lim_{x\to +\infty}\frac{3}{x} + \lim_{x\to +\infty}\arctan(x) = 0 + \frac{\pi}{2} = \frac{\pi}{2}$$

Che cosa succede, invece, se il limite di f o il limite di g sono infiniti?
Se uno solo dei due limiti è $+\infty$ oppure $-\infty$, è naturale immaginare che la somma sia $+\infty$ oppure $-\infty$. Stiamo quindi definendo, per quanto riguarda il calcolo dei limiti, la regola che, qualunque sia il numero reale l:

- $l+\infty=+\infty$;
- $l-\infty=-\infty$.

OSSERVA

La scrittura $l+\infty=+\infty$ è un'abbreviazione della scrittura:

$$\left(\lim_{x\to x_0} f(x)=l \wedge \lim_{x\to x_0} g(x)=+\infty\right) \Rightarrow \lim_{x\to x_0}\left(f(x)+g(x)\right)=+\infty.$$

Analogamente la scrittura $l-\infty=-\infty$ è un'abbreviazione di:

$$\left(\lim_{x\to x_0} f(x)=l \wedge \lim_{x\to x_0} g(x)=-\infty\right) \Rightarrow \lim_{x\to x_0}\left(f(x)+g(x)\right)=-\infty.$$

Useremo abbreviazioni di questo tipo solo quando non vi siano ambiguità.

Vediamo ora che cosa succede quando entrambi i limiti sono infiniti.

Siano f e g definite in un intorno eventualmente bucato di x_0.
Se $\lim_{x\to x_0} f(x)=+\infty$ e $\lim_{x\to x_0} g(x)=+\infty$, allora:

$$\lim_{x\to x_0}\left(f(x)+g(x)\right)=+\infty.$$

Per esempio

$$\lim_{x\to 0^+}\left(-\ln(x)+\frac{1}{x}\right)=$$
$$=\lim_{x\to 0^+}\left(-\ln(x)\right)+\lim_{x\to 0^+}\frac{1}{x}=+\infty+\infty=+\infty$$

Nel precedente esempio abbiamo utilizzato una regola di algebra dei limiti che assumiamo valida in generale: $+\infty+\infty=+\infty$. Analogamente poniamo $-\infty-\infty=-\infty$.

Finora le regole di calcolo per la somma di limiti sono del tutto naturali e non sembrano comportare difficoltà.

Che cosa dire di $+\infty-\infty$?
Se il simbolo ∞ rappresentasse un numero reale, allora sarebbe naturale associare alla somma $+\infty-\infty$ il valore 0. In generale però questo *non è vero*.
Consideriamo le tre seguenti distinte situazioni.

1. $\lim_{x\to+\infty}(x^2-x)$
Si tratta del limite per x che tende a $+\infty$ di una funzione quadratica convessa. Sappiamo che questo limite è $+\infty$.
Osserviamo che $\lim_{x\to+\infty} x^2=+\infty$ e $\lim_{x\to+\infty}(-x)=-\infty$, quindi, in questo caso:
$$+\infty-\infty=+\infty.$$

2. $\lim_{x\to+\infty}(x-x+k)$, con k numero reale.
Poiché $x-x+k=k$, abbiamo che $\lim_{x\to+\infty}(x-x+k)=k$.
Osserviamo che $\lim_{x\to+\infty} x=+\infty$ e $\lim_{x\to+\infty}(-x+k)=-\infty$, quindi in questo caso:
$$+\infty-\infty=k.$$

3. $\lim_{x\to+\infty}(-x^2+x)$
Si tratta del limite per x che tende a $+\infty$ di una funzione quadratica concava. Sappiamo che questo limite è $-\infty$. Osserviamo che $\lim_{x\to+\infty}(-x^2)=-\infty$ e $\lim_{x\to+\infty} x=+\infty$, quindi, in questo caso:
$$-\infty+\infty=-\infty.$$

L'esame dei tre casi precedenti fa capire che *la forma* $+\infty - \infty$ *può dar luogo a un qualunque risultato*, a seconda del comportamento delle funzioni considerate nell'intorno di x_0. In particolare il risultato dipende dalla rapidità con cui le due funzioni f e g tendono all'infinito al tendere di x a x_0. Si parla in questo caso di **forma indeterminata** o di **forma di indecisione**. Le tecniche per risolvere forme indeterminate sono molteplici e talvolta richiedono calcoli complessi, come nell'esempio seguente.

PER ESEMPIO

Vogliamo calcolare $\lim_{x \to +\infty}\left(\sqrt{(x+a)(x+b)} - x\right)$.

Si tratta di una forma indeterminata del tipo $+\infty - \infty$.

Per risolverla moltiplichiamo l'espressione $\sqrt{(x+a)(x+b)} - x$ per

$$\frac{\sqrt{(x+a)(x+b)} + x}{\sqrt{(x+a)(x+b)} + x}$$

cioè per 1:

$$\lim_{x \to +\infty}\left(\sqrt{(x+a)(x+b)} - x\right) =$$

$$= \lim_{x \to +\infty} \frac{\left(\sqrt{(x+a)(x+b)} - x\right)\left(\sqrt{(x+a)(x+b)} + x\right)}{\sqrt{(x+a)(x+b)} + x} =$$

$$= \lim_{x \to +\infty} \frac{(x+a)(x+b) - x^2}{\sqrt{(x+a)(x+b)} + x} =$$

$$= \lim_{x \to +\infty} \frac{(a+b)x + ab}{\sqrt{(x+a)(x+b)} + x} =$$

$$= \lim_{x \to +\infty} \frac{a + b + \frac{ab}{x}}{\sqrt{\left(1+\frac{a}{x}\right)\left(1+\frac{b}{x}\right)} + 1} = \frac{a+b}{2}.$$

Una funzione polinomiale si comporta, per x che tende a $-\infty$ o per x che tende a $+\infty$ come il suo termine di grado massimo. In generale vale il seguente principio.

Principio della somma di infiniti

Il limite per x che tende a x_0 o a $-\infty$ o a $+\infty$ di una somma algebrica di funzioni che tendono a $-\infty$ o a $+\infty$ è uguale al limite della funzione che ha ordine di infinito maggiore.

Per applicare correttamente tale principio sarebbe necessario precisare che cosa si intende per **ordine di infinito** di f in x_0 o in $-\infty$ o in $+\infty$. Ci limitiamo a precisarlo per le funzioni polinomiali; per le funzioni razionali fratte e per le radici di funzioni razionali proponiamo qui di seguito tre esempi.

Ricordiamo che la condizione necessaria per poter parlare di ordine di infinito di una funzione in x_0 o in $-\infty$ o in $+\infty$ è che si abbia, rispettivamente:

$$\lim_{x \to x_0} f(x) = \pm\infty, \qquad \lim_{x \to -\infty} f(x) = \pm\infty, \qquad \lim_{x \to +\infty} f(x) = \pm\infty$$

dove la scrittura $\lim_{x \to x_0} f(x) = \pm\infty$ è una abbreviazione della scrittura

$$\lim_{x \to x_0} f(x) = +\infty \text{ o } \lim_{x \to x_0} f(x) = -\infty.$$

Se f è una funzione polinomiale, il suo ordine di infinito per x che tende a $-\infty$ o $+\infty$ corrisponde al grado massimo con cui compare la variabile x.

PER ESEMPIO

1 La funzione $f(x) = x^2 - x^4 + 5x$ ha ordine di infinito 4, sia per x che tende a $-\infty$, sia per x che tende a $+\infty$. Infatti:

$$\lim_{x \to \pm\infty} f(x) = \lim_{x \to \pm\infty} (-x^4) = -\infty.$$

2 La funzione $f(x) = \dfrac{2x^3 - x + 1}{x + 5}$ ha ordine di infinito 2 sia per x che tende a $-\infty$, sia per x che tende a $+\infty$. Infatti:

$$\lim_{x \to \pm\infty} \frac{2x^3 - x + 1}{x + 5} = \lim_{x \to \pm\infty} \frac{2x^3}{x} = \lim_{x \to \pm\infty} (2x^2) = +\infty.$$

3 La funzione $f(x) = \sqrt{x^3 - 2x^2 + x}$ ha ordine di infinito $\dfrac{3}{2}$ per x che tende a $+\infty$. Infatti:

$$\lim_{x \to +\infty} \sqrt{x^3 - 2x^2 + x} = \lim_{x \to +\infty} \sqrt{x^3} = \lim_{x \to +\infty} x^{\frac{3}{2}} = +\infty.$$

4 La funzione $f(x) = \dfrac{x^3}{x^2 - 1} - \dfrac{1}{x - 1}$ ha ordine di infinito 1 sia per x che tende a $-\infty$, sia per x che tende a $+\infty$. Infatti:

$$\lim_{x \to \pm\infty} \left(\frac{x^3}{x^2 - 1} - \frac{1}{x - 1} \right) = \lim_{x \to \pm\infty} \frac{x^3 - x - 1}{x^2 - 1} = \lim_{x \to \pm\infty} \frac{x^3}{x^2} = \lim_{x \to \pm\infty} x = \pm\infty.$$

Riassumiamo le regole di calcolo per il limite della somma di due funzioni nella seguente tabella.

Algebra dei limiti per la somma di due funzioni

f \ g	$-\infty$	m	$+\infty$
$-\infty$	$-\infty$	$-\infty$	Forma indeterminata
l	$-\infty$	$l + m$	$+\infty$
$+\infty$	Forma indeterminata	$+\infty$	$+\infty$

Nella prima colonna e nella prima riga compaiono, rispettivamente, i possibili risultati di $\lim_{x \to x_0} f(x)$ e di $\lim_{x \to x_0} g(x)$; nelle celle interne compaiono i possibili risultati di $\lim_{x \to x_0} \big(f(x) + g(x) \big)$. x_0 può rappresentare un numero reale, ma anche $-\infty$ oppure $+\infty$, mentre l e m rappresentano due numeri reali.

Limite del prodotto di due funzioni

Sia x_0 un punto di accumulazione per i domini di due funzioni f e g.
Se $\lim_{x \to x_0} f(x) = l$ e $\lim_{x \to x_0} g(x) = m$ con l e m numeri reali, allora:

$$\lim_{x \to x_0} \big(f(x) \cdot g(x) \big) = l \cdot m.$$

PER ESEMPIO

1 $\lim_{x \to 2} \big((x - 4) e^x \big)$

Poiché $\lim_{x \to 2} (x - 4) = -2$ e $\lim_{x \to 2} e^x = e^2$ allora $\lim_{x \to 2} \big((x - 4) e^x \big) = -2e^2$.

2 $\lim_{x \to -\infty} \left(\dfrac{1}{x} \cdot e^x \right)$

Poiché $\lim_{x \to -\infty} \dfrac{1}{x} = 0$ e $\lim_{x \to -\infty} e^x = 0$ allora $\lim_{x \to -\infty} \left(\dfrac{1}{x} \cdot e^x \right) = 0 \cdot 0 = 0$.

Analogamente a quanto visto per il limite della somma di due funzioni, anche per il prodotto possiamo estendere la regola ai limiti infiniti. Vediamo come con alcuni esempi.

PER ESEMPIO

1 $\lim_{x \to +\infty} (2x \ln(x))$

Poiché $\lim_{x \to +\infty} (2x) = +\infty$ e $\lim_{x \to +\infty} \ln(x) = +\infty$ allora $\lim_{x \to +\infty} (2x \ln(x)) = +\infty$.

2 $\lim_{x \to -\infty} (3x \ln(-x))$

Poiché $\lim_{x \to -\infty} (3x) = -\infty$ e $\lim_{x \to -\infty} \ln(-x) = +\infty$ allora $\lim_{x \to -\infty} (3x \ln(-x)) = -\infty$.

3 $\lim_{x \to +\infty} (-2x \arctan(x))$

Poiché $\lim_{x \to +\infty} (-2x) = -\infty$ e $\lim_{x \to +\infty} \arctan(x) = \frac{\pi}{2}$ allora $\lim_{x \to +\infty} (-2x \arctan(x)) = -\infty$.

4 $\lim_{x \to -\infty} (-2x \arctan(x))$

Poiché $\lim_{x \to -\infty} (-2x) = +\infty$ e $\lim_{x \to -\infty} \arctan(x) = -\frac{\pi}{2}$ allora $\lim_{x \to -\infty} (-2x \arctan(x)) = -\infty$.

Anche nel caso del limite del prodotto di due funzioni, compaiono forme indeterminate.

Che cosa dire di $+\infty \cdot 0$?
Il prodotto fra una funzione f che tende a infinito e una funzione g che tende a 0 è una forma indeterminata. Giustifichiamo questo fatto considerando le tre situazioni seguenti.

1 $\lim_{x \to +\infty} \left(x^2 \cdot \frac{1}{x} \right)$

Se eseguiamo prima il prodotto $x^2 \cdot \frac{1}{x}$ otteniamo x:

$$\lim_{x \to +\infty} \left(x^2 \cdot \frac{1}{x} \right) = \lim_{x \to +\infty} x = +\infty.$$

Osserviamo che $\lim_{x \to +\infty} x^2 = +\infty$ e $\lim_{x \to +\infty} \frac{1}{x} = 0$, quindi, in questo caso:

$$+\infty \cdot 0 = +\infty.$$

2 $\lim_{x \to +\infty} \left(x \cdot \frac{k}{x} \right)$, con k numero reale.

Abbiamo:

$$\lim_{x \to +\infty} \left(x \cdot \frac{k}{x} \right) = \lim_{x \to +\infty} \frac{kx}{x} = k.$$

Osserviamo che $\lim_{x \to +\infty} x = +\infty$ e $\lim_{x \to +\infty} \frac{k}{x} = 0$, quindi in questo caso:

$$+\infty \cdot 0 = k.$$

3 $\lim_{x \to 0^-} \left(x \cdot \frac{1}{x^2} \right)$

Abbiamo:

$$\lim_{x \to 0^-} \frac{1}{x} = -\infty.$$

Osserviamo che $\lim_{x \to 0^-} x = 0$ e $\lim_{x \to 0^-} \frac{1}{x^2} = +\infty$, quindi, in questo caso:

$$0 \cdot (+\infty) = -\infty.$$

L'esame dei tre casi precedenti fa capire che il risultato di $\infty \cdot 0$ dipende dal comportamento delle funzioni considerate nell'intorno di x_0.

Riassumiamo le regole di calcolo per il limite del prodotto di due funzioni nella seguente tabella.

Algebra dei limiti per il prodotto di due funzioni

f \ g	$-\infty$	$m<0$	0	$m>0$	$+\infty$
$-\infty$	$+\infty$	$+\infty$	Forma indeterminata	$-\infty$	$-\infty$
$l<0$	$+\infty$	$l \cdot m$	0	$l \cdot m$	$-\infty$
0	Forma indeterminata	0	0	0	Forma indeterminata
$l>0$	$-\infty$	$l \cdot m$	0	$l \cdot m$	$+\infty$
$+\infty$	$-\infty$	$-\infty$	Forma indeterminata	$+\infty$	$+\infty$

Nella prima colonna e nella prima riga compaiono, rispettivamente, i possibili risultati di $\lim_{x \to x_0} f(x)$ e di $\lim_{x \to x_0} g(x)$; nelle celle interne compaiono i possibili risultati di $\lim_{x \to x_0} \left(f(x) \cdot g(x) \right)$. x_0 può rappresentare un numero reale, ma anche $-\infty$ oppure $+\infty$, mentre l e m rappresentano due numeri reali.

Limite del quoziente di due funzioni

Diamo una tabella analoga alle precedenti per il quoziente di due funzioni. La tabella è giustificata da quanto già sappiamo sull'algebra dei limiti e dal fatto che $\frac{f(x)}{g(x)} = f(x) \cdot \frac{1}{g(x)}$.

Algebra dei limiti per il quoziente $\frac{f}{g}$ di due funzioni

f \ g	$-\infty$	$m<0$	0^-	0^+	$m>0$	$+\infty$
$-\infty$	Forma indeterminata	$+\infty$	$+\infty$	$-\infty$	$-\infty$	Forma indeterminata
$l<0$	0	$\frac{l}{m}$	$+\infty$	$-\infty$	$\frac{l}{m}$	0
0	0	0	Forma indeterminata	Forma indeterminata	0	0
$l>0$	0	$\frac{l}{m}$	$-\infty$	$+\infty$	$\frac{l}{m}$	0
$+\infty$	Forma indeterminata	$-\infty$	$-\infty$	$+\infty$	$+\infty$	Forma indeterminata

Nella prima colonna e nella prima riga compaiono, rispettivamente, i possibili risultati di $\lim_{x \to x_0} f(x)$ e di $\lim_{x \to x_0} g(x)$; nelle celle interne compaiono i possibili risultati di $\lim_{x \to x_0} \left(\frac{f(x)}{g(x)} \right)$; x_0 può rappresentare un numero reale, ma anche $-\infty$ oppure $+\infty$, mentre l e m rappresentano due numeri reali.

Limite di $f(x)^{g(x)}$

Diamo ora la seguente tabella per i limiti di $f(x)^{g(x)}$ dove supponiamo che l sia un numero reale positivo, mentre m è un numero reale qualunque.

OSSERVA

Se usiamo le proprietà dei logaritmi e il fatto che la funzione $y = e^x$ è la funzione inversa della funzione $y = \ln(x)$, possiamo scrivere l'espressione $f(x)^{g(x)}$ come $e^{g(x) \cdot \ln(f(x))}$.

Algebra dei limiti per $f(x)^{g(x)}$

f \ g	$-\infty$	$m < 0$	0	$m > 0$	$+\infty$
0^+	$+\infty$	$+\infty$	Forma indeterminata	0	0
$0 < l < 1$	$+\infty$	l^m	1	l^m	0
$l = 1$	Forma indeterminata	1	1	1	Forma indeterminata
$l > 1$	0	l^m	1	l^m	$+\infty$
$+\infty$	0	0	Forma indeterminata	$+\infty$	$+\infty$

Nella prima colonna e nella prima riga compaiono, rispettivamente, i possibili risultati di $\lim_{x \to x_0} f(x)$ e di $\lim_{x \to x_0} g(x)$; nelle celle interne compaiono i possibili risultati di $\lim_{x \to x_0} \left(f(x)^{g(x)} \right)$. x_0 è un punto di accumulazione per i domini delle due funzioni f e g e può rappresentare un numero reale, ma anche $-\infty$ oppure $+\infty$. f non può tendere a un numero negativo.

Esempi di calcolo dei limiti con forme indeterminate

Proponiamo esempi di calcolo di limiti che presentano forme indeterminate e che possono essere risolti con trasformazioni algebriche.

PER ESEMPIO

Calcoliamo limiti usando la scomposizione in fattori

1 $\lim_{x \to 1} \left(\frac{x^3 - 2x + 1}{x^2 - 1} \right)$

Si tratta di una forma indeterminata del tipo $\frac{0}{0}$, infatti sia il numeratore, sia il denominatore tendono a 0 per x che tende a 1.
Osserviamo che:

$$x^3 - 2x + 1 = (x - 1)(x^2 + x - 1) \text{ e } x^2 - 1 = (x - 1)(x + 1).$$

Quindi:

$$\lim_{x \to 1} \frac{x^3 - 2x + 1}{x^2 - 1} = \lim_{x \to 1} \frac{(x - 1)(x^2 + x - 1)}{(x - 1)(x + 1)} = \lim_{x \to 1} \frac{x^2 + x - 1}{x + 1} = \frac{1}{2}.$$

Abbiamo risolto l'indeterminazione scomponendo in fattori e semplificando numeratore e denominatore della frazione per $(x - 1)$, che è il fattore responsabile dell'indeterminazione.

2 $\lim_{x \to 2^+} \left(\sqrt{x^2 - 4} \cdot \frac{1}{x^2 - 4x + 4} \right)$

Si tratta di una forma indeterminata del tipo $0 \cdot \infty$, infatti il primo fattore tende a 0 per x che tende a 2^+, mentre il secondo fattore tende a $+\infty$.
Osserviamo che:

$$x^2 - 4 = (x - 2)(x + 2) \text{ e } x^2 - 4x + 4 = (x - 2)^2.$$

Quindi:

$$\lim_{x\to 2^+}\left(\sqrt{x^2-4}\cdot\frac{1}{x^2-4x+4}\right)=\lim_{x\to 2^+}\frac{\sqrt{x^2-4}}{x^2-4x+4}=$$

$$=\lim_{x\to 2^+}\frac{\sqrt{(x-2)(x+2)}}{(x-2)^2}=\lim_{x\to 2^+}\frac{\sqrt{x+2}}{(x-2)\sqrt{x-2}}=+\infty.$$

Abbiamo risolto l'indeterminazione scomponendo in fattori e semplificando per $\sqrt{x-2}$, che è il fattore responsabile dell'indeterminazione.

3 $\lim_{x\to 0^+}\left(\frac{x-1}{x}+\frac{x+2}{2x}\right)$

Per x che tende a 0 da destra, $\frac{x-1}{x}$ tende a $-\infty$, mentre $\frac{x+2}{x}$ tende a $+\infty$. Si tratta di una forma indeterminata del tipo $+\infty-\infty$.

Eseguiamo l'addizione tra le due frazioni:

$$\lim_{x\to 0^+}\left(\frac{2x-2+x+2}{2x}\right)=\lim_{x\to 0^+}\left(\frac{3x}{2x}\right)=\frac{3}{2}.$$

Osserva che il calcolo della somma tra le due frazioni ha portato a una forma indeterminata del tipo $\frac{0}{0}$ che è stata risolta semplificando per x, che è il fattore responsabile dell'indeterminazione.

Dimostriamo che un limite non esiste

4 $\lim_{x\to 3}\left(\frac{1}{x^2-9}+\frac{1}{3-x}\right)$

Osserviamo innanzitutto che per x che tende a 3 da sinistra, $\frac{1}{x^2-9}$ tende a $-\infty$, mentre $\frac{1}{3-x}$ tende a $+\infty$. Invece se x tende a 3 da destra, $\frac{1}{x^2-9}$ tende a $+\infty$, mentre $\frac{1}{3-x}$ tende a $-\infty$. In entrambi i casi si tratta di una forma indeterminata del tipo $+\infty-\infty$. Eseguiamo l'addizione tra le due frazioni:

$$\lim_{x\to 3}\left(\frac{1}{x^2-9}+\frac{1}{3-x}\right)=\lim_{x\to 3}\frac{1-3-x}{x^2-9}=\lim_{x\to 3}\frac{-2-x}{x^2-9}.$$

Quindi

$$\lim_{x\to 3^-}\frac{-2-x}{x^2-9}=+\infty$$

$$\lim_{x\to 3^+}\frac{-2-x}{x^2-9}=-\infty.$$

Dobbiamo quindi concludere che il $\lim_{x\to 3}\left(\frac{1}{x^2-9}+\frac{1}{3-x}\right)$ non esiste, perché i due limiti, a sinistra e a destra di 3, sono diversi fra loro.

Calcoliamo un limite usando le formule goniometriche

5 $\lim_{x\to 0}\frac{1-\cos^2(x)}{\sin(x)}$

Si tratta di una forma indeterminata del tipo $\frac{0}{0}$, infatti sia il numeratore sia il denominatore tendono a 0 per x che tende a 0. Poiché $\sin^2(x)+\cos^2(x)=1$, abbiamo che $1-\cos^2(x)=\sin^2(x)$, quindi:

$$\lim_{x\to 0}\frac{1-\cos^2(x)}{\sin(x)}=\lim_{x\to 0}\frac{\sin^2(x)}{\sin(x)}=\lim_{x\to 0}\sin(x)=0.$$

Concludiamo questo paragrafo enunciando, senza dimostrarli, due teoremi sui limiti.

Teorema del limite della funzione composta

Siano:

- x_0, un punto di accumulazione per il dominio di una funzione g;
- $\lim_{x \to x_0} g(x) = l \in \mathbb{R}$;
- f una funzione definita in un intorno di l e continua in l, cioè $\lim_{x \to l} f(x) = f(l)$.

Allora $\lim_{x \to x_0} f(g(x)) = f(l)$.

PER ESEMPIO

Vogliamo calcolare $\lim_{x \to 0} e^{\cos(x)}$.

Consideriamo $g(x) = \cos(x)$: g è definita in un intorno di 0 e risulta $\lim_{x \to 0} \cos(x) = 1$.

Consideriamo $f(x) = e^x$: f è continua in 1 e risulta $\lim_{x \to 1} e^x = e$.

Possiamo allora concludere che:

$$\lim_{x \to 0} e^{\cos(x)} = \lim_{x \to 0} e^1 = e.$$

Teorema del confronto

Siano f, g e h tre funzioni tali che per ogni x appartenente a un intorno eventualmente bucato di x_0 abbiamo $h(x) \leq f(x) \leq g(x)$.

Se $\lim_{x \to x_0} h(x) = l$ e $\lim_{x \to x_0} g(x) = l$ allora $\lim_{x \to x_0} f(x) = l$.

Vediamo qualche esempio di applicazione del teorema del confronto per il calcolo di limiti. In particolare dimostriamo un limite notevole e usiamo questo limite per calcolare altri limiti che danno luogo a forme indeterminate.

PER ESEMPIO

1 Applichiamo il teorema del confronto per dimostrare che $\lim_{x \to 0} \frac{\sin(x)}{x} = 1$.

Osserviamo che:

- si tratta di una forma indeterminata del tipo $\frac{0}{0}$;
- $\lim_{x \to 0^-} \frac{\sin(x)}{x} = \lim_{x \to 0^+} \frac{\sin(x)}{x}$ perché $f(x) = \frac{\sin(x)}{x}$ è una funzione pari.

Possiamo quindi limitarci a dimostrare che $\lim_{x \to 0^+} \frac{\sin(x)}{x} = 1$.

Consideriamo sulla circonferenza goniometrica un punto $P(\cos(x), \sin(x))$ con $0 < x < \frac{\pi}{2}$.

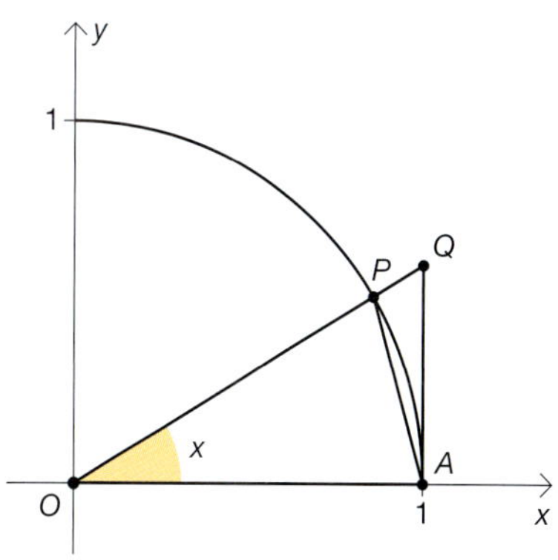

Poiché $OP = 1$, per ogni numero reale x tale che $0 < x < \frac{\pi}{2}$ abbiamo:

- area del triangolo $OAP = \frac{1}{2}\sin(x)$;
- area del settore circolare $OAP = \frac{1}{2}x$;
- area del triangolo $OAQ = \frac{1}{2}\tan(x) = \frac{1}{2}\,\frac{\sin(x)}{\cos(x)}$;
- area del triangolo $OAP <$ area del settore circolare $OAP <$ area del triangolo OAQ.

Possiamo quindi scrivere le seguenti disuguaglianze:

$$\sin(x) < x < \frac{\sin(x)}{\cos(x)}.$$

Se dividiamo per $\sin(x)$ con $0 < x < \frac{\pi}{2}$ abbiamo

$$1 < \frac{x}{\sin(x)} < \frac{1}{\cos(x)}$$

o, in termini equivalenti, passando ai reciproci:

$$\cos(x) < \frac{\sin(x)}{x} < 1.$$

Passiamo ora al limite per x che tende a 0^+:

$$\lim_{x\to 0^+} \cos(x) < \lim_{x\to 0^+} \frac{\sin(x)}{x} < \lim_{x\to 0^+} 1.$$

Poiché $\lim_{x\to 0^+} \cos(x) = 1$ e $\lim_{x\to 0^+} 1 = 1$, per il teorema del confronto possiamo concludere che $\lim_{x\to 0^+} \frac{\sin(x)}{x} = 1$ e quindi, poiché la funzione è pari, concludiamo che:

$$\lim_{x\to 0} \frac{\sin(x)}{x} = 1.$$

2 Applichiamo il teorema del confronto per dimostrare che $\lim_{x\to+\infty} \frac{\sin(x)}{x} = 0$.

$\lim_{x\to+\infty} \sin(x)$ non esiste; quindi non possiamo applicare i teoremi sul limite del quoziente di due funzioni.

Sappiamo che $-1 \le \sin(x) \le 1$. Possiamo quindi scrivere, per ogni $x > 0$:

$$-\frac{1}{x} \le \frac{\sin(x)}{x} \le \frac{1}{x}.$$

Passiamo al limite per x tendente a $+\infty$:

$$\lim_{x\to+\infty}\left(-\frac{1}{x}\right) \le \lim_{x\to+\infty} \frac{\sin(x)}{x} \le \lim_{x\to+\infty} \frac{1}{x}.$$

Poiché $\lim_{x\to+\infty}\left(-\frac{1}{x}\right) = 0$ e $\lim_{x\to+\infty} \frac{1}{x} = 0$, per il teorema del confronto possiamo concludere che $\lim_{x\to+\infty} \frac{\sin(x)}{x} = 0$.

Usiamo le nostre conoscenze di goniometria e il limite notevole dimostrato in **1** per calcolare i seguenti limiti.

PER ESEMPIO

1 $\lim_{x\to 0} \frac{\cos^2(x) - 1}{2x^2} = \lim_{x\to 0} \frac{-\sin^2(x)}{2x^2} = -\frac{1}{2}\left(\lim_{x\to 0} \frac{\sin(x)}{x} \cdot \lim_{x\to 0} \frac{\sin(x)}{x}\right) = -\frac{1}{2}$

2 $\lim_{x\to 0} \frac{\sin(2x)}{x} = \lim_{x\to 0} \frac{2\sin(x)\cos(x)}{x} = \lim_{x\to 0}(2\cos(x)) \cdot \lim_{x\to 0} \frac{\sin(x)}{x} = 2 \cdot 1 = 2$

Concludiamo con un esempio più articolato.

PER ESEMPIO

$$\lim_{x\to+\infty}\left(\sqrt{2x+1} - \sqrt{3x-5}\right)$$

Si tratta di una forma indeterminata del tipo $+\infty - \infty$.

Per risolverla moltiplichiamo l'espressione $\sqrt{2x+1} - \sqrt{3x-5}$ per l'espressione $\frac{\sqrt{2x+1} + \sqrt{3x-5}}{\sqrt{2x+1} + \sqrt{3x-5}}$, cioè per 1:

$$\lim_{x\to+\infty}(\sqrt{2x+1} - \sqrt{3x-5}) =$$

$$= \lim_{x\to+\infty}\left((\sqrt{2x+1}-\sqrt{3x-5})\cdot\frac{\sqrt{2x+1}+\sqrt{3x-5}}{\sqrt{2x+1}+\sqrt{3x-5}}\right)=$$

$$= \lim_{x\to+\infty}\frac{(\sqrt{2x+1})^2-(\sqrt{3x-5})^2}{\sqrt{2x+1}+\sqrt{3x-5}} = \lim_{x\to+\infty}\frac{2x+1-3x+5}{\sqrt{2x+1}+\sqrt{3x-5}} =$$

$$= \lim_{x\to+\infty}\frac{-x+6}{\sqrt{2x+1}+\sqrt{3x-5}}.$$

Per x che tende a $+\infty$, abbiamo:

$$\frac{-x+6}{2\sqrt{2x}} \leq \frac{-x+6}{\sqrt{2x+1}+\sqrt{3x-5}} \leq \frac{-x+6}{2\sqrt{3x}}.$$

Poiché

$$\lim_{x\to+\infty}\frac{-x+6}{2\sqrt{2x}} = \lim_{x\to+\infty}\frac{-x}{2\sqrt{2x}} = \frac{1}{2\sqrt{2}}\lim_{x\to+\infty}(-\sqrt{x}) = -\infty$$

e

$$\lim_{x\to+\infty}\frac{-x+6}{2\sqrt{3x}} = \lim_{x\to+\infty}\frac{-x}{2\sqrt{3x}} = -\frac{1}{2\sqrt{3}}\lim_{x\to+\infty}\sqrt{x} = -\infty,$$

possiamo concludere, per il teorema del confronto, che:

$$\lim_{x\to+\infty}\left(\frac{-x+6}{\sqrt{2x+1}+\sqrt{3x-5}}\right) = -\infty.$$

ESERCIZI

Determina l'insieme di continuità delle seguenti funzioni nel loro dominio. Dove il dominio non è specificato si intende nel loro dominio naturale.

1 $f(x) = |x|$

2 $f(x) = \arcsin(x)$

3 $f(x) = \ln(x-1) + \ln(x+1)$ $[]1, +\infty[]$

4 $f(x) = \sin|x+1|$

5 $f(x) = \ln\left(\frac{x-1}{x+1}\right)$ $[]-\infty, -1[\cup]1, +\infty[]$

6 $f(x) = \sqrt{x+3} \cdot \sqrt{x-1}$ $[[1, +\infty[]$

7 $f(x) = \sqrt{(x+3)(x-1)}$ $[]-\infty, -3] \cup [1, +\infty[]$

8 $f(x) = \sqrt{2x^2 - x - 1}\sqrt{x+1}$ $\left[\left[-1, -\frac{1}{2}\right] \cup [1, +\infty[\right]$

9 $f(x) = \sqrt{(2x^2 - x - 1)(x+1)}$ $\left[\left[-1, -\frac{1}{2}\right] \cup [1, +\infty[\right]$

10 $f(x) = \begin{cases} x-1 & \text{se } x \geq 0 \\ -\cos(x) & \text{se } x < 0 \end{cases}$ $[]-\infty, +\infty[]$

11 $f(x) = \begin{cases} x^2+1 & \text{se } x \geq 1 \\ \sin(x) & \text{se } x < 1 \end{cases}$ $[]-\infty, 1[\cup]1, +\infty[]$

12 $f(x) = \begin{cases} e^x & \text{se } x \geq 0 \\ \tan(x) & \text{se } -\frac{\pi}{4} < x < 0 \\ -1 & \text{se } x \leq -\frac{\pi}{4} \end{cases}$ $[]-\infty, 0[\cup]0, +\infty[]$

13 $f(x) = \begin{cases} |x| & \text{se } -2 \leq x \leq 2 \\ x^2-2 & \text{se } 2 < x < 3 \\ x+2 & \text{se } 3 \leq x < 8 \end{cases}$ $[[-2, 3[\cup]3, 8[]$

Determina se ciascuna delle seguenti funzioni è continua sull'insieme $\mathbb{R}$ dei numeri reali. Precisa poi gli eventuali punti di discontinuità, il tipo di discontinuità e se esistono punti in cui la funzione può essere prolungabile per continuità.

14 $f(x) = \frac{x^3-1}{x-1}$ [La funzione non esiste in $x = 1$ quindi non è continua su $\mathbb{R}$; in $x = 1$ la funzione può essere prolungata per continuità]

15 $f(x) = \frac{x^2-5x+6}{x-2}$ [La funzione non esiste in $x = 2$ quindi non è continua su $\mathbb{R}$; in $x = 2$ la funzione può essere prolungata per continuità]

16 $f(x) = \begin{cases} x^2 - 1 & \text{se } x \leq 0 \\ \sin(x) & \text{se } x > 0 \end{cases}$ [f non è continua in $x = 0$, dove presenta un salto finito]

17 $f(x) = \begin{cases} 2x - 1 & \text{se } x < 0 \\ 1 & \text{se } x > 0 \end{cases}$ [f è continua sul suo dominio, cioè su $]-\infty, 0[\cup]0, +\infty[$]

18 $f(x) = \begin{cases} \dfrac{1}{x-1} & \text{se } x < 1 \\ x^2 - 1 & \text{se } x \geq 1 \end{cases}$ [f non è continua in $x = 1$, dove presenta un salto non finito]

19 $f(x) = \begin{cases} \dfrac{1}{x} & \text{se } x < 0 \\ 2 & \text{se } x = 0 \\ \ln(x) & \text{se } x > 0 \end{cases}$ [f non è continua in $x = 0$, dove presenta un salto non finito]

Determina, se esistono, i valori dei parametri *a* e *b* per cui la funzione è continua sull'insieme dei numeri reali. Se questi valori non esistono, precisa la caratteristica del punto di discontinuità. (Esercizi da 20 a 26)

20 $f(x) = \begin{cases} x^2 - 2x + a & \text{se } x < 0 \\ ae^x & \text{se } x \geq 0 \end{cases}$ [Per ogni numero reale a]

21 $f(x) = \begin{cases} 2x - 3a + 1 & \text{se } x < 1 \\ x^2 - 1 & \text{se } x \geq 1 \end{cases}$ [$a = 1$]

22 $f(x) = \begin{cases} \dfrac{a}{x-2} & \text{se } x < 2 \\ 2x + b & \text{se } x \geq 2 \end{cases}$ $\left[\begin{cases} a = 0 \\ b = -4 \end{cases}\right]$

23 $f(x) = \begin{cases} \dfrac{1}{x-3} + a & \text{se } x < 3 \\ x^2 - 1 & \text{se } x \geq 3 \end{cases}$ [Per nessun numero reale a; in $x = 3$ la funzione ha un salto non finito]

24 $f(x) = \begin{cases} a\cos(x) - 1 & \text{se } x < 0 \\ e^x - x^2 + 1 & \text{se } x \geq 0 \end{cases}$ [$a = 3$]

25 $f(x) = \begin{cases} ax - b & \text{se } x < \dfrac{1}{2} \\ a + 1 & \text{se } x = \dfrac{1}{2} \\ 2x^2 + bx & \text{se } x > \dfrac{1}{2} \end{cases}$ $\left[\begin{cases} a = -\dfrac{4}{5} \\ b = -\dfrac{3}{5} \end{cases}\right]$

26 $f(x) = \begin{cases} a\cos(x-1) + b\sin(x-1) & \text{se } x < 1 \\ b + 2 & \text{se } x = 1 \\ \ln(x) & \text{se } x > 1 \end{cases}$ $\left[\begin{cases} a = 0 \\ b = -2 \end{cases}\right]$

27 È vero che se una funzione f definita su un intervallo $I = [a, b]$ non è continua su I, allora f non ha né massimo né minimo su I? Giustifica la risposta. [No, perché...]

28 È vero che se una funzione f definita su un intervallo $I =]a, b[$ non è continua su I, allora f non ha né massimo né minimo su I? Giustifica la risposta. [No, perché...]

Usando i teoremi sulle funzioni continue, stabilisci per quale motivo le seguenti funzioni ammettono un massimo o un minimo sull'intervallo I su cui sono definite. Giustifica la risposta. (Esercizi da 29 a 36)

29 $f(x) = \sqrt{4 - x^2} \quad I = [-2, 2]$ [Ammette sia massimo, sia minimo assoluti, perché...]

30 $f(x) = \sqrt{9 - x^2} \quad I = [1, 3]$ [Ammette sia massimo, sia minimo assoluti, perché...]

31 $f(x) = \sqrt{\dfrac{1}{4 - x^2}} \quad I =]-2, 2[$ [Ammette un minimo assoluto, perché...]

32 $f(x) = \ln(x^2 + 1) \quad I =]-\infty, +\infty[$ [Ammette un minimo assoluto, perché...]

33 $f(x) = \ln\left(\dfrac{3 + x + x^2}{x^4 + 1}\right) \quad I = [-10, 10]$ [Ammette sia massimo sia minimo assoluti, perché...]

34 $f(x) = e^{\arctan(x)} - \ln(2x + 1) \quad I = [0, 4]$ [Ammette sia massimo sia minimo assoluti, perché...]

35 $f(x) = \begin{cases} 2x^2 - 1 & -2 \leq x \leq 0 \\ \sin(x) - 1 & 0 < x \leq 1 \end{cases} \quad I = [-2, 1]$ [Ammette sia massimo sia minimo assoluti, perché...]

36 $f(x) = \begin{cases} -\ln(-x) & x \leq -1 \\ -e^{x+1} + 1 & x > -1 \end{cases} \quad I =]-\infty, +\infty[$ [Ammette un massimo assoluto perché...]

37 È vero che se f è una funzione non continua su un intervallo $[a, b]$ e k è un numero reale compreso tra $f(a)$ e $f(b)$, allora non esiste alcun numero reale x_0 appartenente all'intervallo $[a, b]$ tale che $f(x_0) = k$? Giustifica la risposta. [No, perché...]

È vero che ciascuna delle seguenti equazioni ammette almeno una soluzione nell'intervallo a fianco indicato? Giustifica la risposta. (Esercizi da 38 a 41)

38 $-e^{x^2-x+1} + 28 + x = 5 \quad I = [1, 10]$

39 $\arctan(3x - 1) + x^2 = 1 \quad I = [0, 5]$

40 $e^x + x = 0 \quad I = [-1, 0]$

41 $\ln(x) + x = 0 \quad I = \left[\dfrac{1}{2}, 1\right]$

42 Dimostra che la funzione di variabile reale definita da $f(x) = e^x + x$ ammette un solo zero c nell'intervallo $[-1, 0]$ e poi usa il metodo di bisezione per approssimare c a meno di 10^{-1}. [Un'approssimazione dello zero a meno di 10^{-1} è -0.5625]

43 Dimostra che la funzione di variabile reale definita da $f(x) = x^3 + x + 1$ ammette un solo zero c nell'intervallo $[-1, 0]$ e poi usa il metodo di bisezione per approssimare c a meno di 10^{-1}. [Un'approssimazione dello zero a meno di 10^{-1} è -0.6875]

44 Traccia un possibile grafico di una funzione continua nell'intervallo $I = [0, 10]$ e che abbia rispettivamente -1 come valore minimo e 0 come valore massimo assoluti su I.

45 Traccia un possibile grafico di una funzione continua nell'intervallo $I = [0, 10[$, che non abbia massimo assoluto e abbia in $x = 0$ un minimo assoluto su I.

46 Traccia un possibile grafico di una funzione continua nell'intervallo $I =]0, 10]$, che non abbia minimo assoluto e abbia 0 come valore massimo assoluto su I.

47 È possibile tracciare il grafico di una funzione continua nell'intervallo $I = [0, 10]$, che non abbia massimo assoluto e abbia 0 come valore minimo assoluto su I? Giustifica la risposta.

48 Traccia un possibile grafico di una funzione continua nell'intervallo $I =]0, 10[$ e che non abbia minimo né massimo assoluti su I.

49 Traccia un possibile grafico di una funzione continua nell'intervallo $I =]0, 10[$ e che non abbia minimo né massimo assoluti, ma abbia un minimo e un massimo relativi su I.

50 Dimostra che una qualunque equazione polinomiale di grado dispari ammette almeno una soluzione reale.

51 Nello Stato A vige il sistema di tassazione dei redditi (espressi nella moneta di A) indicato nella tabella seguente.

Reddito x	**Aliquota**
$x \leq 1000$	10%
$1000 < x \leq 2000$	20%
$2000 < x \leq 3000$	30%
$x > 3000$	40%

Per esempio, se un cittadino ha un reddito $x = 800$ paga un'imposta di $0.1 \cdot 800 = 80$. Se ha un reddito $x = 2500$ paga un'imposta di $0.3 \cdot 2500 = 750$.

a] La funzione che fornisce l'imposta al variare del reddito è continua?

b] Perché un sistema di tassazione di questo tipo è iniquo e non accettabile?

52 In Matland vige il sistema di tassazione dei redditi (espressi in matdollari) indicato nella tabella seguente.

Reddito	**Aliquota**
Fino a 1000 matdollari compresi	10%
Per la quota eccedente i 1000 matdollari e fino a 2000 matdollari compresi	20%
Per la quota eccedente i 2000 matdollari e fino a 3000 matdollari compresi	30%
Per la quota eccedente i 3000 matdollari	40%

a] Ricordando che l'imposta da pagare sul reddito x si ottiene moltiplicando il reddito per la corrispondente aliquota, completa la seguente tabella.

Reddito	**Aliquota**	**Imposta dovuta**
Fino a 1000 matdollari compresi	10%	
Per la quota eccedente i 1000 matdollari e fino a 2000 matdollari compresi	20%	
Per la quota eccedente i 2000 matdollari e fino a 3000 matdollari compresi	30%	
Per la quota eccedente i 3000 matdollari	40%	

b] La funzione che fornisce l'imposta al variare del reddito è continua?

c] Quale pensi sia il principale vantaggio di questo sistema di tassazione rispetto a quello dell'esercizio precedente?

53 Sia f la funzione definita sui numeri naturali tale che $f(n) = n + 7$.
È vero che $\lim_{n \to 3} f(n) = 10$? Giustifica la risposta. [No, perché...]

54 Sia f la funzione definita, sul suo dominio naturale, da $f(x) = \sqrt{1 - x} + \sqrt{x - 1}$.
È vero che $\lim_{x \to 1} f(x) = 0$? Giustifica la risposta. [No, perché...]

55 È possibile calcolare $\lim_{x \to -2} \arcsin(x)$? Giustifica la risposta. [No, perché...]

56 Sia f la funzione definita sui numeri naturali tale che $f(n) = n + 7$.
È possibile calcolare $\lim_{n \to +\infty} f(n)$? Giustifica la risposta. [Sì, perché...]

57 Sia f la funzione di variabile reale definita da $f(x) = \sin(x)$.
Esiste $\lim_{x \to +\infty} f(x)$? Giustifica la risposta. [No, perché...]

58 Sia f la funzione di variabile reale definita da $f(x) = x \sin(x)$.
Esiste $\lim_{x \to +\infty} f(x)$? Giustifica la risposta. [No, perché...]

59 Sia f la funzione di variabile reale definita da $f(x) = \ln(x)$.
Esiste $\lim_{x \to +\infty} f(x)$? Giustifica la risposta. [Sì, perché...]

▶ **Calcola i seguenti limiti di funzioni definite nel loro dominio naturale. (Esercizi da 60 a 109)**

60 $\lim_{x \to 3} (x^2 - 9)$ $[0]$

61 $\lim_{x \to 3} \dfrac{x^2 - 9}{x + 3}$ $[0]$

62 $\lim_{x \to 3} \dfrac{1}{x - 3}$ [$-\infty$ a sinistra di 3 e $+\infty$ a destra, quindi il limite non esiste]

63 $\lim_{x \to -\infty} \dfrac{3}{x + 3}$ $[0]$

64 $\lim_{x \to +\infty} (x^2 + x)$ $[+\infty]$

65 $\lim_{x \to 1} (x^2 - 3x + 9)$ $[7]$

66 $\lim_{x \to 3} \left(\sin(x) \cos(x)\right)$ $[\sin(3)\cos(3)]$

67 $\lim_{x \to -1} e^{\frac{1}{x}}$ $\left[\dfrac{1}{e}\right]$

68 $\lim_{x \to 0} e^{\frac{1}{x}}$ [0 a sinistra di 0 e $+\infty$ a destra, quindi il limite non esiste]

69 $\lim_{x \to 3} e^{\frac{3+x}{3-x}}$ [$+\infty$ a sinistra di 3 e 0 a destra, quindi il limite non esiste]

70 $\lim_{x \to 2} \left(\dfrac{1}{2}\right)^{\frac{2+x}{4-x^2}}$ [0 a sinistra di 2 e $+\infty$ a destra, quindi il limite non esiste]

71 $\lim_{x \to \frac{\pi}{6}} e^{\frac{1}{1 - 2\sin(x)}}$ $\left[+\infty \text{ a sinistra di } \dfrac{\pi}{6} \text{ e 0 a destra, quindi il limite non esiste}\right]$

72 $\lim_{x\to\frac{\pi}{2}}\left(\frac{2}{3}\right)^{\tan(x)}$ $\left[0 \text{ a sinistra di } \frac{\pi}{2} \text{ e } +\infty \text{ a destra, quindi il limite non esiste}\right]$

73 $\lim_{x\to 0^+}\ln\left(\frac{1}{x}\right)$ $[+\infty]$

74 $\lim_{x\to-\infty}\frac{x^2+x}{x}$ $[-\infty]$

75 $\lim_{x\to+\infty}\frac{x^2+x-1}{x-1}$ $[+\infty]$

76 $\lim_{x\to+\infty}\frac{x^3+2x-1}{2x^3-x}$ $\left[\frac{1}{2}\right]$

77 $\lim_{x\to-\infty}\frac{5x^2-3x^3-1}{x^4-x^3+2x}$ $[0]$

78 $\lim_{x\to-\infty}\frac{-x^2+4x^3-x}{x^2-3x^3+2x}$ $\left[-\frac{4}{3}\right]$

79 $\lim_{x\to-\infty}\frac{\sqrt{x^2-x}}{x^2-2x}$ $[0]$

80 $\lim_{x\to-\infty}\frac{x^2-2x}{\sqrt{x^2-x}}$ $[+\infty]$

81 $\lim_{x\to+\infty}\frac{x^2-2x}{\sqrt{x^2-x}}$ $[+\infty]$

82 $\lim_{x\to+\infty}\frac{\sqrt{x^3-2x^2}}{\sqrt{3x^2-x}}$ $[+\infty]$

83 $\lim_{x\to+\infty}\frac{\sqrt{x-2}}{\sqrt{2x-10}}$ $\left[\frac{\sqrt{2}}{2}\right]$

84 $\lim_{x\to 2}\frac{x^3-8}{x^2-4}$ $[3]$

85 $\lim_{x\to 1}\frac{1-x^4}{x^2-x^3-x+1}$ $[2]$

86 $\lim_{x\to 2}\frac{x-2}{|x-2|}$ $[-1 \text{ a sinistra di } 2 \text{ e } 1 \text{ a destra, quindi il limite non esiste}]$

87 $\lim_{x\to 2}\frac{x^2-4}{|x-2|}$ $[-4 \text{ a sinistra di } 2 \text{ e } 4 \text{ a destra, quindi il limite non esiste}]$

88 $\lim_{x\to 2} e^{\frac{x^2-4}{x-2}}$ $[e^4]$

89 $\lim_{x\to 3}\left(\frac{1}{e}\right)^{\frac{x-3}{x^2-9}}$ $[\sqrt[6]{e^{-1}}]$

90 $\lim_{x\to 0}\frac{\sin(2x)}{x}$ $[2]$

91 $\lim_{x\to\pi}\frac{\sin(x-\pi)}{x-\pi}$ $[1]$

92 $\lim_{x\to 0}\frac{x}{\tan(x)}$ $[1]$

93 $\lim_{x\to+\infty}\frac{\sin(x)}{x}$ $[0]$

94 $\lim_{x\to\frac{\pi}{2}}\frac{x-\frac{\pi}{2}}{\cos(x)}$ $[-1]$

95 $\lim_{x\to\frac{\pi}{4}}\frac{x-\frac{\pi}{4}}{\sin(x)-\cos(x)}$ $\left[\frac{\sqrt{2}}{2}\right]$

96 $\lim_{x\to 0}\frac{x-x\cos(x)}{\sin(x)}$ $[0]$

97 $\lim_{x\to 0}\frac{\sin^2(x)}{\cos^2(x)-1}$ $[-1]$

98 $\lim_{x\to 0} e^{\frac{1-\cos(x)}{\sin^2(x)}}$ $[\sqrt{e}]$

99 $\lim_{x\to 0^+}\left(\ln\left(\frac{1}{\sin(x)}-\frac{1}{\sin(2x)}\right)\right)$ $[+\infty]$

100 $\lim_{x\to 0}\left(x^2\frac{\cos(x)}{\sin^3(x)}\right)$ [$-\infty$ a sinistra di 0 e $+\infty$ a destra, quindi il limite non esiste]

101 $\lim_{x\to 0}\left(x\frac{\tan(x)}{\sin^2(x)}\right)$ $[1]$

102 $\lim_{x\to 0}\left(\frac{2x^2-1}{x}\cdot\frac{\sin^2(x)}{\tan(x)}\right)$ $[-1]$

103 $\lim_{x\to+\infty}\left(\frac{\sqrt{x-2}}{\sqrt{x}}\cdot\frac{2x-1}{x+2}\right)$ $[2]$

104 $\lim_{x\to 1}\left(\frac{2x}{x^2-1}-\frac{1}{x-1}\right)$ $\left[\frac{1}{2}\right]$

105 $\lim_{x\to 2}\left(\frac{1}{x^2-4}-\frac{1}{x-2}\right)$ [$+\infty$ a sinistra di 2 e $-\infty$ a destra, quindi il limite non esiste]

106 $\lim_{x\to 3}\left(\frac{1}{x^2-9}+\frac{1}{3-x}\right)$ [$+\infty$ a sinistra di 3 e $-\infty$ a destra, quindi il limite non esiste]

107 $\lim_{x\to+\infty}(\sqrt{2x+1}-\sqrt{2x-1})$ $[0]$

108 $\lim_{x\to 0}\left(\frac{\sqrt{1+\sin(x)}-\sqrt{1-\sin(x)}}{2x}\right)$ $\left[\frac{1}{2}\right]$

109 $\lim_{x\to 0}\left(\frac{\sqrt{1+\sin(x)}-\sqrt{1-\sin(x)}}{\tan(x)}\right)$ $[1]$

110 Considera la funzione di variabile reale definita da

$$f(x) = \begin{cases} e^x - 1 & \text{se } x \leq 0 \\ a + \dfrac{\sin(x)}{x} & \text{se } x > 0 \end{cases}$$

Esiste un valore del parametro reale a per cui f è continua sull'insieme dei numeri reali? Giustifica la risposta. [Si, $a = -1$, perché…]

111 Considera la funzione di variabile reale definita da

$$f(x) = \begin{cases} x + a - 1 & \text{se } x < 0 \\ 2a - 3 & \text{se } x = 0 \\ \dfrac{a\sin(x)}{x} & \text{se } x > 0 \end{cases}$$

Esiste un valore del parametro reale a per cui f è continua sull'insieme dei numeri reali? Giustifica la risposta. [No, perché…]

112 Considera la funzione di variabile reale definita da

$$f(x) = \begin{cases} x + a - 1 & \text{se } x < 0 \\ 2a - 3 & \text{se } x = 0 \\ \dfrac{b\sin(x)}{x} & \text{se } x > 0 \end{cases}$$

Esiste una coppia di valori dei parametri reali a e b per cui f è continua sull'insieme dei numeri reali? Giustifica la risposta. [Si, $a = 2$ e $b = 1$, perché…]

>> ESERCIZI DI CONSOLIDAMENTO • p. 383

CAPITOLO 8 La derivabilità

PROBLEMA

Un problema di massimo

Vogliamo costruire una scatola senza coperchio ritagliando quattro quadrati uguali dagli angoli di un cartoncino formato A4 e ripiegando poi i quattro rettangoli risultanti per costruire i lati della scatola.

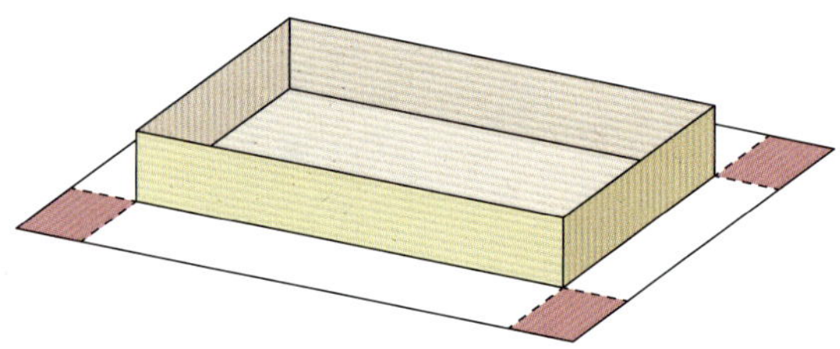

Qual è il massimo volume possibile per la scatola?

Risoluzione

ESPLORA CON UN'ANIMAZIONE DI GEOMETRIA DINAMICA

Il volume della scatola

Prima di affrontare la risoluzione del problema, puoi fare qualche esplorazione con l'animazione che trovi sull'eBook e sul sito del libro, modificando il valore del cursore t.

Le dimensioni di un foglio A4 approssimate al millimetro sono 29.7 cm e 21.0 cm. Indichiamo con x il lato di ciascuno dei quattro quadrati ritagliati agli angoli del cartoncino.

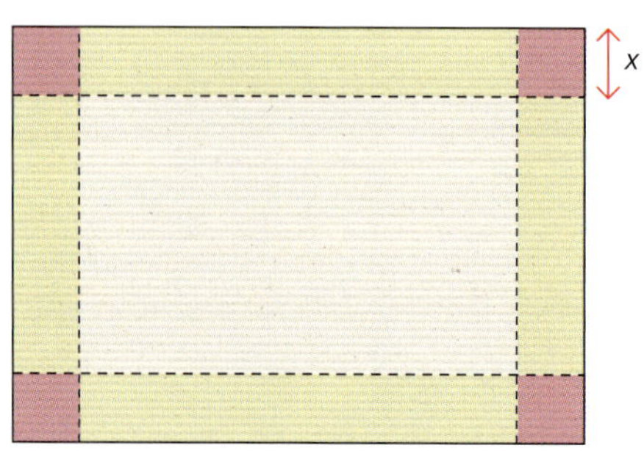

Per costruire una scatola è necessario che $0 < x < 10.5$.
Il volume V varia al variare di x. Per calcolarlo moltiplichiamo l'area di base A_b per l'altezza h.

$$A_b = (21.0 - 2x)(29.7 - 2x) = 4x^2 - 101.4\,x + 623.7$$
$$h = x$$

Quindi: $V = 4x^3 - 101.4x^2 + 623.7x$.
Per determinare il massimo volume possibile della scatola dobbiamo determinare il massimo della funzione $V(x) = 4x^3 - 101.4x^2 + 623.7x$ sull'intervallo $]0, 10.5[$.
La funzione $V(x)$ è continua e positiva; inoltre, se consideriamo l'intervallo chiuso $[0, 10.5]$ abbiamo $V(0) = 0$ e $V(10.5) = 0$.
Per il teorema di Weierstrass la funzione ammette massimo assoluto in un punto x appartenente all'intervallo $]0, 10.5[$.
Nel capitolo 18 del volume B abbiamo visto che una funzione polinomiale f è crescente su un intervallo I del suo dominio se e solo se la sua derivata f' è positiva o nulla su I, mentre f è decrescente su un intervallo I se e solo se la sua derivata f' è negativa o nulla su I.
Quindi per determinare il massimo della funzione $V(x)$ calcoliamo la sua derivata prima $V'(x)$ con le tecniche già note:

$$V'(x) = 12x^2 - 202.8x + 623.7.$$

$V'(x)$ è una funzione quadratica; i suoi zeri, approssimati ai decimi, sono $x_1 \approx 4.0$ e $x_2 \approx 12.9$. La soluzione 12.9 non appartiene all'intervallo $]0, 10.5[$, quindi non è accettabile; invece 4.0 è accettabile.
Studiamo come varia V in funzione di x sull'intervallo $]0, 10.5[$.

- Nel punto x_1 il grafico della funzione $V(x)$ ha un punto a tangenza orizzontale, perché la derivata $V'(x)$ si annulla.
- Se x è compreso tra 0 e x_1, allora $V'(x)$ è positiva, quindi V è strettamente crescente.
- Se x è compreso tra x_1 e 10.5, allora $V'(x)$ è negativa, quindi V è strettamente decrescente.

Possiamo concludere che il volume V è massimo per $x \approx 4.0$ cm.
Il volume massimo è:

$$V_{max} \approx V(4.0) = 1128.4 \text{ cm}^3.$$

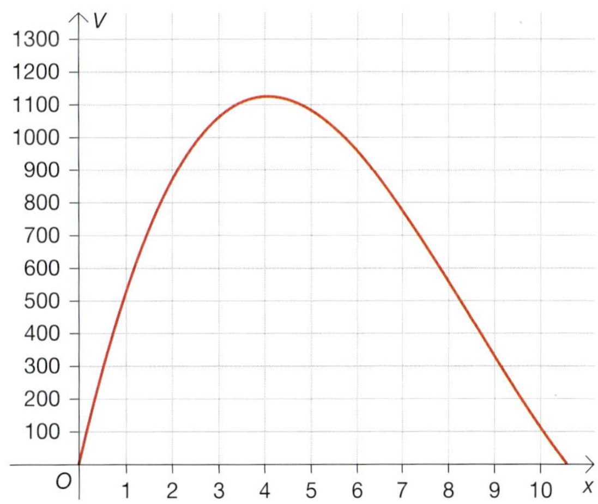

Alcune domande che aprono nuove prospettive

Esiste una procedura risolutiva simile a quella appena descritta per tutti i problemi di massimo o di minimo modellizzabili con lo studio di una funzione del tipo $y = f(x)$?
Esistono regole per calcolare la derivata di una funzione del tipo $y = f(x)$ che consentono di evitare il calcolo diretto del limite del rapporto incrementale?

La derivata di una funzione

Funzioni derivabili in un punto del loro dominio

Richiamiamo il concetto di derivata.

Sia f una funzione di variabile reale definita in un intervallo I e sia x_0 un punto interno di I. Diciamo che f è **derivabile** in x_0 se il limite del rapporto incrementale di f in x_0 esiste ed è finito. Chiamiamo questo numero **derivata di f nel punto x_0** e lo indichiamo con il simbolo $f'(x_0)$:

$$f'(x_0) = \lim_{h \to 0} \frac{f(x_0+h)-f(x_0)}{h} = l \in \mathbb{R}.$$

PER ESEMPIO

1 La funzione di variabile reale definita da $f(x) = 2x^2$ è derivabile in $x = 2$. Infatti:

$$\lim_{h \to 0} \frac{f(2+h)-f(2)}{h} = \lim_{h \to 0} \frac{2(2+h)^2-8}{h} = \lim_{h \to 0} \frac{8+8h+2h^2-8}{h} =$$

$$= \lim_{h \to 0} \frac{8h+2h^2}{h} = \lim_{h \to 0}(8+2h) = 8.$$

2 La funzione $f(x) = |x|$ non è derivabile in $x = 0$. Infatti:

$$\lim_{h \to 0} \frac{f(0+h)-f(0)}{h} = \lim_{h \to 0} \frac{|0+h|-0}{h} = \lim_{h \to 0} \frac{|h|}{h}.$$

Il limite per h che tende a 0 da sinistra è diverso dal limite per h che tende a 0 da destra:

$$\lim_{h \to 0^-} \frac{|h|}{h} = \lim_{h \to 0^-} \frac{-h}{h} = -1$$

$$\lim_{h \to 0^+} \frac{|h|}{h} = \lim_{h \to 0^-} \frac{h}{h} = 1.$$

Quindi non esiste $\lim_{h \to 0} \frac{f(0+h)-f(0)}{h}$ e, pertanto, $f(x) = |x|$ non è derivabile in $x = 0$.

Estendiamo la definizione di derivata anche al caso in cui x_0 sia uno degli estremi dell'intervallo I.

Sia f una funzione di variabile reale definita in un intervallo $I = [x_0, b[$.
Chiamiamo **derivata destra di f nel punto x_0** il limite, quando esiste ed è finito, del rapporto incrementale destro in x_0. Indichiamo la derivata destra di f in x_0 con il simbolo con $f_+'(x_0)$:

$$f_+'(x_0) = \lim_{h \to 0^+} \frac{f(x_0+h)-f(x_0)}{h} = l \in \mathbb{R}.$$

PER ESEMPIO

La funzione $f(x) = |x|$ non è derivabile in $x = 0$, ma ammette derivata destra in $x = 0$:

$$\lim_{h \to 0^+} \frac{f(0+h)-f(0)}{h} = \lim_{h \to 0^+} \frac{|0+h|-0}{h} = \lim_{h \to 0^+} \frac{|h|}{h} = \lim_{h \to 0^+} \frac{h}{h} = 1.$$

Quindi $f_+'(x_0) = 1$.

Sia f una funzione di variabile reale definita in un intervallo $I =]a, x_0]$. Chiamiamo **derivata sinistra di f nel punto x_0** il limite, quando esiste ed è finito, del rapporto incrementale sinistro in x_0. Indichiamo la derivata sinistra di f in x_0 con il simbolo con $f_-'(x_0)$:

$$f_-'(x_0) = \lim_{h \to 0^-} \frac{f(x_0+h)-f(x_0)}{h} = l \in \mathbb{R}.$$

PER ESEMPIO

La funzione $f(x) = |x|$ non è derivabile in $x = 0$; nonostante ciò essa ammette derivata sinistra in $x = 0$:

$$\lim_{h \to 0^-} \frac{f(0+h)-f(0)}{h} = \lim_{h \to 0^-} \frac{|0+h|-0}{h} = \lim_{h \to 0^-} \frac{|h|}{h} = \lim_{h \to 0^-} \frac{-h}{h} = -1.$$

Quindi $f_-'(x_0) = -1$.

OSSERVA

- Se $f_-'(x_0) = f_+'(x_0) = l$, allora f è derivabile in x_0 e $f'(x_0) = l$.
- Se $f_-'(x_0)$ e $f_+'(x_0)$ esistono ma sono diverse, allora f non è derivabile in x_0.

Derivabilità di una funzione in un intervallo

Una funzione f definita su un intervallo aperto $I =]a, b[$ si dice **derivabile** su I se è derivabile in tutti i punti di I.
Se $I = [a, b[$, allora f è derivabile su I se ammette derivata in tutti i punti interni di I e ammette derivata destra in a.
Se $I =]a, b]$, allora f è derivabile su I se ammette derivata in tutti i punti interni di I e ammette derivata sinistra in b.
Se $I = [a, b]$, allora f è derivabile su I se ammette derivata in tutti i punti interni di I e ammette derivata destra in a e sinistra in b.
La funzione che associa a ogni x di I il numero reale $f'(x)$ si chiama **funzione derivata** di f in I.

PER ESEMPIO

La funzione di variabile reale definita da $f(x) = x^2 - 3x$ è derivabile in un qualunque punto x_0 del suo dominio naturale. Infatti, per ogni $x_0 \in]-\infty, +\infty[$, abbiamo:

$$\lim_{h \to 0} \frac{f(x_0+h)-f(x_0)}{h} = \lim_{h \to 0} \frac{(x_0+h)^2 - 3(x_0+h) - x_0^2 + 3x_0}{h} =$$

$$= \lim_{h \to 0} \frac{x_0^2 + 2x_0h + h^2 - 3x_0 - 3h - x_0^2 + 3x_0}{h} =$$

$$= \lim_{h \to 0} \frac{2x_0h + h^2 - 3h}{h} = \lim_{h \to 0}(2x_0 + h - 3) = 2x_0 - 3.$$

Possiamo quindi definire la funzione f', derivata di f.

$$\begin{aligned}]-\infty, +\infty[&\to]-\infty, +\infty[\\ x &\to 2x - 3 \end{aligned}$$

In simboli, $f'(x) = 2x - 3$.

Interpretazione geometrica della derivata in un punto

Se il limite del rapporto incrementale di una funzione f in x è un numero reale p, allora p è la pendenza della retta tangente al grafico di f nel punto di ascissa x.
Diamo la seguente definizione.

Sia f una funzione derivabile in x_0.
La **retta tangente al grafico di f nel punto di ascissa x_0** è la retta di equazione:

$$y = f(x_0) + f'(x_0)(x - x_0).$$

PER ESEMPIO

Determiniamo un'equazione della retta tangente al grafico di $f(x) = 3x^2 - 1$ nel suo punto di ascissa 2. In questo caso $f(x_0) = f(2) = 3(2)^2 - 1 = 11$.
Calcoliamo la derivata di f in 2:

$$f'(2) = \lim_{h \to 0} \frac{f(2+h) - f(2)}{h} = \lim_{h \to 0} \frac{3(2+h)^2 - 1 - 11}{h} =$$

$$= \lim_{h \to 0} \frac{3(4 + 4h + h^2) - 12}{h} = \lim_{h \to 0} \frac{12 + 12h + 3h^2 - 12}{h} =$$

$$= \lim_{h \to 0} \frac{12h + 3h^2}{h} = \lim_{h \to 0}(12 + 3h) = 12.$$

Allora f è derivabile in 2 e la sua derivata è 12.
Un'equazione della retta tangente al grafico di f nel suo punto di ascissa 2 è:

$$y = 11 + 12(x - 2)$$

cioè $y = 12x - 13$.

Approssimare una funzione in un intorno di un punto con una funzione lineare

La funzione lineare che meglio approssima una funzione f in un intorno di un punto x in cui f è derivabile è quella che ha come grafico la retta tangente in x al grafico di f. Puoi osservare questa proprietà nell'animazione.

ESPLORA CON UN'ANIMAZIONE DI GEOMETRIA DINAMICA

Approssimare una funzione in un intorno di un punto con una funzione lineare

Apri l'animazione che trovi sull'eBook e sul sito del libro ed esegui ingrandimenti successivi intorno al punto P. Osserva che il grafico della funzione f, man mano che procedi con gli ingrandimenti intorno a P, assomiglia sempre più alla retta tangente in P al grafico di f.

Formalizziamo quanto osservato nell'animazione.
Sia f una funzione derivabile in un suo punto x_0 e sia $y = ax + b$ un'equazione della retta tangente (che è unica) al grafico di f in x_0. Allora esiste un intorno abbastanza piccolo di x_0 in cui $f(x)$ e $ax + b$ *si confondono tra loro*. In altri termini, sotto le condizioni poste, la differenza $|f(x) - (ax + b)|$ può essere resa piccola a piacere. Per esprimere questo fatto usiamo la scrittura:

$$f(x) \approx ax + b.$$

Se il limite $\lim_{h \to 0} \frac{f(x_0 + h) - f(x_0)}{h}$ non esiste oppure non è finito, allora la funzione f non ammette derivata in x_0. Questo vuol dire che non esiste una funzione lineare il cui grafico può essere considerato, fra tutte le rette passanti per $(x_0, f(x_0))$, la migliore approssimazione di f in un intorno di x_0.

In un punto x_0 di non derivabilità del suo dominio una funzione f può ammettere:

- retta tangente verticale, cioè parallela all'asse y, in x_0;
- semirette tangenti distinte a sinistra e a destra di x_0;
- discontinuità in x_0.

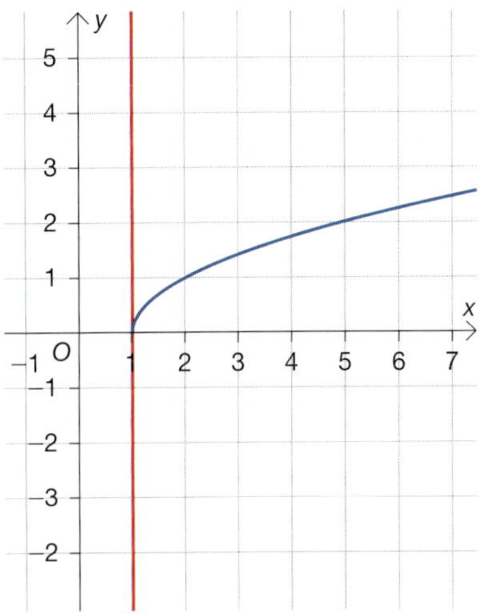

▲ La funzione definita da $f(x) = \sqrt{x-1}$ non è derivabile in $x = 1$, ma ammette in $(1, 0)$ tangente di equazione $x = 1$.

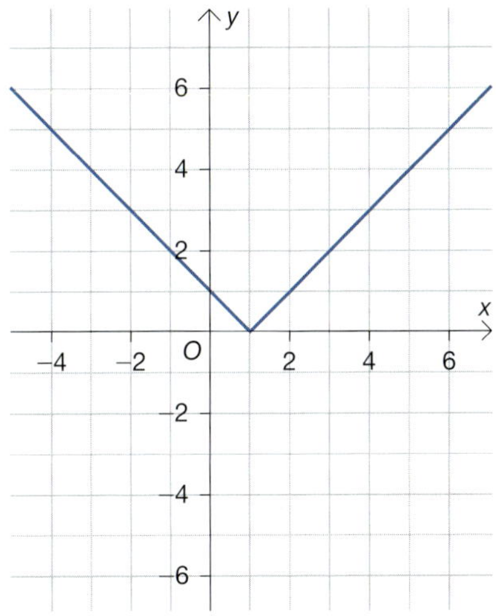

▲ La funzione $y = |x-1|$ non è derivabile in $x = 1$, ma ammette in $(1, 0)$ tangenti distinte di equazioni $y = 1 - x$ a sinistra di 1 e $y = x - 1$ a destra di 1.

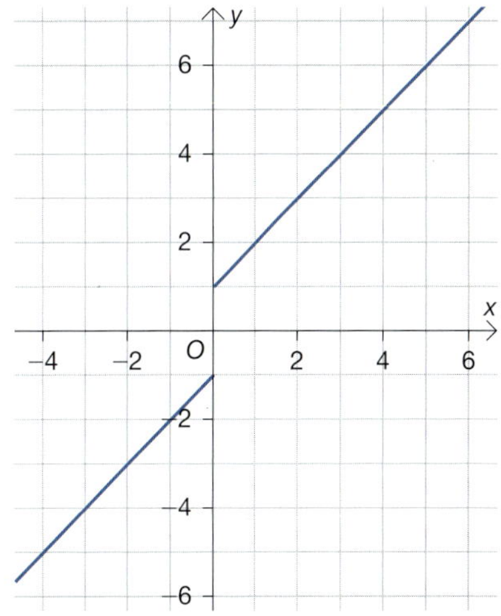

▲ La funzione definita da $f(x) = \begin{cases} x-1, x \leq 0 \\ x+1, x > 0 \end{cases}$ non è derivabile in $x = 0$ perché discontinua in questo punto. La derivata sinistra di f in $x = 0$ è 1, il rapporto incrementale a destra tende invece a $+\infty$.

OSSERVA

Esistono funzioni continue in x_0 ma non derivabili in x_0 che non rientrano nel precedente elenco. Per esempio la funzione definita da:

$$f(x) = \begin{cases} x\cos\left(\dfrac{1}{x}\right) & \text{se } x \neq 0 \\ 0 & \text{se } x = 0 \end{cases}$$

è continua in $x = 0$. Infatti $\lim_{x \to 0^-} f(x) = \lim_{h \to 0^+} f(x) = f(0)$.

f non è derivabile in $x = 0$, infatti i limiti dei rapporti incrementali destro e sinistro di f in $x = 0$ non esistono.

La figura a lato riporta il grafico della funzione f in un intorno di $x = 0$.

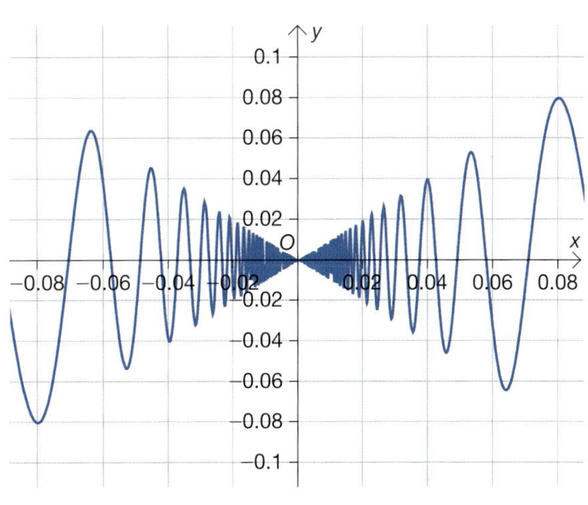

Continuità e derivabilità

La continuità in un punto non è sufficiente a garantire la derivabilità.
Infatti la funzione definita da $f(x) = \sqrt{x-1}$ è continua ma non derivabile in $x = 1$.
Analogamente la funzione definita da $f(x) = |x-1|$, è continua ma non derivabile in $x = 1$.
Esistono quindi funzioni continue ma non derivabili in un determinato punto.
Invece se una funzione è derivabile in x_0, allora è continua in x_0.

▶ Se f è derivabile in x_0, allora è continua in x_0.

Dimostrazione

Sia $h \neq 0$ e sia $x_0 + h$ appartenente al dominio di f. Abbiamo:

$$f(x_0+h)-f(x_0) = \frac{f(x_0+h)-f(x_0)}{h} \cdot h.$$

Passiamo al limite per h che tende a 0:

$$\lim_{h\to 0}\left(f(x_0+h)-f(x_0)\right) = \lim_{h\to 0}\left(\frac{f(x_0+h)-f(x_0)}{h} \cdot h\right).$$

Poiché il limite di un prodotto è uguale al prodotto dei limiti, possiamo scrivere:

$$\lim_{h\to 0}\left(\frac{f(x_0+h)-f(x_0)}{h} \cdot h\right) = \lim_{h\to 0}\frac{f(x_0+h)-f(x_0)}{h} \cdot \lim_{h\to 0} h.$$

Poiché f è derivabile in x_0:

$$\lim_{h\to 0}\frac{f(x_0+h)-f(x_0)}{h} = f'(x_0).$$

Quindi:

$$\lim_{h\to 0}\left(f(x_0+h)-f(x_0)\right) = \lim_{h\to 0}\frac{f(x_0+h)-f(x_0)}{h} \cdot \lim_{h\to 0} h = f'(x_0)\lim_{h\to 0} h.$$

Poiché $\lim\limits_{h\to 0} h = 0$:

$$\lim_{h\to 0}\left(f(x_0+h)-f(x_0)\right) = f'(x_0)\cdot 0 = 0.$$

Poiché il limite di una somma è uguale alla somma dei limiti, possiamo concludere che $\lim\limits_{h\to 0} f(x_0+h) = f(x_0)$. Quindi f è continua in x_0.

Regole di derivazione

Le funzioni possono essere pensate come modelli che descrivono in che modo varia una grandezza y al variare di un'altra grandezza x.

PER ESEMPIO

Se $y = f(x)$ rappresenta come varia il profitto y di un'azienda in funzione della quantità x di merce prodotta, studiare come cresce e come decresce la funzione permette di determinare se esistono punti che ottimizzano il profitto, cioè, in questo caso, punti di massimo.

La crescenza di una funzione f è legata al segno della sua derivata f'; la concavità di f è legata alla crescenza di f' e quindi al segno della derivata di f', detta *derivata seconda* di f.

La derivazione è un'operazione che permette di passare da una funzione f a un'altra funzione f', che può avere dominio diverso da quello di f e che fornisce informazioni sulla crescenza e sulla concavità di f.
Quando una funzione è assegnata in forma simbolica mediante la sua equazione $y = f(x)$ è utile conoscere alcune regole di calcolo delle derivate, per non dover calcolare ogni volta il limite del rapporto incrementale.

Per giustificare queste regole seguiremo due strategie: in alcuni casi applicheremo la definizione di derivata come limite del rapporto incrementale, in altri casi utilizzeremo l'approssimazione locale della funzione da derivare con una funzione lineare: avremo così il vantaggio di eseguire i calcoli con funzioni lineari.

In tutti gli enunciati delle regole di derivazione assumiamo, senza più esplicitarlo, che le funzioni coinvolte siano derivabili in x_0.
In ciascuna delle regole di derivazione che presentiamo, dopo aver giustificato la correttezza della regola enunciata per il punto x_0, la estendiamo a ogni punto x_0 appartenente a un intervallo di derivabilità I. In questo modo passiamo da una regola locale, valida in x_0, a una regola globale, valida su un intervallo di derivabilità I.

Derivata di una costante

La derivata di una funzione costante è uguale a 0.

Dimostrazione

Consideriamo la funzione definita sull'insieme dei numeri reali da $f(x) = k$, con k numero reale. Sia x_0 un numero reale qualsiasi. Allora:

$$f'(x_0) = \lim_{h \to 0} \frac{f(x_0 + h) - f(x_0)}{h} = \lim_{h \to 0} \frac{k - k}{h} = 0.$$

Poiché questo vale per ogni numero reale x_0, possiamo generalizzare:

se $f(x) = k$ allora $f'(x) = 0$ per ogni $x \in]-\infty, +\infty[$.

Derivata di una funzione lineare

La derivata di una funzione lineare $f(x) = ax + b$ è uguale alla funzione costante di valore a.

Dimostrazione

Consideriamo la funzione definita sull'insieme dei numeri reali da $f(x) = ax + b$. Sia x_0 un numero reale qualsiasi. Allora:

$$f'(x_0) = \lim_{h \to 0} \frac{f(x_0 + h) - f(x_0)}{h} = \lim_{h \to 0} \frac{a(x_0 + h) + b - ax_0 - b}{h} =$$

$$= \lim_{h \to 0} \frac{ax_0 + ah + b - ax_0 - b}{h} = \lim_{h \to 0} \frac{ah}{h} = a.$$

Poiché questo vale per ogni numero reale x_0, possiamo generalizzare:

se $f(x) = ax + b$ allora $f'(x) = a$ per ogni $x \in]-\infty, +\infty[$.

Derivata del prodotto di una funzione per una costante

Se f è derivabile su un intervallo I la derivata del prodotto di f per una costante k è uguale al prodotto di k per la funzione f' derivata di f.
In simboli: $\left(k \cdot f(x)\right)' = k \cdot f'(x)$ per ogni x appartenente a I.

Giustifichiamo questa regola considerando $f(x) \approx ax + b$ in un opportuno intorno di x_0, contenuto in I, del tipo $]x_0 - h, x_0 + h[$, con h diverso da zero.
Poiché $x_0 \in I$, f è derivabile in x_0 e abbiamo $f'(x_0) = a$.
Quindi:

$$kf(x) \approx k(ax + b) = (ka)x + (kb).$$

Pertanto la derivata di $kf(x)$ in x_0 è $ka = kf'(x_0)$.
Questa conclusione vale per qualunque punto x_0 dell'intervallo I di derivabilità di f e quindi:

$$\left(k \cdot f(x)\right)' = k \cdot f'(x)$$

per ogni x appartenente a I.

PER ESEMPIO

Consideriamo $f(x) = 6x + 3$.
Per la regola del calcolo della derivata di una funzione lineare:

$$f'(x) = 6.$$

Analogamente se scriviamo la funzione f come $f(x) = 3(2x + 1)$ osserviamo che:

$$f'(x) = 3 \cdot (2x + 1)' = 3 \cdot 2 = 6.$$

Derivata della somma di due funzioni

Se f e g sono derivabili su un intervallo I la derivata della somma $f + g$ è uguale alla somma delle derivate di f e di g.
In simboli: $\left(f(x) + g(x)\right)' = f'(x) + g'(x)$ per ogni x appartenente a I.

Giustifichiamo questa regola considerando $f(x) \approx ax + b$ e $g(x) \approx cx + d$ in un opportuno intorno di x_0, contenuto in I, del tipo $]x_0 - h, x_0 + h[$, con h diverso da zero. Poiché x_0 appartiene a I, f e g sono derivabili in x_0 e abbiamo $f'(x_0) = a$ e $g'(x_0) = c$.
Quindi:

$$f(x) + g(x) \approx ax + b + cx + d = (a + c)x + (b + d).$$

Pertanto la derivata di $f(x) + g(x)$ in x_0 è $a + c = f'(x_0) + g'(x_0)$.
Questa conclusione vale per qualunque punto x_0 dell'intervallo I e quindi:

$$\left(f(x) + g(x)\right)' = f'(x) + g'(x)$$

per ogni x appartenente a I.

PER ESEMPIO

Consideriamo $f(x) = 3x + 1$ e $g(x) = -5x + 2$.
La somma di f e g è la funzione $h(x) = -2x + 3$.
Per la regola di calcolo della derivata di una somma di funzioni, abbiamo:

$$f'(x) = 3$$

$$g'(x) = -5$$

$$h'(x) = -2 = 3 - 5.$$

Derivata di x^2

Se $f(x) = x^2$, allora $f'(x) = 2x$ per ogni numero reale x.

Dimostrazione

Per la definizione di derivata in un generico punto x_0:

$$f'(x_0) = \lim_{h \to 0} \frac{f(x_0 + h) - f(x_0)}{h} = \lim_{h \to 0} \frac{(x_0 + h)^2 - x_0^2}{h} =$$

$$= \lim_{h \to 0} \frac{x_0^2 + 2hx_0 + h^2 - x_0^2}{h} = \lim_{h \to 0} \frac{2hx_0 + h^2}{h} = \lim_{h \to 0}(2x_0 + h) = 2x_0.$$

Poiché ciò vale per un qualunque numero reale x_0, $f'(x) = 2x$ per ogni numero reale x, che è quanto volevamo dimostrare.

Derivata del prodotto di due funzioni

Se f e g sono derivabili su un intervallo I la derivata del prodotto di f e g è uguale alla somma del prodotto tra la derivata di f e la funzione g con il prodotto tra la derivata di g e la funzione f.

In simboli: $\left(f(x) \cdot g(x)\right)' = f'(x)g(x) + g'(x)f(x)$ per ogni x appartenente a I.

Giustifichiamo questa regola considerando $f(x) \approx ax + b$ e $g(x) \approx cx + d$ in un opportuno intorno di x_0, contenuto in I, del tipo $]x_0 - h, x_0 + h[$, con h diverso da zero. Poiché x_0 appartiene a I, f e g sono derivabili in x_0 e abbiamo $f'(x_0) = a$ e $g'(x_0) = c$.
Quindi:

$$f(x) \cdot g(x) \approx (ax + b) \cdot (cx + d) = acx^2 + (ad + bc)x + bd.$$

La derivata di $acx^2 + (ad + bc)x + bd$ in x_0 è:

$$2acx_0 + ad + bc = a(cx_0 + d) + (ax_0 + b)c.$$

Quindi la derivata di $f(x) \cdot g(x)$ in x_0 è:

$$a(cx_0 + d) + (ax_0 + b)c \approx f'(x_0)g(x_0) + f(x_0)g'(x_0).$$

Questa conclusione vale per qualunque punto x_0 dell'intervallo I e quindi:

$$\left(f(x) \cdot g(x)\right)' = f'(x)g(x) + f(x)g'(x)$$

per ogni x appartenente a I.

PER ESEMPIO

Consideriamo $f(x) = 4x + 3$ e $g(x) = -2x + 1$.
Il prodotto di f e g è la funzione $h(x) = (4x + 3)(-2x + 1) = -8x^2 - 2x + 3$.
Calcoliamo $h'(x)$ applicando la regola della derivazione di un prodotto:

$$h'(x) = f'(x)g(x) + g'(x)f(x) = 4(-2x + 1) - 2(4x + 3) =$$

$$= -8x + 4 - 8x - 6 = -16x - 2.$$

Derivata di x^n

La derivata di $f(x) = x^n$, con n numero naturale maggiore di 0 e per ogni numero reale x, è $f'(x) = nx^{n-1}$.

Dimostrazione

Ragioniamo per induzione. La regola vale per $n = 1$, infatti $x' = 1 \cdot x^0 = 1$.
Supponiamo che valga per un generico numero naturale n maggiore di 0 e dimostriamo che, sotto questa ipotesi, vale anche per il successivo $n + 1$.
Ipotesi: $(x^n)' = nx^{n-1}$.
Tesi: $(x^{n+1})' = (n+1)x^n$.
Consideriamo x^{n+1} come $x \cdot x^n$ e applichiamo la regola della derivata del prodotto:

$$(x \cdot x^n)' = (x)' \cdot x^n + (x^n)' \cdot x = 1 \cdot x^n + nx^{n-1} \cdot x = x^n + nx^n = (n+1)x^n.$$

Per il principio di induzione, $(x^n)' = nx^{n-1}$ per ogni numero naturale $n > 0$, che è ciò che volevamo dimostrare.

PER ESEMPIO

1. $(x^4)' = 4x^3$
2. $(3x^5)' = 15x^4$
3. $(3x^4 - 2x^3 - 5x + 1)' = 12x^3 - 6x^2 - 5$

OSSERVA

Con le regole che abbiamo descritto possiamo derivare una qualunque funzione polinomiale.
Se f è una funzione polinomiale di grado n, allora la sua derivata ha grado $n - 1$.

▶ Derivata di $\frac{1}{x}$

Consideriamo la funzione $f(x) = \frac{1}{x}$ definita in $]-\infty, 0[\cup]0, +\infty[$. Vale:

$$f'(x) = -\frac{1}{x^2} \text{ per ogni } x \neq 0.$$

Dimostrazione

Consideriamo un qualunque punto $x_0 \in]-\infty, 0[\cup]0, +\infty[$; per la definizione di derivata:

$$f'(x_0) = \lim_{h \to 0} \frac{f(x_0 + h) - f(x_0)}{h} = \lim_{h \to 0} \frac{\frac{1}{x_0 + h} - \frac{1}{x_0}}{h} = \lim_{h \to 0} \frac{-h}{h(x_0 + h)x_0} =$$

$$= \lim_{h \to 0} \frac{-1}{x_0^2 + hx_0} = -\frac{1}{x_0^2}.$$

Poiché questo vale per ogni $x_0 \in]-\infty, 0[\cup]0, +\infty[$, possiamo generalizzare:

$$f'(x) = -\frac{1}{x^2} \text{ per ogni } x \neq 0.$$

▶ Derivata di una funzione composta

Sia $g(x)$ una funzione derivabile su un intervallo I e sia $f(g(x))$ derivabile in $g(I)$. Allora la funzione composta definita su I da $y = f(g(x))$ è derivabile in I e si ha:

$$\big(f(g(x))\big)' = f'(g(x)) \cdot g'(x).$$

Giustifichiamo questa regola considerando $f(x) \approx a \cdot g(x) + b$ e $g(x) \approx cx + d$ in un opportuno intorno di x_0, contenuto in I, del tipo $]x_0 - h, x_0 + h[$, con h diverso da zero. Poiché x_0 appartiene a I, f è derivabile in $g(x_0)$ è derivabile in x_0 e abbiamo $f(g(x_0)) = a$ e $g'(x_0) = c$.

Quindi:

$$f(g(x)) \approx a(cx+d)+b = acx+(ad+b).$$

La derivata di $acx + (ad+b)$ è ac, pertanto la derivata di $f(g(x))$ in x_0 è:

$$ac = f'(g(x_0))\cdot g'(x_0).$$

Questa conclusione vale per qualunque punto x_0 dell'intervallo I e quindi:

$$(f(g(x)))' = f'(g(x))\cdot g'(x)$$

PER ESEMPIO

1 per ogni x appartenente a I. Deriviamo $h(x)=(2x-1)^2$.
Consideriamo h come composta dalle funzioni $f(t)=t^2$ e $g(x)=2x-1$.
Applichiamo la regola di derivazione della funzione composta:

$$h'(x) = f'(g(x))\cdot g'(x) = 2(2x-1)2 = 4(2x-1) = 8x-4.$$

Otteniamo lo stesso risultato se svolgiamo $(2x-1)^2$ e poi deriviamo il polinomio così ottenuto: $f(x)=4x^2-4x+1$. Quindi $f'(x)=8x-4$.

2 Deriviamo $h(x)=(3x^2-1)^3$.
Consideriamo h come composta dalle funzioni $f(t)=t^3$ e $g(x)=3x^2-1$.
Applichiamo la regola di derivazione della funzione composta:

$$h'(x) = f'(g(x))\cdot g'(x) = 3(3x^2-1)^2 6x.$$

Puoi verificare che ottieni un'espressione equivalente se svolgi $(3x^2-1)^3$ e poi derivi il polinomio così ottenuto.

3 Deriviamo $h(x)=(3x^4-4x^2+3x-4)^5$.
Consideriamo h come composta dalle funzioni $f(t)=t^5$ e $g(x)=3x^4-4x^2+3x-4$.
Applichiamo la regola di derivazione della funzione composta:

$$h'(x) = f'(g(x))\cdot g'(x) = 5(3x^4-4x^2+3x-4)^4(12x^3-8x+3).$$

Puoi verificare che ottieni un'espressione equivalente se svolgi $(3x^4-4x^2+3x-4)^5$ e poi derivi il polinomio così ottenuto. In questo caso il calcolo risulterebbe molto laborioso.

Derivata della funzione $\frac{1}{g(x)}$

Sia $y = g(x)$ una funzione derivabile e diversa da 0 su un intervallo I.

Allora la funzione $f(x)=\frac{1}{g(x)}$ è derivabile in I e la sua derivata è $\left(\frac{1}{g(x)}\right)' = -\frac{g'(x)}{(g(x))^2}$.

Dimostrazione

Consideriamo $f(x)=\frac{1}{g(x)}$ come una funzione composta dalle funzioni $t=g(x)$ e $h(t)=\frac{1}{t}$:

$$f(x) = h(g(x)) = \frac{1}{g(x)}.$$

Per la regola di derivazione della funzione composta:

$$(h(g(x)))' = h'(t)\cdot g'(x) = \left(\frac{1}{t}\right)'\cdot g'(x).$$

Per la regola di derivazione di $\frac{1}{x}$: $\left(\frac{1}{t}\right)' = -\frac{1}{t^2}$.

Quindi $\left(\frac{1}{g(x)}\right)' = -\frac{1}{t^2} \cdot g'(x)$ e, poiché $t = g(x)$, abbiamo:

$$\left(\frac{1}{g(x)}\right)' = -\frac{g'(x)}{(g(x))^2}.$$

PER ESEMPIO

1 Deriviamo $f(x) = \frac{1}{3x-1}$:

$$f'(x) = -\frac{3}{(3x-1)^2}$$

In un intorno abbastanza piccolo di $x_0 = 2$ la funzione f è bene approssimata dalla funzione lineare g di pendenza $f'(2) = -\frac{3}{25}$ il cui grafico passa per $(2, f(2)) = \left(2, \frac{1}{5}\right)$.
Una formula per g è:

$$g(x) = -\frac{3}{25}x + \frac{11}{25}.$$

In altri termini la retta di equazione:

$$y = -\frac{3}{25}x + \frac{11}{25}$$

è la retta tangente a f in $x_0 = 2$.

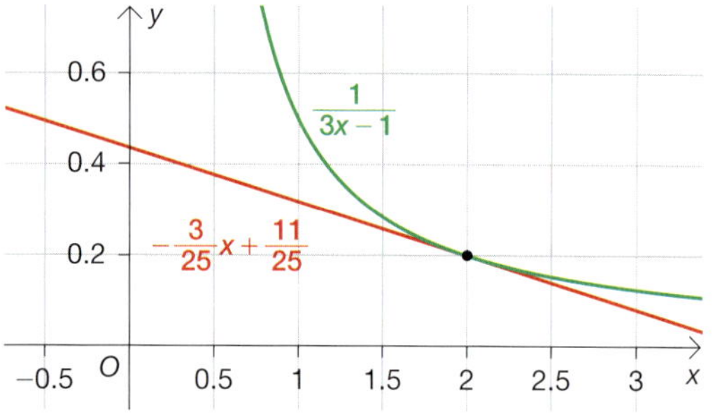

2 Deriviamo $f(x) = \frac{1}{3x^3 - 2x^2 + x - 1}$:

$$f'(x) = -\frac{9x^2 - 4x + 1}{(3x^3 - 2x^2 + x - 1)^2}.$$

Derivata del quoziente di due funzioni
Date due funzioni f e g derivabili su un intervallo I sul quale $g(x) \neq 0$, anche la funzione quoziente $\frac{f}{g}$ è derivabile in I e risulta:

$$\left(\frac{f(x)}{g(x)}\right)' = \frac{f'(x) \cdot g(x) - g'(x) \cdot f(x)}{(g(x))^2}.$$

Dimostrazione

Usiamo la regola di derivazione di $\frac{1}{g(x)}$ e la regola di derivazione del prodotto di due funzioni interpretando $\frac{f(x)}{g(x)}$ come il prodotto di $f(x)$ per $\frac{1}{g(x)}$:

$$\left(f(x) \cdot \frac{1}{g(x)}\right)' = f'(x) \cdot \frac{1}{g(x)} + \left(\frac{1}{g(x)}\right)' \cdot f(x) =$$

$$= \frac{f'(x)}{g(x)} - \frac{g'(x)f(x)}{(g(x))^2} = \frac{f'(x) \cdot g(x) - g'(x) \cdot f(x)}{(g(x))^2}.$$

PER ESEMPIO

1 Deriviamo $f(x)=\frac{4x+2}{3x-1}$.

$$f'(x)=\frac{(4x+2)'\cdot(3x-1)-(3x-1)'(4x+2)}{(3x-1)^2}=\frac{4(3x-1)-3(4x+2)}{(3x-1)^2}=$$
$$=\frac{12x-4-12x-6}{(3x-1)^2}=-\frac{10}{(3x-1)^2}$$

2 Deriviamo $f(x)=\frac{3x^2+2x}{5x^2-2x-1}$.

$$f'(x)=\frac{(6x+2)(5x^2-2x-1)-(10x-2)(3x^2+2x)}{(5x^2-2x-1)^2}=\frac{-16x^2-6x-2}{(5x^2-2x-1)^2}$$

▶ **Derivata della radice quadrata**

Se $f(x)=\sqrt{x}$, allora $f'(x)=\frac{1}{2\sqrt{x}}$ per ogni $x>0$.

Dimostrazione

Usiamo la definizione di derivata per derivare $f(x)=\sqrt{x}$ in $x_0\in\,]0,+\infty[$:

$$f'(x_0)=\lim_{h\to 0}\frac{\sqrt{x_0+h}-\sqrt{x_0}}{h}=\lim_{h\to 0}\frac{\sqrt{x_0+h}-\sqrt{x_0}}{h}\cdot\frac{\sqrt{x_0+h}+\sqrt{x_0}}{\sqrt{x_0+h}+\sqrt{x_0}}=$$
$$=\lim_{h\to 0}\frac{h}{h(\sqrt{x_0+h}+\sqrt{x_0})}=\lim_{h\to 0}\frac{1}{(\sqrt{x_0+h}+\sqrt{x_0})}=\frac{1}{2\sqrt{x_0}}.$$

Poiché quanto dimostrato vale per ogni $x_0\in\,]0,+\infty[$, possiamo concludere che:

$$f'(x)=\frac{1}{2\sqrt{x}}$$

per ogni $x>0$.

▶ **Derivata della radice *n*-esima di *x***

- Se $f(x)=\sqrt[n]{x}$ con n numero dispari maggiore di 1, allora $f'(x)=\frac{1}{n\sqrt[n]{x^{n-1}}}$ per ogni $x\neq 0$.
- Se $f(x)=\sqrt[n]{x}$ con n numero pari maggiore di 0, allora $f'(x)=\frac{1}{n\sqrt[n]{x^{n-1}}}$ per ogni $x>0$.

Dimostrazione

La dimostrazione si basa sulla seguente identità, che puoi dimostrare per induzione:

$$A^n-B^n=(A-B)(A^{n-1}+BA^{n-2}+B^2A^{n-3}+\ldots+B^{n-2}A+B^{n-1}).$$

Sostituiamo nell'identità $A=\sqrt[n]{p}$ e $B=\sqrt[n]{q}$:

$$(\sqrt[n]{p}-\sqrt[n]{q})\cdot(\sqrt[n]{p^{n-1}}+\sqrt[n]{q}\sqrt[n]{p^{n-2}}+\sqrt[n]{q^2}\sqrt[n]{p^{n-3}}+\ldots+\sqrt[n]{q^{n-2}}\sqrt[n]{p}+\sqrt[n]{q^{n-1}})=p-q.$$

Quindi, fissato un qualunque $x_0 \neq 0$ se l'indice della radice è dispari o un qualunque $x_0 > 0$ se l'indice è pari, abbiamo:

$$f'(x_0) = \lim_{h \to 0} \frac{\sqrt[n]{x_0 + h} - \sqrt[n]{x_0}}{h} =$$

$$= \lim_{h \to 0} \frac{\sqrt[n]{x_0 + h} - \sqrt[n]{x_0}}{h} \cdot \frac{\sqrt[n]{(x_0+h)^{n-1}} + \sqrt[n]{(x_0+h)^{n-2}} \cdot \sqrt[n]{x_0} + \ldots + \sqrt[n]{x_0^{n-2}} \cdot \sqrt[n]{x_0+h} + \sqrt[n]{x_0^{n-1}}}{\sqrt[n]{(x_0+h)^{n-1}} + \sqrt[n]{(x_0+h)^{n-2}} \cdot \sqrt[n]{x_0} + \ldots + \sqrt[n]{x_0^{n-2}} \cdot \sqrt[n]{x_0+h} + \sqrt[n]{x_0^{n-1}}} =$$

$$= \lim_{h \to 0} \frac{x_0 + h - x_0}{h\left(\sqrt[n]{(x_0+h)^{n-1}} + \sqrt[n]{(x_0+h)^{n-2}} \cdot \sqrt[n]{x_0} + \ldots + \sqrt[n]{x_0^{n-2}} \cdot \sqrt[n]{x_0+h} + \sqrt[n]{x_0^{n-1}}\right)} = \frac{1}{n\sqrt[n]{x_0^{n-1}}}.$$

Poiché questo vale per ogni $x_0 \in]0, +\infty[$ se l'indice della radice è pari e per ogni $x_0 \in]-\infty, 0[\cup]0, +\infty[$, se l'indice è dispari, possiamo concludere che:

- se $f(x) = \sqrt[n]{x}$ con n numero dispari maggiore di 1, allora $f'(x) = \dfrac{1}{n\sqrt[n]{x^{n-1}}}$ per ogni $x \neq 0$;
- se $f(x) = \sqrt[n]{x}$ con n numero pari maggiore di 0, allora $f'(x) = \dfrac{1}{n\sqrt[n]{x^{n-1}}}$ per ogni $x > 0$.

OSSERVA

- Applicando la derivazione della funzione composta possiamo dimostrare che:
$$\left(\sqrt[n]{x^m}\right)' = \frac{m}{n\sqrt[n]{x^{n-m}}}.$$
- Se al posto di $\sqrt[n]{x^m}$ usiamo la scrittura equivalente $x^{\frac{m}{n}}$, con $x > 0$, la regola di calcolo
$$\left(\sqrt[n]{x^m}\right)' = \frac{m}{n\sqrt[n]{x^{n-m}}}$$
può essere espressa come
$$\left(x^{\frac{m}{n}}\right)' = \frac{m}{n} x^{\frac{m}{n}-1} = \frac{m}{n} x^{\frac{m-n}{n}}$$
per ogni $x > 0$.

Questa osservazione estende la regola della derivata della funzione potenza al caso in cui l'esponente sia un qualunque numero razionale.

PER ESEMPIO

1 Deriviamo $f(x) = \sqrt[4]{x}$ per $x > 0$. In questo caso $n = 4$, quindi $f'(x) = \dfrac{1}{4\sqrt[4]{x^3}}$.

Osserviamo che se scriviamo $\sqrt[4]{x}$ come $x^{\frac{1}{4}}$ e applichiamo la regola $(x^n)' = nx^{n-1}$ otteniamo:

$$\left(x^{\frac{1}{4}}\right)' = \frac{1}{4} x^{\frac{1}{4}-1} = \frac{1}{4} x^{-\frac{3}{4}} = \frac{1}{4} \frac{1}{x^{\frac{3}{4}}} = \frac{1}{4\sqrt[4]{x^3}}$$

che è lo stesso risultato ottenuto in precedenza.

2 Deriviamo $f(x) = \sqrt[5]{x^3}$ per $x \neq 0$.
In questo caso $n = 5$ e $m = 3$, usando la stessa notazione già presentata, quindi:

$$f'(x) = \frac{3}{5\sqrt[5]{x^2}}.$$

Se, per ogni $x > 0$, scriviamo $\sqrt[5]{x^3}$ come $x^{\frac{3}{5}}$ e applichiamo la regola $(x^n)' = nx^{n-1}$ otteniamo:

$$\left(x^{\frac{3}{5}}\right)' = \frac{3}{5} x^{\frac{3}{5}-1} = \frac{3}{5} x^{-\frac{2}{5}} = \frac{3}{5} \frac{1}{x^{\frac{2}{5}}} = \frac{3}{5\sqrt[5]{x^2}}$$

che è lo stesso risultato ottenuto in precedenza.

3 Deriviamo $f(x) = \sqrt[3]{2x^3 - x}$ per ogni x tale che $2x^3 - x \neq 0$, cioè per ogni x tale che $x \neq 0 \wedge x \neq -\frac{\sqrt{2}}{2} \wedge x \neq \frac{\sqrt{2}}{2}$:

$$f'(x) = \frac{1}{3\sqrt[3]{(2x^3 - x)^2}} \cdot (6x^2 - 1) = \frac{6x^2 - 1}{3\sqrt[3]{(2x^3 - x)^2}}.$$

La presenza del fattore $6x^2 - 1$ è dovuta alla regola di derivazione della funzione composta: infatti $(2x^3 - x)' = 6x^2 - 1$.

Derivata di sin(*x*)

La derivata di $f(x) = \sin(x)$ per ogni numero reale x è $\cos(x)$.
In simboli: $f'(x) = \cos(x)$ per ogni numero reale x.

Dimostrazione

Partiamo dalla definizione di derivata in un punto x_0 e applichiamo le formule di prostaferesi:

$$(\sin(x_0))' = \lim_{h \to 0} \frac{\sin(x_0 + h) - \sin(x_0)}{h} = \lim_{h \to 0} \frac{2\sin\left(\frac{x_0 + h - x_0}{2}\right) \cdot \cos\left(\frac{x_0 + h + x_0}{2}\right)}{h} =$$

$$= \lim_{h \to 0} \frac{2\sin\left(\frac{h}{2}\right) \cdot \cos\left(\frac{2x_0 + h}{2}\right)}{h} = \lim_{h \to 0} \frac{\sin\left(\frac{h}{2}\right)}{\frac{h}{2}} \cdot \lim_{h \to 0} \cos\left(\frac{2x_0 + h}{2}\right) = \cos(x_0) \cdot \lim_{h \to 0} \frac{\sin\left(\frac{h}{2}\right)}{\frac{h}{2}}.$$

Abbiamo inoltre dimostrato che $\lim_{t \to 0} \frac{\sin t}{t} = 1$, quindi possiamo affermare che $\lim_{h \to 0} \frac{\sin\left(\frac{h}{2}\right)}{\frac{h}{2}} = 1$ e, quindi, che $(\sin(x_0))' = \cos(x_0)$.
Poiché questo vale per ogni numero reale x_0, concludiamo che:

$$(\sin(x))' = \cos(x)$$

per ogni $x \in]-\infty, +\infty[$, che è ciò che volevamo dimostrare.

OSSERVA

Utilizzando alcune regole di derivazione fin qui studiate e le identità goniometriche è possibile dimostrare che:

- $(\cos(x))' = -\sin(x)$ per ogni $x \in]-\infty, +\infty[$
- $(\tan(x))' = \frac{1}{\cos^2(x)} = 1 + \tan^2(x)$ per ogni $x \neq \frac{\pi}{2} + k\pi$, con k numero intero.

PER ESEMPIO

1 Deriviamo $f(x) = \sin(2x)$.
Applichiamo la regola di derivazione del seno e quella della funzione composta:

$$f'(x) = 2\cos(2x).$$

2 Deriviamo $f(x) = \sin^2(x)$.
Applichiamo la regola di derivazione del seno e quella della funzione composta:

$$f'(x) = 2\sin(x)\cos(x) = \sin(2x).$$

3 Deriviamo $f(x) = 3\sin^3(x) - \cos(x)$.
Applichiamo le regole di derivazione del seno, della funzione composta, della somma di funzioni e del coseno: $f'(x) = 9\sin^2(x)\cos(x) + \sin(x)$.

Derivata della funzione inversa

Sia $y = f(x)$ una funzione invertibile e derivabile su un intervallo I e tale che $f'(x) \neq 0$ per ogni $x \in I$. Sia inoltre g la funzione inversa di f. Allora g è derivabile in ogni punto dell'intervallo $f(I)$ e:

$$g'(x) = \frac{1}{f'(g(x))} \text{ per ogni } x \in f(I).$$

Dimostrazione

Per definizione di funzione inversa risulta $f(g(x)) = x$ per ogni $x \in f(I)$.
Deriviamo entrambi i membri. Per la derivata della funzione composta abbiamo

$$f'(g(x)) \cdot g'(x) = 1,$$

quindi, poiché $f'(x) \neq 0$ per ogni $x \in I$ possiamo concludere:

$$g'(x) = \frac{1}{f'(g(x))}.$$

PER ESEMPIO

1. Applichiamo la regola di derivazione della funzione inversa per dimostrare che:

$$(\sqrt{x})' = \frac{1}{2\sqrt{x}}.$$

Consideriamo $f(x) = x^2$ per $x > 0$. La sua inversa è $g(x) = \sqrt{x}$.
Per la regola di derivazione della funzione inversa abbiamo:

$$g'(x) = \frac{1}{f'(g(x))}.$$

Inoltre $f'(x) = 2x$ quindi:

$$f'(g(x)) = 2\sqrt{x} \Rightarrow (\sqrt{x})' = \frac{1}{2\sqrt{x}}$$

che è lo stesso risultato ottenuto quando abbiamo applicato la definizione di derivata alla funzione $y = \sqrt{x}$.

2. Sia f una funzione invertibile sul suo dominio naturale e tale che $f(-4) = 5$ e $f'(-4) = 2$.
Sia f^{-1} la sua inversa. Calcoliamo $(f^{-1})'(5)$.
Poiché $f'(-4) \neq 0$, possiamo applicare la regola di derivazione della funzione inversa:

$$(f^{-1})'(5) = \frac{1}{f'(f^{-1}(5))}.$$

Per definizione di funzione inversa $f^{-1}(5) = -4$, quindi:

$$(f^{-1})'(5) = \frac{1}{f'(-4)} = \frac{1}{2}.$$

OSSERVA

Usando la regola di derivazione della funzione inversa è possibile dimostrare che:

- $(\arcsin(x))' = \frac{1}{\sqrt{1-x^2}}$ per ogni $x \in]-1, 1[$;
- $(\arccos(x))' = -\frac{1}{\sqrt{1-x^2}}$ per ogni $x \in]-1, 1[$;
- $(\arctan(x))' = \frac{1}{1+x^2}$ per ogni $x \in]-\infty, +\infty[$.

Derivata di e^x

Per ogni $x \in]-\infty, +\infty[$ risulta $(e^x)' = e^x$.

Dimostrazione

Suddividiamo la dimostrazione in due parti.

1 Dimostriamo il seguente limite notevole:

$$\lim_{x \to 0} \frac{e^x - 1}{x} = 1.$$

Assumiamo come ipotesi che la successione $\left(1 + \frac{1}{n}\right)^n$ converga per $n \to +\infty$; si può dimostrare che questa successione converge al numero di Eulero e, un numero irrazionale compreso fra 2 e 3: $e = \lim_{n \to +\infty}\left(1 + \frac{1}{n}\right)^n$.

Se sostituiamo alla variabile n, che assume valori nell'insieme dei numeri naturali, la funzione $\frac{1}{x}$, che assume valori nei numeri reali, l'espressione $\lim_{n \to +\infty}\left(1 + \frac{1}{n}\right)^n$ si trasforma nell'espressione $\lim_{x \to 0^+}(1 + x)^{\frac{1}{x}}$.

È anche possibile dimostrare che $\lim_{x \to 0}(1 + x)^{\frac{1}{x}} = e$.

Come conseguenza di questo risultato abbiamo:

$$\lim_{x \to 0} \frac{e^x - 1}{x} = \lim_{x \to 0} \frac{\left((1 + x)^{\frac{1}{x}}\right)^x - 1}{x} = \lim_{x \to 0} \frac{(1 + x) - 1}{x} = \lim_{x \to 0} \frac{x}{x} = 1$$

che conclude la prima parte della dimostrazione.

2 Consideriamo ora il rapporto incrementale di $f(x) = e^x$ in un generico $x_0 \in \mathbb{R}$:

$$\frac{e^{x_0 + h} - e^{x_0}}{h} = \frac{e^{x_0}(e^h - 1)}{h}.$$

Poiché $\lim_{h \to 0} \frac{e^h - 1}{h} = 1$ risulta: $f'(x_0) = \lim_{h \to 0} \frac{e^{x_0}(e^h - 1)}{h} = e^{x_0} \cdot \lim_{h \to 0} \frac{e^h - 1}{h} = e^{x_0}$.

Abbiamo quindi dimostrato che la derivata di e^x in un qualunque punto x_0 è e^{x_0}.

Possiamo concludere che per ogni x risulta $(e^x)' = e^x$, come volevamo dimostrare.

PER ESEMPIO

Deriviamo $f(x) = e^{\sin(2x)}$ per $x \in]-\infty, +\infty[$:

$$f'(x) = e^{\sin(2x)} 2\cos(2x).$$

Derivata di a^x

Sia $a > 0$ e $a \neq 1$; per ogni $x \in \mathbb{R}$ risulta $(a^x)' = \ln(a) \cdot a^x$.

Dimostrazione

Per ogni x risulta

$$a^x = e^{\ln(a^x)} = e^{\ln(a) \cdot x}.$$

Per la regola di derivazione della funzione composta:

$$(a^x)' = (e^{\ln(a) \cdot x})' = \ln(a) \cdot e^{\ln(a) \cdot x} = \ln(a) \cdot a^x.$$

PER ESEMPIO

Deriviamo 2^x.

$$(2^x)' = \ln(2) \cdot 2^x$$

Derivata di ln(x)

Per ogni $x > 0$ risulta $\left(\ln(x)\right)' = \dfrac{1}{x}$.

Dimostrazione

Sappiamo che $f(x) = e^x$ è la funzione inversa di $g(x) = \ln(x)$ per ogni $x > 0$.
Per la regola di derivazione della funzione inversa:

$$\left(f(g(x))\right)' = \frac{1}{f'(g(x))}.$$

Poiché $(e^x)' = e^x$:

$$\frac{1}{f'(g(x))} = \frac{1}{e^{g(x)}} = \frac{1}{e^{\ln(x)}} = \frac{1}{x}.$$

PER ESEMPIO

Deriviamo $f(x) = \ln(3x^2 + 3x)$ per $x \in]-\infty, -1[\cup]0, +\infty[$.
Per la regola di derivazione della funzione composta risulta:

$$f'(x) = \frac{1}{3x^2 + 3x} \cdot (6x + 3) = \frac{2x + 1}{x^2 + x}.$$

OSSERVA

Applicando la regola del cambiamento di base è possibile dimostrare che, per ogni $x > 0$:

$$\left(log_a(x)\right)' = \frac{1}{x\ln(a)}.$$

Derivata di x^a con a numero reale

Se a è un qualsiasi numero reale e f è la funzione definita su $]0, +\infty[$ da $f(x) = x^a$, allora:

$$f'(x) = ax^{a-1}.$$

Dimostrazione

Scriviamo x^a come

$$e^{\ln(x^a)} = e^{a\ln(x)}.$$

Applichiamo le regole di derivazione note:

$$(e^{a\ln(x)})' = e^{a\ln(x)} \frac{a}{x} = e^{\ln(x^a)} \frac{a}{x} = x^a \frac{a}{x} = ax^{a-1}.$$

PER ESEMPIO

1. Deriviamo $x^{\sqrt{2}}$ per $x > 0$:

$$(x^{\sqrt{2}})' = \sqrt{2}\, x^{\sqrt{2}-1}.$$

2. Deriviamo $(3x - 6)^\pi$ per $x > 2$:

$$\left((3x-6)^\pi\right)' = \pi(3x-6)^{\pi-1} 3 = 3\pi(3x-6)^{\pi-1}.$$

Concludiamo il paragrafo con una tabella riassuntiva delle derivate delle funzioni elementari, precisando, per ciascuna di esse, il dominio naturale, l'insieme di continuità e quello di derivabilità. Questa tabella, insieme alle regole di derivazione della somma, del prodotto, del quoziente, della composta di due funzioni e dell'inversa di una funzione, potrà esserti di aiuto nel calcolo della derivata di una funzione e delle condizioni per cui essa esiste.

▼ Tabella riassuntiva delle derivate delle funzioni elementari

f(x)	**f′(x)**	**Dominio naturale *D* e insieme di continuità *C* di *f***	**Insieme di derivabilità *I***
k	0	$D=C=\left]-\infty,+\infty\right[$	$I=D=C$
x^n	nx^{n-1}	$D=C=\left]-\infty,+\infty\right[$ se $n\in\mathbb{N}\wedge n\neq 0$ $D=C=\left]-\infty,0\right[\cup\left]0,+\infty\right[$ se $n\in\mathbb{Z}\wedge n<0$ $D=C=\left]0,+\infty\right[$ se $n\in\mathbb{R}-\mathbb{Z}$	$I=D=C$
$\sqrt[n]{x^m}$ con m, n numeri naturali primi fra loro, $n\geq 2$, e $m\geq 1$	$\dfrac{m}{n\sqrt[n]{x^{n-m}}}$	$D=C=\left[0,+\infty\right[$ se $n\in\mathbb{N}\wedge n$ pari	$I=\left]0,+\infty\right[$ se $n>m$ $I=D=C$ se $n<m$
		$D=C=\left]-\infty,+\infty\right[$ se $n\in\mathbb{N}\wedge n$ dispari	$I=\left]-\infty,0\right[\cup\left]0,+\infty\right[$ se $n>m$ $I=D=C$ se $n<m$
e^x	e^x	$D=C=\left]-\infty,+\infty\right[$	$I=D=C$
a^x con $a>0$ e $a\neq 1$	$a^x\ln(a)$	$D=C=\left]-\infty,+\infty\right[$	$I=D=C$
$\ln(x)$	$\dfrac{1}{x}$	$\left]0,+\infty\right[$	$I=D=C$
$\log_a(x)$ con $a>0$ e $a\neq 1$	$\dfrac{1}{x\ln(a)}$	$\left]0,+\infty\right[$	$I=D=C$
$\sin(x)$	$\cos(x)$	$D=C=\left]-\infty,+\infty\right[$	$I=D=C$
$\cos(x)$	$-\sin(x)$	$D=C=\left]-\infty,+\infty\right[$	$I=D=C$
$\tan(x)$	$\dfrac{1}{\cos^2(x)}$	$D=C=\left\{x\in\mathbb{R}: x\neq\dfrac{\pi}{2}+k\pi, k\in\mathbb{Z}\right\}$	$I=D=C$
$\arcsin(x)$	$\dfrac{1}{\sqrt{1-x^2}}$	$D=C=\left[-1,1\right]$	$I=\left]-1,1\right[$
$\arccos(x)$	$-\dfrac{1}{\sqrt{1-x^2}}$	$D=C=\left[-1,1\right]$	$I=\left]-1,1\right[$
$\arctan(x)$	$\dfrac{1}{1+x^2}$	$D=C=\left]-\infty,+\infty\right[$	$I=D=C$

Derivate di ordine superiore

Abbiamo visto che la derivata di una funzione f è anch'essa una funzione. Possiamo applicare nell'insieme di derivabilità di f' la stessa procedura e definire una funzione detta *derivata seconda* di f e indicata con il simbolo f'':

$$f''(x)=\lim_{h\to 0}\frac{f'(x+h)-f'(x)}{h}.$$

Anche f'' può essere calcolata applicando a f' le regole di derivazione studiate.
Il procedimento può proseguire: nell'insieme di derivabilità di f'' possiamo calcolare la funzione f''', cioè la derivata terza di f, e così via.
La derivata seconda di una funzione f ha un importante significato geometrico: il suo segno determina la concavità del grafico di f.
Più in generale, se il segno della derivata seconda di una funzione f è positivo in un intervallo I, allora f è convessa in I; se è negativo in I, allora f è concava in I.

PER ESEMPIO

1 Calcoliamo la derivata seconda di $f(x) = 3x^2 - 2x$.
La funzione f è derivabile per ogni numero reale x. Calcoliamo la sua derivata prima:

$$(3x^2 - 2x)' = 6x - 2.$$

Anche la derivata prima di f è derivabile per ogni numero reale x. Calcoliamo la sua derivata: $f''(x) = (6x - 2)' = 6$.
Osserviamo che $f''(x) > 0$ per ogni x reale; quindi possiamo concludere che f è convessa su ogni intervallo reale. Infatti f è una funzione quadratica del tipo $ax^2 + bx + c$ con $a > 0$.

2 Calcoliamo la derivata seconda di $f(x) = 5x^3 - 2x^2$.
La funzione f è derivabile per ogni numero reale x. Calcoliamo la sua derivata prima:

$$(5x^3 - 2x^2)' = 15x^2 - 4x.$$

Anche la derivata prima di f è derivabile per ogni numero reale x. Calcoliamo la sua derivata: $f''(x) = (15x^2 - 4x)' = 30x - 4$.

Osserviamo che:

- se $x = \frac{2}{15}$, allora $f''(x) = 0$;
- se $x < \frac{2}{15}$, allora $f''(x) < 0$;
- se $x > \frac{2}{15}$, allora $f''(x) > 0$.

Quindi f è convessa su ogni intervallo reale contenuto nell'intervallo $\left[\frac{2}{15}, +\infty\right[$ e concava su ogni intervallo reale contenuto nell'intervallo $\left]-\infty, \frac{2}{15}\right]$.

3 Calcoliamo la derivata seconda di $f(x) = e^{-x^2}$.
La funzione f è derivabile per ogni numero reale x. Calcoliamo la sua derivata prima:

$$(e^{-x^2})' = -2x\, e^{-x^2}.$$

Anche la derivata prima di f è derivabile per ogni numero reale x. Calcoliamo la sua derivata:

$$f''(x) = (-2x\, e^{-x^2})' = -2e^{-x^2} + 4x^2 e^{-x^2} = -2e^{-x^2}(1 - 2x^2).$$

Poiché $-2e^{-x^2}$ ha segno negativo per ogni x reale, possiamo affermare che:

- se $x = -\frac{\sqrt{2}}{2} \vee x = \frac{\sqrt{2}}{2}$, allora $f''(x) = 0$;
- se $-\frac{\sqrt{2}}{2} < x < \frac{\sqrt{2}}{2}$, allora $f''(x) < 0$;
- se $x < -\frac{\sqrt{2}}{2} \vee x > \frac{\sqrt{2}}{2}$, allora $f''(x) > 0$.

Quindi possiamo concludere che f è convessa su ogni intervallo reale contenuto nell'insieme $\left]-\infty, -\frac{\sqrt{2}}{2}\right] \cup \left[\frac{\sqrt{2}}{2}, +\infty\right[$ e concava su $\left[-\frac{\sqrt{2}}{2}, \frac{\sqrt{2}}{2}\right]$.

Teoremi fondamentali del calcolo differenziale

Un'interpretazione fisica

* Il teorema del valor medio è detto anche teorema di Lagrange dal nome del matematico J. L. Lagrange (Torino, 1736 – Parigi, 1813) che lo enunciò.

Tra i teoremi del calcolo assume un ruolo centrale il *teorema del valor medio*.*
L'idea intuitiva del teorema è ben spiegata dal seguente esempio. Se un'automobile percorre un determinato tragitto variando la sua velocità allora esiste almeno un istante in cui la velocità istantanea dell'automobile è uguale alla sua velocità media.
Il sistema di controllo dei limiti di velocità *safety tutor* in vigore sulle autostrade italiane si basa sul teorema del valor medio.
Per calcolare la velocità media di un'auto si misura il tempo Δt impiegato dall'auto a percorrere la distanza Δs che separa due successive rilevazioni di posizione e poi si calcola il rapporto posizione e poi si calcola il rapporto $\frac{\Delta s}{\Delta t}$. Se questo rapporto è maggiore del limite di velocità consentito v_l allora si deduce che c'è stato almeno un istante in cui la velocità istantanea dell'auto è risultata maggiore di v_l e quindi il conducente è soggetto a contravvenzione.
Il teorema del valor medio mette in relazione le variazioni dei valori di $f(x)$ in un intervallo I con il comportamento di $f'(x)$ su I; ha inoltre un ruolo centrale nella dimostrazione dei teoremi che legano la crescenza e la concavità di una funzione al segno delle sue derivate prima e seconda. Questi teoremi, a loro volta, sono necessari per studiare il grafico di una funzione individuandone le caratteristiche più significative.

OSSERVA

Perché dobbiamo studiare metodi per determinare crescenza e concavità di una funzione se esistono software grafici in grado di darci queste informazioni?
Innanzitutto i software rappresentano un grafico solo in una particolare finestra, quindi è necessario scegliere sempre una finestra adeguata a ottenere le informazioni che ci interessano e non sempre questa scelta si rivela semplice e immediata.
Inoltre un software disegna un grafico *per punti*, trovando un numero finito e ordinato di punti del grafico della funzione, $(x_1, f(x_1))$, $(x_2, f(x_2))$, $(x_3, f(x_3))$, ..., $(x_n, f(x_n))$, con $x_1 < x_2, < \ldots < x_n$. Il grafico sullo schermo è quindi una sequenza ordinata di pixel: non abbiamo alcuna informazione su che cosa accade al grafico della funzione negli $n-1$ intervalli $]x_1, x_2[, \ldots,]x_{n-1}, x_n[$, così come non abbiamo informazioni relative al comportamento della funzione a sinistra di x_1 e a destra di x_n.

Massimi, minimi e teorema di Rolle

Sia f una funzione definita su un intervallo I. Diciamo che $x_0 \in I$ è:

- un punto di **minimo relativo** per f, se esiste $\delta > 0$ tale che $f(x) \geq f(x_0)$ per ogni $x \in]x_0 - \delta, x_0 + \delta[\cap I$;
- un punto di **massimo relativo** per f, se esiste $\delta > 0$ tale che $f(x) \leq f(x_0)$ per ogni $x \in]x_0 - \delta, x_0 + \delta[\cap I$.

PER ESEMPIO

1 $x = 0$ è punto di massimo relativo e $x = 2$ è punto di minimo relativo per la funzione $f(x) = x^3 - 3x^2$ definita in $\mathbb{R}$ e il cui grafico è riportato in figura.

2 $x = 0$ è punto di minimo relativo e anche punto di minimo assoluto per la funzione $f(x) = x^2$ sul suo dominio naturale.

3 $x = 0$ è punto di massimo relativo e anche punto di massimo assoluto per la funzione $f(x) = -x^2$ sul suo dominio naturale.

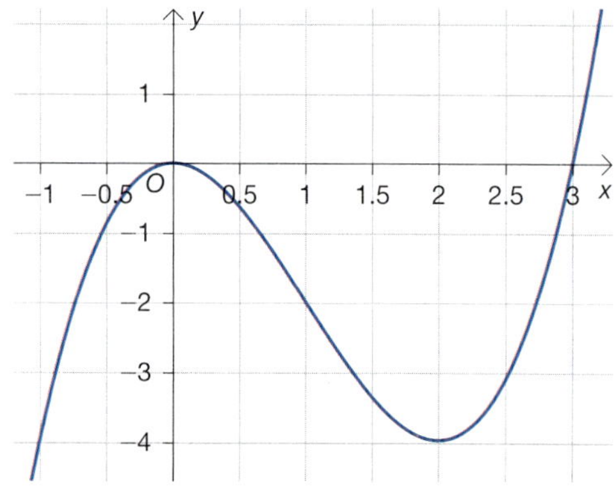

Enunciamo e dimostriamo due teoremi che useremo per dimostrare il teorema del valor medio.

Sia f una funzione che soddisfa le seguenti ipotesi:

- f è derivabile su un intervallo $]a, b[$;
- $x_0 \in\ ]a, b[$ è punto di massimo o di minimo relativo per f.

Allora $f'(x_0) = 0$.

Dimostrazione

Dimostriamo il teorema nel caso in cui x_0 sia un punto di massimo relativo.
Se x_0 è un punto di minimo la dimostrazione è analoga.
Poiché x_0 è un punto di massimo relativo esiste un intorno J di x_0 del tipo $[x_0 - h, x_0 + h]$, contenuto in $]a, b[$, tale che per ogni h non nullo, con $x_0 + h$ appartenente a J, abbiamo:

$$f(x_0) \geq f(x_0 + h) \Leftrightarrow f(x_0 + h) - f(x_0) \leq 0.$$

Consideriamo ora il rapporto incrementale $\dfrac{f(x_0 + h) - f(x_0)}{h}$.

Poiché il numeratore è negativo (o nullo) il rapporto è positivo (o nullo) se h è negativo ed è negativo (o nullo) se h è positivo:

- se $h < 0$ allora $\dfrac{f(x_0 + h) - f(x_0)}{h} \geq 0$;
- se $h > 0$ allora $\dfrac{f(x_0 + h) - f(x_0)}{h} \leq 0$.

Passiamo al limite per $h \to 0$:

$$\lim_{h \to 0^-} \frac{f(x_0 + h) - f(x_0)}{h} \geq 0$$

$$\lim_{h \to 0^+} \frac{f(x_0 + h) - f(x_0)}{h} \leq 0.$$

Poiché per ipotesi f è derivabile in x_0, i due limiti devono essere uguali, quindi possiamo concludere che $f'(x_0) = 0$.

OSSERVA

- Il teorema non è invertibile: se $f'(x_0) = 0$ non è detto che x_0 sia un punto di massimo o di minimo relativo. Infatti se consideriamo la funzione $f(x) = x^3$, vale $f'(0) = 0$, ma la funzione non ha punto di massimo o minimo relativo, perché è strettamente crescente.

- Se x_0 è un punto di massimo o di minimo relativo allora non è detto che $f'(x_0) = 0$. Ciò accade solo se la funzione è derivabile in x_0. Per esempio, la funzione $f(x) = |x|$ ha in $x = 0$ un punto di minimo relativo, ma la derivata di f in $x = 0$ non esiste.

Teorema di Rolle

Sia f una funzione che soddisfa le seguenti ipotesi:

- f è continua su un intervallo $[a, b]$;
- f è derivabile su $]a, b[$;
- $f(a) = f(b)$.

Allora esiste almeno un numero reale $c \in]a, b[$ tale che $f'(c) = 0$.

Dimostrazione

Per il teorema di Weierstrass f ammette su $[a, b]$ un punto di minimo e un punto di massimo assoluti, che indichiamo rispettivamente con x_1 e x_2.

1. Se $f(x_1) = f(x_2)$ f è una funzione costante e allora $f'(x) = 0$ per ogni $x \in]a, b[$, per cui la tesi è verificata.
2. Se $f(x_1) \neq f(x_2)$, allora x_1 e x_2 non possono coincidere entrambi con gli estremi a e b di $[a, b]$ in quanto, per ipotesi, $f(a) = f(b)$. Quindi almeno uno tra x_1 e x_2 appartiene all'intervallo $]a, b[$.
   Poiché f è derivabile su $]a, b[$, questo punto soddisfa le condizioni precisate nel precedente teorema per i punti di massimo e minimo relativi. Quindi $f'(x_1) = 0$ oppure $f'(x_2) = 0$, che equivale alla tesi.

Il teorema di Rolle può essere interpretato geometricamente dicendo che il grafico di una funzione che verifica le sue ipotesi ammette almeno un punto in cui la tangente al grafico di f è una retta parallela all'asse x.
Le tre immagini seguenti mostrano esempi di grafici di funzioni che soddisfano le ipotesi del teorema di Rolle e che ammettono almeno un punto a tangenza orizzontale.

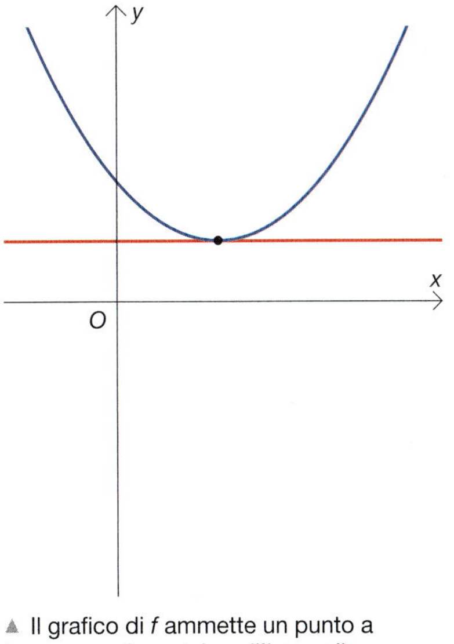

▲ Il grafico di f ammette un punto a tangenza orizzontale sull'intervallo considerato.

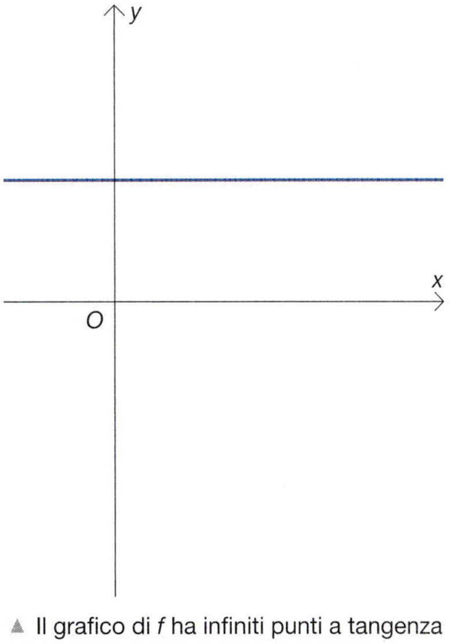

▲ Il grafico di f ha infiniti punti a tangenza orizzontale sull'intervallo considerato.

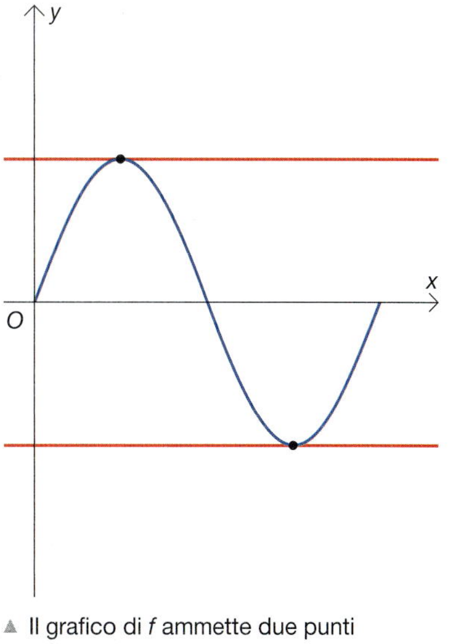

▲ Il grafico di f ammette due punti a tangenza orizzontale sull'intervallo considerato.

Esistono grafici che non soddisfano tutte le ipotesi del teorema di Rolle e che non hanno alcun punto a tangenza orizzontale nell'intervallo considerato, come nelle prime due figure seguenti. La terza figura mostra il grafico di una funzione che, anche se non soddisfa un'ipotesi del teorema di Rolle, ammette un punto a tangenza orizzontale.

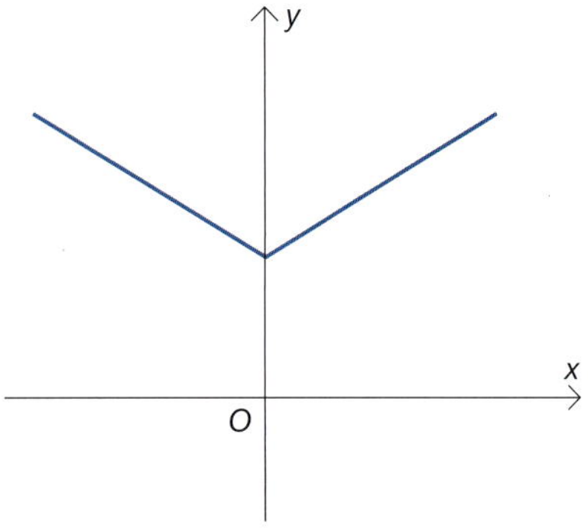

▲ Il grafico di f non ha punti a tangenza orizzontale sull'intervallo considerato (cade l'ipotesi di derivabilità sull'intervallo).

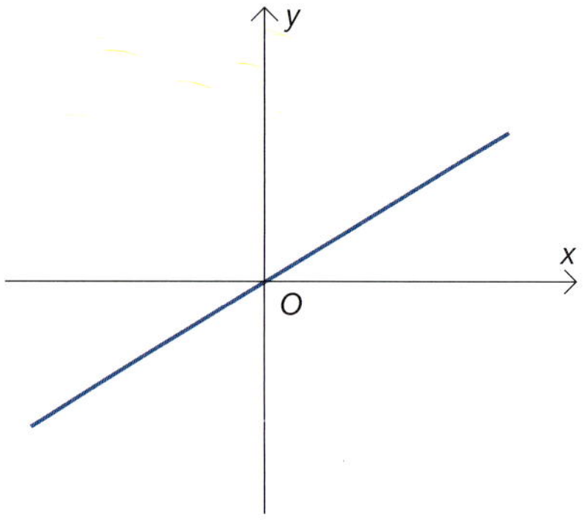

▲ Il grafico di f non ha punti a tangenza orizzontale sull'intervallo considerato (cade l'ipotesi $f(a) = f(b)$).

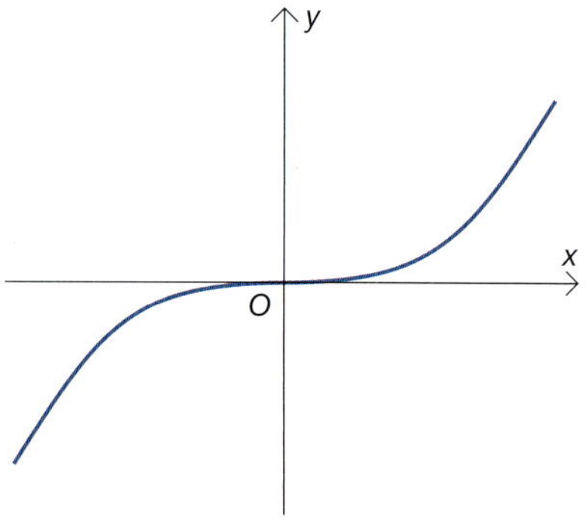

▲ Il grafico di f ha un punto a tangenza orizzontale, l'origine, anche se f non soddisfa l'ipotesi $f(a) = f(b)$.

Teorema del valor medio

Teorema del valor medio o di Lagrange

Sia f una funzione che soddisfa le seguenti ipotesi:

- f è continua su un intervallo $[a, b]$;
- f è derivabile su $]a, b[$.

Allora esiste almeno un numero reale $c \in\ ]a, b[$ tale che $f'(c) = \dfrac{f(b) - f(a)}{b - a}$.

Dimostrazione

La dimostrazione del teorema del valor medio utilizza il teorema di Rolle.
Cerchiamo una funzione g che soddisfa le ipotesi del teorema di Rolle e tale che:

$$g'(c) = 0 \text{ se e solo se } f'(c) = \frac{f(b) - f(a)}{b - a}.$$

Consideriamo allora la funzione

$$g(x) = f(x) - \left(\frac{f(b) - f(a)}{b - a}(x - a) + f(a)\right)$$

che fornisce, per ogni x, la differenza fra i valori di $f(x)$ e quelli assunti dalla funzione lineare

$$y = \frac{f(b) - f(a)}{b - a}(x - a) + f(a),$$

che ha per grafico la retta passante per i punti $(a, f(a))$ e $(b, f(b))$.
La funzione g è continua su $[a, b]$ e derivabile su $]a, b[$, perché differenza di due funzioni continue su $[a, b]$ e derivabili su $]a, b[$. Inoltre:

$$g(a) = f(a) - \left(\frac{f(b) - f(a)}{b - a}(a - a) + f(a)\right) = 0$$

$$g(b) = f(b) - \left(\frac{f(b) - f(a)}{b - a}(b - a) + f(a)\right) = f(b) - (f(b) - f(a) + f(a)) = 0.$$

La funzione g soddisfa le ipotesi del teorema di Rolle quindi esiste $c \in \,]a, b[$ tale che:

$g'(c) = 0$.

Inoltre, per ogni $x \in \,]a, b[$, $g'(x) = f'(x) - \dfrac{f(b) - f(a)}{b - a}$ e, quindi:

$$g'(c) = f'(c) - \frac{f(b) - f(a)}{b - a}.$$

Poiché $g'(c) = 0$ anche $f'(c) - \dfrac{f(b) - f(a)}{b - a} = 0$, cioè $f'(c) = \dfrac{f(b) - f(a)}{b - a}$, che è ciò che volevamo dimostrare.

Un'interpretazione geometrica del teorema del valor medio

Il rapporto $\dfrac{f(b) - f(a)}{b - a}$ rappresenta la pendenza della retta che congiunge i punti di coordinate $(a, f(a))$ e $(b, f(b))$ del grafico della funzione f. Il numero $f'(c)$ rappresenta la pendenza della retta tangente al grafico di f nel punto $(c, f(c))$, con $c \in \,]a, b[$.

Il teorema del valor medio afferma che se una funzione f è continua su un intervallo $[a, b]$ ed è derivabile su $]a, b[$, allora esiste almeno un punto $c \in \,]a, b[$ tale che la retta tangente in c al grafico di f è parallela alla retta passante per $(a, f(a))$ e $(b, f(b))$.

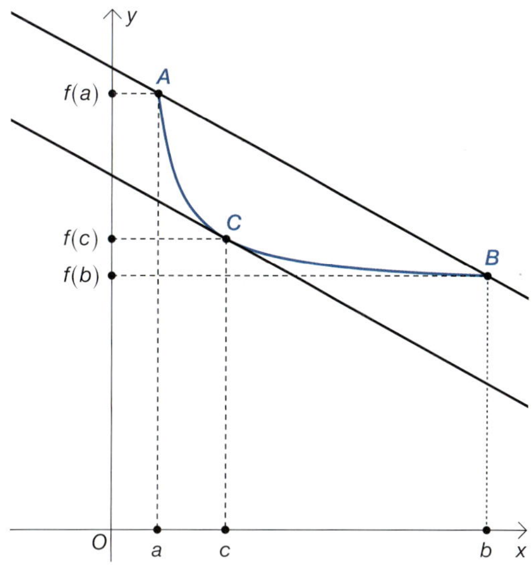

PER ESEMPIO

1 Consideriamo la funzione $f(x) = 2x^3 - 5x^2$.

Ci chiediamo se f soddisfa le ipotesi del teorema del valor medio sull'intervallo $[0, 1]$; in caso affermativo, vogliamo determinare $c \in \,]0, 1[$ tale che:

$$f'(c) = \frac{f(1) - f(0)}{1 - 0} = -3.$$

Poiché f è una funzione polinomiale, è continua e derivabile su qualunque intervallo contenuto in $]-\infty, +\infty[$ e soddisfa le ipotesi del teorema del valor medio su ogni intervallo $[a, b]$, in particolare sull'intervallo $[0, 1]$.

Sappiamo quindi che esiste $c \in \,]0, 1[$ tale che $f'(c) = \dfrac{f(1) - f(0)}{1 - 0} = -3$.

Inoltre $f'(x) = 6x^2 - 10x$. Quindi c è soluzione dell'equazione $6x^2 - 10x = -3$ sull'intervallo $]0, 1[$.

$$6x^2 - 10x = -3 \Leftrightarrow 6x^2 - 10x + 3 = 0 \Leftrightarrow$$

$$\Leftrightarrow \left(x = \frac{5 - \sqrt{7}}{6} \approx 0.4 \vee \frac{5 + \sqrt{7}}{6} \approx 1.3\right).$$

Quindi $c = \dfrac{5 - \sqrt{7}}{6}$.

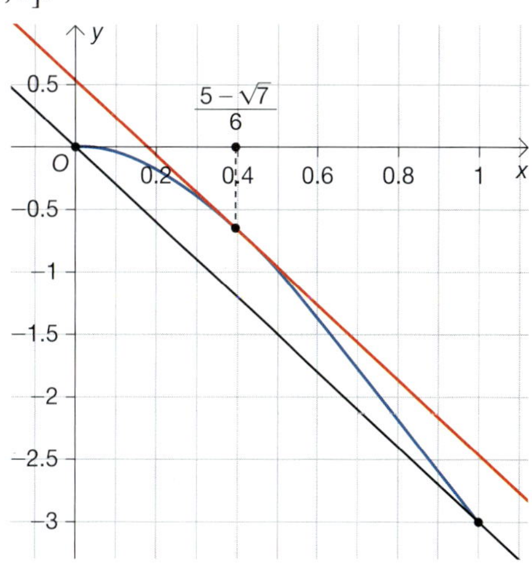

2 Consideriamo la funzione $f(x) = |x^2 - 1|$ e ci chiediamo se soddisfa le ipotesi del teorema del valor medio sull'intervallo $[-2, 2]$.
La funzione f può essere riscritta così:

$$f(x) = \begin{cases} 1 - x^2 & \text{se } -1 < x < 1 \\ x^2 - 1 & \text{se } x \leq -1 \vee x \geq 1 \end{cases}$$

Poiché f è una funzione composta di funzioni continue sull'insieme dei numeri reali, è continua su ogni intervallo reale, in particolare sull'intervallo $[-2, 2]$. La funzione f potrebbe invece non essere derivabile in $x = -1$ e in $x = 1$. Infatti se consideriamo

$$f'(x) = \begin{cases} -2x & \text{se } -1 < x < 1 \\ 2x & \text{se } x \leq -1 \vee x \geq 1 \end{cases}$$

osserviamo che la derivata sinistra e destra in $x = -1$ e in $x = 1$ sono diverse:

$$f_-'(-1) = -2 \neq f_+'(-1) = 2$$

$$f_-'(1) = -2 \neq f_+'(1) = 2.$$

Quindi il teorema del valor medio non può essere applicato a f sull'intervallo $[-2, 2]$. Il teorema può essere applicato a f su qualunque intervallo reale che non contenga né -1 né 1.

3 Consideriamo la funzione $f(x) = \arcsin(x)$ e ci chiediamo se soddisfa le ipotesi del teorema del valor medio sull'intervallo $[-1, 1]$.
La funzione f è una funzione continua su $[-1, 1]$ e derivabile su $]-1, 1[$, quindi, anche se non è derivabile in $x = -1$ e in $x = 1$, possiamo applicare a essa il teorema del valor medio.
Quindi esiste $c \in\ ]-1, 1[$ tale che:

$$f'(c) = \frac{f(1) - f(-1)}{1 - (-1)} = \frac{\arcsin(1) - \arcsin(-1)}{2} = \frac{\pi}{2}.$$

Poiché $f'(x) = \frac{1}{\sqrt{1 - x^2}}$ per ogni $x \in\ ]-1, 1[$, il valore di c è soluzione dell'equazione:

$$\frac{1}{\sqrt{1 - c^2}} = \frac{\pi}{2} \Leftrightarrow \pi^2(1 - c^2) = 4 \Leftrightarrow c^2 = \frac{\pi^2 - 4}{\pi^2} \Leftrightarrow$$

$$\Leftrightarrow \left(c = -\frac{\sqrt{\pi^2 - 4}}{\pi} \approx -0.77 \vee c = \frac{\sqrt{\pi^2 - 4}}{\pi} \approx 0.77 \right).$$

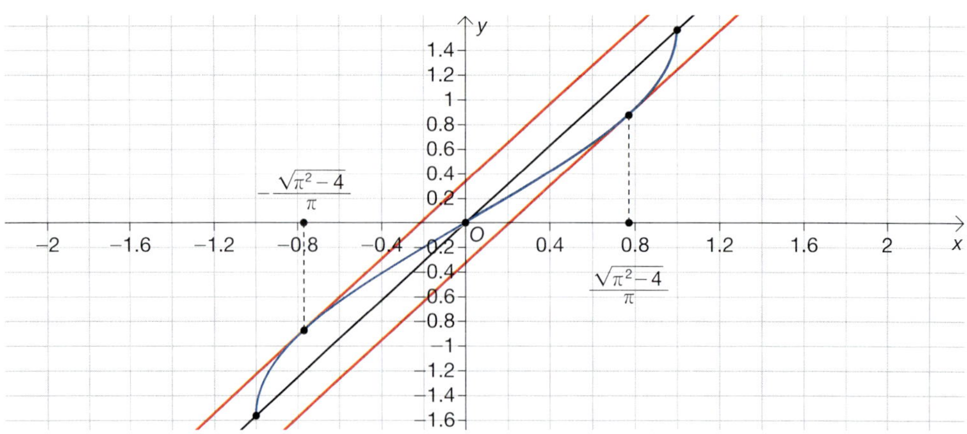

Il precedente esempio dimostra che nell'intervallo $]a, b[$ possono esistere più punti c tali che:

$$f'(c) = \frac{f(b) - f(a)}{b - a}.$$

Corollari del teorema del valor medio

Il teorema del valor medio permette di dimostrare alcuni teoremi fondamentali per lo studio delle funzioni.
Indichiamo questi teoremi con il nome di *corollari*: in generale si dice corollario un teorema che è diretta conseguenza di un altro teorema.
Vediamo alcuni corollari del teorema del valor medio.

Abbiamo già dimostrato che una funzione costante su un intervallo I ha derivata nulla su I. In simboli:

$$(f(x) = k\,\forall x \in I) \Rightarrow (f'(x) = 0\,\forall x \in I).$$

Mediante il teorema del valor medio possiamo dimostrare che anche l'enunciato inverso è un teorema.

Corollario 1. Funzioni che hanno derivata nulla su un intervallo
Se una funzione ha derivata nulla su un intervallo I, allora è costante su I.
In simboli:

$$(f'(x) = 0\,\forall x \in I) \Rightarrow (f(x) = k\,\forall x \in I).$$

Dimostrazione

Consideriamo un punto fissato $x_0 \in I$ e un punto x di I distinto da x_0. Applichiamo il teorema del valor medio all'intervallo $[x_0, x]$ (se $x > x_0$), oppure all'intervallo $[x, x_0]$ (se $x < x_0$):
esiste un punto c appartenente all'intervallo $]x_0, x[$ se $x > x_0$, oppure all'intervallo $]x, x_0[$ se $x < x_0$ tale che

$$f'(c) = \frac{f(x) - f(x_0)}{x - x_0}.$$

Poiché per ipotesi $f'(c) = 0$ su I, risulta $\frac{f(x) - f(x_0)}{x - x_0} = 0$ cioè $f(x) - f(x_0) = 0$ per ogni $x \in I$. Ciò equivale a dire che f è costante per ogni $x \in I$.

PER ESEMPIO

Dimostriamo che la funzione $f(x) = \arcsin(-x) - \arccos(x)$ è costante sul suo dominio naturale.
Il dominio naturale della funzione è $[-1, 1]$.
Inoltre f è derivabile su $]-1, 1[$ con

$$f'(x) = -\frac{1}{\sqrt{1 - x^2}} + \frac{1}{\sqrt{1 - x^2}} = 0$$

per ogni $x \in]-1, 1[$.
Quindi, per il **corollario 1**, $f(x) = k$ per ogni $x \in [-1, 1]$.
Per determinare il valore della costante k è sufficiente osservare che:

$$f(0) = 0 - \frac{\pi}{2} = -\frac{\pi}{2}.$$

Quindi $f(x) = -\frac{\pi}{2}$ per ogni $x \in [-1, 1]$.
In altri termini, $\arcsin(-x)$ e $\arccos(x)$ hanno la stessa derivata e quindi differiscono per una costante:

$$\arcsin(-x) = \arccos(x) - \frac{\pi}{2}.$$

Corollario 2. Crescenza di una funzione e segno della sua derivata

Consideriamo una funzione f che ha le seguenti proprietà:

- è continua sull'intervallo $[a, b]$;
- è derivabile su $]a, b[$.

Allora:

- $f'(x) > 0$ per ogni $x \in]a, b[\Rightarrow f$ strettamente crescente su $[a, b]$;
- $f'(x) < 0$ per ogni $x \in]a, b[\Rightarrow f$ strettamente decrescente su $[a, b]$.

Dimostrazione

Consideriamo due punti qualunque $x_1, x_2 \in [a, b]$, con $x_1 < x_2$ e assumiamo $f'(x) > 0 \forall x \in]a, b[$.

Se dimostriamo che $f(x_1) < f(x_2)$, per l'arbitrarietà della scelta di x_1 e x_2, dimostriamo che f è strettamente crescente su I.

Possiamo applicare a f il teorema del valor medio sull'intervallo $[x_1, x_2]$:
esiste $c \in]x_1, x_2[$ tale che:

$$f'(c) = \frac{f(x_2) - f(x_1)}{x_2 - x_1}$$

cioè

$$f(x_2) - f(x_1) = f'(c)(x_2 - x_1).$$

Per ipotesi, però, sia $f'(c)$, sia $(x_2 - x_1)$ hanno segno positivo, quindi vale anche $f(x_2) - f(x_1) > 0$, cioè $f(x_2) > f(x_1)$, che è ciò che volevamo dimostrare.

La dimostrazione dell'enunciato $f'(x) < 0$ per ogni $x \in]a, b[\Rightarrow f$ strettamente decrescente su $[a, b]$ è del tutto analoga e la lasciamo per esercizio.

OSSERVA

Il **corollario 2** non si può invertire: la funzione $f(x) = x^3$ è strettamente crescente su $\mathbb{R}$ ma la sua derivata $f'(x) = 3x^2$ è nulla in $x = 0$. Si può invece dimostrare che per una funzione continua in $[a, b]$ e derivabile in $]a, b[$ risulta:

- $f'(x) \geq 0$ in $]a, b[\Leftrightarrow f$ è crescente in $[a, b]$;
- $f'(x) \leq 0$ in $]a, b[\Leftrightarrow f$ è decrescente in $[a, b]$.

PER ESEMPIO

Determiniamo la crescenza della funzione $f(x) = e^{-x^2}$.

La funzione è continua e derivabile per ogni x reale, perché composta di funzioni continue e derivabili sull'insieme dei numeri reali.

Deriviamo f:

$$f'(x) = -2x\, e^{-x^2}.$$

Studiamo il segno della funzione derivata:

$$-2x\, e^{-x^2} \geq 0 \Leftrightarrow -x \geq 0$$

perché e^{-x^2} ha segno positivo per ogni numero reale x.

Quindi:

- se $x < 0$ allora $f'(x) > 0$;
- $f'(0) = 0$;
- se $x > 0$ allora $f'(x) < 0$.

Possiamo allora concludere, per il **corollario 2**, che la funzione f è strettamente crescente sull'intervallo $]-\infty, 0]$ e strettamente decrescente sull'intervallo $[0, +\infty[$. Quindi 0 è un punto di massimo assoluto.

Corollario 3. Funzioni che hanno derivate uguali su un intervallo

Consideriamo due funzioni *f* e *g* che hanno le seguenti proprietà:

- sono continue sull'intervallo $[a, b]$;
- sono derivabili su $]a, b[$;
- sono tali che, per ogni $x \in]a, b[$, $f'(x) = g'(x)$.

Allora $f(x) - g(x) = k$ per ogni $x \in [a, b]$, cioè le funzioni *f* e *g* differiscono per una costante.

Dimostrazione

Per ipotesi $h'(x) = f'(x) - g'(x) = 0$. Quindi, per il **corollario 1**:

$$h(x) = f(x) - g(x) = k.$$

OSSERVA

- Il **corollario 3** può essere interpretato geometricamente: se due funzioni hanno stessa derivata su un intervallo I allora, in ogni punto di I, la tangente al grafico di *f* ha la stessa pendenza della tangente al grafico di *g*. Quindi i due grafici possono essere ottenuti l'uno dall'altro mediante una traslazione lungo l'asse *y*, che equivale a dire che:

  $$f(x) - g(x) = k.$$

- La sola conoscenza della derivata f' di una funzione *f* su un intervallo I consente di determinare *f* a meno di una costante. Infatti anche ogni funzione del tipo $f(x) + k$ con k numero reale ha come derivata f'.
  Per esempio consideriamo la funzione $f'(x) = 2x - 3$ definita per ogni x reale. Cerchiamo tutte le funzioni che soddisfano la condizione di avere la loro derivata prima uguale a $2x - 3$.
  Per quanto conosciamo sul calcolo delle derivate una funzione che soddisfa questa condizione è $f(x) = x^2 - 3x$. In realtà, però, anche ogni funzione del tipo $x^2 - 3x + k$ con k numero reale ha derivata $2x - 3$. Il **corollario 3** assicura che non ce ne sono altre.

Corollario 4. Massimi e minimi

Consideriamo una funzione *f* che ha le seguenti proprietà:

- *f* è continua sull'intervallo $]a, b[$;
- esiste $c \in]a, b[$ tale che $f'(c) = 0$ oppure $f'(c)$ non esiste;
- *f* è derivabile per ogni $x \in]a, b[$ tranne al più nel punto *c*.

Sotto queste ipotesi possiamo concludere che *f* ha le seguenti proprietà:

- se $f'(x) > 0$ per $a < x < c$ e $f'(x) < 0$ per $c < x < b$, allora *c* è un punto di massimo relativo per *f*;
- se $f'(x) < 0$ per $a < x < c$ e $f'(x) > 0$ per $c < x < b$, allora *c* è un punto di minimo relativo per *f*;
- se $f'(x)$ ha segno costante per $a < x < c$ e $c < x < b$, allora *c* non è punto di massimo né di minimo relativo per *f*.

Prima di dimostrare questo corollario ne diamo un'interpretazione geometrica.
La prima proprietà afferma che se $f'(x) > 0$ per $a < x < c$, cioè se *f* cresce strettamente alla sinistra di *c*, e se $f'(x) < 0$ per $c < x < b$, cioè se *f* decresce strettamente alla destra di *c*, allora *c* è un punto di massimo relativo.

I due grafici seguenti rappresentano due casi particolari: nel primo $f'(c) = 0$; nel secondo $f'(c)$ non esiste.

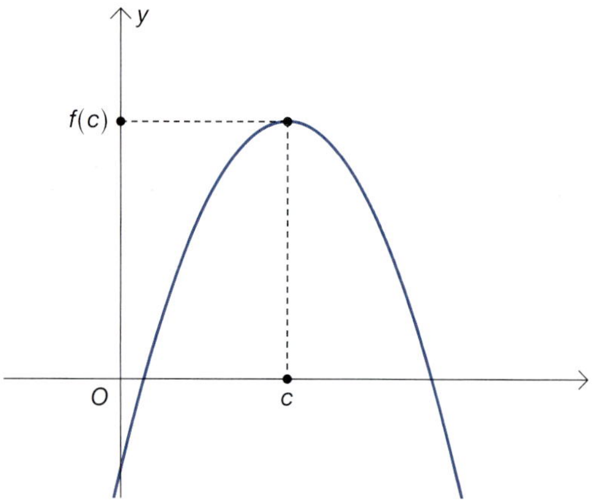

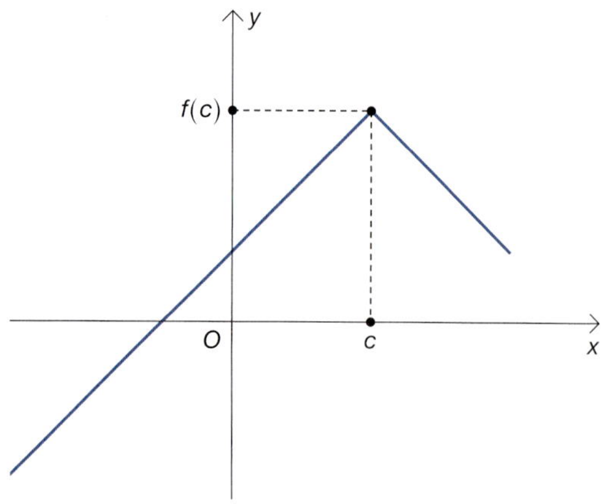

La seconda proprietà afferma che se $f'(x) < 0$ per $a < x < c$, cioè se f decresce strettamente alla sinistra di c, e se $f'(x) > 0$ per $c < x < b$, cioè se f cresce strettamente alla destra di c, allora c è un punto di minimo relativo.
La terza proprietà afferma che f cresce strettamente sia alla sinistra che alla destra di c, oppure decresce strettamente sia alla sinistra che alla destra di c. Allora c non può essere di minimo né di massimo relativo.
I due grafici seguenti rappresentano due casi particolari in cui la funzione f cresce sia alla sinistra sia alla destra di c: nel primo $f'(c) = 0$; nel secondo $f'(c)$ non esiste.

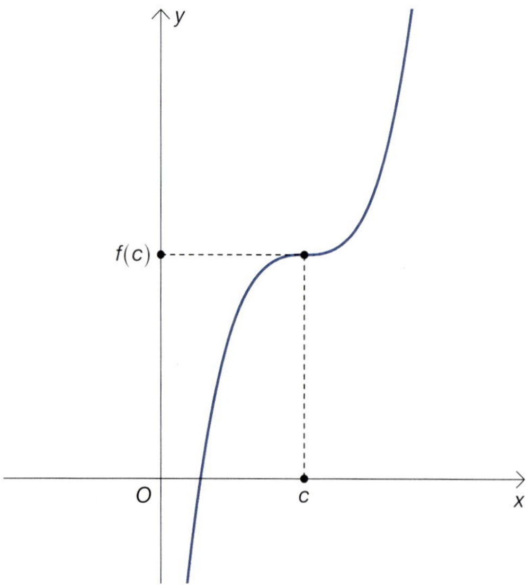

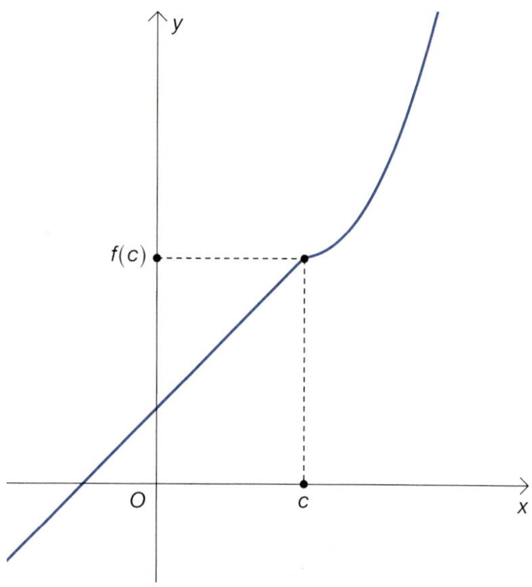

Dimostriamo ora la prima proprietà.

Dimostrazione

La funzione f soddisfa le ipotesi del **corollario 1** quindi è strettamente crescente su $]a, c]$ e strettamente decrescente su $[c, b[$ per cui, per ogni $x \in]a, c[$, $f(x) < f(c)$ e per ogni $x \in]c, b[$, $f(c) > f(x)$.
Dalla definizione di massimo relativo segue che in $x = c$ la funzione f ha un massimo relativo.

Concavità e punti di flesso

Per disegnare il grafico di una funzione non è sufficiente conoscere il suo dominio, i limiti agli estremi del dominio, il suo segno e la sua crescenza e, quindi, gli eventuali punti di massimo o minimo. Non è sufficiente sapere se una funzione cresce o decresce, ma è utile sapere anche *come cresce* e *come decresce*; in altri termini è importante avere informazioni anche sulla sua concavità. A pagina 242 del volume B abbiamo dato la definizione di funzione convessa o concava su un intervallo. In modo analogo a quanto abbiamo dimostrato nel **corollario 2** è possibile dimostrare che esiste un legame tra la convessità di f e la crescenza di f': una funzione derivabile su un intervallo $I =]a, b[$ è convessa su I se e solo se la funzione f', derivata prima di f, è crescente su I, mentre f è concava su I se e solo se f' è decrescente su I. Questo equivale a dire che, se f è derivabile due volte, allora f è convessa su I se e solo se la derivata seconda f'' di f è positiva o nulla su I, mentre f è concava su I se e solo se la derivata seconda f'' di f è negativa o nulla su I.

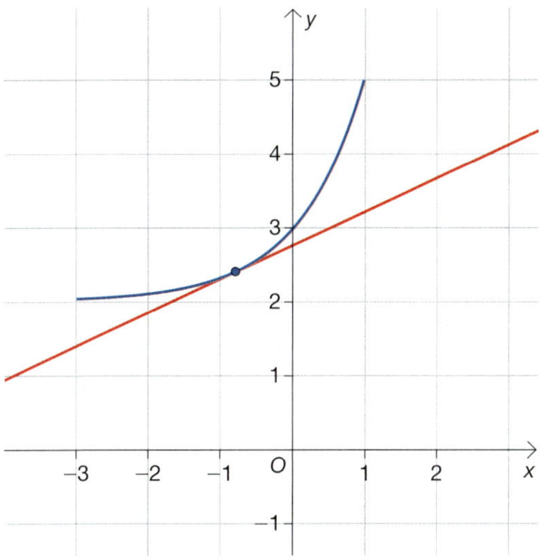

▲ Funzione convessa su $]-3, 1[$.

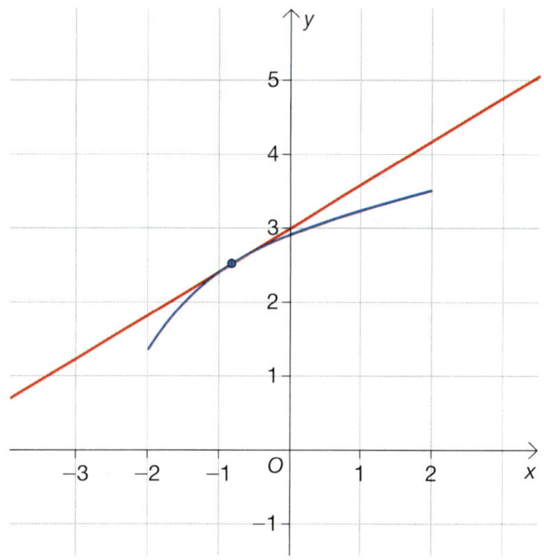

▲ Funzione concava su $]-2, 2[$.

Un punto c si dice **punto di flesso** per una funzione f continua in $x = c$ se esiste un numero $\delta > 0$ tale che f sia:

- derivabile su $]c - \delta, c[$ e su $]c, c + \delta[$;
- concava su $]c - \delta, c[$ e convessa su $]c, c + \delta[$ oppure convessa su $]c - \delta, c[$ e concava su $]c, c + \delta[$.

PER ESEMPIO

1 Il grafico della funzione in figura ammette in $x = 0$ tangente non parallela all'asse y e quindi f è derivabile in $x = 0$. Il grafico di f si dispone da due parti opposte rispetto alla tangente passando dalla sinistra alla destra di $x = 0$.

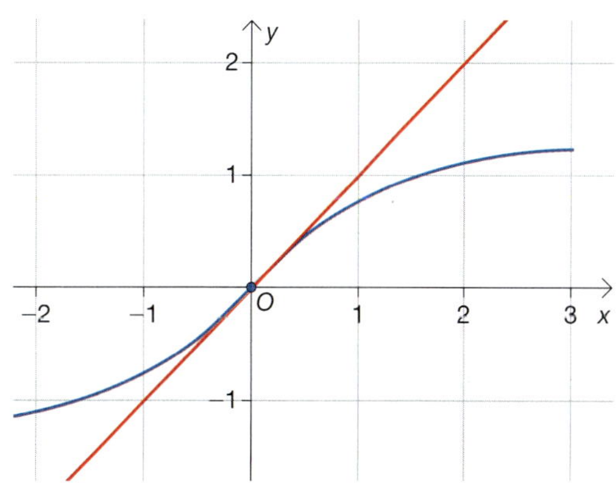

► $x = 0$ è punto di flesso per la funzione f.

2 Il grafico della funzione in figura ammette in $x = 1$ tangente parallela all'asse y e quindi f non è derivabile in $x = 1$. Il grafico di f si dispone da due parti opposte rispetto alla tangente passando dalla sinistra alla destra di $x = 1$.

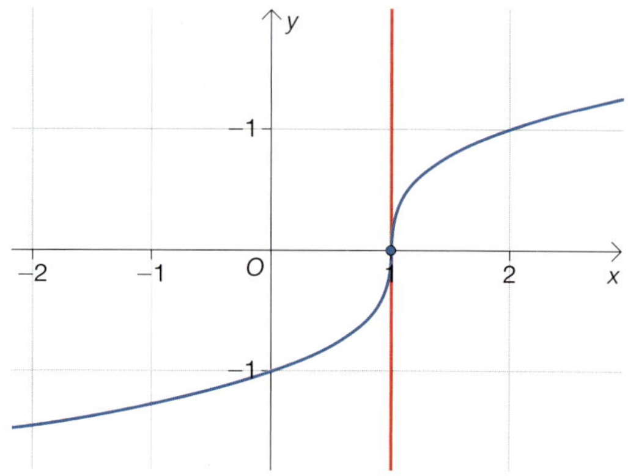

▲ $x = 1$ è punto di flesso per la funzione f.

3 Il grafico della funzione in figura ha tangenti diverse a sinistra e a destra di $x = 1$, quindi non solo la funzione non è derivabile in $x = 1$, ma il suo grafico non ammette retta tangente in $x = 1$. La funzione è convessa alla sinistra di 1, cioè la funzione derivata di f è crescente in un intorno sinistro di 1, ed è concava alla destra di 1, cioè la funzione derivata di f è decrescente in un intorno destro di 1. Per questo motivo $x = 1$ è un punto di flesso.

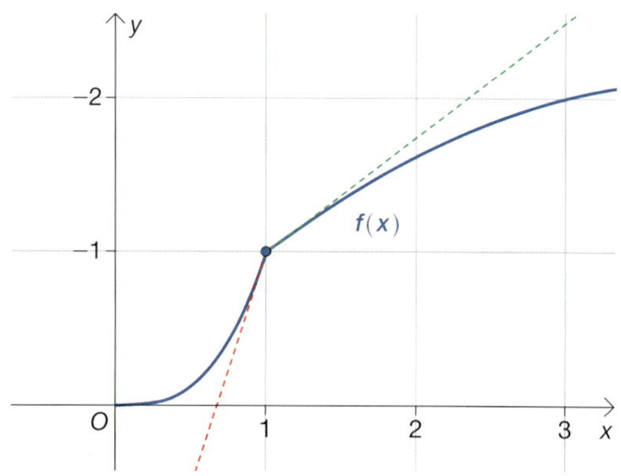

▲ $x = 1$ è punto di flesso per la funzione f.

4 La funzione $f(x) = (x-2)^3$ ammette in $x = 2$ un punto di flesso in cui il grafico di f ha tangente parallela all'asse delle x. Infatti

$$f'(x) = 3(x-2)^2$$

$$f''(x) = 6(x-2).$$

Il segno di f'' fornisce informazioni sulla crescenza di f'.
Per la precisione:

- se $x < 2$ allora $f''(x) < 0$, quindi f' è decrescente e f è concava;
- $f'(2) = 0$, quindi in $x = 2$ la tangente al grafico di f è una retta parallela all'asse delle x;
- se $x > 2$, allora $f''(x) > 0$, quindi f' è crescente e f è convessa.

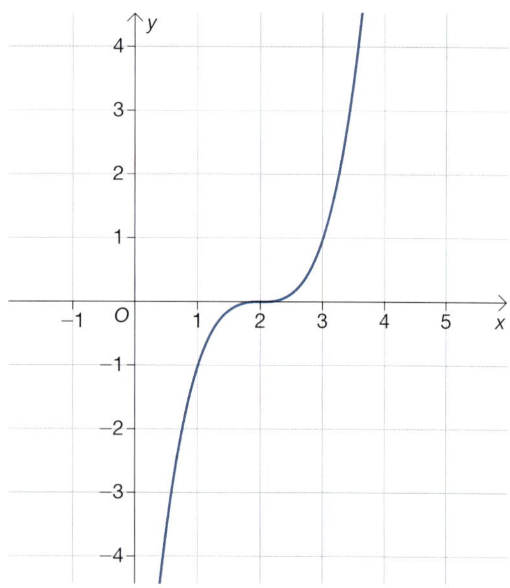

▲ Grafico di f in un intervallo centrato in $x = 2$.

OSSERVA

Se una funzione è derivabile due volte su un intervallo I, cioè se ammette in ogni punto di I derivata prima e derivata seconda, la crescenza di f e quindi i suoi eventuali punti di massimo e minimo relativi si possono ricavare dallo studio del segno di f', mentre la concavità di f e quindi i suoi eventuali punti di flesso si possono ricavare dallo studio del segno di f''.

I teoremi di de L'Hôpital

Presentiamo ora una regola che talvolta risulta molto utile a risolvere alcune forme indeterminate nel calcolo dei limiti.

Teorema di de L'Hôpital in forma debole

Siano f e g due funzioni definite in un intorno di un numero reale x_0 e tali che:

- $f(x_0) = g(x_0) = 0$;
- esistono le derivate $f'(x_0)$ e $g'(x_0)$;
- $g'(x_0) \neq 0$.

Allora $\lim_{x \to x_0} \frac{f(x)}{g(x)} = \frac{f'(x_0)}{g'(x_0)}$.

Dimostrazione

$$\frac{f'(x_0)}{g'(x_0)} = \frac{\lim_{h \to 0} \frac{f(x_0+h)-f(x_0)}{h}}{\lim_{h \to 0} \frac{g(x_0+h)-g(x_0)}{h}} = \lim_{h \to 0} \frac{f(x_0+h)-f(x_0)}{g(x_0+h)-g(x_0)} = \lim_{h \to 0} \frac{f(x_0+h)-0}{g(x_0+h)-0} = \lim_{h \to 0} \frac{f(x_0+h)}{g(x_0+h)}$$

Poniamo $x - x_0 = h$:

$$\lim_{h \to 0} \frac{f(x_0+h)}{g(x_0+h)} = \lim_{x \to x_0} \frac{f(x)}{g(x)} \Rightarrow \lim_{x \to x_0} \frac{f(x)}{g(x)} = \frac{f'(x_0)}{g'(x_0)}.$$

Il teorema di de L'Hôpital permette di risolvere certe forme indeterminate del tipo $\frac{0}{0}$.
Il teorema lega la risoluzione della forma di indeterminazione $\frac{0}{0}$ a un calcolo di derivate: questo fatto non è così sorprendente, infatti il calcolo della derivata $f'(x_0)$, quando possibile, è il risultato del limite del rapporto incrementale $\lim_{h \to 0} \frac{f(x_0+h)-f(x_0)}{h}$ che, se $f'(x_0)$ esiste, è una forma indeterminata del tipo $\frac{0}{0}$.

PER ESEMPIO

1 Calcoliamo $\lim_{x \to 3} \frac{\sqrt{x-2}-1}{x-3}$ che è una forma indeterminata del tipo $\frac{0}{0}$.
Siamo nelle ipotesi del teorema appena dimostrato, infatti dette $f(x) = \sqrt{x-2} - 1$ e $g(x) = x - 3$, abbiamo che:

- $f(3) = g(3) = 0$;
- esistono $f'(3)$ e $g'(3)$;
- $g'(3) \neq 0$.

Per il teorema di de L'Hôpital in forma debole possiamo quindi affermare che:

$$\lim_{x \to 3} \frac{f(x)}{g(x)} = \frac{f'(3)}{g'(3)}$$

$$f'(x) = \frac{1}{2\sqrt{x-2}} \Rightarrow f'(3) = \frac{1}{2}$$

$$g'(x) = g'(3) = 1.$$

Quindi $\lim_{x \to 3} \frac{\sqrt{x-2}-1}{x-3} = \frac{\frac{1}{2}}{1} = \frac{1}{2}$.

2 Calcoliamo $\lim_{x\to 0}\frac{\ln(1+x)}{x}$ che è una forma indeterminata del tipo $\frac{0}{0}$.
Siamo nelle ipotesi del teorema di de L'Hôpital in forma debole, con $f(x)=\ln(1+x)$ e $g(x)=x$, quindi $\lim_{x\to 0}\frac{f(x)}{g(x)}=\frac{f'(0)}{g'(0)}$.
Vale:

$$f'(x)=\frac{1}{x+1}\Rightarrow f'(0)=1$$
$$g'(x)=g'(0)=1.$$

Quindi $\lim_{x\to 0}\frac{\ln(1+x)}{x}=1$.

3 Calcoliamo $\lim_{x\to 0}\frac{\cos(x)-1}{x^2}$.
In questo caso non possiamo applicare il teorema di de L'Hôpital nella sua forma debole, perché la derivata di $g(x)=x^2$ vale 0 per $x=0$.
Possiamo calcolare il limite ricorrendo ad artifici, come il seguente:

$$\lim_{x\to 0}\frac{\cos(x)-1}{x^2}\,\frac{\cos(x)+1}{\cos(x)+1}=\lim_{x\to 0}\frac{\cos^2(x)-1}{x^2(\cos(x)+1)}=$$
$$=\lim_{x\to 0}\frac{1}{\cos(x)+1}\lim_{x\to 0}\frac{-\sin^2(x)}{x^2}=-\frac{1}{2}\lim_{x\to 0}\frac{\sin(x)}{x}\lim_{x\to 0}\frac{\sin(x)}{x}=-\frac{1}{2}$$

dove abbiamo anche usato il limite notevole $\lim_{x\to 0}\frac{\sin(x)}{x}=1$.

Avremmo potuto affrontare l'ultimo degli esempi proposti utilizzando un altro teorema di de L'Hôpital, che generalizza il precedente e che ci limitiamo a enunciare.

Teorema di de L'Hôpital in forma forte

Siano f e g due funzioni definite e continue su $[x_0, x_0+h[$ o su $]x_0-h, x_0]$ con $h>0$ e x_0 un numero reale. Le funzioni f e g godono delle seguenti proprietà:

- sono derivabili per ogni $x\in\,]x_0, x_0+h[$ o per ogni $x\in\,]x_0-h, x_0[$;
- $g'(x)\neq 0$ per ogni $x\in\,]x_0, x_0+h[$ o per ogni $x\in\,]x_0-h, x_0[$;
- $f(x_0)=g(x_0)=0$.

Se esiste (finito o infinito) il $\lim_{x\to x_0}\frac{f'(x)}{g'(x)}$ allora esiste (e ha lo stesso valore) anche il limite $\lim_{x\to x_0}\frac{f(x)}{g(x)}$.

PER ESEMPIO

Calcoliamo $\lim_{x\to 0}\frac{\cos(x)-1}{x^2}$ utilizzando il teorema di de L'Hôpital in forma forte.
Le funzioni $f(x)=\cos(x)-1$ e $g(x)=x^2$, con $x_0=0$, soddisfano le ipotesi del teorema di de L'Hôpital in forma forte. Osserviamo allora che:

$$\lim_{x\to x_0}\frac{f'(x)}{g'(x)}=\lim_{x\to 0}\frac{-\sin(x)}{2x}.$$

Abbiamo ancora una forma indeterminata del tipo $\frac{0}{0}$.
Osserviamo che:

$$\lim_{x\to 0}\frac{-\sin(x)}{2x}=-\frac{1}{2}\lim_{x\to 0}\frac{\sin(x)}{x}.$$

Applichiamo ora il limite notevole

$$\lim_{x \to 0} \frac{\sin(x)}{x} = 1$$

e otteniamo che

$$\lim_{x \to 0} \frac{-\sin(x)}{2x} = -\frac{1}{2}.$$

Quindi, per il teorema di de l'Hôpital, abbiamo che

$$\lim_{x \to 0} \frac{\cos(x) - 1}{x^2} = -\frac{1}{2}.$$

OSSERVA

- Il teorema di de L'Hôpital in forma forte, che chiameremo semplicemente teorema di de L'Hôpital, fornisce una condizione sufficiente, ma non necessaria per l'esistenza del $\lim\limits_{x \to x_0} \frac{f(x)}{g(x)}$. In altri termini, può accadere che esista il $\lim\limits_{x \to x_0} \frac{f(x)}{g(x)}$ senza che esista il $\lim\limits_{x \to x_0} \frac{f'(x)}{g'(x)}$.

Per esempio Consideriamo il $\lim\limits_{x \to 0} \left(\frac{x^2 \sin\left(\frac{1}{x}\right)}{x} \right)$.

Poniamo $f(x) = x^2 \sin\left(\frac{1}{x}\right)$ e $g(x) = x$.

Abbiamo:

$$\lim_{x \to 0} \left(\frac{x^2 \sin\left(\frac{1}{x}\right)}{x} \right) = \lim_{x \to 0} \left(x \sin\left(\frac{1}{x}\right) \right) = 0.$$

Se calcoliamo il limite per x che tende a 0 del rapporto delle derivate otteniamo:

$$\lim_{x \to 0} \left(\frac{2x \sin\left(\frac{1}{x}\right) - \cos\left(\frac{1}{x}\right)}{1} \right) = \lim_{x \to 0} \left(-\cos\left(\frac{1}{x}\right) \right)$$

che non esiste.

Il teorema di de L'Hôpital vale anche nei seguenti casi.

1 Se le due funzioni f e g tendono entrambe a $-\infty$ o a $+\infty$ per x che tende a x_0, cioè la forma indeterminata è del tipo $\frac{\infty}{\infty}$. In questo caso f e g devono essere:

- definite e continue su $[x_0, x_0 + h[$ o su $]x_0 - h, x_0]$ con $h > 0$;
- derivabili per ogni $x \in\ ]x_0, x_0 + h[$ o per ogni $x \in\ ]x_0 - h, x_0[$;
- tali che $g'(x) \neq 0$ per ogni $x \in\ ]x_0, x_0 + h[$ o per ogni $x \in\ ]x_0 - h, x_0[$.

2 Se x_0 è $-\infty$ o $+\infty$, f e g devono essere:

- definite, continue e derivabili in un intorno di $-\infty$ o $+\infty$;
- $g'(x) \neq 0$ in un intorno di $-\infty$ o $+\infty$;
- tali che $\lim\limits_{x \to \pm\infty} f(x) = \lim\limits_{x \to \pm\infty} g(x) = 0$ se la forma indeterminata è del tipo $\frac{0}{0}$; infinite per x che tende a $\pm\infty$ se la forma indeterminata è del tipo $\frac{\infty}{\infty}$.

PER ESEMPIO

1 Calcoliamo $\lim_{x \to 0^+}\left(x\ln(x)\right)$. Possiamo riscrivere il limite nella forma $\lim_{x \to 0^+}\left(\frac{\ln(x)}{\frac{1}{x}}\right)$ per avere una forma indeterminata del tipo $\frac{\infty}{\infty}$ a cui possiamo applicare il teorema:

$$\lim_{x \to 0^+}\frac{(\ln(x))'}{\left(\frac{1}{x}\right)'} = -\lim_{x \to 0^+}\frac{\frac{1}{x}}{-\frac{1}{x^2}} = -\lim_{x \to 0^+}\frac{x^2}{x} = -\lim_{x \to 0^+} x = 0.$$

Quindi, per il teorema di de L'Hôpital possiamo concludere $\lim_{x \to 0^+}\left(x\ln(x)\right) = 0$

2 Calcoliamo $\lim_{x \to +\infty}\frac{e^x}{x^2}$.

Questa è una forma indeterminata del tipo $\frac{\infty}{\infty}$ a cui possiamo applicare il teorema di de L'Hôpital:

$$\lim_{x \to +\infty}\frac{(e^x)'}{(x^2)'} = \lim_{x \to +\infty}\frac{e^x}{2x}.$$

Abbiamo ancora una forma indeterminata del tipo $\frac{\infty}{\infty}$. Applichiamo nuovamente il teorema:

$$\lim_{x \to +\infty}\frac{(e^x)'}{(2x)'} = \lim_{x \to +\infty}\frac{e^x}{2} = +\infty.$$

Quindi, per il teorema di de L'Hôpital:

$$\lim_{x \to +\infty}\frac{e^x}{2x} = +\infty = \lim_{x \to +\infty}\frac{e^x}{x^2}.$$

Asintoti obliqui

Consideriamo:

- una funzione f definita su un intervallo del tipo $]-\infty, a]$ oppure $[a, +\infty[$;
- una funzione lineare $g(x) = px + q$.

Si dice che la retta di equazione $y = px + q$ è un **asintoto obliquo a destra** per il grafico della funzione f se:

$$\lim_{x \to +\infty}\left(f(x) - px - q\right) = 0.$$

Interpretiamo geometricamente la definizione: il valore assoluto della differenza tra le ordinate dei punti $P\left(x, f(x)\right)$ del grafico di f e le ordinate dei punti $R(x, px + q)$ della retta tende a 0 per x che tende a $+\infty$.

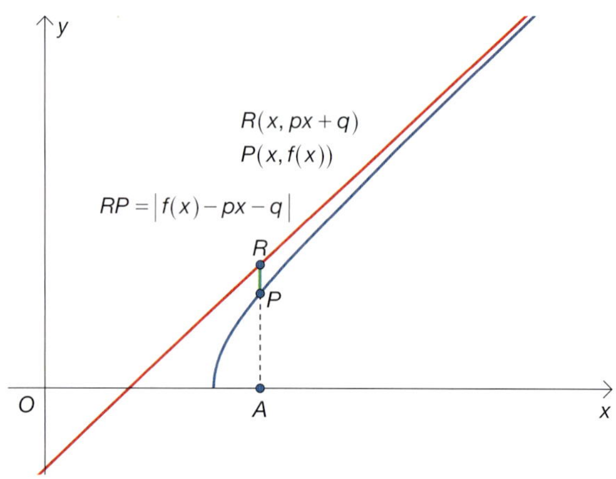

▶ $|f(x) - px + q|$ tende a 0 per $x \to +\infty$.

Nel grafico f tende a $+\infty$ per $x \to +\infty$ avvicinandosi sempre più al grafico di una funzione lineare, senza intersecarlo. Questo però non è l'unico caso in cui una funzione ammette asintoto obliquo.

Per esempio la figura seguente mostra il grafico di $f(x) = x + \frac{\sin(10x)}{x}$, che interseca la retta $y = x$ infinite volte: anche questo è un asintoto obliquo, perché:

$$\lim_{x \to +\infty} \left(f(x) - px - q\right) = \lim_{x \to +\infty} \left(x + \frac{\sin(10x)}{x} - x\right) = 0.$$

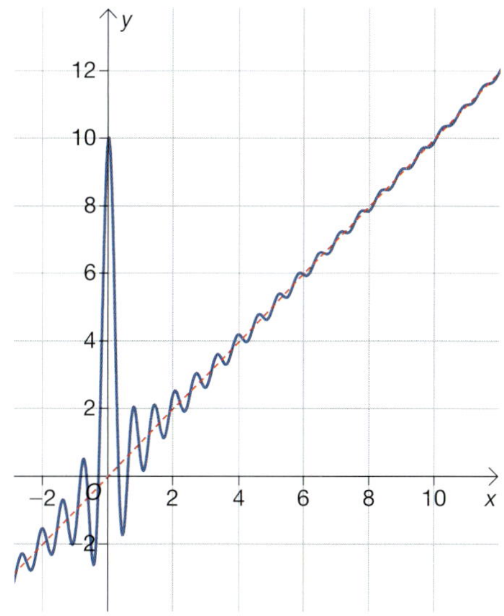

Vediamo come determinare la pendenza p e l'intercetta q che compaiono nell'equazione dell'asintoto obliquo del grafico di una funzione f.

Supponiamo che il grafico di f ammetta asintoto obliquo $y = px + q$ per $x \to +\infty$; quindi:

$$\lim_{x \to +\infty} \left(f(x) - px - q\right) = 0.$$

Dividiamo per x la quantità dentro le parentesi:

$$\lim_{x \to +\infty} \left(\frac{f(x)}{x} - \frac{px}{x} - \frac{q}{x}\right) =$$

$$= \lim_{x \to +\infty} \left(\frac{f(x)}{x} - p - \frac{q}{x}\right) = 0.$$

Poiché x tende a $+\infty$ il termine $\frac{q}{x}$ tende a 0 e quindi:

$$\lim_{x \to +\infty} \left(\frac{f(x)}{x} - p\right) = 0 \Rightarrow p = \lim_{x \to +\infty} \frac{f(x)}{x}.$$

La pendenza p può essere determinata calcolando il limite del rapporto $\frac{f(x)}{x}$ per x che tende a $+\infty$.

L'intercetta q può invece essere determinata sostituendo nella relazione che definisce l'asintoto obliquo il valore di p precedentemente determinato e calcolando il limite risultante:

$$\lim_{x \to +\infty} \left(f(x) - px - q\right) = 0 \Rightarrow q = \lim_{x \to +\infty} \left(f(x) - px\right).$$

PER ESEMPIO

Consideriamo la funzione $f(x) = \sqrt{x^2 - x}$.

Il suo dominio naturale è l'insieme $]-\infty, 0] \cup [1, +\infty[$, quindi f è definita su un intervallo reale non superiormente limitato: questa è una condizione necessaria affinché il grafico di una funzione ammetta asintoto obliquo.

Se esiste, l'asintoto obliquo ha equazione $y = px + q$, con

$$p = \lim_{x \to +\infty} \frac{f(x)}{x}$$

$$q = \lim_{x \to +\infty} \left(f(x) - px\right).$$

L'asintoto obliquo esiste se e solo se i due limiti esistono e sono finiti.

$$p = \lim_{x \to +\infty} \frac{\sqrt{x^2 - x}}{x} = \lim_{x \to +\infty} \frac{\sqrt{x^2}}{x} = \lim_{x \to +\infty} \frac{|x|}{x} = \lim_{x \to +\infty} \frac{x}{x} = 1$$

$$q = \lim_{x \to +\infty} \left(\sqrt{x^2 - x} - x\right) = \lim_{x \to +\infty} \left(\left(\sqrt{x^2 - x} - x\right) \cdot \frac{\sqrt{x^2 - x} + x}{\sqrt{x^2 - x} + x}\right) =$$

$$= \lim_{x \to +\infty} \left(\frac{x^2 - x - x^2}{\sqrt{x^2 - x} + x}\right) = \lim_{x \to +\infty} \left(\frac{-x}{\sqrt{x^2} + x}\right) = \lim_{x \to +\infty} \left(\frac{-x}{2x}\right) = -\frac{1}{2}$$

Quindi l'equazione $y = x - \frac{1}{2}$ rappresenta l'asintoto obliquo a destra del grafico della funzione f.

Analogamente possiamo definire l'asintoto obliquo a sinistra del grafico di una funzione f definita su un intervallo reale I inferiormente non limitato, quindi del tipo $]-\infty, a[$, oppure $]-\infty, a]$.
In tal caso $p = \lim_{x \to -\infty} \frac{f(x)}{x}$ e $q = \lim_{x \to -\infty} (f(x) - px)$.

PER ESEMPIO

La funzione $f(x) = \sqrt{x^2 - x}$, considerata nel precedente esempio, è definita anche su $]-\infty, 0]$, quindi possiamo chiederci se ammette asintoto obliquo a sinistra:

$$p = \lim_{x \to -\infty} \frac{\sqrt{x^2 - x}}{x} = \lim_{x \to -\infty} \frac{\sqrt{x^2}}{x} = \lim_{x \to -\infty} \frac{|x|}{x} = \lim_{x \to -\infty} \frac{-x}{x} = -1$$

$$q = \lim_{x \to -\infty} (\sqrt{x^2 - x} + x) = \lim_{x \to -\infty} \left((\sqrt{x^2 - x} + x) \cdot \frac{\sqrt{x^2 - x} - x}{\sqrt{x^2 - x} - x} \right) =$$

$$= \lim_{x \to -\infty} \left(\frac{x^2 - x - x^2}{\sqrt{x^2 - x} - x} \right) = \lim_{x \to -\infty} \left(\frac{-x}{\sqrt{x^2} - x} \right) = \lim_{x \to -\infty} \left(\frac{-x}{|x| - x} \right) =$$

$$= \lim_{x \to -\infty} \left(\frac{-x}{-x - x} \right) = \lim_{x \to -\infty} \left(\frac{-x}{-2x} \right) = +\frac{1}{2}.$$

Quindi l'equazione $y = -x + \frac{1}{2}$ rappresenta l'asintoto obliquo a sinistra del grafico della funzione f.

OSSERVA

- Condizione necessaria affinché una funzione f definita su $[a, +\infty[$ ammetta asintoto obliquo a destra è che la funzione f tenda a infinito per x che tende a $+\infty$.
  Condizione necessaria affinché f definita su $]-\infty, a]$ ammetta asintoto obliquo a sinistra è che f tenda a infinito per x che tende a $-\infty$.
- Se l'asintoto obliquo esiste, il $\lim_{x \to +\infty} \frac{f(x)}{x}$ utilizzato per determinare p è necessariamente una forma indeterminata del tipo $\frac{\infty}{\infty}$. Possiamo applicare il teorema di de L'Hôpital e dire che se esiste

$$\lim_{x \to +\infty} \frac{(f(x))'}{(x)'} = \lim_{x \to +\infty} \frac{f'(x)}{1} = \lim_{x \to +\infty} f'(x)$$

  allora questo limite è uguale a $\lim_{x \to +\infty} \frac{f(x)}{x}$.
  Quindi, per determinare p, è anche possibile calcolare, se esiste, $\lim_{x \to +\infty} f'(x)$.

  Per esempio
  Per cercare la pendenza dell'asintoto obliquo a destra di $f(x) = \sqrt{x^2 - x}$ calcoliamo:

$$\lim_{x \to +\infty} (\sqrt{x^2 - x})' = \lim_{x \to +\infty} \left(\frac{2x - 1}{2\sqrt{x^2 - x}} \right) = \lim_{x \to +\infty} \left(\frac{2x}{2\sqrt{x^2}} \right) = \lim_{x \to +\infty} \left(\frac{x}{|x|} \right) =$$

$$= \lim_{x \to +\infty} \left(\frac{x}{x} \right) = 1.$$

Problemi di massimo e minimo e studi di funzioni

I teoremi del calcolo differenziale possono essere applicati alla risoluzione di problemi di massimo o minimo e agli studi di funzioni. Vediamo alcuni esempi.

Un problema di minimo: coni circoscritti a una sfera

PER ESEMPIO

Fra tutti i coni circoscritti a una sfera di raggio r, vogliamo determinare quello di volume minimo.

Per risolvere il problema esprimiamo il volume V dei coni circoscritti alla sfera in funzione di una sola variabile e poi applichiamo il calcolo delle derivate e i teoremi del calcolo differenziale.
Consideriamo un cono generico circoscritto alla sfera di raggio r e una loro sezione piana illustrata in figura.

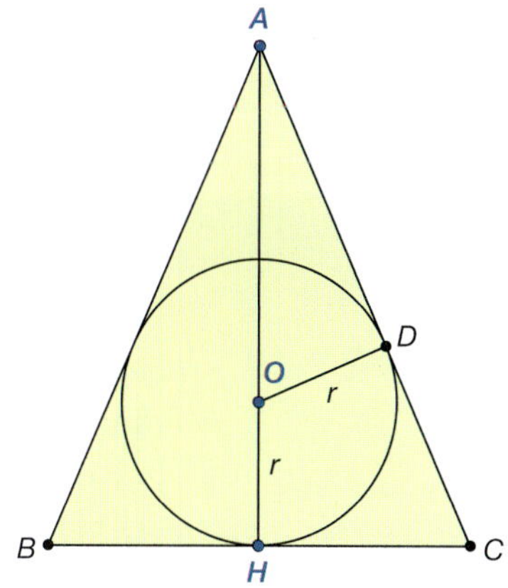

Abbiamo che: $V = \dfrac{\pi(HC)^2 \cdot AH}{3}$.
Indichiamo con x il segmento AO. Deve essere $x \geq r$, perché se $x < r$ non esiste alcun cono circoscritto. Quindi:

$AH = r + x$
$HC^2 = AC^2 - AH^2 = AC^2 - (r+x)^2$ per il teorema di Pitagora.

I triangoli AHC e AOD sono simili, in quanto hanno:

- gli angoli $A\widehat{H}C$ e $A\widehat{D}O$ entrambi retti, perché formati da un raggio della circonferenza con la tangente passante per quel raggio;
- l'angolo di vertice A in comune.

Quindi i due triangoli hanno uguali i rapporti tra i lati opposti ad angoli di uguale ampiezza:

$$\frac{AC}{AO} = \frac{HC}{OD} \Rightarrow AC \cdot OD = HC \cdot AO.$$

Sostituendo in quest'ultima uguaglianza le espressioni ottenute per HC, OD e AO, otteniamo:

$$AC \cdot r = \sqrt{AC^2 - (r+x)^2}\,x \Leftrightarrow r^2 AC^2 = x^2\left(AC^2 - (r+x)^2\right) \Leftrightarrow$$

$$\Leftrightarrow (x^2 - r^2)AC^2 = x^2(r+x)^2 \Leftrightarrow AC^2 = \frac{x^2(r+x)^2}{x^2 - r^2}.$$

Sostituiamo nell'uguaglianza $HC^2 = AC^2 - (r+x)^2$:

$$HC^2 = \frac{x^2(r+x)^2}{x^2 - r^2} - (r+x)^2 = (r+x)^2\left(\frac{x^2}{x^2 - r^2} - 1\right) =$$

$$= (r+x)^2 \frac{r^2}{(x-r)(x+r)} = \frac{x+r}{x-r} r^2.$$

Quindi, poiché $V = \dfrac{\pi(HC)^2 \cdot AH}{3}$, abbiamo:

$$V(x) = \frac{\pi}{3} \frac{x+r}{x-r} r^2 (x+r) = \frac{\pi r^2}{3} \frac{(x+r)^2}{x-r}.$$

La funzione V è continua per $x > r$ e vale:

$$\lim_{x \to r^+}\left(\frac{\pi r^2}{3} \frac{(x+r)^2}{x-r}\right) = +\infty \text{ e } \lim_{x \to +\infty}\left(\frac{\pi r^2}{3} \frac{(x+r)^2}{x-r}\right) = \lim_{x \to +\infty}\left(\frac{\pi r^2}{3} \frac{x^2}{x}\right) =$$

$$= \lim_{x \to +\infty}\left(\frac{\pi r^2}{3} x\right) = +\infty.$$

Quindi, per il *teorema di Weierstrass generalizzato* la funzione ammette un minimo assoluto sull'intervallo $]r, +\infty[$. Inoltre, poiché la funzione ammette derivata per ogni punto di questo intervallo, nel punto di minimo assoluto il grafico di f ha una tangente parallela all'asse x.
Calcoliamo la derivata di $V(x)$:

$$V'(x) = \left(\frac{\pi r^2}{3} \frac{(x+r)^2}{x-r}\right)' = \frac{\pi r^2}{3}\left(\frac{(x+r)^2}{x-r}\right)' =$$

$$= \frac{\pi r^2}{3} \frac{2(x+r)(x-r)-(x+r)^2}{(x-r)^2} =$$
$$= \frac{\pi r^2 (x+r)(2x-2r-x-r)}{3(x-r)^2} =$$
$$= \frac{\pi r^2 (x+r)(x-3r)}{3(x-r)^2}.$$

Studiamo ora il suo segno, osservando che $\frac{\pi r^2(x+r)}{3(x-r)^2} > 0$ per ogni x su cui la funzione è definita.
Quindi $V'(x) \geq 0 \Leftrightarrow x - 3r \geq 0 \Leftrightarrow x \geq 3r$.
$V(x)$ è strettamente decrescente sull'intervallo $]r, 3r]$ e strettamente crescente sull'intervallo $[3r, +\infty[$. Possiamo perciò concludere che $x = 3r$ è punto di minimo per V e che il cono di volume minimo, fra quelli circoscritti alla sfera di raggio r, ha l'altezza $AH = 4r$ e il raggio di base $HC = \sqrt{2}\,r$. Il suo volume è $\frac{8\pi r^3}{3}$, cioè il doppio del volume della sfera.

Un problema di massimo: il David di Michelangelo

PER ESEMPIO

A Firenze, in piazza della Signoria, si trova una replica del David di Michelangelo.
Il bordo su cui poggiano i piedi del David si trova 0.5 m più in alto del livello dell'occhio di un osservatore e l'altezza della statua è 4.1 m. A quale distanza dalla base della statua questa persona deve porsi per guardare la statua nelle migliori condizioni?
Per guardare la statua nelle migliori condizioni, l'osservatore deve rendere massimo l'angolo $\alpha = C\widehat{O}B$ da cui guarda l'intera statua.
Schematizziamo la situazione: il punto A in figura rappresenta la quota a cui si trova l'occhio O dell'osservatore. Il punto B indica la quota a cui si trovano i piedi del David e il punto C l'estremità superiore della statua. Quindi $AB = 0.5$ m, $BC = 4.1$ m.

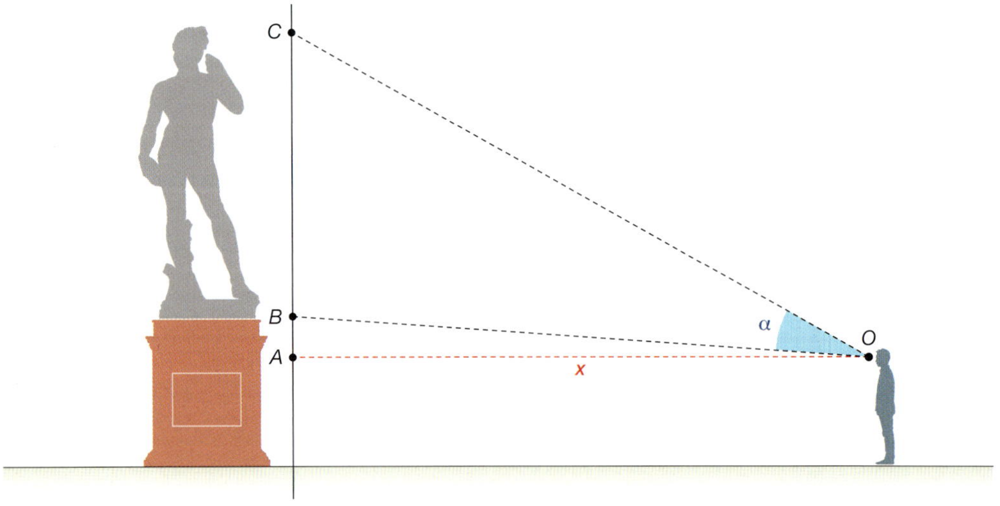

Dobbiamo determinare la distanza AO che rende massima l'ampiezza dell'angolo $C\widehat{O}B$. Indichiamo con x la lunghezza del segmento AO e determiniamo l'ampiezza di $C\widehat{O}B$ in funzione di x. Sappiamo che:

$$C\widehat{O}B = C\widehat{O}A - B\widehat{O}A.$$

Poiché $O\widehat{A}C$ è un angolo retto abbiamo:

$$C\widehat{O}A = \arctan\left(\frac{4.6}{x}\right) \text{ e } B\widehat{O}A = \arctan\left(\frac{0.5}{x}\right).$$

Quindi:

$$C\widehat{O}B = \alpha = \arctan\left(\frac{4.6}{x}\right) - \arctan\left(\frac{0.5}{x}\right).$$

Per determinare il massimo della funzione $\alpha = \arctan\left(\frac{4.6}{x}\right) - \arctan\left(\frac{0.5}{x}\right)$ calcoliamone la derivata:

$$\alpha'(x) = \frac{-\frac{4.6}{x^2}}{1+\frac{4.6^2}{x^2}} - \frac{-\frac{0.5}{x^2}}{1+\frac{0.5^2}{x^2}} = -\frac{4.6}{x^2+21.16} + \frac{0.5}{x^2+0.25} =$$

$$= \frac{-4.6(x^2+0.25)+0.5(x^2+21.16)}{(x^2+0.25)(x^2+21.16)}.$$

Studiamo il segno della derivata prima dell'angolo α in funzione di x:

$$\alpha'(x) \geq 0 \Leftrightarrow -4.6(x^2+0.25)+0.5(x^2+21.16) \geq 0 \Leftrightarrow$$

$$\Leftrightarrow 9.43 - 4.1x^2 \geq 0 \Leftrightarrow \begin{cases} x > 0 \\ -\sqrt{2.3} \leq x \leq \sqrt{2.3} \end{cases}$$

Quindi la funzione $\alpha(x)$ è strettamente crescente sull'intervallo $]0, \sqrt{2.3}]$ e strettamente decrescente sull'intervallo $[\sqrt{2.3}, +\infty[$.

Se approssimiamo $\sqrt{2.3}$ con 1.5, la distanza dalla base della statua alla quale l'osservatore deve porsi per guardarla nelle migliori condizioni è circa 1.5 m.

Studio di una funzione algebrica razionale fratta

PER ESEMPIO

Studiamo la funzione razionale fratta $f(x) = \frac{x}{x^2-1}$.

Dominio naturale

$x^2 - 1 \neq 0 \Leftrightarrow (x \neq -1 \land x \neq 1)$ quindi il dominio è l'insieme:

$$]-\infty, -1[\, \cup\,]-1, 1[\, \cup\,]1, +\infty[.$$

f è una funzione dispari, infatti $f(-x) = \frac{-x}{(-x)^2-1} = -f(x)$.

Segno

Se studiamo il segno del numeratore e del denominatore otteniamo:

$x \geq 0$

$x^2 - 1 > 0 \Leftrightarrow (x < -1 \lor x > 1)$.

Quindi:

- se $(x < -1 \lor 0 < x < 1)$, allora $f(x) < 0$;
- se $(-1 < x < 0 \lor x > 1)$ allora $f(x) > 0$;
- $f(0) = 0$.

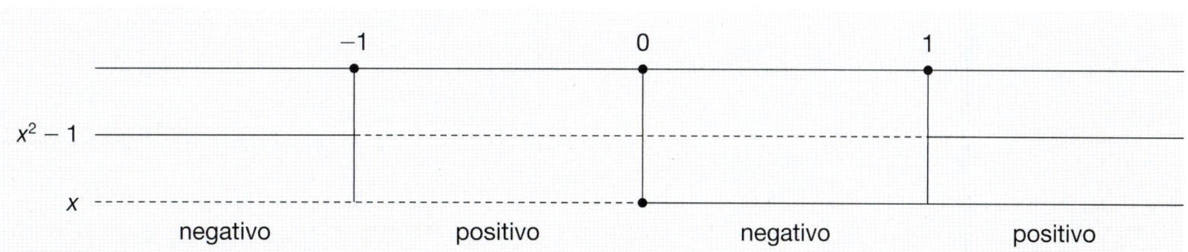

Limiti agli estremi del dominio naturale e asintoti

$$\lim_{x\to-\infty} \frac{x}{x^2-1} = \lim_{x\to-\infty} \frac{x}{x^2} = \lim_{x\to-\infty} \frac{1}{x} = 0$$

$$\lim_{x \to -1^-} \frac{x}{x^2-1} = -\infty$$

$$\lim_{x \to -1^+} \frac{x}{x^2-1} = +\infty$$

$$\lim_{x \to 1^-} \frac{x}{x^2-1} = -\infty$$

$$\lim_{x \to 1^+} \frac{x}{x^2-1} = +\infty$$

$$\lim_{x \to +\infty} \frac{x}{x^2-1} = \lim_{x \to +\infty} \frac{x}{x^2} = \lim_{x \to +\infty} \frac{1}{x} = 0$$

Quindi il grafico di f ha un asintoto orizzontale di equazione $y = 0$ e due asintoti verticali, uno di equazione $x = -1$ e l'altro di equazione $x = 1$.

Crescenza ed eventuali massimi e minimi

Calcoliamo la derivata nel dominio naturale della funzione e poi studiamo il suo segno:

$$f'(x) = \frac{x^2 - 1 - 2x^2}{(x^2-1)^2} \geq 0 \Leftrightarrow -x^2 - 1 \geq 0$$

Per ogni x appartenente al dominio naturale di f abbiamo che $f'(x) < 0$. Possiamo pertanto concludere che f è strettamente decrescente su ogni intervallo contenuto nel suo dominio naturale.

Concavità ed eventuali punti di flesso

Calcoliamo la derivata seconda di f.

$$f'(x) = \frac{-x^2-1}{(x^2-1)^2} \Rightarrow f''(x) = \frac{-2x(x^2-1)^2 - 4x(x^2-1)(-1-x^2)}{(x^2-1)^4}$$

Svolgiamo i calcoli e semplifichiamo:

$$f''(x) = \frac{2x(x^2+3)}{(x^2-1)^3}.$$

Studiamo il segno di $f''(x)$ nel dominio naturale di f:

$$\frac{2x(x^2+3)}{(x^2-1)^3} \geq 0 \Leftrightarrow \frac{2x}{x^2-1} \geq 0 \Leftrightarrow f(x) \geq 0 \Leftrightarrow (-1 < x < 0 \vee x > 1).$$

Quindi f è convessa su ogni intervallo contenuto in $]-1, 0] \cup]1, +\infty[$ ed è concava su ogni intervallo contenuto in $]-\infty, -1[\cup [0, 1[$. Il punto $(0, 0)$ è punto di flesso per il grafico di f.

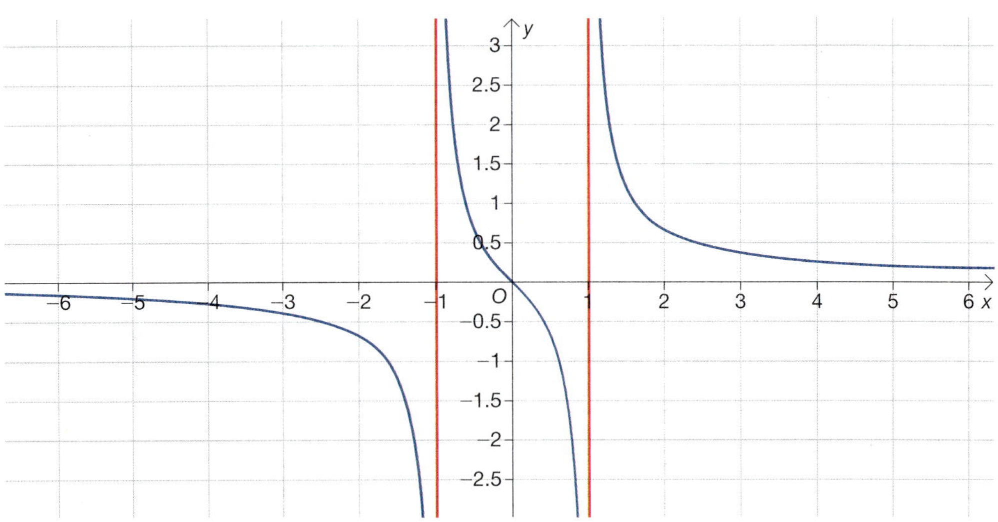

Studio di una funzione trascendente goniometrica

PER ESEMPIO

Studiamo la funzione trascendente $f(x) = \sin(x) - \sin^2(x)$

Dominio naturale

$]-\infty, +\infty[$.

Periodicità

Per ogni numero reale x vale:

$$\sin(x + 2\pi) - \sin^2(x + 2\pi) = \sin(x) - \sin^2(x).$$

Quindi f è periodica di periodo 2π.
Possiamo limitarci a studiare le proprietà della funzione sull'intervallo $[0, 2\pi]$.

Segno

Su $[0, 2\pi]$:

$$\sin(x) - \sin^2(x) \geq 0 \Leftrightarrow \sin(x)(1 - \sin(x)) \geq 0 \Leftrightarrow$$
$$\Leftrightarrow (\sin(x) \geq 0 \vee \sin(x) = 1) \Leftrightarrow \left(0 \leq x \leq \pi \vee x = 2\pi \vee x = \frac{\pi}{2}\right).$$

Quindi:

- se $\left(0 < x < \frac{\pi}{2} \vee \frac{\pi}{2} < x < \pi\right)$, allora $f(x) > 0$;
- se $\pi < x < 2\pi$, allora $f(x) < 0$;
- $f(0) = f\left(\frac{\pi}{2}\right) = f(\pi) = f(2\pi) = 0$.

Comportamento agli estremi dell'intervallo di studio

$f(0) = 0 = f(2\pi)$.

Crescenza ed eventuali massimi e minimi

Calcoliamo la derivata sull'intervallo $[0, 2\pi]$ della funzione e poi studiamo il suo segno.

$$f'(x) = \cos(x) - 2\sin(x)\cos(x)$$
$$\cos(x) - 2\sin(x)\cos(x) \geq 0 \Leftrightarrow \cos(x)(1 - 2\sin(x)) \geq 0$$
$$\cos(x) \geq 0 \Leftrightarrow \left(0 \leq x \leq \frac{\pi}{2} \vee \frac{3\pi}{2} \leq x \leq 2\pi\right)$$
$$1 - 2\sin(x) \geq 0 \Leftrightarrow \sin(x) \leq \frac{1}{2} \Leftrightarrow \left(0 \leq x \leq \frac{\pi}{6} \vee \frac{5\pi}{6} \leq x \leq 2\pi\right).$$

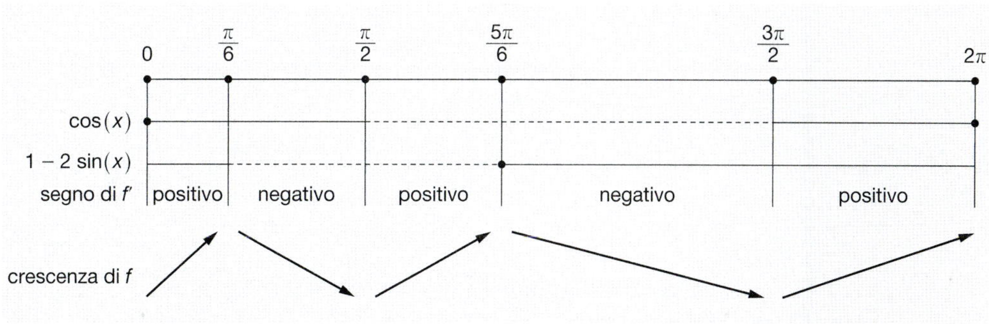

f è strettamente crescente su ogni intervallo contenuto in $\left[0, \frac{\pi}{6}\right] \cup \left[\frac{\pi}{2}, \frac{5\pi}{6}\right] \cup \left[\frac{3\pi}{2}, 2\pi\right]$.

f è strettamente decrescente su ogni intervallo contenuto in $\left[\frac{\pi}{6}, \frac{\pi}{2}\right] \cup \left[\frac{5\pi}{6}, \frac{3\pi}{2}\right]$.

Quindi il grafico di f ha:

- due punti di minimo relativo sull'intervallo $[0, 2\pi]$: $A\left(\frac{\pi}{2}, 0\right)$ e $B\left(\frac{3\pi}{2}, -2\right)$
- due punti di massimo relativo sull'intervallo $[0, 2\pi]$: $C\left(\frac{\pi}{6}, \frac{1}{4}\right)$ e $B\left(\frac{5\pi}{6}, \frac{1}{4}\right)$.

Concavità ed eventuali punti di flesso

Calcoliamo la derivata seconda di f:

$$f'(x) = \cos(x) - 2\sin(x)\cos(x) = \cos(x) - \sin(2x) \Rightarrow f''(x) = -\sin(x) - 2\cos(2x)$$

Studiamo ora il segno di $f''(x)$ sull'intervallo $[0, 2\pi]$:

$$-\sin(x) - 2\cos(2x) \geq 0 \Leftrightarrow -\sin(x) - 2\cos^2(x) + 2\sin^2(x) \geq 0 \Leftrightarrow$$

$$\Leftrightarrow -\sin(x) - 2(1 - \sin^2(x)) + 2\sin^2(x) \geq 0 \Leftrightarrow 4\sin^2(x) - \sin(x) - 2 \geq 0.$$

Possiamo porre $t = \sin(x)$:

$$4t^2 - t - 2 \geq 0 \Leftrightarrow \left(t \leq \frac{1-\sqrt{33}}{8} \approx -0.59 \vee t \geq \frac{1+\sqrt{33}}{8} \approx 0.84\right).$$

Quindi $f''(x) \geq 0 \Leftrightarrow \left(\sin(x) \leq \frac{1-\sqrt{33}}{8} \vee \sin(x) \geq \frac{1+\sqrt{33}}{8}\right)$.

Interpretiamo il risultato con un grafico.

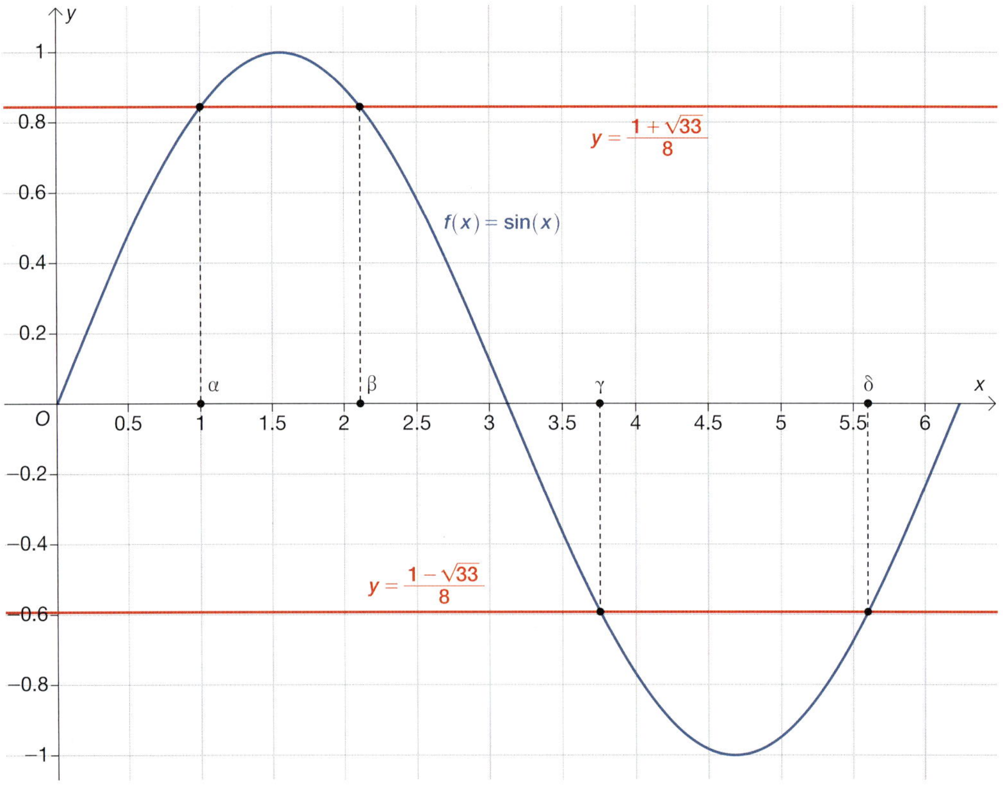

Osserviamo che il grafico di $y = \sin(x)$, sull'intervallo $]\gamma, \delta[$ sta al di sotto della retta di equazione

$$y = \frac{1-\sqrt{33}}{8}.$$

Quindi $\sin(x) \leq \frac{1-\sqrt{33}}{8}$ sull'intervallo $[\gamma, \delta]$.

Analogamente $\sin(x) \geq \frac{1+\sqrt{33}}{8}$ sull'intervallo $[\alpha, \beta]$.

Possiamo quindi concludere che, sull'intervallo $[0, 2\pi]$:

- f è convessa su ogni intervallo contenuto in $[\alpha, \beta] \cup [\gamma, \delta]$;
- f è concava su ogni intervallo contenuto $[0, \alpha] \cup [\beta, \gamma] \cup [\delta, 2\pi]$;
- f ha quattro punti di flesso: in $x = \alpha$, in $x = \beta$, in $x = \gamma$ e in $x = \delta$.

Grafico

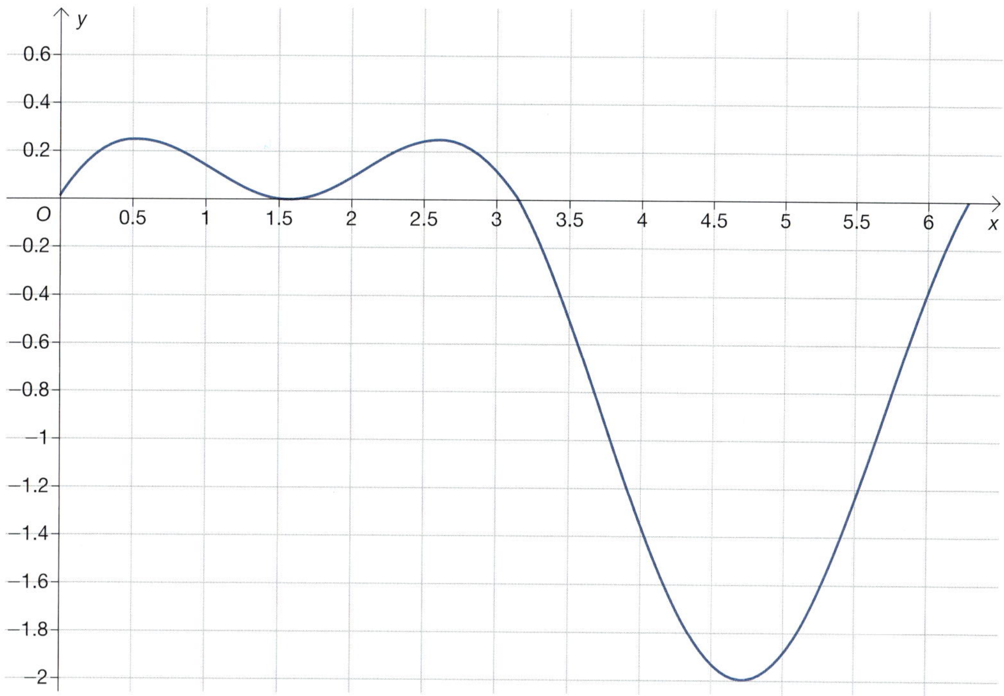

Studio di una funzione trascendente esponenziale

Studiamo la funzione trascendente $f(x) = \frac{e^x + e^{-x}}{2}$.

Dominio naturale

$]-\infty, +\infty[$.

Parità

Per ogni numero reale x vale $f(-x) = f(x)$.

Infatti $f(-x) = \frac{e^{-x} + e^x}{2} = f(x)$.

Il grafico di f presenta quindi una simmetria rispetto all'asse delle y, pertanto possiamo limitarci a studiare la funzione sull'intervallo $[0, +\infty[$ e ricavare le relative proprietà sull'intervallo $]-\infty, 0]$.

Segno

Il numeratore di f è una somma di esponenziali che hanno segno positivo per ogni x, quindi $f(x) > 0$ per ogni numero reale x.

Comportamento agli estremi del dominio naturale

$\lim_{x \to +\infty} \frac{e^x + e^{-x}}{2} = +\infty$ quindi, poiché f è una funzione pari, abbiamo $\lim_{x \to -\infty} \frac{e^x + e^{-x}}{2} = +\infty$.

Crescenza ed eventuali massimi e minimi

Calcoliamo la derivata della funzione e poi studiamo il suo segno.

$$f'(x) = \frac{e^x - e^{-x}}{2}$$

$$\frac{e^x - e^{-x}}{2} \geq 0 \Leftrightarrow e^x \geq e^{-x}$$

Questa disequazione può essere risolta ricorrendo all'interpretazione grafica.

Nel seguente piano cartesiano abbiamo riportato i grafici di e^x e di e^{-x}.

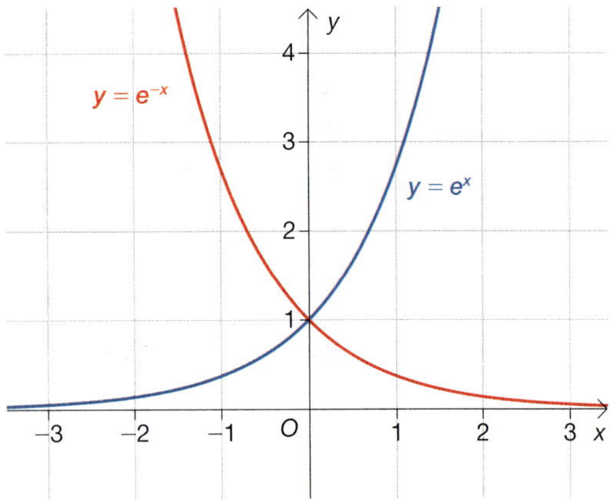

Quindi $e^x \geq e^{-x} \Leftrightarrow x \geq 0$.

La funzione f è quindi strettamente crescente su $[0, +\infty[$ e strettamente decrescente su $]-\infty, 0]$, pertanto il grafico di f ha un punto di minimo relativo, che è anche minimo assoluto in $(0, 1)$.

Concavità ed eventuali punti di flesso

Calcoliamo la derivata seconda di f:

$$f'(x) = \frac{e^x - e^{-x}}{2} \Rightarrow f''(x) = \frac{e^x + e^{-x}}{2} = f(x).$$

Il segno di $f''(x)$ è quindi uguale al segno di $f(x)$. Pertanto $f''(x) > 0$ per ogni numero reale x e f è convessa su $]-\infty, +\infty[$.

Disegniamo il grafico di f.

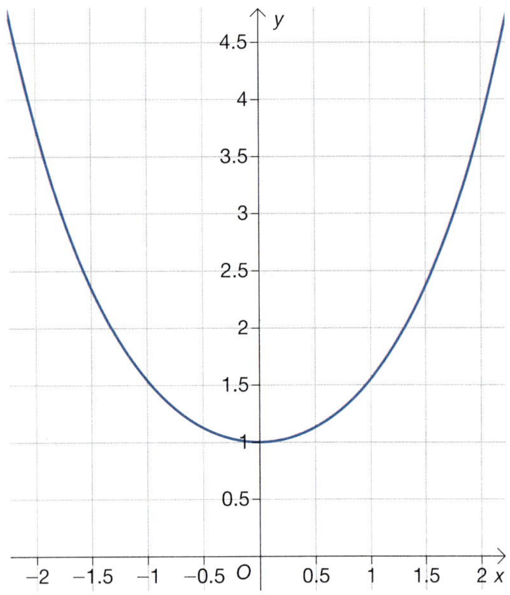

Studio di una funzione e teorema di de L'Hôpital

Studiamo la funzione trascendente $f(x) = xe^{-\frac{x^2}{2}}$.

Dominio naturale

$$]-\infty, +\infty[$$

Parità

Per ogni numero reale x, $f(-x)=-f(x)$. Quindi f è una funzione dispari, cioè il suo grafico presenta una simmetria rispetto all'origine. Possiamo quindi ricavare le proprietà della funzione sull'intervallo $[0,+\infty[$ a partire dalle proprietà ottenute sull'intervallo $]-\infty,0]$.

Segno

$e^{-\frac{x^2}{2}}$ ha segno positivo per ogni numero reale x, quindi $f(x)$ ha lo stesso segno di x:

- se $x<0$, allora $f(x)<0$;
- se $x>0$, allora $f(x)>0$;
- $f(0)=0$.

Comportamento agli estremi del dominio naturale

$\lim\limits_{x\to+\infty} xe^{-\frac{x^2}{2}}=0$, infatti $\lim\limits_{x\to+\infty} x\cdot e^{-\frac{x^2}{2}}=\lim\limits_{x\to+\infty}\frac{x}{e^{\frac{x^2}{2}}}$.

Si tratta di una forma indeterminata del tipo $\frac{\infty}{\infty}$, quindi possiamo applicare il teorema di de L'Hôpital:

$$\lim_{x\to+\infty}\frac{(x)'}{\left(e^{\frac{x^2}{2}}\right)'}=\lim_{x\to+\infty}\frac{1}{xe^{\frac{x^2}{2}}}=0\Rightarrow\lim_{x\to+\infty}xe^{-\frac{x^2}{2}}=0.$$

Poiché f è una funzione dispari abbiamo che anche $\lim\limits_{x\to-\infty}xe^{-\frac{x^2}{2}}=0$.

Il grafico della funzione ha come asintoto orizzontale l'asse delle x, cioè la retta di equazione $y=0$.

Crescenza ed eventuali massimi e minimi

$$f'(x)=e^{-\frac{x^2}{2}}-x^2e^{-\frac{x^2}{2}}=e^{-\frac{x^2}{2}}(1-x^2).$$

Poiché $e^{-\frac{x^2}{2}}>0$ per ogni numero reale x:

$$f'(x)\geq 0\Leftrightarrow 1-x^2\geq 0\Leftrightarrow -1\leq x\leq 1.$$

Quindi la funzione f è strettamente crescente su $[-1,1]$ e strettamente decrescente su ogni intervallo contenuto in $]-\infty,-1]\cup[1,+\infty[$.
Pertanto il grafico di f ha in $x=-1$ un punto di minimo relativo che è anche minimo assoluto e in $x=1$ un punto di massimo relativo, che è anche massimo assoluto.

Abbiamo $f(-1)=-e^{-\frac{1}{2}}\approx-0.61$ e $f(1)=e^{-\frac{1}{2}}\approx 0.61$.

Concavità ed eventuali punti di flesso

Calcoliamo la derivata seconda di f e studiamo il suo segno:

$$f''(x)=\left(e^{-\frac{x^2}{2}}(1-x^2)\right)'=-2xe^{-\frac{x^2}{2}}-xe^{-\frac{x^2}{2}}(1-x^2)=-xe^{-\frac{x^2}{2}}(3-x^2)$$

$$f''(x)\geq 0\Leftrightarrow -xe^{-\frac{x^2}{2}}(3-x^2)\geq 0\Leftrightarrow x(3-x^2)\leq 0\Leftrightarrow(-\sqrt{3}\leq x\leq 0\vee x\geq\sqrt{3}).$$

Pertanto f è convessa su ogni intervallo contenuto in $[-\sqrt{3},0]\cup[\sqrt{3},+\infty[$.

Invece f è concava su ogni intervallo contenuto in $]-\infty,-\sqrt{3}]\cup[0,\sqrt{3}]$.

Quindi f ha punti di flesso in $x=-\sqrt{3}$, $x=0$ e $x=\sqrt{3}$.

Grafico

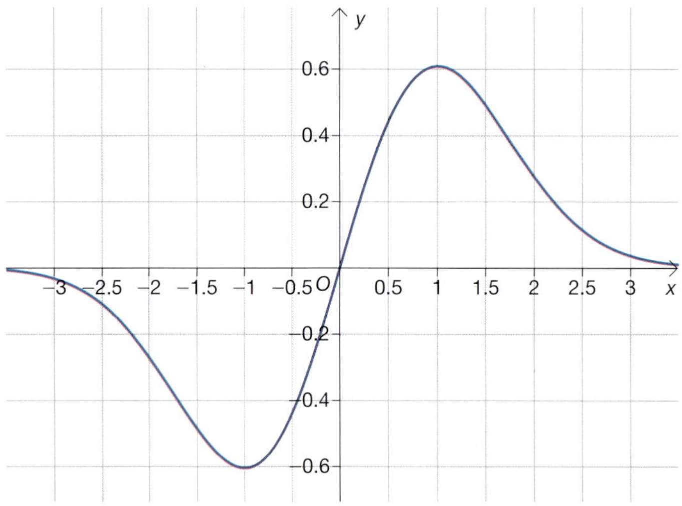

Studio di una funzione algebrica irrazionale con asintoto obliquo

Studiamo la funzione algebrica irrazionale $f(x) = \sqrt[3]{6x^2 - x^3}$.

Dominio naturale

$]-\infty, +\infty[$.

Segno

$$\sqrt[3]{6x^2 - x^3} \geq 0 \Leftrightarrow 6x^2 - x^3 \geq 0 \Leftrightarrow x^2(6-x) \geq 0 \Leftrightarrow (x \leq 6)$$

Quindi:
- se $(x < 6 \land x \neq 0)$ allora $f(x) > 0$;
- se $x > 6$, allora $f(x) < 0$;
- $f(0) = f(6) = 0$.

Limiti agli estremi del dominio naturale e asintoti

$$\lim_{x \to -\infty} \sqrt[3]{6x^2 - x^3} = \lim_{x \to -\infty} \sqrt[3]{-x^3} = \lim_{x \to -\infty} -x = +\infty$$

$$\lim_{x \to +\infty} \sqrt[3]{6x^2 - x^3} = \lim_{x \to +\infty} \sqrt[3]{-x^3} = \lim_{x \to +\infty} -x = -\infty$$

Esistono le condizioni necessarie per l'esistenza di asintoti obliqui.
Vediamo se esiste un asintoto obliquo a sinistra, del tipo $y = px + q$, per il grafico di f. Se l'asintoto esiste, allora:

$$p = \lim_{x \to -\infty} \frac{\sqrt[3]{6x^2 - x^3}}{x} = \lim_{x \to -\infty} \frac{\sqrt[3]{-x^3}}{x} = \lim_{x \to -\infty} \frac{-x}{x} = -1$$

$$q = \lim_{x \to -\infty} (\sqrt[3]{6x^2 - x^3} + x) =$$

$$= \lim_{x \to -\infty} \left((\sqrt[3]{6x^2 - x^3} + x) \cdot \frac{\sqrt[3]{(6x^2 - x^3)^2} - x\sqrt[3]{6x^2 - x^3} + x^2}{\sqrt[3]{(6x^2 - x^3)^2} - x\sqrt[3]{6x^2 - x^3} + x^2} \right) =$$

$$= \lim_{x \to -\infty} \left(\frac{6x^2 - x^3 + x^3}{\sqrt[3]{6x^2 - x^3} - x\sqrt[3]{6x^2 - x^3} + x^2} \right) = \lim_{x \to -\infty} \left(\frac{6x^2}{\sqrt[3]{x^6} - x\sqrt[3]{-x^3} + x^2} \right) =$$

$$= \lim_{x \to -\infty} \left(\frac{6x^2}{3x^2} \right) = 2.$$

Il grafico di f ammette quindi un asintoto obliquo a sinistra di equazione $y = 2 - x$. Tale asintoto è anche asintoto destro per il grafico di f. Puoi infatti verificare che :

$$p = \lim_{x \to +\infty} \frac{\sqrt[3]{6x^2 - x^3}}{x} = -1$$

$$q = \lim_{x \to +\infty} (\sqrt[3]{6x^2 - x^3} + x) = 2.$$

Crescenza ed eventuali massimi e minimi

Possiamo verificare, per esempio applicando la definizione di derivata, che f è derivabile per ogni numero reale diverso da 0 e diverso da 6. Calcoliamo quindi la derivata della funzione per $x \neq 0$ e per $x \neq 6$ e poi studiamo il suo segno:

$$f'(x) = (\sqrt[3]{6x^2 - x^3}\,)' = \frac{1}{3} \frac{12x - 3x^2}{\sqrt[3]{(6x^2 - x^3)^2}} \geq 0 \Leftrightarrow \begin{cases} 4x - x^2 \geq 0 \\ x \neq 0 \end{cases} \Leftrightarrow 0 < x \leq 4.$$

Quindi la funzione f è strettamente crescente su ogni intervallo contenuto in $[0, 4]$ e strettamente decrescente su ogni intervallo contenuto in $[-\infty, 0] \cup [4, +\infty[$.
Il grafico di f ha un minimo relativo in $x = 0$ e un massimo relativo in $x = 4$.
Inoltre $f(0) = 0$ e $f(4) = \sqrt[3]{32} = 2\sqrt[3]{4} \approx 3.17$.

Concavità ed eventuali punti di flesso

Per calcolare la derivata seconda di f puoi aiutarti con un software di calcolo simbolico. Per esempio utilizzando alcuni sistemi è sufficiente digitare

```
derivative((4x – x^2)/(6x^2 – x^3)^(2/3), x)
```

per ottenere un output equivalente al seguente, che esprime la derivata seconda di f:

$$f''(x) = \frac{8x^2}{\sqrt[3]{\left(x^2(x-6)\right)^5}} \text{ o, equivalentemente, } \frac{8}{\sqrt[3]{x^4(x-6)^5}}.$$

Il segno della derivata seconda di f dipende quindi solo dal segno $x - 6$. Allora la funzione è convessa su ogni intervallo contenuto in $[6, +\infty[$ ed è concava su ogni intervallo contenuto in $]-\infty, 0[$ e su ogni intervallo contenuto in $[0, 6]$.
Il punto $(6, 0)$ è punto di flesso per il grafico di f.

Grafico

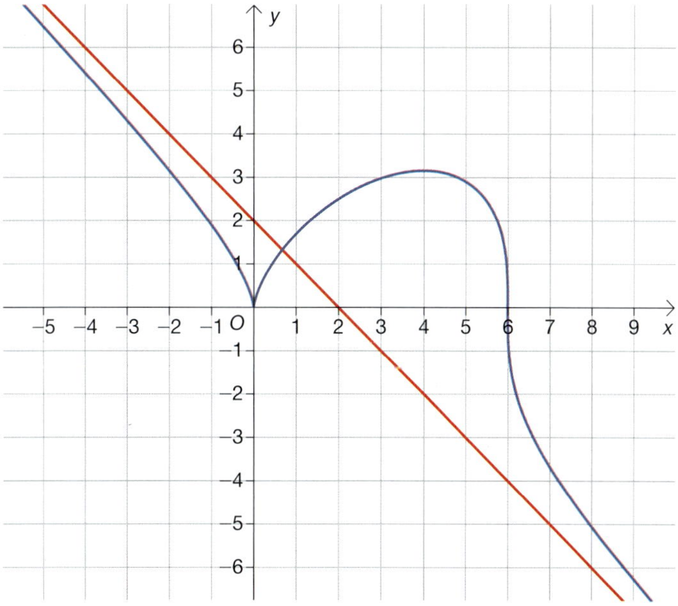

ESERCIZI

Retta tangente in un punto al grafico di una funzione

Usando la definizione di derivata, determina un'equazione della retta tangente al grafico della funzione f nel punto di ascissa x_0.

1 $f(x) = 4x^3 - 5x + 6 \quad x_0 = -3$ $[y = 103x + 222]$

2 $f(x) = 2x^3 - 3 \quad x_0 = 0$ $[y = -3]$

3 $f(x) = -2x^3 - x \quad x_0 = -1$ $[y = -7x - 4]$

4 $f(x) = \frac{1}{2}x^4 - 1 \quad x_0 = -1$ $\left[y = -2x - \frac{5}{2}\right]$

Derivata come velocità di variazione

5 Un punto P si muove, in un certo intervallo di tempo di ampiezza Δt, su una traiettoria rettilinea con una legge oraria descritta dall'equazione

$$x(t) = -0.1t^3 + 0.5t^2 + t,$$

dove x è misurato in metri e t in secondi.

a] Determina il valore della velocità di P nell'istante $t = 2$ s sapendo che questo istante appartiene all'intervallo di tempo sul quale vale la legge oraria. [1.8 m/s]

b] Determina il valore dell'accelerazione di P all'istante $t = 2$ s. [-0.2 m/s^2]

In economia, il termine «marginale» indica la variazione istantanea di una grandezza y rispetto a una variabile x da cui essa dipende; in altri termini indica la velocità di variazione di y rispetto a x, cioè la derivata di y rispetto a x. Per esempio, se consideriamo il costo C di produzione come funzione del numero x di pezzi prodotti da un'industria, il costo marginale di produzione è la derivata di $C(x)$ rispetto a x.
Però la variabile x non è una variabile continua, ma discreta, quindi il costo marginale di produzione è definito come il costo aggiuntivo per produrre un pezzo in più. Questo vuol dire che si approssima il costo marginale $C'(x)$ con la quantità $C(x + 1) - C(x)$.
Alla luce di queste informazioni, risolvi gli esercizi 6, 7, 8.

6 Spiega sotto quali condizioni può essere considerata buona l'approssimazione proposta nella consegna. Giustifica la risposta.

7 Il costo C di produzione (in €) di x lavastoviglie è:

$$C(x) = 7000 + 350x - 0.4x^2 \text{ con } 200 \leq x \leq 400.$$

a] Qual è il costo marginale in funzione di x? $[C'(x) = -0.8x + 350,\ 200 \leq x \leq 400]$

b] Qual è il costo marginale se si producono 200 lavastoviglie? E se si producono 400 lavastoviglie? [190 €; 30 €]

c] Qual è la differenza fra il costo per produrre 201 lavastoviglie e quello per produrne 200? È normale che il valore sia prossimo al costo marginale per produrre 200 lavastoviglie? Giustifica la risposta. [189 €; Sì, perché...]

d] Per quale numero di lavastoviglie il costo è massimo? Per quale numero è minimo? [400; 200]

8 Il profitto giornaliero P in euro di una piccola industria in funzione del numero x di lastre di alluminio prodotte è dato da $P(x) = 6.0x - 4.0 \cdot 10^{-3}x^2 - 900$ con $600 \leq x \leq 900$.

a] Calcola il profitto marginale in funzione di x. $[P'(x) = -8.0 \cdot 10^{-3}x + 6.0]$

b] Per quali valori di x il profitto marginale è positivo e per quali è negativo?
[Se $600 \leq x < 750$, allora $P'(x) > 0$; $P'(750) = 0$; se $750 < x \leq 900$ allora $P'(x) < 0$]

c] Che conseguenza ha il segno del profitto marginale sulla funzione profitto P?

d] Quante lastre dovrebbero essere prodotte ogni giorno per avere massimo profitto? [750]

9 Considera un cono di altezza a fissata e raggio r di base variabile. Determina la velocità di variazione del suo volume rispetto a r. $\left[\frac{2\pi a}{3}r\right]$

10 Determina la velocità di variazione dell'area di un quadrato rispetto al suo lato x. $[2x]$

11 Determina la velocità di variazione dell'area di un cerchio rispetto al suo raggio x. $[2\pi x]$

12 Il flusso F (in dm^3/s) di un fluido in un tubo cilindrico è direttamente proporzionale alla potenza quarta del raggio r della sezione del tubo; in simboli, $F = kr^4$.

a] Determina la velocità di variazione di F rispetto a r. $[4kr^3]$

b] Di quanto deve aumentare in percentuale il raggio del tubo per avere un aumento del flusso di circa il 5%? [Circa dell'1.23%]

Continuità e derivabilità

Considera le seguenti funzioni definite nel loro dominio naturale *D*. Determina in quali punti di *D* sono continue e in quali punti sono derivabili.

13 $f(x) = |x^2 - 9|$ [Continua su $\mathbb{R}$, non derivabile in $x = -3$ e in $x = 3$]

14 $f(x) = |x^3 - x^2|$ [Continua su $\mathbb{R}$, non derivabile in $x = 1$]

15 $f(x) = |2x - 3| + |x - 1|^3$ $\left[\text{Continua su } \mathbb{R}\text{, non derivabile in } x = \frac{3}{2}\right]$

16 $f(x) = |x^3 + 2x - 3|$ [Continua su $\mathbb{R}$, non derivabile in $x = 1$]

17 $f(x) = |(x + 2)^3|$ [Continua e derivabile su $\mathbb{R}$]

18 $f(x) = \dfrac{|x|}{x}$ [Continua e derivabile su $]-\infty, 0[\, \cup \,]0, +\infty[$]

Determina, se esistono, i valori reali dei parametri *a* e *b* affinché le seguenti funzioni siano derivabili nel loro dominio naturale.

19 $f(x) = \begin{cases} 2x + a, & x \leq 1 \\ ax - b, & x > 1 \end{cases}$ [$a = 2$ e $b = -2$]

20 $f(x) = \begin{cases} ax^2 + bx + 1, & x \leq 0 \\ 3x - b, & x > 0 \end{cases}$ [Non esistono a e b tali che f sia derivabile in $x = 0$]

21 $f(x)=\begin{cases} ax^2+2x+1, & x\le 0 \\ bx^2-a, & x>0 \end{cases}$ [Non esistono a e b tali che f sia derivabile in $x=0$]

22 $f(x)=\begin{cases} x^2-3x+a, & x\le 1 \\ ax^2-bx+1, & x>1 \end{cases}$ [$a=1$ e $b=3$]

Regole di derivazione

23 Dimostra, applicando la derivata della funzione composta, che: $\left(\sqrt[n]{x^m}\right)'=\dfrac{m}{n\sqrt[n]{x^{n-m}}}$.

24 Usa le regole del calcolo della derivata della funzione $f(x)=\sin(x)$ e della derivazione della funzione composta per dimostrare che $(\cos(x))'=-\sin(x)$.

25 Usa le regole di derivazione del quoziente di funzioni e delle funzioni seno e coseno per dimostrare che $(\tan(x))'=\dfrac{1}{\cos^2(x)}$.

26 Utilizzando la regole della derivata della funzione inversa dimostra che

a] $(\arcsin(x))'=\dfrac{1}{\sqrt{1-x^2}}$;

b] $(\arccos(x))'=-\dfrac{1}{\sqrt{1-x^2}}$;

c] $(\arctan(x))'=\dfrac{1}{1+x^2}$.

27 Dimostra che per ogni $x>0$ risulta $(\log_a(x))'=\dfrac{1}{x}\log_a(e)$.

28 Dimostra che $(a^x)'=a^x\ln(a)$ per ogni numero reale x.

► **SUGGERIMENTO** Scrivi a^x come $e^{\ln(a^x)}$.

Calcola le derivate delle seguenti funzioni. (Esercizi da 29 a 43)

29 $f(x)=\tan(2x)$ $\left[\dfrac{2}{\cos^2(2x)}\right]$

30 $f(x)=2\sin(e^{\pi})$ [0]

31 $f(x)=4\cos^2(3(x-x^2))$ $[-8(3-6x)\cos(3x-3x^2)\sin(3x-3x^2)]$

32 $f(x)=\tan\left(\dfrac{x^2}{2}\right)$ $\left[\dfrac{x}{\cos^2\left(\dfrac{x^2}{2}\right)}\right]$

33 $f(x)=\sqrt{\sqrt{2\sin(x)}}$ $\left[\dfrac{\cos(x)}{2\sqrt[4]{(2\sin(x))^3}}\right]$

34 $f(x)=\dfrac{\cos^2(x)}{\sin(x)}-\cos^3(x)$ $\left[\dfrac{-2\cos(x)\sin^2(x)-\cos^3(x)+3\sin^3(x)\cos^2(x)}{\sin^2(x)}\right]$

35 $f(x) = (2 - 5x^2)^{20}$ $[-200x(2 - 5x^2)^{19}]$

36 $f(x) = \sin^2(-2x)$ $[4\sin(2x)\cos(2x)]$

37 $f(x) = \sin(\sqrt{x})$ $\left[\frac{\cos(\sqrt{x})}{2\sqrt{x}}\right]$

38 $f(x) = \tan(\sin x)$ $\left[\frac{\cos(x)}{\cos^2(\sin(x))}\right]$

39 $f(x) = \cos(\cos(x^2))$ $[2x\sin(\cos(x^2))\sin(x^2)]$

40 $f(x) = \cos(\cos(\cos(x)))$ $[-\sin(\cos(\cos(x)))\sin(\cos(x))\sin(x)]$

41 $f(x) = \arctan(\ln(x))$ $\left[\frac{1}{x + x\ln^2(x)}\right]$

42 $f(x) = x^x$ $[x^x(\ln(x) + 1)]$

43 $f(x) = (\sqrt{x})^{3x}$ $\left[(\sqrt{x})^{3x}\left(3\ln(\sqrt{x}) + \frac{3}{2}\right)\right]$

44 Il periodo T di un pendolo semplice di lunghezza l può essere espresso dalla relazione $T = 2\pi\sqrt{\frac{l}{g}}$, dove $g \approx 9.81\ \mathrm{m/s^2}$ è il valore dell'accelerazione di gravità misurata sulla superficie terrestre a una determinata latitudine.
Fissata la latitudine, il valore di g diminuisce con l'altezza sulla superficie terrestre.

a] Supponi che l sia costante e, sotto tale condizione, determina la velocità con cui g varia al variare di T. $\left[g'(T) = -\frac{8\pi^2 l}{T^3}\right]$

b] Supponi che g sia costante e, sotto tale condizione, determina la velocità con cui T varia al variare di l. $\left[T'(l) = \frac{\pi}{\sqrt{gl}}\right]$

45 La forza F di attrazione gravitazionale tra due masse omogenee m e M i cui centri distano d è espressa dalla legge $F = G\frac{mM}{d^2}$, dove G è la costante di gravitazione universale.

a] Determina la velocità di variazione di F rispetto a d. $\left[F'(d) = -2G\frac{mM}{d^3}\right]$

b] Sapendo che $F'(4000\ \mathrm{km}) = 1.00\ \mathrm{N/km}$, è possibile determinare $F'(8000\ \mathrm{km})$? Giustifica la risposta. $[0.125\ \mathrm{N/km}]$

Teoremi fondamentali del calcolo differenziale

46 Dimostra che se f è una funzione che soddisfa entrambe le seguenti ipotesi

- è derivabile su un intervallo $]a, b[$;
- $x_0 \in]a, b[$ è punto di minimo relativo per f;

allora $f'(x_0) = 0$.

Per ciascuna delle seguenti funzioni f (Esercizi 47-52):
- verifica se, nell'intervallo $I = [a, b]$, soddisfa le ipotesi del teorema di Rolle;
- in caso affermativo, determina i valori c appartenenti all'intervallo $]a, b[$ tali che $f'(c) = 0$.

47 $f(x) = 3x^2 - 1 \qquad I = [-1, 1]$ $\qquad [c = 0]$

48 $f(x) = 3\sqrt{x} - 4x \qquad I = \left[0, \frac{9}{16}\right]$ $\qquad \left[c = \frac{9}{64}\right]$

49 $f(x) = |x^2 - 1| \qquad I = [-1, 1]$ $\qquad [c = 0]$

50 $f(x) = 2x^2 - 3 \qquad I = [0, 2]$ $\qquad$ [Una delle ipotesi del teorema di Rolle non è soddisfatta]

51 $f(x) = \ln(1 - x) \qquad I = [-2, 0]$ $\qquad$ [Una delle ipotesi del teorema di Rolle non è soddisfatta]

52 $f(x) = e^{-x^2} \qquad I = [-2, 2]$ $\qquad [c = 0]$

ESAME DI STATO **53** Utilizzando il teorema di Rolle, verifica che il polinomio $x^n + px + q\,(p, q \in \mathbb{R})$, se n è pari ha al più due radici reali, se n è dispari ha al più tre radici reali
[ESAME DI STATO – Sessione ordinaria per il liceo scientifico, corso sperimentale P.N.I., A.S. 2001/2002]

ESAME DI STATO **54** Dimostra, usando il teorema di Rolle che se l'equazione

$$x^n + a_{n-1}x^{n-1} + \ldots + a_1x + a_0 = 0$$

ammette radici reali, allora fra due di esse giace almeno una radice dell'equazione

$$nx^{n-1} + (n-1)a_{n-1}x^{n-2} + \ldots + a_1 = 0.$$

[ESAME DI STATO – Sessione ordinaria per il liceo scientifico, corso sperimentale P.N.I., A.S. 2002/2003]

Per ciascuna delle seguenti funzioni f (esercizi 55-61):
- verifica se, nell'intervallo $I = [a, b]$, soddisfa le ipotesi del teorema del valor medio;
- in caso affermativo, determina i valori c appartenenti all'intervallo $]a, b[$ tali che $f'(c) = \frac{f(b) - f(a)}{b - a}$.

55 $f(x) = 2x^2 + 3 \qquad I = [0, 3]$ $\qquad \left[c = \frac{3}{2}\right]$

56 $f(x) = 3\sqrt{x} + x \qquad I = [1, 4]$ $\qquad \left[c = \frac{9}{4}\right]$

57 $f(x) = |x^2 - 1| \qquad I = [-1, 1]$ $\qquad [c = 0]$

58 $f(x) = \sqrt[3]{x} \qquad I = [-1, 1]$
[Una delle ipotesi del teorema del valor medio non è soddisfatta]

59 $f(x) = \ln(2 - x) \qquad I = [-1, 0]$ $\qquad \left[c = 2 - \frac{1}{\ln(3) - \ln(2)}\right]$

60 $f(x) = e^{-x} \qquad I = [0, 2]$ $\qquad \left[c = -\ln\left(\frac{1 - e^{-2}}{2}\right)\right]$

61 $f(x) = 2x^3 - 1 \qquad I = [1, 2]$ $\qquad \left[c = \sqrt{\frac{7}{3}}\right]$

62 Utilizza il teorema valor medio per dimostrare che la disequazione $\ln(x+1) \leq x$ è verificata per ogni numero reale x tale che $x > -1$

63 Utilizza il teorema valor medio per dimostrare che la disequazione $e^x \geq x+1$ è verificata per ogni numero reale x.

64 Considera una funzione f definita su un intervallo $[a, b]$ e derivabile su $]a, b[$. Dimostra che se l'equazione $f(x)=0$ ha due soluzioni reali $x_1 < x_2$ sull'intervallo $]a, b[$, allora l'equazione $f'(x)=0$ ha almeno una soluzione reale c tale che $x_1 < c < x_2$.

65 Dimostra che se f è continua su $[a, b]$, derivabile su $]a, b[$ e $f'(x) < 0$ per ogni $x \in\ ]a, b[$ allora f è strettamente decrescente su $[a, b]$.

66 Considera una funzione f che ha le seguenti proprietà:

- è continua sull'intervallo $]a, b[$;
- esiste $c \in\ ]a, b[$ tale che $f'(c)=0$ oppure $f'(c)$ non esiste;
- è derivabile per ogni $x \in\ ]a, b[$ tranne al più nel punto c.

Dimostra che f ha le seguenti proprietà:

a] se $f'(x) < 0$ per $a < x < c$ e $f'(x) > 0$ per $c < x < b$, allora c è un punto di minimo relativo per f

b] se $f'(x)$ ha lo stesso segno per $a < x < c$ e $c < x < b$, allora c non è punto di massimo né di minimo relativo per f.

67 Dimostra che la funzione $f(x)=x^3+x+1$ ha uno e un solo zero reale.

68 Dimostra che la funzione $f(x)=x^4-x-3$ si annulla due volte e solo due volte sull'intervallo $[-2, 2]$.

▶ **SUGGERIMENTO** Dimostra che ha almeno uno zero in [–2, 0] e uno in [0, 2] e poi dimostra che non ha altri zeri su questi intervalli.

ESAME DI STATO **69** Formalizzando la questione e utilizzando il teorema del valor medio o di Lagrange, dì se è vero che "se un automobilista compie un viaggio senza soste in cui la velocità media è 60 km/h, allora almeno una volta durante il viaggio il tachimetro dell'automobile deve indicare esattamente 60 km/h".
[ESAME DI STATO – Sessione ordinaria per il liceo scientifico, corso sperimentale P.N.I., A.S. 2000/2001]
[Sì, è vero, perché...]

ESAME DI STATO **70** Calcola la derivata della funzione $f(x)=\arcsin(x)+\arccos(x)$. Quali conclusioni puoi trarre sulla funzione f? Giustifica la risposta.
[ESAME DI STATO – Sessione ordinaria per il liceo scientifico, corso sperimentale P.N.I., A.S. 2000/2001]
$\left[f(x)=\frac{\pi}{2} \text{ per ogni } x \in [-1, 1]\right]$

ESAME DI STATO **71** Considera la funzione $f(x)=\begin{cases} x^3, 0 \leq x \leq 1 \\ x^2-kx+k, 1 < x \leq 2 \end{cases}$. Determina k in modo tale che nell'intervallo $[0, 2]$ sia applicabile il teorema di Lagrange e trova il punto di cui la tesi del teorema assicura l'esistenza.
[ESAME DI STATO – Sessione ordinaria per il liceo scientifico, A.S. 2014/2015]
$\left[k=-1; c=\sqrt{\frac{5}{6}}\right]$

72 Dimostra, calcolandone la derivata, che:

a] la funzione $f(x) = \arctan(x) - \arctan\left(\frac{x-1}{x+1}\right)$ è costante sull'intervallo $]-\infty, -1[$ e calcola il valore di questa costante;

b] la funzione $f(x) = \arctan(x) - \arctan\left(\frac{x-1}{x+1}\right)$ è costante sull'intervallo $]-1, +\infty[$ e calcola il valore di questa costante;

[a) $f(x) = \arctan(-2) - \arctan(3)$ su $]-\infty, -1[$ b) $f(x) = +\frac{\pi}{4}$ su $]-1, +\infty[$]

ESAME DI STATO **73** Verifica che la funzione $3x + \ln(x)$ è strettamente crescente. Detta g la funzione inversa calcola $g'(3)$.
[ESAME DI STATO – Sessione ordinaria per il liceo scientifico, corso sperimentale P.N.I., A.S. 2001/2002]

$\left[\frac{1}{4}\right]$

ESAME DI STATO **74** La funzione f di variabile reale è continua nell'intervallo chiuso e limitato $[1, 3]$ e derivabile nell'intervallo aperto $]1, 3[$. Si sa che $f(1) = 1$ e inoltre $0 \leq f'(x) \leq 2$ per ogni x dell'intervallo $]1, 3[$. Spiega in maniera esauriente perché risulta $1 \leq f(3) \leq 5$.
[ESAME DI STATO – Sessione ordinaria per il liceo scientifico, corso di ordinamento A.S. 2001/2002]

Risolvi i seguenti limiti utilizzando il teorema di de L'Hôpital. (Esercizi da 75 a 88)

75 $\lim_{x \to 0} \frac{\arctan(x) - x}{x}$ $[0]$

76 $\lim_{x \to +\infty} \frac{e^x}{x^3}$ $[+\infty]$

77 $\lim_{x \to -\infty} \frac{e^{-x}}{x^2}$ $[+\infty]$

78 $\lim_{x \to -\infty} \frac{e^x}{x^{-3}}$ $[0]$

79 $\lim_{x \to +\infty} \frac{\ln(x)}{x}$ $[0]$

80 $\lim_{x \to 0^+} \frac{\sin(x)}{\sqrt{x}}$ $[0]$

81 $\lim_{x \to 4} \frac{\sqrt{x} - 2}{x - 4}$ $\left[\frac{1}{4}\right]$

82 $\lim_{x \to +\infty} \frac{\sqrt{x}}{\ln(x)}$ $[+\infty]$

83 $\lim_{x \to 0^+} \frac{1}{x^2 \ln(x)}$ $[-\infty]$

84 $\lim_{x \to 0} \frac{e^x - x - 1}{x^2}$ $\left[\frac{1}{2}\right]$

85 $\lim_{x \to +\infty} \frac{x^2 \ln(x)}{e^x}$ $[0]$

86 $\lim_{x \to 0} \frac{\sin(x) - x}{x^3}$ $\left[-\frac{1}{6}\right]$

87 $\lim_{x \to 0^+} \left(\ln(1+x)^{\frac{1}{x}}\right)$ $[1]$

88 $\lim_{x \to 0^+} (1+x)^{\frac{1}{x}}$ [e]

▶ **SUGGERIMENTO** guarda il risultato del limite del precedente esercizio.

ESAME DI STATO **89** Considera la funzione $\frac{x+\sin(x)}{x-\cos(x)}$. Stabilisci se puoi calcolarne il limite per $x \to +\infty$ e spiega se il calcolo può essere effettuato ricorrendo al teorema di de L'Hôpital.
[ESAME DI STATO – Sessione ordinaria per il liceo scientifico, corso di ordinamento, A.S. 2000/2001]
[Il limite è 1, ma non può essere determinato con il teorema di de L'Hôpital, perché...]

ESAME DI STATO **90** La funzione $f(x) = \frac{3x - 2\sin(x)}{2x - 3\sin(x)}$ presenta, per $x \to +\infty$, una forma indeterminata del tipo $\frac{\infty}{\infty}$. Il limite della funzione, per $x \to +\infty$:

A non esiste B vale $\frac{3}{2}$ C vale $\frac{2}{3}$ D assume un valore diverso da $\frac{3}{2}$ e $\frac{2}{3}$.

Una sola risposta è corretta. Individuala e fornisci un'esauriente spiegazione della scelta effettuata.
[ESAME DI STATO – Sessione suppletiva per il liceo scientifico, corso di ordinamento, A.S. 2003/2004]
[B, perché...]

91 Che cosa si può dire dell'espressione $\lim_{x \to +\infty} \frac{\sin(2x)}{\cos(2x)}$ [Il limite non esiste, perché...]

Problemi di massimo e minimo

▶ **Per ciascuna delle seguenti funzioni *f* determina, se esistono, massimi relativi, minimi relativi e flessi. Inoltre determina le coordinate dei punti corrispondenti del grafico di *f*. (Esercizi da 92 a 97)**

92 $f(x) = x^3 - 3x$ [Punti di: massimo relativo $(-1, 2)$; minimo relativo $(1, -2)$; flesso $(0, 0)$]

93 $f(x) = x^3 - 4x^2$
$\left[\text{Punti di: massimo relativo } (0, 0)\text{; minimo relativo } \left(\frac{8}{3}, -\frac{256}{27}\right)\text{; flesso } \left(\frac{4}{3}, -\frac{128}{27}\right)\right]$

94 $f(x) = x^3 - 1$ [Punto di flesso $(0, -1)$]

95 $f(x) = -2x^3 + x^2$
$\left[\text{Punti di: minimo relativo } (0, 0)\text{; massimo relativo } \left(\frac{1}{3}, \frac{1}{27}\right)\text{; flesso } \left(\frac{1}{6}, \frac{1}{54}\right)\right]$

96 $f(x) = \frac{3}{4}x^4 - \frac{2}{3}x^3 - \frac{x^2}{2} + 1$ $\left[\text{Punti di: minimo relativo } \left(-\frac{1}{3}, \frac{317}{324}\right) \text{ e } \left(1, \frac{7}{12}\right)\text{;}\right.$
$\left.\text{massimo relativo } (0, 1)\text{; flessi in } x = \frac{2-\sqrt{13}}{9} \text{ e } x = \frac{2+\sqrt{13}}{9}\right]$

97 $f(x) = \sin(x) - x$ [Punti di flesso: $(k\pi, -k\pi)$]

▶ **Per ciascuna delle seguenti funzioni *f* determina, se esistono, massimi relativi, minimi relativi, massimo assoluto e minimo assoluto sull'intervallo *I*. Inoltre determina le coordinate dei punti corrispondenti del grafico di *f*. (Esercizi 98-102)**

98 $f(x) = x^3 - 3x + 1$ $I = [-5, 5]$ [Punti di: massimo relativo $(-1, 3)$; minimo relativo $(1, -1)$; minimo assoluto $(-5, -109)$; massimo assoluto $(5, 111)$]

99 $f(x)=e^{-x^2+1}$ $\qquad I=[-2,2]$

[Punti di: massimo relativo e assoluto $(0, e)$; minimo assoluto $(-2, e^{-3})$ e $(2, e^{-3})$]

100 $f(x)=\ln(x^2+x+1)$ $\qquad I=[-3,3]$

$\left[\text{Punti di: minimo relativo e assoluto } \left(-\frac{1}{2}, \ln(3)-\ln(4)\right); \text{ massimo assoluto } (3, \ln(13))\right]$

101 $f(x)=\sqrt{x^2-5x+6}$ $\qquad I=[0,2]$

[Punti di: minimo assoluto $(2, 0)$; massimo assoluto $(0, \sqrt{6})$]

102 $f(x)=\sin^2(x)$ $\qquad I=[0,\pi]$

$\left[\text{Punti di: massimo relativo e assoluto } \left(\frac{\pi}{2}, 1\right); \text{ minimo assoluto } (0,0) \text{ e } (\pi, 0)\right]$

103 Determina il punto della parabola di equazione $y = x^2$ che ha distanza minima dal punto $A(3, 0)$. $[(1, 1)]$

104 La seguente equazione fornisce il costo C di produzione (in €) di un prodotto X al variare della quantità x (in kg) di X prodotta al giorno:

$$C(x) = 8.2 \cdot 10^2 + 8.3x - 3.3 \cdot 10^{-3}\, x^2 + 3.0 \cdot 10^{-7}\, x^3 \text{ con } 1.0 \cdot 10^3 \le x \le 1.5 \cdot 10^3$$

a] Qual è il costo medio di produzione giornaliero di 1 kg di prodotto X?

$\left[\frac{8.2 \cdot 10^2}{x} + 8.3 - 3.3 \cdot 10^{-3}x + 3.0 \cdot 10^{-7}\, x^2 \text{ €/kg, con } 1.0 \cdot 10^3 \le x \le 1.5 \cdot 10^3\right]$

b] Qual è il costo medio di produzione di 1 kg di prodotto X se $x = 1.0 \cdot 10^3$? E se $x = 1.4 \cdot 10^3$?

[6.12 €/kg; circa 4.85 €/kg]

c] Qual è il costo marginale di produzione (in €/kg) in funzione di x?

$[8.3 - 6.6 \cdot 10^{-3}x + 9.0 \cdot 10^{-7}x^2 \text{ €/kg, con } 1.0 \cdot 10^3 \le x \le 1.5 \cdot 10^3]$

d] Qual è il costo marginale di produzione (in €/kg) se $x = 1.0 \cdot 10^3$? E se $x = 1.4 \cdot 10^3$?

[2.6 €/kg; circa 0.82 €/kg]

e] Qual è il massimo costo marginale di produzione? E il costo minimo?

[2.6 €/kg; circa 0.43 €/kg]

105 Una finestra è formata da un rettangolo sormontato da un semicerchio. Il perimetro della finestra è 8 metri. Che dimensioni deve avere il rettangolo affinché la finestra abbia la massima superficie possibile? $\left[\frac{8}{4+\pi} \text{ e } \frac{16}{4+\pi}\right]$

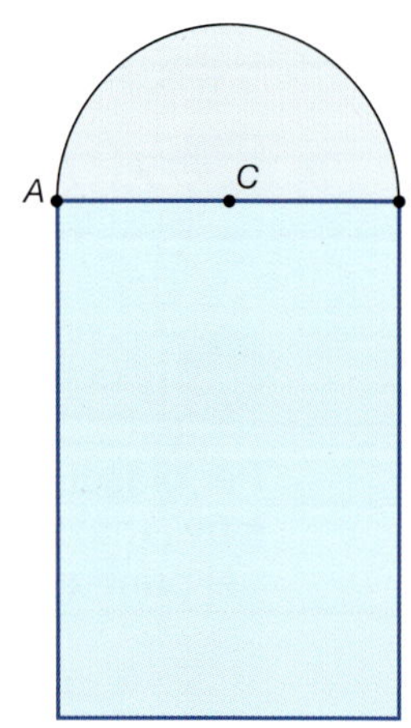

106 Considera tutti i triangoli inscritti in un semicerchio di raggio r. Determina una funzione che esprime l'area dei triangoli in funzione del raggio r e di uno degli angoli interni del triangolo. Quindi determina per quali valori di tale angolo si ha il triangolo di area massima e quello di area minima. Avresti potuto risolvere il problema più semplicemente per via geometrica? Giustifica la risposta. $\left[\text{Area massima: } \frac{\pi}{4}; \text{ area minima: } 0, \frac{\pi}{2}\right]$

107 Considera tutti i triangoli inscritti in un semicerchio di raggio r. Determina una funzione che esprime il perimetro dei triangoli in funzione del raggio r e di uno degli angoli interni del triangolo. Quindi determina per quali valori di tale angolo si ha il triangolo di perimetro massimo e quello di perimetro minimo. $\left[\text{Perimetro massimo: } \frac{\pi}{4}; \text{ perimetro minimo: } 0, \frac{\pi}{2}\right]$

ESAME DI STATO **108** Considera la funzione $f(x) = ax^3 + 2ax^2 - 3x$, dove a è un parametro reale non nullo. Determina i valori di a per cui essa ha un massimo e un minimo relativi e quelli per cui non ha punti estremanti, cioè non ha né massimo né minimo.
[ESAME DI STATO – Sessione ordinaria per il liceo scientifico, corso di ordinamento, A.S. 2000/2001]

$\left[f \text{ ha massimo e minimo relativi: } a < -\frac{9}{4} \vee a > 0; f \text{ non ha estremanti: } -\frac{9}{4} \leq a < 0\right]$

ESAME DI STATO **109** Una bevanda viene venduta in lattine, ovvero contenitori a forma di cilindro circolare retto, realizzati con fogli di latta. Se una lattina ha la capacità di 0.4 litri, quali devono essere le sue dimensioni in cm affinché sia minima la quantità di materiale necessario per realizzarla? (Trascura lo spessore della latta).
[ESAME DI STATO – Sessione ordinaria per il liceo scientifico, corso di ordinamento, A.S. 2004/2005] $\left[\text{Raggio: } \sqrt[3]{\frac{1}{5\pi}} \text{ dm} \approx 3.99 \text{ cm altezza: } \frac{2\sqrt[3]{25\pi^2}}{5\pi} \text{dm} \approx 7.99 \text{ cm}\right]$

ESAME DI STATO **110** Un filo metallico di lunghezza l viene utilizzato per delimitare il perimetro di un'aiuola rettangolare.

a] Qual è l'aiuola di area massima che è possibile delimitare? $\left[\text{Aiuola quadrata di area } \frac{l^2}{16}\right]$

Si pensa di tagliare il filo in due parti e utilizzarle per delimitare un'aiuola quadrata e un'altra circolare. Come si dovrebbe tagliare il filo affinché:

b] la somma delle due aree sia minima? $\left[\text{Una parte del filo ha lunghezza } \frac{4l}{\pi + 4}\right]$

c] la somma delle due aree sia massima?
[Tutto il filo è utilizzato per delimitare l'aiuola circolare]

[ESAME DI STATO – Sessione ordinaria per il liceo scientifico, corso di ordinamento, A.S. 2005/2006]

ESAME DI STATO **111** Un foglio di carta deve contenere: un'area di stampa di 50 cm^2, margini superiore e inferiore di 4 cm e margini laterali di 2 cm. Quali sono le dimensioni del foglio di carta di area minima che si può utilizzare?
[ESAME DI STATO – Sessione ordinaria per il liceo scientifico, corso di ordinamento, A.S. 2005/2006] [9 cm × 18 cm]

ESAME DI STATO **112** La funzione $f(x) = a\sin(x) + b\cos(x)$ ha un estremo relativo per $x = \frac{4}{3}\pi$ ed è $f\left(\frac{2}{3}\pi\right) = 1$. Determina a e b e determina il periodo di $f(x)$.
[ESAME DI STATO – Sessione ordinaria per il liceo scientifico, corso di ordinamento, A.S. 2005/2006] $[a = \sqrt{3}; b = 1, \text{ periodo} = 2\pi]$

113 Determina il cono circolare retto di volume massimo inscritto in una sfera di raggio r.
$\left[\text{Raggio di base: } \frac{2\sqrt{2}}{3} r; \text{ altezza: } \frac{4}{3} r\right]$

114 Tra i trapezi isosceli inscritti in una semicirconferenza di raggio r determina quello di area massima. $\left[\text{Base minore: } r\text{; altezza: } \frac{\sqrt{3}\,r}{2}\text{; area: } \frac{3\sqrt{3}\,r^2}{4}\right]$

115 Tra i trapezi isosceli inscritti in una semicirconferenza di raggio r determina quello di perimetro massimo. [Base minore: r; lato obliquo: r; perimetro: $5r$]

116 Tra tutti i cilindri circolari retti di superficie totale assegnata, determina quello di volume massimo. $\left[\text{Raggio di base} = \sqrt{\frac{S}{6\pi}}\right]$

117 Si lancia un oggetto da un'altezza $h = 0$ con una velocità di vettore $\mathbf{v}_0 = [v_0\cos(\alpha), v_0\sin(\alpha)]$, tale che il suo modulo v_0 sia fissato, ma possa variare tra 0° e 90° l'angolo di tiro α formato con l'orizzontale. Trascurando gli attriti con l'aria e approssimando l'accelerazione di gravità con 9.8 m/s^2, per quale angolo di tiro α il lancio raggiunge la massima gittata? [45°]

Studi di funzione **Studia ciascuna delle seguenti funzioni e poi disegna il suo grafico. Nelle soluzioni forniamo solo alcune informazioni: puoi verificare la correttezza delle tue risposte aiutandoti con un software grafico.**

118 $f(x) = 3x^3 - 2x^2$ $\left[\text{Minimo relativo: }\left(\frac{4}{9}, -\frac{32}{243}\right)\text{; massimo relativo: }(0, 0)\text{; flesso: }\left(\frac{2}{9}, -\frac{16}{243}\right)\right]$

119 $f(x) = 2x^3 - x - 1$ $\left[\text{Massimo relativo: }\left(-\frac{1}{\sqrt{6}}, \approx -0.73\right)\text{; minimo relativo: }\left(\frac{1}{\sqrt{6}}, \approx -1.27\right)\text{; flesso: }(0, -1)\right]$

120 $f(x) = x^3 - 3x - 1$ [Massimo relativo: $(-1, 1)$; minimo relativo: $(1, -3)$; flesso: $(0, -1)$]

121 $f(x) = x^4 - 2x^2$ $\left[\text{Minimi relativi e assoluti: }(-1, -1)\text{ e }(1, -1)\text{ massimo relativo: }(0, 0)\text{; flessi: }\left(-\frac{1}{\sqrt{3}}, -\frac{5}{9}\right)\text{ e }\left(\frac{1}{\sqrt{3}}, -\frac{5}{9}\right)\right]$

122 $f(x) = x^4 - 2x + 1$ $\left[\text{Minimo relativo e assoluto: }\left(\frac{1}{\sqrt[3]{2}}, \approx -0.19\right)\right]$

123 $f(x) = x^4 + 2x^3 + 1$ $\left[\text{Minimo relativo e assoluto: }\left(-\frac{3}{2}, -\frac{11}{16}\right)\text{; flessi: }(-1, 0)\text{ e }(0, 1)\right]$

124 $f(x) = x\ln(x)$ [Minimo relativo e assoluto: $(e^{-1}, -e^{-1})$]

125 $f(x) = xe^x$ [Minimo relativo e assoluto: $(-1, -e^{-1})$; flesso: $(-2, -2e^{-2})$]

126 $f(x) = xe^{-x}$ [Massimo relativo e assoluto: $(1, e^{-1})$; flesso: $(2, 2e^{-2})$]

127 $f(x) = \frac{\ln(x)}{x}$ $\left[\text{Massimo relativo e assoluto: }(e, e^{-1})\text{; flesso: }\left(e\sqrt{e}, \frac{3}{2e\sqrt{e}} \approx 0.33\right)\right]$

128 $f(x) = \frac{x}{\ln(x)}$ $\left[\text{Minimo relativo: }(e, e)\text{; flesso: }\left(e^2, \frac{e^2}{2} \approx 3.69\right)\right]$

129 $f(x) = \dfrac{x}{3+x^2}$ $\left[\text{Minimo relativo e assoluto: } \left(-\sqrt{3}, -\dfrac{\sqrt{3}}{6} \approx -0.29\right)\text{; massimo relativo e assoluto: } \left(\sqrt{3}, \dfrac{\sqrt{3}}{6}\right)\text{; flessi: } \left(-3, -\dfrac{1}{4}\right), (0,0) \text{ e } \left(3, \dfrac{1}{4}\right)\right]$

130 $f(x) = 2x - \dfrac{1}{x^2}$ [Massimo relativo: $(-1, -3)$]

131 $f(x) = \dfrac{3x^2}{1-x}$ [Minimo relativo: $(0, 0)$; massimo relativo: $(2, -12)$]

132 $f(x) = \dfrac{2x^2-1}{2x^2+1}$ $\left[\text{Minimo relativo e assoluto: } (0, -1)\text{; flessi: } \left(-\dfrac{1}{\sqrt{6}}, -\dfrac{1}{2}\right), \left(\dfrac{1}{\sqrt{6}}, -\dfrac{1}{2}\right)\right]$

133 $f(x) = \dfrac{2x^2+1}{2x^2-1}$ [Massimo relativo: $(0, -1)$]

134 $f(x) = \sqrt{2x^2-1}$ $\left[\text{Dominio naturale: } \left]-\infty, -\dfrac{\sqrt{2}}{2}\right] \cup \left[\dfrac{\sqrt{2}}{2}, +\infty\right[\text{; } f \text{ strettamente decrescente e concava su } \left]-\infty, -\dfrac{\sqrt{2}}{2}\right] \text{ e strettamente crescente e concava su } \left[\dfrac{\sqrt{2}}{2}, +\infty\right[\right]$

135 $f(x) = \sqrt{1-2x^2}$ [Semiellisse di centro O, assi coincidenti con gli assi cartesiani situata nel semipiano $y \geq 0$ e vertici di coordinate $(0, 1)$, $\left(-\dfrac{\sqrt{2}}{2}, 0\right)$, $\left(\dfrac{\sqrt{2}}{2}, 0\right)$]

136 $f(x) = \sqrt{x} - \dfrac{1}{\sqrt{x}}$ [Dominio naturale: $]0, +\infty[$; f strettamente crescente e concava su ogni intervallo contenuto nel suo dominio naturale]

137 $f(x) = \arctan^2(x)$ [Minimo relativo e assoluto: $(0, 0)$; due punti di flesso simmetrici rispetto all'asse y]

138 $f(x) = (\sin(x) - \cos(x))^2$ $\left[\text{Minimi relativi e assoluti: } \left(\dfrac{\pi}{4} + k\pi, 0\right)\text{; massimi relativi e assoluti: } \left(\dfrac{3\pi}{4} + k\pi, 2\right), k \in \mathbb{Z}\right]$

139 $f(x) = 2\sin^2(x) - \sin(x) - 1$ $\left[\text{Minimi relativi e assoluti: } \left(\arcsin\left(\dfrac{1}{4}\right) + 2k\pi, -\dfrac{9}{8}\right) \text{ e } \left(\pi - \arcsin\left(\dfrac{1}{4}\right) + 2k\pi, -\dfrac{9}{8}\right) \text{ massimi relativi: } \left(\dfrac{\pi}{2} + 2k\pi, 0\right) \text{ massimi relativi e assoluti: } \left(\dfrac{3\pi}{2} + 2k\pi, 2\right), k \in \mathbb{Z}\right]$

140 $f(x) = e^{\sin(x)}$ $\left[\text{Massimi relativi e assoluti: } \left(\dfrac{\pi}{2} + 2k\pi, e\right)\text{; minimi relativi e assoluti: } \left(\dfrac{3\pi}{2} + 2k\pi, e^{-1}\right), k \in \mathbb{Z}\right]$

141 $f(x) = x\sin(x)$ [Funzione pari, che si annulla in $k\pi$, con k numero intero; per ogni x si ha: $-|x| \leq x\sin(x) \leq |x|$]

142 $f(x) = \dfrac{\sin(x)}{x}$ $\left[\text{Funzione pari, che si annulla in } k\pi\text{, con } k \text{ numero intero non nullo; per ogni } x \text{ non nullo si ha: } -\left|\dfrac{1}{x}\right| \leq \dfrac{\sin(x)}{x} \leq \left|\dfrac{1}{x}\right|\right]$

>> ESERCIZI DI CONSOLIDAMENTO • p. 388 • p. 389 • p. 390

CAPITOLO 9 L'integrabilità

PROBLEMA

Dalla funzione velocità allo spostamento

La velocità istantanea v (in m/s) in funzione del tempo t (in s) di un punto materiale che percorre una traiettoria rettilinea è $v(t) = 10 - 5t$ nell'intervallo di tempo $[0, 6]$.
Qual è la variazione della posizione del corpo dall'istante $t = 0$ all'istante $t = 6$? In altri termini, qual è la differenza tra la sua posizione finale e quella iniziale?

Risoluzione

Primo metodo

La funzione velocità istantanea è la funzione derivata della funzione $s = s(t)$ che esprime la posizione s del corpo in funzione del tempo t. Calcoliamo quindi $s = s(t)$ a partire da $v(t) = 10 - 5t$ e poi eseguiamo la differenza $s(6) - s(0)$.
Poiché $s'(t) = 10 - 5t$, la funzione $s = s(t)$ è una funzione quadratica del tipo:

$$s(t) = at^2 + bt + c$$

e la sua derivata, cioè $2at + b$, deve essere uguale a $10 - 5t$.

$$2at + b = -5t + 10 \Leftrightarrow \begin{cases} 2a = -5 \\ b = 10 \end{cases} \Leftrightarrow \begin{cases} a = -\dfrac{5}{2} \\ b = 10 \end{cases}$$

Quindi $s(t) = -\frac{5}{2}t^2 + 10t + c$, con $c = s(0)$.

Calcoliamo allora la differenza $s(6) - s(0) = -\frac{5}{2} \cdot 36 + 60 + c - c = -90 + 60 = -30$ m.

All'istante 6 s il corpo si trova nella posizione -30 m rispetto alla posizione iniziale.

Secondo metodo

Il primo metodo ha funzionato bene perché è stato facile determinare la funzione $s = s(t)$ a partire dalla funzione $v = v(t)$. Questo passaggio però non è sempre così semplice e spesso non è possibile. Per esempio se la velocità fosse stata espressa da una legge del tipo $v(t) = 3t\sqrt{\sin(t)}$, il primo metodo non sarebbe stato percorribile con altrettanta facilità.
Presentiamo allora un altro approccio risolutivo che non richiede di determinare una formula per la funzione $s = s(t)$.
Suddividiamo l'intervallo di tempo $[0, 6]$ in un numero n di intervalli di uguale durata:

$$\left[0, \frac{6}{n}\right], \left[\frac{6}{n}, \frac{12}{n}\right], \ldots \left[\frac{6(n-1)}{n}, 6\right].$$

In ciascuno di questi intervalli di tempo la variazione di posizione del corpo è il prodotto fra la velocità media nell'intervallo considerato e l'ampiezza dell'intervallo, cioè $\frac{6}{n}$.
Per esempio, nel *k-esimo* intervallo $[t_{k-1}, t_k]$ la variazione di posizione è data da $s_k = \frac{6}{n} v_k$.

Dobbiamo determinare la velocità media v_k, ma conosciamo solo la velocità in ogni istante. Osserviamo però che al crescere di n, cioè al diminuire dell'ampiezza $\frac{6}{n}$, la velocità istantanea $v(c)$, che il corpo ha in un qualunque punto c dell'intervallo preso in considerazione, approssima sempre meglio la velocità media in quell'intervallo.

Allora vale:

$$s_k \approx \frac{6}{n} v(t_{k-1})$$

dove abbiamo approssimato la velocità media v_k con la velocità nell'istante t_{k-1}, cioè nell'estremo sinistro dell'intervallo considerato: in realtà per approssimare la velocità media nell'intervallo $[t_{k-1}, t_k]$, avremmo potuto considerare, invece di t_{k-1}, qualunque altro istante appartenente a $[t_{k-1}, t_k]$.

Possiamo approssimare la variazione di posizione $s(6) - s(0)$ con la somma delle variazioni di posizione negli n intervalli:

$$s(6) - s(0) \approx \frac{6}{n} v(t_0) + \frac{6}{n} v(t_1) + \frac{6}{n} v(t_2) + \ldots + \frac{6}{n} v(t_{n-1}) = \sum_{k=1}^{n} \left(\frac{6}{n} v(t_{k-1}) \right).$$

Il simbolo $\sum_{k=1}^{n} \left(\frac{6}{n} v(t_{k-1}) \right)$ indica la somma degli n termini $\frac{6}{n} v(t_{k-1})$, dove a k vengono di volta in volta sostituiti i valori da 1 a n.
Il calcolo esatto dello spostamento $s(6) - s(0)$ si ottiene passando al limite per n che tende a $+\infty$:

$$s(6) - s(0) = \lim_{n \to +\infty} \sum_{k=1}^{n} \left(\frac{6}{n} v(t_{k-1}) \right).$$

Per esempio, se $n = 6$ abbiamo:

$$s(6) - s(0) \approx \sum_{k=1}^{6} \frac{6}{6} v(t_{k-1}) =$$

$$= 1 \cdot v(0) + 1 \cdot v(1) + 1 \cdot v(2) + 1 \cdot v(3) + 1 \cdot v(4) + 1 \cdot v(5) =$$

$$= 10 + 5 + 0 - 5 - 10 - 15 = -15 \text{ m}.$$

Si tratta di un valore assai diverso da quello che abbiamo determinato con il primo approccio. Per ottenere migliori approssimazioni bisogna aumentare n. Per esempio:

- se $n = 50$: $s(6) - s(0) \approx -28.2$ m;
- se $n = 100$: $s(6) - s(0) \approx -29.1$ m.

Poiché la funzione $v(t)$ è decrescente, avere scelto $v(t_{k-1})$ come stima della velocità media sull'intervallo $[t_{k-1}, t_k]$ vuol dire avere effettuato una stima per eccesso.
Se consideriamo $v(t_k)$ come stima della velocità media sull'intervallo $[t_{k-1}, t_k]$, troviamo anche una stima per difetto.

$$s(6) - s(0) \approx \sum_{k=1}^{6} \frac{6}{6} v(t_k) =$$

$$= 1 \cdot v(1) + 1 \cdot v(2) + 1 \cdot v(3) + 1 \cdot v(4) + 1 \cdot v(5) + 1 \cdot v(6) = 5 + 0 - 5 - 10 - 15 - 20 =$$

$$= -45 \text{ m}.$$

Se ora effettuiamo la media tra i due risultati, otteniamo $\frac{-15 - 45}{2} = -30$ m che è il valore determinato con il primo metodo risolutivo.

Leggendo il capitolo vedrai come dimostrare $\lim_{n \to +\infty} \sum_{k=1}^{n} \left(\frac{6}{n} v(t_{k-1}) \right) = -30$.

ESPLORA CON UN'ANIMAZIONE DI GEOMETRIA DINAMICA

Dalla funzione velocità istantanea allo spostamento

Nell'animazione che trovi sull'eBook e sul sito del libro puoi osservare un'interpretazione grafica del secondo approccio risolutivo al problema. Nell'animazione sono riportati gli estremi a e b dell'intervallo di variazione e la formula della funzione che rappresenta la velocità istantanea:

$$a = 0$$
$$b = 6$$
$$f(x) = 10 - 5x.$$

Se modifichi il valore del cursore n, cambi il numero di suddivisioni dell'intervallo $[a, b]$.
Se modifichi il valore del cursore c, modifichi l'istante utilizzato per il calcolo della velocità istantanea come approssimazione della velocità media su quell'intervallo.
La scelta di $c = 0$ corrisponde alla scelta dell'estremo sinistro di ogni intervallo; la scelta $c = 1$ vuol dire scegliere l'estremo destro.
Puoi anche modificare l'intervallo $[a, b]$ e la funzione f.

Alcune domande che aprono nuove prospettive

Esistono metodi per determinare, data una funzione $y = f(x)$, una funzione F, detta primitiva di f, tale che $F'(x) = f(x)$?
Sotto quali condizioni una funzione ammette una primitiva?

L'integrale definito

Introduzione: un problema contestualizzato*

* Questo problema è stato descritto a pagina 391 e seguenti del volume B di *Matematica dappertutto*.

Riprendiamo l'esempio sul sistema di tassazione del reddito vigente in Italia.
La seguente tabella fornisce le aliquote IRPEF $A(x)$ vigenti in Italia nel 2016 per le cinque fasce di reddito in euro.

$A(x)$	x
0.23	$0 \leq x \leq 15\,000$
0.27	$15\,000 < x \leq 28\,000$
0.38	$28\,000 < x \leq 55\,000$
0.41	$55\,000 < x \leq 75\,000$
0.43	$x > 75\,000$

Possiamo determinare i pagamenti dovuti dai vari contribuenti se calcoliamo, a partire dalla conoscenza della funzione $A = A(x)$, la funzione $T = T(x)$ che fornisce come output l'imposta IRPEF da pagare sul reddito x.
Nel volume B avevamo presentato il problema seguendo un approccio numerico: ora ci affidiamo agli strumenti dell'analisi.

La relazione che esiste tra la funzione A e la funzione T è la stessa che lega le funzioni v e s del problema di apertura: in ogni intervallo in cui la funzione T è derivabile si ha $T'(x) = A(x)$, così come $s'(t) = v(t)$.
La funzione $A = A(x)$, che fornisce l'aliquota in funzione del reddito x, è costante a tratti e positiva: possiamo quindi interpretare $T(x)$ come una somma di aree.

Consideriamo l'esempio di un reddito di 50 000 €: l'imposta dovuta è $T(50000) = 15320$ €.
Una possibile interpretazione grafica di $T(50000)$ è quella suggerita dalla figura a lato.

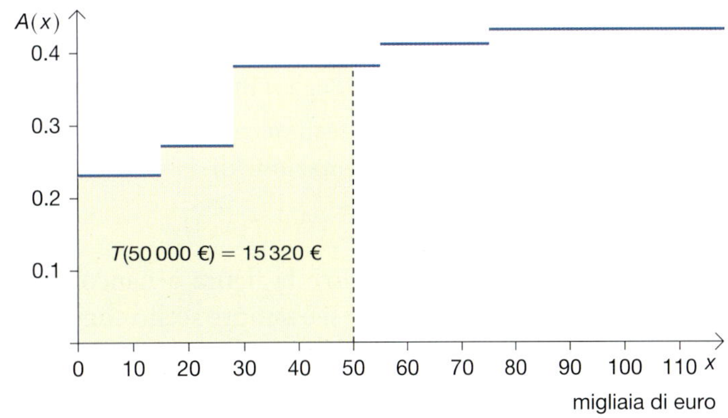

Allora, in generale, il valore $T(a)$ è dato dall'area sottesa al grafico della funzione $A(x)$ per x che va da 0 fino ad a.

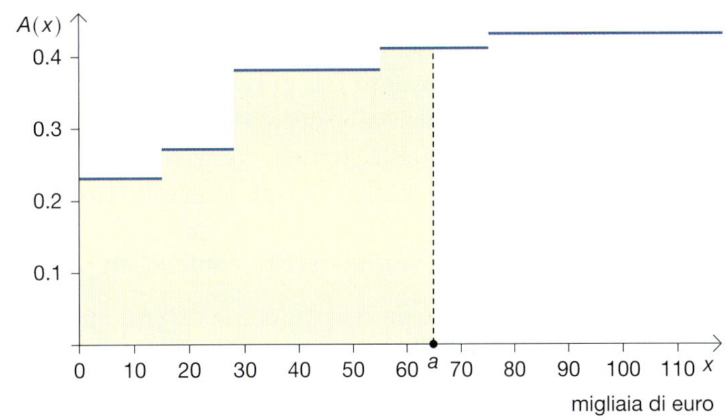

Sia il problema di apertura sia quello sul sistema di tassazione dei redditi in Italia hanno a che vedere con il calcolo integrale: nel primo caso la variazione di posizione sull'intervallo $[0, 6]$ è l'integrale definito calcolato fra 0 e 6 della funzione $v(t)$; nel secondo caso, l'imposta da pagare su un reddito di 50 000 € è l'integrale definito calcolato fra 0 e 50 000 della funzione $A(x)$.

Metodo dei rettangoli

Sia f una funzione non negativa definita su un intervallo $[a, b]$. Vogliamo calcolare l'area della regione sottesa al grafico di f nell'intervallo $[a, b]$.

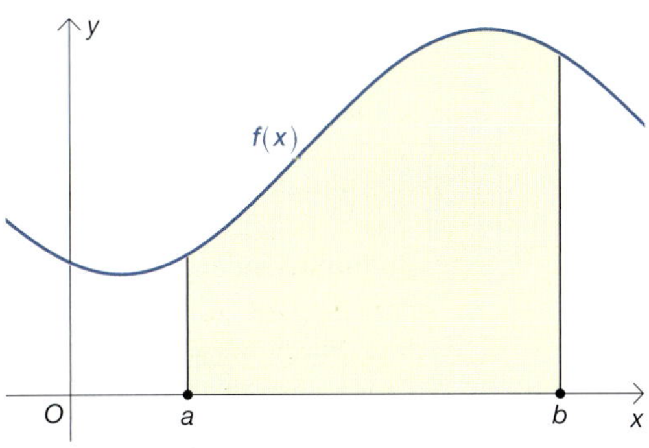

Vediamo un metodo per farlo, articolato nei quattro passaggi seguenti.

- Scegliamo un numero naturale $n > 0$ e suddividiamo l'intervallo $[a, b]$ in n intervalli, tutti di ampiezza $\Delta x = \dfrac{b-a}{n}$:
$$\left[a, a+\Delta x\right], \left[a+\Delta x, a+2\Delta x\right], \left[a+2\Delta x, a+3\Delta x\right], \ldots, \left[a+(n-1)\Delta x, b\right].$$
- In ciascuno di questi intervalli scegliamo un punto qualunque. Indichiamo con x_1 il punto dell'intervallo $[a, a+\Delta x]$, con x_2 il punto dell'intervallo $[a+\Delta x, a+2\Delta x]$, …, e con x_n il punto dell'intervallo $\left[a+(n-1)\Delta x, b\right]$.
- Per ciascuno degli n intervalli, calcoliamo il prodotto $\Delta x \cdot f(x_k)$, con $k = 1, 2, \ldots, n$.
- La somma degli n prodotti $\Delta x \cdot f(x_k)$ è un'approssimazione di
$$\lim_{n \to +\infty} \sum_{k=1}^{n} \left(\Delta x \cdot f(x_k)\right),$$
come suggerisce la figura a fianco dove $n = 10$ e dove si è sempre scelto come x_k il punto medio del k-esimo intervallo.

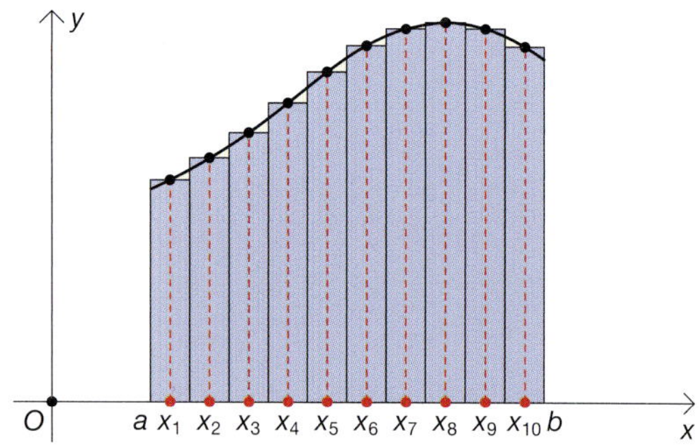

Questo metodo di approssimazione viene detto **metodo dei rettangoli**, perché la somma degli n prodotti $\Delta x \cdot f(x_k)$, quando f è non negativa su $[a, b]$, può essere interpretata come la somma delle aree degli n rettangoli che hanno la base che misura Δx e l'altezza che misura $f(x_k)$. Questa somma, come suggerisce la figura, approssima l'area della regione di piano sottesa al grafico di f sull'intervallo $[a, b]$.

OSSERVA

- Se avessimo scelto come x_k un punto diverso dal punto medio di ciascun intervallo avremmo trovato una diversa approssimazione di $\lim\limits_{n \to +\infty} \sum\limits_{k=1}^{n} \left(\Delta x \cdot f(x_k)\right)$.
- In generale l'approssimazione migliora all'aumentare di n, come suggerisce la seconda delle figure seguenti.

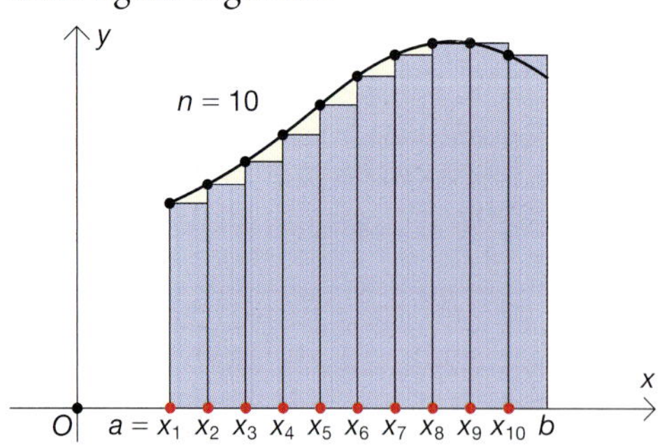

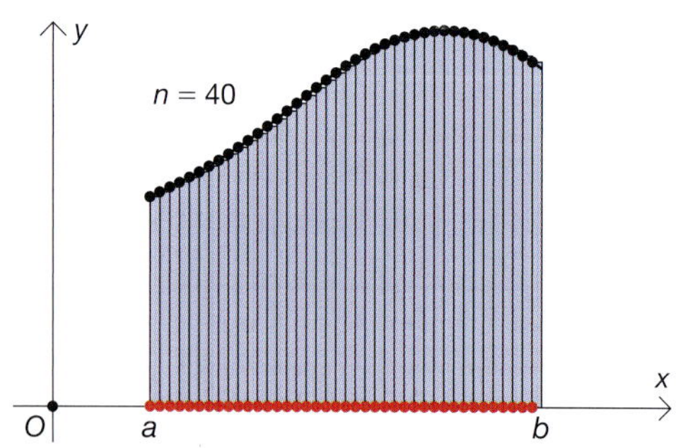

Indichiamo $\lim\limits_{n \to +\infty} \sum\limits_{k=1}^{n} \left(\Delta x \cdot f(x_k)\right)$ su $[a, b]$ con il simbolo $\int_a^b f(x)\mathrm{d}x$ che leggiamo «integrale definito da a a b di $f(x)$ in dx».

La notazione $\int_a^b f(x)\mathrm{d}x$ si deve a Leibniz; il simbolo $\int$ è una lettera «S» allungata e sostituisce, nel passaggio al limite, il simbolo di somma $\sum$. Il simbolo «dx» sostituisce invece Δx e rappresenta l'ampiezza di ciascuno degli n intervalli in cui è stato suddiviso $[a, b]$, che diventa infinitesima per n tendente a $+\infty$.

Che cosa succede se consideriamo come x_k un punto diverso al punto medio di ciascun intervallo? Vediamolo con un esempio, confrontando le diverse approssimazioni che otteniamo.

PER ESEMPIO Approssimiamo $\int_0^1 x^3 dx$ scegliendo $n = 5$ e come x_k l'estremo destro di ciascuno dei 5 intervalli:

$$\int_0^1 x^3 dx \approx \frac{1}{5}\left(\frac{1}{5}\right)^3 + \frac{1}{5}\left(\frac{2}{5}\right)^3 + \frac{1}{5}\left(\frac{3}{5}\right)^3 + \frac{1}{5}\left(\frac{4}{5}\right)^3 + \frac{1}{5}1^3 = \frac{9}{25} = 0.36.$$

Questa è un'approssimazione per eccesso: la funzione $f(x) = x^3$ è crescente su $[0, 1]$ e, poiché abbiamo scelto come altezza dei rettangoli il valore della funzione calcolato nell'estremo destro di ciascun intervallo, abbiamo ottenuto un'unione di rettangoli che *contiene* la superficie sottesa al grafico di f su $[0, 1]$.

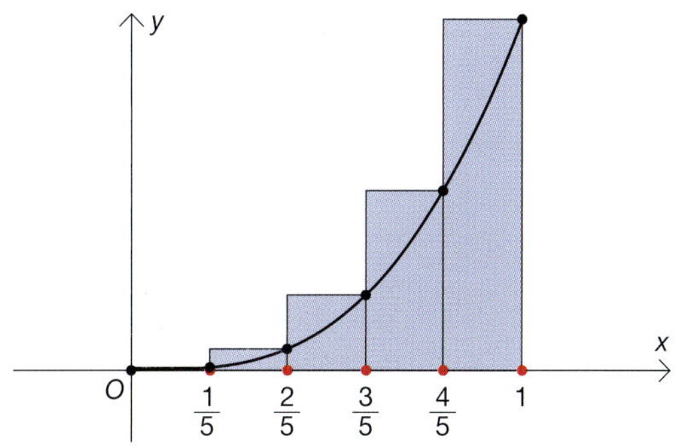

Approssimiamo lo stesso integrale scegliendo ancora $n = 5$ ma prendendo come valore di x_k l'estremo sinistro di ciascuno dei 5 intervalli:

$$\int_0^1 x^3 dx \approx \frac{1}{5}(0)^3 + \frac{1}{5}\left(\frac{1}{5}\right)^3 + \frac{1}{5}\left(\frac{2}{5}\right)^3 + \frac{1}{5}\left(\frac{3}{5}\right)^3 + \frac{1}{5}\left(\frac{4}{5}\right)^3 = \frac{4}{25} = 0.16.$$

Questa è un'approssimazione per difetto: la funzione $f(x) = x^3$ è crescente su $[0, 1]$ e, poiché abbiamo scelto come altezza dei rettangoli il valore della funzione calcolato nell'estremo sinistro di ciascun intervallo, abbiamo ottenuto un'unione di rettangoli che è *contenuta* nella superficie sottesa al grafico di f su $[0, 1]$.

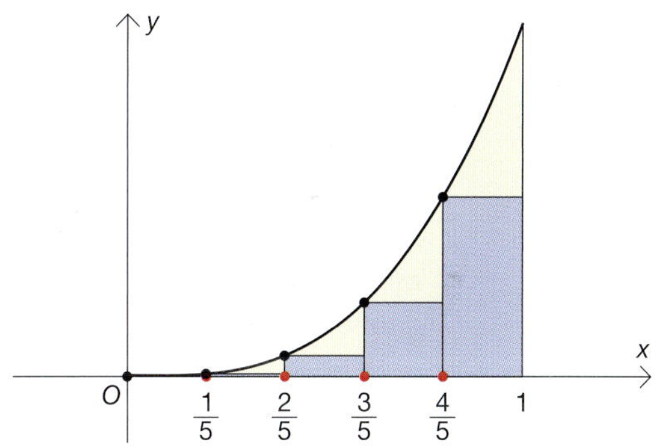

Approssimiamo infine lo stesso integrale scegliendo ancora $n = 5$ e come x_k il punto medio di ciascuno dei 5 intervalli:

$$\int_0^1 x^3 dx \approx \frac{1}{5}\left(\frac{1}{10}\right)^3 + \frac{1}{5}\left(\frac{3}{10}\right)^3 + \frac{1}{5}\left(\frac{5}{10}\right)^3 + \frac{1}{5}\left(\frac{7}{10}\right)^3 + \frac{1}{5}\left(\frac{9}{10}\right)^3 = \frac{49}{200} = 0.245.$$

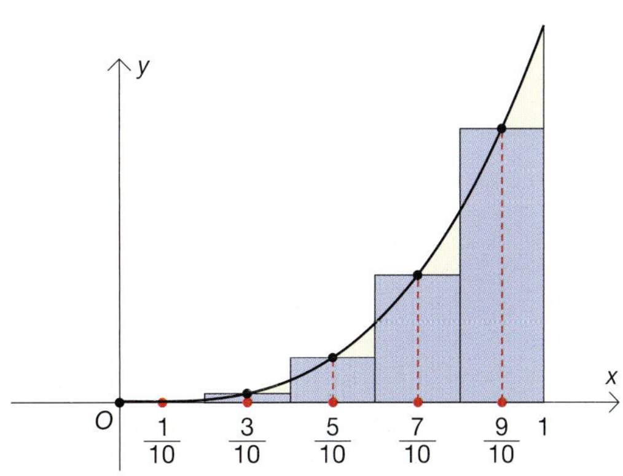

Questa approssimazione è compresa tra le due precedenti.
Possiamo anche prendere, in ogni intervallo, x_k in modo casuale; per esempio: $x_1 = 0.12$, $x_2 = 0.34$, $x_3 = 0.56$, $x_4 = 0.78$, $x_5 = 0.85$. Otteniamo:

$$\int_0^1 x^3 dx \approx 0.2 \cdot (0.12^3 + 0.34^3 + 0.56^3 + 0.78^3 + 0.85^3) \approx 0.261.$$

Quanto abbiamo detto finora chiarisce perché il problema di determinare l'area di una figura piana delimitata da una curva chiusa viene risolto mediante il calcolo di un integrale definito.

In generale l'integrale definito di una funzione f su un intervallo $[a, b]$ rappresenta il valore di una grandezza che ha come unità di misura il prodotto delle unità di misura delle grandezze rappresentate rispettivamente sull'asse x e sull'asse y. Un'area si misura in m^2 ed è sempre positiva o nulla, quindi l'area sottesa a una curva è solo *uno* dei problemi che si risolvono attraverso l'integrale definito.

Riprendiamo in esame il secondo approccio risolutivo al problema di apertura: per calcolare lo spostamento nell'intervallo di tempo $[0, 6]$ a partire dalla conoscenza di $v(t) = 10 - 5t$ abbiamo applicato proprio il metodo dei rettangoli. Infatti abbiamo determinato uno spostamento in metri come prodotto tra la velocità (in m/s) e il tempo (in s) e abbiamo interpretato $s(6) - s(0)$ come $\int_0^6 v(t)dt$. Il grafico a fianco illustra il calcolo che abbiamo fatto suddividendo l'intervallo $[0, 6]$ in 6 parti e considerando, in ciascuno degli intervalli così ottenuti, il valore della velocità nell'estremo sinistro dell'intervallo.

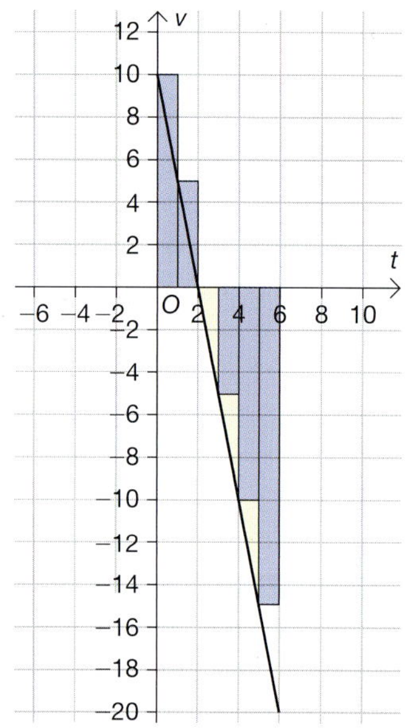

In questo caso, la funzione $v(t)$, detta *funzione integranda*, assume anche valori negativi. L'integrale definito può quindi anche essere un numero negativo.

PER ESEMPIO Stimiamo $\int_0^1 (-x^2)dx$ con il metodo dei rettangoli come indicato di seguito.

1. Suddividiamo l'intervallo $[0, 1]$ in 10 parti uguali di ampiezza $\Delta x = 0.1$.
2. Scegliamo come x_k l'estremo sinistro di ogni intervallo
3. Calcoliamo le aree dei rettangoli e calcoliamo la loro somma:

$$\int_0^1 (-x^2)dx \approx \sum_{k=1}^{10} \left(-(x_{k-1})^2 \cdot 0.1\right) = -0.1(0^2 + 0.1^2 + 0.2^2 + 0.3^2 + \ldots + 0.9^2) =$$
$$= -0.285.$$

La figura a fianco fornisce un'interpretazione grafica del calcolo.

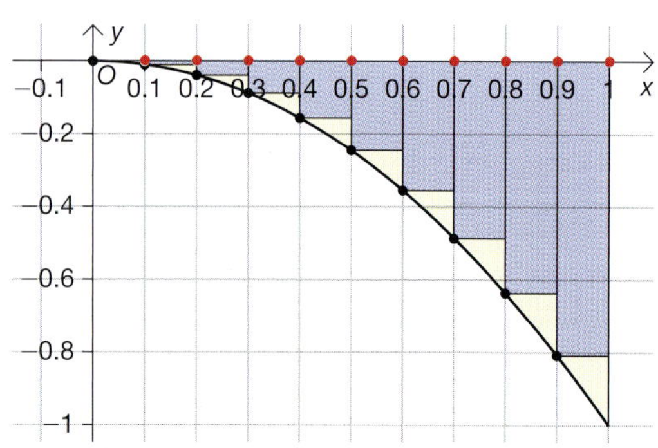

Se avessimo calcolato l'area della regione piana limitata dal grafico di $f(x) = -x^2$ e dall'asse x sull'intervallo $[0, 1]$, avremmo dovuto calcolare l'integrale del valore assoluto della funzione:

$$\text{Area} = \int_0^1 \left| -x^2 \right| dx \approx 0.285.$$

L'integrale definito può avere diverse interpretazioni in fisica. Vediamone alcune nel seguente esempio.

PER ESEMPIO

1. Se la funzione integranda f rappresenta l'*intensità di una forza* diretta lungo l'asse delle ascisse applicata a un corpo in funzione della sua *posizione* x, allora $\int_a^b f(x)dx$ rappresenta il *lavoro* compiuto da questa forza per spostare il corpo da un punto a a un punto b.
2. Se la funzione integranda f rappresenta la *densità lineare* di una sbarra metallica in un suo *punto* x, allora $\int_a^b f(x)dx$ rappresenta la *massa totale* della porzione $[a, b]$ di sbarra.
3. Se la funzione integranda f rappresenta la *velocità* di un corpo puntiforme in un *istante* x, allora $\int_a^b f(x)dx$ rappresenta la *variazione di posizione* nell'intervallo di tempo $[a, b]$.

Funzione integrabile e integrale definito: definizioni

Diamo ora la definizione di *funzione integrabile* su un intervallo $[a, b]$ e di *integrale definito* su $[a, b]$.

Siano:
- f una funzione definita e limitata su un intervallo $[a, b]$;
- n un numero naturale diverso da 0;
- $\Delta x = \dfrac{b-a}{n}$;
- x_k un qualsiasi punto appartenente al k-esimo intervallo $\left[a + (k-1)\Delta x, a + k\Delta x\right]$, per $k = 1, 2, \ldots, n$.

Se esiste finito

$$\lim_{n \to +\infty} \sum_{k=1}^{n} \left(f(x_k) \cdot \Delta x \right)$$

e se il suo valore non dipende dalla scelta degli x_k, allora diciamo che la funzione f è **integrabile su** $[a, b]$. Chiamiamo **integrale definito di f su** $[a, b]$:

$$\int_a^b f(x)dx = \lim_{n \to +\infty} \sum_{k=1}^{n} \left(f(x_k) \cdot \Delta x \right).$$

Si può dimostrare che:

se f è continua su $[a, b]$ allora è integrabile su $[a, b]$.

La continuità non è però una condizione necessaria per l'integrabilità:

una funzione limitata che ammette su $[a, b]$ un numero finito di punti di discontinuità è integrabile su $[a, b]$.

PER ESEMPIO

Calcoliamo $\int_0^b x^2 dx$, con $b > 0$ a partire dalla definizione di integrale definito.

Dividiamo l'intervallo $[0, b]$ in n intervalli ciascuno di ampiezza $\Delta x = \frac{b}{n}$ e consideriamo i punti:

$$x_1 = \Delta x$$
$$x_2 = 2\Delta x$$
$$x_3 = 3\Delta x$$
$$\dots$$
$$x_{n-1} = (n-1)\Delta x$$

cioè l'estremo destro di ogni intervallo. Risulta:

$$f(0)\Delta x = 0$$
$$f(x_1)\Delta x = (\Delta x)^2 \Delta x$$
$$f(x_2)\Delta x = (2\Delta x)^2 \Delta x$$
$$f(x_3)\Delta x = (3\Delta x)^2 \Delta x$$
$$\dots$$
$$f(x_{n-1})\Delta x = \left[(n-1)\Delta x\right]^2 \Delta x.$$

La somma è:

La somma dei quadrati dei primi n numeri naturali è $\frac{n(n+1)(2n+1)}{6}$.

$$S_n = \left[1^2 + 2^2 + 3^2 + \dots + (n-1)^2\right](\Delta x)^3 = \frac{(n-1)\,n\,(2n-1)}{6} \cdot \left(\frac{b}{n}\right)^3 =$$
$$= \frac{n-1}{n} \cdot \frac{n}{n} \cdot \frac{2n-1}{n} \cdot \frac{b^3}{6} = \left(1 - \frac{1}{n}\right) \cdot \left(2 - \frac{1}{n}\right) \cdot \frac{b^3}{6}.$$

Se facciamo tendere n all'infinito otteniamo:

$$\int_0^b x^2 dx = \lim_{n \to +\infty} S_n = 1 \cdot 2 \cdot \frac{b^3}{6} = \frac{b^3}{3}.$$

Proprietà degli integrali definiti

1 $\int_a^a f(x)dx = 0$

Infatti se $a = b$, allora $\Delta x = 0$ e quindi tutti gli addendi delle somme che contribuiscono al calcolo dell'integrale sono nulli, indipendentemente dal valore di n.

2 $\int_a^b f(x)dx = -\int_b^a f(x)dx$

Supponiamo infatti che sia $a < b$. Allora nel calcolo di

$$\int_a^b f(x)dx = \lim_{n \to +\infty} \sum_{k=1}^{n} \left(f(x_k) \cdot \Delta x\right)$$

abbiamo $\Delta x > 0$.

Invece nel calcolo di $\int_b^a f(x)dx$ abbiamo $\Delta x < 0$.

Quindi:

$$\int_a^b f(x)\mathrm{d}x = -\int_b^a f(x)\mathrm{d}x.$$

Arriviamo alla stessa conclusione se consideriamo $a > b$.

3 Se $c \in [a, b]$, allora $\int_a^b f(x)\mathrm{d}x = \int_a^c f(x)\mathrm{d}x + \int_c^b f(x)\mathrm{d}x.$

Questa proprietà può essere dimostrata a partire dalla definizione di integrale definito, ma ci limitiamo a giustificarla ricorrendo all'interpretazione di integrale come area: l'area dell'unione di due regioni finite F_1 e F_2 disgiunte (o con intersezione di area nulla) è uguale alla somma delle aree di F_1 e F_2, come suggerisce la figura a fianco.
Questa proprietà caratterizza qualunque misura.

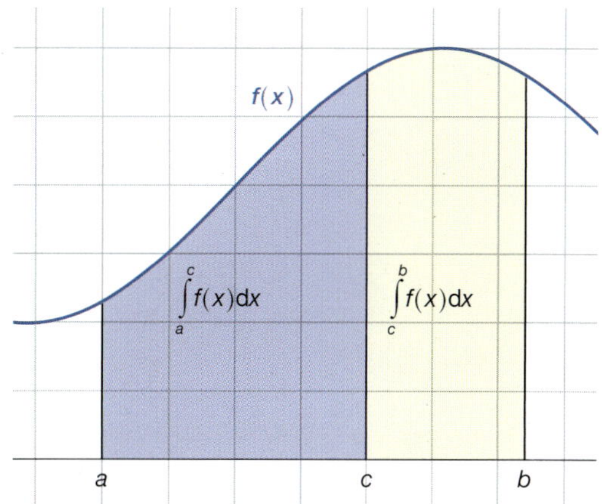

4 Se $f(x)$ ha segno positivo su $[a, b]$, allora $\int_a^b f(x)\mathrm{d}x > 0$, mentre se $f(x)$ ha segno negativo su $[a, b]$, allora $\int_a^b f(x)\mathrm{d}x < 0$.

Consideriamo infatti l'espressione $\sum_{k=1}^{n} (f(x_k) \cdot \Delta x)$.

Poiché $\Delta x > 0$, ciascuno degli addendi $f(x_k)\Delta x$ ha lo stesso segno di $f(x_k)$.

OSSERVA

Vediamo che cosa succede se f cambia segno nell'intervallo $[a, b]$.
Per esempio, supponiamo che se $a \leq x \leq c$, allora $f(x) \geq 0$, mentre se $c \leq x \leq b$, allora $f(x) \leq 0$.
Poiché $\int_a^b f(x)\mathrm{d}x = \int_a^c f(x)\mathrm{d}x + \int_c^b f(x)\mathrm{d}x$, concludiamo che $\int_a^b f(x)\mathrm{d}x$ è la somma di un numero positivo e di uno negativo.

Il teorema fondamentale del calcolo

La funzione integrale

Sia f una funzione definita su un intervallo I, sia $a \in I$ e supponiamo che f sia integrabile nell'intervallo $[a, x]$ o nell'intervallo $[x, a]$ per ogni $x \in I$.
La funzione che a ogni $x \in I$ associa l'integrale definito di f sull'intervallo $[a, x]$ o sull'intervallo $[x, a]$, $\int_a^x f(t)\mathrm{d}t$, è detta **funzione integrale** di f con punto iniziale a.

I seguenti grafici si riferiscono alla funzione $f(x) = x^2$ con $a = 0$, e suggeriscono che l'integrale definito da a a x sia una funzione di x. Indichiamo questa funzione con $F(x)$.

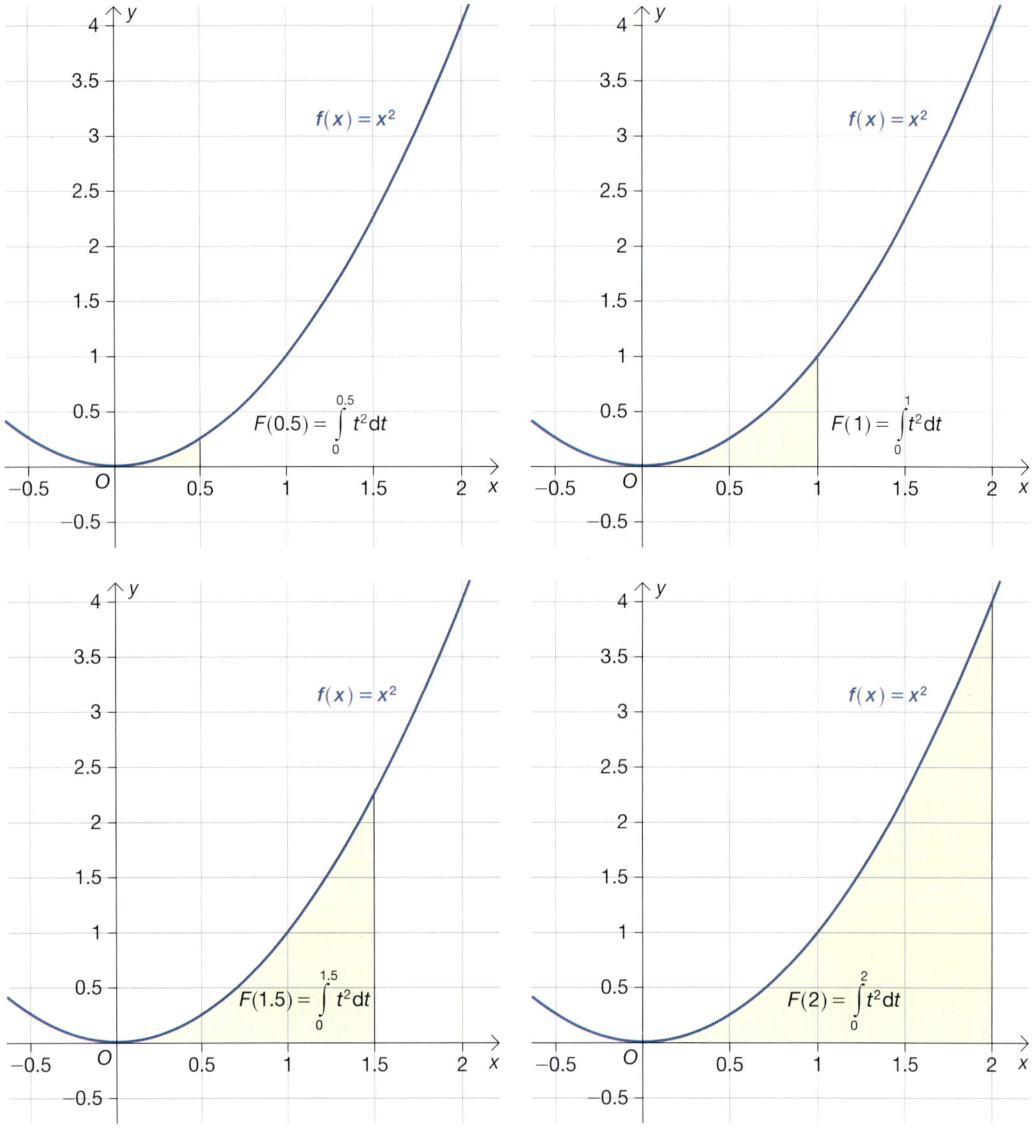

OSSERVA

La variabile indipendente della funzione integrale $F(x) = \int_a^x f(t)\,\mathrm{d}t$ è x, cioè l'estremo superiore di integrazione.
La lettera t, diversa da x, indica invece la variabile indipendente della funzione integranda f, cioè la variabile rispetto alla quale occorre integrare.

ESPLORA CON UN'ANIMAZIONE DI GEOMETRIA DINAMICA

Funzioni integrali

Apri l'animazione che trovi sull'eBook e sul sito del libro. Puoi modificare la funzione f e il punto iniziale a della funzione integrale di f. Se muovi il punto X puoi osservare la traccia del punto F che descrive il grafico della funzione integrale $F(x) = \int_a^x f(t)\,\mathrm{d}t$.

Integrale definito e primitiva

Consideriamo la situazione descritta nella figura a fianco: vogliamo trovare un'espressione per l'integrale definito della funzione f nell'intervallo $[x, x+h]$.

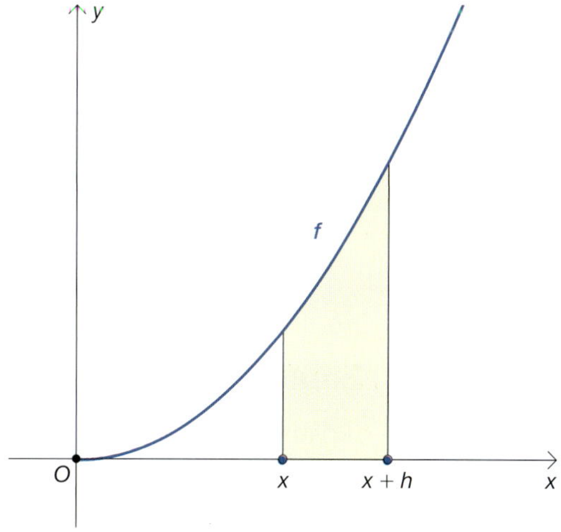

Prendiamo un qualunque punto di riferimento a appartenente a un intervallo I su cui f è continua ed esprimiamo l'integrale definito di f su $[x, x+h]$ come differenza tra l'integrale definito sull'intervallo $[a, x+h]$ e l'integrale definito sull'intervallo $[a, x]$, come suggerito dalla figura in cui abbiamo scelto $a < x$ e $h > 0$.*

* Si può dimostrare che quanto segue continua a essere valido anche nel caso in cui sia $a > x$ o $h < 0$.

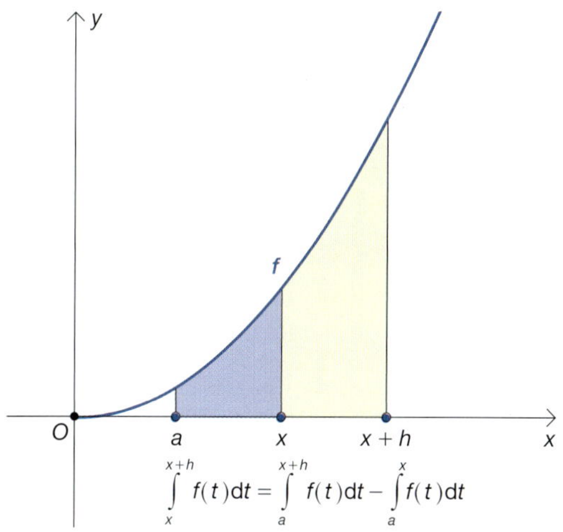

Se $F(x)$ è la funzione integrale di f con punto iniziale a, possiamo scrivere:

$$F(x+h) - F(x) = \int_x^{x+h} f(t)\,dt.$$

La funzione f che abbiamo considerato è strettamente crescente sull'intervallo $[x, x+h]$, quindi per ogni x di questo intervallo:

$$h \cdot f(x) \leq F(x+h) - F(x) \leq h \cdot f(x+h),$$

come suggerisce la figura.

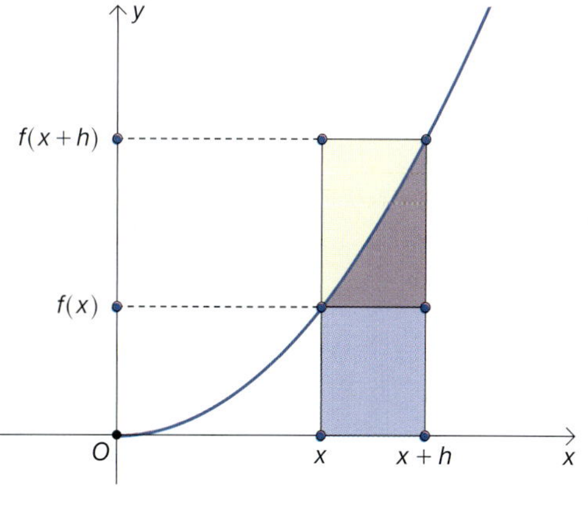

Dividiamo per $h > 0$:

$$f(x) \leq \frac{F(x+h) - F(x)}{h} \leq f(x+h).$$

Passiamo al limite per h che tende a 0:

$$\lim_{h\to 0} f(x) \le \lim_{h\to 0} \frac{F(x+h)-F(x)}{h} \le \lim_{h\to 0} f(x+h).$$

Se f è continua in x e F è derivabile in I, risulta:

$$f(x) \le F'(x) \le f(x), \text{ cioè } F'(x) = f(x).$$

Abbiamo quindi determinato una relazione che lega il problema di determinare l'integrale definito a quello di determinare una primitiva di una funzione data:

$$F(x) = \int_a^x f(t)\mathrm{d}t; \qquad F'(x) = f(x) \text{ per ogni } x \in [a, b].$$

Enunciato e dimostrazione del teorema fondamentale del calcolo

Il risultato che abbiamo ottenuto nel paragrafo precedente può essere precisato e generalizzato attraverso il *teorema fondamentale del calcolo*.
Ricordiamo innanzitutto la definizione di *primitiva* di una funzione.

► Sia f una funzione definita su un intervallo I. Se una funzione $F(x)$ è tale che $F'(x) = f(x)$ per ogni $x \in I$, allora F è detta **primitiva** di f su I, o anche **antiderivata** di f su I.

PER ESEMPIO

1. La funzione $F(x) = x^2 + 3$ è una primitiva della funzione $f(x) = 2x$ su ogni intervallo, infatti $(x^2 + 3)' = 2x$ per ogni numero reale x.
2. La funzione $F(x) = e^x$ è una primitiva della funzione $f(x) = e^x$ su ogni intervallo, infatti $(e^x)' = e^x$ per ogni numero reale x.
3. La funzione $F(x) = \sin(x) - 5$ è una primitiva della funzione $f(x) = \cos(x)$ su ogni intervallo, infatti $\left(\sin(x) - 5\right)' = \cos(x)$ per ogni numero reale x.

OSSERVA

- Se F è una primitiva di f su un intervallo I allora tutte le funzioni che differiscono da F su I per una costante sono primitive di f su I.
  Infatti se consideriamo una funzione $G(x) = F(x) + k$ per ogni $x \in I$, abbiamo che
  $$G'(x) = F'(x) + (k)' = F'(x)$$
  per ogni $x \in I$. Quindi, se F è una primitiva di f anche G lo è.
- Per il **corollario 3** del teorema del valor medio, vale il viceversa: se F e G sono due primitive di f in I, allora F e G differiscono per una costante, cioè:
  $$G(x) = F(x) + k \text{ per ogni } x \in I.$$

Tutte le funzioni continue su un intervallo $[a, b]$ ammettono primitiva su $[a, b]$.
Questo vuol dire che tutte le funzioni continue su un intervallo possono essere viste come la funzione derivata di un'altra funzione.
Inoltre se f è limitata e ha al più un numero finito di punti di discontinuità in I, allora ammette primitiva in ogni intervallo $J \subseteq I$ su cui f è continua.

► **Teorema fondamentale del calcolo**
Sia f una funzione integrabile su $I = [a, b]$ e sia F una qualunque primitiva di f su I. Allora:

$$\int_a^b f(x)\mathrm{d}x = F(b) - F(a).$$

Per indicare la differenza $F(b) - F(a)$ viene spesso usata la notazione $\left[F(x)\right]_a^b$.
Il teorema fondamentale del calcolo può anche essere enunciato in una forma equivalente.

Teorema fondamentale del calcolo (forma equivalente)
Se f è una funzione integrabile su un intervallo I e $a \in I$ allora la funzione integrale di f con punto iniziale a

$$F(x) = \int_a^x f(t)\mathrm{d}t$$

è continua per ogni $x \in I$.
Se f, oltre a essere integrabile, è anche continua su I allora F è derivabile su I e risulta:

$$F'(x) = f(x) \text{ per ogni } x \in I.$$

La funzione $F(x) = \int_a^x f(t)\mathrm{d}t$ è l'unica primitiva di f tale che $F(a) = 0$. Infatti:

$$F(a) = \int_a^a f(t)\mathrm{d}t = 0.$$

Il teorema fondamentale del calcolo mette in relazione le operazioni di derivazione e di integrazione e consente di risolvere il problema del calcolo degli integrali definiti mediante l'operazione inversa della derivazione.
Infatti, se f soddisfa le ipotesi del teorema, per calcolare $\int_a^b f(x)\mathrm{d}x$ è possibile determinare una primitiva F di f e poi calcolare la differenza $F(b) - F(a)$. In molti casi questo procedimento è molto più semplice rispetto al calcolo dell'integrale a partire dalla definizione.

PER ESEMPIO

Calcoliamo $\int_1^3 x^3\mathrm{d}x$ utilizzando il teorema fondamentale del calcolo.
Osserviamo innanzitutto che $f(x) = x^3$ è una funzione continua nell'insieme dei numeri reali, quindi è integrabile e ammette primitiva su $\mathbb{R}$.
$F(x) = \frac{x^4}{4}$ è una primitiva della funzione $f(x) = x^3$ su ogni intervallo, infatti $F'(x) = f(x)$ per ogni numero reale x.
Quindi, per il teorema fondamentale del calcolo

$$\int_1^3 x^3\mathrm{d}x = \left[\frac{x^4}{4}\right]_1^3 = \frac{81}{4} - \frac{1}{4} = \frac{80}{4} = 20.$$

Osserva che se avessimo usato un'altra primitiva, per esempio $\frac{x^4}{4} + 5$, avremmo trovato lo stesso risultato:

$$\left[\frac{x^4}{4} + 5\right]_1^3 = \left(\frac{81}{4} + 5\right) - \left(\frac{1}{4} + 5\right) = \frac{81}{4} - \frac{1}{4} = 20.$$

OSSERVA

L'esistenza di primitive per una funzione continua, garantita dal teorema fondamentale del calcolo, non assicura che queste primitive si possano esprimere come funzioni elementari, cioè come funzioni polinomiali, razionali, algebriche, esponenziali, logaritmiche, circolari o una composizione finita tra queste. È possibile dimostrare che esistono infinite funzioni le cui primitive non sono esprimibili in forma elementare. Un esempio assai noto è la funzione $f(x) = e^{-x^2}$ che ammette primitiva su ogni intervallo reale, ma le cui primitive non sono esprimibili per mezzo di funzioni elementari. In questi casi, per il calcolo dell'integrale definito, possiamo ricorrere a uno dei metodi di approssimazione che discendono dalla definizione stessa di integrale definito, come per esempio quello dei rettangoli.

Vediamo ora una dimostrazione del teorema fondamentale del calcolo.

Dimostrazione

Ipotesi:

- f è una funzione continua su $I = [a, b]$;
- F è una primitiva di f su I, cioè $F'(x) = f(x)$ per ogni $x \in I$.

Tesi:

- $\int_a^b f(x)\mathrm{d}x = F(b) - F(a)$

Se f è continua, la funzione $G(x) = \int_a^x f(t)\mathrm{d}t$ è una primitiva della funzione f su $[a, b]$.

Se F è una qualsiasi altra primitiva di f su $[a, b]$ allora sia F che G sono derivabili su $[a, b]$ e soddisfano la relazione $F'(x) = G'(x)$ per ogni $x \in [a, b]$. Quindi per il **corollario 3** del teorema del valor medio, deve esistere una costante k tale che

$$F(x) = G(x) + k \qquad \text{per ogni } x \in [a, b].$$

Poiché $G(a) = \int_a^a f(t)\mathrm{d}t = 0$, dev'essere $F(a) = k$. Di conseguenza:

$$G(x) = F(x) - F(a) \qquad \text{per ogni } x \in [a, b].$$

In particolare: $G(b) = \int_a^b f(x)\mathrm{d}x = F(b) - F(a)$.

Il valore medio di una funzione su un intervallo

L'IRPEF relativa a un determinato reddito b è l'integrale definito della funzione delle aliquote $A(x)$ sull'intervallo $[0, b]$. In altri termini, l'IRPEF relativa al reddito b è:

$$T(b) = \int_0^b A(x)\mathrm{d}x.$$

Fissato un reddito b, a cui corrisponde l'imposta $T(b)$, ci chiediamo quale sia l'*aliquota media* relativa a b, cioè l'aliquota costante m che, applicata al reddito b, fornisce l'IRPEF $T(b)$.
La domanda può essere tradotta con l'equazione:

$$bm = T(b), \qquad \text{cioè} \qquad m = \frac{T(b)}{b} = \frac{\int_0^b A(x)\mathrm{d}x}{b}.$$

Dal punto di vista geometrico l'aliquota media è rappresentata dall'altezza del rettangolo la cui base rappresenta il reddito e la cui area rappresenta l'imposta da pagare.

ESPLORA CON UN'ANIMAZIONE DI GEOMETRIA DINAMICA

IRPEF e valor medio

Nell'animazione che trovi sull'eBook e sul sito del libro, il cursore *reddito* consente di modificare il reddito lordo percepito. In questo modo si ottiene l'IRPEF in funzione del reddito lordo percepito, l'aliquota media e anche un'interpretazione grafica dell'IRPEF, cioè la funzione integrale di $A(x)$ con punto iniziale 0.

Il concetto di valor medio può essere generalizzato a una qualunque funzione f definita e integrabile su un intervallo $I = [a, b]$.

Se f è una funzione integrabile su un intervallo $[a, b]$ si dice **valore medio** m di $f(x)$ su $[a, b]$ il numero:

$$m = \frac{1}{b-a}\int_a^b f(x)\mathrm{d}x.$$

PER ESEMPIO

1 Calcoliamo il valore medio m di $f(x) = x^2$ su $[1, 3]$. La funzione f è crescente in $[1, 3]$ e assume tutti i valori da $f(1) = 1$ a $f(3) = 9$; il suo valore medio su $[1, 3]$ è quindi compreso tra 1 e 9:

$$m = \frac{1}{3-1}\int_1^3 x^2\mathrm{d}x = \frac{1}{2}\left[\frac{x^3}{3}\right]_1^3 = \frac{1}{2}\left(9 - \frac{1}{3}\right) = \frac{13}{3} \approx 4.3.$$

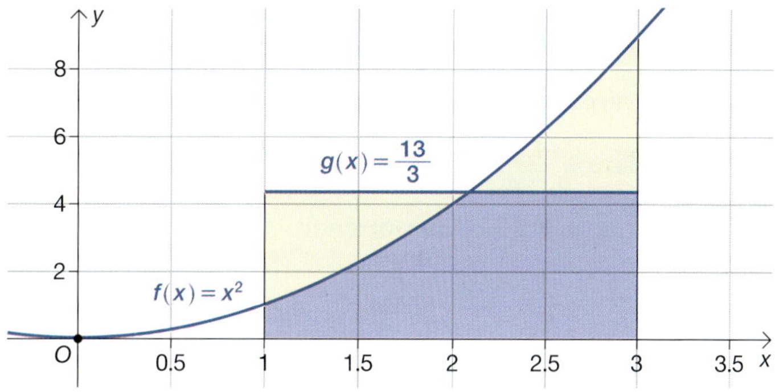

Possiamo interpretare il valor medio di f su $[a, b]$ come il numero m per cui la funzione f e la funzione costante $g(x) = m$ hanno su $[a, b]$ lo stesso integrale definito.

2 Sia $q(t) = 10^3 \cdot e^{-0.2t}$ la massa q (in kg) di merce presente in un magazzino in funzione del tempo t (in giorni). Il costo di magazzinaggio è di 10 € al giorno per ogni kg di merce. Qual è il costo medio al giorno per il magazzinaggio nella prima settimana? E il costo medio al giorno nella seconda settimana?

Le quantità medie giornaliere di merce immagazzinata, in kg, sono:

$$M_1 = \frac{1}{7}\int_0^7 10^3 e^{-0.2t}\,\mathrm{d}t = \frac{1}{7}\big(F(7) - F(0)\big)$$

$$M_2 = \frac{1}{7}\int_7^{14} 10^3 e^{-0.2t}\,\mathrm{d}t = \frac{1}{7}\big(F(14) - F(7)\big)$$

dove F è una funzione tale che $F'(t) = q(t)$ per ogni $t \in [0, 14]$.

Osserviamo che:

$$F(t) = -10^3\frac{e^{-0.2t}}{0.2} = -5 \cdot 10^3 e^{-0.2t}.$$

Infatti abbiamo $F'(t) = q(t)$ su ogni intervallo reale.

Quindi

$$M_1 = \frac{1}{7}[-5 \cdot 10^3 e^{-0.2t}]_0^7 = \frac{1}{7}(-5 \cdot 10^3 e^{-1.4} + 5 \cdot 10^3) \approx 538 \text{ kg/giorno}.$$

Il costo medio di magazzinaggio al giorno per la prima settimana è quindi circa 5380 €. Il costo è lo stesso che si avrebbe tenendo in magazzino per tutta la settimana una quantità di merce costante e uguale a M_1.

Calcoliamo ora il costo medio di magazzinaggio giornaliero per la seconda settimana:

$$M_2 = \frac{1}{7}[-5 \cdot 10^3 e^{-0.2t}]_7^{14} = \frac{1}{7}(-5 \cdot 10^3 e^{-2.8} + 5 \cdot 10^3 e^{-1.4}) \approx 133 \text{ kg/giorno}.$$

Il costo medio di magazzinaggio al giorno per la seconda settimana è quindi circa di 1330 €. Questo costo è notevolmente inferiore, perché la merce presente in magazzino diminuisce esponenzialmente nel tempo.

OSSERVA

La definizione di valore medio può essere vista come un'estensione del concetto di media aritmetica dal discreto al continuo. Infatti, se la funzione f fosse costituita da un numero finito n di valori $f(x_1)$, $f(x_2)$, ..., $f(x_n)$ appartenenti all'intervallo $[a, b]$, la media aritmetica sarebbe $m = \frac{1}{n}\sum_{k=1}^{n} f(x_k)$. Per analogia con il caso discreto, volendo calcolare la media di una funzione integrabile f su un intervallo $[a, b]$, potremmo:

1. suddividere l'intervallo $[a, b]$ in n intervalli tutti di ampiezza $\Delta x = \frac{b-a}{n}$;
2. considerare su ciascuno di tali intervalli un punto x_k e calcolare il valore $f(x_k)$;
3. osservare che, poiché $\Delta x = \frac{b-a}{n}$, allora $\frac{\Delta x}{b-a} = \frac{1}{n}$;
4. calcolare $\frac{1}{b-a}\sum_{k=1}^{n}(f(x_k)\Delta x) = \frac{1}{n}\sum_{k=1}^{n} f(x_k)$;
5. far tendere n a $+\infty$ per ottenere $m = \frac{1}{b-a}\int_a^b f(x)\mathrm{d}x$.

Integrali indefiniti

Che cos'è l'integrale indefinito?

L'insieme di tutte le primitive di una funzione f su un intervallo I si indica con la scrittura $\int f(x)\mathrm{d}x$ e si chiama **integrale indefinito di f** su I.

Facciamo alcune considerazioni.

- Se f è integrabile su $[a, b]$ allora l'integrale definito $\int_a^b f(x)\mathrm{d}x$ è un numero reale.
- Se f è integrabile su un intervallo I e se $a \in I$ allora, per ogni $x \in I$, l'integrale $\int_a^x f(t)\mathrm{d}t$ è una funzione di x; per la precisione quella funzione che associa a ogni $x \in I$ il numero $\int_a^x f(t)\mathrm{d}t$.
- Se f è continua su $[a, b]$, allora l'integrale indefinito $\int f(x)\mathrm{d}x$ indica l'insieme di tutte le primitive di f su $[a, b]$, cioè l'insieme di tutte le funzioni F tali che $F'(x) = f(x)$ per ogni $x \in [a, b]$.

Integrali indefiniti immediati

Le operazioni di integrazione e di derivazione possono essere viste una come inversa dell'altra. Riprendiamo in considerazione la tabella riassuntiva delle derivate riportata nel capitolo 8: leggendola da destra a sinistra e ricordando che una primitiva di una funzione è definita a

meno di una costante, che indichiamo con c, possiamo ottenere la seguente tabella utile per il calcolo degli integrali indefiniti.
Se deriviamo le funzioni nella terza colonna otteniamo come risultato le corrispondenti funzioni contenute nella prima colonna.

$f(x)$	Intervallo in cui f ammette primitiva	$\int f(x)\mathrm{d}x$
0	$]-\infty, +\infty[$	c
$k \in \mathbb{R}$	$]-\infty, +\infty[$	$kx + c$
x^n, $n \in \mathbb{N}$	$]-\infty, +\infty[$	$\frac{x^{n+1}}{n+1} + c$
x^α, con $\in \mathbb{R}$ e $\alpha \neq -1$	$]0, +\infty[$	$\frac{x^{\alpha+1}}{\alpha+1} + c$
$\frac{1}{x}$	$]0, +\infty[$	$\ln(x) + c$
$\frac{1}{x}$	$]-\infty, 0[$	$\ln(-x) + c$
e^x	$]-\infty, +\infty[$	$e^x + c$
a^x con $a > 0$ e $a \neq 1$	$]-\infty, +\infty[$	$\frac{a^x}{\ln(a)} + c$
$\cos(x)$	$]-\infty, +\infty[$	$\sin(x) + c$
$\sin(x)$	$]-\infty, +\infty[$	$-\cos(x) + c$
$\frac{1}{\sqrt{1-x^2}}$	$]-1, 1[$	$\arcsin(x) + c$
$-\frac{1}{\sqrt{1-x^2}}$	$]-1, 1[$	$\arccos(x) + c$
$\frac{1}{1+x^2}$	$]-\infty, +\infty[$	$\arctan(x) + c$

PER ESEMPIO

1. $\int x^{\frac{2}{3}}\mathrm{d}x = \frac{x^{\frac{2}{3}+1}}{\frac{2}{3}+1} + c = \frac{3x^{\frac{5}{3}}}{5} + c$, per ogni $x > 0$.
2. $\int \sin(x)\mathrm{d}x = -\cos(x) + c$ per ogni x reale.

Una proprietà fondamentale degli integrali indefiniti

La seguente proprietà consente di calcolare molti integrali indefiniti riconducendoli a integrali indefiniti immediati.

Siano f e g due funzioni che ammettono primitive su un intervallo I e siano c_1 e c_2 due numeri reali:

$$\int \left(c_1 f(x) + c_2 g(x)\right)\mathrm{d}x = c_1 \int f(x)\mathrm{d}x + c_2 \int g(x)\mathrm{d}x.$$

PER ESEMPIO

1 Sia $f(x) = 2x^3 - 4x^2 + 5$:

$$\int(2x^3 - 4x^2 + 5)\mathrm{d}x = 2\int x^3\mathrm{d}x - 4\int x^2\mathrm{d}x + 5\int 1\mathrm{d}x =$$
$$= 2\frac{x^4}{4} - 4\frac{x^3}{3} + 5x + c = \frac{1}{2}x^4 - \frac{4}{3}x^3 + 5x + c.$$

2 Sia $x > 0$:

$$\int\frac{x^2 - 2x}{\sqrt{x}}\mathrm{d}x = \int\frac{x^2}{\sqrt{x}}\mathrm{d}x - 2\int\frac{x}{\sqrt{x}}\mathrm{d}x = \int x^{\frac{3}{2}}\mathrm{d}x - 2\int x^{\frac{1}{2}}\mathrm{d}x =$$
$$= \frac{x^{\frac{3}{2}+1}}{\frac{3}{2}+1} - 2\frac{x^{\frac{1}{2}+1}}{\frac{1}{2}+1} + c = \frac{2}{5}x^{\frac{5}{2}} - \frac{4}{3}x^{\frac{3}{2}} + c =$$
$$= \frac{2}{5}\sqrt{x^5} - \frac{4}{3}\sqrt{x^3} + c.$$

3 Sia $x > 1$:

$$\int\frac{x+1}{x-1}\mathrm{d}x = \int\left(1 + \frac{2}{x-1}\right)\mathrm{d}x = \int 1\mathrm{d}x + \int\frac{2}{x-1}\mathrm{d}x = x + 2\ln(x-1) + c.$$

OSSERVA

Questa proprietà vale anche nel caso di integrali definiti. In simboli:

$$\int_a^b(c_1 f(x) + c_2 g(x))\mathrm{d}x = c_1\int_a^b f(x)\mathrm{d}x + c_2\int_a^b g(x)\mathrm{d}x.$$

Integrazione per sostituzione

Consideriamo:

- una funzione g continua e derivabile su un intervallo A;
- una funzione f definita su un intervallo I che ammette primitiva F su I, cioè $\int f(t)\mathrm{d}t = F(t) + c$;
- $g(A) \subset I$.

Allora, per ogni $x \in A$, vale la relazione $\int f(g(x))\cdot g'(x)\mathrm{d}x = F(g(x)) + c$.

Dimostrazione

Dobbiamo dimostrare che, se F è una primitiva di f, allora $F(g(x))$ è una primitiva di $f(g(x))\cdot g'(x)$ su A.

Per la regola di derivazione delle funzioni composte e poiché F è una primitiva di f:

$$\left(F(g(x))\right)' = F'(g(x))\cdot g'(x) = f(g(x))\cdot g'(x)$$

e quindi $F(g(x))$ è una primitiva della funzione integranda e possiamo scrivere

$$\int f(g(x))\cdot g'(x)\mathrm{d}x = F(g(x)) + c.$$

Semplifichiamo il procedimento introducendo una nuova variabile t. Poniamo $t = g(x)$ e indichiamo con $\mathrm{d}t$ l'espressione $g'(x)\mathrm{d}x$. Si possono dimostrare le seguenti uguaglianze:

$$\int f(g(x))\cdot g'(x)\mathrm{d}x = \int f(t)\mathrm{d}t = F(t) + c = F(g(x)) + c.$$

La sostituzione $t = g(x)$ permette di trasformare l'integrale $\int f(g(x)) \cdot g'(x) \mathrm{d}x$ nell'integrale $\int f(t) \mathrm{d}t$.

PER ESEMPIO

1 Calcoliamo $\int 2x(x^2+1)^4 \mathrm{d}x$.
Se poniamo $x^2 + 1 = t$ abbiamo $\mathrm{d}t = 2x\mathrm{d}x$ e quindi:

$$\int 2x(x^2+1)^4 \mathrm{d}x = \int t^4 \mathrm{d}t = \frac{t^5}{5} + c = \frac{(x^2+1)^5}{5} + c.$$

Per verificare la correttezza del risultato ottenuto calcoliamo la derivata di $\frac{(x^2+1)^5}{5} + c$ e dimostriamo che otteniamo la funzione integranda:

$$\left(\frac{(x^2+1)^5}{5} + c\right)' = \frac{5}{5}(x^2+1)^4 \cdot 2x = 2x(x^2+1)^4.$$

2 Calcoliamo $\int \cos(3x) \mathrm{d}x$.
Se poniamo $t = 3x$ abbiamo $\mathrm{d}t = 3\mathrm{d}x$ e quindi:

$$\int \cos(3x)\mathrm{d}x = \frac{1}{3}\int 3\cos(3x)\mathrm{d}x = \frac{1}{3}\int \cos(t)\mathrm{d}t = \frac{1}{3}\sin(t) + c = \frac{1}{3}\sin(3x) + c.$$

3 Calcoliamo $\int \sqrt{1+4x}\, \mathrm{d}x$ con $x \geq -\frac{1}{4}$.
Se poniamo $1 + 4x = t$ abbiamo $\mathrm{d}t = 4\mathrm{d}x$ e quindi:

$$\int \sqrt{1+4x}\,\mathrm{d}x = \frac{1}{4}\int (\sqrt{1+4x} \cdot 4)\mathrm{d}x = \frac{1}{4}\int t^{\frac{1}{2}} \mathrm{d}t = \frac{1}{4}\frac{t^{\frac{3}{2}}}{\frac{3}{2}} + c = \frac{1}{6}t\sqrt{t} + c =$$
$$= \frac{1}{6}(1+4x)\sqrt{1+4x} + c.$$

4 Calcoliamo $\int 2xe^{-x^2} \mathrm{d}x$.
Se poniamo $x^2 = t$ abbiamo $\mathrm{d}t = 2x\mathrm{d}x$. Otteniamo:

$$\int 2xe^{-x^2}\mathrm{d}x = \int e^{-t}\mathrm{d}t = -e^{-t} + c = -e^{-x^2} + c.$$

5 Calcoliamo $\int \frac{1}{\sqrt{x}(\sqrt{x}+1)} \mathrm{d}x$ con $x > 0$.

Se poniamo $\sqrt{x} = t$, con $x > 0$ abbiamo $\mathrm{d}t = \frac{1}{2\sqrt{x}}\mathrm{d}x$. Pertanto otteniamo

$$\int \frac{1}{\sqrt{x}(\sqrt{x}+1)}\mathrm{d}x = 2\int \frac{1}{2\sqrt{x}(\sqrt{x}+1)}\mathrm{d}x = 2\int \frac{1}{t+1}\mathrm{d}t = 2\ln(t+1) + c =$$
$$= 2\ln(\sqrt{x}+1) + c.$$

Avremmo potuto ottenere immediatamente il risultato notando che la funzione integranda può essere ricondotta alla forma $\frac{f'(x)}{f(x)}$, con $f(x) = \sqrt{x} + 1$.
Infatti:

$$\frac{1}{\sqrt{x}(\sqrt{x}+1)} = 2\frac{\frac{1}{2\sqrt{x}}}{\sqrt{x}+1}.$$

In questo caso, poiché la derivata di $\ln(f(x))$ è proprio $\frac{f'(x)}{f(x)}$, possiamo concludere che:

$$\int \frac{1}{\sqrt{x}(\sqrt{x}+1)}\mathrm{d}x = \int\left(2\frac{\frac{1}{2\sqrt{x}}}{\sqrt{x}+1}\right)\mathrm{d}x = 2\int\left(\frac{\frac{1}{2\sqrt{x}}}{\sqrt{x}+1}\right)\mathrm{d}x = 2\ln(\sqrt{x}+1) + c.$$

Il metodo di integrazione per sostituzione vale anche per gli integrali definiti. In particolare operando la sostituzione $t = g(x)$ abbiamo che:

$$\int_a^b f(g(x)) \cdot g'(x) \mathrm{d}x = \int_{g(a)}^{g(b)} f(t) \mathrm{d}t.$$

Infatti se F è una primitiva di f, allora, come già sappiamo, $F(g(x))$ è una primitiva di $f(g(x)) \cdot g'(x)$. Quindi l'integrale definito che compare come primo membro della precedente uguaglianza è uguale a $F(g(b)) - F(g(a))$, che coincide col valore dell'integrale definito che compare come secondo membro.
Questa formula consente di dimostrare alcune proprietà degli integrali definiti.
Supponiamo che tutte le funzioni siano integrabili nell'intervallo considerato.

Traslazioni lungo l'asse *x*: $\displaystyle\int_a^b f(x+h)\mathrm{d}x = \int_{a+h}^{b+h} f(x)\mathrm{d}x.$

Poniamo $x + h = t$, cioè $x = t - h$ e utilizziamo la formula di integrazione per sostituzione degli integrali definiti, osservando che se $a \leq x \leq b$, allora $a + h \leq t \leq b + h$:

$$\int_a^b f(x+h)\mathrm{d}x = \int_{a+h}^{b+h} (f(t) \cdot 1)\mathrm{d}t = \int_{a+h}^{b+h} f(t)\mathrm{d}t.$$

Poiché un integrale non dipende da come viene chiamata la variabile della funzione integranda, abbiamo che:

$$\int_{a+h}^{b+h} f(t)\mathrm{d}t = \int_{a+h}^{b+h} f(x)\mathrm{d}x \text{ e, infine } \int_a^b f(x+h)\mathrm{d}x = \int_{a+h}^{b+h} f(x)\mathrm{d}x.$$

Traslazioni lungo l'asse *y*: $\displaystyle\int_a^b (f(x)+k)\mathrm{d}x = \int_a^b f(x)\mathrm{d}x + k(b-a).$

Infatti risulta:

$$\int_a^b (f(x)+k)\mathrm{d}x = \int_a^b f(x)\mathrm{d}x + k\int_a^b 1\mathrm{d}x = \int_a^b f(x)\mathrm{d}x + k[x]_a^b = \int_a^b f(x)\mathrm{d}x + k(b-a).$$

Dilatazioni o contrazioni lungo l'asse *x*: $\displaystyle\int_a^b f(kx)\mathrm{d}x = \frac{1}{k}\int_{ka}^{kb} f(x)\mathrm{d}x.$

Se poniamo $kx = t$ abbiamo $\mathrm{d}t = k\mathrm{d}x$. Quindi:

$$\int_a^b f(kx)\mathrm{d}x = \frac{1}{k}\int_{ka}^{kb} f(t)\mathrm{d}t.$$

Poiché un integrale non dipende da come viene chiamata la variabile della funzione integranda abbiamo che $\displaystyle\int_{ka}^{kb} f(t)\mathrm{d}t = \int_{ka}^{kb} f(x)\mathrm{d}x.$

Possiamo quindi concludere che $\displaystyle\int_a^b f(kx)\mathrm{d}x = \frac{1}{k}\int_{ka}^{kb} f(x)\mathrm{d}x.$

Dilatazioni o contrazioni lungo l'asse *y*: $\displaystyle\int_a^b kf(x)\mathrm{d}x = k\int_a^b f(x)\mathrm{d}x.$

Si tratta di un caso particolare della formula

$$\int_a^b (c_1 f(x) + c_2 g(x))\mathrm{d}x = c_1\int_a^b f(x)\mathrm{d}x + c_2\int_a^b g(x)\mathrm{d}x.$$

dove basta porre $k = c_1$ e $c_2 = 0$.

Integrazione per parti

Siano f e g due funzioni derivabili su un intervallo I. Allora, per ogni $x \in I$:

$$\int (f'(x)g(x))\mathrm{d}x = f(x)g(x) - \int (f(x)g'(x))\mathrm{d}x.$$

Dimostrazione

Per definizione di integrale indefinito abbiamo: $\int (f(x)g(x))'\mathrm{d}x = f(x)g(x) + c$.
Per la regola di derivazione di un prodotto:

$$\int (f(x)g(x))'\mathrm{d}x = \int (f'(x)g(x) + f(x)g'(x))\mathrm{d}x.$$

Per la proprietà di additività degli integrali indefiniti:

$$\int (f'(x)g(x) + f(x)g'(x))\mathrm{d}x = \int (f'(x)g(x))\mathrm{d}x + \int (f(x)g'(x))\mathrm{d}x.$$

Quindi $f(x)g(x) + c = \int (f'(x)g(x))\mathrm{d}x + \int (f(x)g'(x))\mathrm{d}x$ da cui:

$$\int (f'(x)g(x))\mathrm{d}x = f(x)g(x) - \int (f(x)g'(x))\mathrm{d}x.$$

Osserviamo che i due integrali indefiniti che compaiono nell'uguaglianza

$$f(x)g(x) + c = \int (f'(x)g(x))\mathrm{d}x + \int (f(x)g'(x))\mathrm{d}x$$

contengono, implicitamente, una costante additiva arbitraria.
La regola di integrazione per parti consente di calcolare alcuni integrali indefiniti, in particolare quelli in cui compare una funzione integranda che può essere pensata come *prodotto di due fattori* e tale che:

- di uno dei due fattori si sa calcolare una primitiva;
- il prodotto della primitiva di quel fattore per la derivata dell'altro fattore restituisce una funzione di cui si sa calcolare una primitiva.

PER ESEMPIO

1 Calcoliamo $\int (xe^x)\mathrm{d}x$.

Consideriamo $f'(x) = e^x$ e $g(x) = x$ e applichiamo il metodo di integrazione per parti:

$$\int (e^x \cdot x)\mathrm{d}x = e^x x - \int (e^x \cdot 1)\mathrm{d}x = e^x x - e^x + c = e^x(x-1) + c.$$

Infatti se deriviamo la funzione $e^x(x-1) + c$ otteniamo la funzione xe^x.

2 Calcoliamo $\int \ln(x)\mathrm{d}x$ con $x > 0$.

Scriviamo $\int \ln(x)\mathrm{d}x$ come $\int (1 \cdot \ln(x))\mathrm{d}x$ e applichiamo il metodo di integrazione per parti, dove consideriamo $f'(x) = 1$ e $g(x) = \ln(x)$ e di conseguenza $f(x) = x$ e $g'(x) = \frac{1}{x}$:

$$\int (1 \cdot \ln(x))\mathrm{d}x = x\ln(x) - \int \left(x \cdot \frac{1}{x}\right)\mathrm{d}x = x\ln(x) - x + c \text{ per ogni } x > 0.$$

Infatti se deriviamo la funzione $x\ln(x) - x + c$ otteniamo la funzione $\ln(x)$.

OSSERVA

Riprendiamo in esame l'esempio 1 e consideriamo, questa volta, $f'(x) = x$ e $g(x) = e^x$. Ora applichiamo la formula di integrazione per parti:

$$\int (xe^x)\mathrm{d}x = \frac{x^2}{2}e^x - \int\left(\frac{x^2}{2}e^x\right)\mathrm{d}x.$$

La scelta che abbiamo fatto di considerare $f'(x) = x$ e $g(x) = e^x$ si è rivelata poco opportuna, perché ha portato a una funzione integranda più complessa di quella da cui eravamo partiti.

Calcolo di integrali indefiniti e definiti

Proponiamo tre esempi di calcolo di integrali, sia indefiniti che definiti, che potrebbero aiutarti nella risoluzione degli esercizi proposti sul calcolo integrale.

PER ESEMPIO

1 Calcoliamo $\int \sin^2(x)\mathrm{d}x$.

Primo metodo: integrazione per parti

Consideriamo $f'(x) = \sin(x)$ e $g(x) = \sin(x)$:

$$\int \sin^2(x)\mathrm{d}x = \int(\sin(x)\cdot\sin(x))\mathrm{d}x = -\cos(x)\sin(x) - \int(-\cos(x)\cdot\cos(x))\mathrm{d}x.$$

Quindi:

$$\int \sin^2(x)\mathrm{d}x = -\cos(x)\sin(x) + \int\cos^2(x)\mathrm{d}x.$$

Poiché $\cos^2(x) = 1 - \sin^2(x)$, abbiamo:

$$\int \sin^2(x)\mathrm{d}x = -\cos(x)\sin(x) + \int(1 - \sin^2(x))\mathrm{d}x =$$

$$= -\cos(x)\sin(x) + \int 1\mathrm{d}x - \int\sin^2(x)\mathrm{d}x.$$

Addizioniamo a entrambi i membri $\int \sin^2(x)\mathrm{d}x$:

$2\int \sin^2(x)\mathrm{d}x = -\cos(x)\sin(x) + x$ e, infine, $\int \sin^2(x)\mathrm{d}x = \dfrac{-\cos(x)\sin(x) + x}{2} + c$.

Secondo metodo: uso delle formule trigonometriche di bisezione

La formula trigonometrica di bisezione per il seno è:

$$\sin^2(x) = \frac{1 - \cos(2x)}{2}.$$

Quindi

$$\int \sin^2(x)\mathrm{d}x = \int\frac{1 - \cos(2x)}{2}\mathrm{d}x =$$

$$= \int\frac{1}{2}\mathrm{d}x - \frac{1}{2}\int\cos(2x)\mathrm{d}x = \frac{x}{2} - \frac{1}{2}\frac{\sin(2x)}{2} + c = \frac{x - \sin(x)\cos(x)}{2} + c$$

che è lo stesso risultato ottenuto in precedenza.

2 Calcoliamo $\int_0^{\frac{\pi}{2}} (\sin^2(x)\cos(x))\mathrm{d}x$.

Calcoliamo l'integrale indefinito $\int(\sin^2(x)\cos(x))\mathrm{d}x$ e poi l'integrale definito applicando il teorema fondamentale del calcolo. Utilizziamo il metodo di sostituzione e poniamo $\sin(x) = t$. Abbiamo $\mathrm{d}t = \cos(x)\mathrm{d}x$. Quindi:

$$\int(\sin^2(x)\cos(x))\mathrm{d}x = \int t^2\mathrm{d}t = \frac{t^3}{3} + c = \frac{\sin^3(x)}{3} + c$$

$$\int_0^{\frac{\pi}{2}}(\sin^2(x)\cos(x))\mathrm{d}x = \left[\frac{\sin^3(x)}{3}\right]_0^{\frac{\pi}{2}} = \frac{1}{3}.$$

Possiamo calcolare direttamente l'integrale definito sostituendo anche gli estremi di integrazione. Se $x = 0$ allora $t = 0$ e se $x = \frac{\pi}{2}$ allora $t = 1$ e risulta quindi:

$$\int_0^{\frac{\pi}{2}} (\sin^2(x)\cos(x))dx = \int_0^1 t^2 dt = \left[\frac{t^3}{3}\right]_0^1 = \frac{1}{3}.$$

3 Calcoliamo $\int(\sin^2(x)\cos^3(x))dx$.
Se poniamo $\sin(x) = t$, abbiamo $dt = \cos(x)dx$.
Quindi, ricordando che $\cos^2(x) = 1 - \sin^2(x)$, abbiamo:

$$\int(\sin^2(x)\cos^3(x))dx = \int(t^2(1-t^2))dt = \int(t^2 - t^4)dt = \frac{t^3}{3} - \frac{t^5}{5} + c.$$

Quindi $\int(\sin^2(x)\cos^3(x))dx = \frac{\sin^3(x)}{3} - \frac{\sin^5(x)}{5} + c$.

Integrali generalizzati o impropri

Esistono somme di infiniti termini che danno come risultato un numero reale; per esempio la somma degli infiniti termini $\frac{3}{10} + \frac{3}{10^2} + \frac{3}{10^3} + \ldots + \frac{3}{10^n} + \ldots$ restituisce il numero razionale $0.\bar{3} = \frac{1}{3}$.

L'idea intuitiva è che se gli addendi tendono abbastanza rapidamente a 0 allora è possibile che la somma di infiniti termini non sia infinita ma sia uguale a un numero reale. Tutti i numeri periodici possono essere pensati come somme di infiniti termini.

Se pensiamo alla definizione di integrale definito come limite di una somma di k addendi per k che tende a infinito, possiamo renderci conto che conclusioni analoghe a quelle proposte per le somme infinite possono essere ottenute per gli integrali definiti. In particolare, se la funzione integranda tende abbastanza rapidamente a 0 per x tendente a $+\infty$, allora si può pensare che anche una regione di piano non limitata, come quella rappresentata in figura, abbia area finita.

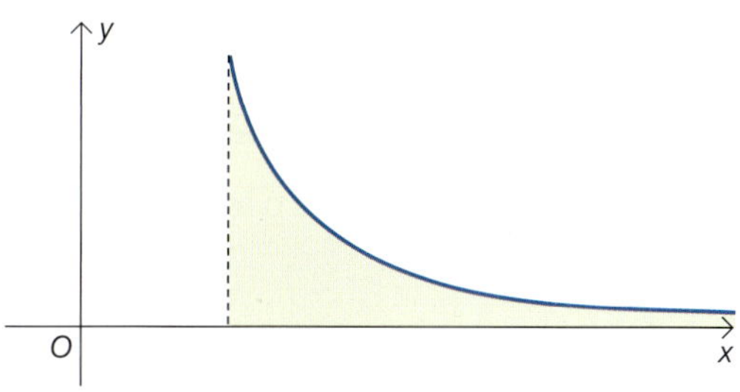

PER ESEMPIO

1 Consideriamo l'integrale definito $\int_1^b \frac{1}{x^2}dx$, con $b \geq 1$

Al variare di b l'integrale fornisce l'area sottesa da $\frac{1}{x^2}$ tra 1 e b. Per esempio, in figura è rappresentata l'area sottesa nel caso in cui $b = 4$.

Se facciamo tendere b a $+\infty$ otteniamo una regione di piano non limitata.

Ci chiediamo se questa regione ha area finita, cioè se $\lim_{b \to +\infty} \int_1^b \frac{1}{x^2}dx$ è un numero reale.

Calcoliamo:

$$\int_1^b \frac{1}{x^2}dx = \left[-\frac{1}{x}\right]_1^b = -\frac{1}{b} + 1$$

quindi

$$\lim_{b \to +\infty} \int_1^b \frac{1}{x^2}dx = \lim_{b \to +\infty}\left(-\frac{1}{b} + 1\right) = 1.$$

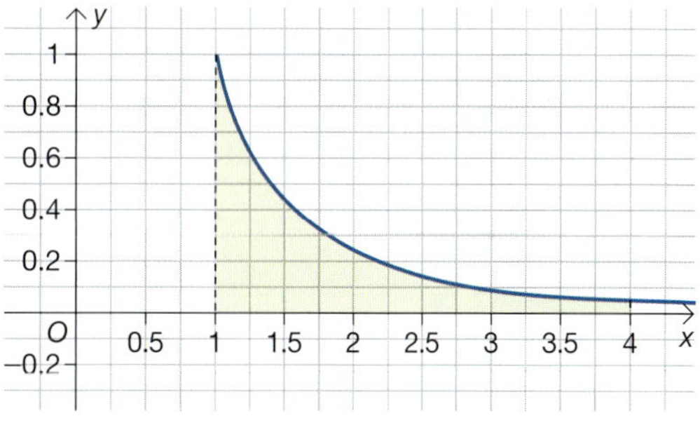

Abbiamo pertanto determinato che la regione di piano sottesa al grafico della funzione, pur non essendo limitata, ha area finita e, in particolare, quest'area vale 1.

2 Consideriamo $\int_1^b \frac{1}{x}\mathrm{d}x$, con $x \geq 1$. Il grafico che otteniamo è simile al precedente, se non per il fatto che la funzione integranda, per x che tende a $+\infty$, tende a 0 meno velocemente della funzione $f(x) = \frac{1}{x^2}$. In figura viene rappresentato $\int_1^4 \frac{1}{x}\mathrm{d}x$.

Anche in questo caso ci chiediamo se la regione di piano sottesa al grafico della funzione integranda, con b che tende a $+\infty$, ha area finita, cioè se $\lim_{b\to+\infty}\int_1^b \frac{1}{x}\mathrm{d}x$ è un numero reale.
Calcoliamo: $\int_1^b \frac{1}{x}\mathrm{d}x = [\ln(t)]_1^b = \ln(b)$. Quindi $\lim_{b\to+\infty}\int_1^b \frac{1}{x}\mathrm{d}x = \lim_{b\to+\infty}\ln(b) = +\infty$.
In questo caso la regione di piano sottesa al grafico della funzione ha area infinita.

I due esempi considerati suggeriscono che l'integrale definito di una funzione f su un intervallo illimitato del tipo $]-\infty, b]$, oppure $[a, +\infty[$ può essere finito oppure infinito, a seconda della rapidità con cui tende a 0 la funzione integranda per x che tende a $-\infty$ o per x che tende a $+\infty$.
Questi *oggetti*, presi in considerazione nei due esempi precedenti, si chiamano **integrali generalizzati** o **impropri** e si indicano con la scrittura $\int_{-\infty}^b f(x)\mathrm{d}x$ o con la scrittura $\int_a^{+\infty} f(x)\mathrm{d}x$.

Se $\lim_{a\to-\infty}\int_a^b f(x)\mathrm{d}x$ (rispettivamente $\lim_{b\to+\infty}\int_a^b f(x)\mathrm{d}x$) esiste ed è finito, si dice che f è **integrabile in senso improprio** oppure che **l'integrale generalizzato** di f sull'intervallo $]-\infty, b]$ (rispettivamente $[a, +\infty[$) **converge**.
Se il limite è infinito oppure non esiste, allora diciamo che f **non è integrabile in senso improprio** sull'intervallo $]-\infty, b]$ (rispettivamente $[a, +\infty[$).
In particolare, se il limite è infinito allora diciamo che **l'integrale generalizzato diverge**.

Con la scrittura $\int_{-\infty}^{+\infty} f(x)\mathrm{d}x$ indichiamo $\int_{-\infty}^{c} f(x)\mathrm{d}x + \int_c^{+\infty} f(x)\mathrm{d}x$ dove c è un numero reale qualsiasi.

PER ESEMPIO

1 La funzione $f(x) = \frac{1}{x^2}$ è integrabile in senso improprio sull'intervallo $[1, +\infty[$, mentre la funzione $f(x) = \frac{1}{x}$ non è integrabile in senso improprio sull'intervallo $[1, +\infty[$.

2 $\int_0^{+\infty} \sin(x)\mathrm{d}x$ non esiste. Infatti $\int_0^{+\infty} \sin(x)\mathrm{d}x = \lim_{b\to+\infty}\int_0^b \sin(x)\mathrm{d}x = \lim_{b\to+\infty}(-\cos(b))$ e questo limite non esiste.

Presentiamo ora un criterio per stabilire se l'integrale generalizzato di una funzione infinitesima per x che tende a $-\infty$ o a $+\infty$ e che ha segno costante in un intorno di $-\infty$ o di $+\infty$ converge o meno. Questo criterio si fonda sulla disponibilità di un procedimento che:

- consenta di *misurare* la rapidità di convergenza a 0 della funzione integranda f;
- stabilisca per quali valori della rapidità di convergenza a 0 l'integrale generalizzato di f converge e per quali valori diverge.

Per presentare e applicare il criterio abbiamo bisogno di precisare che cosa si intende per *ordine di infinitesimo di una funzione all'infinito*.

Ordine di infinitesimo di una funzione all'infinito

Una funzione f si dice **infinitesima per x che tende a $+\infty$ (rispettivamente a $-\infty$)** se $\lim_{x\to+\infty} f(x) = 0$ (rispettivamente se $\lim_{x\to-\infty} f(x) = 0$).

PER ESEMPIO

1. $f(x) = \dfrac{1}{\sqrt{x}}$ è infinitesima per x che tende a $+\infty$.
2. $f(x) = \dfrac{1}{x^2}$ è infinitesima per x che tende a $+\infty$ e anche per x che tende a $-\infty$.
3. $\ln(x)$ non è infinitesima per x che tende a $+\infty$.

Per determinare l'ordine di infinitesimo per x che tende a $+\infty$ (rispettivamente a $-\infty$) di una funzione f, cioè la rapidità con cui f tende a 0 per x che tende a $-\infty$ o a $+\infty$, utilizziamo un procedimento simile a quello che usiamo per misurare una grandezza:

- consideriamo un *infinitesimo campione* a cui diamo convenzionalmente ordine 1
- consideriamo il limite per x che tende a $+\infty$ (rispettivamente a $-\infty$) del rapporto tra la funzione f e l'*infinitesimo campione*.

Come *infinitesimo campione* per x che tende a $-\infty$ o a $+\infty$ scegliamo la funzione $f(x) = \dfrac{1}{x}$ a cui assegniamo ordine di infinitesimo 1.
Diciamo inoltre che una funzione g ha:

- ordine di infinitesimo, per x che tende a $+\infty$ (rispettivamente a $-\infty$), uguale ad α se $\lim_{x\to+\infty} \dfrac{g(x)}{\left(\dfrac{1}{x}\right)^\alpha} = l$ numero reale non nullo (rispettivamente $\lim_{x\to-\infty} \dfrac{g(x)}{\left(\dfrac{1}{x}\right)^\alpha} = l$ numero reale non nullo);
- ordine di infinitesimo, per x che tende a $+\infty$ (rispettivamente a $-\infty$), minore di α se $\lim_{x\to+\infty} \dfrac{g(x)}{\left(\dfrac{1}{x}\right)^\alpha} = \pm\infty$ (rispettivamente $\lim_{x\to-\infty} \dfrac{g(x)}{\left(\dfrac{1}{x}\right)^\alpha} = \pm\infty$);
- ordine di infinitesimo, per x che tende a $+\infty$ (rispettivamente a $-\infty$), maggiore di α se $\lim_{x\to+\infty} \dfrac{g(x)}{\left(\dfrac{1}{x}\right)^\alpha} = 0$ (rispettivamente $\lim_{x\to-\infty} \dfrac{g(x)}{\left(\dfrac{1}{x}\right)^\alpha} = 0$).

PER ESEMPIO

1. La funzione $f(x) = \dfrac{1}{\sqrt{x}}$ è infinitesima di ordine $\dfrac{1}{2}$ per x che tende a $+\infty$, infatti:

$$\lim_{x\to+\infty} \frac{\frac{1}{\sqrt{x}}}{\frac{1}{x^{\frac{1}{2}}}} = 1.$$

In generale la funzione $f(x) = \dfrac{1}{x^a}$, con $a > 0$, ha ordine di infinitesimo a per x che tende a $+\infty$.

2 La funzione $f(x) = \dfrac{1}{\ln(x)}$ ha ordine di infinitesimo minore di 1 per x che tende a $+\infty$. Infatti:

$$\lim_{x\to+\infty} \frac{\frac{1}{\ln(x)}}{\frac{1}{x}} = \lim_{x\to+\infty} \frac{x}{\ln(x)}.$$

Applichiamo il teorema di de L'Hôpital:

$$\lim_{x\to+\infty} \frac{1}{\frac{1}{x}} = \lim_{x\to+\infty} x = +\infty, \text{ quindi } \lim_{x\to+\infty} \frac{\frac{1}{\ln(x)}}{\frac{1}{x}} = +\infty.$$

In generale è possibile dimostrare che la funzione $f(x) = \dfrac{1}{\ln(x)}$, per x che tende a $+\infty$, ha ordine di infinitesimo minore di ogni numero reale $a > 0$.

3 La funzione $f(x) = e^{-x^2}$, per x che tende a $+\infty$ o a $-\infty$, ha ordine di infinitesimo maggiore di 1.
Infatti se applichiamo il teorema di de L'Hôpital otteniamo che:

$$\lim_{x\to-\infty} \frac{e^{-x^2}}{\frac{1}{x}} = \lim_{x\to-\infty} \frac{x}{e^{x^2}} = 0 \text{ e, analogamente, } \lim_{x\to+\infty} \frac{e^{-x^2}}{\frac{1}{x}} = \lim_{x\to+\infty} \frac{x}{e^{x^2}} = 0.$$

In generale è possibile dimostrare che, per x che tende a $+\infty$ o a $-\infty$, la funzione $f(x) = e^{-x^2}$ ha ordine di infinitesimo maggiore di ogni numero reale $a > 0$.

Enunciamo il seguente **criterio dell'ordine di infinitesimo** per l'esistenza degli integrali generalizzati.

Sia f una funzione infinitesima e di segno costante per x che tende a $+\infty$ (rispettivamente a $-\infty$). Allora $\int_a^{+\infty} f(x)dx$ (rispettivamente $\int_{-\infty}^{b} f(x)dx$) converge se e solo se la funzione f è infinitesima di ordine maggiore di 1.

PER ESEMPIO

1 $\int_1^{+\infty} \dfrac{1}{\ln(x)}dx$ diverge, perché la funzione integranda è infinitesima di ordine minore di 1 per x che tende a $+\infty$.

2 $\int_{-\infty}^{+\infty} e^{-x^2}dx$ converge, perché la funzione integranda è infinitesima di ordine maggiore di 1 per x che tende a $+\infty$ e per x che tende a $-\infty$.

OSSERVA

Quanto detto per funzioni infinitesime per x che tende a $+\infty$ o a $-\infty$ potrebbe essere ripetuto, con opportune modifiche, per funzioni che tendono a infinito per x che tende a un numero reale x_0 da destra o da sinistra.
La figura nella pagina seguente illustra un confronto tra due situazioni di cui puoi verificare la correttezza direttamente con il calcolo.
Infatti:

$$\int_0^3 \frac{1}{x}dx = \lim_{a\to0^+} \int_a^3 \frac{1}{x}dx = \lim_{a\to0^+} [\ln(x)]_a^3 = \lim_{a\to0^+} (\ln(3) - \ln(a)) = +\infty$$

$$\int_0^3 \frac{1}{\sqrt{x}}dx = \lim_{a\to0^+} \int_a^3 \frac{1}{\sqrt{x}}dx = \lim_{a\to0^+} [2\sqrt{x}]_a^3 = \lim_{a\to0^+} (2\sqrt{3} - 2\sqrt{a}) = 2\sqrt{3}.$$

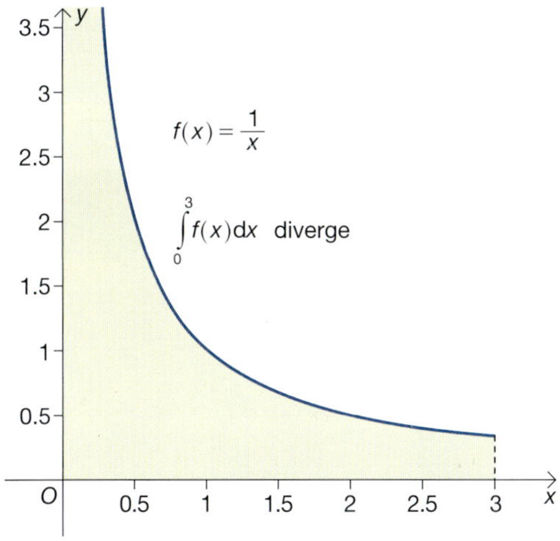

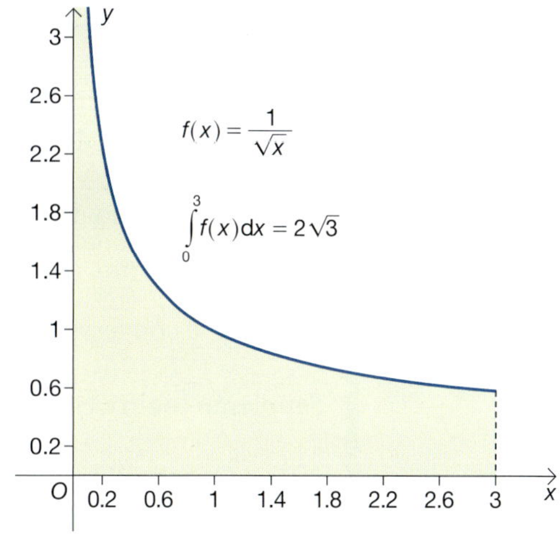

In questi casi:

- si definisce l'ordine di infinito per x che tende a x_0, analogamente a quanto visto per l'ordine di infinitesimo per x che tende a $\pm\infty$;
- si dimostra che se f tende a $+\infty$ (rispettivamente a $-\infty$) per x che tende a x_0, allora esiste l'integrale generalizzato $\int_b^{x_0} f(x)\mathrm{d}x$ se e solo se la funzione è infinita di ordine minore di 1 per x che tende a x_0.

Non ci occupiamo, in questo corso, di affrontare nel dettaglio anche questa situazione.

Studio di funzioni integrali

Completiamo questo capitolo presentando alcuni esempi di studio di una funzione integrale, cioè di una funzione del tipo $F(x) = \int_a^x f(t)\mathrm{d}t$.

Studio di una funzione integrale per cui è semplice determinare una primitiva della funzione integranda

PER ESEMPIO

Studiamo la funzione $F(x) = \int_0^x \sqrt{t+1}\,\mathrm{d}t$.

La funzione integranda è continua nell'intervallo $[-1, +\infty[$, che è il dominio naturale della funzione integrale F.

Determiniamo la funzione F calcolando l'integrale:

$$\int_0^x \sqrt{t+1}\,\mathrm{d}t = \left[\frac{2}{3}(t+1)^{\frac{3}{2}}\right]_0^x = \frac{2}{3}\left(\sqrt{(x+1)^3} - 1\right) \Rightarrow F(x) = \frac{2}{3}\left(\sqrt{(x+1)^3} - 1\right).$$

Potremmo quindi studiare F con le solite tecniche relative allo studio di una funzione, determinando il dominio naturale, cioè $[-1, +\infty[$, il segno, la crescenza e la concavità.

Vogliamo però mostrare un altro metodo che si basa sul teorema che afferma che se f è una funzione continua e se $F(x) = \int_a^x f(t)\mathrm{d}t$, allora $F'(x) = f(x)$.

Nel nostro esempio $F'(x) = \sqrt{x+1}$.

Studiamo il segno di $F'(x)$ per avere informazioni sulla crescenza di F.

$\sqrt{x+1} > 0$ per ogni $x \in]-1, +\infty[$ e $F'(-1) = 0$, quindi F è strettamente crescente sul suo dominio.
Calcoliamo la funzione derivata seconda di F per avere informazioni sulla concavità di F:

$$F''(x) = \frac{1}{2\sqrt{x+1}}.$$

Studiamo il segno della derivata seconda di F.

$$F''(x) > 0 \Leftrightarrow \frac{1}{2\sqrt{x+1}} > 0 \Leftrightarrow x \in]-1, +\infty[.$$

Quindi F è convessa sul suo dominio.

Sappiamo inoltre che $F(0) = \int_0^0 \sqrt{t+1}\,\mathrm{d}t = 0$.

Infine $\lim_{x \to +\infty} F(x) = \lim_{x \to +\infty} \int_0^x \sqrt{t+1}\,\mathrm{d}t = +\infty$.

Abbiamo così tutte le informazioni per tracciare il grafico di F.

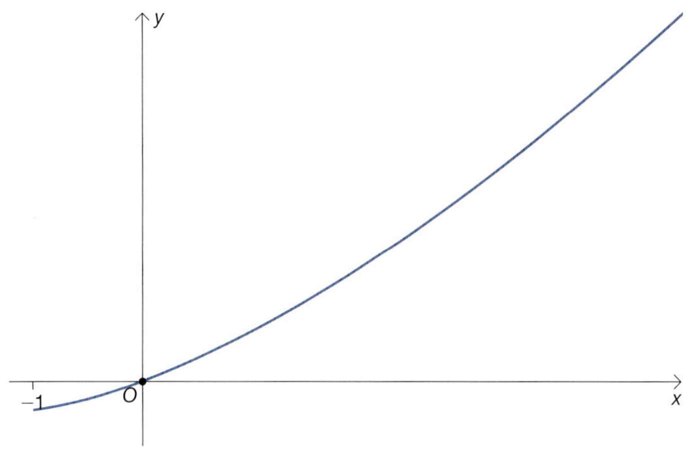

Studio di una funzione integrale per cui non esiste una primitiva della funzione integranda esprimibile mediante funzioni elementari

Lo studio di una funzione integrale con il teorema fondamentale del calcolo è necessario quando non si può esprimere mediante funzioni elementari una primitiva della funzione integranda.

PER ESEMPIO

Studiamo $F(x) = \int_1^x e^{-t^2}\mathrm{d}t$ utilizzando il teorema fondamentale del calcolo.

Poiché la funzione integranda è continua su $\mathbb{R}$, il dominio naturale di F è $]-\infty, +\infty[$.

Osserviamo inoltre che $F(1) = \int_1^1 e^{-t^2}\mathrm{d}t = 0$.

Per il teorema fondamentale del calcolo $F'(x) = e^{-x^2}$.
Studiamo il segno della derivata prima:
$e^{-x^2} > 0$ per ogni $x \in]-\infty, +\infty[$, quindi F è strettamente crescente su $]-\infty, +\infty[$.
Calcoliamo la derivata seconda:

$$F''(x) = -2xe^{-x^2}.$$

Studiamo il segno di F'':

$$F''(x) \geq 0 \Leftrightarrow -2xe^{-x^2} \geq 0 \Leftrightarrow -2x \geq 0 \Leftrightarrow x \leq 0.$$

Possiamo quindi concludere che:

- se $x < 0$ allora $F''(x) > 0$, quindi F è convessa;
- $F''(0) = 0$;
- se $x > 0$ allora $F''(x) < 0$, quindi F è concava.

Il grafico della funzione ha un punto di flesso in $x = 0$.

Infine abbiamo che:

$$\lim_{x\to-\infty} F(x) = \lim_{x\to-\infty} \int_1^x e^{-t^2}\mathrm{d}t = \lim_{x\to-\infty}\left(-\int_x^1 e^{-t^2}\mathrm{d}t\right) = l < 0.$$

Infatti la funzione $f(x) = e^{-x^2}$ è infinitesima, per x che tende a $-\infty$, di ordine maggiore di 1.
Analogamente è possibile dimostrare che $\lim_{x\to+\infty} F(x) = \lim_{x\to+\infty} \int_1^x e^{-t^2}\mathrm{d}t = m > 0$.
Quindi il grafico della funzione F ha due asintoti orizzontali.
Abbiamo informazioni sufficienti a tracciare un grafico di F.

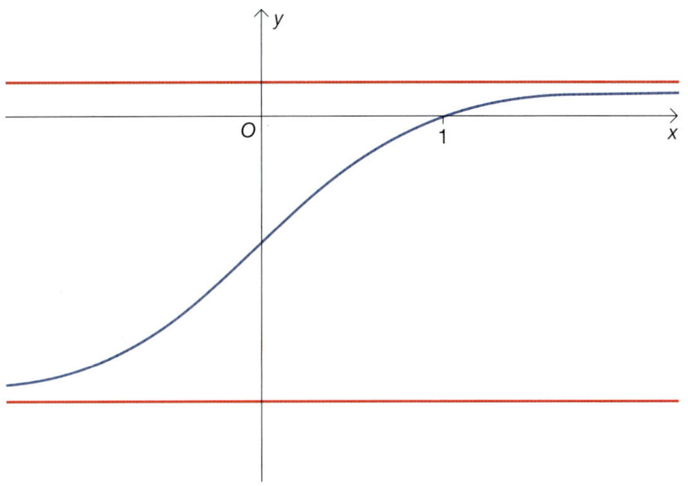

OSSERVA

Il teorema fondamentale del calcolo garantisce che la conoscenza di una primitiva di una funzione f consente di calcolare immediatamente ogni integrale definito in cui f compare come funzione integranda. Il teorema fondamentale del calcolo, però, consente anche di *costruire* funzioni a partire dalle loro derivate. Per esempio, la funzione $f(x) = \ln(x)$ potrebbe essere definita come $f(x) = \int_1^x \frac{1}{t}\mathrm{d}t$, con $x > 0$.

ESERCIZI

1 Calcola l'area della regione finita di piano sottesa al grafico della funzione $f(x) = 5$ per $1 \leq x \leq 4$. [15]

2 Calcola l'area della regione finita di piano sottesa al grafico della funzione $f(x) = 2x$ per $0 \leq x \leq 6$. [36]

3 Calcola l'area della regione finita di piano sottesa al grafico della funzione $f(x) = \frac{1}{2}x + 1$ per $1 \leq x \leq 3$. [4]

4 Suddividi l'intervallo $[0, 2]$ in 10 parti uguali per determinare un'approssimazione per difetto e una per eccesso dell'area della regione finita di piano sottesa al grafico della funzione $f(x) = x^2 + 1$ per $0 \leq x \leq 2$. A partire dalle approssimazioni determinate stima l'area sottesa e l'errore massimo commesso.

5 Nell'animazione presente sull'eBook e sul sito del libro trovi l'area della regione finita di piano sottesa al grafico della funzione $f(x) = x^3 + 3x^2$ sull'intervallo $[-3, 0]$. Puoi osservare che $\int_{-3}^{0}(x^3 + 3x^2)\mathrm{d}x = 6.75$. Muovendo il cursore k, che assume valori reali compresi fra 0 e 4, puoi variare l'altezza AB del rettangolo $ABCO$ che ha base uguale a 3. È vero che esiste un rettangolo che ha area uguale a $\int_{-3}^{0}(x^3 + 3x^2)\mathrm{d}x$? Giustifica la risposta. [Sì, perché...]

6 Considera la funzione $f(x) = \frac{x^4}{4} - 3\frac{x^2}{2} + 3x$.

a] Calcola la sua derivata prima $f'(x)$.

b] Calcola l'area della regione finita di piano sottesa al grafico della funzione $f(x) = x^3 - 3x + 3$ nell'intervallo $[0, 1]$. $\left[\frac{7}{4}\right]$

7 Considera la funzione $f(x) = \ln(x)$. Osserva che per ogni $x > 0$ abbiamo $f'(x) = \frac{1}{x}$.

a] Quali sono le primitive della funzione $g(x) = \frac{1}{x}$ definita sull'intervallo $]0, +\infty[$?
[Tutte le funzioni esprimibili con una formula del tipo $f(x) = \ln(x) + c$, con $c \in \mathbb{R}$]

b] Quali sono le primitive della funzione $g(x) = \frac{1}{x}$ definita sull'intervallo $]-\infty, 0[$?
[Tutte le funzioni esprimibili con una formula del tipo $f(x) = \ln(-x) + k$, con $k \in \mathbb{R}$]

8 Calcola l'area della regione finita di piano sottesa al grafico di $f(x) = \frac{1}{x}$ sull'intervallo $[1, e]$. [1]

9 Considera una funzione f continua su $[a, b]$. È vero che $\int_{a}^{b} f(x)\mathrm{d}x$ è sempre uguale all'area della regione finita di piano sottesa al grafico di f in $[a, b]$? Giustifica la risposta.
[No, perché...]

10 Un corpo puntiforme si muove, nell'intervallo di tempo $[0, 10]$ espresso in secondi, di moto rettilineo con velocità v che è espressa in funzione del tempo t dalla seguente equazione: $v(t) = \frac{1}{5}t + \frac{1}{20}t^2 + \frac{1}{100}t^3$, dove v è in m/s. Qual è la distanza, in metri, percorsa dal corpo nell'intervallo di tempo $[0, 10]$? [Circa 51.7 m]

11 Su un corpo in movimento agisce una forza di attrito F che è espressa, in funzione della posizione x (in m) del corpo, dalla formula $F(x) = kx^2 - cx$ dove k e c sono due costanti dimensionate e F è misurata in N (1 N = 1 kg · m/s²).
Calcola il lavoro compiuto da F se il corpo si sposta da $x = 0$ a $x = 5$. $\left[\left(\frac{125k}{3} - \frac{25c}{2}\right)\mathrm{J}\right]$

12 Considera una funzione f continua sull'intervallo $[a, b]$, tale che $f(x) < 0$ per ogni $x \in [a, b]$. Quali fra le seguenti espressioni indicano l'area della regione finita di piano sottesa al grafico di f sull'intervallo $[a, b]$?

a] $\int_a^b f(x)\mathrm{d}x$ **c]** $-\int_a^b f(x)\mathrm{d}x$ **e]** $\int_a^b |f(x)|\mathrm{d}x$

b] $-\int_b^a f(x)\mathrm{d}x$ **d]** $\int_b^a f(x)\mathrm{d}x$ **f]** $\left|\int_b^a f(x)\mathrm{d}x\right|$

[c), d), e), f)]

13 Considera una funzione f continua sull'intervallo $[a, b]$. È vero che $\int_a^b |f(x)|\mathrm{d}x = \left|\int_a^b f(x)\mathrm{d}x\right|$?
Giustifica la risposta. [No, perché...]

14 Considera una funzione f continua sull'intervallo $[a, b]$. È vero che $\int_a^b f(x)\mathrm{d}x \leq \int_a^b |f(x)|\mathrm{d}x$.
Giustifica la risposta. [Sì, perché...]

15 Quali sono le primitive della funzione $g(x) = \sin(x)$? [Tutte e sole le funzioni esprimibili con una formula del tipo $f(x) = -\cos(x) + c$, con $c \in \mathbb{R}$]

16 Quali sono le primitive della funzione $g(x) = \cos(x)$? [Tutte e sole le funzioni esprimibili con una formula del tipo $f(x) = \sin(x) + c$, con $c \in \mathbb{R}$]

▶ **Calcola i seguenti integrali definiti. (Esercizi da 17 a 20)**

17 $\int_{-\pi}^{\pi} \sin(x)\mathrm{d}x$ [0]

18 $\int_{-\pi}^{\pi} \cos(x)\mathrm{d}x$ [0]

19 $\int_0^{\pi} \sin(x)\mathrm{d}x$ [2]

20 $\int_0^{\pi} \cos(x)\mathrm{d}x$ [0]

ESAME DI STATO **21** Verifica che le due funzioni $f(x) = 3\ln(x)$ e $g(x) = \ln(2x)^3$ hanno la stessa derivata. Quale giustificazione ne dai?
[ESAME DI STATO – Sessione ordinaria per il liceo scientifico, corso di ordinamento, A.S. 2003/2004]

ESAME DI STATO **22** Della funzione $f(x)$ si sa che è derivabile e diversa da 0 in ogni punto del suo dominio e, ancora, che $f'(x) = f(x)$ e $f(0) = 1$. Puoi determinare $f(x)$?
[ESAME DI STATO – Sessione ordinaria per il liceo scientifico, corso di ordinamento, A.S. 2005/2006] [Sì, perché...]

ESAME DI STATO **23** Sia $f(x)$ una funzione reale di variabile reale, continua nel campo reale, tale che $f(0) = 2$.
Calcola $\lim_{x \to 0} \frac{\int_0^x f(t)\,dt}{2xe^x}$, dove e è la base dei logaritmi naturali.
[ESAME DI STATO – Sessione ordinaria per il liceo scientifico, corso di ordinamento, A.S. 2000/2001]

Calcola i seguenti integrali indefiniti. (Esercizi da 24 a 32)

24 $\int \frac{1}{x^2+1}\,dx$ $[\arctan(x) + c]$

25 $\int \frac{1}{x^2+3}\,dx$ $\left[\frac{\sqrt{3}}{3}\arctan\left(\frac{\sqrt{3}}{3}x\right) + c\right]$

26 $\int \frac{1}{\sin(x)\cos(x)}\,dx$; per ogni x appartenente all'intervallo $\left]0, \frac{\pi}{2}\right[$.
$[-\ln(\cos(x)) + \ln(\sin(x)) + c]$

27 $\int \frac{2x+1}{x^2+x+1}\,dx$ $[\ln(x^2+x+1) + c]$

28 $\int \frac{\ln(x)}{x}\,dx$; per ogni $x > 0$. $\left[\frac{\ln^2(x)}{2} + c\right]$

29 $\int \frac{1}{x\ln(x)}\,dx$; per ogni $x > 1$. $[\ln(\ln(x)) + c]$

30 $\int (x^2 + \sin(x) - e^{-x} + \sqrt{x})\,dx$; per ogni $x \geq 0$. $\left[\frac{x^3}{3} - \cos(x) + e^{-x} + \frac{2}{3}x\sqrt{x} + c\right]$

31 $\int \sqrt{1-2x}\,dx$; per ogni $x \leq \frac{1}{2}$. $\left[-\frac{1}{3}(1-2x)\sqrt{1-2x} + c\right]$

32 $\int (x\sin(x))\,dx$ $[-x\cos(x) + \sin(x) + c]$

33 Determina la funzione $y = f(x)$ sapendo che: $y'' = e^{-x}$, $y'(0) = 2$, $y(0) = 5$.
$[y(x) = e^{-x} + 3x + 4]$

ESAME DI STATO **34** Di una funzione $f(x)$ si sa che ha derivata seconda uguale a $\sin(x)$ e che $f'(0) = 1$. Quanto vale $f\left(\frac{\pi}{2}\right) - f(0)$?
[ESAME DI STATO – Sessione ordinaria per il liceo scientifico, corso sperimentale P.N.I., A.S. 2002/2003] $[-1 + \pi]$

ESAME DI STATO **35** Spiega perché una funzione reale di variabile reale integrabile in un intervallo chiuso e limitato non necessariamente ammette primitiva.
[ESAME DI STATO – Sessione suppletiva per il liceo scientifico, corso sperimentale P.N.I., A.S. 2004/2005]

36 Dimostra che se f è una funzione continua e dispari su un intervallo $I = [-a, a]$, allora $\int_{-a}^{a} f(x)\mathrm{d}x = 0$.

37 Dimostra che se f è una funzione continua e pari su un intervallo $I = [-a, a]$, allora $\int_{-a}^{a} f(x)\mathrm{d}x = 2\int_{0}^{a} f(x)\mathrm{d}x$.

Calcola i seguenti integrali definiti.

38 $\int_0^{\pi} \sin(2x)\mathrm{d}x$ $[0]$

39 $\int_0^{\pi} \cos(2x)\mathrm{d}x$ $[0]$

40 $\int_0^{\pi} \sin(3x)\mathrm{d}x$ $\left[\frac{2}{3}\right]$

41 $\int_0^{2} \sqrt{3x+4}\,\mathrm{d}x$ $\left[\frac{2}{9}(10\sqrt{10}-8)\right]$

42 $\int_0^{\frac{\pi}{4}} \frac{\sin(2x)}{1+\sin^2(x)}\mathrm{d}x$ $[\ln(3)-\ln(2)]$

43 $\int_0^{1} \arcsin(x)\mathrm{d}x$ $\left[\frac{\pi}{2}-1\right]$

44 $\int_0^{2} \arctan(x)\mathrm{d}x$ $\left[2\arctan(2)-\frac{1}{2}\ln(5)\right]$

45 $\int_{-2}^{2} \arctan(x)\mathrm{d}x$ $[0]$

46 $\int_0^{1} (2xe^{-x^2})\mathrm{d}x$ $[1-e^{-1}]$

47 $\int_{-1}^{1} (\sin^3(x)-x\cos(x))\mathrm{d}x$ $[0]$

Calcola il valor medio della funzione *f* sull'intervallo *I*. (Esercizi da 48 a 51)

48 $f(x) = x$ $I = [a, b]$ $\left[\frac{a+b}{2}\right]$

49 $f(x) = 3x^3 - 2$ $I = [2, 5]$ $\left[\frac{601}{4}\right]$

50 $f(x) = \ln(x)$ $I = [1, e]$ $\left[\frac{1}{e-1}\right]$

51 $f(x) = \sin(x)$ $I = [0, \pi]$ $\left[\frac{2}{\pi}\right]$

52 Considera la funzione $f(x) = x^2 - 3kx$. Determina il valore del parametro reale k affinché il valor medio di f sull'intervallo $[0, 1]$ sia uguale a 2. $\left[-\frac{10}{9}\right]$

53 Dopo avere verificato che la funzione $f(x) = \frac{\sqrt{4x^2 - x^4}}{2} + 2\arcsin\left(\frac{x}{2}\right)$ è una primitiva della funzione $g(x) = \sqrt{4 - x^2}$ sull'intervallo $[0, 2[$, calcola $\int_0^1 \sqrt{4 - x^2}\,dx$ $\left[\frac{\sqrt{3}}{2} + \frac{\pi}{3}\right]$

54 Dimostra che la funzione $f(x) = 3\arctan(e^x)$ è una primitiva su $\mathbb{R}$ della funzione $g(x) = \frac{3e^x}{1 + e^{2x}}$.

55 Dimostra che la funzione $f(x) = -\ln(\cos(x))$ è una primitiva della funzione $g(x) = \tan(x)$ sull'intervallo $\left[0, \frac{\pi}{2}\right[$.

ESAME DI STATO **56** La funzione di variabile reale $f(x)$, continua per ogni x, è tale che: $\int_0^2 f(x)dx = a$ e $\int_0^6 f(x)dx = b$, dove a e b sono numeri reali.

Determina, se esistono, i valori a, b per cui risulta $\int_0^3 f(2x)dx = \ln(2)$ e $\int_1^3 f(2x)dx = \ln(4)$.

[ESAME DI STATO – Sessione ordinaria per il liceo scientifico, corso di ordinamento, A.S. 2001/2002] $[a = -\ln(4); b = 2\ln(2) = \ln(4)]$

ESAME DI STATO **57** Sia $f(x)$ una funzione reale di variabile reale continua su tutto l'asse reale. Si conosce il valore dell'integrale $\int_0^3 f(x)dx$. È allora possibile calcolare:

A $\int_0^3 f\left(\frac{x}{3}\right)dx$ B $\int_0^3 f(3x)dx$ C $\int_0^1 f\left(\frac{x}{3}\right)dx$ D $\int_0^1 f(3x)dx$

Una sola risposta è corretta. Individuala e fornisci un'esauriente spiegazione della tua scelta.
[ESAME DI STATO – Sessione suppletiva per il liceo scientifico, corso di ordinamento, A.S. 2003/2004] [D, perché...]

ESAME DI STATO **58** Sia $f(x)$ una funzione continua per ogni x reale e tale che $\int_0^2 f(x)dx = 4$. Dei due seguenti integrali, $\int_0^1 f(2x)dx$ e $\int_0^1 f\left(\frac{x}{2}\right)dx$, ne puoi calcolare uno solo in base alle informazioni fornite. Indica quale e spiegane la ragione.

[ESAME DI STATO – Sessione ordinaria per il liceo scientifico, corso di ordinamento, A.S. 2004/2005] $\left[\int_0^1 f(2x)dx\text{, perché...}\right]$

ESAME DI STATO **59** Determina $f(4)$ sapendo che $\int_0^x f(t)dt = x\cos(\pi x)$ [1]

[ESAME DI STATO – Sessione ordinaria per il liceo scientifico, corso sperimentale P.N.I., A.S. 2001/2002]

60 Siano f e g due funzioni continue e non negative su un intervallo I tali che:

a] $f(c)=g(c)$ e $f(d)=g(d)$ con $c\in I$, $d\in I$ e $c<d$

b] $f(x)\geq g(x)$ per ogni $x\in I$

È vero che l'area della regione finita di piano racchiusa dai grafici di f e g sull'intervallo $[c, d]$ è uguale a $\int_c^d (f(x)-g(x))\mathrm{d}x$? Giustifica la risposta. [Sì, perché...]

61 Hai verificato che se f e g sono due funzioni continue e non negative su un intervallo I tali che:

a] $f(c)=g(c)$ e $f(d)=g(d)$ con $c\in I$, $d\in I$ e $c<d$,

b] $f(x)\geq g(x)$ per ogni $x\in I$,

allora l'area della regione finita di piano racchiusa dai grafici di f e g sull'intervallo $[c, d]$ è uguale a $\int_c^d (f(x)-g(x))\mathrm{d}x$. Questa uguaglianza vale ancora se, ferme restando le altre ipotesi, cade quella di non negatività di f e g su I? Giustifica la riposta. [Sì, perché...]

In ciascuno dei seguenti esercizi sono assegnate due funzioni i cui grafici, intersecandosi, racchiudono una regione finita di piano. Dopo averla rappresentata utilizza il calcolo integrale per determinare l'area di questa regione. (Esercizi da 62 a 64)

62 $f(x)=x^3-3x^2$ e $g(x)=x^2$ $\left[\frac{64}{3}\right]$

63 $f(x)=-x^2+3x$ e $g(x)=x$ $\left[\frac{4}{3}\right]$

64 $f(x)=-x^2+\frac{5}{2}x-1$ e $g(x)=0.5x-1$ $\left[\frac{4}{3}\right]$

65 Calcola l'area della regione finita di piano delimitata dall'asse y e dai grafici di $f(x)=\sqrt{x}$ e di $g(x)=2x-1$ $\left[\frac{2}{3}\right]$

Calcola, quando possibile, i seguenti integrali generalizzati. (Esercizi da 66 a 70)

66 $\int_1^{+\infty} \frac{1}{x^3}\mathrm{d}x$ $\left[\frac{1}{2}\right]$

67 $\int_e^{+\infty} \frac{1}{\ln(x)}\mathrm{d}x$ [Diverge]

68 $\int_0^{+\infty} e^{-x}\mathrm{d}x$ [1]

69 $\int_0^{+\infty} \arctan(x)\mathrm{d}x$ [Diverge]

70 $\int_0^{+\infty} \cos(\pi x)\mathrm{d}x$ [Non esiste]

71 Considera la funzione $f(x)=\begin{cases} x-1, & \text{se } -1 \le x \le 1 \\ x^2-1, & \text{se } 1 < x \le 10 \end{cases}$

a] La funzione f è integrabile su $I=[-1,10]$? Ammette primitiva su I? Giustifica le risposte.
[Sì, perché...]

b] Determina una formula per la funzione integrale $F(x)=\int_{-1}^{x} f(t)\,dt$ senza usare, nella sua espressione, il segno di integrale.

$$\left[F(x)=\begin{cases} \dfrac{x^2}{2}-x-\dfrac{3}{2}, & \text{se } -1 \le x \le 1 \\ \dfrac{x^3}{3}-x-\dfrac{4}{3}, & \text{se } 1 < x \le 10 \end{cases}\right]$$

72 Considera la funzione $f(x)=\begin{cases} 1, & \text{se } -1 \le x \le 0 \\ x, & \text{se } 0 < x \le 1 \end{cases}$

a] La funzione f è integrabile su $I=[-1,1]$? Ammette primitiva su I? Giustifica le risposte.
[f è integrabile su I, ma non ammette primitiva su I, perché...]

b] Determina una formula per la funzione integrale $F(x)=\int_{-1}^{x} f(t)\,dt$ senza usare, nella sua espressione, il segno di integrale.

$$\left[F(x)=\begin{cases} x+1, & \text{se } -1 \le x \le 0 \\ \dfrac{x^2}{2}+1, & \text{se } 0 < x \le 1 \end{cases}\right]$$

73 Considera la funzione $f(x)=\begin{cases} 3x^2, & \text{se } -1 \le x \le 0 \\ \sin(x), & \text{se } 0 < x \le \pi \end{cases}$.

a] Verifica che f è integrabile e ammette primitiva su $[-1,\pi]$.

b] Determina una formula per la funzione integrale $F(x)=\int_{-1}^{x} f(t)\,dt$ senza usare, nella sua espressione, il segno di integrale.

c] Calcola $\int_{-1}^{\pi} f(x)\,dx$. [3]

74 Una carica positiva di valore q (in Coulomb) si trova a una distanza d da una carica positiva di valore $2q$ (in Coulomb). Calcola il lavoro prodotto dalle forze del campo generato dalla carica di valore q per portare le due cariche a distanza $2d$. $\left[\dfrac{kq^2}{d} \text{ dove } k \approx 9\cdot 10^9\ \mathrm{Nm^2C^{-2}}\right]$

ESAME DI STATO **75** La funzione $f(x)=(2x^3-4x)e^{-x^2}$ rappresenta, in opportune unità di misura, la forza $f(x)$ a cui è soggetto un punto P libero di muoversi lungo l'asse delle x. Sapendo che la forza è data da $f(x)=-\dfrac{dE(x)}{dx}$, dove $E(x)$ è l'energia potenziale, trova la funzione $E(x)$ e rappresentala avendo posto $E(0)=-1$. Per quali valori di x il punto P è in equilibrio, ossia per quali valori di x la forza è nulla? Per tali valori di x quale valore assume l'energia potenziale?
[ESAME DI STATO – Sessione ordinaria per il liceo scientifico, A.S. 1991/1992]

ESAME DI STATO **76** Studia la funzione $y(x) = \cos(x) \cdot e^{-x}$ per $x \geq 0$. Essa, in opportune unità di misura, rappresenta la corrente elettrica di scarica di un condensatore attraverso una impedenza, essendo x il tempo. In tal caso la carica Q inizialmente presente sulle armature è data da $Q = \int_0^{+\infty} y(x)\,dx$. Calcola il valore di Q.

[ESAME DI STATO – Sessione suppletiva per il liceo scientifico, A.S. 1991/1992]

Studia le seguenti funzioni integrali e traccia uno schizzo del loro grafico che sia coerente con le informazioni ottenute.

77 $F(x) = \int_0^x \arctan(t)\,dt$

78 $F(x) = \int_1^x \frac{t}{t^4+1}\,dt$

79 $F(x) = \int_x^{-1} \sqrt{1-t^2}\,dt$

80 $F(x) = \int_{-3}^x \ln(t^2+1)\,dt$

CAPITOLO 10 Approssimare una funzione

PROBLEMA

Approssimare il numero di Eulero con addizioni e moltiplicazioni

Supponiamo di avere uno strumento di calcolo che consenta di eseguire solo addizioni e moltiplicazioni. Come possiamo calcolare, con questo strumento, un'approssimazione del numero di Eulero e?

Risoluzione

Una prima strategia potrebbe essere quella di approssimare e con $e^0 = 1$. Dal punto di vista grafico è come approssimare la funzione $f(x) = e^x$ con la funzione $y = 1$.
L'errore assoluto commesso $e - 1$ è rappresentato dalla lunghezza del segmento AH, dove A ha coordinate $(1, e)$, mentre H ha coordinate $(1, 1)$.

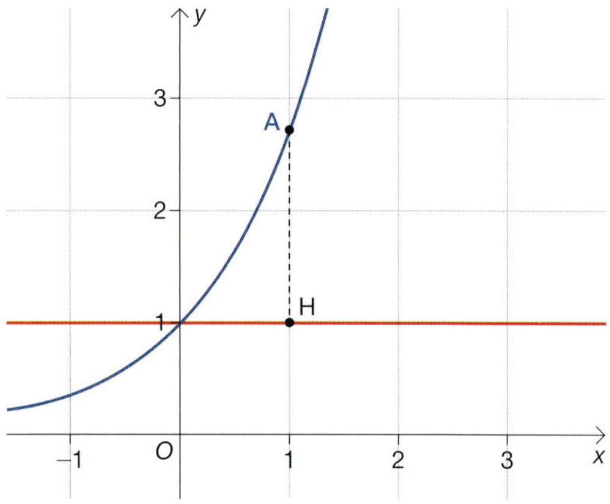

▲ Approssimazione: e ≈ 1.

Cerchiamo una funzione lineare che consenta di approssimare meglio il numero e. Scegliamo quella che ha per grafico la retta tangente t al grafico della funzione $f(x) = e^x$ nel punto $(0, 1)$, che è un punto che appartiene al grafico di f e di cui conosciamo le coordinate.
Un'equazione di t è:

$$y - 1 = f'(0)(x - 0)$$

cioè $y = x + 1$.

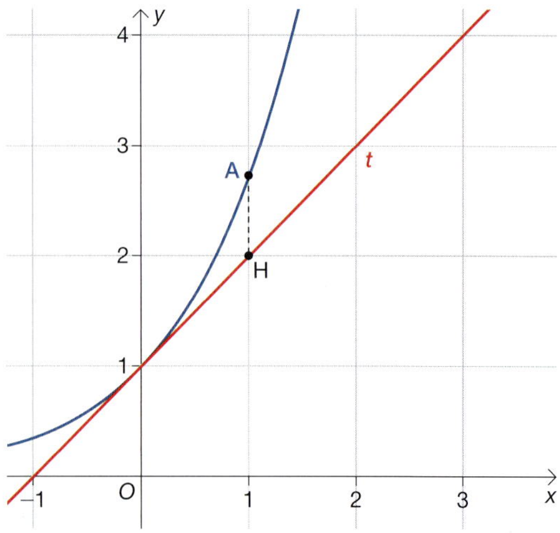

Dal punto di vista grafico abbiamo approssimato la funzione $f(x) = e^x$ con la funzione $y = x + 1$ che in $x = 1$ vale 2.

▲ Approssimazione: e ≈ 2.

Possiamo utilizzare la funzione $y = x + 1$ anche per approssimare $e^{\frac{1}{2}}$, $e^{-\frac{1}{2}}$, $e^{\frac{1}{10}}$ o altri punti della funzione $f(x) = e^x$.

Per esempio, $e^{\frac{1}{10}} \approx 1 + \frac{1}{10} = 1.1$.

In generale risulta

$$e^a \approx 1 + a$$

con errore assoluto tanto più piccolo quanto più a è vicino a 0.
La scelta di approssimare la funzione $f(x) = e^x$ con una funzione lineare fa perdere informazioni sulla convessità di f, però permette di calcolare e^x eseguendo la somma $1 + x$. Potremmo quindi proseguire nella scelta di approssimazioni via via migliori con funzioni polinomiali di grado superiore.
In questo capitolo imparerai come e sotto quali condizioni è possibile approssimare funzioni con funzioni polinomiali.
Il vantaggio di questa scelta è che nel calcolo di un valore di una funzione polinomiale si eseguono solo addizioni e moltiplicazioni. Ciò risolve in particolare il problema che ci siamo posti: approssimare e con uno strumento di calcolo che esegua solo addizioni e moltiplicazioni.
Il grafico seguente riporta una funzione polinomiale di quinto grado che approssima bene la funzione $f(x) = e^x$. Il suo grafico tende a confondersi con quello di f sull'intervallo $[-2, 2]$ e i punti A e H, che hanno ascissa 1, sembrano coincidere.

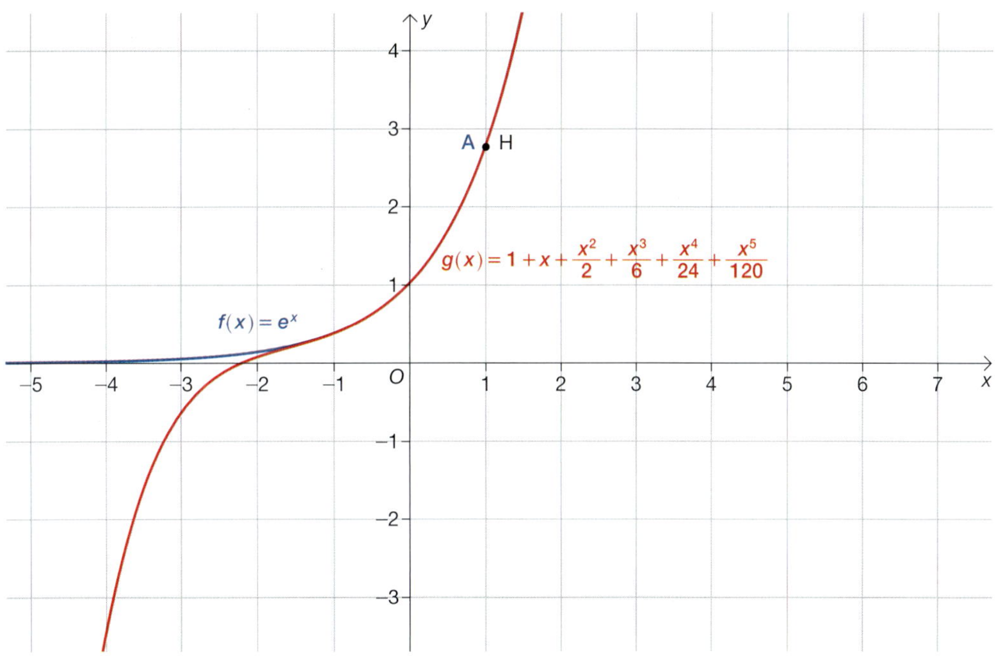

Il volume *Problemi di fisica della Scuola Normale*, di Bassani, Foà, Pegoraro, riporta la parte finale della risoluzione del fisico Enrico Fermi a un problema che gli fu posto per l'ingresso alla Scuola Normale di Pisa.
Fermi, che non aveva a disposizione strumenti di calcolo automatico, per calcolare il valore di tan(1°), dopo avere

> Essendo 1° un arco assai piccolo si può porre con grande approssimazione
>
> tg1° = π/180 = 0,0174.
>
> Enrico Fermi

trasformato i gradi in radianti, approssima la funzione $\tan(x)$ con la funzione lineare $y = x$ il cui grafico è tangente nell'origine alla funzione $y = \tan(x)$. Infatti scrive:
Essendo 1° un arco assai piccolo si può porre con grande approssimazione:

$$\tan 1° \approx \frac{\pi}{180} \approx 0{,}0174.$$

Fermi afferma che $\tan(1°) \approx 0{,}0174$ "con grande approssimazione" perché $\frac{\pi}{180}$ è un valore molto vicino a 0 e il grafico della funzione lineare $y = x$ è la retta tangente al grafico di $f(x) = \tan(x)$ in $x = 0$.

Alcune domande che aprono nuove prospettive

Sotto quali condizioni si può approssimare una funzione con un polinomio? Come si può calcolare una stima dell'errore commesso? Quali sono i campi di applicazione di questi concetti?

Approssimazione lineare di una funzione

Le funzioni polinomiali sono la classe di funzioni di cui è più semplice calcolare i valori e per questo si preferisce, quando possibile, usarle per approssimare funzioni più complesse. Nel problema di apertura abbiamo approssimato la funzione $f(x) = e^x$ in un intorno di $x = 0$ con alcune funzioni polinomiali.
In particolare la prima approssimazione che abbiamo considerato è stata $f(0) = 1$, cioè il valore che la funzione assume in $x = 0$. Questa approssimazione non fornisce alcuna informazione sull'andamento della funzione in punti diversi da 0, anche se molto vicini a 0. In particolare non dà informazioni sulla crescenza o sulla concavità di f e l'errore commesso può crescere notevolmente se ci si allontana da 0.
Il passo successivo è stato approssimare f con la funzione polinomiale di primo grado che ha per grafico la retta tangente a $f(x) = e^x$ in $x = 0$, cioè $y = x + 1$.
Come suggerisce la figura, la retta $y = x + 1$ coincide con il grafico di f in $x = 0$ e continua a rimanere vicina al grafico di f in un opportuno intorno di 0.

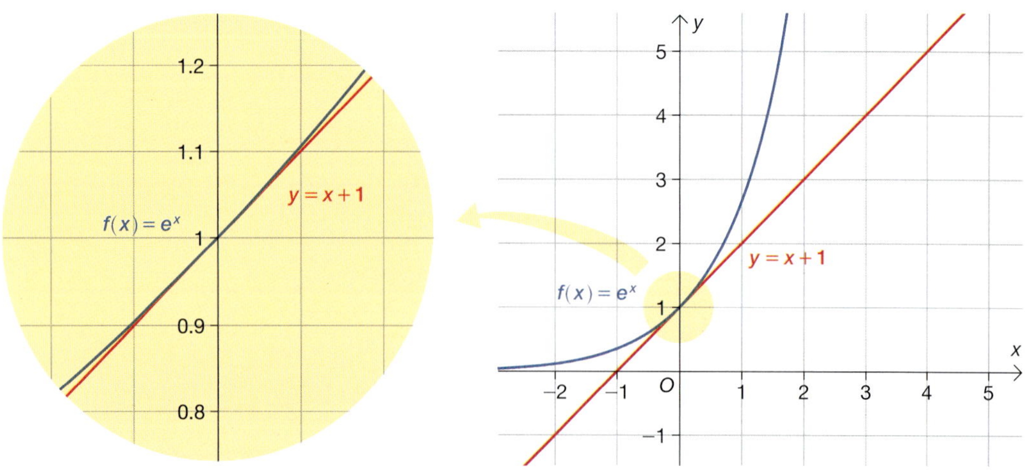

Le ordinate dei punti che appartengono alla retta tangente sono una buona approssimazione dei valori della funzione in un opportuno intorno di $x = 0$, quindi in questo intorno possiamo approssimare la funzione $f(x) = e^x$ con la retta di equazione $y = x + 1$.
Generalizziamo.

Data una funzione f derivabile in un punto x_0 del suo dominio, si dice **approssimazione lineare di f in un intorno di x_0** la funzione:

$$L(x) = f(x_0) + f'(x_0) \cdot (x - x_0)$$

che ha per grafico la retta tangente al grafico di f in x_0.

PER ESEMPIO

Determiniamo l'approssimazione lineare di

$$f(x) = \ln(x+1)$$

in un intorno di $x = 0$ per poter poi calcolare valori approssimati di $\ln(0.98)$, $\ln(1.1)$ e $\ln(1.5)$.

Calcoliamo la derivata prima di f:

$$f'(x) = \frac{1}{x+1}.$$

Quindi $f'(0) = 1$ e $L(x) = x$.

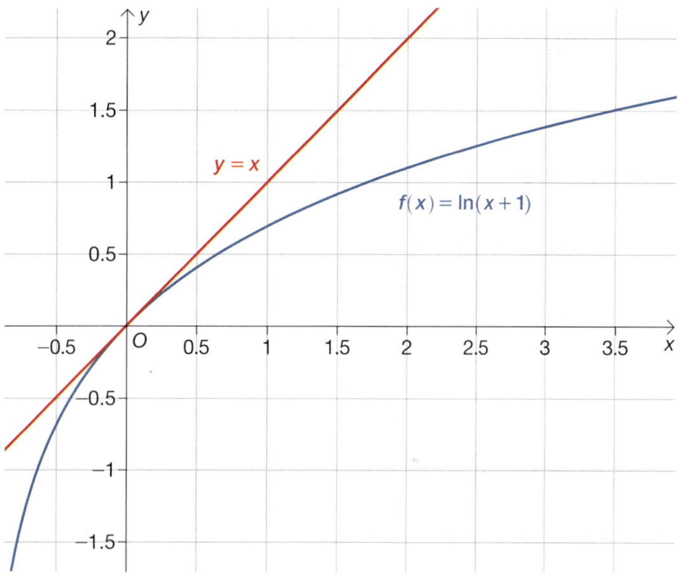

Pertanto, se scegliamo $y = x$ come approssimazione di $f(x) = \ln(x+1)$ in un intorno di $x = 0$, possiamo scrivere:

- $\ln(0.98) = \ln(1 - 0.02) \approx -0.02$;
- $\ln(1.1) = \ln(1 + 0.1) \approx 0.1$;
- $\ln(1.5) = \ln(1 + 0.5) \approx 0.5$.

Con una calcolatrice, utilizzando sei cifre dopo la virgola, otteniamo i seguenti valori:

- $\ln(0.98) \approx -0.020203$;
- $\ln(1.1) \approx 0.095310$;
- $\ln(1.5) \approx 0.405465$.

L'approssimazione peggiora man mano che ci allontaniamo da $x = 0$.

OSSERVA

L'utilità di approssimare $f(x) = \ln(x+1)$ non è in realtà quella di calcolare valori di logaritmi: questo può essere fatto con risultati migliori usando una calcolatrice. Ciò che è importante è il risultato teorico generale che garantisce che una qualunque funzione f derivabile in x_0, può essere ben approssimata, in un opportuno intorno di x_0, con una funzione lineare.

Differenziale di una funzione

Consideriamo una funzione f derivabile in un punto x_0 del suo dominio.
La funzione

$$L(x) = f(x_0) + f'(x_0) \cdot (x - x_0)$$

è la migliore approssimazione lineare di f in un intorno di x_0. Questo vuol dire che l'incremento della funzione

$$\Delta f = f(x_0 + h) - f(x_0)$$

in corrispondenza dell'incremento h dal punto x_0 al punto $x_0 + h$ può essere approssimato dall'incremento

$$\Delta L = L(x_0 + h) - L(x_0)$$

calcolato sulla funzione lineare L. Questa approssimazione è tanto migliore quanto più l'incremento h è piccolo.

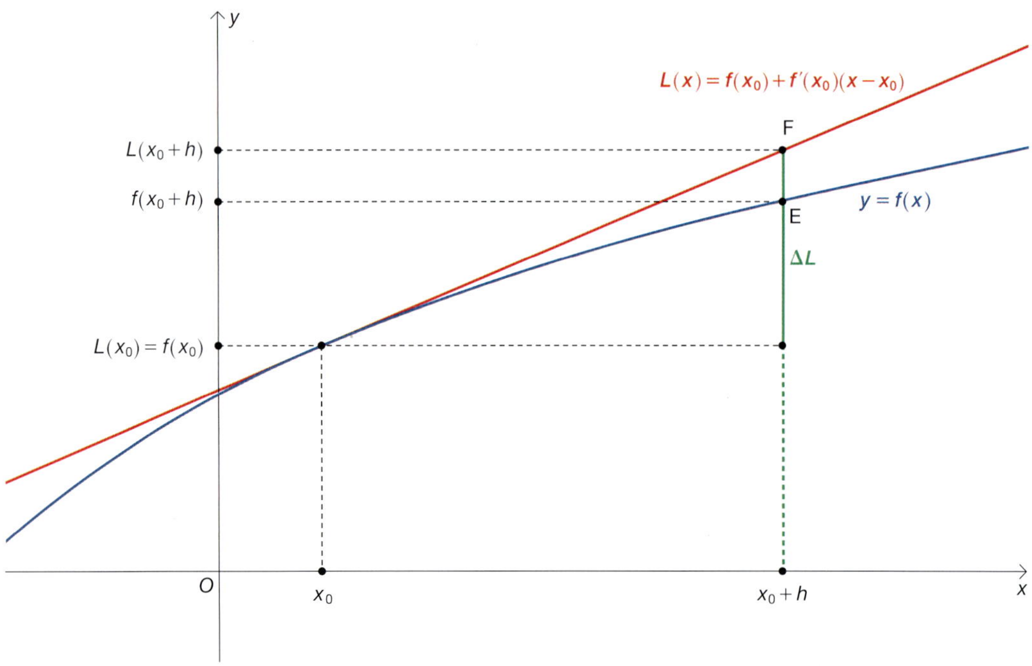

Calcoliamo ΔL:

$$\Delta L = L(x_0 + h) - L(x_0) = f(x_0) + f'(x_0) \cdot (x_0 + h - x_0) - f(x_0) = f'(x_0) \cdot h.$$

Il prodotto $f'(x_0) \cdot h$ è quindi l'incremento ΔL della funzione L relativo all'incremento h del punto x_0. Sostituire l'incremento Δf con l'incremento ΔL equivale a calcolare la variazione non lungo il grafico di f, ma sulla retta tangente a f in x_0. Quest'ultima operazione è molto più semplice.
Osserviamo che se h tende a 0, allora l'errore commesso approssimando Δf con ΔL tende a 0.

► Se f è una funzione derivabile in x_0, l'incremento $\Delta L = f'(x_0) \cdot h$ viene chiamato **differenziale della funzione f relativo al punto x_0 e all'incremento h** e si indica con df.
In simboli:

$$\mathrm{d}f = f'(x_0) \cdot h.$$

ESPLORA CON UN'ANIMAZIONE DI GEOMETRIA DINAMICA

Differenziale di una funzione

Nell'animazione che trovi sull'eBook e sul sito del libro puoi fissare il valore di x_0 che indica l'ascissa del punto in cui viene tracciata la tangente al grafico della funzione $f(x) = \ln(x)$. Muovendo il punto dell'asse x di ascissa $x_0 + h$, osserva poi come variano il differenziale df e l'errore commesso sostituendo l'incremento Δf della funzione con df.

OSSERVA

- $\Delta f = f(x_0 + h) - f(x_0)$ indica la variazione della funzione f quando la variabile indipendente varia da x_0 a $x_0 + h$. Invece $\mathrm{d}f = f'(x_0) \cdot h$ indica la variazione sulla retta tangente al grafico di f in x_0 per lo stesso incremento h della variabile indipendente. Quindi:

$$\Delta f - \mathrm{d}f = f(x_0 + h) - L(x_0 + h).$$

- Se indichiamo l'incremento h della variabile indipendente con $\mathrm{d}x$ otteniamo

$$\mathrm{d}f = f'(x)\mathrm{d}x, \qquad \text{cioè} \qquad \frac{\mathrm{d}f}{\mathrm{d}x} = f'(x).$$

Questa uguaglianza consente di interpretare la derivata di una funzione come un quoziente di due differenziali.

PER ESEMPIO

Consideriamo un quadrato di lato x. La sua area è una funzione di x: $f(x) = x^2$.
Come varia l'area del quadrato se il suo lato varia di una lunghezza h?
Possiamo rispondere alla domanda calcolando:

$$\Delta f = f(x + h) - f(x) = (x + h)^2 - x^2 = 2xh + h^2.$$

Se h è sufficientemente piccolo, possiamo anche stimare questa variazione utilizzando il differenziale:

$$\mathrm{d}f = f'(x)h = 2xh.$$

L'errore commesso approssimando Δf con $\mathrm{d}f$ è dato da:

$$\Delta f - \mathrm{d}f = h^2.$$

Osserviamo che se h tende a 0, l'errore commesso h^2 ha ordine di infinitesimo maggiore di quello di h.

Generalizziamo quanto osservato nel precedente esempio. È possibile dimostrare che:

> se f è una funzione derivabile in un punto x_0 del suo dominio, allora l'errore commesso approssimando Δf con $\mathrm{d}f$ sull'intervallo $[x_0, x_0 + h]$ tende a 0 per h che tende a 0 e ha ordine di infinitesimo maggiore di 1 rispetto a h per h che tende a 0.

Questo precisa l'affermazione che avevamo fatto nel capitolo 18 del volume B: la funzione lineare L che ha come grafico la retta tangente al grafico di una funzione f in un suo punto x_0 è la funzione lineare che meglio approssima f in un intorno di x_0.
Infatti il differenziale $f'(x_0)h$ è la sola approssimazione lineare la cui differenza da $f(x_0 + h) - f(x_0)$ ha ordine di infinitesimo maggiore di 1 rispetto a h, per h che tende a 0.

Quanto detto fornisce, per esempio, un utile strumento per il calcolo del limite $\lim_{x \to 0} \frac{e^x - 1}{x}$.
Infatti abbiamo visto che, per x che tende a 0 vale $e^x \approx 1 + x$ con un errore che è un infinitesimo di ordine maggiore di 1 (rispetto a x).

Quindi: $\lim_{x \to 0} \frac{e^x - 1}{x} = \lim_{x \to 0} \frac{1 + x - 1}{x} = 1.$

ESPLORA CON UN FOGLIO ELETTRONICO

Approssimare tan(*x*) con *x*

Consideriamo $f(x) = \tan(x)$ e $x_0 = 0$; la retta tangente a f in 0 è $L(x) = x$. Abbiamo costruito il foglio elettronico che trovi sull'eBook e sul sito del libro mediante i seguenti passaggi:

- nella colonna A abbiamo inserito l'ampiezza degli angoli in gradi da 1° fino a 32° con passo 0.5°;
- nella colonna B abbiamo calcolato i corrispondenti valori in radianti;
- nella colonna C abbiamo calcolato i valori di $\tan(x)$;
- nella colonna D abbiamo calcolato i valori di $\tan(x) - x$, cioè gli errori assoluti commessi approssimando $\tan(x)$ con x in un intorno di 0;
- nella colonna E abbiamo calcolato i corrispondenti errori relativi esprimendoli in forma percentuale.

Puoi osservare che, fino a 10°, l'errore commesso sostituendo $\tan(x)$ con x è circa l'1% o inferiore. Più ci si allontana dal valore 0 più cresce l'errore. Per esempio per $x = 30°$ l'errore percentuale è circa del 10%.

Approssimazione polinomiale di una funzione

Il polinomio di Taylor

Abbiamo visto che una funzione f e la sua approssimazione lineare L hanno in comune:

- il valore in $x = x_0$, cioè $f(x_0) = L(x_0)$;
- il valore della derivata prima in $x = x_0$, cioè $f'(x_0) = L'(x_0)$.

Ci chiediamo se è possibile migliorare l'approssimazione, cioè trovare un polinomio approssimante P tale che l'errore commesso approssimando f con P sull'intervallo $[x_0, x_0 + h]$ sia infinitesimo di ordine maggiore di 2 rispetto a h oppure maggiore di 3 e così via.

L'approssimazione lineare L tiene conto del valore in x_0 di f e della crescenza di f in un intorno di x_0, perché $f'(x_0) = L'(x_0)$. L non tiene però conto della concavità o convessità di f in x_0. Per non perdere questa informazione dobbiamo trovare un polinomio P di secondo grado che abbia derivata seconda in x_0 uguale alla derivata seconda di f in x_0. In simboli: $P''(x_0) = f''(x_0)$.

PER ESEMPIO

Riprendiamo in esame il problema di apertura e cerchiamo un polinomio di secondo grado $P(x) = ax^2 + bx + c$ che approssimi e^x in un intorno di $x = 0$ tale che:

- $P(0) = f(0) = e^0 = 1$;
- $P'(0) = f'(0) = e^0 = 1$;
- $P''(0) = f''(0) = e^0 = 1$.

Poiché $P(0) = c = 1$ e $P'(0) = b = 1$, per soddisfare le prime due condizioni deve essere

$$P(x) = 1 + x + ax^2.$$

Per determinare il coefficiente a poniamo:

$$P''(0) = f''(0) = 1 \Rightarrow P''(x) = 2a \Rightarrow 2a = 1 \Rightarrow a = \frac{1}{2}.$$

Il polinomio cercato è quindi:

$$P(x) = 1 + x + \frac{1}{2}x^2.$$

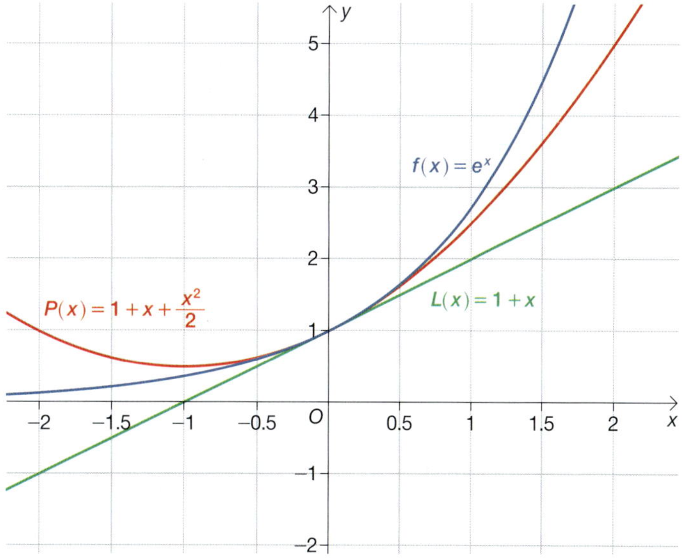

Il grafico mostra il miglioramento dell'approssimazione che abbiamo ottenuto passando dall'approssimazione lineare L all'approssimazione quadratica P: per ciascuna delle due approssimazioni $L(x)$ e $P(x)$ nel grafico rappresentiamo la curva dell'errore.

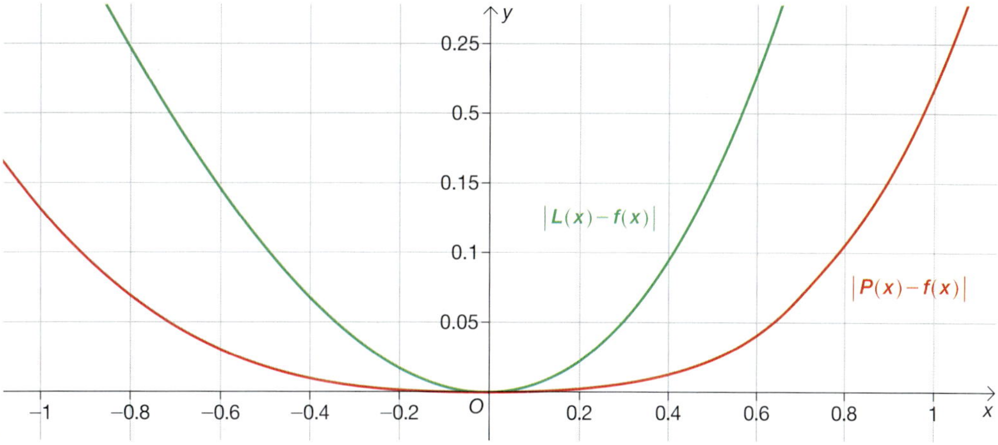

Nell'esempio abbiamo visto come determinare il polinomio di secondo grado che meglio approssima la funzione $f(x) = e^x$ in un intorno di $x = 0$, cioè quel polinomio per cui l'errore che si commette nell'approssimazione è un infinitesimo di ordine maggiore di 2 rispetto a x per x che tende a 0.

Alla fine del problema di apertura, inoltre, abbiamo mostrato il polinomio di quinto grado che approssima $f(x) = e^x$ in un intorno di 0 e tale che l'errore commesso nell'approssimazione è un infinitesimo di ordine maggiore di 5 (rispetto a x) per x che tende a 0.

Come abbiamo fatto a determinare questo polinomio?

Per rispondere alla domanda estendiamo il metodo utilizzato per determinare i polinomi di primo e di secondo grado: imponiamo sia l'uguaglianza tra il valore del polinomio approssimante P e la funzione f in $x = 0$, sia l'uguaglianza, in $x = 0$, di tutte le derivate di P e di f, dalla prima a quella di ordine corrispondente al grado del polinomio.

- $P(0) = f(0) = e^0 = 1$
- $P'(0) = f'(0) = e^0 = 1$
- $P''(0) = f''(0) = e^0 = 1$
- $P'''(0) = f'''(0) = e^0 = 1$
- $P^{(4)}(0) = f^{(4)}(0) = e^0 = 1$
- $P^{(5)}(0) = f^{(5)}(0) = e^0 = 1$

dove con $P^{(4)}(0)$, $f^{(4)}(0)$, $P^{(5)}(0)$ e $f^{(5)}(0)$ abbiamo indicato, rispettivamente, la derivata quarta in $x = 0$ di P e di f e la derivata quinta in $x = 0$ di P e di f.
Vediamo in dettaglio come determinare P imponendo le condizioni sopra precisate.
Il polinomio che cerchiamo è della forma:

$$P(x) = ax^5 + bx^4 + cx^3 + dx^2 + ex + k,$$

con a, b, c, d, e, k numeri reali.
Le prime tre condizioni portano a determinare:

$$k = 1$$
$$e = 1$$
$$d = \frac{1}{2}.$$

Quindi $P(x) = ax^5 + bx^4 + cx^3 + \frac{1}{2}x^2 + x + 1$.
Determiniamo a, b e c imponendo le altre tre condizioni e cioè

$$P'''(0) = 1 \Rightarrow P'''(x) = 60ax^2 + 24bx + 6c \Rightarrow P'''(0) = 6c \Rightarrow c = \frac{1}{6}$$

$$P^{(4)}(0) = 1 \Rightarrow P^{(4)}(x) = 120ax + 24b \Rightarrow P^{(4)}(0) = 24b \Rightarrow b = \frac{1}{24}$$

$$P^{(5)}(0) = 1 \Rightarrow P^{(5)}(x) = 120a \Rightarrow P^{(5)}(0) = 120a \Rightarrow a = \frac{1}{120}.$$

Possiamo concludere che il polinomio P che approssima $f(x) = e^x$ in un intorno di 0 con un errore che è un infinitesimo di ordine maggiore di 5 (rispetto a x) per x che tende a 0 è:

$$P(x) = \frac{1}{120}x^5 + \frac{1}{24}x^4 + \frac{1}{6}x^3 + \frac{1}{2}x^2 + x + 1.$$

I coefficienti del polinomio garantiscono l'uguaglianza, nel punto $x_0 = 0$ in cui approssimiamo la funzione, dei valori del polinomio e della funzione. Inoltre sono uguali tra loro anche i valori di tutte le loro successive derivate fino a quella di ordine corrispondente al grado del polinomio. In altri termini P e f hanno in comune, nel punto $x_0 = 0$, il valore, la crescenza, la concavità, la variazione della concavità, la variazione della variazione della concavità e così via.

I denominatori dei coefficienti del polinomio di quinto grado che approssima $f(x) = e^x$ in $x = 0$ sono i fattoriali dei numeri naturali:

$$0! = 1,\ 1! = 1,\ 2! = 2,\ 3! = 6,\ 4! = 24,\ 5! = 120.$$

Questo vale in generale per la funzione e^x. Consideriamo infatti il polinomio di grado n $P(x) = a_0 + a_1x + \dots + a_nx^n$ e deriviamolo n volte:

$$P'(x) = a_1 + 2a_2x + \dots + na_nx^{n-1}$$
$$P''(x) = 1 \cdot 2a_2 + 2 \cdot 3a_3x + \dots + n(n-1)a_nx^{n-2}$$
$$P'''(x) = 1 \cdot 2 \cdot 3a_3 + \dots + n(n-1)(n-2)a_nx^{n-3}$$
$$\dots$$
$$P^{(n)}(x) = n(n-1)(n-2)\dots 1a_n = n!a_n.$$

Se la funzione da approssimare è $f(x) = e^x$ le sue derivate in $x = 0$ sono tutte uguali a 1, quindi:

per ogni k che va da 0 a n vale: $P^{(k)}(0) = k!a_k = 1 \Rightarrow a_k = \frac{1}{k!}$.

Possiamo quindi dare un'espressione generale per il polinomio di grado n che approssima $f(x) = e^x$ in $x = 0$ con un errore che è infinitesimo di ordine maggiore di n rispetto a x per x che tende a 0:

$$P(x) = 1 + x + \frac{x^2}{2!} + \frac{x^3}{3!} + \dots + \frac{x^n}{n!} = \sum_{k=0}^{n} \frac{x^k}{k!}.$$

Questo polinomio di chiama **polinomio di Taylor di ordine *n*** relativo alla funzione $f(x) = e^x$ in $x = 0$, dal nome del matematico inglese Brook Taylor.

OSSERVA

Il polinomio P che abbiamo utilizzato per approssimare $f(x) = e^x$ fornisce un metodo per approssimare il numero e. Infatti $e^1 = e \approx 1 + 1 + \frac{1}{2!} + \frac{1}{3!} + \ldots + \frac{1}{n!} = \sum_{k=0}^{n} \frac{1}{k!}$.

Si può dimostrare il seguente teorema.

Siano:
- I un intervallo;
- x_0 un punto interno a I;
- f una funzione derivabile in I fino all'ordine $n-1$ e in x_0 fino all'ordine n (con $n \geq 1$).

Allora:

$$P(x) = f(x_0) + f'(x_0)(x - x_0) + \frac{f''(x_0)}{2!}(x - x_0)^2 + \frac{f'''(x_0)}{3!}(x - x_0)^3 + \ldots + \\ + \frac{f^{(n)}(x_0)}{n!}(x - x_0)^n$$

è il **polinomio di Taylor di ordine *n* relativo alla funzione $f(x)$ in $x = x_0$.**
Se x tende a x_0 l'errore $|P(x) - f(x)|$ è un infinitesimo di ordine maggiore di n rispetto a $x - x_0$.

PER ESEMPIO

Determiniamo il polinomio di Taylor di ordine 4 in $x = 0$ della funzione $f(x) = \ln(1 + x)$.

$$f'(x) = \frac{1}{1+x} \Rightarrow f'(0) = 1$$

$$f''(x) = -\frac{1}{(1+x)^2} \Rightarrow f''(0) = -1$$

$$f'''(x) = \frac{2}{(1+x)^3} \Rightarrow f'''(0) = 2$$

$$f^{(4)}(x) = -\frac{6}{(1+x)^4} \Rightarrow f^{(4)}(0) = -6.$$

Il polinomio di Taylor cercato deve essere del tipo $P(x) = ax^4 + bx^3 + cx^2 + dx + e$. Calcoliamo i coefficienti utilizzando il teorema precedentemente enunciato:

$$P(x) = f(0) + f'(0)x + \frac{f''(0)}{2!}x^2 + \frac{f'''(0)}{3!}x^3 + \frac{f^{(4)}(0)}{4!}x^4.$$

Il polinomio cercato è quindi

$$P(x) = -\frac{1}{4}x^4 + \frac{1}{3}x^3 - \frac{1}{2}x^2 + x.$$

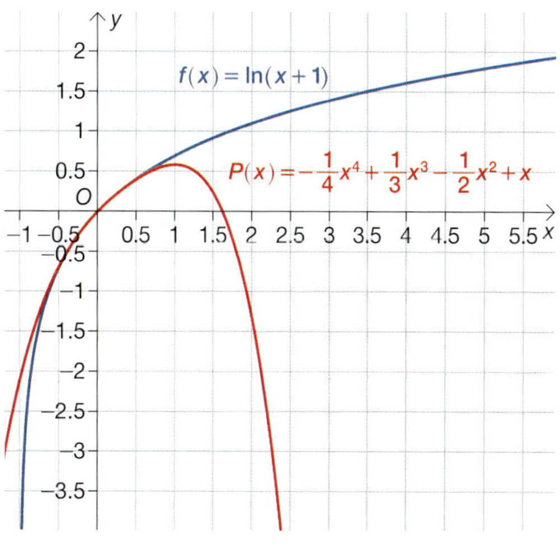

ESPLORA CON UN'ANIMAZIONE DI GEOMETRIA DINAMICA

Polinomi di Taylor con un'animazione

Nell'animazione che trovi sull'eBook e sul sito del libro puoi determinare i polinomi di Taylor di ordine n, per n che va da 1 a 8, delle funzioni

$$\sin(x),\ \cos(x),\ e^x,\ \ln(1+x)$$

in $x_0 = 0$.

Puoi verificare che l'approssimazione migliora all'aumentare di n, osservando nella seconda finestra il grafico dell'errore $|P(x) - f(x)|$.

ESPLORA CON UN FOGLIO ELETTRONICO

Polinomi di Taylor con un foglio elettronico

Il foglio elettronico che trovi sull'eBook e sul sito del libro prende in considerazione, nei tre diversi fogli di lavoro, rispettivamente le funzioni e^x in $x_0 = 0$, $\sin(x)$ in $x_0 = 0$, $\ln(x)$ in $x_0 = 1$.
Il valore di x_0 è riportato nella cella A2.

Ciascuna funzione viene approssimata, nel punto x che inserisci nella cella B2, con i polinomi di Taylor di grado 1, 2, ..., 20 sviluppati in x_0.

Ciascun foglio è così costruito:

- nella cella B2 si inserisce un valore x;
- nella cella C2 viene calcolato $f(x)$;
- nella colonna D è elencato l'ordine n, da 1 a 20, dei successivi polinomi di Taylor $T_n(x)$;
- nella colonna E vengono calcolati i valori che i successivi polinomi $T_n(x)$ assumono in x;
- nella colonna F vengono calcolati i corrispondenti errori assoluti

  $$|f(x) - T_n(x)|;$$

- nella colonna G vengono calcolati i corrispondenti errori relativi

  $$\left|\frac{T_n(x) - f(x)}{f(x)}\right|.$$

Puoi osservare che:

- per un dato ordine n, se x si avvicina a x_0 l'approssimazione di $T_n(x)$ migliora;
- per un dato x, all'aumentare dell'ordine, l'errore assoluto e l'errore relativo diminuiscono.

OSSERVA

L'uso di polinomi per approssimare funzioni ha molte applicazioni pratiche: per esempio è utilizzato nei meccanismi *a camma* che trasformano, in genere, il moto rotatorio di un componente, detto *movente*, in un moto che segue una legge desiderata di un altro componente detto *cedente*.
Negli autoveicoli i meccanismi a camma giocano un ruolo essenziale.

Una stima dell'errore commesso con il polinomio di Taylor

Approssimando una funzione f con il suo polinomio di Taylor $P_n(x)$ di ordine n in $x = x_0$ si commette un errore che è infinitesimo di ordine maggiore di n (rispetto a $x - x_0$) per x che tende a x_0.
In simboli

$$|f(x) - P_n(x)| = E_n(x, x_0)$$

dove l'errore E, fissata f, dipende da n, x e x_0 ed è infinitesimo di ordine maggiore di n (rispetto a $x - x_0$) per x che tende a x_0.
Tutte le volte che facciamo un'approssimazione dobbiamo dare una stima dell'errore: per farlo, in generale, diamo una maggiorazione dell'errore assoluto che possiamo commettere con questa approssimazione.
Il seguente teorema, che non dimostriamo, indica come ottenere una stima dell'errore assoluto che si commette approssimando una funzione f in un intorno di un suo punto x_0 con il suo polinomio di Taylor di ordine n.

Sia f una funzione definita su un intervallo I e derivabile $n + 1$ volte in I. Sia x_0 un punto interno a I.
Allora, per ogni x appartenente a I, esiste un punto c interno all'intervallo di estremi x e x_0 per il quale risulta:

$$f(x) = f(x_0) + f'(x_0)(x - x_0) + \frac{f''(x_0)}{2!}(x - x_0)^2 + \dots + \frac{f^{(n)}(x_0)}{n!}(x - x_0)^n +$$
$$+ \frac{f^{(n+1)}(c)}{(n+1)!}(x - x_0)^{n+1}.$$

Grazie a questo teorema possiamo dire che, in un intorno di x_0:

$$|f(x) - P_n(x)| = E_n(x, x_0) = \left| \frac{f^{(n+1)}(c)}{(n+1)!}(x - x_0)^{n+1} \right|$$

con c punto opportuno di I.

Quindi, se siamo in grado di dare una maggiorazione della quantità $\left| \frac{f^{(n+1)}(c)}{(n+1)!}(x - x_0)^{n+1} \right|$, siamo anche in grado di dare una maggiorazione dell'errore assoluto commesso su I approssimando f in x con il suo polinomio di Taylor di ordine n.

PER ESEMPIO

Diamo una stima dell'errore assoluto commesso su $I = [-1, 1]$ approssimando la funzione $f(x) = e^x$ in $x = 0$ con il suo polinomio di Taylor di ordine 3.
Per il teorema appena enunciato sappiamo che:

$$\left| e^x - 1 - x - \frac{1}{2}x^2 - \frac{1}{6}x^3 \right| = E_3(x, 0) = \left| \frac{e^c}{4!}x^4 \right|.$$

Sull'intervallo $[-1, 1]$ abbiamo: $\left| \frac{e^c}{4!}x^4 \right| \le \frac{e}{24} < 0.114$.

Quindi, se scegliamo di approssimare e^x in un intorno di $x = 0$ con il suo polinomio di Taylor di ordine 3 otteniamo un errore assoluto che, sull'intervallo $I = [-1, 1]$, non è mai maggiore di 0.114. Se avessimo utilizzato il polinomio di Taylor di ordine 5, avremmo ottenuto come maggiorazione dell'errore sullo stesso intervallo I:

$$E_5(x, 0) = \left| \frac{e^c}{6!}x^6 \right| \le \frac{e}{720} < 0.004.$$

La serie di Taylor

Quello che abbiamo visto finora sull'approssimazione di una funzione con il suo polinomio di Taylor di ordine n porta a pensare che, all'aumentare di n, il polinomio approssimi sempre meglio la funzione f.
Per esempio nel caso della funzione $f(x) = e^x$ possiamo scrivere:

$$e^x = \lim_{n \to +\infty} \sum_{k=0}^{n} \frac{x^k}{k!} = 1 + x + \frac{1}{2}x^2 + \ldots + \frac{1}{k!}x^k + \ldots$$

Possiamo quindi esprimere alcune funzioni per mezzo di *polinomi di infiniti termini*, più correttamente chiamati *serie*.

OSSERVA

L'uguaglianza

$$e^x = \lim_{n \to +\infty} \sum_{k=0}^{n} \frac{x^k}{k!} = 1 + x + \frac{1}{2}x^2 + \ldots + \frac{1}{k!}x^k + \ldots$$

consente di dare una nuova definizione del numero di Eulero e:

$$e = \lim_{n \to +\infty} \sum_{k=0}^{n} \frac{1}{k!} = 1 + 1 + \frac{1}{2} + \ldots + \frac{1}{k!} + \ldots$$

Questa può essere utilizzata per ottenere approssimazioni di e.
Nei moderni strumenti di calcolo vengono utilizzati algoritmi simili a quello che abbiamo visto in dettaglio con il polinomio di Taylor per calcolare mediante operazioni razionali valori approssimati di funzioni non razionali.
Osserva che se si deriva la serie

$$1 + x + \frac{1}{2}x^2 + \frac{1}{6}x^3 + \frac{1}{24}x^4 + \ldots$$

si ottiene di nuovo la stessa serie:

$$0 + 1 + x + \frac{1}{2}x^2 + \frac{1}{6}x^3 + \ldots$$

coerentemente con il fatto che la derivata di e^x è e^x.

ESERCIZI

In ciascuno dei seguenti esercizi sono assegnati una funzione *f* e tre punti x_0, x_1, x_2. Stabilisci se è possibile determinare l'approssimazione lineare *L* di *f* in un intorno dei punti indicati e, se sì, calcola *L*.

1 $f(x) = \sqrt{x+1}$; $x_0 = 2, x_1 = 0, x_2 = -1$.
$\left[L(x) = \sqrt{3} + \frac{\sqrt{3}}{6}(x-2), L(x) = 1 + \frac{1}{2}x, \text{impossibile}\right]$

2 $f(x) = \sin(x)$; $x_0 = 0, x_1 = 1, x_2 = \frac{\pi}{4}$.
$\left[L(x) = x, L(x) = \sin(1) + \cos(1)(x-1), L(x) = \frac{\sqrt{2}}{2} + \frac{\sqrt{2}}{2}\left(x - \frac{\pi}{4}\right)\right]$

3 $f(x) = e^{-x^2}$; $x_0 = 0, x_1 = 1, x_2 = -1$.
$[L(x) = 1, L(x) = e^{-1} - 2e^{-1}(x-1), L(x) = e^{-1} + 2e^{-1}(x+1)]$

4 $f(x) = \ln(1+x^2)$; $x_0 = 0, x_1 = 1, x_2 = -1$.
$[L(x) = 0, L(x) = \ln(2) + (x-1), L(x) = \ln(2) - (x+1)]$

Utilizza l'approssimazione lineare della funzione *f* in un intorno del punto x_0 per calcolare un'approssimazione dei valori indicati.
Nella risposta riportiamo l'approssimazione lineare $L(x)$ di *f* e l'approssimazione del valore calcolata utilizzando *L*. Confronta le approssimazioni trovate con quelle che puoi ottenere con una calcolatrice scientifica.

5 $\sqrt{4.2}$ $f(x) = \sqrt{x+4}$ $x_0 = 0$ $\left[L(x) = 2 + \frac{1}{4}x, 2.05\right]$

6 $\sin(0.3)$ $f(x) = \sin(x)$ $x_0 = 0$ $[L(x) = x, 0.3]$

7 $e^{0.1}$ $f(x) = e^{x-2}$ $x_0 = 2$ $[L(x) = x - 1, 1.1]$

8 $\tan(0.3)$ $f(x) = \tan(x)$ $x_0 = 0$ $[L(x) = x, 0.3]$

9 $\arcsin(0.1)$ $f(x) = \arcsin(x)$ $x_0 = 0$ $[L(x) = x, 0.1]$

Determina il differenziale della funzione *f* relativamente al punto x_0 e all'incremento *h* indicati. (Esercizi da 10 a 14)

10 $f(x) = \sqrt{x-2}$ $x_0 = 3, h = 0.1$. $[0.05]$

11 $f(x) = \sin(3x)$ $x_0 = 0, h = 0.2$. $[0.6]$

12 $f(x) = \ln(3+x)$ $x_0 = 0, h = -0.2$. $\left[-\frac{1}{15}\right]$

13 $f(x) = \tan(2x)$ $x_0 = 0, h = 0.3$. $[0.6]$

14 $f(x) = \sqrt[3]{1+x}$ $x_0 = 0, h = 0.1$. $\left[\frac{1}{30}\right]$

15 Scrivi il polinomio di Taylor di ordine 3 relativo a $x_0 = 0$ della funzione $f(x) = \sin(x)$ e poi calcola i seguenti limiti:

a] $\lim_{x \to 0} \frac{\sin(x) - x}{x^3}$ $\left[-\frac{1}{6}\right]$

b] $\lim_{x \to 0} \frac{\sin(x) - x}{2x^2}$ $[0]$

c] $\lim_{x \to 0^-} \frac{\sin(x) - x}{4x^4}$ $[+\infty]$

d] $\lim_{x \to 0^+} \frac{\sin(x) - x}{4x^4}$ $[-\infty]$

e] $\lim_{x \to 0} \frac{\sin(x) - x}{3x^3}$ $\left[-\frac{1}{18}\right]$

16 Scrivi il polinomio di Taylor di ordine 3 relativo a $x_0 = 0$ della funzione $f(x) = \tan(x)$ e poi calcola i seguenti limiti:

a] $\lim_{x \to 0} \frac{\tan(x) - x}{x^3}$ $\left[\frac{1}{3}\right]$

b] $\lim_{x \to 0} \frac{\tan(x) - x}{2x^2}$ $[0]$

c] $\lim_{x \to 0^-} \frac{\tan(x) - x}{4x^4}$ $[-\infty]$

d] $\lim_{x \to 0^+} \frac{\tan(x) - x}{4x^4}$ $[+\infty]$

e] $\lim_{x \to 0} \frac{\tan(x) - x}{3x^3}$ $\left[\frac{1}{9}\right]$

17 Scrivi il polinomio di Taylor di ordine 3 relativo a $x_0 = 0$ della funzione $f(x) = \arctan(x)$ e poi calcola i seguenti limiti:

a] $\lim_{x \to 0} \frac{\arctan(x) - x}{x^3}$ $\left[-\frac{1}{3}\right]$

b] $\lim_{x \to 0} \frac{\arctan(x) - x}{2x^2}$ $[0]$

c] $\lim_{x \to 0^-} \frac{\arctan(x) - x}{4x^4}$ $[+\infty]$

d] $\lim_{x \to 0^+} \frac{\arctan(x) - x}{4x^4}$ $[-\infty]$

e] $\lim_{x \to 0} \frac{\arctan(x) - x}{3x^3}$ $\left[-\frac{1}{9}\right]$

18 Scrivi il polinomio di Taylor di ordine $2n + 1$ relativo a $x_0 = 0$ della funzione $f(x) = \sin(x)$.

$$\left[x - \frac{x^3}{3!} + \frac{x^5}{5!} - \frac{x^7}{7!} + \ldots + (-1)^n \frac{x^{2n+1}}{(2n+1)!}\right]$$

19 Scrivi il polinomio di Taylor di ordine $2n$ relativo a $x_0 = 0$ della funzione $f(x) = \cos(x)$.

$$\left[1 - \frac{x^2}{2} + \frac{x^4}{4!} - \frac{x^6}{6!} + \ldots + (-1)^n \frac{x^{2n}}{(2n)!}\right]$$

Calcola i seguenti limiti.

20 $\lim_{x \to 0} \frac{e^x - x - 1}{2x^2}$ $\left[\frac{1}{4}\right]$

21 $\lim_{x \to 0} \frac{e^x - x - 1 - \frac{1}{2}x^2}{3x^3}$ $\left[\frac{1}{18}\right]$

22 $\lim_{x \to 0} \frac{e^x - x - 1 - \frac{1}{2}x^2}{2x^4}$ [Non esiste]

23 $\lim_{x \to 0} \frac{e^x - x - 1 - \frac{1}{2}x^2}{5x^2}$ $[0]$

24 $\lim_{x \to 0^-} \frac{\sin(x) + \cos(x) - 1}{2x^2}$ $[-\infty]$

25 $\lim_{x \to 0} \frac{\sqrt{x+1} - 1}{2x}$ $\left[\frac{1}{4}\right]$

Determina una maggiorazione dell'errore commesso approssimando *f* con il polinomio di Taylor del secondo ordine relativo a $x_0 = 0$ sull'intervallo *I*. Esprimi la maggiorazione dell'errore con un numero decimale usando due cifre significative. (Esercizi da 26 a 28)

26 $f(x) = \ln(1 + x)$ $I = [-0.2, 0.2]$ $[0.0052]$

27 $f(x) = e^x$ $I = [-0.5, 0.5]$ $[0.042]$

► **SUGGERIMENTO** Osserva che $e < 4$, quindi $e^{0.5} < 2$.

28 $f(x) = \cos(x)$ $I = [-0.4, 0.4]$ $[0.011]$

29 Approssima $f(x) = \arctan(x)$ con il polinomio di Taylor del primo ordine in un intorno di $x_0 = 0$. Stima l'errore assoluto che commetti sull'intervallo $[-0.1, 0.1]$. Approssima il risultato con un numero decimale che abbia due cifre significative. [Circa 0.00098]

30 Quale deve essere l'ordine del polinomio di Taylor relativo a $x_0 = 0$ che approssima $f(x) = e^x$ nell'intervallo $[-1, 1]$, affinché l'errore assoluto commesso sia minore di 10^{-8}? $[11]$

31 Quale deve essere l'ordine del polinomio di Taylor relativo a $x_0 = 0$ che approssima $f(x) = \sin(x)$ nell'intervallo $[-1, 1]$, affinché l'errore assoluto commesso sia minore di 10^{-6}? $[9]$

MATEMATICA & **MATEMATICA**

Le funzioni spline

Immaginiamo di conoscere n punti di una funzione grazie a osservazioni sperimentali. Vogliamo determinare una funzione il cui grafico passa per tutti i punti dati.
Una prima ipotesi è quella di scegliere la poligonale che congiunge questi n punti. Possiamo costruirla anche quando il numero n di punti è molto grande, mediante un foglio elettronico.
Tuttavia è difficile immaginare che fenomeni reali presentino variazioni di pendenza istantanee nel passaggio da un valore sperimentale al successivo. Più precisamente, è poco ragionevole pensare che una funzione il cui grafico passa per gli n punti sia continua ma non derivabile nei punti di raccordo.
Consideriamo allora un'altra funzione, nella quale sostituiamo i segmenti con archi di curva, prestando attenzione a mantenere, nei punti di raccordo, non solo la continuità, ma anche la derivabilità della funzione.

	A	B	C	D	E	F	G	H	I	J	K
1	0	0									
2	1	0.52									
3	2	0.66									
4	3	0.75									
5	4	0.81									
6	5	0.85									
7	6	0.89									
8	7	0.93									
9	8	0.95									
10	9	0.98									
11	10	1.00									
12	11	1.02									
13	12	1.04									
14	13	1.06									
15											
16											

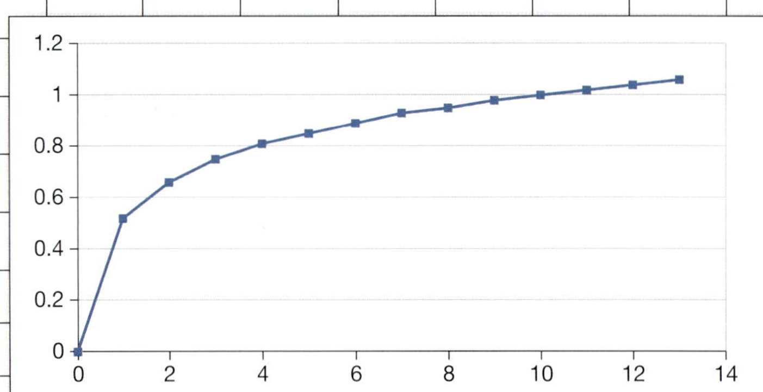

► Grafico costruito con un foglio elettronico usando il modulo *Diagramma XY a dispersione* e il sottomodulo *Dispersione con linee dritte*. In questo modo otteniamo una poligonale che congiunge ogni dato disponibile con il successivo mediante un segmento.

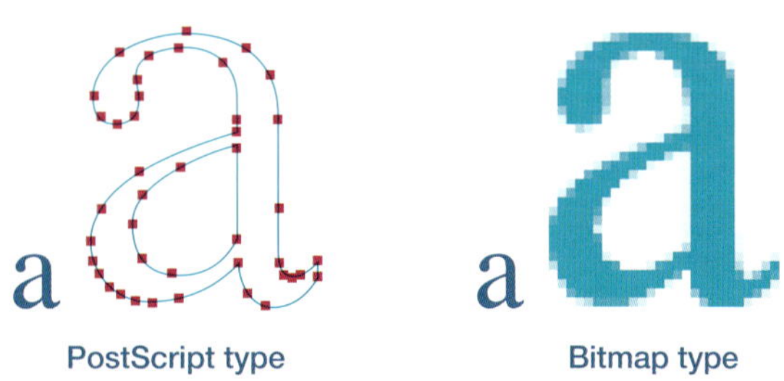

► L'immagine mostra la differenza tra la resa di un carattere *PostScript* e quella di un carattere *bitmap*. *PostScript* è un linguaggio che migliora nettamente l'immagine a stampa dei font utilizzati, in particolare quando si effettuano ingrandimenti. Anche in questo caso l'idea è quella di addolcire gli spigoli del font sostituendo segmenti con archi di curva.

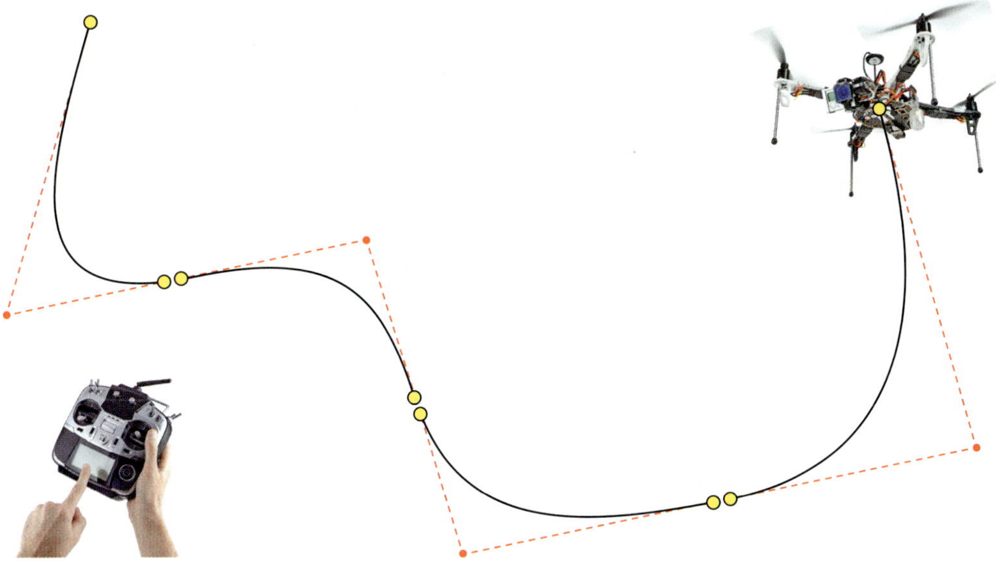

► Esistono diversi software destinati al controllo automatico del volo, per esempio di velivoli da modellismo ma non solo. Molti di questi utilizzano funzioni **spline**, ideate per addolcire, cioè per rendere più regolari, i movimenti dei velivoli quando avvengono cambiamenti di direzione. Nell'immagine compare in nero la traccia del movimento di un velivolo addolcita dalle spline.

Le curve che si ottengono mediante questa tecnica si dicono **spline**, nome che deriva da regoli curvilinei costituiti da materiale inestensibile, ma flessibile, per adattarsi bene ai cambi di curvatura. Questi regoli erano utilizzati in meccanica per tracciare profili di superfici metalliche. Oggi la tecnica delle spline viene utilizzata anche per la creazione di immagini animate nella cinematografia.

Diamo un'idea delle tecniche matematiche che consentono di utilizzare spline cubiche per approssimare funzioni. L'uso di spline cubiche permette di tenere conto sia della crescenza e della concavità di una funzione (caratteristiche catturate anche da una funzione quadratica), sia dei cambi di concavità.

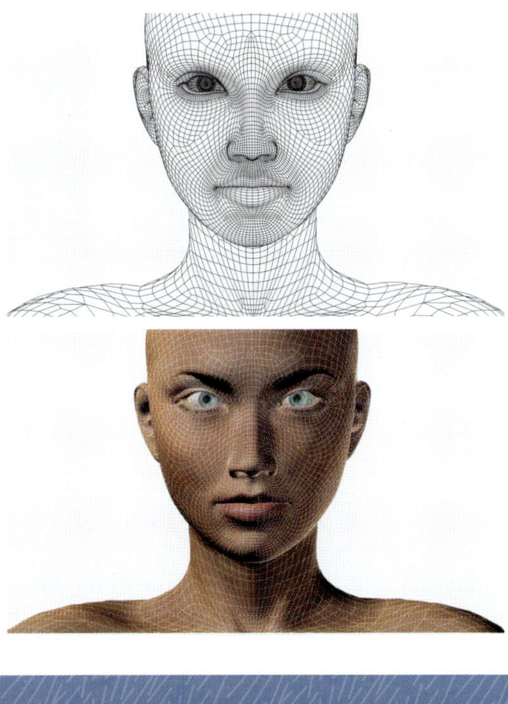

► Per modellare superfici curve in modo arbitrario si possono usare le patch, ovvero l'estensione delle spline, che approssimano curve continue, alle tre dimensioni.

Indichiamo con $S(x)$ una funzione cubica del tipo:

$$S(x) = a_0 + a_1 x + a_2 x^2 + a_3 x^3.$$

Dati $n + 1$ punti di coordinate (x_0, y_0), (x_1, y_1), …, (x_n, y_n), con $x_0 < x_1 < \ldots < x_n$ determiniamo n **cubiche**, cioè n funzioni polinomiali di terzo grado $S_1(x)$, $S_2(x)$, …, $S_n(x)$, ciascuna definita nell'intervallo $[x_{k-1}, x_k]$,tali che:

1. $S_k(x)$ passa per (x_{k-1}, y_{k-1}) e per (x_k, y_k) per $k = 1, 2, \ldots, n$;
2. $S_k(x)$ e $S_{k+1}(x)$ hanno la stessa derivata prima in x_k per $k = 1, 2, \ldots, n - 1$;
3. $S_k(x)$ e $S_{k+1}(x)$ hanno la stessa derivata seconda in x_k per $k = 1, 2, \ldots, n - 1$.

Osserva che il numero di incognite per ciascuno dei polinomi di terzo grado S_k è quattro, perché un polinomio di terzo grado è individuato da quattro coefficienti.
Poiché i polinomi sono n, abbiamo in tutto $4n$ incognite, mentre le condizioni **1**, **2**, **3** forniscono $4n - 2$ equazioni. In genere si aggiungono altre due condizioni, per esempio relative al valore delle derivate prime o seconde nei due estremi x_0 e x_n a seconda della particolare spline che si vuole considerare. In questo modo si ottengono sistemi di $4n$ equazioni in $4n$ incognite la cui risoluzione è solitamente affidata a un software.

CAPITOLO 11 Complementi di analisi matematica

PROBLEMA

Modelli di crescita di una popolazione

Vogliamo individuare una legge che rappresenti il numero x degli individui di una popolazione in funzione del tempo t.

Risoluzione

Il testo del problema è molto generico: per esempio non si precisa se si tratta di una popolazione di batteri, di animali, di oggetti,...
Ciò suggerisce di cercare *leggi generali* che, in prima approssimazione e per limitati intervalli di tempo, possono descrivere l'evoluzione di una qualunque popolazione sotto certe condizioni che andranno precisate. Quando si costruiscono modelli per descrivere o prevedere fenomeni è importante iniziare con quelli più semplici e poi, via via, aumentare la complessità del modello per poter effettuare previsioni sempre più affidabili.

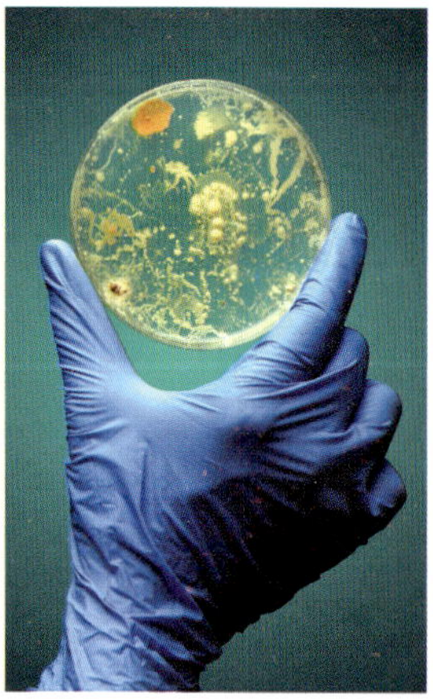

Osserviamo che la funzione $x = x(t)$ che cerchiamo può assumere solo valori interi e positivi: non ha infatti senso dire che il numero di individui a certo istante è, per esempio, 3456.67. Quindi $x = x(t)$ è una funzione costante oppure una funzione a scalini, pertanto discontinua. Nonostante ciò, se il numero di individui della popolazione è sufficientemente grande, si può approssimare la funzione discontinua $x = x(t)$ con una funzione $y = y(t)$ continua e derivabile. In questo modo la funzione $y'(t)$, derivata prima della funzione y, rappresenta in ogni istante t il *tasso di crescita* della popolazione.

L'ipotesi più semplice che possiamo fare è che il tasso di crescita della popolazione sia direttamente proporzionale al numero di individui presenti all'istante t. Si tratta di un'ipotesi ragionevole e verificata sperimentalmente nel caso ideale di una popolazione isolata, con risorse illimitate e la cui crescita non è influenzata da fattori esterni.

Sotto questa ipotesi, la legge di crescita è espressa da

$$\begin{cases} y'(t) = ky(t) \\ y(t_0) = y_0 \end{cases}$$

dove y_0 è il numero di individui presenti all'istante t_0 e k è un numero reale positivo detto *fattore di crescita*.
Abbiamo già preso in considerazione questo tipo di crescita, detta *malthusiana*, quando abbiamo trattato nel volume B i modelli esponenziali.

Infatti se vale

$$y'(t) = ky(t), \text{ con } y \neq 0 \text{ e con } k \text{ costante non nulla,}$$

allora la funzione $y = y(t)$ è una funzione esponenziale.
Determiniamo infatti questa funzione:

$$y'(t) = ky(t) \text{ equivale a } \frac{\mathrm{d}y}{\mathrm{d}t} = ky,$$

inoltre, poiché il numero y di individui è diverso da 0 in ogni istante abbiamo

$$\frac{\mathrm{d}y}{y} = k\mathrm{d}t \Rightarrow \int \frac{\mathrm{d}y}{y} = \int k\mathrm{d}t \Rightarrow \ln(y) = kt + c \Rightarrow y = e^{kt+c} \Rightarrow y = ae^{kt}$$

con a costante da determinare.
La condizione $y(0) = y_0$, dove abbiamo indicato con 0 l'istante iniziale t_0 dell'osservazione, consente di determinare a:

$$y_0 = ae^{k \cdot 0} \Rightarrow a = y_0.$$

Abbiamo quindi dimostrato, con tecniche di integrazione, che la funzione y che soddisfa il sistema:

$$\begin{cases} y'(t) = ky(t) \\ y(t_0) = y_0 \end{cases}$$

con k costante è del tipo $y(t) = y_0 e^{kt}$.
Per tempi relativamente brevi è ragionevole ipotizzare che k sia costante, se le risorse sono illimitate e la popolazione è isolata: sono le condizioni sotto le quali si può parlare di crescita malthusiana.

È ragionevole supporre che al trascorrere del tempo, con l'aumentare della popolazione, la condizione di risorse illimitate debba essere abbandonata e si debba introdurre una correzione nel modello che tenga conto dell'affollamento e quindi della diminuzione del tasso di crescita della popolazione.
Allora possiamo supporre che il fattore di crescita k non sia costante, ma decresca linearmente in funzione del numero di individui $y(t)$. In simboli, $k = q - py$, con q e p costanti positive.
Il modello può allora essere descritto dal sistema di equazioni:

$$\begin{cases} y'(t) = (q - py(t))y(t) \\ y(t_0) = y_0 \end{cases} \quad \text{equivalente a} \quad \begin{cases} y' = qy - py^2 \\ y(0) = y_0 \end{cases}$$

dove abbiamo omesso di indicare esplicitamente la dipendenza di y dal tempo e abbiamo indicato con 0 l'istante t_0.
Questo modello prende il nome di **modello di crescita logistica** o **modello di Verhulst**, dal nome del matematico belga Pierre François Verhulst che lo studiò.

Possiamo fare alcune considerazioni qualitative sulla funzione $y = y(t)$ che descrive l'aumento della popolazione nel modello di Verhulst.
Innanzitutto osserviamo che, in genere, il coefficiente p è molto piccolo rispetto a q, tanto da rendere trascurabile il termine $-py^2$ quando il numero y di individui della popolazione è piccolo.
Ci attendiamo quindi, se la popolazione iniziale y_0 è bassa, una crescita iniziale simile a quella malthusiana. Man mano che la popolazione cresce, il termine $-py^2$ acquista sempre più peso e la crescita rallenta.

Il grafico della funzione ha quindi un punto di flesso, oltre il quale la funzione da convessa diventa concava e la sua derivata tende a 0 per $t \to +\infty$: la popolazione tende a un limite per il quale risulta

$$qy = py^2, \text{ cioè } y = \frac{q}{p}.$$

Se la popolazione iniziale y_0 è uguale a $\frac{q}{p}$, allora $y' = 0$ e la popolazione rimane costante. Se invece la popolazione iniziale y_0 è maggiore di $\frac{q}{p}$ allora y' risulta negativo: la popolazione decresce tendendo sempre al valore $\frac{q}{p}$ per $t \to +\infty$. Il grafico della funzione $y = y(t)$ ha quindi un asintoto orizzontale di equazione $y = \frac{q}{p}$.

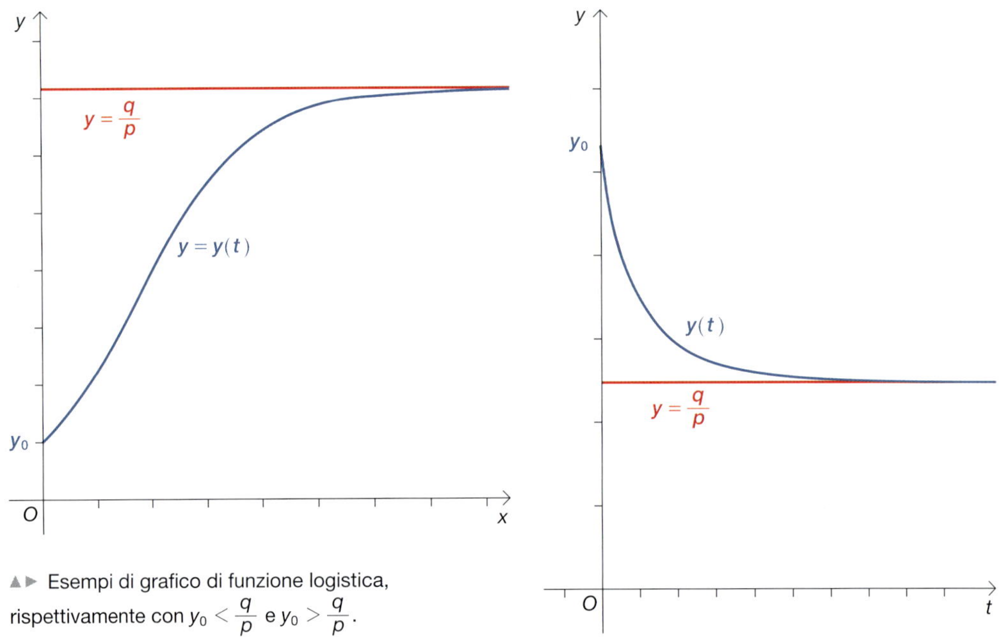

▲► Esempi di grafico di funzione logistica, rispettivamente con $y_0 < \frac{q}{p}$ e $y_0 > \frac{q}{p}$.

Mediante il calcolo integrale possiamo verificare la correttezza delle considerazioni qualitative che abbiamo fatto. Consideriamo infatti il sistema:

$$\begin{cases} y' = qy - py^2 \\ y(0) = y_0 \end{cases}$$

L'equazione $y' = qy - py^2$ può essere riscritta nella forma seguente:

$$\frac{dy}{dt} = qy - py^2.$$

Se $y \neq \frac{q}{p}$ quest'ultima equazione è equivalente a:

$$\frac{dy}{qy - py^2} = dt.$$

Integrando entrambi i membri abbiamo:

$$\int \frac{dy}{qy - py^2} = \int dt.$$

Osserviamo che:

$$\frac{1}{qy - py^2} = \frac{1}{q}\left(\frac{1}{y} + \frac{p}{q - py}\right).$$

Quindi:

$$\int \frac{dy}{qy - py^2} = \frac{1}{q}\int\left(\frac{1}{y} + \frac{p}{q - py}\right)dy.$$

Abbiamo allora:

$$\frac{1}{q}\int\left(\frac{1}{y} + \frac{p}{q - py}\right)dy = \int dt \Leftrightarrow \frac{1}{q}\int\frac{1}{y}\,dy + \frac{1}{q}\int\frac{p}{q - py}\,dy = \int dt.$$

Calcoliamo gli integrali. Se $0 < y < \frac{q}{p}$ allora abbiamo:

$$\frac{1}{q}\ln(y) - \frac{1}{q}\ln(q - py) = t + c \Rightarrow \ln\left(\frac{y}{q - py}\right) = qt + qc \Rightarrow \frac{y}{q - py} = e^{qt + qc} \Rightarrow$$

$$\Rightarrow \frac{y}{q - py} = ke^{qt}$$

dove k è una costante che calcoliamo sapendo che per $t = 0$ si ha $y = y_0$.
Esplicitiamo la variabile y in funzione del tempo:

$$\frac{y}{q - py} = ke^{qt} \Rightarrow y = ke^{qt}(q - py) \Rightarrow y(1 + pke^{qt}) = ke^{qt}q \Rightarrow y(t) = \frac{ke^{qt}q}{1 + pke^{qt}}.$$

Dividiamo numeratore e denominatore per ke^{qt}:

$$y(t) = \frac{q}{\frac{1}{ke^{qt}} + p} = \frac{qk}{e^{-qt} + kp}.$$

Determiniamo ora k in modo tale che $y(0) = y_0$:

$$y_0 = \frac{qk}{1 + kp} \Rightarrow y_0 + kpy_0 = qk \Rightarrow k = \frac{y_0}{q - py_0}.$$

Concludiamo che:

$$y(t) = \frac{q\frac{y_0}{q - py_0}}{e^{-qt} + \frac{y_0}{q - py_0}p} \Rightarrow y(t) = \frac{qy_0}{(q - py_0)e^{-qt} + py_0}.$$

Si può dimostrare che si ottiene la stessa conclusione anche nel caso in cui $y > \frac{q}{p}$.

ESPLORA CON UN'ANIMAZIONE DI GEOMETRIA DINAMICA

Curva logistica

Nell'animazione che trovi sull'eBook e sul sito del libro puoi osservare come cambia una curva logistica al variare dei suoi parametri p, q e y_0 sull'intervallo $[0, 200]$: è sufficiente modificare il valore dei cursori e osservare come si modificano, di conseguenza, il grafico della funzione e del suo asintoto.

Alcune domande che aprono nuove prospettive

Nel problema di apertura abbiamo risolto un'equazione che aveva come incognita una funzione. Ci sono tecniche che consentono di risolvere in generale questo problema? Quale ruolo possono giocare equazioni di questo tipo nella costruzione di modelli matematici?

Le equazioni differenziali e i modelli matematici

Che cos'è un'equazione differenziale?

Molti problemi delle scienze fisiche, chimiche, dell'ingegneria, ma anche delle scienze economiche e sociali possono essere formulati in termini matematici. Per risolverli cerchiamo una funzione f che soddisfa un'equazione in cui possono comparire la funzione f stessa e alcune sue derivate.

Trovi un esempio nel problema di apertura: infatti la risoluzione è stata formulata in prima approssimazione mediante l'equazione $y' = ky$ e in seguito mediante l'equazione $y' = qy - py^2$. Entrambe le equazioni mettono in relazione la funzione $y = y(t)$ con la sua derivata prima.

Queste equazioni si chiamano **equazioni differenziali**.

Un esempio di equazione differenziale è la *seconda legge della dinamica*.

PER ESEMPIO

Se la forza di gravità che agisce su un corpo è costante, come nel caso della caduta libera di un corpo da un'altezza h non elevata, possiamo descrivere il moto mediante l'equazione differenziale:

$$y''(t) = -g,$$

dove $g \approx 9.8\ \text{m/s}^2$ è l'accelerazione di gravità e $y''(t)$ è la derivata seconda della posizione y in funzione del tempo t.

Per risolvere l'equazione differenziale integriamo due volte rispetto al tempo:

$$y''(t) = -g \Rightarrow y'(t) = -gt + c \Rightarrow y(t) = -\frac{1}{2}gt^2 + ct + k.$$

La costante c può essere determinata conoscendo il valore della velocità iniziale del corpo. Poiché si tratta di moto in caduta libera il valore della velocità all'istante $t = 0$ è uguale a 0. Deve quindi essere $c = 0$.

Possiamo determinare il valore della costante k conoscendo la posizione del corpo all'istante $t = 0$; ciò vuol dire aver fissato un particolare sistema di riferimento.

Se per esempio $y(0) = h$ otteniamo $k = h$ e la legge del moto è

$$y(t) = h - \frac{1}{2}gt^2,$$

come dovresti ricordare dallo studio della dinamica.

Riassumendo possiamo affermare che la funzione

$$y(t) = h - \frac{1}{2}gt^2$$

è la soluzione del problema

$$\begin{cases} y''(t) = -g \\ y'(0) = 0 \\ y(0) = h \end{cases}$$

dove sono date l'equazione differenziale $y''(t) = -g$ e le condizioni iniziali sulla velocità e sulla posizione.

Se scegliamo di modellizzare un fenomeno con un'equazione differenziale, dobbiamo imporre che la funzione che cerchiamo sia continua e derivabile tante volte quanto è il massimo ordine delle derivate che compaiono nell'equazione.

Nell'equazione differenziale del problema di apertura compariva solo la derivata prima della funzione y, quindi abbiamo dovuto implicitamente imporre l'esistenza di y'. Nell'esempio

sul secondo principio della dinamica dobbiamo imporre che esista anche la derivata seconda della funzione incognita.
Nella costruzione di un modello matematico è spesso possibile approssimare grandezze discrete (come il numero di individui di una popolazione in funzione del tempo) con grandezze continue: in questo modo possiamo usare i potenti strumenti messi a disposizione dall'analisi per descrivere il fenomeno e fare previsioni.

▶ Si dice **ordine di un'equazione differenziale** l'ordine massimo delle derivate della funzione incognita coinvolte nell'equazione.

PER ESEMPIO Le equazioni differenziali $y''(t) = g$ e $2y''(x) - 3y'(x) + 4y(x) = x - 3$ sono del secondo ordine.
L'equazione differenziale $y'(t) = qy(t) - py^2(t)$ è del primo ordine.

Risolvere un'equazione differenziale significa determinare tutte le funzioni y che, se sostituite nell'equazione, la rendono soddisfatta per ogni x appartenente al dominio della funzione y.

Equazioni differenziali lineari del primo ordine a coefficienti costanti

▶ Un'equazione differenziale si dice **lineare** se la funzione incognita e le sue derivate compaiono nell'equazione linearmente.

PER ESEMPIO

- $y'(x) = ky(x)$ e $y'''(x) - 3y''(x) + 2x^2y(x) = 5\sin(x^2)$ sono equazioni differenziali lineari, perché sia la funzione incognita $y = y(x)$ sia le sue derivate compaiono linearmente.
- L'equazione $y'(t) = qy(t) - py^2(t)$ non è lineare, perché la funzione incognita $y = y(x)$ compare con esponente 2.

▶ Un'equazione differenziale lineare si dice **del primo ordine a coefficienti costanti** se può essere espressa nella forma

$$y'(x) + ay(x) = b$$

dove a e b sono due numeri reali qualunque.

PER ESEMPIO

- $y' = 3$ oppure $y' - 4y = 5$ sono equazioni differenziali lineari del primo ordine a coefficienti costanti.
- L'equazione differenziale $y' + 2xy = 3x$ è lineare del primo ordine, ma a coefficienti non costanti.
- L'equazione differenziale lineare $y''(t) = -g$ è a coefficienti costanti, ma non è del primo ordine.

Vediamo una possibile procedura risolutiva per un'equazione differenziale del tipo:

$$y'(x) + ay(x) = 0$$

con $a \neq 0$.

Osserviamo innanzitutto che la funzione costante di valore zero, $y(x)=0$, è una soluzione dell'equazione differenziale. Se $y(x)\neq 0$ allora da $y'(x)+ay(x)=0$ ricaviamo:

$$\frac{y'(x)}{y(x)}=-a.$$

Calcoliamo l'integrale indefinito di entrambi i membri:

$$\int\frac{y'(x)}{y(x)}\mathrm{d}x=\int -a\mathrm{d}x$$

1 **Se $y(x)>0$**:

$$\ln\big(y(x)\big)=-ax+c \Rightarrow y(x)=e^{-ax+c}.$$

Ponendo $e^c=k$ otteniamo:

$$y(x)=ke^{-ax}$$

con $k>0$.

2 **Se $y(x)<0$** arriviamo alla stessa funzione, con $k<0$.

3 **Se $y(x)=0$** questa soluzione costante può essere vista come un caso particolare di $y(x)=ke^{-ax}$ con $k=0$.

Come sappiamo dal **corollario 3** del teorema del valor medio, non ci sono altre soluzioni. $y(x)=ke^{-ax}$ rappresenta, al variare di k nei numeri reali, infinite funzioni.

► L'insieme delle infinite funzioni che sono soluzioni di un'equazione differenziale viene chiamato **integrale generale** dell'equazione.

PER ESEMPIO

Risolviamo la seguente equazione differenziale lineare del primo ordine a coefficienti costanti:

$$y'-2y=0.$$

L'integrale generale è $y(x)=ke^{2x}$.
Possiamo determinare il valore di k se conosciamo una condizione iniziale, cioè una coppia ordinata (x_0, y_0) tale che risulti $y(x_0)=y_0$.
Per esempio, se sappiamo che il grafico della funzione $y(x)=ke^{2x}$ passa per il punto di coordinate $(1, 5)$, allora abbiamo:

$$5=ke^2, \qquad \text{cioè} \qquad k=5e^{-2}.$$

In questo caso la funzione $y(x)=5e^{2(x-1)}$ è l'unica soluzione dell'equazione data.

Vediamo ora come risolvere un'equazione del tipo

$$y'(x)+ay(x)=b$$

dove b è un qualunque numero reale.
Moltiplichiamo entrambi i membri dell'equazione per e^{ax} e otteniamo:

$$e^{ax}y'+ae^{ax}y=e^{ax}b.$$

Osserviamo inoltre che $e^{ax}y'+ae^{ax}y$ è la derivata di $e^{ax}y(x)$ rispetto alla variabile x, come puoi verificare applicando la regola di derivazione di un prodotto.
Possiamo quindi scrivere $\left(e^{ax}y(x)\right)'=e^{ax}b$; integrando entrambi i membri otteniamo:

$$e^{ax}y(x)=\int be^{ax}\mathrm{d}x$$

$$e^{ax}y(x)=b\cdot\frac{e^{ax}}{a}+c$$

$$y(x)=\frac{b}{a}+ce^{-ax}.$$

PER ESEMPIO Risolviamo l'equazione differenziale lineare del primo ordine a coefficienti costanti:

$$y' + 3y = 6.$$

In questo caso $b = 6$ e $a = 3$.
L'integrale generale dell'equazione è $y(x) = 2 + ce^{-3x}$.
Possiamo determinare il valore di c se conosciamo un punto del grafico della funzione $y(x)$.
Per esempio, se sappiamo che il grafico della funzione $y(x) = 2 + ce^{-3x}$ passa per il punto di coordinate $(0, 3)$, allora abbiamo:

$$3 = 2 + c \qquad \text{cioè} \qquad c = 1.$$

In questo caso la funzione $y(x) = 2 + e^{-3x}$ è l'unica soluzione dell'equazione data.

Equazioni differenziali a variabili separabili

Consideriamo una tipologia di equazioni differenziali che si possono risolvere mediante tecniche di integrazione diretta. Si chiamano **equazioni differenziali a variabili separabili** e sono del tipo:

$$y'(x) = f(y) \cdot g(x).$$

Osserviamo che il primo membro è la derivata prima della funzione incognita e il secondo membro è il prodotto di due fattori, uno dipendente dalla variabile y e l'altro dalla variabile x.
L'uso della notazione $\frac{\mathrm{d}y}{\mathrm{d}x}$ per indicare la derivata $y'(x)$ consente di scrivere equazioni di questo tipo nella forma equivalente:

$$\frac{\mathrm{d}y}{\mathrm{d}x} = f(y) \cdot g(x).$$

L'equazione $\frac{\mathrm{d}y}{\mathrm{d}x} = f(y) \cdot g(x)$ può essere trasformata, mediante separazione delle variabili, nell'uguaglianza di due integrali. In ogni intervallo I in cui $f(y)$ non si annulla abbiamo:

$$\frac{\mathrm{d}y}{\mathrm{d}x} = f(y) \cdot g(x) \Leftrightarrow \frac{\mathrm{d}y}{f(y)} = g(x)\mathrm{d}x \Leftrightarrow \int \frac{\mathrm{d}y}{f(y)} = \int g(x)\mathrm{d}x.$$

Se le funzioni $\frac{1}{f(y)}$ e $g(x)$ ammettono primitiva su un opportuno intervallo, possiamo determinare l'integrale generale dell'equazione $\frac{\mathrm{d}y}{\mathrm{d}x} = f(y) \cdot g(x)$ con il calcolo integrale.

PER ESEMPIO Consideriamo l'equazione differenziale seguente e cerchiamo le sue soluzioni:

$$y'(x) = xy^2.$$

Osserviamo che la funzione costante $y(x) = 0$ è una soluzione dell'equazione.
Cerchiamo soluzioni diverse da quella nulla e che non si annullano su un intervallo I su cui sono derivabili. Osserviamo che $g(x) = x$ è una funzione continua sull'insieme dei numeri reali. Possiamo quindi applicare il metodo di separazione delle variabili:

$$\frac{\mathrm{d}y}{y^2} = x\mathrm{d}x \Rightarrow \int \frac{\mathrm{d}y}{y^2} = \int x\mathrm{d}x \Rightarrow -\frac{1}{y} = \frac{x^2}{2} + c \Rightarrow y = -\frac{2}{x^2 + 2c}.$$

Infatti per ogni $x \in I$ abbiamo $y'(x) = \frac{4x}{(x^2 + 2c)^2} = x\left(-\frac{2}{x^2 + 2c}\right)^2 = xy^2$.

Altri due esempi di equazioni differenziali risolte con il metodo di separazione delle variabili sono quelle del problema di apertura.

OSSERVA

- Il problema

$$\begin{cases} y'(x) = xy^2 \\ y(0) = 1 \end{cases}$$

ha come unica soluzione la funzione

$$y = -\frac{2}{x^2 - 2}$$

che si ottiene imponendo la condizione $y(0) = 1$ all'equazione $y = -\frac{2}{x^2 + 2c}$.

- Il problema $\begin{cases} y'(x) = xy^2 \\ y(0) = 0 \end{cases}$ ha come unica soluzione la funzione costante $y(x) = 0$.

Un metodo per approssimare la soluzione di un'equazione differenziale

Le equazioni differenziali sono state studiate fin dalla nascita del calcolo differenziale. Già nel Settecento, ai tempi di Eulero, erano note tecniche risolutive per molte classi di equazioni differenziali che formalizzavano alcuni problemi della fisica newtoniana.
Il problema principale consisteva nel fatto che la possibilità di determinare esplicitamente una soluzione di un'equazione differenziale, esprimendola mediante funzioni elementari, era limitata a pochi casi. Per esempio l'equazione differenziale del primo ordine $y' = \frac{\sin(x)}{x}$ non ammette soluzioni che si possano scrivere mediante funzioni elementari.
I matematici iniziarono così a ricercare metodi risolutivi approssimati, seguendo un percorso analogo a quello che aveva caratterizzato la risoluzione delle equazioni ordinarie.
Qui ci limitiamo ad accennare al **metodo di Eulero** proposto dal grande matematico svizzero nel 1768 nel suo lavoro *Institutionum Calculi Integralis* per la risoluzione di un'equazione differenziale del primo ordine nella sua forma canonica più generale.
Consideriamo il problema

$$\begin{cases} \frac{dy}{dx} = f(x, y) \\ y(x_0) = y_0 \end{cases}$$

dove f è una funzione continua e la funzione incognita y è derivabile in un intorno I di x_0.
Cerchiamo un'approssimazione della funzione y in un intorno di x_0.
Incrementiamo x_0 di $h > 0$. Poiché y è derivabile in un intorno I di x_0, allora è anche continua su I. Ciò garantisce che se h è sufficientemente piccolo, allora $y(x_0 + h)$ sarà vicino a $y(x_0) = y_0$. Quindi la funzione f, che è la derivata della funzione y, può essere approssimata in un opportuno intorno del punto (x_0, y_0) con la funzione costante $f(x, y) = f(x_0, y_0)$.
Quanto più h è piccolo, tanto più la scrittura $\frac{dy}{dx} = f(x_0, y_0)$ rappresenta bene l'equazione differenziale di partenza $\frac{dy}{dx} = f(x, y)$.
L'integrazione di $\frac{dy}{dx} = f(x_0, y_0)$ è immediata, perché si tratta di determinare una funzione la cui derivata è costante, cioè una funzione lineare che, tenuto conto della condizione iniziale $y(x_0) = y_0$, è del tipo:

$$y(x) = y_0 + f(x_0, y_0)(x - x_0).$$

Se ricordiamo che $x = x_0 + h$, abbiamo che $y = y_0 + hf(x_0, y_0)$.

In altri termini abbiamo approssimato la funzione $y = y(x)$, in un intorno destro di x_0, con una funzione lineare che ha pendenza uguale a quella della retta tangente al grafico di $y = y(x)$ nel punto (x_0, y_0) e che passa per il punto (x_0, y_0).
Possiamo ora procedere ripetendo lo stesso procedimento a partire dal nuovo punto ottenuto, cioè il punto (x_1, y_1), dove $x_1 = x_0 + h$ e $y_1 = y_0 + hf(x_0, y_0)$.

Incrementiamo x_1 di h e risolviamo l'equazione differenziale $\frac{dy}{dx} = f(x_1, y_1)$ ottenendo la soluzione

$$y = y_1 + hf(x_1, y_1)$$

che approssima $y = y(x)$ in un intorno destro di x_1.
Possiamo descrivere in generale il metodo iterativo di Eulero con le seguenti istruzioni.

1. Partiamo da $k = 0$, con $x_k = x_0$ e $y_k = y_0$.
2. Poniamo $x_{k+1} = x_k + h$.
3. Calcoliamo $y_{k+1} = y_k + h \cdot f(x_k, y_k)$.
4. Incrementiamo di 1 il valore di k.
5. Ripetiamo i passi 2, 3 e 4 fino a raggiungere il valore di x desiderato.

Nella figura seguente sono riportati:

- in blu il grafico della soluzione del problema $\begin{cases} y' = -2y \\ y(0) = 1 \end{cases}$
- in rosso il grafico della sua approssimazione con il metodo di Eulero sull'intervallo $[0, 1]$ scegliendo come passo $h = 0.1$.

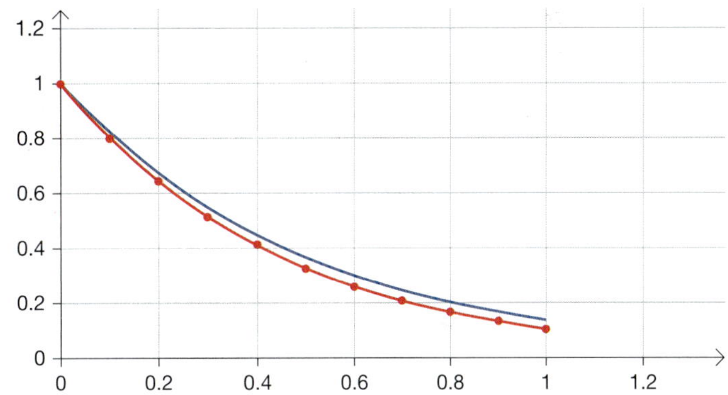

OSSERVA

Come suggerisce il grafico precedente, il metodo di Eulero consente di farsi un'idea di alcune caratteristiche della soluzione dell'equazione differenziale. D'altra parte a ogni passo si commette un errore che si ripercuote sui passi successivi e via via si accumula. In generale, quindi, quello di Eulero è un metodo che può dare informazioni solo in un intorno relativamente piccolo di x_0.
Due sono le cause principali dell'errore.

- La prima è che a ogni passo approssimiamo la soluzione y con un segmento che è tangente al grafico di y nel punto iniziale dell'intervallo e non teniamo conto delle variazioni, anche notevoli, che la funzione y può avere nell'intervallo di approssimazione.
- La seconda causa è che a ogni passo approssimiamo f con una funzione costante a tratti e quanto più f si discosta da questo comportamento, tanto più gli errori diventano non trascurabili.

Il metodo di Eulero è particolarmente adatto a essere realizzato da un computer, perché teoricamente funziona tanto meglio quanto più il passo h è piccolo e quindi tanto più numerose sono le iterazioni. D'altra parte gli errori dovuti alle approssimazioni nell'esecuzione dei calcoli si accumulano sempre più al crescere del numero di iterazioni. Non è quindi possibile considerare h troppo piccolo: per ogni problema esiste un valore minimo di h al di sotto del quale gli errori dovuti al numero eccessivo di iterazioni renderebbero il metodo di Eulero inefficace.

ESPLORA CON UN FOGLIO ELETTRONICO

Il metodo di Eulero per approssimare la soluzione di un'equazione differenziale del primo ordine

Puoi esplorare l'efficacia del metodo di Eulero con il foglio elettronico che trovi sull'e-Book e sul sito del libro. Usa il file per determinare una soluzione approssimata del problema $\begin{cases} y' = ky \\ y(x_0) = y_0 \end{cases}$ al variare dei parametri k, x_0, y_0 che abbiamo riportato, rispettivamente, nelle celle **A2**, **B2** e **C2**. Nella cella **D2** abbiamo inserito l'estremo destro dell'intervallo $[x_0, b]$ su cui applichiamo, nei punti elencati nella colonna **E**, l'algoritmo di Eulero. Nella cella **I2** calcoliamo l'incremento $h = \frac{b - x_0}{20}$. Modificando i valori contenuti nelle celle evidenziate **A2:D2** puoi osservare come cambiano la soluzione dell'equazione (cioè $y = y_0 e^{k(x - x_0)}$ i cui valori compaiono nella colonna **G**) e la sua approssimazione con il metodo di Eulero (i cui valori compaiono nella colonna **F**).
Nel foglio elettronico vengono anche disegnati, al variare dei parametri, il grafico della soluzione $y = y(x)$ dell'equazione differenziale (in blu) e la sua approssimazione con il metodo di Eulero (in rosso).

PER ESEMPIO

Verifichiamo che una classe di funzioni è soluzione di un'equazione differenziale.

1 Verifichiamo che tutte le funzioni del tipo

$$y(x) = (c_1 + c_2 x)e^{-x} + \frac{3}{4}e^x,$$

al variare di c_1 e c_2 nei numeri reali, sono soluzioni dell'equazione differenziale

$$y'' + 2y' + y = 3e^x.$$

Calcoliamo:

$$y'(x) = c_2 e^{-x} - (c_1 + c_2 x)e^{-x} + \frac{3}{4}e^x = (c_2 - c_1 - c_2 x)e^{-x} + \frac{3}{4}e^x$$

$$y''(x) = -c_2 e^{-x} - c_2 e^{-x} + (c_1 + c_2 x)e^{-x} + \frac{3}{4}e^x = (c_2 x - 2c_2 + c_1)e^{-x} + \frac{3}{4}e^x.$$

Sostituiamo ora nel primo membro dell'equazione differenziale e dimostriamo che otteniamo, per ogni x reale, il secondo membro $3e^x$:

$$(c_2 x - 2c_2 + c_1)e^{-x} + \frac{3}{4}e^x + 2(c_2 - c_1 - c_2 x)e^{-x} + \frac{3}{2}e^x + (c_1 + c_2 x)e^{-x} + \frac{3}{4}e^x =$$

$$= (c_2 x - 2c_2 + c_1 + 2c_2 - 2c_1 - 2c_2 x + c_1 + c_2 x)e^{-x} + 3e^x = 3e^x$$

come volevamo dimostrare.
Quindi ogni funzione del tipo $y(x) = (c_1 + c_2 x)e^{-x} + \frac{3}{4}e^x$, al variare di c_1 e c_2 nei numeri reali, è una soluzione dell'equazione differenziale $y'' + 2y' + y = 3e^x$.

2 È vero che la funzione $y(x) = \sin(x) + \cos(x)$ è una soluzione dell'equazione differenziale seguente?

$$y'' + 2y' + y = \sin(x)$$

Calcoliamo

$$y'(x) = \cos(x) - \sin(x)$$

$$y''(x) = -\sin(x) - \cos(x).$$

Sostituiamo nell'equazione data:

$$-\sin(x) - \cos(x) + 2\cos(x) - 2\sin(x) + \sin(x) + \cos(x) = -2\sin(x) + 2\cos(x)$$

che non è uguale, per ogni x reale, al secondo membro, $\sin(x)$.
Quindi $y(x) = \sin(x) + \cos(x)$ non è una soluzione dell'equazione differenziale:

$$y'' + 2y' + y = \sin(x).$$

Consideriamo ora il problema

$$\begin{cases} y' = f(x, y) \\ y(x_0) = y_0 \end{cases}$$

dove f è una funzione continua in un intorno di (x_0, y_0) e y è una funzione derivabile due volte in un intorno di x_0.
Per avere un'idea di come è fatto il grafico della soluzione $y = y(x)$ del problema dato in un intorno di x_0 è sufficiente determinare il polinomio di Taylor di ordine 2 che approssima $y = y(x)$ in un intorno di x_0. Infatti questo polinomio fornisce informazioni sia sulla crescenza, sia sulla concavità di y in un intorno di x_0.

PER ESEMPIO

Disegniamo il grafico locale della soluzione di un'equazione differenziale del primo ordine

1 Consideriamo il problema $\begin{cases} y' = \dfrac{1-y}{1+y^2} \\ y(0) = 2 \end{cases}$, dove $y = y(x)$ è una funzione derivabile due volte in un intorno di 0.
Il polinomio di Taylor di ordine 2 che approssima $y = y(x)$ in un intorno di 0 è

$$P(x) = y(0) + y'(0)(x-0) + \frac{1}{2}y''(0)(x-0)^2.$$

Sappiamo che $y(0) = 2$.
Possiamo calcolare $y'(0)$ osservando che: $y'(0) = \dfrac{1-y(0)}{1+\left(y(0)\right)^2} = -\dfrac{1}{5}$.

Il polinomio cercato è quindi del tipo: $P(x) = 2 - \dfrac{1}{5}x + \dfrac{1}{2}y''(0)x^2$.

Dobbiamo ancora calcolare $y''(0)$.
Calcoliamo innanzitutto $y''(x)$ a partire da $y' = \dfrac{1-y}{1+y^2}$:

$$y'' = \frac{-y'(1+y^2) - 2yy'(1-y)}{(1+y^2)^2}$$

dove abbiamo utilizzato la regola di derivazione della funzione composta in particolare quando abbiamo derivato y^2. Infatti: $\left[\left(y(x)\right)^2\right]' = 2y(x)\cdot y'(x)$.
Possiamo ora calcolare $y''(0)$:

$$y''(0) = \frac{-y'(0)\left(1+\left(y(0)\right)^2\right) - 2y(0)y'(0)\left(1-y(0)\right)}{\left(1+\left(y(0)\right)^2\right)^2} =$$

$$= \frac{\frac{1}{5}(1+4) + 4\frac{1}{5}(1-2)}{25} = \frac{1}{125}.$$

Quindi il polinomio di Taylor di ordine 2 che approssima $y = y(x)$ in un intorno di 0 è:

$$P(x) = 2 - \frac{1}{5}x + \frac{1}{250}x^2.$$

Anche il grafico di $y(x)$ in un intorno di 0 è approssimato dal grafico di $P(x)$.

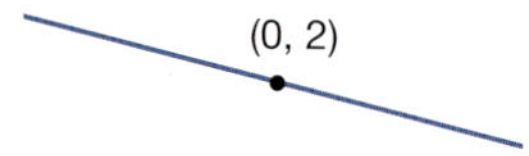

Come puoi osservare, in un intorno di 0 la funzione è decrescente (infatti $y'(0) < 0$) e convessa (infatti $y''(0) > 0$).

2 Consideriamo il problema $\begin{cases} y' = (x+y)^2 \\ y(1) = 0 \end{cases}$ dove $y = y(x)$ è una funzione derivabile due volte in un intorno di 1.

Il polinomio di Taylor di ordine 2 che approssima $y = y(x)$ in un intorno di 1 è:

$$P(x) = y(1) + y'(1)(x-1) + \frac{1}{2}y''(1)(x-1)^2.$$

Sappiamo che $y(1) = 0$.

Possiamo calcolare $y'(1)$ osservando che:

$$y'(1) = \left(1 + y(1)\right)^2 = 1.$$

Il polinomio cercato è quindi del tipo:

$$P(x) = x - 1 + \frac{1}{2}y''(1)(x-1)^2.$$

Dobbiamo ancora calcolare $y''(1)$. Calcoliamo innanzitutto $y''(x)$ a partire da $y' = (x+y)^2$:

$$y'' = 2(x+y)(1+y').$$

Possiamo ora calcolare $y''(1)$.

$$y''(1) = 2\left(1 + y(1)\right)\left(1 + y'(1)\right) = 4.$$

Quindi il polinomio di Taylor di ordine 2 che approssima $y = y(x)$ in un intorno di 1 è

$$P(x) = x - 1 + 2x^2 - 4x + 2 = 2x^2 - 3x + 1$$

e il grafico di $y(x)$ in un intorno di 1 è approssimato da quello di $P(x)$.

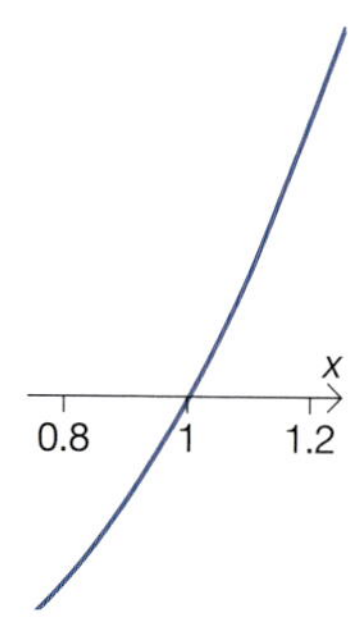

Come puoi osservare, in un intorno di 1 la funzione è crescente, infatti $y'(1) > 0$, e convessa, infatti $y''(1) > 0$.

La definizione di limite

La definizione di continuità si fonda sulla nozione di limite.

> Una funzione f è continua in un punto x_0 del suo dominio se $\lim_{x \to x_0} f(x) = f(x_0)$.

D'altra parte, per calcolare certi limiti, per esempio $\lim_{x \to 3}(x^2 - 4)$, sostituiamo x con 3 e quindi affermiamo che il limite è uguale a $9 - 4 = 5$, sfruttando implicitamente la continuità della funzione.

Analogamente, per calcolare un limite come, per esempio, $\lim_{x \to 1^-} \frac{x+1}{x-1}$ osserviamo che, per x che tende a 1 da sinistra, il numeratore tende a 2, mentre il denominatore tende a 0 ma è negativo; quindi il limite è $-\infty$. Anche in questo caso è la continuità che ci permette di procedere così.
Per rendere rigoroso questo modo di procedere, dobbiamo precisare la definizione di limite e individuare procedimenti di calcolo indipendenti dalla definizione di continuità.

Limite finito per *x* che tende a un valore finito e continuità di una funzione

Iniziamo a precisare che cosa intendiamo con la scrittura $\lim_{x \to x_0} f(x) = l$, con x_0 e l numeri reali.
Condizione necessaria per parlare di $\lim_{x \to x_0} f(x)$ è che ci si possa avvicinare a x_0 quanto si vuole. In generale è necessario e sufficiente che x_0 sia un *punto di accumulazione* per il dominio di f.
Di seguito assumiamo che le funzioni f che consideriamo siano definite in un intorno, eventualmente bucato, di un punto x_0, cioè in un insieme del tipo $]x_0 - h, x_0[\cup]x_0, x_0 + k[$, che, per brevità, indicheremo con la scrittura $]x_0 - h, x_0 + k[$, dove h e k sono numeri reali positivi.

Sia f definita in un intorno bucato di x_0.
Vogliamo ora tradurre in termini formali l'idea che se $|x - x_0|$ tende a 0, allora tende a 0 anche $|f(x) - l|$.
Immaginiamo un gioco fra due amici: Claudia fissa un numero reale positivo ε a piacere; Cesare deve scegliere un altro numero reale positivo δ tale che se $|x - x_0| < \delta$, allora $|f(x) - l| < \varepsilon$. Claudia, per cercare di mettere in difficoltà il suo amico, sceglie ε molto piccolo. Se, qualunque sia il numero reale positivo ε scelto da lei, Cesare riesce a individuare un numero reale positivo δ tale che per ogni x appartenente all'intorno $]x_0 - \delta, x_0 + \delta[$ risulta $|f(x) - l| < \varepsilon$, allora possiamo affermare che $\lim_{x \to x_0} f(x) = l$.
Si tratta di una definizione assai complicata dal punto di vista logico, infatti coinvolge tre quantificatori:
per ogni numero reale $\varepsilon > 0$ *esiste un* numero reale $\delta > 0$ tale che *per ogni* x appartenente a $]x_0 - \delta, x_0 + \delta[$ risulta $|f(x) - l| < \varepsilon$.

Sintetizzando mediante l'uso dei simboli, possiamo dare la seguente definizione.

> Sia f una funzione definita in un intorno eventualmente bucato di x_0. Diciamo che il limite di f, per x che tende a x_0, è l, e scriviamo $\lim_{x \to x_0} f(x) = l$ se:
> $$\forall \varepsilon > 0 \; \exists \delta > 0 \text{ tale che } \forall x \in]x_0 - \delta, x_0 + \delta[\text{ risulta } |f(x) - l| < \varepsilon.$$

ESPLORA CON UN'ANIMAZIONE DI GEOMETRIA DINAMICA

Limite finito per *x* che tende a un valore finito

L'animazione che trovi sull'eBook e sul sito del libro mostra un caso particolare di limite finito per x che tende a un valore finito. Si tratta del $\lim_{x \to 3} (x^2 - x) = 6$, quindi con $f(x) = x^2 - x$, $x_0 = 3$ e $l = 6$.
Seguendo le indicazioni presenti nell'animazione puoi osservare che, comunque tu scelga $\varepsilon > 0$, esiste un intorno I di x_0 tale che per ogni x appartenente a I risulta $|f(x) - l| < \varepsilon$.

Abbiamo ora a disposizione un potente strumento di verifica e di dimostrazione.

PER ESEMPIO

Vogliamo dimostrare che la funzione $f(x) = x^2 - 4$ è continua in $x_0 = 3$ e per farlo dobbiamo dimostrare che $\lim_{x \to 3}(x^2 - 4) = f(3) = 5$.

La definizione che abbiamo dato di limite finito per x che tende a un valore finito assicura che se:

1. $f(x) = x^2 - 4$ è definita in un intorno eventualmente bucato di 3,
2. $\forall \varepsilon > 0 \; \exists \delta > 0$ tale che $\forall x \in \,]3 - \delta, 3 + \delta[$ risulta $|f(x) - 5| < \varepsilon$,

allora $\lim_{x \to 3}(x^2 - 4) = 5$.

Verifichiamo le due condizioni.

1. La funzione $f(x) = x^2 - 4$ è una funzione polinomiale, definita su $]-\infty, +\infty[$ e, in particolare, in un intorno di 3. La prima condizione è quindi verificata.
2. Possiamo risolvere la disequazione $|f(x) - 5| < \varepsilon$, con $f(x) = x^2 - 4$ e verificare che è soddisfatta in un intorno di 3, cioè in un intervallo del tipo $]3 - \delta, 3 + \delta[$.

   $$|x^2 - 4 - 5| < \varepsilon \Leftrightarrow |x^2 - 9| < \varepsilon \Leftrightarrow -\varepsilon < x^2 - 9 < \varepsilon \Leftrightarrow 9 - \varepsilon < x^2 < 9 + \varepsilon.$$

   Poiché x appartiene a un intorno di 3 possiamo limitarci a considerare valori positivi di x:

   $$9 - \varepsilon < x^2 < 9 + \varepsilon \Rightarrow \sqrt{9 - \varepsilon} < x < \sqrt{9 + \varepsilon}.$$

   Qualunque intorno $]3 - \delta, 3 + \delta[$ contenuto nell'intervallo $]\sqrt{9 - \varepsilon}, \sqrt{9 + \varepsilon}[$ risolve il nostro problema.

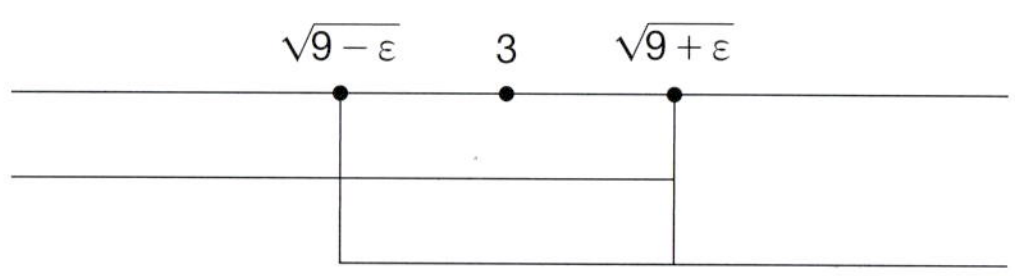

Abbiamo pertanto dimostrato che la funzione $f(x) = x^2 - 4$ è continua in 3.

Usiamo la definizione di limite per dimostrare che:
l'insieme di continuità di una funzione lineare è $]-\infty, +\infty[$.

Dimostrazione

Dobbiamo dimostrare che considerata la funzione lineare $f(x) = px + q$, qualunque sia il numero reale x_0 si ha:

$$\lim_{x \to x_0} (px + q) = px_0 + q.$$

Per la definizione di limite ciò equivale a dimostrare che:

1. f è definita in un intorno eventualmente bucato di x_0;
2. $\forall \varepsilon > 0 \; \exists \delta > 0$ tale che $\forall x \in \,]x_0 - \delta, x_0 + \delta[$ risulta $|px + q - px_0 - q| < \varepsilon$.

Verifichiamo le due condizioni.

1. La funzione $f(x) = px + q$ è una funzione lineare, definita su $]-\infty, +\infty[$ e quindi in un intorno di x_0, qualunque sia il numero reale x_0. La prima condizione è pertanto verificata.
2. Passiamo ora a verificare la seconda, cioè che:

   $$\forall \varepsilon > 0 \; \exists \delta > 0 \text{ tale che } \forall x \in \,]x_0 - \delta, x_0 + \delta[\text{ risulta } |px - px_0| < \varepsilon.$$

Possiamo risolvere la disequazione $|px - px_0| < \varepsilon$, e verificare che è soddisfatta in un intorno di x_0:

$$|px - px_0| < \varepsilon \Leftrightarrow |p(x - x_0)| < \varepsilon \Leftrightarrow |x - x_0| < \frac{\varepsilon}{|p|} \Leftrightarrow$$

$$\Leftrightarrow -\frac{\varepsilon}{|p|} < x - x_0 < \frac{\varepsilon}{|p|} \Leftrightarrow x_0 - \frac{\varepsilon}{|p|} < x < x_0 + \frac{\varepsilon}{|p|}.$$

Abbiamo individuato un intorno del tipo $]x_0 - \delta, x_0 + \delta[$: basta prendere $\delta = \frac{\varepsilon}{|p|}$.

Quindi abbiamo dimostrato che l'insieme di continuità di una funzione lineare è $]-\infty, +\infty[$.

Usiamo ora la definizione di limite per dimostrare che:
la funzione composta di funzioni continue è una funzione continua.
Consideriamo:

1. la funzione g definita su un intervallo I e continua per ogni x_0 appartenente a I; in altri termini, per ogni $x_0 \in I$ abbiamo che $\lim_{x \to x_0} g(x) = g(x_0)$;
2. la funzione f definita su $g(I)$ e continua per ogni t_0 appartenente a $g(I)$; in altri termini, per ogni $t_0 \in g(I)$, abbiamo che $\lim_{t \to t_0} f(t) = f(t_0)$;
3. $f(t) = f(g(x))$ per ogni $x \in I$.

Sotto tali ipotesi dimostriamo che la funzione composta $y = f(g(x))$ definita sull'intervallo I è continua per ogni x_0 appartenente a I.

Dimostrazione

Dobbiamo dimostrare che, per ogni $x_0 \in I$, risulta $\lim_{x \to x_0} f(g(x)) = f(g(x_0))$, cioè che:

$$\forall \varepsilon > 0 \, \exists \delta > 0 \text{ tale che } \forall x \in (]x_0 - \delta, x_0 + \delta[\cap I) \text{ risulta } |f(g(x)) - f(g(x_0))| < \varepsilon.$$

Per l'ipotesi 2 abbiamo che:

$$\forall \varepsilon > 0 \, \exists \delta_1 > 0 \text{ tale che } \forall t \in (]t_0 - \delta_1, t_0 + \delta_1[\cap g(I)) \text{ risulta } |f(t) - f(t_0)| < \varepsilon.$$

Per l'ipotesi 1 abbiamo che:

$$\forall \delta_1 > 0 \, \exists \delta > 0 \text{ tale che } \forall x \in (]x_0 - \delta, x_0 + \delta[\cap I) \text{ risulta } |g(x) - g(x_0)| < \delta_1.$$

Per l'ipotesi 3 abbiamo che $t_0 = g(x_0)$ per ogni $x_0 \in I$.
Quindi possiamo concludere che:

$$\forall \varepsilon > 0 \, \exists \delta > 0 \text{ tale che } \forall x \in (]x_0 - \delta, x_0 + \delta[\cap I) \text{ risulta } |f(g(x)) - f(g(x_0))| < \varepsilon$$

che è ciò che volevamo dimostrare.

Limite infinito per *x* che tende a un valore finito

Definiamo che cosa si intende con $\lim_{x \to x_0} f(x) = -\infty$ e con $\lim_{x \to x_0} f(x) = +\infty$ dove x_0 è un numero reale.
Anche in questo caso supponiamo che f sia definita in un intorno bucato di x_0 e anche in questo caso possiamo pensare a un gioco fra due persone. Questa volta, però, dobbiamo tradurre in termini formali l'idea intuitiva che, al tendere a 0 di $|x - x_0|$, $f(x)$ tende a diventare, in valore assoluto, maggiore di un qualunque numero reale prefissato e grande a piacere.

Claudia, come prima, fissa un numero reale positivo a piacere, chiamiamolo M; Cesare deve scegliere un altro numero reale positivo, chiamiamolo δ, tale che se $|x - x_0| < \delta$, allora $|f(x)| > M$. Claudia, per cercare di mettere in difficoltà Cesare, sceglierà M molto grande. Se, qualunque sia il numero reale positivo M scelto da Claudia, Cesare riesce a individuare un numero reale positivo δ tale che per ogni x appartenente all'intorno $]x_0 - \delta, x_0 + \delta[$ si ha $f(x) > M$, allora possiamo affermare che $\lim_{x \to x_0} f(x) = +\infty$.
Invece, se per ogni numero reale positivo M scelto da Claudia, Cesare riesce a individuare un numero reale positivo δ tale che per ogni x appartenente all'intorno $]x_0 - \delta, x_0 + \delta[$ si ha $f(x) < -M$, allora possiamo affermare che $\lim_{x \to x_0} f(x) = -\infty$.
Anche in questo caso nella definizione sono coinvolti tre quantificatori.

Sia f una funzione definita in un intorno eventualmente bucato di x_0.
Diciamo che il limite di f, per x che tende a x_0, è $+\infty$ (oppure $-\infty$), e scriviamo:

$$\lim_{x \to x_0} f(x) = +\infty \text{ (oppure } -\infty)$$

se $\forall M > 0 \ \exists \delta > 0$ tale che $\forall x \in \,]x_0 - \delta, x_0 + \delta[$ risulta $f(x) > M$ (oppure $f(x) < -M$).

ESPLORA CON UN'ANIMAZIONE DI GEOMETRIA DINAMICA

Limite infinito per *x* che tende a un valore finito

L'animazione che trovi sull'eBook e sul sito del libro mostra un caso particolare di limite infinito per x che tende a un valore finito. Si tratta del $\lim_{x \to 3} \frac{1}{(x-3)^2} = +\infty$, quindi con $f(x) = \frac{1}{(x-3)^2}$, $x_0 = 3$ e $l = +\infty$.

Seguendo le indicazioni presenti nell'animazione puoi osservare che, comunque tu scelga $M > 0$, esiste un intorno I di x_0 tale che per ogni x appartenente a I risulta $f(x) > M$.

PER ESEMPIO

Dimostriamo che risulta $\lim_{x \to 2} \left| \frac{1}{x-2} \right| = +\infty$.

f è definita in $]-\infty, 2[\cup]2, +\infty[$, quindi in un intorno bucato di 2.
Dobbiamo quindi verificare che:

$$\forall M > 0 \ \exists \delta > 0 \text{ tale che } \forall x \in \,]2 - \delta, 2 + \delta[\text{ risulta } \left| \frac{1}{x-2} \right| > M.$$

Analogamente a quanto visto per il caso del limite finito per x che tende a un valore finito, risolviamo la disequazione $\left| \frac{1}{x-2} \right| > M$ e verifichiamo che risulta soddisfatta in un intorno bucato di 2.

$$\left| \frac{1}{x-2} \right| > M \Leftrightarrow |x-2| < \frac{1}{M} \Leftrightarrow -\frac{1}{M} < x - 2 < \frac{1}{M} \Leftrightarrow 2 - \frac{1}{M} < x < 2 + \frac{1}{M}.$$

Per verificare la definizione di limite quindi è sufficiente che, per ogni M scelto da Claudia, Cesare scelga $\delta = \frac{1}{M}$.
Possiamo quindi concludere che $\lim_{x \to 2} \left| \frac{1}{x-2} \right| = +\infty$, come volevamo dimostrare e, tenendo conto del segno di $f(x) = \frac{1}{x-2}$, abbiamo che:

$$\lim_{x \to 2^+} \frac{1}{x-2} = +\infty \text{ e } \lim_{x \to 2^-} \frac{1}{x-2} = -\infty.$$

Limite finito per *x* che tende a un valore infinito

Vogliamo ora precisare che cosa si intende con le scritture $\lim_{x\to-\infty} f(x)=l$ e $\lim_{x\to+\infty} f(x)=l$ con l numero reale.

Anche in questo caso supponiamo che f sia definita in un intorno di $-\infty$ o di $+\infty$, cioè su un insieme del tipo $]-\infty, a[$ oppure su $]b, +\infty[$.

Ritorniamo al gioco fra due persone, cercando di tradurre in termini formali l'idea intuitiva che, al tendere di x a $+\infty$ o al tendere di x a $-\infty$, $|f(x)-l|$ tende a 0.

Iniziamo a precisare che cosa si intende con $\lim_{x\to+\infty} f(x)=l$. Claudia fissa un numero reale positivo a piacere, chiamiamolo ε; Cesare deve scegliere un altro numero reale positivo, chiamiamolo N tale che se $x>N$, allora $|f(x)-l|<\varepsilon$.

Anche in questo caso nella definizione sono coinvolti tre quantificatori.

▶ Sia f una funzione definita in un intorno di $+\infty$, cioè un intervallo del tipo $]b, +\infty[$.
Diciamo che il limite di f, per x che tende a $+\infty$ è l, e scriviamo:

$$\lim_{x\to+\infty} f(x)=l$$

se $\forall\varepsilon>0\ \exists N>0$ tale che $\forall x>N$ risulta $|f(x)-l|<\varepsilon$.
Analogamente, se:

- f è definita in un intorno di $-\infty$, cioè in un intervallo del tipo $]-\infty; a[$;
- $\forall\varepsilon>0\ \exists N>0$ tale che $\forall x<-N$ risulta $|f(x)-l|<\varepsilon$;

allora $\lim_{x\to-\infty} f(x)=l$.

ESPLORA CON UN'ANIMAZIONE DI GEOMETRIA DINAMICA

Limite finito per *x* che tende a un valore infinito

L'animazione che trovi sull'eBook e sul sito del libro mostra un caso particolare di limite finito per x che tende a $+\infty$. Si tratta del $\lim_{x\to+\infty}\left(1-e^{-\frac{x}{10}}\right)=1$, quindi con $f(x)=1-e^{-\frac{x}{10}}$, $x_0=+\infty$ e $l=1$.

Seguendo le indicazioni presenti nell'animazione puoi osservare che, comunque tu scelga $\varepsilon>0$, esiste un intorno I di $+\infty$ tale che per ogni x appartenente a I risulta $|f(x)-l|<\varepsilon$.

PER ESEMPIO

Dimostriamo che $\lim_{x\to-\infty}\frac{x}{x+4}=1$.

f è definita in $]-\infty, -4[\cup]-4, +\infty[$, quindi in un intorno di $-\infty$, pertanto è verificata la prima condizione per l'esistenza del limite.

Dobbiamo quindi verificare che:

$$\forall\varepsilon>0\ \exists N>0 \text{ tale che } \forall x<-N \text{ risulta } \left|\frac{x}{x+4}-1\right|<\varepsilon.$$

Analogamente a quanto visto in precedenza, risolviamo la disequazione

$$\left|\frac{x}{x+4}-1\right|<\varepsilon$$

e verifichiamo che risulta soddisfatta in un intorno di $-\infty$:

$$\left|\frac{x}{x+4}-1\right|<\varepsilon \Leftrightarrow \left|\frac{x-x-4}{x+4}\right|<\varepsilon \Leftrightarrow \left|\frac{-4}{x+4}\right|<\varepsilon \Leftrightarrow -\varepsilon<\frac{-4}{x+4}<\varepsilon.$$

Osserviamo ora che, poiché x tende a $-\infty$, la frazione $\dfrac{-4}{x+4}$ ha segno positivo, in quanto, per x che tende a $-\infty$, il numeratore e il denominatore sono negativi.
Quindi, per x che tende a $-\infty$ abbiamo:

$$-\varepsilon < \frac{-4}{x+4} < \varepsilon \Leftrightarrow \frac{-4}{x+4} < \varepsilon \Leftrightarrow -4 > \varepsilon(x+4) \Leftrightarrow \varepsilon x < -4-4\varepsilon \Leftrightarrow x < -4-\frac{4}{\varepsilon}$$

Abbiamo determinato un intorno di $-\infty$ del tipo $\left]-\infty, -4-\dfrac{4}{\varepsilon}\right[$ in cui la disequazione è verificata.
Possiamo quindi concludere che $\lim\limits_{x\to-\infty} \dfrac{x}{x+4} = 1$.
Analogamente è possibile dimostrare che $\lim\limits_{x\to+\infty} \dfrac{x}{x+4} = 1$.

Limite infinito per *x* che tende a un valore infinito

Vogliamo infine precisare che cosa si intende con le scritture $\lim\limits_{x\to-\infty} f(x) = -\infty$, $\lim\limits_{x\to-\infty} f(x) = +\infty$, $\lim\limits_{x\to+\infty} f(x) = -\infty$ e $\lim\limits_{x\to+\infty} f(x) = +\infty$.

Anche in questo caso supponiamo che f sia definita in un intorno di $-\infty$ o di $+\infty$, cioè su un insieme del tipo $]-\infty, a[$ oppure su $]b, +\infty[$.

Vediamo per esempio il caso $\lim\limits_{x\to+\infty} f(x) = +\infty$.

Usiamo ancora l'espediente del gioco fra due persone cercando di tradurre in termini formali l'idea intuitiva che, al tendere a $+\infty$ di x, anche $f(x)$ tende a $+\infty$.
Claudia fissa un numero reale positivo a piacere M; Cesare deve scegliere un altro numero reale positivo N, tale che se $x > N$, allora $f(x) > M$.
Claudia, per cercare di mettere in difficoltà Cesare, sceglierà M molto grande.

▶ Sia f una funzione definita in un intorno di $+\infty$, cioè un intervallo del tipo $]b, +\infty[$.
Diciamo che il limite di f, per x che tende a $+\infty$ è $+\infty$, e scriviamo:

$$\lim_{x\to+\infty} f(x) = +\infty$$

se $\forall M > 0 \; \exists N > 0$ tale che $\forall x > N$ risulta $f(x) > M$.

In modo del tutto analogo si definiscono gli altri limiti.

ESPLORA CON UN'ANIMAZIONE DI GEOMETRIA DINAMICA

Limite infinito per *x* che tende a un valore infinito

L'animazione che trovi sull'eBook e sul sito del libro mostra un caso particolare di limite infinito per x che tende a $+\infty$. Si tratta del $\lim\limits_{x\to+\infty} (x^2+1) = +\infty$, quindi con $f(x) = x^2 + 1$, $x_0 = +\infty$ e $l = +\infty$.
Seguendo le indicazioni presenti nell'animazione puoi osservare che, comunque tu scelga $M > 0$, esiste un intorno I di $+\infty$ tale che per ogni x appartenente a I risulta $f(x) > M$.

PER ESEMPIO

Dimostriamo che $\lim\limits_{x\to+\infty} (x-5) = +\infty$.

f è definita in $]-\infty, +\infty[$, quindi in un intorno di $+\infty$, pertanto è verificata la prima condizione per l'esistenza del limite.
Dobbiamo quindi verificare che:

$$\forall M > 0 \; \exists N > 0 \text{ tale che } \forall x > N \text{ risulta } x-5 > M.$$

Analogamente a quanto visto in precedenza, risolviamo la disequazione

$$x - 5 > M$$

e verifichiamo che risulta soddisfatta in un intorno di $+\infty$:

$$x - 5 > M \Leftrightarrow x > 5 + M.$$

Basta quindi prendere $N = 5 + M$ per determinare un intorno di $+\infty$ del tipo $]N, +\infty[$ in cui la disequazione è verificata.
Possiamo quindi concludere che $\lim_{x \to +\infty} (x - 5) = +\infty$.
Analogamente è possibile dimostrare che $\lim_{x \to -\infty} (x - 5) = -\infty$.

Le definizioni di limite, finito o infinito, per x che tende a un valore finito o infinito non consentono di affermare l'unicità del limite. Essa è però garantita dal seguente teorema che enunciamo senza dimostrazione.

Teorema di unicità del limite
Se il limite di una funzione esiste allora esso è unico.

PER ESEMPIO

1. $\lim_{x \to +\infty} \sin(x)$ non esiste. Infatti per x che tende a $+\infty$ la funzione $\sin(x)$ oscilla tra -1 e 1.

2. $\lim_{x \to 0} \frac{1}{x}$ non esiste. Infatti $\lim_{x \to 0^-} \frac{1}{x} = -\infty$ e $\lim_{x \to 0^+} \frac{1}{x} = +\infty$. In questo caso si dice che esistono i limiti di $f(x) = \frac{1}{x}$ per x che tende a 0 da sinistra e per x che tende a 0 da destra, ma non esiste $\lim_{x \to 0} \frac{1}{x}$.

Proponiamo ora la dimostrazione di due teoremi relativi alle operazioni di derivazione: le dimostrazioni si fondano sul concetto di limite che, nell'analisi matematica classica, entra quasi sempre in gioco quando si vogliano dimostrare teoremi. Inoltre in queste dimostrazioni utilizziamo alcuni teoremi enunciati nel capitolo 7 relativi all'algebra dei limiti.

Siano f e g due funzioni di variabile reale definite su un intervallo I e derivabili in $x_0 \in I$. Allora la funzione somma $f + g$ è derivabile in x_0 e si ha:

$$(f+g)'(x_0) = f'(x_0) + g'(x_0).$$

Dimostrazione

Scriviamo il rapporto incrementale della funzione somma:

$$\frac{f(x) + g(x) - (f(x_0) + g(x_0))}{x - x_0} = \frac{f(x) - f(x_0)}{x - x_0} + \frac{g(x) - g(x_0)}{x - x_0}.$$

Passiamo ora al limite per $x \to x_0$, utilizzando il teorema che assicura che il limite di una somma di funzioni è uguale alla somma dei limiti di ciascuna di esse:

$$(f+g)'(x_0) = \lim_{x \to x_0} \frac{f(x) + g(x) - (f(x_0) + g(x_0))}{x - x_0} =$$

$$= \lim_{x \to x_0} \frac{f(x) - f(x_0)}{x - x_0} + \lim_{x \to x_0} \frac{g(x) - g(x_0)}{x - x_0} = f'(x_0) + g'(x_0).$$

▶ Siano f e g due funzioni di variabile reale definite su un intervallo I e derivabili in $x_0 \in I$. Allora la funzione prodotto $f \cdot g$ è derivabile in x_0 e si ha:

$$(f \cdot g)'(x_0) = g(x_0)f'(x_0) + f(x_0)g'(x_0).$$

Dimostrazione

Scriviamo il rapporto incrementale della funzione prodotto:

$$\frac{f(x)g(x) - f(x_0)g(x_0)}{x - x_0} = \frac{f(x)g(x) - f(x_0)g(x) + f(x_0)g(x) - f(x_0)g(x_0)}{x - x_0} =$$

$$= g(x)\frac{f(x) - f(x_0)}{x - x_0} + f(x_0)\frac{g(x) - g(x_0)}{x - x_0}.$$

Passiamo ora al limite per $x \to x_0$, ricordando che g è continua in x_0:

$$(fg)'(x_0) = \lim_{x \to x_0} g(x)\frac{f(x) - f(x_0)}{x - x_0} + \lim_{x \to x_0} f(x_0)\frac{g(x) - g(x_0)}{x - x_0} =$$

$$= g(x_0)f'(x_0) + f(x_0)g'(x_0).$$

che è ciò che volevamo dimostrare.

Limiti di successioni

Nelle definizioni precedenti abbiamo sempre posto come prima condizione per la possibilità di calcolare il limite di una funzione f per x che tende a x_0, a $-\infty$ o a $+\infty$, che f fosse definita in un intorno eventualmente bucato di x_0 oppure su intervalli del tipo $]-\infty, a[$ o del tipo $]b, +\infty[$.

In realtà questa condizione non è necessaria e può essere resa meno restrittiva. Questo è necessario quando vogliamo calcolare i limiti di successioni, cioè di funzioni definite sui numeri naturali.

Consideriamo infatti la successione $f(n) = \frac{1}{n}$, definita per ogni numero naturale maggiore di 0.

È interessante chiedersi che cosa accade ai valori della successione all'aumentare di n, cioè per n che tende a $+\infty$.

Se dovessimo rispettare la condizione che f sia definita in un intervallo del tipo $]b, +\infty[$, il calcolo del limite non sarebbe possibile. Infatti l'insieme di definizione di f è *discreto* e non può essere un intervallo di numeri reali. Ecco perché ci si limita a richiedere che a un qualunque intorno di x_0 appartengano valori del dominio della funzione distinti da x_0 e a un qualunque intorno di $-\infty$ o di $+\infty$ appartengano valori del dominio della funzione arbitrariamente grandi in valore assoluto.

Ciò equivale a dire che x_0, $-\infty$ o $+\infty$ devono essere punti di accumulazione per il dominio della funzione f considerata. Se f è una successione, l'unico punto di accumulazione del dominio di f è $+\infty$. Per esempio è possibile calcolare $\lim_{n \to +\infty} \frac{1}{n}$, perché $+\infty$ è punto di accumulazione per il dominio di f: infatti a ogni intorno di $+\infty$ appartengono numeri naturali. Non possiamo invece calcolare limiti per n che tende a $-\infty$ oppure a un numero reale.

PER ESEMPIO

1 Dimostriamo che $\lim_{n \to +\infty} \frac{1}{n} = 0$.

Dopo avere verificato che $+\infty$ è un punto di accumulazione per il dominio di f, verifichiamo che:

$$\forall \varepsilon > 0 \; \exists \bar{n} \in \mathbb{N} \text{ tale che } \forall n > \bar{n} \text{ risulta } \frac{1}{n} < \varepsilon.$$

Siccome $\frac{1}{n} < \varepsilon \Leftrightarrow n > \frac{1}{\varepsilon}$ è sufficiente, qualunque sia ε, prendere come $\bar{n}$ un numero naturale maggiore di $\frac{1}{\varepsilon}$, che esiste sicuramente se accettiamo che dato un numero reale r qualunque esiste un numero naturale che è maggiore di r.

2 Vediamo un altro esempio di verifica di limite di una successione.
Verifichiamo che $\lim_{n \to +\infty} \frac{n^2}{n+1} = +\infty$.
Sappiamo che $+\infty$ è un punto di accumulazione per il dominio di f.
Dobbiamo verificare che:

$$\forall M > 0 \; \exists \bar{n} \in \mathbb{N} \text{ tale che } \forall n > \bar{n} \text{ risulta } \frac{n^2}{n+1} > M.$$

Abbiamo:

$$\frac{n^2}{n+1} > M \Leftrightarrow n^2 - Mn - M > 0.$$

Questa disequazione è verificata per ogni numero naturale $n > \bar{n}$, dove $\bar{n}$ è un numero naturale maggiore di $\frac{M + \sqrt{M^2 + 4M}}{2}$ che esiste sicuramente se accettiamo che dato un numero reale r qualunque esiste un numero naturale che è maggiore di r.

OSSERVA

Consideriamo la successione $f(n) = \frac{1}{n}$. Nonostante sia possibile calcolare $f(3) = \frac{1}{3}$, non ha alcun senso chiedersi quanto vale $\lim_{n \to 3} \frac{1}{n}$. Infatti 3 non è un punto di accumulazione per il dominio di $f(n) = \frac{1}{n}$: non è vero che a un qualunque intorno di 3 appartengano numeri naturali che fanno parte del dominio di f e che siano distinti da 3. Per esempio all'intorno $]2.9, 3.1[$ non appartiene alcun numero naturale diverso da 3.
L'unico limite che può essere calcolato, se esiste, per una successione è il limite per n che tende a $+\infty$. Infatti $+\infty$ è l'unico punto di accumulazione per l'insieme dei numeri naturali.

ESERCIZI

ESAME DI STATO **1** La derivata seconda di una funzione f è $f''(x) = 2x - 1$. Determina l'espressione di $f(x)$ sapendo che il grafico di f interseca l'asse y nel punto di ordinata -2 e che la pendenza del grafico di f nel punto di intersezione con l'asse y è 1.
[ESAME DI STATO – Sessione ordinaria, calendario australe, per il liceo scientifico e il liceo scientifico opzione scienze applicate, A.S. 2014/2015] $\left[f(x) = \frac{x^3}{3} - \frac{x^2}{2} + x - 2\right]$

2 Il numero N di rane in uno stagno varia in funzione del tempo t (in settimane) in base alla legge $\frac{dN}{dt} = kN, k > 0$.

a] Determina l'integrale generale dell'equazione differenziale $\frac{dN}{dt} = kN$ $[N(t) = ce^{kt}]$

b] Determina la costante k sapendo che dopo 4 settimane da una data osservazione il numero di rane è raddoppiato $[k \approx 0.17]$

3 Supponiamo che la crescita di una popolazione di batteri sia descritta dall'equazione differenziale $\frac{dN}{dt} = 0.2N$ dove N è il numero di batteri presenti all'istante t (in minuti).

a] Determina la soluzione $N = N(t)$ dell'equazione differenziale sapendo che il numero di batteri all'istante $t = 0$ è 10^5. $[N(t) = 10^5 e^{0.2t}]$

b] Stima il numero di batteri presenti dopo 10 minuti. $[\text{Circa } 7.4 \cdot 10^5]$

c] Calcola l'intervallo di tempo necessario affinché il numero di batteri passi da 10^5 a 10^6. [Circa 11.5 minuti]

4 Risolvi l'equazione differenziale $y'(x) = \ln(x)$ sapendo che $y(1) = 0$. $[y(x) = x\ln(x) - x + 1]$

5 Risolvi l'equazione differenziale $y'(x) = \cos(2x)$ sapendo che $y(0) = 1$. $\left[y(x) = \frac{\sin(2x)}{2} + 1\right]$

6 I pesci di un allevamento hanno una lunghezza media y, espressa in centimetri, che è funzione della loro età t, espressa in mesi.
La funzione $y = y(t)$ verifica l'equazione differenziale $3\frac{dy}{dt} = 30 - y$, con $30 - y > 0$.
La lunghezza media alla nascita, cioè all'istante $t = 0$, è 1 cm.

a] Determina una formula del tipo $y = y(t)$ per la soluzione dell'equazione differenziale. $\left[y(t) = 30 - 29e^{-\frac{t}{3}}\right]$

b] Stima la lunghezza media di un pesce all'età di 6 mesi. [Circa 26 cm]

c] Stima l'età in cui un pesce ha una lunghezza media di 20 cm. [Circa 3.2 mesi]

7 La velocità v (in km/h) di un'automobile in frenata varia in funzione del tempo t (in ore) nel modo descritto dalla seguente equazione differenziale: $\frac{dv}{dt} = -k\sqrt{v}$. La velocità all'istante $t = 0$, quando ha inizio la frenata, è 100 km/h e dopo 10 secondi la velocità è 25 km/h.

a] Determina una formula del tipo $v = v(t)$ per la soluzione dell'equazione differenziale. $[v(t) = (-1800t + 10)^2]$

b] Dopo quanti secondi dall'inizio della frenata l'automobile si ferma? [20 s]

8 La seguente equazione differenziale descrive in prima approssimazione la velocità v (in m/s) in funzione del tempo t (in s) nelle gare di velocità dell'atletica leggera:

$$\frac{dv}{dt} = 12.4 - kv.$$

dove k è una costante positiva che dipende dal particolare atleta e dalla gara che si considera e v è una funzione strettamente crescente del tempo.

a] Determina una formula del tipo $v = v(t)$ per l'integrale generale dell'equazione differenziale. $\left[v(t) = \frac{12.4 - c \cdot e^{-kt}}{k}\right]$

b] Nella finale dei 100 m ai mondiali di atletica di Berlino del 2009 Usain Bolt, che stabilì in quell'occasione il record mondiale della specialità (9.58 s), raggiunse in 5.47 s la velocità di 12.0 m/s. Determina una formula per la soluzione $v = v(t)$ che, secondo il modello scelto, descrive la gara di Bolt a Berlino determinando il valore della costante di integrazione e stimando con opportune approssimazioni il valore di k. $\left[v(t) = \frac{12.4 - 12.4 \cdot e^{-1.03t}}{1.03}\right]$

9 Il processo di formazione di ghiaccio sulla superficie d'acqua di un lago, quando la temperatura esterna è costantemente sotto zero, è caratterizzato da una perdita di calore dell'acqua che gradualmente si trasforma in ghiaccio. All'aumentare dello spessore, però, il ghiaccio funziona sempre meglio da isolante. Così è ragionevole supporre che anche se lo spessore del ghiaccio aumenta nel tempo, l'incremento diminuisca all'aumentare dello spessore stesso. Un modello differenziale per esprimere questa situazione, almeno in una prima fase, è il seguente: $y'(t) = \frac{k}{y(t)}$, dove y è lo spessore del ghiaccio in funzione del tempo t e k è una costante positiva (infatti la funzione $y = y(t)$ è crescente).

a] Assumendo che lo spessore del ghiaccio sia uguale a 0 all'istante $t = 0$, determina la soluzione dell'equazione differenziale. $[y(t) = \sqrt{2kt}]$

b] Come cambiano le caratteristiche dei grafici delle soluzioni al variare di k nei numeri reali positivi? Aiutati, per rispondere, con un software grafico.

10 Organi diversi di uno stesso individuo (per esempio il cuore e il cervello) crescono in generale con velocità differenti fra loro. Le osservazioni sperimentali consentono però di affermare che in genere esiste una relazione che lega fra loro le velocità di crescita di due organi di uno stesso individuo.

Siano, per esempio, $x(t)$ e $y(t)$ due funzioni positive che descrivano come variano le masse x e y di due organi di uno stesso individuo. Allora la relazione che lega fra loro le funzioni x e y è rappresentata in prima approssimazione dall'equazione differenziale

$$\frac{1}{y}\frac{dy}{dt} = \frac{k}{x}\frac{dx}{dt}.$$

dove k è un numero reale positivo che dipende dai due organi considerati, ma non dal tempo t.

Si può dimostrare che l'equazione data è equivalente alla seguente: $\frac{dy(x)}{dx} = k\frac{y(x)}{x}$ in cui non compare più il tempo.

Determina l'integrale generale dell'equazione differenziale: $\frac{dy(x)}{dx} = k\frac{y(x)}{x}$. $[y(x) = cx^k]$

11 Determina l'integrale generale dell'equazione differenziale $\frac{dy(x)}{dx} = \frac{x}{y(x)}$ e individua di che tipo di curve si tratta. [Iperboli equilatere con centro nell'origine degli assi]

12 Determina l'integrale generale dell'equazione differenziale $\frac{dy(x)}{dx} = -\frac{x}{y(x)}$ e individua di che tipo di curve si tratta. [Circonferenze con centro nell'origine degli assi]

13 Il circuito in figura è formato da un generatore di tensione V (in volt), un interruttore S, una resistenza R (in ohm) e una induttanza L (in henry). Inizialmente l'interruttore S è nella posizione indicata in figura, quindi nel circuito non circola corrente. All'istante $t = 0$ l'interruttore S viene chiuso e nel circuito inizia a circolare corrente.

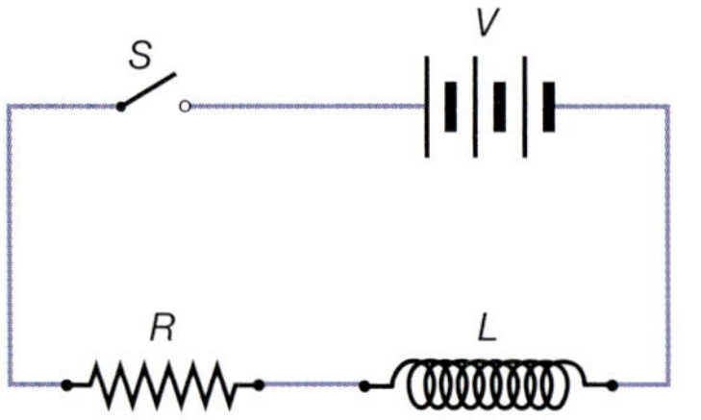

Se l'induttanza fosse uguale a 0, la corrente i si porterebbe istantaneamente al valore massimo determinato, per la *prima legge di Ohm*, da $\frac{V}{R}$.
L'induttanza L impedisce invece variazioni istantanee di corrente.
Applicando le leggi dei circuiti, che sono conseguenze dei principi di conservazione della carica e dell'energia, si può dimostrare che il seguente problema modellizza la corrente i (in ampere) in funzione del tempo t (in secondi) in un circuito come quello considerato:

$$\begin{cases} L\frac{di}{dt} + Ri = V, \text{ con } i < \frac{V}{R} \\ i(0) = 0 \end{cases}.$$

a] Determina la soluzione del problema differenziale $\left[i(t) = \frac{V}{R}\left(1 - e^{-\frac{R}{L}t}\right)\right]$

b] Determina il valore limite della corrente per t che tende a $+\infty$ $\left[\frac{V}{R}\right]$

c] Dopo quanto tempo la corrente raggiunge il 60% del suo valore limite? $\left[\text{Circa } 0.92\frac{L}{R}\right]$

14 In determinate condizioni, essenzialmente per basse velocità, la forza di attrito che si oppone al moto di caduta di un corpo di massa m in un fluido aumenta in modo direttamente proporzionale alla velocità. In queste condizioni, dette di *moto laminare*, l'equazione differenziale che descrive la velocità v in funzione del tempo t è $m\frac{dv}{dt} = mg - kv$ dove g è l'accelerazione di gravità e k una costante che dipende dal fluido e da alcune caratteristiche del corpo in moto. Determina la soluzione dell'equazione differenziale supponendo che il corpo venga lasciato cadere nel fluido con velocità $v = 0$ all'istante $t = 0$.

$\left[v(t) = \frac{mg}{k}\left(1 - e^{-\frac{k}{m}t}\right)\right]$

15 Utilizza il metodo di Eulero per approssimare, in un intorno di $x = 0$, la soluzione del problema $\begin{cases} \frac{dy}{dx} = \frac{y - x}{y + x} \\ y(0) = 1 \end{cases}$ e disegnarne il grafico nell'intervallo $[0, 1]$. Utilizza il foglio elettronico che trovi sull'eBook e sul sito del libro per verificare la correttezza della tua soluzione.

16 Utilizza il metodo di Eulero per approssimare, in un intorno di $x = 1$, la soluzione del problema $\begin{cases} \dfrac{dy}{dx} = \dfrac{y-x}{y+x} \\ y(1) = 1 \end{cases}$ e disegnarne il grafico nell'intervallo $[1, 2]$. Utilizza il foglio elettronico che trovi sull'eBook e sul sito del libro per verificare la correttezza della tua soluzione, ricordando di inserire nella cella **A2** il valore 1 al posto del valore 0.

17 Utilizza il metodo di Eulero per approssimare, in un intorno di $x = 1$, la soluzione del problema $\begin{cases} \dfrac{dy}{dx} = \dfrac{y^2x}{y+x} \\ y(1) = 1 \end{cases}$ e disegnarne il grafico nell'intervallo $[0, 1]$. Utilizza il foglio elettronico che trovi sull'eBook e sul sito del libro per verificare la correttezza della tua soluzione.

18 Utilizza il metodo di Eulero per approssimare, in un intorno di $x = 1$, la soluzione del problema $\begin{cases} \dfrac{dy}{dx} = \dfrac{y^2x}{y-x} \\ y(0) = 1 \end{cases}$ e disegnarne il grafico nell'intervallo $[0, 1]$. Utilizza il foglio elettronico che trovi sull'eBook e sul sito del libro per verificare la correttezza della tua soluzione.

ESAME DI STATO **19** Di quale delle seguenti equazioni differenziali la funzione $y(x) = \dfrac{\ln(x)}{x}$ è soluzione?

A $y'' + 2\dfrac{y'}{x} = y$ B $y' + xy'' = 1$ C $xy' = \dfrac{1}{x} + y$ D $x^2y'' + xy' + \dfrac{2}{x} = y$

[ESAME DI STATO – Sessione ordinaria per il liceo scientifico e il liceo scientifico opzione scienze applicate A.S. 2014/2015]

20 Verifica che la soluzione del problema

$$\begin{cases} y'(x) + y(x) = \dfrac{1}{1+e^x} \\ y(0) = 1 + \ln(2) \end{cases}$$

è $y(x) = e^{-x} + e^{-x}\ln(1 + e^x)$.

21 Verifica che ogni funzione del tipo $y(x) = ce^{2x} - \dfrac{x^2}{2} - \dfrac{x}{2} - \dfrac{1}{4}$, con c numero reale, è soluzione dell'equazione differenziale $y' = 2y + x^2$.

22 Verifica che ogni funzione del tipo $y(x) = k\cos(x)$, con k numero reale, è soluzione dell'equazione differenziale $y' + y\tan(x) = 0$ sull'intervallo $\left]-\dfrac{\pi}{2}, \dfrac{\pi}{2}\right[$.

MATEMATICA & FISICA

L'oscillatore armonico

L'oscillatore armonico è un modello che viene utilizzato per descrivere diversi fenomeni fisici non solo nella dinamica, ma anche, per esempio, nell'elettromagnetismo e nella fisica atomica.
Possiamo ottenere un oscillatore armonico attaccando una massa a una molla ideale che, allontanata dalla posizione di equilibrio, può oscillare senza attrito lungo una direzione orizzontale o verticale. In alternativa possiamo immaginarlo come un pendolo che compie piccole oscillazioni in un ambiente senza attriti.

In generale si parla di oscillazioni armoniche ogni volta in cui un corpo in movimento è soggetto a un'unica forza che:

- agisce nella direzione dello spostamento;
- ha verso opposto a quello di allontanamento dalla posizione di equilibrio;
- ha intensità direttamente proporzionale allo spostamento dalla posizione di equilibrio.

Una forza F di questo tipo può essere rappresentata con la formula

$$F = -kx$$

dove k è una costante positiva caratteristica dell'oscillatore considerato e x è la posizione della massa rispetto alla posizione di equilibrio.

Il sistema massa-molla in assenza di attriti

Ci chiediamo quale funzione $x = x(t)$ descrive la posizione x in funzione del tempo t di una massa attaccata a una molla ideale in assenza di attriti. Questa domanda può essere formulata, matematicamente, con la seguente equazione differenziale:

$$mx''(t) = -kx(t)$$

dove k è una costante positiva, m è la massa dell'oscillatore e quindi, per il secondo principio della dinamica, $mx''(t)$ è uguale alla forza F applicata all'oscillatore.
Possiamo anche scrivere:

$$x''(t) = -\frac{k}{m}x(t).$$

Cerchiamo quindi funzioni $x = x(t)$ la cui derivata seconda è proporzionale alla funzione stessa e di segno opposto. Le funzioni circolari, come seno e coseno, sono di questo tipo e sono dette anche *funzioni armoniche*.
Possiamo quindi intuire che la soluzione è del tipo:

$$x(t) = A\sin(\omega t + \phi)$$

con A, ω e ϕ costanti da determinare.
Verifichiamo che la funzione

$$x(t) = A\sin(\omega t + \phi)$$

soddisfa l'equazione differenziale

$$x''(t) = -\frac{k}{m}x(t).$$

Il pendolo di Foucault

Il libro *Il pendolo di Foucault* di Umberto Eco descrive così la relazione che lega il periodo del pendolo alla lunghezza l del filo:

«Fu allora che vidi il Pendolo. La sfera, mobile all'estremità di un lungo filo fissato alla volta del coro, descriveva le sue ampie oscillazioni con isocrona maestà. Io sapevo – ma chiunque avrebbe dovuto avvertire nell'incanto di quel placido respiro – che il periodo era regolato dal rapporto tra la radice quadrata della lunghezza del filo e quel numero π che, irrazionale alle menti sublunari, per divina ragione lega necessariamente la circonferenza al diametro di tutti i cerchi possibili – così che il tempo di quel vagare di una sfera dall'uno all'altro polo era effetto di una arcana cospirazione tra le più intemporali delle misure, l'unità del punto di sospensione, la dualità di una astratta dimensione, la natura ternaria di π, il tetragono segreto della radice, la perfezione del cerchio».

Calcoliamo la derivata seconda di $x(t)$ e sostituiamo nell'equazione:

$$x'(t) = A\omega\cos(\omega t + \phi)$$
$$x''(t) = -A\omega^2\sin(\omega t + \phi).$$

Deve quindi valere, per ogni t, l'uguaglianza seguente:

$$-A\omega^2\sin(\omega t + \phi) = -\frac{k}{m}A\sin(\omega t + \phi).$$

Ciò equivale a dire che $\omega^2 = \frac{k}{m}$ e quindi $\omega = \sqrt{\frac{k}{m}}$.

Possiamo quindi affermare che l'integrale generale dell'equazione differenziale

$$x''(t) = -\frac{k}{m}x(t)$$

è

$$x(t) = A\sin\left(\sqrt{\frac{k}{m}}\,t + \phi\right)$$

dove A e ϕ sono costanti da determinare e $\sqrt{\frac{k}{m}}$ è detta *pulsazione* dell'oscillazione.

La pulsazione è legata:

- alla frequenza f dalla relazione
$$f = \frac{1}{2\pi}\sqrt{\frac{k}{m}};$$
- al periodo T dalla relazione
$$T = 2\pi\sqrt{\frac{m}{k}}.$$

L'ampiezza A dell'oscillazione è uguale alla massima distanza della massa dalla sua posizione di equilibrio. Possiamo determinare le costanti A e ϕ per esempio conoscendo la posizione iniziale $x(0)$ e la derivata di $x(t)$ in $t = 0$, cioè la velocità all'istante iniziale $x'(0)$.

Il pendolo semplice in assenza di attriti

Nel caso di piccole oscillazioni di un pendolo semplice in assenza di attriti, le uniche forze agenti sul sistema sono la forza peso $\vec{P}$ e la tensione del filo $\vec{T}$ (inestensibile e di massa trascurabile).

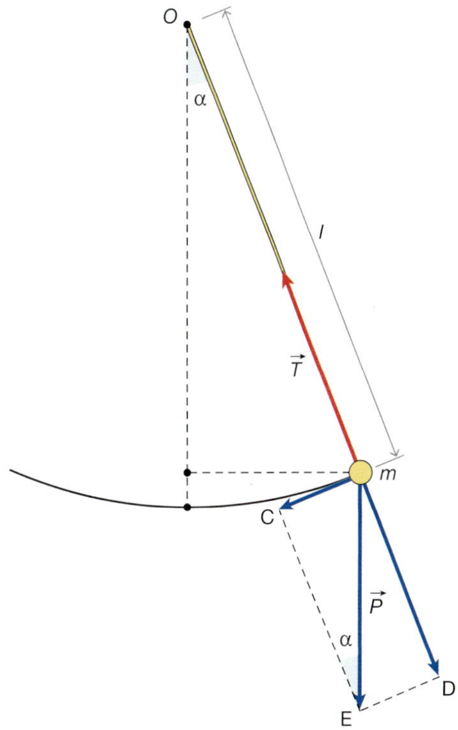

La forza peso, che agisce sulla massa m attaccata al filo, può essere scomposta lungo due direzioni: una lungo il filo del pendolo che è annullata dalla tensione e l'altra diretta tangenzialmente alla traiettoria del pendolo.

► Il primo pendolo di Foucault fu costruito appendendo una sfera alla cupola del Pantheon di Parigi.

La componente tangenziale della forza peso è data da

$$mg\sin(\alpha)$$

dove α è l'angolo di oscillazione (in radianti) all'istante t.
L'angolo α è nullo se il pendolo si trova nella sua posizione di equilibrio.
Se le oscillazioni sono piccole possiamo approssimare $mg\sin(\alpha)$ con $mg\alpha$.
La posizione $x(t)$ all'istante t è, a meno del segno, la lunghezza dell'arco percorso dalla massa m a partire dalla posizione di equilibrio sulla circonferenza di raggio uguale alla lunghezza l del filo.
Abbiamo quindi

$$x(t) = l \cdot \alpha(t)$$

o, in termini equivalenti

$$\alpha(t) = \frac{x(t)}{l}.$$

La forza $mg\sin(\alpha) \approx mg\alpha$ agisce nella direzione dello spostamento e ha verso opposto, perché tende a riportare il pendolo nella posizione di equilibrio, cioè nella posizione verticale in cui il filo è diretto come la forza peso.
Quindi nel nostro caso:

$$F = -mg\alpha = -\frac{mg}{l}x$$

cioè F è una forza di tipo elastico, con $\frac{g}{l}$ come costante dell'oscillatore.
Le considerazioni fatte per il *sistema massa-molla* possono essere ripetute per il pendolo. In questo caso l'equazione differenziale che esprime la posizione angolare α in funzione del tempo t è data da:

$$\alpha''(t) = -\frac{g}{l}\alpha(t)$$

con la costante $\frac{g}{l}$ al posto della costante $\frac{k}{m}$.
Quindi possiamo concludere che l'integrale generale è del tipo:

$$\alpha(t) = A\sin\left(\sqrt{\frac{g}{l}}\,t + \phi\right).$$

La frequenza di oscillazione è: $f = \frac{1}{2\pi}\sqrt{\frac{g}{l}}$.
Il periodo è: $T = 2\pi\sqrt{\frac{l}{g}}$.

Sia per la molla, sia per il pendolo l'oscillazione continua all'infinito perché il modello trascura le forze di attrito: l'energia potenziale che mettiamo a disposizione di una molla o di un pendolo quando li spostiamo dalla loro posizione di equilibrio si converte completamente in energia cinetica, che è massima nell'istante in cui la massa attaccata alla molla o al filo passano per la loro posizione di equilibrio.
A sua volta questa energia cinetica si riconverte in energia potenziale e così via.
La presenza di attriti provocherebbe invece una dissipazione di energia meccanica dando luogo a oscillazioni smorzate.

Circuito LC

Vediamo come il modello dell'oscillatore armonico descrive un fenomeno elettromagnetico.

Consideriamo il seguente circuito formato da un condensatore di capacità C, da un induttore di induttanza L, da un interruttore I e da una batteria che mette a disposizione del circuito una tensione costante V.

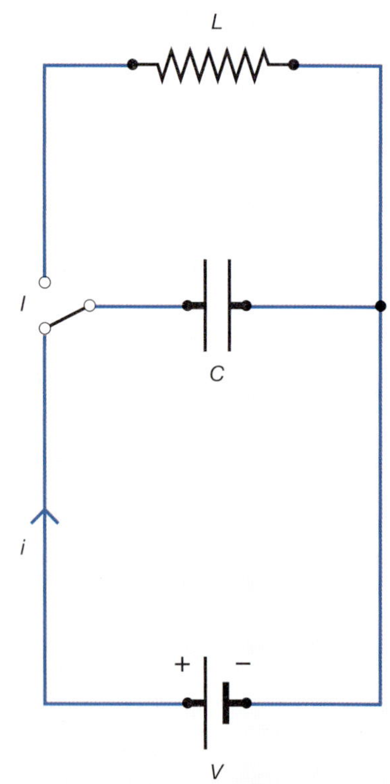

Inizialmente l'interruttore chiude il circuito in cui sono presenti la batteria e il condensatore. In questo modo la batteria carica il condensatore.
Supponiamo che all'istante $t = 0$ il condensatore sia completamente carico e che

l'interruttore chiuda il circuito in cui sono presenti solo il condensatore e l'induttore.
L'energia associata al campo elettrico, dovuta alla carica presente sul condensatore, inizia a far circolare corrente e a tramutarsi quindi in energia associata al campo magnetico.
La corrente aumenta così dal valore 0 a un valore massimo raggiunto nell'istante in cui tutta l'energia associata al campo elettrico si è trasformata in energia associata al campo magnetico.
Questa energia verrà ora riconvertita gradualmente in energia associata al campo elettrico che sarà massima nell'istante in cui la corrente sarà nuovamente nulla, perché tutta l'energia associata al campo magnetico si sarà nuovamente trasformata in energia associata al campo elettrico. Il processo potrà così continuare all'infinito, se si trascurano gli effetti dissipativi.

L'analisi energetica del circuito suggerisce che si tratti di una situazione analoga a quella del sistema massa-molla o del pendolo in assenza di attriti, dove al posto dell'energia potenziale consideriamo l'energia associata al campo elettrico e al posto dell'energia cinetica consideriamo l'energia associata al campo magnetico. Vediamo come è possibile confermare questa considerazione con un'analisi quantitativa.
Vogliamo determinare una formula che esprima la corrente i che attraversa il circuito in funzione del tempo t.
Ricordiamo che:

- la differenza di potenziale V_C ai capi del condensatore è data da $V_C(t) = \frac{q(t)}{C}$, dove $q(t)$ è la carica presente all'istante t sulle armature del condensatore;
- la differenza di potenziale V_L ai capi dell'induttore è data da $V_L(t) = L\frac{di}{dt}$, dove $i = i(t)$ è la corrente che attraversa l'induttore e che è uguale a quella che attraversa il circuito.

Se applichiamo le leggi dei circuiti, che sono una conseguenza dei principi di conservazione della carica e dell'energia, otteniamo la seguente equazione differenziale:

$$L\frac{di}{dt} + \frac{q}{C} = 0.$$

Poiché la carica q e la corrente i sono legate dalla relazione $i = \frac{dq}{dt}$, l'equazione differenziale precedente si può scrivere nella forma seguente:

$$Lq'' = -\frac{q}{C} \Rightarrow q'' = -\frac{q}{LC}$$

dove abbiamo utilizzato il solito simbolo q'' per indicare la derivata seconda della carica rispetto al tempo.
Si tratta di un'equazione formalmente identica a quella del sistema massa-molla o del pendolo semplice in assenza di attriti.
Ciò vuol dire che anche il circuito LC è un oscillatore armonico di costante $\frac{1}{LC}$.
La carica q presente sulle armature del condensatore è espressa in funzione del tempo t dalla legge:

$$q(t) = A\sin\left(\frac{1}{\sqrt{LC}}t + \phi\right)$$

con A e ϕ costanti da determinare in base alle conoscenze sulle condizioni iniziali che sono

$$q(0) = CV \text{ e } q'(0) = i(0) = 0.$$

Quindi abbiamo:

$$\begin{cases} q(0) = A\sin(\phi) = CV \\ q'(0) = \frac{A}{\sqrt{LC}}\cos(\phi) = 0 \end{cases}$$

Poiché $A \neq 0$, otteniamo, per esempio, $\phi = \frac{\pi}{2}$ e $A = CV$.
Quindi la funzione $q = q(t)$ può essere espressa con la seguente formula:

$$q(t) = CV\sin\left(\frac{1}{\sqrt{LC}}t + \frac{\pi}{2}\right) =$$
$$= CV\cos\left(\frac{1}{\sqrt{LC}}t\right).$$

Se vogliamo determinare la corrente $i = i(t)$ dobbiamo derivare:

$$i(t) = -\frac{CV}{\sqrt{LC}}\sin\left(\frac{1}{\sqrt{LC}}t\right).$$

Se consideriamo anche effetti resistivi, cioè dissipazione di energia elettrica per effetto Joule, otterremo oscillazioni smorzate, proprio come nel sistema massa-molla e nel pendolo: la resistenza agisce in modo analogo alla forza di attrito.

LABORATORIO DI **MATEMATICA CON LO SMARTPHONE**

Derivate e primitive

1 **Come puoi studiare le derivate di una funzione assegnata utilizzando il tuo smartphone?**

2 **Come puoi analizzare le primitive di una funzione assegnata?**

1 **Molte app permettono di ottenere** in modo immediato **i grafici delle derivate successive di una funzione**.
Considera la funzione $f(x) = x^3 - 4x^2 + 6$ e osserva il suo grafico. Quale può essere il grafico della sua **derivata prima**?
Prova a prevedere l'andamento di $f'(x)$ e poi rappresenta il suo grafico con un'app.

Se l'app non fornisce l'equazione esplicita della derivata di una funzione, puoi calcolarla tu e controllare che il suo grafico coincida con quello di $f'(x)$ fornito dall'app.

Utilizza ora lo smartphone per visualizzare la retta tangente al grafico della funzione f al variare dell'ascissa x_0 del punto di tangenza. Associa il valore di x_0 a un cursore e osserva come cambia il grafico della retta tangente al variare di x_0.
Puoi osservare in figura come impostare l'app per ottenere questo risultato.

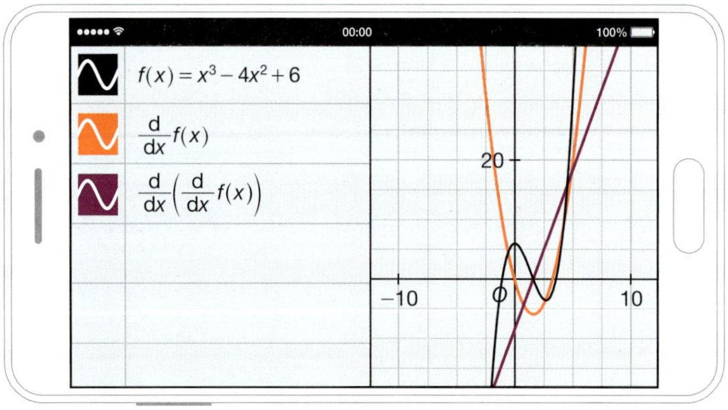

Figura 1

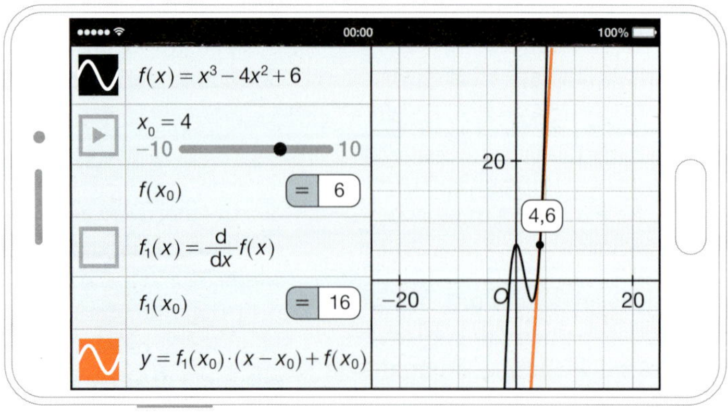

Figura 2

<u>Per esercizio</u> puoi considerare le funzioni $g(x) = \frac{x^2 - 4}{x + 3}$ e $h(x) = \frac{x^2 - 4}{9 - x^2}$ e prevedere le principali caratteristiche del grafico della loro derivata prima. Verifica poi con un'app la correttezza della tua previsione.

Puoi usare un'app anche per ottenere il grafico delle **derivate successive** di una funzione. Per esempio se calcoli le derivate successive della funzione $y = \sin(x)$ dovresti accorgerti che la sua derivata quarta restituisce la funzione iniziale. Puoi osservare con il tuo smartphone che i grafici di $y = \sin(x)$ e della sua derivata quarta coincidono.
Inoltre se segui i seguenti passaggi e modifichi di volta in volta la scrittura della funzione $f(x)$ puoi osservare le sue derivate prima, seconda, terza e quarta senza dover riscrivere i comandi:

- inserisci nella barra di editing la funzione iniziale nella forma $f(x) = \sin(x)$;
- definisci la sua derivata prima come $f_1(x) = \frac{d}{dx}(f(x))$, la sua derivata seconda come $f_2(x) = \frac{d}{dx}(f_1(x))$, la sua derivata terza come $f_3(x) = \frac{d}{dx}(f_2(x))$ e la sua derivata quarta come $f_4(x) = \frac{d}{dx}(f_3(x))$.

Per esempio, se sostituisci $f(x) = \sin(x)$ con $f(x) = x^3 - 4x^2 - 6$, osservi che la derivata terza è una funzione costante non nulla, mentre la derivata quarta è una funzione identicamente nulla.

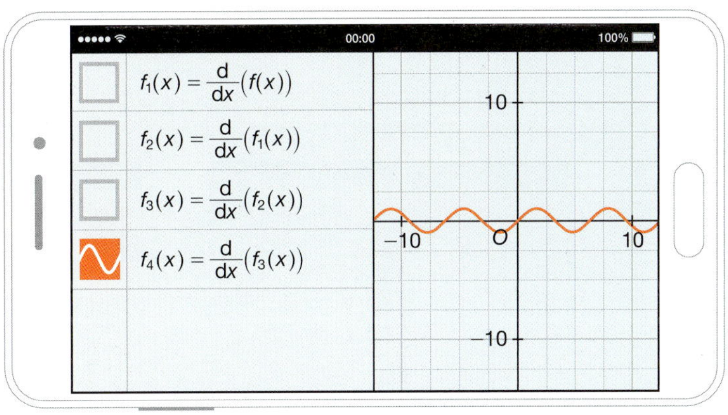

Figura 3

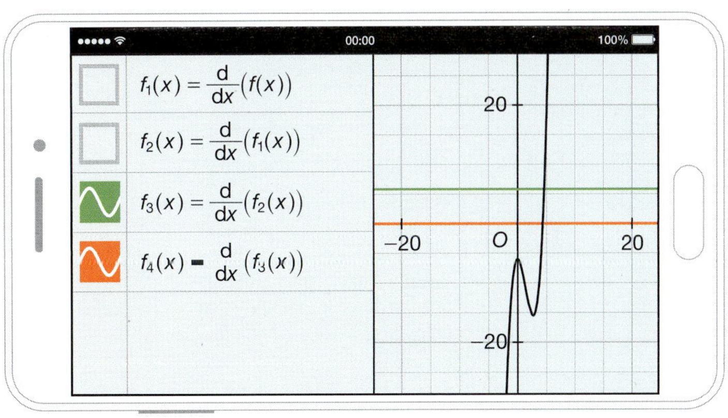

Figura 4

2 **Considera il procedimento inverso della derivazione**. Definisci una funzione f e disegna il grafico della sua derivata prima g. Ora nascondi sia il grafico di $y = f(x)$, sia la formula che definisce f e chiedi a un tuo compagno di prevedere, a partire dal grafico di g, l'andamento di f. Usa l'app per verificare se le previsioni del tuo compagno sono coerenti con il grafico di f, in particolare con la crescenza e la concavità di f.
Ora inserisci un cursore k e poi osserva i grafici delle funzioni definite da $y = f(x) + k$: essi sono i grafici di alcune primitive della funzione g.

L'integrazione numerica può esserti utile per comprendere meglio il **teorema fondamentale del calcolo**. Costruisci una funzione integrale con l'approssimazione numerica dei rettangoli.

Considera $f(x) = x^3 - 4x^2 + 6$ e la funzione integrale $P(x) = \int_a^x f(t)\,dt$.

Vuoi approssimare $P(x)$ con il metodo dei rettangoli:

$$P(x) \approx \left(\frac{x-a}{n}\right)\cdot\sum_{k=1}^{n} f\left(a+k\cdot\frac{x-a}{n}\right).P(x)=\left(\frac{x-a}{n}\right)\cdot\sum_{k=1}^{n} f\left(a+k\cdot\frac{x-a}{n}\right)$$

Crea un cursore a e un cursore n che indica il numero di parti uguali in cui è stato suddiviso l'intervallo $[a, x]$. Maggiore è il valore di n e migliore è l'approssimazione numerica di $P(x)$.
Se calcoli la derivata della funzione P e ne disegni il grafico con il tuo smartphone dovresti osservare una buona corrispondenza con il grafico della funzione f. Inoltre se confronti il grafico della funzione P con quello di una primitiva della funzione f vedrai che i due grafici, con approssimazione molto buona, differiscono per una costante. Questa costante varia al variare del parametro a.

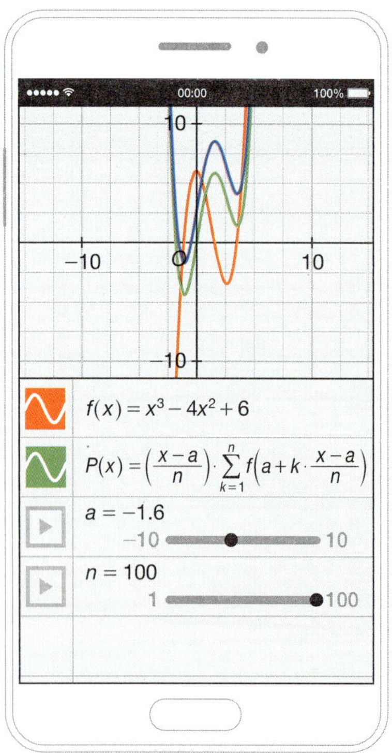

▲ Figura 5

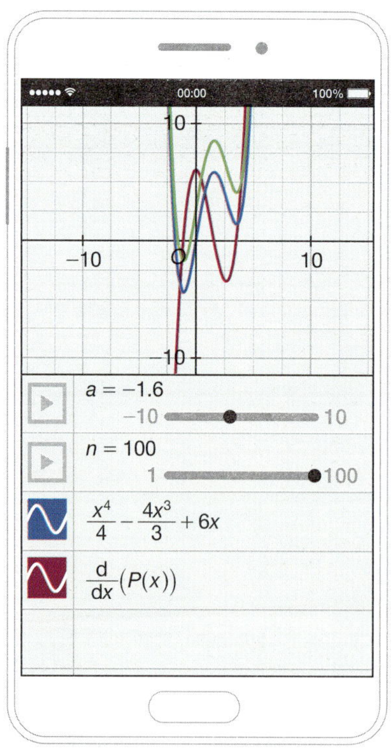

▲ Figura 6

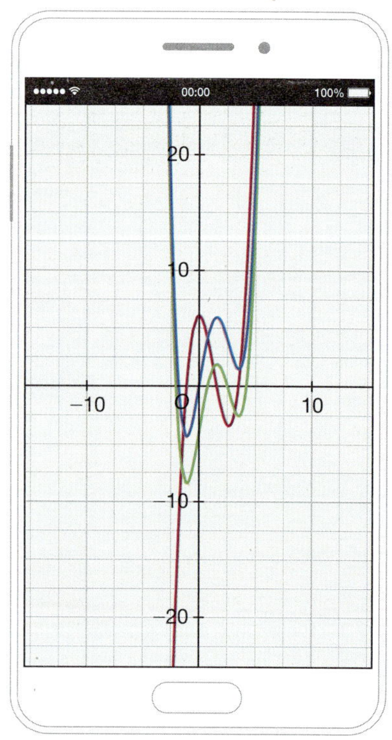

▲ Figura 7

SEZIONE

D

DATI E PREVISIONI

INIZIAMO CON UN PROBLEMA
Il problema delle parti

INIZIAMO CON UN PROBLEMA

Il problema delle parti

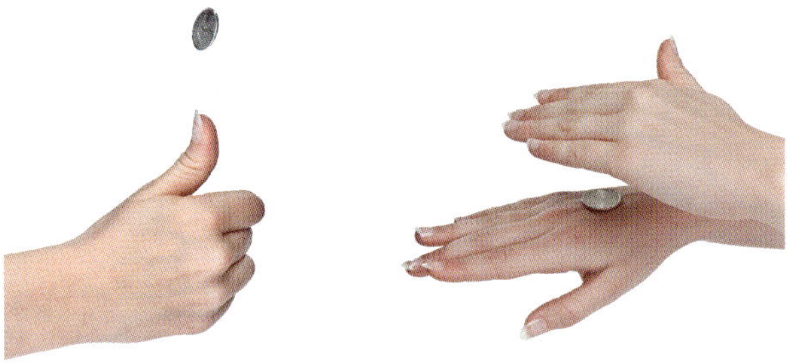

Due giocatori Alberto e Barbara giocano a «testa o croce» con una moneta non truccata. Il giocatore che indovina per primo 6 esiti vince la posta in gioco P. Supponiamo che Alberto scommetta sempre su testa e Barbara sempre su croce. Prima che la partita sia terminata il gioco viene inaspettatamente interrotto sul 5 a 3 per Alberto, cioè al momento dell'interruzione Alberto ha indovinato 5 esiti e Barbara ne ha indovinati 3.

Come va divisa la posta in gioco in modo tale che la suddivisione sia equa?

Il problema è stato risolto per la prima volta da Pascal e Fermat nel 1654 con i metodi del calcolo delle probabilità. Prima di loro altri matematici si erano occupati del problema, proponendo alcune risoluzioni.

La soluzione di Luca Pacioli (1494)

Il matematico Luca Pacioli risolve il problema dividendo l'intera posta in parti direttamente proporzionali ai punteggi dei due giocatori. Dette $V(A)$ la vincita di Alberto e $V(B)$ la vincita di Barbara, vale $V(A)+V(B)=P$, poiché la somma delle vincite dei due giocatori deve essere uguale alla posta in gioco. Se il gioco viene interrotto sul punteggio di 5 a 3 per Alberto abbiamo:

$$\frac{V(A)}{V(B)}=\frac{5}{3}$$

da cui

$$V(A)=\frac{5}{8}P; \qquad V(B)=\frac{3}{8}P.$$

◄◄ Alla pagina precedente: Paul Cézanne (1839–1906), *The Card Players*, particolare. New York, Metropolitan Museum of Art.

► *Ritratto di Luca Pacioli* (1495), attribuito a Jacopo de' Barbari. Napoli, Museo Nazionale di Capodimonte.

In generale, la proposta di Pacioli è che, se a sono i punti di Alberto e b sono i punti di Barbara, valga:

$$V(A) = \frac{a}{a+b}P; \qquad V(B) = \frac{b}{a+b}P.$$

La soluzione di Pacioli è intuitiva e semplice da generalizzare, ma non è accettabile se la partita viene interrotta, per esempio, sull'1 a 0. In questo caso il giocatore che sta vincendo dovrebbe percepire l'intera posta. Se però il gioco non si fosse interrotto, l'avversario avrebbe avuto molte possibilità di rifarsi.
Infatti Pacioli tiene conto solo di ciò che è già accaduto e non di quanto ancora potrebbe accadere. L'approccio di Pacioli non considera le possibilità che un giocatore ha di vincere, ma solo il punteggio dei due giocatori al momento dell'interruzione del gioco.

La soluzione di Girolamo Cardano (1529)

Cardano propone di dividere la posta in parti inversamente proporzionali agli esiti che i due giocatori devono ancora indovinare per potersi aggiudicare l'intera partita.
Nel nostro caso, Alberto deve indovinare un solo esito per vincere, mentre Barbara deve indovinarne 3.
Quindi per Cardano:

$$\frac{V(A)}{V(B)} = \frac{3}{1}$$

cioè

$$V(A) = \frac{3}{4}P; \qquad V(B) = \frac{1}{4}P.$$

Generalizziamo: se n è il numero di esiti che consentono di vincere e a e b rispettivamente i punteggi di Alberto e di Barbara al momento dell'interruzione, vale:

$$\frac{V(A)}{V(B)} = \frac{n-b}{n-a}$$

e quindi

$$V(A) = \frac{n-b}{2n-(a+b)}P;$$

$$V(B) = \frac{n-a}{2n-(a+b)}P.$$

La soluzione proposta da Cardano si può generalizzare facilmente ed è anche convincente: tiene conto solo del *futuro del gioco* e quindi sembra spartire la posta in seguito a una valutazione delle probabilità che Alberto e Barbara hanno di vincere la partita al momento della sua interruzione.
Un'analisi più approfondita rivela però che Cardano considera equiprobabili eventi che in realtà non lo sono.
Per spiegare la soluzione proposta da Cardano e il suo punto di maggiore criticità osserviamo che è come se Cardano supponesse di far continuare la partita considerando i possibili risultati.

- Alberto vince con il punteggio di 6 a 3: A
- Alberto vince con il punteggio di 6 a 4: BA
- Alberto vince con il punteggio di 6 a 5: BBA
- Barbara vince con il punteggio di 5 a 6: BBB

I casi possibili sono 4, quindi Cardano divide la posta in 4 parti uguali e ne assegna 3 ad Alberto e 1 a Barbara, perché Alberto vince in 3 casi su 4 e Barbara solo in un caso su 4.
Il punto di debolezza del ragionamento è che i quattro possibili casi non sono equiprobabili.

La soluzione di Pietro Cataneo (1559)

Pietro Cataneo risolve il problema ragionando sul numero massimo di lanci che possono essere effettuati affinché il gioco termini con l'attribuzione dell'intera posta a uno dei giocatori.
Nel nostro caso il punteggio che attribuisce la vittoria a un giocatore è il 6, quindi il numero massimo di lanci che possono essere effettuati si ha per il punteggio di 6 a 5, ed è quindi uguale a 11.
In generale, se n è il punteggio che consente la vittoria di uno dei giocatori, allora possono essere effettuati al più

$$(n-1)+(n-1)+1 = 2n-1 \text{ lanci.}$$

Cataneo propone di dividere una parte della posta in parti direttamente proporzionali al punteggio che hanno i due giocatori nel momento dell'interruzione della partita e di dividere la parte restante in parti uguali. Così, sul punteggio di 5 a 3 per Alberto, la posta viene divisa in 11 parti uguali, dove 11 è il numero massimo di lanci. Alberto allora prende i $\frac{5}{11}$ della posta, Barbara ne prende i $\frac{3}{11}$. La frazione di posta rimanente, uguale a $\frac{3}{11}$, è divisa in parti uguali fra i due giocatori. Quindi in totale ad Alberto spettano i $\frac{13}{22}$ della posta, mentre a Barbara i $\frac{9}{22}$.

In generale abbiamo:

$$V(A)=\frac{2n-1+a-b}{2(2n-1)}P;$$

$$V(B)=\frac{2n-1+b-a}{2(2n-1)}P.$$

Cataneo, per suddividere equamente la posta, prende in considerazione sia informazioni che riguardano il *passato del gioco* (il punteggio al momento dell'interruzione) sia informazioni sul *futuro del gioco* (il numero massimo di lanci effettuabili).

La soluzione di Blaise Pascal (1654)

Il procedimento di Pascal si fonda sulle seguenti regole:

- se i due giocatori pareggiano, allora la posta va suddivisa in parti uguali;
- se a un giocatore manca un punto per vincere, allora gli spetta metà della posta in gioco.

Vediamo una traduzione del ragionamento di Pascal in termini moderni per il problema che stiamo considerando.
Il gioco si trova sul punteggio di 5 a 3 per Alberto. Supponiamo di procedere con la partita. Poiché ad Alberto manca un solo punto per vincere, gli spetta metà della posta in gioco, cioè $\frac{P}{2}$.
Se Alberto indovina il successivo esito la partita finisce, altrimenti si va sul 5 a 4 per lui. Anche in questo caso, immaginando di procedere, Alberto deve indovinare un solo esito per vincere, quindi gli spetta la metà della posta rimasta ancora in gioco, cioè: $\frac{P}{2}:2=\frac{P}{4}$.

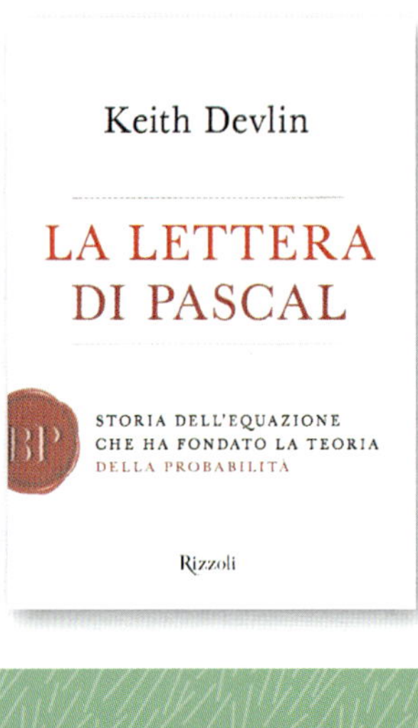

► *La Lettera di Pascal*, del matematico Keith Devlin, descrive il carteggio tra Pascal e Fermat del 1654, considerato l'atto di nascita della teoria della probabilità.

Se Alberto indovina il successivo esito la partita finisce, altrimenti si va sul 5 a 5. In questo caso, immaginando di procedere, Alberto e Barbara si dividono la posta rimanente, uguale a $\frac{P}{4}$, in parti uguali, cioè $\frac{P}{8}$ per ciascuno .
Quindi ad Alberto spetta

$$\frac{P}{2}+\frac{P}{4}+\frac{P}{8}=\frac{7}{8}P;$$

mentre a Barbara spetta

$$\frac{1}{8}P.$$

La soluzione di Pascal è coerente con il calcolo delle probabilità, ma non è semplice da generalizzare.

La soluzione di Pierre de Fermat (1654)

Fermat propone una soluzione che ripercorre il procedimento di Cardano, ma usando una *finzione matematica*. Questo gli permette di superare la debolezza del ragionamento di Cardano.
Sul punteggio di 5 a 3 per Alberto, Fermat afferma che la partita può durare al più ancora 3 lanci, e i casi possibili ed equiprobabili sono:

$AAA \longrightarrow$ vince Alberto
$AAB \longrightarrow$ vince Alberto
$ABA \longrightarrow$ vince Alberto
$ABB \longrightarrow$ vince Alberto
$BAA \longrightarrow$ vince Alberto
$BBB \longrightarrow$ vince Barbara
$BBA \longrightarrow$ vince Alberto
$BAB \longrightarrow$ vince Alberto

Le lettere A e B indicano, nell'ordine, il vincitore di ognuno dei tre lanci.
Osserviamo che solo i casi BBA e BBB possono effettivamente realizzarsi: in tutti gli altri casi la partita terminerebbe prima del secondo o del terzo lancio. Questa *finzione* consente di considerare gli 8 casi tutti ugualmente probabili e quindi di calcolare la probabilità di vincere di uno dei giocatori come il rapporto fra il numero dei casi che portano a una vittoria di quel giocatore e il numero dei casi possibili. Quindi Alberto vincerebbe con probabilità $\frac{7}{8}$ e Barbara con probabilità $\frac{1}{8}$.

Tradizionalmente si fa corrispondere al 1654 l'anno zero del calcolo della probabilità: infatti proprio nel 1654 ha avuto luogo la corrispondenza tra Pascal e Fermat sul cosiddetto *problema delle parti*.

Un'interpretazione geometrica del problema

Immaginiamo ancora che Alberto e Barbara si trovino sul punteggio parziale di 5 a 3.
Con riferimento alla figura, Alberto parte dal punto (5, 3) e, per vincere, deve raggiungere uno dei seguenti punti: (6, 3), (6, 4), (6, 5).
Anche Barbara parte dal punto (5, 3) e può vincere solo se raggiunge il punto (5, 6).

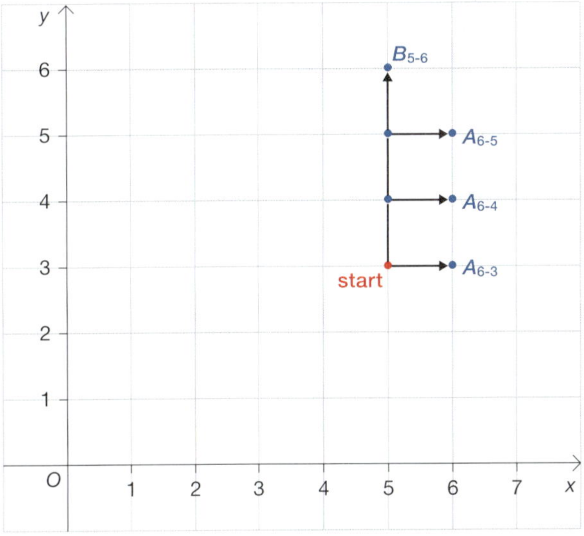

Ogni passo verso l'alto o verso destra ha probabilità $\frac{1}{2}$ di verificarsi e ogni passo è indipendente dagli altri; quindi la probabilità di vincere di Alberto è la somma dei seguenti addendi:

- $\frac{1}{2}$ per arrivare in $(6,3)$;
- $\frac{1}{4}$ per arrivare in $(6,4)$;
- $\frac{1}{8}$ per arrivare in $(6,5)$.

Quindi la probabilità di vincere per Alberto è:

$$\frac{1}{2}+\frac{1}{4}+\frac{1}{8}=\frac{7}{8}.$$

La probabilità di vincere per Barbara invece è $\frac{1}{8}$.
Se vogliamo dividere la posta in parti proporzionali alla probabilità che hanno i contendenti di vincere, allora ad Alberto spettano i $\frac{7}{8}$ di P, mentre a Barbara spetta $\frac{1}{8}$ di P.
Per risolvere il problema in generale contiamo il numero di cammini che congiungono due punti qualsiasi a coordinate intere, tenendo presente che a ogni passo ci si può spostare solo verso la destra o verso l'alto. Come vedremo in questa sezione, per fare questo calcolo occorre una particolare distribuzione di probabilità: la *distribuzione binomiale*.

► Caravaggio, *Vocazione di San Matteo*, ca 1600. Roma, San Luigi dei Francesi.

CAPITOLO 12 Le distribuzioni discrete

PROBLEMA

Quanti giorni di pioggia a Dublino?

A Dublino piove in media 165 giorni all'anno. Se decidiamo di trascorrere tre giorni di vacanza a Dublino, quanti giorni di pioggia ci dobbiamo aspettare?

Risoluzione

Se ipotizziamo che in media la percentuale di giorni di pioggia in un intervallo temporale qualsiasi sia $\frac{165}{365} \approx 45.2\%$, in tre giorni avremo in media $\frac{165}{365} \cdot 3 \approx 1.4$ giorni di pioggia.

Questa risposta è intuitiva e coerente, ma proviamo a darne una più articolata, fornendo la distribuzione di probabilità della variabile aleatoria

X = «Numero di giorni di pioggia su tre giorni»

le cui determinazioni sono i numeri 0, 1, 2, 3:

$$\begin{cases} 0 & 1 & 2 & 3 \\ p_0 & p_1 & p_2 & p_3 \end{cases} \qquad \text{con } p_0 + p_1 + p_2 + p_3 = 1.$$

Ipotizziamo, per semplificare, che ogni giorno si possa classificare come piovoso (P) o non piovoso (N) e che la probabilità che un giorno qualunque sia piovoso, indipendentemente dagli altri, sia

$$p = \frac{165}{365} \approx 45.2\%.$$

La probabilità che non sia piovoso è di conseguenza:

$$q = 1 - p = \frac{200}{365} \approx 54.8\%.$$

Costruiamo un diagramma ad albero per risolvere il problema.

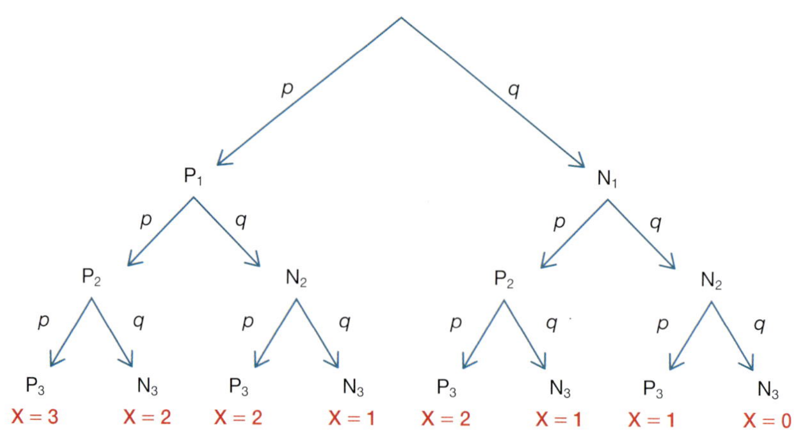

Moltiplicando le probabilità lungo i rami si ottiene la distribuzione di probabilità di X, che prende il nome di **distribuzione binomiale**, perché ci sono solo due possibilità: l'evento si verifica (il giorno considerato è piovoso) oppure l'evento non si verifica (il giorno considerato non è piovoso). Osserviamo che le probabilità sono gli addendi dello sviluppo di $(q+p)^3$.

$$\begin{cases} 0 & 1 & 2 & 3 \\ q^3 & 3pq^2 & 3p^2q & p^3 \end{cases} \approx \begin{cases} 0 & 1 & 2 & 3 \\ 0.165 & 0.407 & 0.336 & 0.092 \end{cases}$$

Quindi avremo:

- nessun giorno di pioggia con probabilità circa 16.5%;
- 1 giorno di pioggia con probabilità circa 40.7%;
- 2 giorni di pioggia con probabilità circa 33.6%;
- 3 giorni di pioggia con probabilità circa 9.2%.

Osserviamo che il problema è stato risolto supponendo che l'evento P «Il giorno considerato è piovoso» abbia due caratteristiche:

- può verificarsi con probabilità p o non verificarsi con probabilità $1-p$;
- la probabilità p è costante, cioè non dipende dal fatto che altri giorni siano o non siano stati giorni di pioggia.

Alcune domande che aprono nuove prospettive

Abbiamo risolto il problema di apertura per $n = 3$. Se la vacanza durasse, per esempio, una settimana, la risoluzione mediante il diagramma ad albero diventerebbe impraticabile perché avremmo sull'ultima riga $2^7 = 128$ rami. Come si risolve in generale un problema come questo?

La distribuzione binomiale

Il quiz per il conseguimento della patente di guida attualmente in vigore in Italia è costituito da 40 quesiti del tipo «Vero o falso?»; il test è superato se si risponde correttamente ad almeno 36 domande. Supponiamo, anche se l'ipotesi è poco realistica, che un candidato, Andrea, ignori completamente gli argomenti proposti e risponda a caso a tutte le domande: abbiamo $n = 40$ prove in ciascuna delle quali la probabilità di successo è $p = 0.5$.

Possiamo invece supporre, più realisticamente, che un'altra candidata, Barbara, abbia una conoscenza più o meno approfondita dei temi del quiz e che in media la probabilità di rispondere correttamente a ogni domanda sia una misura della sua preparazione; per esempio possiamo ipotizzare $p = 0.8$, che significa che conosce gli argomenti in una misura dell'80%.

In entrambi i casi supponiamo che il successo o meno in una risposta sia indipendente dagli esiti delle altre prove.

Ci chiediamo quante risposte giuste riusciranno a dare i due candidati.

Introduciamo la notazione:

S_i: la risposta alla i-esima domanda è corretta;

N_i: la risposta alla i-esima domanda è sbagliata;

p: la probabilità di rispondere correttamente a ogni domanda;

$q = 1 - p$: la probabilità di rispondere in modo sbagliato a ogni domanda;

X_A: il numero aleatorio di risposte corrette di Andrea;

X_B: il numero aleatorio di risposte corrette di Barbara.

Le determinazioni di X_A e X_B sono i numeri naturali 0, 1, 2, ..., 40.
Poiché ipotizziamo che ogni risposta sia indipendente dalle altre, la probabilità di ottenere una certa sequenza di risposte, per esempio $S_1S_2N_3S_4 \dots N_{40}$, è uguale al prodotto delle corrispondenti probabilità:

$$Pr(S_1S_2N_3S_4 \dots N_{40}) = p \cdot p \cdot q \cdot p \cdot \dots \cdot q = p^k \cdot q^{40-k},$$

dove k è il numero di risposte corrette e $40 - k$ il numero di risposte sbagliate.
In questo caso non siamo interessati all'ordine delle risposte corrette ma solo al loro numero, quindi per calcolare la probabilità di k risposte corrette dobbiamo contare quante sono le sequenze di lunghezza 40 in cui S compare k volte e N compare $40 - k$ volte. Questo numero è il coefficiente binomiale:

$$\binom{40}{k} = \frac{40!}{k!(40-k)!}.$$

Per ogni $k = 0, 1, 2, \dots, 40$, la probabilità di k risposte corrette è allora:

$$\binom{40}{k} p^k q^{40-k}.$$

Per i due candidati Andrea e Barbara risulta

$$Pr(X_A = k) = \binom{40}{k} 0.5^k \cdot 0.5^{40-k} = \binom{40}{k} 0.5^{40}; \quad Pr(X_B = k) = \binom{40}{k} 0.8^k \cdot 0.2^{40-k}.$$

Per esempio la probabilità di ottenere 30 risposte esatte è, rispettivamente per i due candidati:

$$Pr(X_A = 30) = \binom{40}{30} 0.5^{40} \approx 0.001; \qquad Pr(X_B = 30) = \binom{40}{30} 0.8^{30} \cdot 0.2^{10} \approx 0.11.$$

Utilizziamo un foglio elettronico per calcolare le distribuzioni di probabilità di X_A e X_B; il comando

```
=DISTRIB.BINOM.N(k;40;p;FALSO)
```

calcola la probabilità di k successi in 40 prove, ciascuna con probabilità di successo uguale a p.
L'ultimo argomento della funzione DISTRIB.BINOM.N può essere FALSO o VERO: nel primo caso restituisce la probabilità $Pr(X = k)$; nel secondo caso restituisce $Pr(X \leq k)$, la somma delle probabilità fino a k, cioè le **probabilità cumulate** di X.

- Otteniamo per Andrea la seguente distribuzione (riportiamo solo le determinazioni per le quali la probabilità è maggiore dell'1%).

	A	B
1	k	Pr(X=k)
2	...	...
3	13	0.010944
4	14	0.021107
5	15	0.036585
6	16	0.057164
7	17	0.080702
8	18	0.103119
9	19	0.119401
10	20	0.125371
11	21	0.119401
12	22	0.103119
13	23	0.080702
14	24	0.057164
15	25	0.036585
16	26	0.021107
17	27	0.010944
18	...	...

- Per Barbara la distribuzione è la seguente.

	A	B
1	k	Pr(X=k)
2	...	...
3	26	0.011492
4	27	0.023834
5	28	0.044264
6	29	0.073264
7	30	0.107454
8	31	0.13865
9	32	0.155981
10	33	0.151255
11	34	0.124563
12	35	0.085414
13	36	0.047452
14	37	0.02052
15	...	...

Calcoliamo con il foglio elettronico le probabilità che i due candidati superino il test:

$$\Pr(36 \leq X_A \leq 40) = \Pr(X_A = 36) + \Pr(X_A = 37) + \Pr(X_A = 38) + \Pr(X_A = 39) + \Pr(X_A = 40) \approx 10^{-7};$$

$$\Pr(36 \leq X_B \leq 40) = \Pr(X_B = 36) + \Pr(X_B = 37) + \Pr(X_B = 38) + \Pr(X_B = 39) + \Pr(X_B = 40) \approx 0.08 = 8\%.$$

Vediamo i grafici delle due distribuzioni.

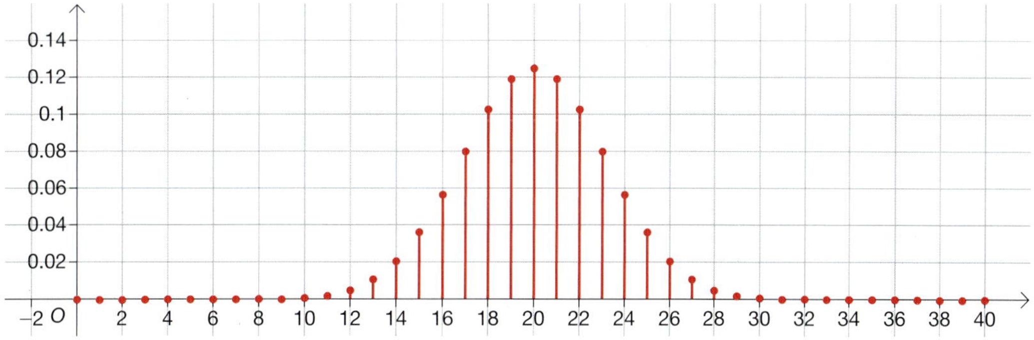

▶ Distribuzione di probabilità di X_A: $n = 40$, $p = 0.5$.

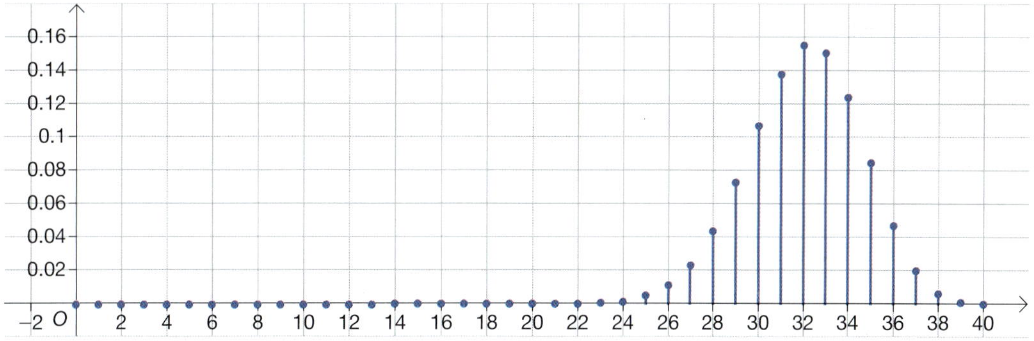

▶ Distribuzione di probabilità di X_B: $n = 40$, $p = 0.8$.

Poiché $p = 0.5$, la distribuzione di X_A è simmetrica rispetto a 20: $\Pr(X = 20 - h) = \Pr(X = 20 + h)$ per $h \in \mathbb{N}, h \leq 20$; il numero di successi più probabile, cioè la moda della distribuzione, è proprio 20.

Invece X_B non è simmetrica, è sbilanciata a destra verso valori maggiori: poiché $p = 0.8$, è più probabile ottenere un numero di risposte corrette più alto; il numero di successi più probabile è 32.

In generale, per la variabile aleatoria

X = «Numero di successi in n prove indipendenti, ciascuna di probabilità p»

risulta

$$\Pr(X = k) = \binom{n}{k} p^k (1 - p)^{(n-k)}.$$

▶ Si dice che una variabile aleatoria X ha una **distribuzione binomiale** di parametri n e p se la distribuzione di probabilità di X è la seguente, con $q = 1 - p$.

$$\begin{cases} 0 & 1 & 2 & \dots & n \\ \binom{n}{0} p^0 q^n & \binom{n}{1} p^1 q^{n-1} & \binom{n}{2} p^2 q^{n-2} & \dots & \binom{n}{n} p^n q^0 \end{cases} =$$

$$= \begin{cases} 0 & 1 & 2 & \dots & n \\ q^n & npq^{n-1} & \binom{n}{2} p^2 q^{n-2} & \dots & p^n \end{cases}$$

In una distribuzione binomiale di parametri n e p, le probabilità di ottenere k successi in n prove (con $0 \leq k \leq n$) sono, al variare di k, gli addendi dello sviluppo di $(p+q)^n$; infatti:

$$(p+q)^n = \binom{n}{0} p^0 q^n + \binom{n}{1} p q^{n-1} + \binom{n}{2} p^2 q^{n-2} + \ldots + \binom{n}{n} p^n q^0.$$

ESPLORA CON UN'ANIMAZIONE DI GEOMETRIA DINAMICA

La distribuzione binomiale con un'animazione

L'animazione che trovi sull'eBook e sul sito del libro è utile per visualizzare il grafico di una distribuzione binomiale. È sufficiente immettere i valori di n e p per ottenere il grafico corrispondente.

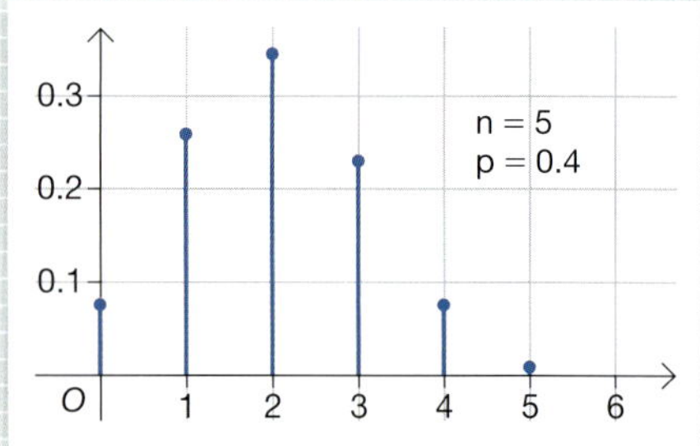

ESPLORA CON UN FOGLIO ELETTRONICO

La distribuzione binomiale con un foglio elettronico

Il foglio elettronico che trovi sull'eBook e sul sito del libro è utile per calcolare le probabilità di una variabile aleatoria con distribuzione binomiale. Nelle celle A2 e B2 ci sono i parametri della distribuzione, cioè rispettivamente n e p; nella colonna C vengono riportate le $n+1$ determinazioni $k = 0, 1, 2, \ldots, n$; nella colonna D, mediante il comando

=DISTRIB.BINOM.N(k;n;p;FALSO)

sono calcolate le probabilità $\Pr(X = k)$, mentre nella colonna E, mediante il comando

=DISTRIB.BINOM.N(k;n;p;VERO)

sono calcolate le probabilità cumulate $\Pr(X \leq k) = \Pr(X = 0) + \Pr(X = 1) + \ldots + \Pr(X = k)$, cioè la cosiddetta *funzione di ripartizione* della variabile aleatoria.

La funzione di ripartizione

In generale, data una variabile aleatoria X, la funzione che associa a ogni numero reale x la probabilità che X assuma valori minori o uguali a x prende il nome di **funzione di ripartizione** di X.

Data una variabile aleatoria X, si chiama **funzione di ripartizione** (o *funzione cumulata delle probabilità*) la funzione F così definita:

$$F(x) = \Pr(X \leq x) \text{ per ogni } x \in \mathbb{R}.$$

PER ESEMPIO

Consideriamo una variabile aleatoria X che ha la seguente funzione di probabilità:

$$\begin{cases} 1 & 2 & 3 \\ 0.2 & 0.5 & 0.3 \end{cases}$$

Indichiamo con F la funzione di ripartizione di X. Costruiamo F analizzando i suoi valori al variare di x in $\mathbb{R}$:

- per ogni $x < 1$ risulta $F(x) = 0$;
- per ogni $1 \leq x < 2$ risulta $F(x) = 0.2$;

- per ogni $2 \leq x < 3$ risulta $F(x) = 0.2 + 0.5 = 0.7$;
- per ogni $x \geq 3$ risulta $F(x) = 0.2 + 0.5 + 0.3 = 1$.

ESPLORA CON UN'ANIMAZIONE DI GEOMETRIA DINAMICA

La funzione di ripartizione

L'animazione che trovi sull'eBook e sul sito del libro consente di tracciare il grafico della funzione di ripartizione $F(x)$ di una variabile aleatoria X. Per farlo è sufficiente digitare la lista delle determinazioni e la lista delle corrispondenti probabilità.

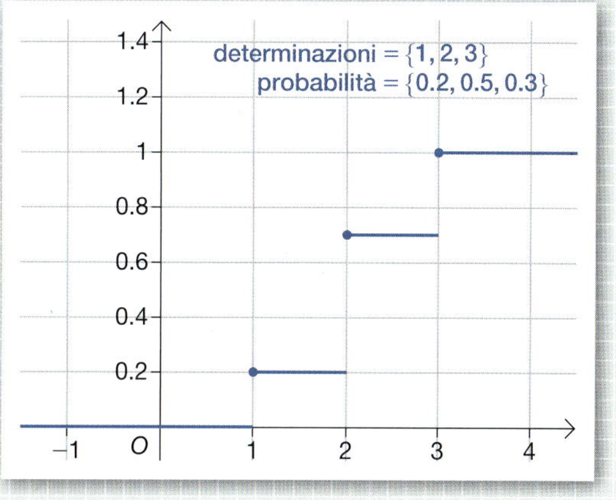

Le variabili aleatorie per le quali possiamo descrivere la distribuzione di probabilità mediante una tabella del tipo

$$\begin{cases} x_1 & x_2 & \dots & x_n \\ p_1 & p_2 & \dots & p_n \end{cases} \qquad \text{con } p_1 + p_2 + \dots + p_n = 1.$$

si chiamano **variabili aleatorie discrete**.

Per le variabili discrete la funzione di ripartizione è costante a tratti e in ogni valore x_k assunto da X presenta un punto di discontinuità con un salto finito: l'ampiezza del salto è $\Pr(X = x_k)$. Per esempio in $x = 2$ il salto è uguale a $F(2) - F(1) = \Pr(X = 2) = 0.5$.
La funzione di ripartizione è crescente da 0 a 1.
Se x_n è il massimo valore assunto da X, per ogni $x \geq x_n$ risulta quindi $F(x) = \Pr(X \leq x_n) = 1$.
In particolare per la distribuzione binomiale di parametri n e p il massimo valore assunto da X è n e quindi risulta $F(x) = 1$ per ogni $x \geq n$.
Le figure seguenti mostrano le funzioni di ripartizione delle variabili aleatorie X_A e X_B del precedente esempio sul test per la patente di guida.

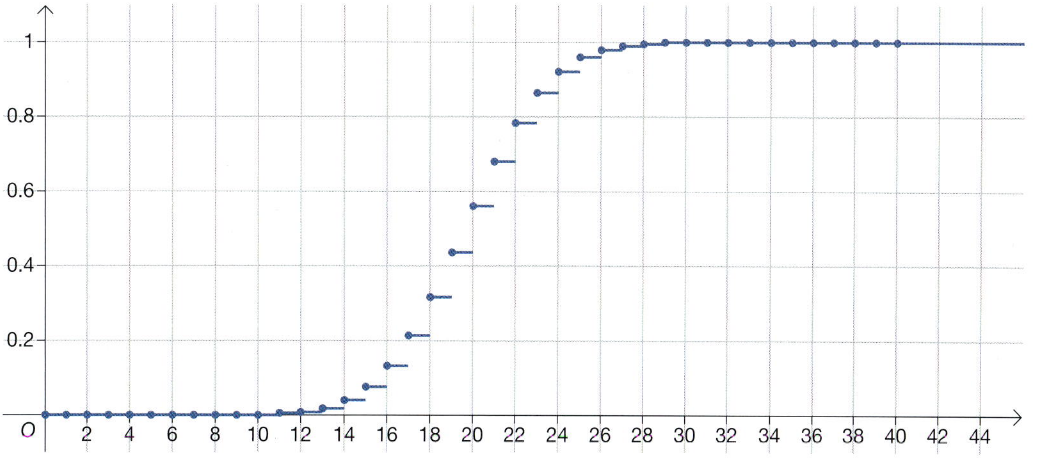

▶ Funzione di ripartizione di X_A.

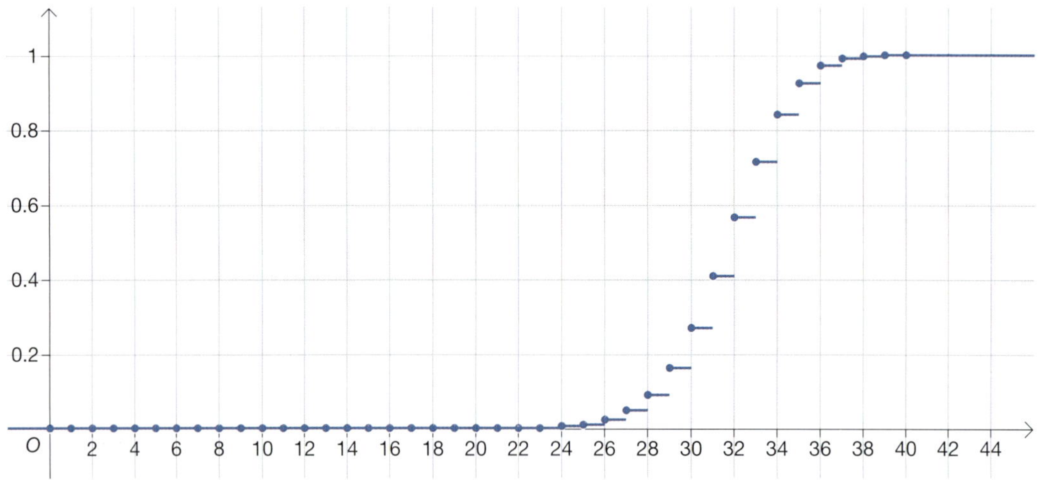

▸ Funzione di ripartizione di X_B.

La funzione di ripartizione è utile per calcolare la probabilità che una variabile discreta X assuma valori compresi tra due determinazioni a e b. Infatti se F è la funzione di ripartizione e a e b sono due numeri naturali, vale:

$$\Pr(a \leq X \leq b) = \Pr(X = a) + \Pr(X = a + 1) + \ldots + \Pr(X = b) =$$
$$= \Pr(X \leq b) - \Pr(X < a) = \Pr(X \leq b) - \Pr(X \leq a - 1) = F(b) - F(a - 1).$$

Per esempio, nel caso del test per la patente di guida, la probabilità che il numero di risposte corrette di un candidato sia almeno 36 è:

$$\Pr(36 \leq X \leq 40) = \Pr(X = 36) + \Pr(X = 37) + \ldots + \Pr(X = 40) =$$
$$= \Pr(X \leq 40) - \Pr(X \leq 35) = 1 - F(35).$$

Con un foglio elettronico si può calcolare $F(35)$ con il comando

=DISTRIB.BINOM.N(35;40;*p*;VERO).

La variabile di Bernoulli: definizione e distribuzione

Consideriamo un evento qualsiasi S e il suo complementare N. Supponiamo $\Pr(S) = p$ e di conseguenza $\Pr(N) = 1 - p = q$. Possiamo associare a ogni evento S una variabile aleatoria, detta **variabile di Bernoulli di parametro *p***, che vale:

- 1 se S si verifica;
- 0 se S non si verifica, cioè se si verifica N.

La distribuzione di probabilità di una variabile aleatoria di Bernoulli B è dunque la seguente:

$$\begin{cases} 0 & 1 \\ q & p \end{cases}$$

Calcoliamo il valore atteso E(B), la varianza Var(B) e la deviazione standard σ(B) della variabile aleatoria B:

$$E(B) = 0 \cdot q + 1 \cdot p = p$$

$$\mathrm{Var}(B) = 0^2 \cdot q + 1^2 \cdot p - p^2 = p - p^2 = p(1 - p) = pq$$

$$\sigma(B) = \sqrt{pq}.$$

Vogliamo mostrare che una variabile aleatoria X con distribuzione binomiale di parametri n e p si ottiene come somma di n variabili di Bernoulli $X_1, X_2, \ldots, X_n$ indipendenti e ciascuna di parametro p:

$$X = X_1 + X_2 + \ldots + X_n.$$

Vediamo mediante un esempio che cosa succede con $n = 2$ e $n = 3$ e poi generalizziamo.

PER ESEMPIO

Alla roulette francese (37 numeri da 0 a 36) giochiamo sul rosso una prima volta; la probabilità di vincere è $p = \frac{18}{37}$ e la probabilità di perdere è $q = 1 - p = \frac{19}{37}$. Il numero di successi (cioè 0 oppure 1) è una variabile di Bernoulli di parametro $p = \frac{18}{37}$.

$$X_1: \begin{cases} 0 & 1 \\ \frac{19}{37} & \frac{18}{37} \end{cases}$$

Giochiamo una seconda volta: il numero di successi nelle due prove è la somma $X_1 + X_2$ dei successi in ciascuna delle due prove (cioè 0, 1 oppure 2). Per calcolare la distribuzione di $X_1 + X_2$ dobbiamo determinare le probabilità congiunte di X_1 e X_2. Poiché riteniamo che X_1 e X_2 siano indipendenti, ogni probabilità congiunta è data dal prodotto delle corrispondenti probabilità marginali; la tabella a doppia entrata è dunque la seguente.

X_1 \ X_2	0	1	X_1
0	q^2	pq	q
1	pq	p^2	p
X_2	q	p	1

La distribuzione di $X_1 + X_2$ è la seguente:

$$\begin{cases} 0+0 & 0+1 & 1+0 & 1+1 \\ q^2 & pq & pq & p^2 \end{cases} = \begin{cases} 0 & 1 & 2 \\ q^2 & 2pq & p^2 \end{cases} \approx \begin{cases} 0 & 1 & 2 \\ 0.264 & 0.500 & 0.237 \end{cases}$$

La somma delle probabilità non è uguale a 1 a causa delle approssimazioni.
Le probabilità di $X_1 + X_2$ sono gli addendi dello sviluppo di $(p+q)^2$.
Giochiamo una terza volta: il numero di successi nelle tre prove è la somma $X_1 + X_2 + X_3$ del numero di successi in ciascuna delle tre prove (cioè 0, 1, 2 oppure 3). Per calcolare la distribuzione di $X_1 + X_2 + X_3$ costruiamo la tabella delle probabilità congiunte di $X_1 + X_2$, che abbiamo appena calcolato, e di X_3.

$X_1 + X_2$ \ X_3	0	1	$X_1 + X_2$
0	q^3	pq^2	q^2
1	$2pq^2$	$2p^2q$	$2pq$
2	p^2q	p^3	p^2
X_3	q	p	1

La distribuzione di $X_1 + X_2 + X_3$ è dunque la seguente:

$$\begin{cases} 0+0 & 0+1 & 1+0 & 1+1 & 2+0 & 2+1 \\ q^3 & pq^2 & 2pq^2 & 2p^2q & p^2q & p^3 \end{cases} = \begin{cases} 0 & 1 & 2 & 3 \\ q^3 & 3pq^2 & 3p^2q & p^3 \end{cases} \approx$$

$$\approx \begin{cases} 0 & 1 & 2 & 3 \\ 0.14 & 0.38 & 0.36 & 0.12 \end{cases}$$

Le probabilità di $X_1 + X_2 + X_3$ sono gli addendi dello sviluppo di $(p+q)^3$.

Generalizziamo a partire dall'esempio: la distribuzione di probabilità della variabile aleatoria X, somma di n variabili di Bernoulli indipendenti e di parametro p, è data dagli addendi dello sviluppo di $(p+q)^n$. Quindi X ha distribuzione binomiale di parametri n e p. In altri termini: il numero di successi in n prove è la somma di n addendi, ciascuno dei quali è il numero di successi (0 oppure 1) nella singola prova.

La somma di variabili aleatorie

Abbiamo visto un esempio di somma di variabili di Bernoulli indipendenti e con lo stesso parametro p.
Vogliamo capire, per due variabili aleatorie qualsiasi X_1 e X_2, quali siano il valore atteso e la varianza di $X_1 + X_2$,

PER ESEMPIO

Consideriamo la seguente tabella delle probabilità congiunte di due variabili aleatorie X_1 e X_2.

X_1 \ X_2	2	4	X_1
1	0.1	0.1	0.2
2	0.2	0.6	0.8
X_2	0.3	0.7	1

X_1 e X_2 non sono indipendenti: per esempio

$$\Pr(X_1 = 1 \text{ e } X_2 = 2) = 0.1 \neq \Pr(X_1 = 1) \cdot \Pr(X_2 = 2) = 0.2 \cdot 0.3 = 0.06.$$

$X_1 + X_2$ ha la seguente distribuzione:

$$\begin{cases} 1+2 & 2+2 & 1+4 & 2+4 \\ 0.1 & 0.2 & 0.1 & 0.6 \end{cases} = \begin{cases} 3 & 4 & 5 & 6 \\ 0.1 & 0.2 & 0.1 & 0.6 \end{cases}$$

Calcoliamo il valore atteso:

$$E(X_1) = 1 \cdot 0.2 + 2 \cdot 0.8 = 1.8$$

$$E(X_2) = 2 \cdot 0.3 + 4 \cdot 0.7 = 3.4$$

$$E(X_1 + X_2) = 3 \cdot 0.1 + 4 \cdot 0.2 + 5 \cdot 0.1 + 6 \cdot 0.6 = 5.2 = E(X_1) + E(X_2).$$

Si può dimostrare che il risultato ottenuto nell'esempio vale in generale.

Per due variabili aleatorie qualsiasi X_1 e X_2 risulta:

$$E(X_1 + X_2) = E(X_1) + E(X_2).$$

Più in generale:

$$E(a_1X_1 + a_2X_2 + \ldots + a_nX_n) = a_1E(X_1) + a_2E(X_2) + \ldots + a_nE(X_n).$$

Una relazione analoga non vale per la varianza. In generale:

$$\mathrm{Var}(X_1 + X_2) \neq \mathrm{Var}(X_1) + \mathrm{Var}(X_2).$$

Infatti il valore atteso è una funzione lineare delle determinazioni mentre la varianza è una funzione quadratica.

Verifichiamolo riprendendo l'esempio precedente. Risulta:

$$\mathrm{Var}(X_1) = 1^2 \cdot 0.2 + 2^2 \cdot 0.8 - 1.8^2 = 0.16$$

$$\mathrm{Var}(X_2) = 2^2 \cdot 0.3 + 4^2 \cdot 0.7 - 3.4^2 = 0.84$$

$$\mathrm{Var}(X_1 + X_2) = 3^2 \cdot 0.1 + 4^2 \cdot 0.2 + 5^2 \cdot 0.1 + 6^2 \cdot 0.6 - 5.2^2 = 1.16$$

mentre

$$\mathrm{Var}(X_1) + \mathrm{Var}(X_2) = 0.16 + 0.84 = 1.$$

Possiamo generalizzare quanto visto nell'esempio.

Per due variabili aleatorie qualsiasi vale la relazione:

$$\mathrm{Var}(X_1 + X_2) = \mathrm{Var}(X_1) + \mathrm{Var}(X_2) + 2\mathrm{Cov}(X_1, X_2).$$

Più in generale:

$$\mathrm{Var}(a_1X_1 + \ldots + a_nX_n) = a_1^2\mathrm{Var}(X_1) + \ldots + a_n^2\mathrm{Var}(X_n) + 2a_1a_2\mathrm{Cov}(X_1, X_2) + \\ + \ldots + 2a_{n-1}a_n\mathrm{Cov}(X_{n-1}, X_n).$$

Verifichiamolo sull'esempio precedente. Risulta:

$$\mathrm{Cov}(X_1, X_2) = E(X_1X_2) - E(X_1)E(X_2) = \\ = 1 \cdot 2 \cdot 0.1 + 2 \cdot 2 \cdot 0.2 + 1 \cdot 4 \cdot 0.1 + 2 \cdot 4 \cdot 0.6 - 1.8 \cdot 3.4 = 0.08.$$

$$\mathrm{Var}(X_1 + X_2) = \mathrm{Var}(X_1) + \mathrm{Var}(X_2) + 2\mathrm{Cov}(X_1, X_2) = 0.16 + 0.84 + 2 \cdot 0.08 = 1.16.$$

OSSERVA

Sappiamo che se X_1 e X_2 sono indipendenti, allora $\mathrm{Cov}(X_1, X_2) = 0$; di conseguenza se X_1 e X_2 sono indipendenti la varianza della somma è uguale alla somma delle varianze:

$$\mathrm{Var}(X_1 + X_2) = \mathrm{Var}(X_1) + \mathrm{Var}(X_2) + 2 \cdot 0 = \mathrm{Var}(X_1) + \mathrm{Var}(X_2).$$

Valore atteso e varianza di una distribuzione binomiale

Consideriamo una variabile aleatoria X con distribuzione binomiale di parametri n e p, che è la somma di n variabili di Bernoulli $X_1, X_2, \ldots, X_n$ indipendenti e tutte di parametro p.
Il valore atteso della somma di più variabili aleatorie è la somma dei corrispondenti valori attesi.
Quindi, poiché $X = X_1 + X_2 + \ldots + X_n$, risulta:

$$E(X) = E(X_1 + X_2 + \ldots + X_n) = E(X_1) + E(X_2) + \ldots + E(X_n) = p + p + \ldots + p = np.$$

Inoltre se $X_1, X_2, \ldots, X_n$ sono indipendenti, allora le covarianze sono tutte nulle e dunque la varianza della somma di più variabili aleatorie è la somma delle corrispondenti varianze:

$$\mathrm{Var}(X) = \mathrm{Var}(X_1) + \mathrm{Var}(X_2) + \ldots + \mathrm{Var}(X_n) = pq + pq + \ldots + pq = npq = \\ = np(1-p).$$

Riassumiamo.

Se X è una variabile aleatoria con distribuzione binomiale di parametri n e p allora:

- $E(X) = np$
- $\mathrm{Var}(X) = np(1-p) = npq$
- $\sigma(X) = \sqrt{npq}$.

PER ESEMPIO

Una macchina produce componenti elettronici che sono successivamente sottoposti a un controllo di qualità. Sulla base dell'esperienza accumulata si stima che il 97% dei pezzi prodotti superi il controllo di qualità, mentre il 3% dei pezzi prodotti sia difettoso.
Un cliente ordina 5 pezzi.

Qual è il numero medio di pezzi difettosi? Qual è la deviazione standard del numero di pezzi difettosi?

Indichiamo con X il numero di pezzi difettosi su 5 pezzi; le determinazioni di X sono i numeri naturali da 0 a 5: se ogni pezzo è difettoso con probabilità 0.03 indipendentemente dagli altri allora X ha una distribuzione binomiale di parametri $n = 5$ e $p = 0.03$. Risulta:

$$E(X) = 5 \cdot 0.03 = 0.15$$

$$Var(X) = 5 \cdot 0.03 \cdot 0.97 = 0.1455$$

$$\sigma(X) = \sqrt{0.1455} \approx 0.38.$$

Se si vuole che con larghissima probabilità, diciamo al 95%, il cliente non riceva nemmeno un pezzo difettoso, a quale valore occorre portare la probabilità di produrre un pezzo difettoso (che attualmente è il 3%)?

Con $p = 0.03$ la probabilità di avere 0 pezzi difettosi è:

$$Pr(X = 0) = \binom{5}{0} 0.03^0 \cdot 0.97^5 = 0.97^5 \approx 0.86.$$

Dunque occorre diminuire p in modo che risulti:

$$Pr(X = 0) = (1 - p)^5 > 0.95.$$

Risolviamo la disequazione:

$$(1 - p)^5 > 0.95 \Leftrightarrow 1 - p > 0.95^{\frac{1}{5}} \Leftrightarrow p < 1 - 0.95^{\frac{1}{5}} \approx 1\%.$$

Dunque il margine di produzione difettosa va ridotto dal 3% all'1% circa.

Modelli binomiali

Molti problemi hanno come modello una distribuzione binomiale.
Nei seguenti casi viene richiesto di determinare la distribuzione di probabilità di una variabile aleatoria.

1. Si lancia $n = 5$ volte una moneta truccata per cui la probabilità di ottenere testa è $p = 0.7$ e quella di ottenere croce è $q = 0.3$. Quante volte esce testa?
2. Un giocatore di basket nel tiro libero ha una media di 7 centri su 10. Se effettua 5 tiri liberi, quanti centri fa?
3. Da un'urna che contiene 7 palline bianche e 3 rosse si estraggono a caso, in successione e con reimmissione, 5 palline. Quante di queste sono bianche?
4. La probabilità che un componente elettronico di una macchina si guasti entro un mese è 0.7. Su 5 componenti, quanti si guastano entro un mese?

Questi problemi pongono tutti la stessa domanda: qual è il numero di successi di probabilità 0.7 che si aspettano in 5 prove? In tutti i problemi ipotizziamo che le prove siano indipendenti e che la probabilità di successo in ogni prova sia costante. Quindi tutti i problemi hanno la stessa soluzione: una variabile aleatoria X con distribuzione binomiale di parametri $n = 5$ e $p = 0.7$.

$$\Pr(X = 0) = 0.3^5 = 0.00243$$
$$\Pr(X = 1) = 5 \cdot 0.7 \cdot 0.3^4 = 0.02835$$
$$\Pr(X = 2) = 10 \cdot 0.7^2 \cdot 0.3^3 = 0.1323$$
$$\Pr(X = 3) = 10 \cdot 0.7^3 \cdot 0.3^2 = 0.3087$$
$$\Pr(X = 4) = 5 \cdot 0.7^4 \cdot 0.3 = 0.36015$$
$$\Pr(X = 5) = 0.7^5 = 0.16807$$

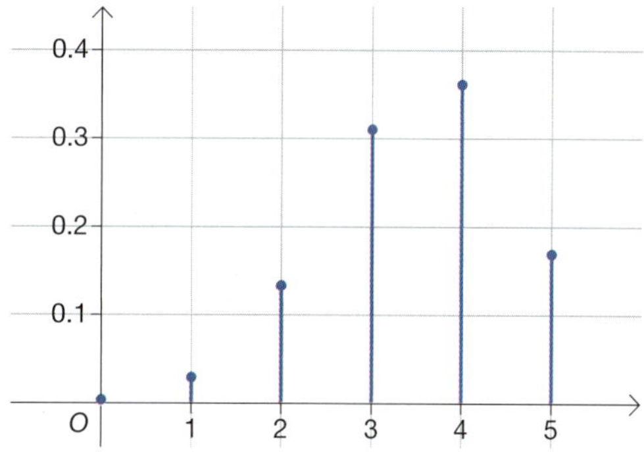

Consideriamo invece il seguente problema.
Da un'urna che contiene 7 palline bianche e 3 rosse si estraggono a caso, in successione e *senza reimmissione*, 5 palline. Quante di queste sono bianche?
Poiché le estrazioni avvengono senza reimmissione, questo non è un modello binomiale: ogni volta che una pallina viene estratta cambia la probabilità di successo (cioè di pescare una pallina bianca); in particolare per ogni pallina bianca estratta diminuisce la probabilità di averne una bianca all'estrazione successiva. La distribuzione di probabilità in questo caso si chiama **ipergeometrica**.
Vediamo con un esempio che, se il numero di palline dei vari colori contenute nell'urna è grande rispetto al numero di estrazioni che si effettuano, possiamo approssimare una distribuzione ipergeometrica con una binomiale.

PER ESEMPIO

In un paese con 1000 elettori, in un referendum hanno votato SI in 700. Nessuno si è astenuto e tutti i voti sono risultati validi. Se si estraggono a caso 5 elettori, quanti hanno votato SI?
Nell'enunciato si ipotizza implicitamente che gli elettori estratti siano diversi; dunque la probabilità di successo è:

- per il primo elettore $\frac{700}{1000} = 0.7$;
- per il secondo elettore $\frac{699}{999} \approx 0.6997$, se il primo ha votato SI; $\frac{700}{999} \approx 0.7007$ se il primo ha votato NO.

Se la popolazione è numerosa rispetto al numero di elettori estratto, le differenze tra le due distribuzioni sono piccole e si può allora usare la distribuzione binomiale come approssimazione di una distribuzione ipergeometrica.

Uno sguardo alla legge dei grandi numeri

Nella quotidianità tutti noi associamo la frequenza relativa con cui un certo evento si verifica e la stima di probabilità di quell'evento. I due valori si avvicinano in media tanto di più quanto maggiore è il numero di prove che svolgiamo. Per esempio se lanciassimo 10 volte una moneta che riteniamo regolare e ottenessimo una sola volta testa, non rimarremmo molto sorpresi. Allo stesso modo non ci stupiremmo di ottenere testa per 9 volte. Diversamente, se su 1000 lanci uscisse testa meno di 100 volte, o più di 900, ci verrebbe qualche dubbio sulla regolarità della moneta.
Questa idea intuitiva è detta **legge empirica del caso** e può essere espressa in modo quantitativo mediante la **legge dei grandi numeri**, che è un teorema del calcolo delle probabilità. Una delle possibili formulazioni è la seguente.

Legge dei grandi numeri

Siano $X_1, X_2, \dots, X_n$ variabili aleatorie indipendenti e con la stessa distribuzione di probabilità di valore atteso m; consideriamo la variabile aleatoria **media** di $X_1, X_2, \dots, X_n$:

$$Z_n = \frac{X_1 + \dots + X_n}{n}.$$

Allora, qualunque sia il numero reale $\varepsilon > 0$, la probabilità che Z_n assuma valori che distano da m meno di ε tende a 1 al tendere di n a $+\infty$:

$$\lim_{n \to +\infty} \Pr(m - \varepsilon \le Z_n \le m + \varepsilon) = 1.$$

Quindi al crescere di n la media di $X_1, X_2, \dots, X_n$ si avvicina al valore atteso m: le probabilità di Z_n *si addensano* su valori compresi in un intervallo piccolo quanto si vuole intorno a m.

PER ESEMPIO

Esaminiamo le seguenti tre domande, solo apparentemente equivalenti tra loro.
Qual è la probabilità che, lanciando una moneta regolare 10 volte, esca testa dalle 4 alle 6 volte?
Qual è la probabilità che, lanciando una moneta regolare 100 volte, esca testa dalle 40 alle 60 volte?
Qual è la probabilità che, lanciando una moneta regolare 1000 volte, esca testa dalle 400 alle 600 volte?
Indichiamo con S_n il numero aleatorio di teste su n lanci: S_n ha distribuzione binomiale di parametri n e $p = 0.5$.

- Se $n = 10$, vale:

  $$\Pr(4 \le S_{10} \le 6) = \Pr(S_{10} = 4) + \Pr(S_{10} = 5) + \Pr(S_{10} = 6) =$$
  $$= \left(\binom{10}{4} + \binom{10}{5} + \binom{10}{6}\right) 0.5^{10} = \frac{210 + 252 + 210}{1024} = \frac{21}{32} \approx 0.656.$$

- Se $n = 100$, indichiamo con $F_{100}(x)$ la funzione di ripartizione di S_{100} e calcoliamo:

  $$\Pr(40 \le S_{100} \le 60) = \Pr(S_{100} = 40) + \Pr(S_{100} = 41) + \dots + \Pr(S_{100} = 60) =$$
  $$= F(60) - F(39).$$

  Con il foglio elettronico calcoliamo questa differenza mediante il comando

  ```
  =DISTRIB.BINOM.N(60;100;0.5;VERO)-DISTRIB.BINOM.N(39;100;0.5;VERO)
  ```

  e otteniamo $\Pr(40 \le S_{100} \le 60) \approx 0.965$.

- Se $n = 1000$ vale:

  $$\Pr(400 \le S_{1000} \le 600) = \Pr(S_{1000} = 400) + \Pr(S_{1000} = 401) + \dots + \Pr(S_{1000} = 600) =$$
  $$= F(600) - F(399).$$

  Con il foglio elettronico calcoliamo questa differenza mediante il comando

  ```
  =DISTRIB.BINOM.N(600;1000;0.5;VERO)-DISTRIB.BINOM.N(399;1000;0.5;VERO)
  ```

  e otteniamo $\Pr(400 \le S_{1000} \le 600) \approx 0.9999999998$.

Il risultato dell'esempio precedente è coerente con la legge dei grandi numeri. Indichiamo con $X_1, X_2, \dots, X_n$ le variabili aleatorie di Bernoulli corrispondenti a ogni lancio: per ogni $i = 1, 2, \dots, n$, X_i vale 1 se esce testa (probabilità $p = 0.5$) e vale 0 se esce croce (probabilità $1 - p = 0.5$).

Allora $S_n = nZ_n = X_1 + X_2 + \dots + X_n$ è il numero di successi in n prove e

$$Z_n = \frac{S_n}{n} = \frac{X_1 + \dots + X_n}{n}$$

è la frequenza relativa del numero di successi in n prove.

Poiché il valore atteso di una variabile di Bernoulli è p, che nel nostro esempio vale 0.5, la legge dei grandi numeri applicata al lancio di una moneta regolare n volte diventa

$$\lim_{n \to +\infty} \Pr\left(0.5 - \varepsilon \le \frac{S_n}{n} \le 0.5 + \varepsilon\right) = 1 \qquad \text{per ogni} \qquad \varepsilon > 0.$$

Se poniamo per esempio $\varepsilon = 0.1$ allora la legge dei grandi numeri afferma

$$\lim_{n \to +\infty} \Pr\left(0.4 \le \frac{S_n}{n} \le 0.6\right) = 1 \qquad \text{quindi} \qquad \lim_{n \to +\infty} \Pr(0.4n \le S_n \le 0.6n) = 1.$$

Questo equivale a dire che la probabilità che il numero di successi in n prove sia compreso tra 0.4 n e 0.6 n tende a 1 all'aumentare di n. Nel nostro esempio, con $n = 10, 100, 1000$, abbiamo ottenuto:

- $\Pr(4 \le S_{10} \le 6) \approx 0.656$;
- $\Pr(40 \le S_{100} \le 60) \approx 0.965$;
- $\Pr(400 \le S_{1000} \le 600) \approx 0.9999999998$.

I diagrammi ad aste delle distribuzioni di S_{10}, S_{100}, S_{1000} mostrano come, all'aumentare di n, la probabilità si addensi sempre più intorno al valore atteso di S_n e come, allontanandosi da questo, la probabilità tenda rapidamente a 0.

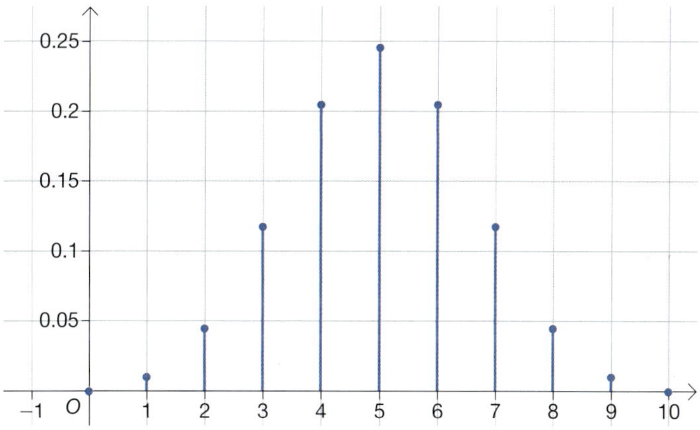

▶ Diagramma ad aste di S_{10}.

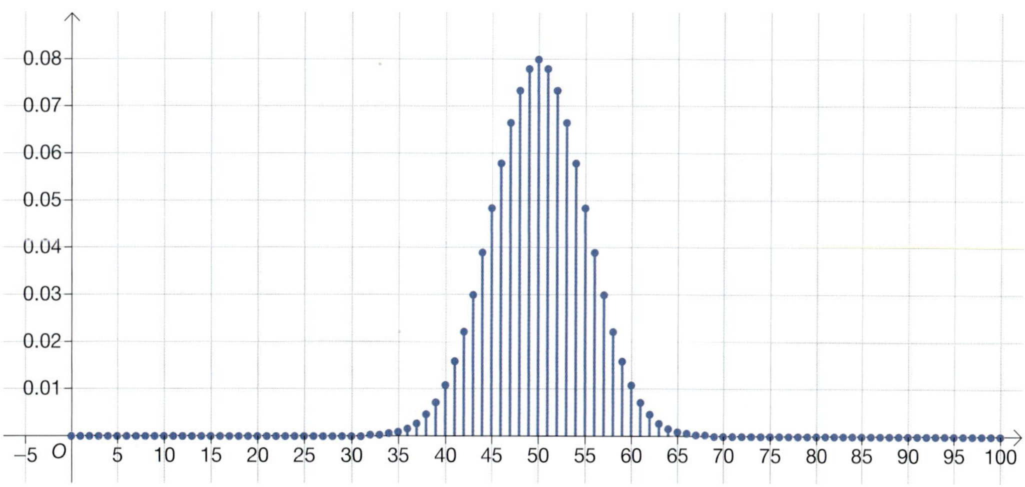

▶ Diagramma ad aste di S_{100}.

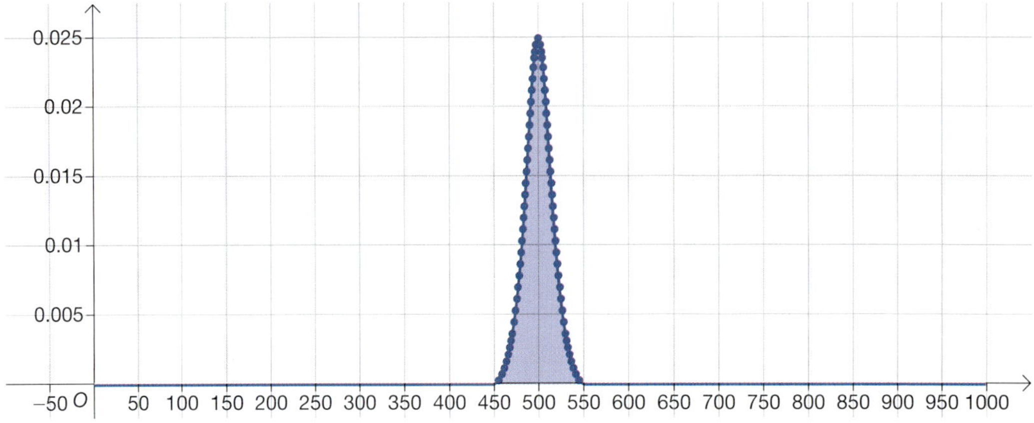

▸ Diagramma ad aste di S_{1000}.

Quanto osservato nei grafici si traduce nel fatto che, al crescere di n, la deviazione standard di Z_n tende a 0. Infatti se $X_1, \ldots, X_n$ sono indipendenti allora

$$\mathrm{Var}(Z_n) = \mathrm{Var}\left(\frac{X_1 + \ldots + X_n}{n}\right) = \frac{1}{n^2}\mathrm{Var}(X_1) + \ldots + \frac{1}{n^2}\mathrm{Var}(X_n).$$

Sappiamo che la varianza di una variabile di Bernoulli è pq, dunque

$$\mathrm{Var}(Z_n) = \frac{1}{n^2}\mathrm{Var}(X_1) + \ldots + \frac{1}{n^2}\mathrm{Var}(X_n) = \frac{1}{n^2}npq = \frac{pq}{n}$$

$$\sigma(Z_n) = \sqrt{\frac{pq}{n}}$$

e per $n \to +\infty$ risulta $\sigma(Z_n) \to 0$.

La distribuzione di Poisson

In un piccolo comune italiano nascono in media 1.5 bambini al giorno. Quanti bambini nasceranno domani?
Poiché il numero richiesto è aleatorio, la risposta è la distribuzione di probabilità di una variabile aleatoria.
L'informazione «in media nascono 1.5 bambini al giorno» dice ben poco su che cosa accadrà domani: potrebbero nascere 0 bambini, o 1 bambino, o 2, o 3 …; teoricamente domani potrebbe nascere un numero arbitrariamente grande di bambini, pur di rispettare *sul lungo periodo* la media di 1.5 bambini al giorno.
Possiamo dare un modello a questo problema sfruttando la distribuzione binomiale. Dividiamo l'intervallo di tempo $T = 1$ giorno in un numero grande n di intervalli tutti di ampiezza $\frac{1}{n}$ giorni e formuliamo le seguenti ipotesi:

- la probabilità p che nasca un bambino in quell'intervallo di tempo è proporzionale all'ampiezza $\frac{1}{n}$ dell'intervallo: $p = \frac{\lambda}{n}$, dove λ è la costante di proporzionalità;
- la probabilità che nello stesso intervallo nasca più di 1 bambino è trascurabile;
- la nascita di un bambino in un certo intervallo di tempo è indipendente da quello che accade negli altri intervalli.

Con queste ipotesi possiamo considerare che ogni intervallo di tempo $\frac{1}{n}$ sia una prova e la nascita di un bambino in quell'intervallo sia un successo, quindi il numero aleatorio X di bambini che nascono in un giorno ha distribuzione binomiale di parametri n e $p = \frac{\lambda}{n}$ con $\lambda = 1.5$; la probabilità che nascano in un giorno k bambini è:

$$\Pr(X = k) = \binom{n}{k} p^k (1-p)^{n-k} = \binom{n}{k}\left(\frac{\lambda}{n}\right)^k \left(1 - \frac{\lambda}{n}\right)^{n-k}$$

e il numero medio di bambini che nascono in un giorno è, come sappiamo:

$$E(X) = np = n \cdot \frac{\lambda}{n} = \lambda = 1.5.$$

Per simulare il trascorrere continuo del tempo facciamo tendere n all'infinito:

$$\lim_{n \to +\infty} \binom{n}{k}\left(\frac{\lambda}{n}\right)^k \left(1 - \frac{\lambda}{n}\right)^{n-k} = \lim_{n \to +\infty} \frac{n \cdot (n-1) \cdot \ldots \cdot (n-k+1)}{k!} \cdot \frac{\lambda^k}{n^k}\left(1 - \frac{\lambda}{n}\right)^{n-k}.$$

Osserviamo innanzitutto che risulta:

$$\lim_{n \to +\infty} \frac{n \cdot (n-1) \cdot \ldots \cdot (n-k+1)}{n^k} = 1$$

e

$$\lim_{n \to +\infty} \left(1 - \frac{\lambda}{n}\right)^{n-k} = \lim_{n \to +\infty} \frac{\left(1 - \frac{\lambda}{n}\right)^n}{\left(1 - \frac{\lambda}{n}\right)^k}.$$

Poiché k è un numero naturale *fissato*

$$\lim_{n \to +\infty} \left(1 - \frac{\lambda}{n}\right)^k = 1.$$

Infine, poiché $\lim_{n \to +\infty} \left(1 - \frac{\lambda}{n}\right)^n = e^{-\lambda}$ otteniamo:

$$\Pr(X = k) = \lim_{n \to +\infty} \frac{n \cdot (n-1) \cdot \ldots \cdot (n-k+1)}{k!} \cdot \frac{\lambda^k}{n^k}\left(1 - \frac{\lambda}{n}\right)^{n-k} = \frac{\lambda^k}{k!} e^{-\lambda} =$$

$$= \frac{1.5^k}{k!} e^{-1.5}.$$

Dunque nelle ipotesi date risulta che per $n \to +\infty$, e di conseguenza per $p \to 0$, la distribuzione binomiale tende a una distribuzione che non dipende né da n né da p ma solo da λ e che è chiamata *distribuzione di Poisson*, o anche *distribuzione degli eventi rari* (proprio perché $p \to 0$). Torniamo al problema.

$$\Pr(X = 0) = \frac{\lambda^0}{0!} e^{-1.5} = e^{-1.5} \approx 0.223$$

$$\Pr(X = 1) = \frac{\lambda^1}{1!} e^{-1.5} = 1.5 e^{-1.5} \approx 0.335$$

$$\Pr(X = 2) = \frac{\lambda^2}{2!} e^{-1.5} = \frac{1.5^2}{2} e^{-1.5} \approx 0.251$$

$$\Pr(X = 3) = \frac{\lambda^3}{3!} e^{-1.5} = \frac{1.5^3}{6} e^{-1.5} \approx 0.126$$

$$\Pr(X = 4) = \frac{\lambda^4}{4!} e^{-1.5} = \frac{1.5^4}{24} e^{-1.5} \approx 0.047$$

$$\Pr(X = 5) = \frac{\lambda^5}{5!} e^{-1.5} = \frac{1.5^5}{120} e^{-1.5} \approx 0.014$$

Per $k > 5$ le probabilità sono minori dell'1% e tendono rapidamente a 0.
Formalizziamo il percorso che abbiamo illustrato con il precedente esempio.

Si dice che una variabile aleatoria X ha una **distribuzione di Poisson** di parametro λ (con $\lambda > 0$) se la distribuzione di probabilità di X è la seguente:

$$\begin{cases} 0 & 1 & 2 & 3 & \dots \\ \frac{\lambda^0}{0!}e^{-\lambda} & \frac{\lambda^1}{1!}e^{-\lambda} & \frac{\lambda^2}{2!}e^{-\lambda} & \frac{\lambda^3}{3!}e^{-\lambda} & \dots \end{cases} =$$

$$= \begin{cases} 0 & 1 & 2 & 3 & \dots \\ e^{-\lambda} & \lambda e^{-\lambda} & \frac{\lambda^2}{2!}e^{-\lambda} & \frac{\lambda^3}{3!}e^{-\lambda} & \dots \end{cases}$$

In generale $\Pr(X = k) = \frac{\lambda^k}{k!}e^{-\lambda}$ per $k = 0,1,2,\dots$

Le determinazioni di X sono i numeri naturali 0, 1, 2, ... e sono dunque infinite, anche se, da un certo punto in poi, le corrispondenti probabilità tendono rapidamente a 0.

OSSERVA

- Esistono quindi variabili aleatorie la cui distribuzione di probabilità si può descrivere mediante una tabella infinita del tipo:

  $$\begin{cases} x_1 & x_2 & x_3 & \dots \\ p_1 & p_2 & p_3 & \dots \end{cases} \qquad \text{con } p_1 + p_2 + p_3 + \dots = 1.$$

  Un esempio sono le distribuzioni di Poisson. Anche queste si chiamano **distribuzioni discrete**. Invece, se X assume tutti i valori di un intervallo di numeri reali non è possibile utilizzare il modello delle distribuzioni discrete, e dovremo descrivere la distribuzione di probabilità in un altro modo.
- La condizione di normalizzazione, cioè il fatto che la somma di tutte le probabilità sia uguale a 1, si trasforma in una **serie**, cioè nella somma di infiniti addendi; in effetti si può verificare che

  $$1 + \lambda + \frac{\lambda}{2!} + \frac{\lambda^3}{3!} + \dots = e^{\lambda}$$

  e dunque

  $$e^{-\lambda} + \lambda e^{-\lambda} + \frac{\lambda^2}{2!}e^{-\lambda} + \frac{\lambda^3}{3!}e^{-\lambda} + \dots = \left(1 + \lambda + \frac{\lambda}{2!} + \frac{\lambda^3}{3!} + \dots\right)e^{-\lambda} = 1.$$

Le figure seguenti riportano i diagrammi ad aste delle distribuzioni di Poisson con diversi valori del parametro λ.

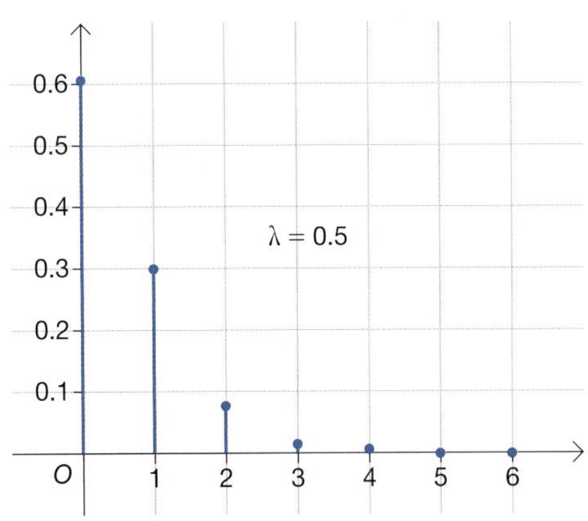

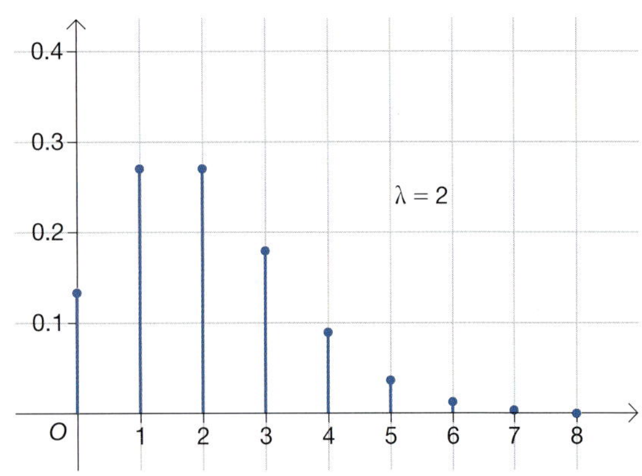

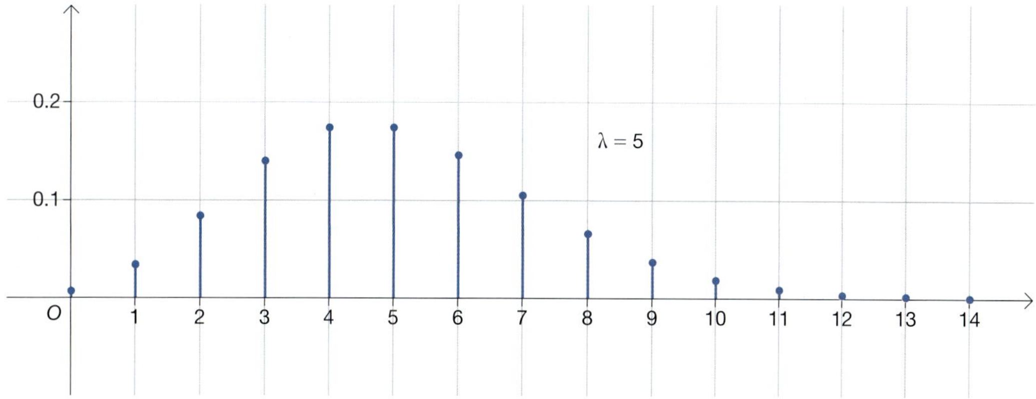

ESPLORA CON UN'ANIMAZIONE DI GEOMETRIA DINAMICA

La distribuzione di Poisson con un'animazione

L'animazione che trovi sull'eBook e sul sito del libro è utile per visualizzare graficamente le probabilità di una variabile aleatoria con distribuzione di Poisson. È sufficiente modificare il valore del parametro λ per avere la rappresentazione grafica della funzione di distribuzione.

ESPLORA CON UN FOGLIO ELETTRONICO

La distribuzione di Poisson con un foglio elettronico

Il foglio elettronico che trovi sull'eBook e sul sito del libro è utile per calcolare le probabilità di una variabile aleatoria con distribuzione di Poisson. Digitiamo nella cella A2 il parametro λ della distribuzione. Nella colonna B vengono riportate le determinazioni $k = 0, 1, 2, \ldots$; nella colonna C, mediante il comando

=DISTRIB.POISSON(k;λ;FALSO)

sono calcolate le probabilità $\Pr(X = k)$, mentre nella colonna D, mediante il comando

=DISTRIB. POISSON (k;λ;VERO)

sono calcolati i valori della funzione di ripartizione di X, cioè le probabilità cumulate

$$\Pr(X \leq k) = \Pr(X = 0) + \Pr(X = 1) + \ldots + \Pr(X = k).$$

Con $\lambda = 1.5$ abbiamo:

	A	B	C	D
1	λ	k	Pr(X=k)	Pr(X<=k)
2	1.5	0	0.22313016	0.22313016
3		1	0.33469524	0.5578254
4		2	0.25102143	0.808846831
5		3	0.125510715	0.934357546
6		4	0.047066518	0.981424064
7		5	0.014119955	0.995544019
8		6	0.003529989	0.999074008
9		7	0.000756426	0.999830434
10		8	0.00014183	0.999972264
11		9	2.36383E-05	0.999995902
12		10	3.54575E-06	0.999999448

Le figure seguenti riportano rispettivamente la distribuzione di probabilità e la funzione di ripartizione di una distribuzione di Poisson con parametro 1.5.

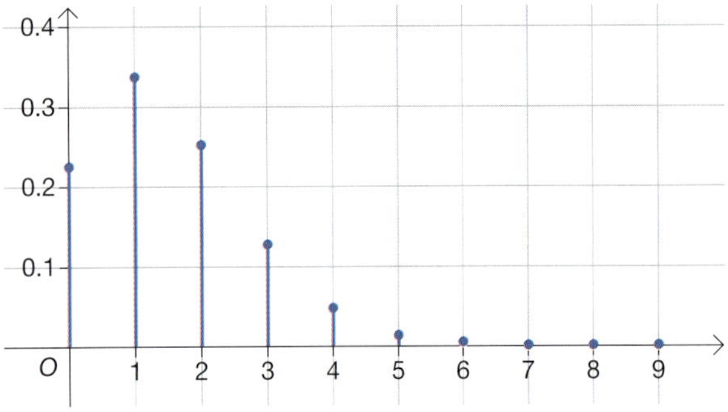

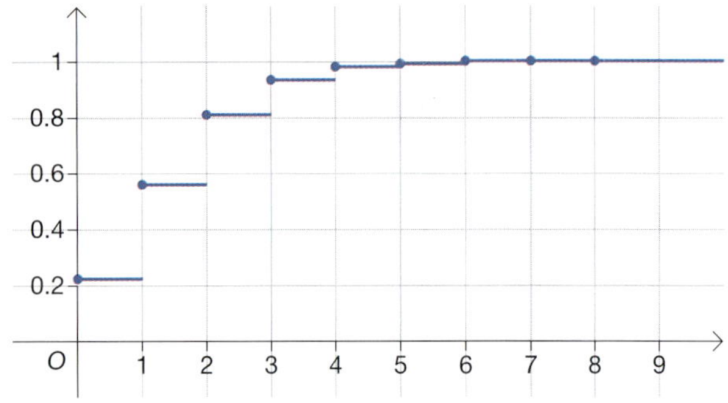

Modelli poissoniani

La distribuzione di Poisson fa da modello a molte variabili aleatorie. In particolare modellizza quelle che contano il numero aleatorio di eventi che accadono in un intervallo di tempo, conoscendo il numero medio di eventi che accadono in quell'intervallo.
Consideriamo per esempio i seguenti problemi, in cui, come al solito, ci aspettiamo che la risposta sia una distribuzione di probabilità di una variabile aleatoria.

1. Un cliente di un'assicurazione RC Auto causa in media 0.8 incidenti all'anno. Quanti incidenti causerà il prossimo anno?
2. In un impianto di automazione si verificano in media 0.8 guasti alla settimana. Quanti guasti ci saranno la prossima settimana?
3. A un call center arrivano in media 0.8 chiamate al minuto. Quante chiamate arriveranno nel prossimo minuto?
4. In un tratto autostradale si verificano 0.8 incidenti al mese. Quanti incidenti si verificheranno il prossimo mese?

Tutti questi problemi pongono la stessa domanda: qual è il numero di eventi fra loro indipendenti che si verificano in un certo intervallo di tempo se il numero medio di tali eventi è 0.8? E dunque tutti i problemi hanno la stessa soluzione: una variabile aleatoria X con distribuzione di Poisson di parametro $\lambda = 0.8$.

$$\Pr(X=0) \approx 0.449 \qquad \Pr(X=3) \approx 0.038$$
$$\Pr(X=1) \approx 0.359 \qquad \Pr(X=4) \approx 0.008$$
$$\Pr(X=2) \approx 0.144 \qquad \Pr(X=5) \approx 0.001$$

Per $k > 5$ le probabilità sono trascurabili (minori di 0.1%).

Sappiamo che per una distribuzione binomiale di parametri n e p il valore atteso è np e la varianza è $np(1-p)$. Poiché la distribuzione di Poisson è il limite per $n \to +\infty$ di una distribuzione binomiale di parametri n e $p = \frac{\lambda}{n}$ allora:

$$E(X) = \lim_{n \to +\infty} np = \lim_{n \to +\infty} n\frac{\lambda}{n} = \lambda$$
$$\mathrm{Var}(X) = \lim_{n \to +\infty} np(1-p) = \lim_{n \to +\infty} n\frac{\lambda}{n}\left(1 - \frac{\lambda}{n}\right) = \lambda$$
$$\sigma(X) = \sqrt{\lambda}.$$

ESERCIZI

Nella risoluzione degli esercizi puoi usare, quando lo ritieni opportuno, un foglio di calcolo elettronico. In particolare ti possono essere utili quelli che trovi sull'eBook e sul sito del libro.

1 Il calciatore Diego Armando Maradona è stato uno specialista nei calci di rigore, con una percentuale di realizzazione, cioè di trasformazione del calcio di rigore in gol, uguale all'88%. In media nei campionati italiani di calcio di serie A degli ultimi anni la percentuale di realizzazione è circa del 75%.

a] Con questa media, quanti goal si fanno su 5 tiri dal dischetto?

b] Quanti goal avrebbe fatto Maradona?

► **SUGGERIMENTO** Si chiedono due distribuzioni di probabilità.

[a) È una variabile aleatoria con distribuzione binomiale di parametri $n = 5$ e $p = 0.75$; b) è una variabile aleatoria con distribuzione binomiale di parametri $n = 5$ e $p = 0.88$]

2 In un pollaio ci sono 10 galline. Ciascuna di esse, ogni giorno, fa un uovo con probabilità del 60%, indipendentemente dalle altre.

a] Qual è la probabilità di avere almeno 5 uova al giorno? [Circa 0.834]

b] Qual è la probabilità di avere almeno 9 uova al giorno? [Circa 0.046]

c] Quanto deve valere la probabilità *che la gallina faccia un uovo,* affinché la probabilità di averne almeno 5 al giorno sia del 95%? [Circa 70%]

3 Riprendiamo il quiz per la patente di guida, composto da 40 quesiti «Vero o falso» che si supera con almeno 36 risposte corrette. Quanto deve valere p affinché la probabilità di superare il test sia almeno 90%? [Circa 94%]

4 Secondo i dati ISTAT nel 2014 in Italia sono nati 258 542 maschi e 244 054 femmine. Assumiamo il dato statistico come probabilità che un nuovo nato sia maschio o femmina.

a] Qual è la probabilità che su 100 nuovi nati i maschi siano più delle femmine?

b] Qual è la probabilità che i maschi siano compresi tra 49 e 51? E tra 45 e 55?

[a) Circa 0.575; b) circa 0.226; circa 0.709]

5 L'overbooking è l'accettazione di prenotazioni in numero maggiore dei posti disponibili. Una compagnia aerea registra che le disdette successive alle prenotazioni di un volo sono circa il 10% dei posti disponibili. Quindi su un volo che può trasportare 100 passeggeri, accetta 110 prenotazioni. Qual è la probabilità che almeno un passeggero si presenti all'imbarco con la prenotazione, ma resti a terra? [Circa 0.329]

6 Nel campionato di serie A di pallacanestro, la percentuale di realizzazione del tiro da tre punti è circa 53%. Su 4 tiri, qual è la probabilità di non fare nessun canestro? E di farli tutti?

[Circa 0.049; circa 0.079]

7 Supponiamo che nella produzione complessiva di mandorle in Italia si registri circa il 2% di mandorle amare. Qual è la probabilità che in una confezione di 100 mandorle non ce ne sia nemmeno una amara? E che ce ne siano più di 5? [Circa 0.133; circa 0.015]

8 La percentuale di bambini mancini nel mondo è circa del 10%.

a] Qual è la probabilità che in una classe di 20 bambini nessuno sia mancino?

b] Qual è la probabilità che in una classe di 20 bambini i mancini siano più di 2?

[a) Circa 0.122; b) circa 0.323]

9 Prendiamo in considerazione le famiglie con 4 figli. Supponiamo che ogni figlio sia maschio o femmina con la stessa probabilità. Quanti sono i figli maschi?

[Distribuzione binomiale di parametri $n = 4$ e $p = 0.5$]

10 X è una variabile aleatoria con distribuzione binomiale di parametri n e $p = 0.75$. Calcola, rispettivamente per $n = 10, 100, 1000$, le probabilità $\Pr(0.7n \leq X \leq 0.8n)$.

[Circa 0.532; circa 0.797; circa 0.9998]

11 X è una variabile aleatoria con distribuzione binomiale di parametri n e p, con $0 < p < 1$. Dimostra, risolvendo la disequazione $\Pr(X = k - 1) \leq \Pr(X = k)$, che la funzione di probabilità è crescente fino al suo valore atteso $E(X) = np$ e poi è decrescente.

12 Un seme di girasole piantato nella terra attecchisce con probabilità 70%. Si piantano 10 semi. Calcola:

a] la probabilità che tutti attecchiscano; [Circa 0.028]

b] la probabilità che nessuno di essi attecchisca; [Circa $6 \cdot 10^{-6}$]

c] il valore atteso e la varianza della distribuzione; [7, 2.1]

13 Considera una distribuzione binomiale di parametri $n = 9$ e $p = 0.1$. Calcola la media della distribuzione. [0.9]

14 In una popolazione che ha 1000 elettori, in 700 hanno votato per il partito A. Se dopo le votazioni si intervistano 10 elettori, quanti hanno votato per il partito A?

[Si puo utilizzare una distribuzione binomiale con $n = 10$ e $p = 0.7$]

15 Un test consiste di 10 domande, ciascuna con R opzioni di risposta di cui una sola corretta. Se si risponde a caso, qual è la probabilità di ottenere la sufficienza, cioè di dare almeno 6 risposte corrette? Risolvi il problema nei casi R = 2, 3, 4, 5, 6.

[Circa 0.377; circa 0.077; circa 0.020; circa 0.006; circa 0.002]

16 Traccia il grafico della funzione di ripartizione di una variabile aleatoria X con la seguente distribuzione di probabilità.

$$\begin{cases} 1 & 1.5 & 3 & 4.5 \\ 0.4 & 0.3 & 0.2 & 0.1 \end{cases}$$

17 Da un'urna che contiene 3 palline rosse e 2 palline blu si estrae una pallina, si registra il colore e la si rimette nell'urna (*estrazione con reimmissione*).

a] Quante sono le palline rosse su 3 estrazioni?

b] Il risultato cambia se le palline rosse sono 60 e quelle blu sono 40?

c] Il risultato cambia se l'estrazione è svolta *senza reimmissione*?

[a) distribuzione binomiale di parametri $n = 3$ e $p = \frac{3}{5}$; b) no, perché... c) sì, perché...]

18 Si lancia n volte una moneta truccata, con $\Pr(\text{testa}) = 0.6$. Quanto deve valere n per avere una ragionevole probabilità, diciamo almeno il 95%, che esca testa tra il 50% e il 70% del numero di lanci? E tra il 55% e il 65%? [Circa 90, circa 360]

19 Dimostra che il prodotto di due variabili di Bernoulli indipendenti di parametro p è una variabile di Bernoulli di parametro p^2.

20 X e Y sono due variabili aleatorie; si sa che $E(X) = 5$, $E(Y) = 7$, $Var(X) = 1$ e $Var(Y) = 2$.

a] Quanto vale $E(2X + 3Y)$? [31]

b] Quanto vale $Var(2X + 3Y)$? [$22 + 12Cov(X, Y)$]

c] Quanto vale $Var(2X + 3Y)$ se X e Y sono indipendenti? [22]

21 Dimostra che se $X_1, \ldots, X_n$ sono variabili aleatorie indipendenti, tutte con valore atteso m e deviazione standard σ, allora la loro media $Z_n = \dfrac{X_1 + \ldots + X_n}{n}$ ha una deviazione standard che tende a 0 al tendere di n all'infinito.

22 Considera una variabile aleatoria X con distribuzione di Poisson di parametro $\lambda = 2$.

a] Calcola le probabilità $\Pr(X = k)$ per k che va da 0 a 6.

b] Calcola $\Pr(X \leq 3)$, $\Pr(X > 1)$, $\Pr(2 \leq X \leq 5)$. [Circa 0.857, circa 0.594, circa 0.577]

c] Se F è la funzione di ripartizione di X, quanto valgono $F(-1)$, $F(2.9)$, $F(10)$? [0; $5e^{-2}$; circa 1]

23 In un libro di 400 pagine ci sono complessivamente 50 errori tipografici. Qual è la probabilità che in una pagina ci siano 0 errori? 1 errore? 2 errori? [Circa 0.882; circa 0.11; circa 0.007]

24 Su 365 persone, quante festeggiano il compleanno il 4 marzo? Calcola il risultato sia con la distribuzione binomiale di parametri $n = 365$ e $p = \dfrac{1}{365}$, sia con la distribuzione di Poisson di parametro $\lambda = np = 1$ per un numero di persone da 0 a 4.

25 Due clienti della stessa compagnia di assicurazioni hanno un numero aleatorio di incidenti annuo con distribuzione di Poisson di parametri rispettivamente $\lambda_1 = 0.5$ (assicurato "virtuoso") e $\lambda_2 = 2.5$ (assicurato "sinistroso").

a] Calcola la probabilità di avere 0, 1, 2, 3 incidenti per il cliente virtuoso. [Circa 0.607; circa 0.303; circa 0.076; circa 0.013]

b] Calcola la probabilità di avere 0, 1, 2, 3 incidenti per il cliente sinistroso. [Circa 0.082; circa 0.205; circa 0.257; circa 0.214]

c] Qual è, per ciascun cliente, la probabilità di avere al più 1 incidente? [Circa 0.910; circa 0.287]

d] Qual è, per ciascun cliente, la probabilità di avere più di 1 incidente? [Circa 0.090; circa 0.713]

e] Qual è, per ciascun cliente, la probabilità di avere almeno 1 incidente? [Circa 0.393; circa 0.918]

26 Un dispositivo di sicurezza blocca una catena di montaggio se i sensori registrano più di 3 anomalie in un minuto. Se il numero di anomalie registrate ogni minuto segue una distribuzione di Poisson con parametro 0.1, qual è la probabilità che in un dato minuto la catena si blocchi? [Circa $4 \cdot 10^{-6}$]

27 Un negozio si rifornisce di un certo prodotto all'inizio di ogni settimana. Il titolare del negozio stima che il numero di prodotti venduti ogni settimana segua una legge di Poisson con parametro $\lambda = 30$. Quante unità di prodotto deve ordinare per la prossima settimana per avere una probabilità superiore al 99% di non rimanere senza? [44]

28 X è una variabile aleatoria con distribuzione di Poisson di parametro λ. Dimostra, risolvendo la disequazione $\Pr(X = k - 1) \leq \Pr(X = k)$, che la funzione di probabilità è crescente fino al suo valore atteso $E(X) = \lambda$ e poi è decrescente.

29 Uno dei primi esempi storici di applicazione della distribuzione di Poisson è quello dell'economista russo L. Bortkiewicz, che ha registrato il numero di soldati uccisi da calci di cavallo (in effetti si tratta di un evento raro) in 10 corpi d'armata dell'esercito austriaco per 20 anni. I dati osservati (10 corpi d'armata per 20 anni = 200 osservazioni) sono i seguenti.

Soldati uccisi	0	1	2	3	4	5	**Totale**
Osservazioni	109	65	22	3	1	0	**200**

Se si vuole applicare ai dati il modello di Poisson, qual è il valore del parametro λ?

$\left[\frac{122}{200} = 0.61\right]$

30 Un'altra applicazione storica del modello di Poisson riguarda il bombardamento della regione meridionale di Londra da parte dell'aviazione tedesca durante la seconda guerra mondiale. La regione è stata divisa in 576 quadrati di lato circa 500 m e si è registrato il numero di bombe cadute in ciascun quadrato.

Bombe	0	1	2	3	4	5	6 o più
Quadrati	229	211	93	35	7	1	0

Se si vuole applicare ai dati il modello di Poisson, qual è il valore del parametro λ?

$\left[\frac{535}{576} \approx 0.929\right]$

31 In un tratto di strada particolarmente pericolosa sono stati rilevati il numero di incidenti giornalieri per 30 giorni consecutivi. Le frequenze osservate sono elencate nella seguente tabella.

Incidenti	0	1	2	3	4
Giorni	9	13	5	2	1

Se si vuole applicare ai dati un modello di Poisson, quanto vale λ? $\left[\frac{33}{30} = 1.1\right]$

32 A un call center arrivano in media 150 chiamate all'ora. Ipotizziamo che le chiamate in arrivo seguano un modello di Poisson. Calcola la probabilità che:

a] non arrivi nessuna chiamata in un minuto; [Circa 0.082]

b] arrivino più di 2 chiamate in un minuto; [Circa 0.456]

c] in un minuto arrivino al più 5 chiamate; [Circa 0.958]

d] non arrivi nessuna chiamata per 5 minuti consecutivi. [Circa $4 \cdot 10^{-6}$]

ESAME DI STATO **33** Un test d'esame consta di dieci domande, per ciascuna delle quali si deve scegliere l'unica risposta corretta fra quattro alternative. Qual è la probabilità che, rispondendo a caso alle dieci domande, almeno due risposte risultino corrette?
[ESAME DI STATO – Sessione ordinaria per il liceo scientifico, corso sperimentale P.N.I. A.S. 2010/2011] [Circa 0.756]

ESAME DI STATO **34** Lanciando una coppia di dadi cinque volte qual è la probabilità che si ottenga un punteggio totale maggiore di sette almeno due volte?
[ESAME DI STATO – Simulazione della prova di matematica del 10/12/2015] [Circa 0.691]

ESAME DI STATO **35** Lanciando una moneta sei volte qual è la probabilità che si ottenga testa "al più" due volte? Qual è la probabilità che si ottenga testa "almeno" due volte?
[ESAME DI STATO – Sessione ordinaria per il liceo scientifico e delle scienze applicate, A.S. 2014/2015] $\left[\frac{22}{64} \approx 0.344; \frac{57}{64} \approx 0.891\right]$

ESAME DI STATO **36** Vengono lanciati due dadi. Dei due punteggi, viene considerato il maggiore; se sono uguali, viene considerato il punteggio comune dei due dadi. Detto X il punteggio registrato, riportare in una tabella la distribuzione di probabilità di X e mostrare che $P(X = 3) = \frac{5}{36}$. Calcolare inoltre la media e la varianza di X.
[ESAME DI STATO – Sessione suppletiva per il liceo scientifico e delle scienze applicate, A.S. 2014/2015] $\left[E(X) = \frac{161}{36} \approx 4.5; Var(X) \approx 1.97\right]$

ESAME DI STATO **37** Una fabbrica produce mediamente il 3% di prodotti difettosi. Determinare la probabilità che in un campione di 100 prodotti ve ne siano 2 difettosi, usando:

- la distribuzione binomiale;
- la distribuzione di Poisson.

[ESAME DI STATO – Sessione suppletiva per il liceo scientifico e delle scienze applicate, A.S. 2014/2015] [Circa 0.225; circa 0.224]

ESAME DI STATO **38** Da un'analisi di mercato è risultato che il 32% della popolazione usa il prodotto A. Scelto a caso un gruppo di 12 persone, determinare il valore medio, la varianza e la deviazione standard della variabile casuale

X = «numero di persone che usano il prodotto A».

Calcolare inoltre la probabilità che, all'interno del gruppo scelto, il numero di persone che usano detto prodotto sia compreso tra 2 e 5, estremi inclusi.
[ESAME DI STATO – Sessione Europa per le scuole italiane all'estero, A.S. 2014/2015]
$[E(X) = 3.84; Var(X) = 2.6112; \sigma(X) \approx 1.616;$ circa $0.783]$

ESAME DI STATO **39** Un test è costituito da 10 domande a risposta multipla, con 4 possibili risposte di cui solo una è esatta. Per superare il test occorre rispondere esattamente almeno a 8 domande. Qual è la probabilità di superare il test rispondendo a caso alle domande?
[ESAME DI STATO – Sessione ordinaria per il liceo scientifico e delle scienze applicate, A.S. 2015/2016] [Circa 0.0004]

CAPITOLO 13 Le distribuzioni continue

PROBLEMA

L'attesa alla fermata dell'autobus

Devo prendere un autobus che passa regolarmente ogni 5 minuti. Se arrivo alla fermata in un istante a caso, quanto dovrò aspettare?

Risoluzione

Come dovrebbe essere chiaro dal capitolo precedente, la risposta è una variabile aleatoria la cui distribuzione di probabilità sfrutta tutte le informazioni disponibili.
Indichiamo con X la variabile aleatoria «tempo di attesa misurato in minuti».
Se ipotizziamo che il tempo scorra in modo continuo, X può assumere un valore reale qualsiasi nell'intervallo $[0, 5]$.
X è una **variabile aleatoria continua**, quindi per descrivere la sua distribuzione di probabilità non possiamo più utilizzare una tabella (finita o infinita) come abbiamo fatto per le variabili aleatorie discrete.
Vediamo perché.
Per le variabili aleatorie discrete abbiamo utilizzato la **funzione di probabilità**, cioè una funzione che a ogni numero reale x associa la probabilità $\Pr(X = x)$. In questo problema, se ci chiediamo, per esempio, qual è la probabilità che il tempo di attesa sia 3 minuti, dobbiamo rispondere zero. Infatti, poiché il numero 3 è *immerso* in un intervallo continuo di numeri reali, se assegnassimo un valore positivo a $\Pr(X = 3)$ dovremmo assegnare la stessa probabilità anche a uno qualunque degli infiniti numeri reali dell'intervallo $[0, 5]$.
I numeri reali non costituiscono un insieme numerabile, quindi se assegnassimo un valore positivo a $\Pr(X = x)$ non potremmo soddisfare la condizione di normalizzazione, cioè non potremmo limitare a 1 la probabilità dell'evento certo. Qualunque sia $x \in \mathbb{R}$, deve allora risultare:

$$\Pr(X = x) = 0.$$

Dobbiamo percorrere un'altra strada.
In questo contesto la domanda che è corretto porsi non è più «Qual è la probabilità che il tempo di attesa sia x?» ma «Qual è la probabilità che il tempo di attesa sia compreso tra a e b?».
Possiamo rispondere a questa domanda utilizzando la **funzione di ripartizione** di X, cioè la funzione:

$$F(x) = \Pr(X \leq x) \text{ per ogni } x \in \mathbb{R}.$$

Infatti, qualsiasi siano a e b, con $a \leq b$, risulta:

$$\Pr(a \leq X \leq b) = F(b) - F(a) + \Pr(X = a)$$

Però, poiché $\Pr(X = a) = 0$, abbiamo che $\Pr(a \leq X \leq b) = F(b) - F(a)$.

Poiché non abbiamo informazioni sull'orario di passaggio dell'autobus, ma solo sulla sua frequenza, possiamo ipotizzare che in $[0, 5]$ non ci siano intervalli più o meno probabili, e che la probabilità totale, cioè 1, si distribuisca in modo uniforme sull'intero intervallo $[0, 5]$.
Allora è ragionevole assegnare a ogni intervallo del tipo $[0, x]$ una probabilità proporzionale a x, cioè:

$$F(x) = \frac{x}{5} = 0.2x.$$

Facciamo qualche esempio.
Qual è la probabilità che il tempo di attesa sia minore o uguale a un minuto?

$$\Pr(X \leq 1) = F(1) = \frac{1}{5} = 0.2 = 20\%$$

Qual è la probabilità che il tempo di attesa sia minore o uguale a 4 minuti?

$$\Pr(X \leq 4) = F(4) = \frac{4}{5} = 0.8 = 80\%$$

Qual è la probabilità che il tempo di attesa sia compreso tra 1 e 4 minuti?

$$\Pr(1 \leq X \leq 4) = F(4) - F(1) = \frac{4-1}{5} = 0.6 = 60\%$$

In generale, la probabilità di aspettare al più x minuti, se $0 \leq x \leq 5$, è:

$$\Pr(X \leq x) = 0.2x.$$

Osserviamo che, poiché $\Pr(X = x) = 0$ per ogni x allora vale:

$$\Pr(X \leq x) = \Pr(X < x)$$

e anche

$$\Pr(a \leq X \leq b) = \Pr(a < X \leq b) = \Pr(a \leq X < b) = \Pr(a < X < b).$$

Domande che aprono nuove prospettive

Se x non appartiene all'intervallo $[0, 5]$ la relazione $\Pr(X \leq x) = 0.2x$ non vale più. Per esempio

- se $x > 5$ allora $\Pr(X \leq x) = 1$: è certo che si attende un tempo non maggiore di 5 minuti;
- se $x < 0$ allora $\Pr(X \leq x) = 0$: è impossibile un tempo d'attesa negativo.

È possibile fornire un modello generale che valga per qualunque $x \in \mathbb{R}$?
In questo problema abbiamo ipotizzato che la distribuzione di probabilità fosse uniforme sull'intervallo $[0, 5]$. Come cambia il modello se la distribuzione non è uniforme, cioè se riteniamo che in $[0, 5]$ ci siano intervalli di uguale ampiezza ma di diversa probabilità? Qual è un modello generale per le variabili aleatorie continue?

La funzione di densità di probabilità

Per risolvere il problema di apertura abbiamo utilizzato la **funzione di ripartizione** della variabile aleatoria X, cioè la funzione $F(x) = \Pr(X \leq x)$. Sulla base delle considerazioni svolte possiamo definire F per ogni $x \in \mathbb{R}$:

$$F(x) = \begin{cases} 0 & \text{se } x < 0 \\ 0.2x & \text{se } 0 \leq x \leq 5 \\ 1 & \text{se } x > 5 \end{cases}$$

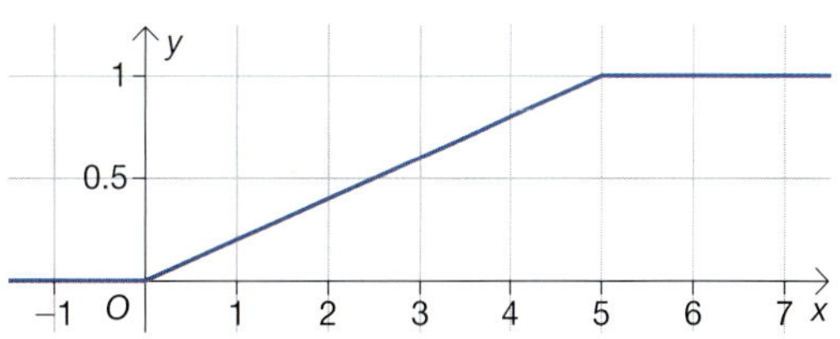

Qualsiasi siano a e b risulta:

$$\Pr(a \leq X \leq b) = F(b) - F(a).$$

La differenza $F(b)-F(a)$ ricorda il teorema fondamentale del calcolo: se la funzione F è una primitiva di una funzione f sull'intervallo $[a, b]$ allora

$$\int_a^b f(x)\mathrm{d}x = F(b) - F(a).$$

In ogni punto in cui F è derivabile la funzione f è quindi la derivata di F.
Nel nostro esempio, F non è derivabile nei punti $x = 0$ e $x = 5$ (dove presenta due punti angolosi), ma possiamo estendere per continuità la definizione di f. Poiché $\Pr(X = x) = 0$ qualunque sia x, per le funzioni di ripartizione di una variabile aleatoria continua *non ha importanza ciò che accade in un punto, in un insieme finito di punti oppure in un insieme numerabile di punti.* Per il problema di apertura si ottiene:

$$f(x) = \begin{cases} 0 & x < 0 \\ 0.2 & 0 \leq x \leq 5 \\ 0 & x > 5 \end{cases}$$

Osserva che $f(x) = F'(x)$ per ogni x per cui f è continua.

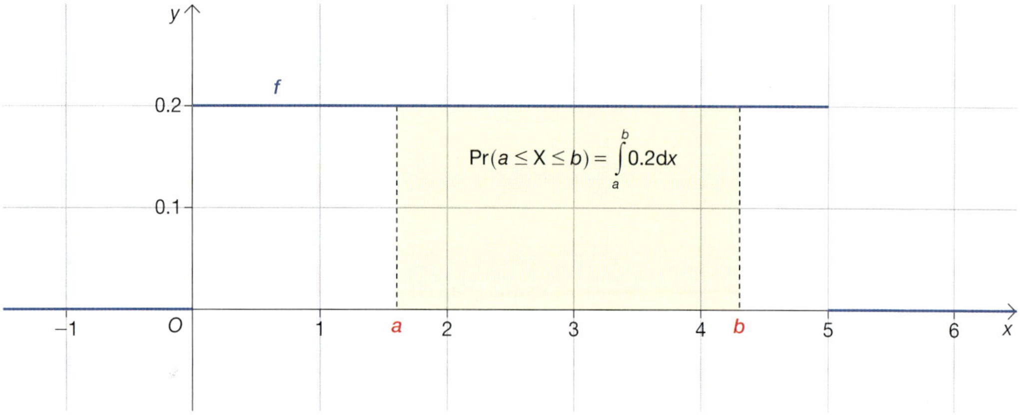

In questo modo abbiamo dato l'idea di che cos'è una distribuzione continua: esiste una funzione, in questo particolare esempio costante sull'intervallo $[0, 5]$, il cui integrale definito da a a b rappresenta la probabilità che il tempo di attesa sia compreso tra a e b.
La funzione f prende il nome di **funzione di densità di probabilità** della variabile aleatoria continua X.
Possiamo ora generalizzare.

▶ Sia data una variabile aleatoria X. Se esiste una funzione f, con $f(x) \geq 0$ per ogni $x \in \mathbb{R}$, tale che per ogni intervallo $[a, b]$ risulti

$$\Pr(a \leq X \leq b) = \int_a^b f(x)\mathrm{d}x$$

diciamo che X è una **variabile aleatoria continua** e che f è la sua **funzione di densità di probabilità.**
La condizione di normalizzazione è la seguente:

$$\int_{-\infty}^{+\infty} f(x)\mathrm{d}x = 1.$$

La funzione f non è una funzione di probabilità: $f(x)$ non rappresenta la probabilità $\Pr(X=x)$ ma solo la *densità* di probabilità. Confrontiamo la condizione di normalizzazione per una variabile aleatoria discreta e per una continua:

$$\sum_{k=1}^{n} p_k = 1 \qquad \int_{-\infty}^{+\infty} f(x)\mathrm{d}x = 1.$$

Possiamo concludere che nel discreto p_k svolge lo stesso ruolo di $f(x)\mathrm{d}x$ nel continuo: $f(x)\mathrm{d}x$ rappresenta la probabilità infinitesima che X assuma valori compresi tra x e $x+\mathrm{d}x$. Se nel discreto si addizionano le probabilità, nel continuo si integrano le probabilità infinitesime.

PER ESEMPIO

Verifichiamo che la funzione

$$f(x) = \begin{cases} \dfrac{2}{x^2} & \text{se } 1 \le x \le 2 \\ 0 & \text{altrove} \end{cases}$$

è una densità di probabilità di una variabile aleatoria X e calcoliamo $\Pr(1 \le X \le 1.5)$.
La funzione f è non negativa in $\mathbb{R}$ e inoltre è soddisfatta la condizione di normalizzazione:

$$\int_1^2 \frac{2}{x^2}\mathrm{d}x = 2\left[-\frac{1}{x}\right]_1^2 = 1.$$

Quindi f è una densità di probabilità.
Risulta:

$$\Pr(1 \le X \le 1.5) = \int_1^{\frac{3}{2}} \frac{2}{x^2}\mathrm{d}x = 2\left[-\frac{1}{x}\right]_1^{\frac{3}{2}} = \frac{2}{3}.$$

Dunque la probabilità totale non si distribuisce in modo uniforme sull'intervallo $[1, 2]$: è più probabile che X assuma valori in $[1, 1.5]$ piuttosto che in $[1.5, 2]$.

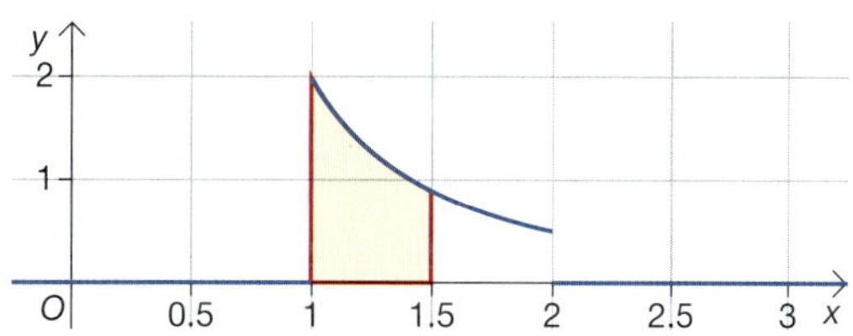

La funzione di ripartizione di una variabile aleatoria continua

Abbiamo visto che una variabile aleatoria discreta X si caratterizza mediante la **funzione di probabilità**, cioè mediante una funzione f che assegna a ogni valore reale x la probabilità che X assuma quel valore:

$$f(x) = \Pr(X = x).$$

Invece una variabile aleatoria continua si caratterizza mediante la **funzione di densità di probabilità**, cioè una funzione non negativa $f(x)$ tale che:

$$\int_a^b f(x)\mathrm{d}x = \Pr(a \le X \le b).$$

Una qualunque variabile aleatoria può essere descritta in modo univoco mediante la **funzione di ripartizione**: $F(x) = \Pr(X \le x)$.

Se X è una variabile aleatoria discreta la funzione di ripartizione, in un qualunque numero reale x, è la somma di tutte le probabilità dei valori x_k che sono minori o uguali a x:

$$F(x) = \sum_{x_k \leq x} p_k = \sum_{x_k \leq x} f(x_k).$$

Se X è una variabile aleatoria continua la funzione di ripartizione, in un qualunque numero reale x, è la funzione integrale della funzione di densità con punto iniziale $-\infty$:

$$F(x) = \int_{-\infty}^{x} f(t)\mathrm{d}t.$$

OSSERVA

In questo integrale abbiamo scritto $f(t)\mathrm{d}t$ e non $f(x)\mathrm{d}x$ per segnalare che la variabile indipendente della funzione di ripartizione $F(x)$ è proprio l'estremo superiore di integrazione.

PER ESEMPIO

1 Riprendiamo l'esempio della variabile aleatoria X con densità:

$$f(x) = \begin{cases} \dfrac{2}{x^2} & \text{se } 1 \leq x \leq 2 \\ 0 & \text{altrove} \end{cases}$$

Poiché f è definita in modi diversi in intervalli diversi, lo stesso accade per la funzione di ripartizione di X:

$$F(x) = \int_{-\infty}^{x} f(t)\mathrm{d}t = \begin{cases} \displaystyle\int_{-\infty}^{x} 0\mathrm{d}t & \text{se } x < 1 \\ \displaystyle\int_{-\infty}^{1} 0\mathrm{d}t + \int_{1}^{x} \frac{2}{t^2}\mathrm{d}t & \text{se } 1 \leq x \leq 2 \\ \displaystyle\int_{-\infty}^{1} 0\mathrm{d}t + \int_{1}^{2} \frac{2}{t^2}\mathrm{d}t + \int_{2}^{x} 0\,\mathrm{d}t & \text{se } x > 2 \end{cases}$$

Poiché

$$\int_{-\infty}^{x} 0\mathrm{d}t = 0; \qquad \int_{-\infty}^{1} 0\mathrm{d}t + \int_{1}^{x} \frac{2}{t^2}\mathrm{d}t = 0 + 2\left[-\frac{1}{t}\right]_1^x = 2 - \frac{2}{x};$$

$$\int_{-\infty}^{1} 0\mathrm{d}t + \int_{1}^{2} \frac{2}{t^2}\mathrm{d}t + \int_{2}^{x} 0\mathrm{d}t = 0 + 1 + 0 = 1$$

la funzione di ripartizione di X è:

$$F(x) = \begin{cases} 0 & \text{se } x < 1 \\ 2 - \dfrac{2}{x} & \text{se } 1 \leq x \leq 2 \\ 1 & \text{se } x > 2 \end{cases}$$

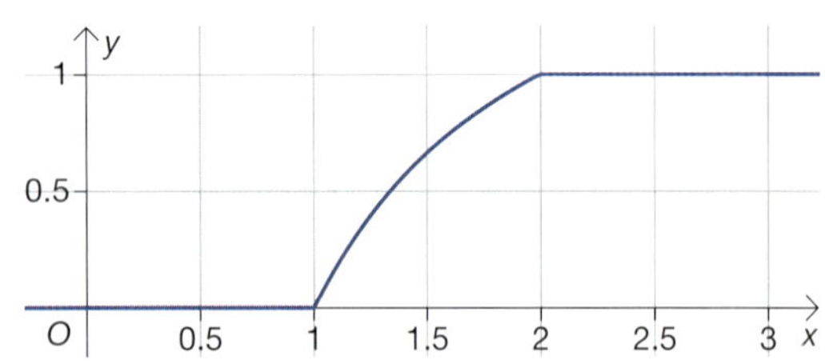

In altri termini F è una primitiva di f, tranne nei punti in cui f non è continua ($x = 1$ e $x = 2$). F è quella particolare primitiva tale che:

$F(1) = 0$ e $F(2) = 1$.

Osserva che mentre la funzione di ripartizione di variabili aleatorie discrete è discontinua, la funzione di ripartizione di una variabile aleatoria continua è continua su $\mathbb{R}$.

2 La funzione $f(x) = \dfrac{1}{\pi(1+x^2)}$ è una densità di probabilità.

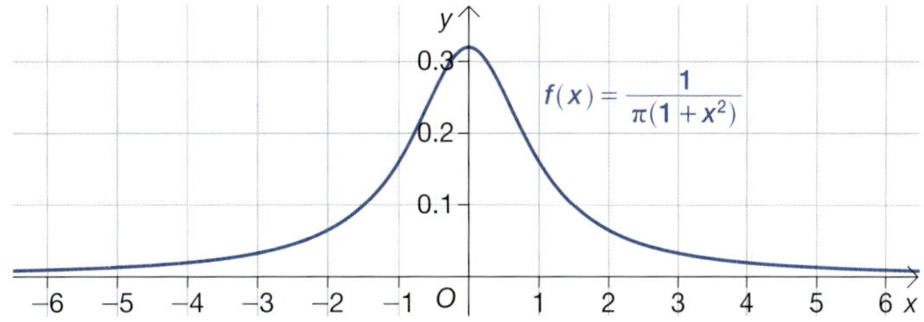

Infatti f è non negativa e soddisfa la condizione di normalizzazione.

$$\int_{-\infty}^{+\infty} \frac{1}{\pi(1+x^2)} \mathrm{d}x = 2\int_{0}^{+\infty} \frac{1}{\pi(1+x^2)} \mathrm{d}x = \frac{2}{\pi} \lim_{b \to +\infty} [\arctan(x)]_0^b =$$

$$= \frac{2}{\pi} \lim_{b \to +\infty} \left(\arctan(b) - 0\right) = \frac{2}{\pi}\frac{\pi}{2} = 1$$

La sua funzione di ripartizione è:

$$F(x) = \int_{-\infty}^{x} \frac{1}{\pi(1+t^2)} \mathrm{d}t = \frac{1}{\pi} \lim_{a \to -\infty} [\arctan(t)]_a^x = \frac{1}{\pi}\left(\arctan(x) + \frac{\pi}{2}\right) =$$

$$= \frac{1}{2} + \frac{1}{\pi}\arctan(x).$$

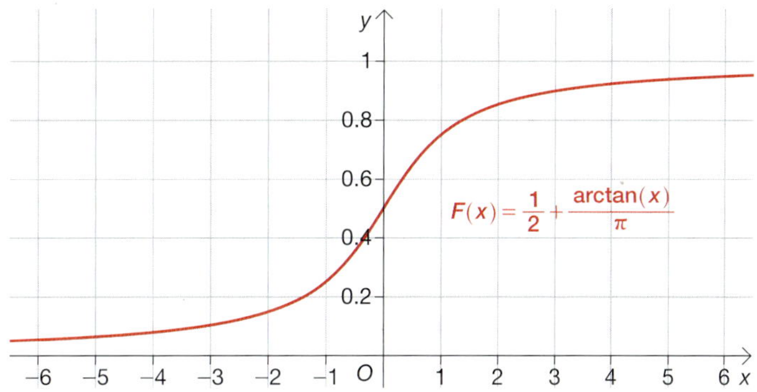

Qualunque sia la funzione di densità f, per la funzione di ripartizione F devono valere i due limiti seguenti:

$$\lim_{x \to -\infty} F(x) = 0; \qquad \lim_{x \to +\infty} F(x) = 1.$$

Inoltre F è crescente su $\mathbb{R}$ e se $f(x) > 0$ allora F è strettamente crescente su $\mathbb{R}$ e quindi invertibile.

La distribuzione uniforme

La funzione di densità di probabilità che fa da modello al problema di apertura è una funzione particolarmente semplice: f è una funzione costante sull'intervallo $[0, 5]$ e nulla altrove. Si dice in questo caso che X ha *distribuzione uniforme* sull'intervallo $[0, 5]$.
La condizione di normalizzazione è la seguente:

$$\int_{-\infty}^{+\infty} f(x)\mathrm{d}x = \int_{-\infty}^{0} 0\mathrm{d}x + \int_{0}^{5} 0.2\mathrm{d}x + \int_{5}^{+\infty} 0\mathrm{d}x = 0 + 0.2 \cdot 5 + 0 = 1.$$

► In generale si dice che una variabile aleatoria X ha **distribuzione uniforme** sull'intervallo $[a, b]$ se la sua densità di probabilità è la funzione:

$$f(x) = \begin{cases} \dfrac{1}{b-a} & \text{se } a \leq x \leq b \\ 0 & \text{altrove} \end{cases}$$

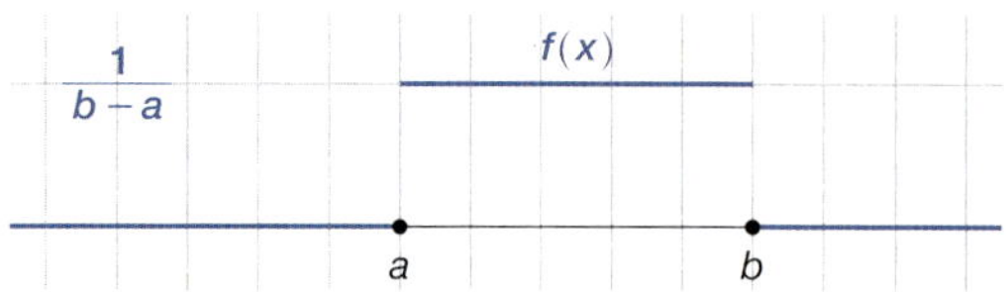

Se una distribuzione è uniforme significa che all'interno di $[a, b]$ non abbiamo motivo di ritenere che esistano intervalli più o meno probabili.
La distribuzione uniforme per variabili aleatorie continue è del tutto analoga a quella per variabili aleatorie discrete che assumono n valori ciascuno con probabilità $\frac{1}{n}$. Un esempio è il lancio di un dado regolare, che ha funzione di probabilità costante di valore $\frac{1}{6}$ per $x = 1, 2, \ldots, 6$ e nulla altrove.
Se la variabile aleatoria X ha distribuzione uniforme in $[a, b]$ allora la sua funzione di ripartizione, per $x \in [a, b]$, vale:

$$F(x) = \int_a^x \frac{1}{b-a} \mathrm{d}t = \frac{1}{b-a}[\,t\,]_a^x = \frac{x-a}{b-a}.$$

Quindi risulta:

$$F(x) = \begin{cases} 0 & \text{se } x < a \\ \dfrac{x-a}{b-a} & \text{se } a \leq x \leq b \\ 1 & \text{se } x > b \end{cases}$$

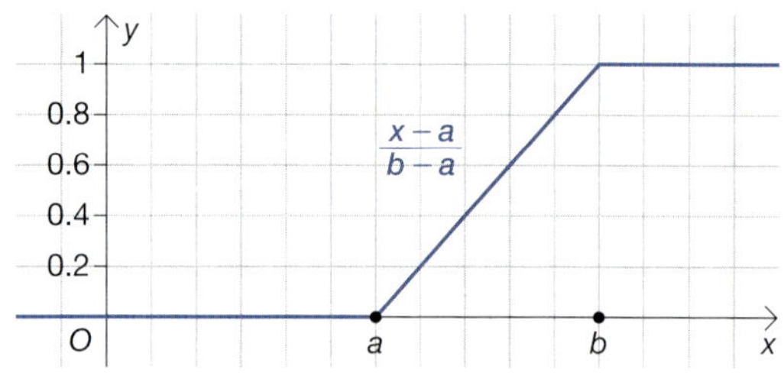

Per simulare una distribuzione uniforme tra 0 e 1 con un foglio elettronico si può usare più volte il seguente comando che restituisce un valore casuale maggiore o uguale a 0 e minore di 1:

=CASUALE().

Mediante questa distribuzione è possibile simulare qualunque altra distribuzione continua. Infatti, se f è la densità di una variabile aleatoria X (supponiamo per semplicità che f sia positiva su $\mathbb{R}$), la sua funzione di ripartizione

$$F(x) = \int_{-\infty}^x f(t)\mathrm{d}t$$

è strettamente crescente e quindi invertibile; F trasforma $\mathbb{R}$ nell'intervallo $]0, 1[$ e quindi la funzione inversa F^{-1} trasforma l'intervallo $]0, 1[$ in $\mathbb{R}$. Se U è una variabile uniforme tra 0 e 1 allora $F^{-1}(U)$ ha la distribuzione di X.

PER ESEMPIO

Abbiamo visto che se X è una variabile aleatoria continua di densità

$$f(x) = \begin{cases} \dfrac{2}{x^2} & \text{se } 1 \leq x \leq 2 \\ 0 & \text{altrove} \end{cases}$$

la sua funzione di ripartizione è

$$F(x) = \begin{cases} 0 & \text{se } x < 1 \\ 2 - \dfrac{2}{x} & \text{se } 1 \leq x \leq 2 \\ 1 & \text{se } x > 2 \end{cases}$$

La funzione inversa di F sull'intervallo $[1, 2]$ è: $F^{-1}(x) = \frac{2}{2-x}$.
Quindi se vogliamo simulare con un foglio elettronico la variabile aleatoria X possiamo utilizzare il comando

=2/(2-CASUALE()).

La somma di variabili aleatorie uniformi

Supponiamo di scegliere a caso, in modo indipendente, due numeri reali nell'intervallo $[0, 1]$. Ciascuno di essi è una variabile aleatoria continua con distribuzione uniforme su $[0, 1]$. Con un foglio elettronico si può simulare questa coppia di variabili aleatorie X_1 e X_2 scrivendo il comando

=CASUALE()

sia nella cella **A1** sia nella cella **B1**.
Ci chiediamo come si distribuisce la loro somma.
Sappiamo che $X_1 + X_2$ assume valori nell'intervallo $[0, 2]$; li assume in modo uniforme?
Per scoprirlo proviamo a generare 1000 coppie di numeri casuali, copiando le celle **A1** e **B1** fino a **A1000** e **B1000**. In **C1** scriviamo

=A1+B1

e copiamo fino a **C1000**.
Se tracciamo un grafico a dispersione dei 1000 valori nella colonna **C** possiamo osservare che la loro densità non è uniforme tra 0 e 2: scorrendo il grafico dal basso verso l'alto si vede che la densità dei punti è bassa vicino a 0, aumenta fino a 1 e diminuisce da 1 a 2.

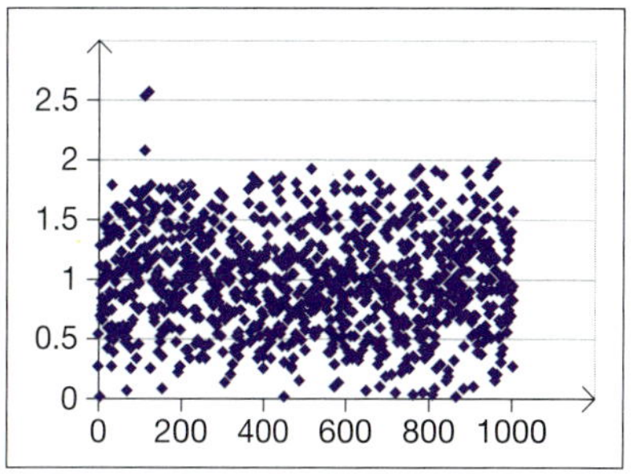

Per capire meglio come si distribuisce $X_1 + X_2$, scriviamo nella colonna **D** i numeri 0.1, 0.2, ..., 2, selezioniamo le celle **E1:E20** e scriviamo la formula

=FREQUENZA(C1:C1000;D1:D20)/1000.

	A	B	C	D	E
1	0.446248	0.693865	1.140114	0.1	0.004
2	0.106668	0.938847	1.045515	0.2	0.018
3	0.548367	0.497479	1.045846	0.3	0.03
4	0.993227	0.10091	1.094137	0.4	0.036
5	0.818232	0.15199	0.970222	0.5	0.052
6	0.227231	0.579626	0.806858	0.6	0.053
7	0.141939	0.535504	0.677442	0.7	0.067
8	0.992006	0.476548	1.468554	0.8	0.065
9	0.823903	0.61554	1.439443	0.9	0.087
10	0.759105	0.772573	1.531679	1	0.088
11	0.14696	0.100338	0.247298	1.1	0.1
12	0.957918	0.103132	1.061049	1.2	0.083
13	0.478665	0.949075	1.42774	1.3	0.065
14	0.78204	0.21298	0.99502	1.4	0.072
15	0.399224	0.810109	1.209333	1.5	0.06
16	0.477208	0.397364	0.874572	1.6	0.047
17	0.676368	0.75658	1.432948	1.7	0.033
18	0.998775	0.415036	1.413811	1.8	0.027
19	0.220729	0.002994	0.223723	1.9	0.009
20	0.54013	0.422526	0.962656	2	0.004

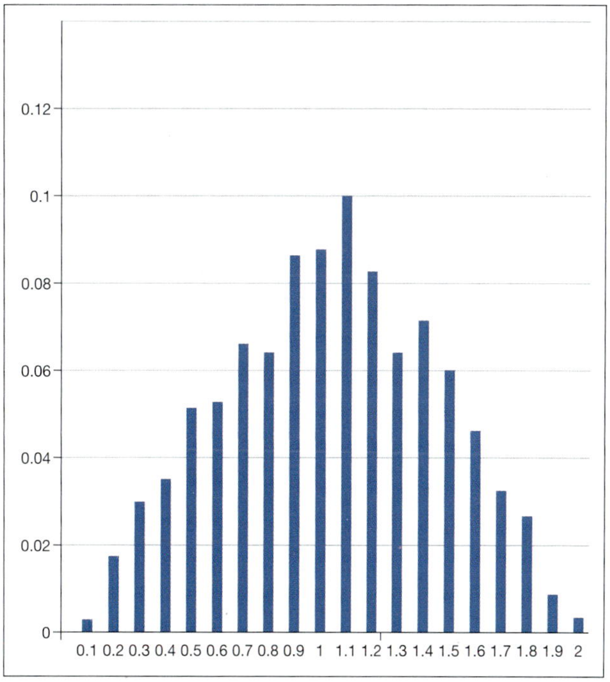

Nelle celle **E1:E20** abbiamo le frequenze relative con cui i 1000 punti della colonna **C** si distribuiscono nei 20 intervalli di uguale ampiezza $[0, 0.1]$, $[0.1, 0.2]$, ..., $[1.9, 2]$.
Il grafico a pagina precedente suggerisce che la distribuzione di $X_1 + X_2$ abbia un andamento lineare crescente da 0 a 1 e lineare decrescente in modo simmetrico da 1 a 2. Questa osservazione è coerente con l'intuizione che, addizionando due numeri casuali compresi tra 0 e 1, sia più probabile ottenere numeri vicino a 1 che non numeri vicino a 0 o a 2.
Possiamo dimostrare che è proprio così.

Dimostrazione

Consideriamo

- X_1 e X_2 due variabili aleatorie continue indipendenti, entrambe con distribuzione uniforme tra 0 e 1;
- $X = X_1 + X_2$;
- F la funzione di ripartizione di X.

Risulta: $F(x) = \Pr(X \leq x) = \Pr(X_1 + X_2 \leq x)$, con $0 \leq x \leq 2$.
Poiché X_1 e X_2 sono indipendenti, scegliere un valore per X_1 e uno per X_2 significa scegliere a caso un punto nel quadrato unitario di vertici opposti $(0, 0)$ e $(1, 1)$.
Consideriamo ora un valore x compreso tra 0 e 2. Risulta:

$$\Pr(X_1 + X_2 \leq x) = \Pr(X_2 \leq -X_1 + x).$$

La regione del quadrato individuata dai punti (X_1, X_2) tali che $X_2 \leq -X_1 + x$ è quella in giallo delle figure seguenti, la prima con $0 < x < 1$ e la seconda con $1 < x < 2$.
La probabilità $\Pr(X_2 \leq -X_1 + x)$ è allora l'area di questa regione.

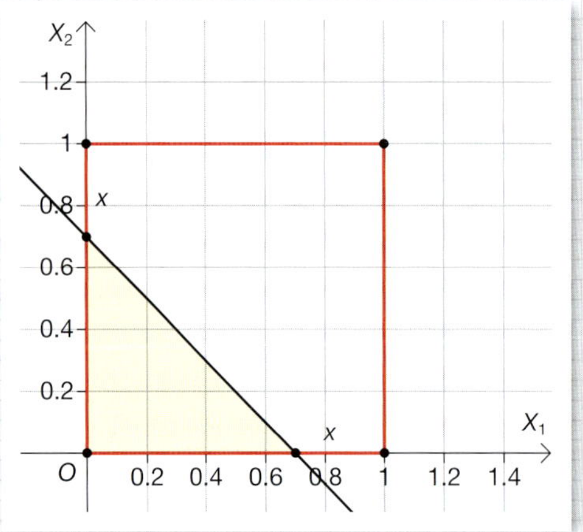

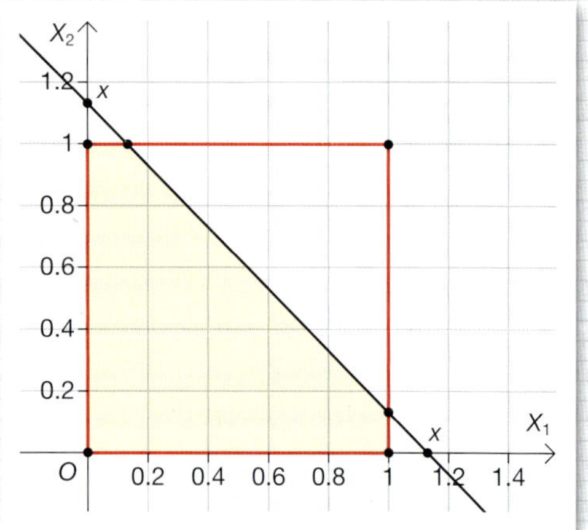

Dobbiamo dunque distinguere due casi.

- Se $0 \leq x < 1$: allora $\Pr(X_1 + X_2 \leq x) = \frac{1}{2}x^2$.
- Se $1 \leq x \leq 2$: allora $\Pr(X_1 + X_2 \leq x) = 1 - \frac{1}{2}(2 - x)^2$.

Allora la funzione di ripartizione di $X_1 + X_2$ è

$$F(x) = \begin{cases} 0 & \text{se } x < 0 \\ \frac{1}{2}x^2 & \text{se } 0 \leq x \leq 1 \\ 1 - \frac{1}{2}(2 - x)^2 & \text{se } 1 < x \leq 2 \\ 1 & \text{se } x > 2 \end{cases}$$

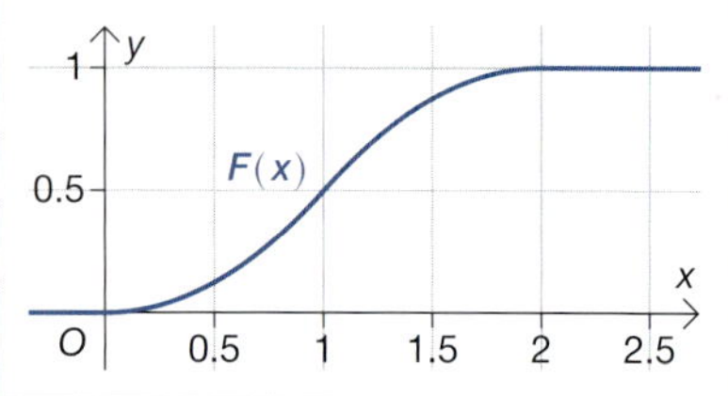

La funzione di densità di $X_1 + X_2$ è la derivata di F, negli intervalli dove f è continua:

$$f(x) = \begin{cases} x & \text{se } 0 \leq x \leq 1 \\ 2 - x & \text{se } 1 < x \leq 2 \\ 0 & \text{altrove} \end{cases}$$

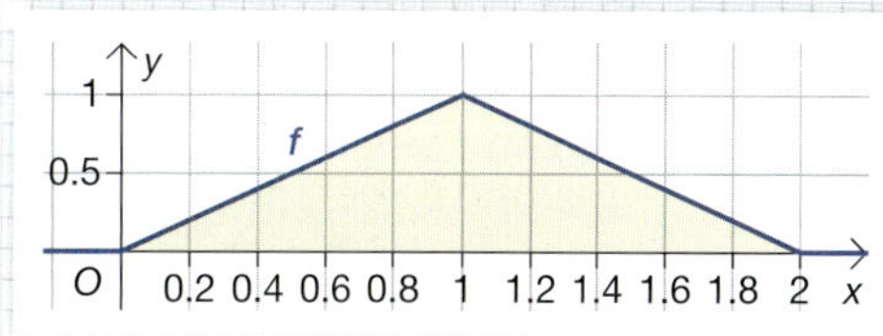

Dimostriamo che la condizione di normalizzazione è soddisfatta:

$$\int_{-\infty}^{+\infty} f(x)\mathrm{d}x = \int_{0}^{2} f(x)\mathrm{d}x = \int_{0}^{1} x\mathrm{d}x + \int_{1}^{2} (2-x)\mathrm{d}x = \left[\frac{1}{2}x^2\right]_0^1 + \left[2x - \frac{1}{2}x^2\right]_1^2 = 1.$$

Questo risultato è del tutto analogo a quello per variabili aleatorie discrete uniformi.

PER ESEMPIO

Qual è la distribuzione di probabilità della somma di due dadi regolari?

Ciascun dado ha distribuzione uniforme discreta, di valore $\frac{1}{6}$, sui numeri $\{1, 2, 3, 4, 5, 6\}$. La loro somma non ha distribuzione uniforme: la somma di due dadi regolari assume i valori $\{2, 3, \ldots, 12\}$ con probabilità che crescono linearmente da 2 a 7 e decrescono simmetricamente da 7 a 12.

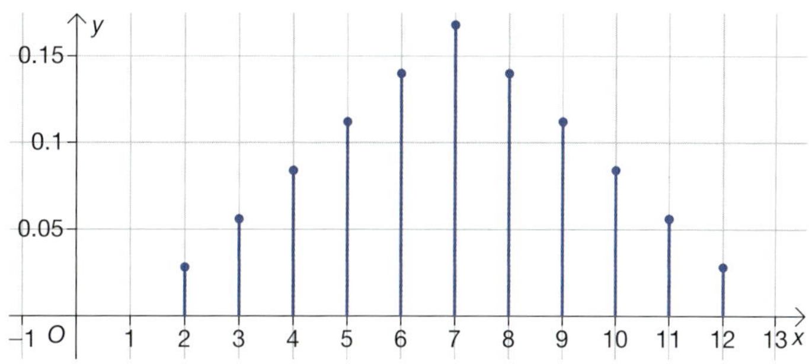

In modo analogo a quanto abbiamo fatto con $X_1 + X_2$, possiamo simulare con un foglio elettronico la distribuzione della somma $X_1 + X_2 + \ldots + X_n$ di n variabili aleatorie uniformi su $[0, 1]$ e tra loro indipendenti.

Ecco come si distribuiscono sull'intervallo $[0, n]$, per $n = 3, 5, 10$, le corrispondenti frequenze relative sugli intervalli di ampiezza $\frac{n}{20}$.

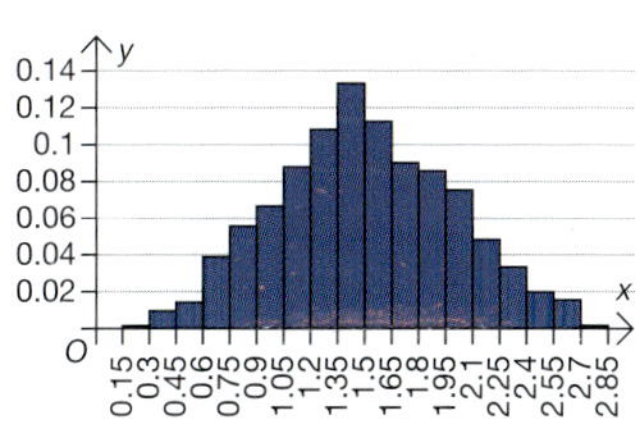

▲ $X_1 + X_2 + X_3$

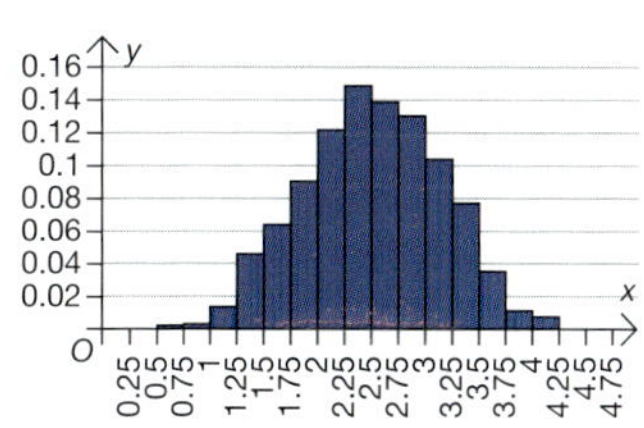

▲ $X_1 + \ldots + X_5$

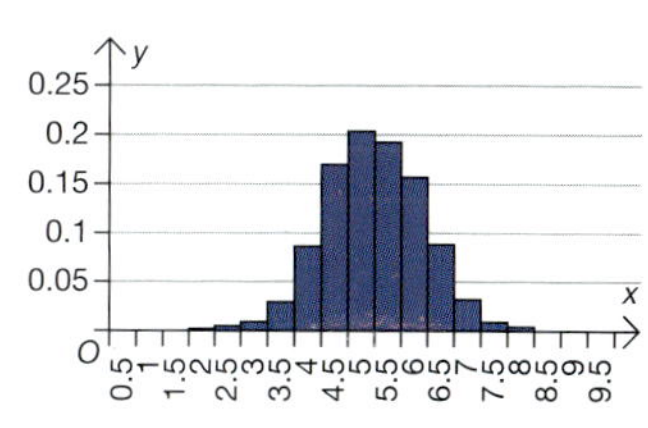

▲ $X_1 + \ldots + X_{10}$

Osserva che al crescere di n:

- le frequenze relative disegnano in modo via via più netto una curva dalla forma a campana;
- le frequenze tendono ad addensarsi vicino a $\frac{n}{2}$, cioè al valore atteso della distribuzione.

Riprenderemo queste osservazioni più avanti, quando introdurremo la *distribuzione normale.*

Valore atteso di una variabile aleatoria continua

Abbiamo visto che una variabile aleatoria discreta X che assume le determinazioni $x_1, \ldots, x_n$ con rispettive probabilità $p_1, \ldots, p_n$ ha valore atteso così definito:

$$\mathrm{E}(X) = \sum_{k=1}^{n} x_k p_k.$$

Consideriamo ora una variabile aleatoria continua X che ha funzione di densità di probabilità $f(x)$.

L'espressione $f(x)\mathrm{d}x$ rappresenta la probabilità infinitesima $\Pr(x \leq X \leq x + \mathrm{d}x)$.

Per analogia possiamo pensare che alla somma $\sum_{k=1}^{n} x_k p_k$ si debba ora sostituire l'integrale

$$\int_{-\infty}^{+\infty} x \cdot f(x)\mathrm{d}x.$$

Data una variabile aleatoria continua X che ha come densità di probabilità la funzione $f(x)$, si chiama **valore atteso** di X e si indica con E(X) il numero reale (se esiste):

$$\mathrm{E}(X) = \int_{-\infty}^{+\infty} x \cdot f(x)\mathrm{d}x.$$

PER ESEMPIO

1 Consideriamo una variabile aleatoria continua X con distribuzione uniforme nell'intervallo [1, 7]. La sua densità di probabilità è descritta dalla funzione:

$$f(x) = \begin{cases} \dfrac{1}{6} & \text{se } 1 \leq x \leq 7 \\ 0 & \text{altrove} \end{cases}.$$

Dato che la densità è uniforme, e quindi simmetrica rispetto al punto medio dell'intervallo [1, 7], ci aspettiamo che il valore atteso di X sia E(X) = 4. In effetti risulta:

$$\int_{-\infty}^{+\infty} x \cdot f(x)\mathrm{d}x = \int_{-\infty}^{1} x \cdot 0\mathrm{d}x + \int_{1}^{7} x \cdot \frac{1}{6}\mathrm{d}x + \int_{7}^{+\infty} x \cdot 0\mathrm{d}x = \int_{1}^{7} x \cdot \frac{1}{6}\mathrm{d}x = \left[\frac{1}{12}x^2\right]_1^7 =$$

$$= \frac{48}{12} = 4.$$

2 Consideriamo la variabile aleatoria continua che ha densità:

$$f(x) = \begin{cases} \dfrac{2}{x^2} & \text{se } 1 \leq x \leq 2 \\ 0 & \text{altrove} \end{cases}$$

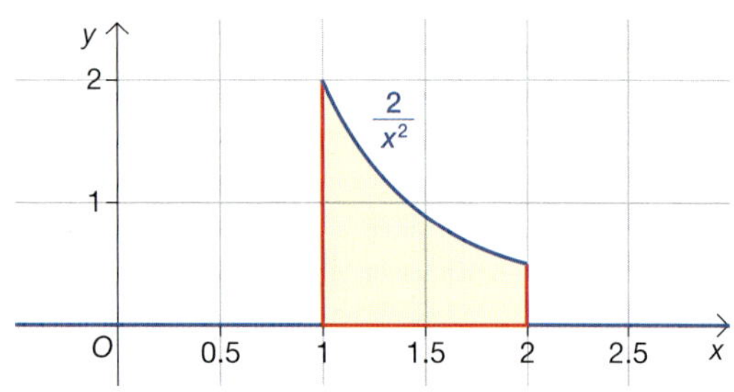

Poiché la densità di probabilità è decrescente in [1, 2], è più probabile che X assuma valori vicini a 1 piuttosto che vicini a 2. Ci aspettiamo dunque un valore atteso minore di 1.5. In effetti risulta:

$$\mathrm{E}(X) = \int_{-\infty}^{+\infty} x \cdot f(x)\mathrm{d}x = \int_{-\infty}^{1} x \cdot 0\mathrm{d}x + \int_{1}^{2} x \cdot \frac{2}{x^2}\mathrm{d}x + \int_{2}^{+\infty} x \cdot 0\mathrm{d}x = \int_{1}^{2} \frac{2}{x}\mathrm{d}x =$$

$$= [2\ln(x)]_1^2 = 2\ln(2) \approx 1.39.$$

3 Consideriamo una variabile aleatoria continua X la cui densità di probabilità è:

$$f(x) = \begin{cases} 0 & \text{se } x < 0 \\ e^{-x} & \text{se } x \geq 0 \end{cases}.$$

Dimostriamo innanzitutto che si tratta di una densità di probabilità, cioè che è soddisfatta la condizione di normalizzazione; poiché f è nulla in $]-\infty, 0[$ risulta:

$$\int_{-\infty}^{+\infty} f(x)\mathrm{d}x = \int_{0}^{+\infty} e^{-x}\mathrm{d}x = \lim_{b \to +\infty} [-e^{-x}]_0^b = \lim_{b \to +\infty} (-e^{-b} + 1) = 1.$$

Calcoliamo ora il valore atteso:

$$\mathrm{E(X)} = \int_{0}^{+\infty} xe^{-x}\mathrm{d}x.$$

Integrando per parti si ottiene:

$$\int xe^{-x}\mathrm{d}x = -e^{-x}(x+1) + c$$

quindi

$$\mathrm{E(X)} = \int_{0}^{+\infty} xe^{-x}\mathrm{d}x = \lim_{b \to +\infty} \left[-e^{-x}(x+1)\right]_0^b = \lim_{b \to +\infty} \left(-e^{-b}(b+1)+1\right) = 1.$$

Valore atteso di una funzione di variabile aleatoria continua

Possiamo determinare, più in generale, il valore atteso di una funzione $u(\mathrm{X})$ di una variabile aleatoria X che ha come densità la funzione $f(x)$.
Abbiamo visto che per le variabili aleatorie discrete una funzione u modifica il valore atteso di X, cioè $\mathrm{E(X)} = \sum_{i=1}^{n} x_i p_i$, nel valore atteso di $u(\mathrm{X})$ nel modo seguente:

$$\mathrm{E}\big(u(\mathrm{X})\big) = \sum_{i=1}^{n} u(x_i)p_i.$$

In modo del tutto analogo per una variabile aleatoria continua una funzione u modifica il valore atteso di X, cioè $\mathrm{E(X)} = \int_{-\infty}^{+\infty} xf(x)\mathrm{d}x$, nel valore atteso di $u(\mathrm{X})$ nel modo seguente:

$$\mathrm{E}\big(u(\mathrm{X})\big) = \int_{-\infty}^{+\infty} u(x)f(x)\mathrm{d}x.$$

PER ESEMPIO

Sia X una variabile aleatoria continua con distribuzione uniforme su $[0, 1]$. Sappiamo che $\mathrm{E(X)} = 0.5$.
Qual è il valore atteso di X^2?
Osserviamo innanzitutto che se X assume valori nell'intervallo $[0, 1]$, anche X^2 assume valori nello stesso intervallo. Inoltre $0 < x < 1$ implica $0 < x^2 < x < 1$, quindi ci aspettiamo che risulti $\mathrm{E(X^2)} < 0.5$.
Con un foglio elettronico possiamo simulare X^2 con il comando

```
=CASUALE()^2.
```

Se scriviamo questo comando nelle celle A1:A1000 otteniamo un grafico a dispersione come il seguente.

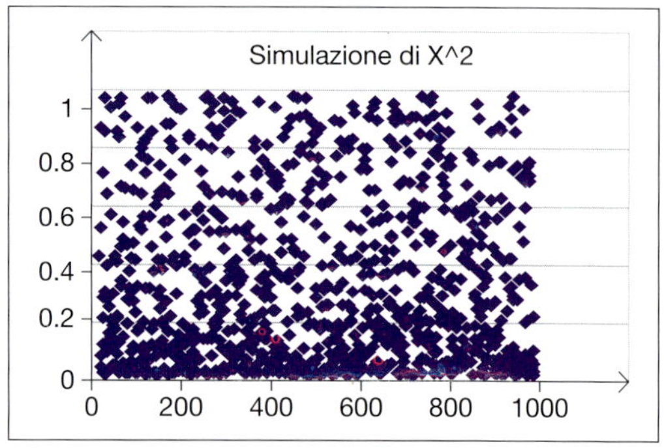

Come si vede leggendo il grafico dal basso in alto, e come è lecito aspettarsi, la densità di X^2 non è uniforme, ma sembra decrescere muovendosi da 0 a 1; il comando

=MEDIA(A1:A1000)

restituisce un numero compreso tra 0.32 e 0.34.
Calcoliamo ora $E(X^2)$: si tratta di applicare la funzione $u(x) = x^2$ alla variabile aleatoria X; risulta:

$$E(X^2) = \int_{-\infty}^{+\infty} x^2 f(x)\mathrm{d}x.$$

Poiché f è nulla al di fuori dell'intervallo $[0, 1]$ risulta:

$$E(X^2) = \int_{-\infty}^{+\infty} x^2 f(x)\mathrm{d}x = \int_0^1 x^2\mathrm{d}x = \left[\frac{1}{3}x^3\right]_0^1 = \frac{1}{3}.$$

OSSERVA In quest'ultimo esempio il valore atteso di X^2 non si ottiene elevando al quadrato il valore atteso di X. Quindi in generale: $E\big(u(X)\big) \neq u\big(E(X)\big)$.

Nota la densità di probabilità f di una variabile aleatoria continua X, determinare in generale la funzione di densità di $u(X)$ è piuttosto difficile e non è un obiettivo di questo corso. Ci limitiamo a proporre un procedimento per determinare la densità nel caso particolare in cui X è una variabile aleatoria continua uniforme tra 0 e 1 e $u(X) = X^2$.
Sia F la funzione di ripartizione di X^2; per $0 \leq x \leq 1$ risulta:

$$F(x) = \Pr(X^2 \leq x) = \Pr(-\sqrt{x} \leq X \leq \sqrt{x}) = \Pr(X \leq \sqrt{x}) = \sqrt{x}.$$

Dunque:

$$F(x) = \begin{cases} 0 & \text{se } x < 0 \\ \sqrt{x} & \text{se } 0 \leq x \leq 1 \\ 1 & \text{se } x > 1 \end{cases}$$

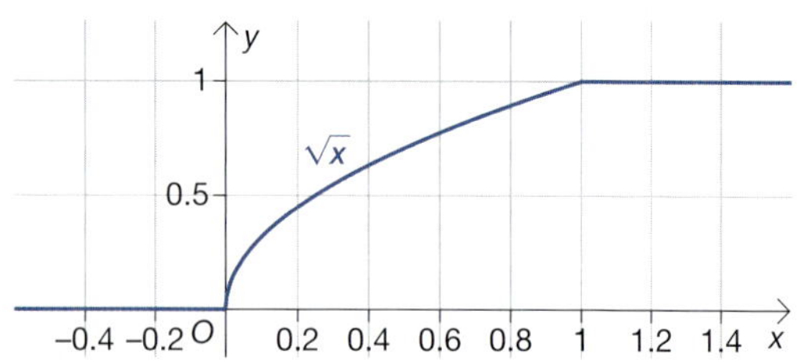

La densità f di X^2 è la derivata di F, negli intervalli dove F è derivabile:

$$f(x) = \begin{cases} \dfrac{1}{2\sqrt{x}} & \text{se } 0 < x < 1 \\ 0 & \text{altrove} \end{cases}$$

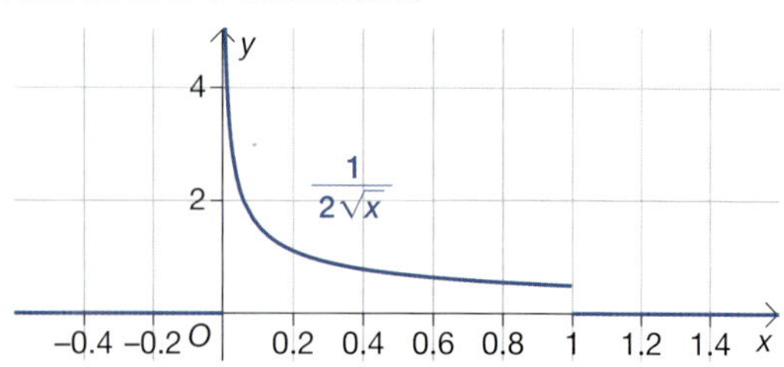

Varianza di una variabile aleatoria continua

Ricordiamo che la varianza di una variabile aleatoria X di valore atteso $\mathrm{E}(\mathrm{X}) = m$ è il valore atteso di una funzione di X:

$$\mathrm{Var}(\mathrm{X}) = \mathrm{E}\big((\mathrm{X}-m)^2\big).$$

Per una variabile aleatoria continua di densità f la varianza (se esiste) si calcola nel modo seguente:

$$\mathrm{Var}(\mathrm{X}) = \mathrm{E}\big((\mathrm{X}-m)^2\big) = \int_{-\infty}^{+\infty} (x-m)^2 \cdot f(x)\mathrm{d}x.$$

Esattamente come accade per le variabili aleatorie discrete, si può semplificare il calcolo della varianza:

$$\mathrm{Var}(\mathrm{X}) = \mathrm{E}(\mathrm{X})^2 - m^2 = \int_{-\infty}^{+\infty} x^2 \cdot f(x)\mathrm{d}x - m^2.$$

PER ESEMPIO

Riprendiamo l'esempio di una variabile aleatoria continua X con distribuzione uniforme su $[1, 7]$ e quindi con valore atteso $m = 4$. Calcoliamo la varianza $\mathrm{Var}(\mathrm{X})$ e la deviazione standard $\sigma(\mathrm{X})$:

$$\mathrm{Var}(\mathrm{X}) = \int_1^7 x^2 \cdot \frac{1}{6}\mathrm{d}x - 4^2 = \left[\frac{1}{18}x^3\right]_1^7 - 16 = \frac{342}{18} - 16 = 3.$$

Quindi la deviazione standard di X è

$$\sigma(\mathrm{X}) = \sqrt{3} \approx 1.7.$$

Infine utilizziamo la deviazione standard per calcolare $\Pr(m-\sigma \leq \mathrm{X} \leq m+\sigma)$.

$$\Pr(m-\sigma \leq \mathrm{X} \leq m+\sigma) = \int_{3-\sqrt{3}}^{3+\sqrt{3}} \frac{1}{6}\mathrm{d}x = \left[\frac{1}{6}x\right]_{3-\sqrt{3}}^{3+\sqrt{3}} = \frac{\sqrt{3}}{3} \approx 58\%.$$

Consideriamo ora il seguente esempio per introdurre un'altra distribuzione di probabilità: la *distribuzione esponenziale*.

PER ESEMPIO

In un certo tratto autostradale si verifica in media un incidente ogni 5 giorni. Tra quanto tempo si verificherà il prossimo incidente?
La risposta consiste nel determinare la funzione di densità e la funzione di ripartizione di una variabile aleatoria X che rappresenti il tempo aleatorio di attesa.
Un buon modello per la funzione di densità di probabilità di X è la cosiddetta *distribuzione esponenziale*:

$$f(x) = \begin{cases} \frac{1}{5}e^{-\frac{1}{5}x} & \text{se } x \geq 0 \\ 0 & \text{se } x < 0 \end{cases}$$

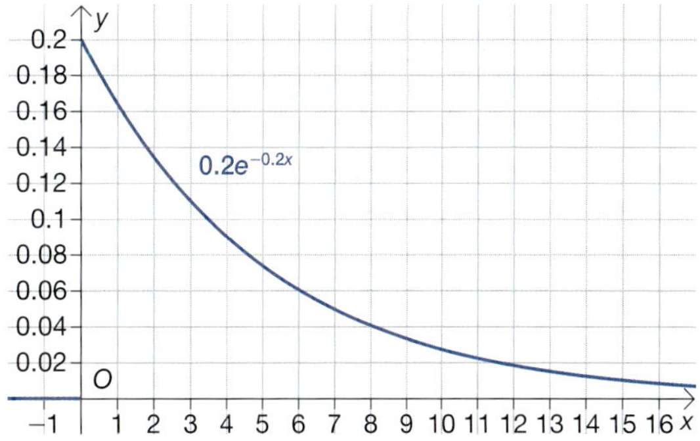

La sua funzione di ripartizione è:

$$\mathrm{F}(x) = \begin{cases} 0 & \text{se } x < 0 \\ 1 - e^{-\frac{1}{5}x} & \text{se } x \geq 0 \end{cases}$$

Quindi il tempo di attesa per il prossimo incidente è una variabile aleatoria continua di densità di probabilità f e di funzione di ripartizione F.

In generale se una variabile aleatoria continua X ha come densità di probabilità la funzione

$$f(x) = \begin{cases} ae^{-ax} & \text{se } x \geq 0 \\ 0 & \text{se } x < 0 \end{cases}.$$

con $a > 0$, si dice che X ha **distribuzione esponenziale** di parametro a.

Verifichiamo innanzitutto che, qualunque sia $a > 0$, f è una densità di probabilità.

$$\int_0^{+\infty} ae^{-ax}\,\mathrm{d}x = \lim_{b\to+\infty} [-e^{-ax}]_0^b = \lim_{b\to+\infty} (-e^{-ab} + 1) = 1.$$

Calcoliamo ora il valore atteso; integrando per parti otteniamo:

$$\mathrm{E}(x) = \int_0^{+\infty} axe^{-ax}\,\mathrm{d}x = \lim_{b\to+\infty}\left[-e^{-ax}\left(x + \frac{1}{a}\right)\right]_0^b = \lim_{b\to+\infty}\left(-e^{-ab}\left(b + \frac{1}{a}\right) + \frac{1}{a}\right) = \frac{1}{a}.$$

Calcoliamo la varianza; integrando per parti due volte otteniamo:

$$\mathrm{Var(X)} = \int_0^{+\infty} ax^2e^{-ax}\,\mathrm{d}x - \frac{1}{a^2} = \lim_{b\to+\infty}\left[-e^{-ax}\left(x^2 + \frac{2}{a}x + \frac{2}{a^2}\right)\right]_0^b - \frac{1}{a^2} =$$

$$= \lim_{b\to+\infty}\left[-e^{-ab}\left(b^2 + \frac{2}{a}b + \frac{2}{a^2}\right) + \frac{2}{a^2}\right] - \frac{1}{a^2} = \frac{1}{a^2}.$$

Dunque una distribuzione esponenziale di parametro a ha

- valore atteso: $\frac{1}{a}$;
- varianza: $\frac{1}{a^2}$.

La distribuzione normale

Riprendiamo la distribuzione binomiale di parametri $n = 40$ e $p = 0.5$ che abbiamo trattato nel capitolo precedente. La figura seguente mostra il grafico di questa distribuzione.

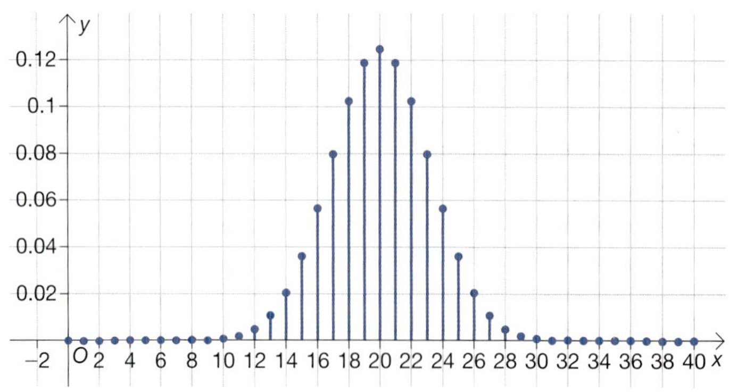

Il grafico delinea il profilo di una curva continua dalla forma a campana.
Vedremo nel seguito che questa è la forma tipica del grafico della *funzione di distribuzione normale*, che è una densità di probabilità di una variabile aleatoria continua che ha valore atteso np e deviazione standard $\sqrt{np(1-p)}$. Questa funzione di densità consente di approssimare una distribuzione binomiale di parametri n e p, se il prodotto np è abbastanza grande.

Consideriamo la funzione

$$f(x)=e^{-\frac{1}{2}x^2} \qquad \text{per ogni } x\in\mathbb{R}.$$

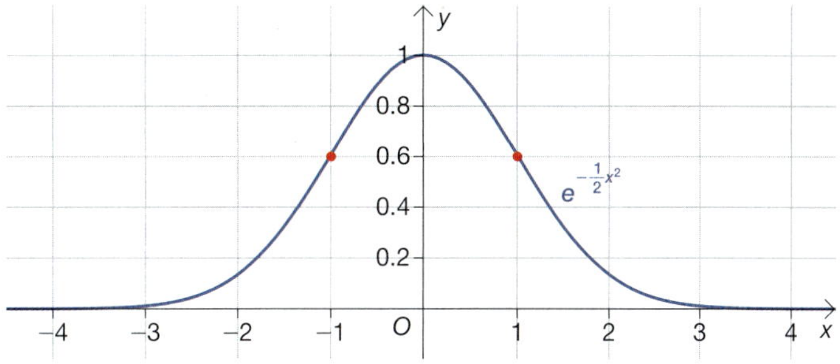

Il suo andamento è simmetrico rispetto all'asse y, dato che $f(-x)=f(x)$.

La sua derivata prima $f'(x)=-xe^{-\frac{1}{2}x^2}$ si annulla in $x=0$, dove f ha il suo punto di massimo assoluto.
La sua derivata seconda $f''(x)=(x^2-1)e^{-\frac{1}{2}x^2}$ si annulla nei punti $x=-1$ e $x=1$, che sono punti di flesso per f simmetrici rispetto a $x=0$.
È una funzione positiva su tutto $\mathbb{R}$ ma tende rapidamente a 0 per x tendente a $-\infty$ o a $+\infty$.
Per esempio risulta:

- $f(4)=e^{-8}\approx 0.0003=3\cdot 10^{-4}$;
- $f(5)=e^{-12.5}\approx 0.000\,004=4\cdot 10^{-6}$;
- $f(6)=e^{-18}\approx 0.000\,000\,02=2\cdot 10^{-8}$.

Ora ci chiediamo se f è una densità di probabilità. In altri termini ci chiediamo se il suo integrale generalizzato da $-\infty$ a $+\infty$ vale 1.
f è una di quelle funzioni di cui non è possibile scrivere una primitiva in forma elementare e dunque non è possibile applicare il teorema fondamentale del calcolo per esprimere in forma simbolica un suo integrale generalizzato. Con metodi più complessi è possibile dimostrare che risulta:

$$\int_{-\infty}^{+\infty} e^{-\frac{1}{2}x^2}\,dx=\sqrt{2\pi}\,.$$

Di conseguenza la funzione

$$G(x)=\frac{1}{\sqrt{2\pi}}e^{-\frac{1}{2}x^2}$$

è una densità di probabilità; infatti

$$\int_{-\infty}^{+\infty}\frac{1}{\sqrt{2\pi}}e^{-\frac{1}{2}x^2}dx=\frac{1}{\sqrt{2\pi}}\int_{-\infty}^{+\infty}e^{-\frac{1}{2}x^2}dx=\frac{1}{\sqrt{2\pi}}\sqrt{2\pi}=1.$$

In realtà, come suggerisce il seguente grafico, quasi tutta l'area unitaria di G è compresa fra -3 e 3.

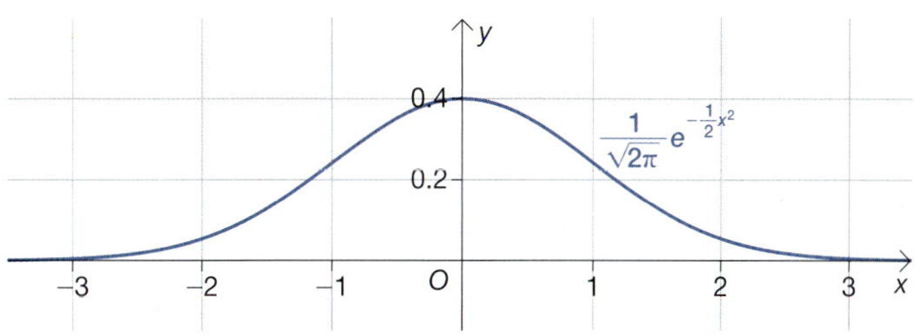

Sia X una variabile aleatoria continua che ha G come densità di probabilità. Poiché G è simmetrica rispetto all'asse y, il suo valore atteso è $E(X) = 0$.
Inoltre si può dimostrare che la sua varianza è $\mathrm{Var}(X) = 1$ e quindi anche la deviazione standard è $\sigma(X) = 1$.
La funzione G prende il nome di *funzione gaussiana.*
Se una variabile aleatoria continua X ha G come densità di probabilità si dice che X ha *distribuzione normale standard.*
Poiché G non ammette primitiva elementare, non possiamo utilizzare il teorema fondamentale del calcolo per esprimere esplicitamente la funzione di ripartizione:

$$F(x) = \int_{-\infty}^{x} G(t)\,dt.$$

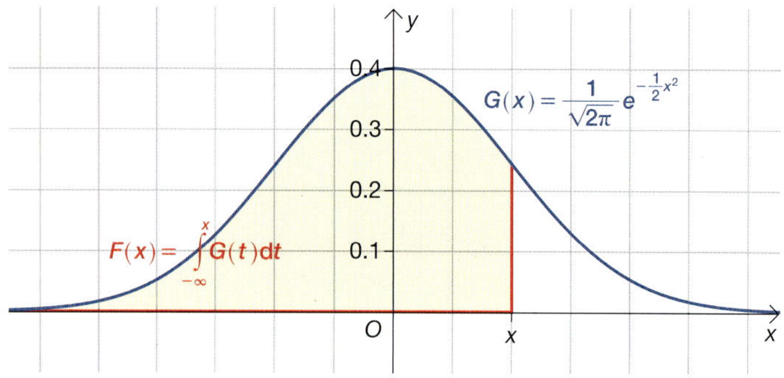

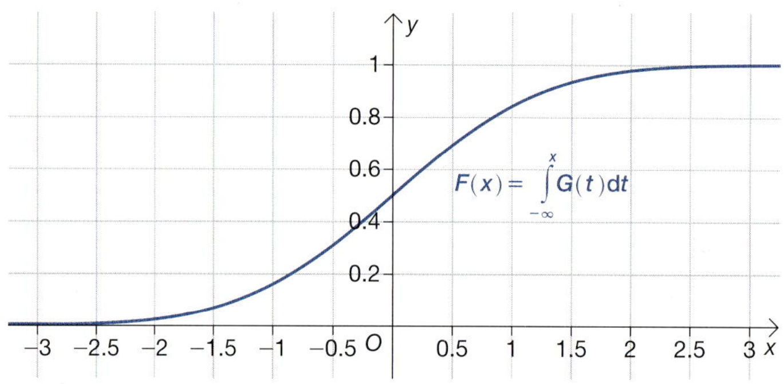

Per calcolare una probabilità dobbiamo quindi ricorrere all'approssimazione, per esempio mediante un foglio elettronico. Il comando

=DISTRIB.NORM.ST.N(x;VERO)

restituisce il valore $F(x) = \Pr(X \leq x)$ della funzione di ripartizione di una variabile aleatoria normale standard. Viceversa, il comando

=INV.NORM.ST.N(*p*)

restituisce il valore $x = F^{-1}(p)$ della funzione inversa della funzione di ripartizione, cioè il valore x per il quale $F(x) = p$.

PER ESEMPIO

Consideriamo una variabile aleatoria X che ha distribuzione normale standard.

Per calcolare $\Pr(-1 \leq X \leq 2) = \int_{-1}^{2} G(x)\,dx = F(2) - F(-1)$ utilizziamo il comando

=DISTRIB.NORM.ST.N(2;VERO)-DISTRIB.NORM.ST.N(-1;VERO)

che dà come risultato circa 0.8186.

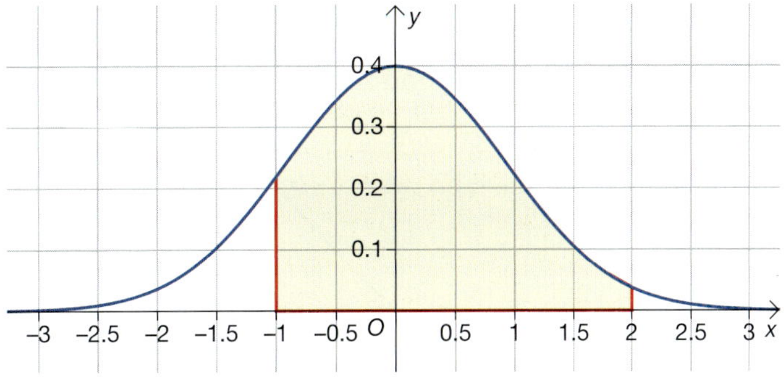

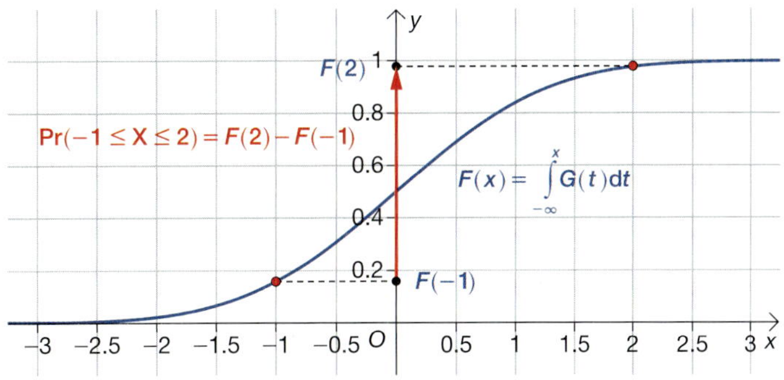

Se invece vogliamo sapere per quale valore x risulta, per esempio, $F(x) = 0.75$, cioè se vogliamo calcolare $x = F^{-1}(0.75)$, utilizziamo il comando

=INV.NORM.ST.N(0.75)

che fornisce circa 0.6745.

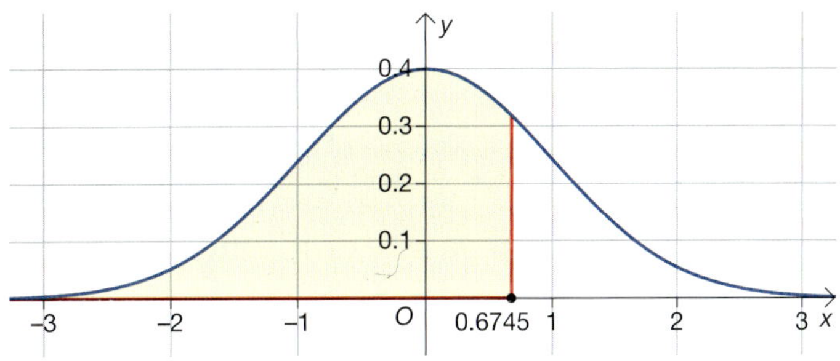

A partire dalla distribuzione normale standard, di media 0 e deviazione standard 1, vogliamo ora adattare la gaussiana a una distribuzione di valore atteso e deviazione standard qualsiasi.

La trasformazione lineare

$$x \to \frac{x-m}{s}.$$

muta la funzione $G(x)$ nella funzione $G\left(\frac{x-m}{s}\right)$, che non è più una funzione di densità di probabilità, perché l'integrale da $-\infty$ a ∞ non vale 1. Ricordiamo infatti che se $\int_{-\infty}^{\infty} f(x)\mathrm{d}x = A$ allora $\int_{-\infty}^{\infty} f\left(\frac{x}{k}\right)\mathrm{d}x = kA$.

Quindi qualunque siano m e s risulta:

$$\int_{-\infty}^{\infty} \frac{1}{s\sqrt{2\pi}} e^{-\frac{1}{2}\left(\frac{x-m}{s}\right)^2} \mathrm{d}x = 1.$$

La trasformazione lineare $x \to \frac{x-m}{s}$ fa traslare il punto di massimo di G da 0 a m; i due punti di flesso -1 e 1 vengono trasformati nei punti $m-s$ e $m+s$.

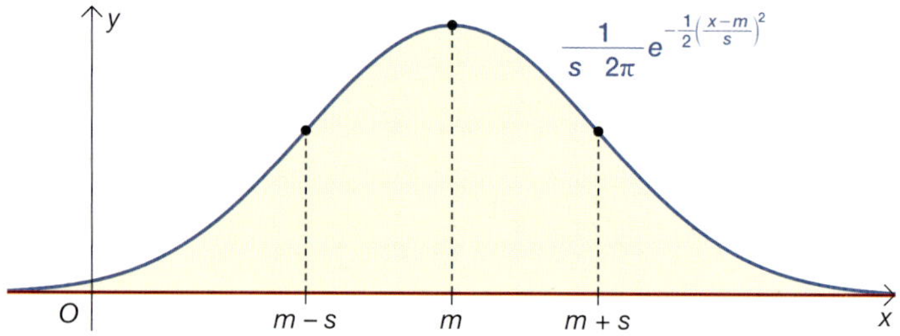

> ▶ Se una variabile aleatoria X continua ha come densità di probabilità la funzione
> $$G_{m,s}(x) = \frac{1}{s\sqrt{2\pi}} e^{-\frac{1}{2}\left(\frac{x-m}{s}\right)^2}$$
> diciamo che X ha **distribuzione normale** di parametri ***m*** e ***s***.

Riprendiamo la distribuzione binomiale di parametri $n = 40$ e $p = 0.5$, che ha valore atteso $np = 20$, varianza $np(1-p) = 10$ e deviazione standard $\sqrt{10}$. Confrontiamola con la distribuzione normale che ha lo stesso valore atteso $m = 20$ e la stessa deviazione standard $s = \sqrt{10}$.

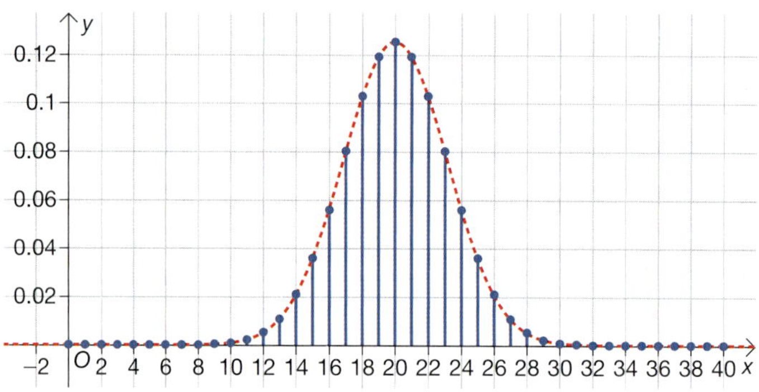

La gaussiana di parametri $m = 20$ e $s = \sqrt{10}$, cioè la funzione

$$G_{20,\sqrt{10}}(x) = \frac{1}{\sqrt{20\pi}} e^{-\frac{(x-20)^2}{20}}$$

approssima molto bene l'andamento della binomiale. Tenendo conto che quest'ultima è una distribuzione discreta mentre la normale è continua, possiamo approssimare per esempio $\Pr(X = 18)$ come segue:

$$\Pr(X = 18) \approx \int_{17.5}^{18.5} G_{20,\sqrt{10}}(x)\,dx = F_{20,\sqrt{10}}(18.5) - F_{20,\sqrt{10}}(17.5).$$

Con un foglio elettronico possiamo calcolare la funzione di ripartizione $F(x)$ di una variabile aleatoria normale X di parametri m e s con il comando:

DISTRIB.NORM.N(x;m;s;VERO).

Nel nostro esempio otteniamo:

=DISTRIB.NORM.N(18.5;20;radq(10))- DISTRIB.NORM.N(17.5;20;radq(10) = 0.10303.

Possiamo verificare, calcolando direttamente la distribuzione binomiale, che l'approssimazione è molto buona:

$$\Pr(X = 18) = \binom{40}{18}\frac{1}{2^{40}} \approx 0.10312.$$

Allo stesso modo approssimiamo per esempio $\Pr(18 \le X \le 22)$:

$$\Pr(18 \le X \le 22) \approx \int_{17.5}^{22.5} G_{20,\sqrt{10}}(x)\mathrm{d}x =$$

$$= F_{20,\sqrt{10}}(22.5) - F_{20,\sqrt{10}}(17.5) \approx 0.570\,805.$$

In seguito, enunciando il *teorema centrale del calcolo delle probabilità*, capiremo in quali casi e perché una distribuzione binomiale di parametri n e p può essere descritta mediante una distribuzione normale che ha lo stesso valore atteso e la stessa deviazione standard, cioè una distribuzione normale di parametri $m = np$ e $s = \sqrt{np(1-p)}$.

Modelli normali

La distribuzione normale è un modello fondamentale in probabilità e in statistica. È utilizzata sia per descrivere variabili aleatorie continue sia per approssimare, sotto certe condizioni, variabili aleatorie discrete, come la binomiale.

Si ipotizza un modello normale per X ogni volta che la distribuzione di probabilità è simmetrica rispetto al valore atteso m e i valori di X sono il risultato di un gran numero di cause che agiscono in modo indipendente e producono ciascuna effetti molto piccoli e circa dello stesso ordine di grandezza.
Questo vale in particolare per certi caratteri di una popolazione, come altezza, massa, pressione sanguigna, quantità di colesterolo nel sangue, ma vale anche per la distribuzione degli errori di misura nelle scienze sperimentali, per le caratteristiche fisiche di una produzione industriale, per le caratteristiche morfologiche di animali o piante, per i risultati di un test con un gran numero di domande, per la durata di un componente elettronico o di una lampadina o uno pneumatico, e così via.

PER ESEMPIO

Abbiamo rilevato l'altezza di 120 studenti maschi di 18 anni. Analizzando i dati abbiamo ottenuto come media $m = 180$ cm e come deviazione standard $s = 6$ cm.
Se ipotizziamo una distribuzione normale, allora la probabilità che uno studente abbia altezza compresa tra a e b è data dall'integrale definito:

$$\int_a^b \frac{1}{6\sqrt{2\pi}} e^{-\frac{1}{2}\left(\frac{x-180}{6}\right)^2} \mathrm{d}x = \int_a^b G_{180,6}(x)\mathrm{d}x.$$

Per esempio, la probabilità che l'altezza di uno studente di questa popolazione sia compresa tra 174 cm e 186 cm è $\int_{174}^{186} G_{180,6}(x)\mathrm{d}x$.
Come abbiamo già detto, la funzione gaussiana non ammette una primitiva in forma elementare. Con un foglio elettronico otteniamo:

$$\Pr(174 \le X \le 186) = F_{180,6}(186) - F_{180,6}(174) \approx$$
$$\approx 0.841\,344 - 0.158\,655 =$$
$$= 0.682\,689 \approx 68.3\%.$$

Al variare della deviazione standard s varia l'aspetto della curva: se s diminuisce, cioè se diminuisce la dispersione rispetto alla media, aumenta la probabilità di osservare valori della variabile vicini alla media.

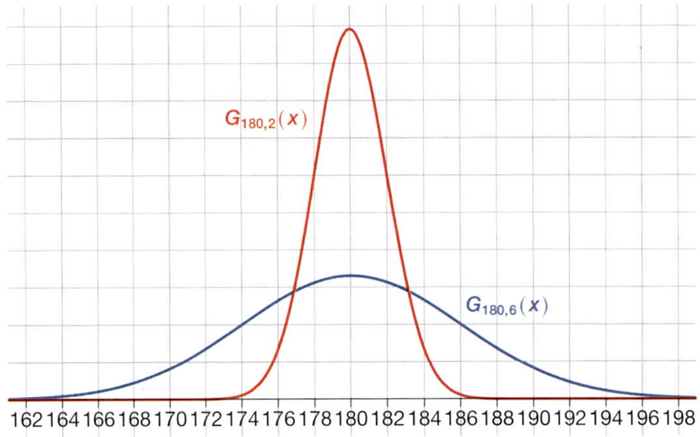

Ecco per esempio i grafici di $G_{180,6}(x)$ e $G_{180,2}(x)$. Il grafico mostra che per $G_{180,2}$ la probabilità che la variabile aleatoria assuma valori tra 174 e 186 è quasi 1; con un foglio elettronico otteniamo:

$$G_{180,2}(186) - G_{180,2}(174) \approx 0.997.$$

Si può dimostrare che se adottiamo la deviazione standard s come unità di misura della dispersione dalla media allora la probabilità $\Pr(m - ks \leq \mathrm{X} \leq m + ks)$ è la stessa per qualunque valore di m e s di una distribuzione normale.
In particolare per ogni variabile aleatoria normale risulta

$$\Pr(m - s \leq \mathrm{X} \leq m + s) \approx 68.3\%$$
$$\Pr(m - 2s \leq \mathrm{X} \leq m + 2s) \approx 95.4\%$$
$$\Pr(m - 3s \leq \mathrm{X} \leq m + 3s) \approx 99.7\%.$$

In altri termini:
- il 68.3% della popolazione esaminata non si allontana dal valore atteso per più di 1 deviazione standard;
- il 95.4% della popolazione esaminata non si allontana dal valore atteso per più di 2 deviazioni standard;
- X assume valori che distano da m più di 3 deviazioni standard con probabilità molto bassa (circa $1 - 0.997 = 0.003$).

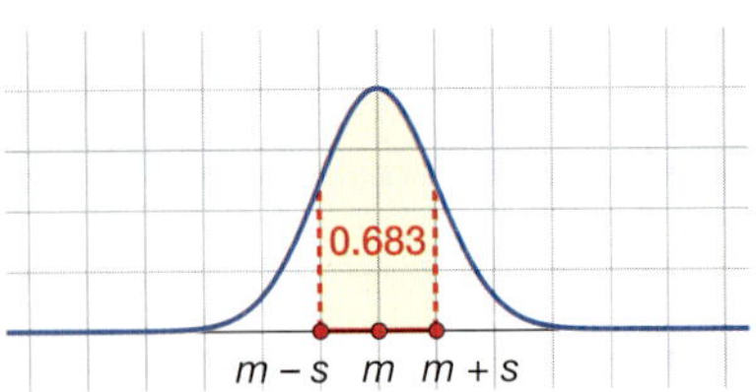

▲ $\Pr(m - s \leq X \leq m + s) \approx 68.3\%$

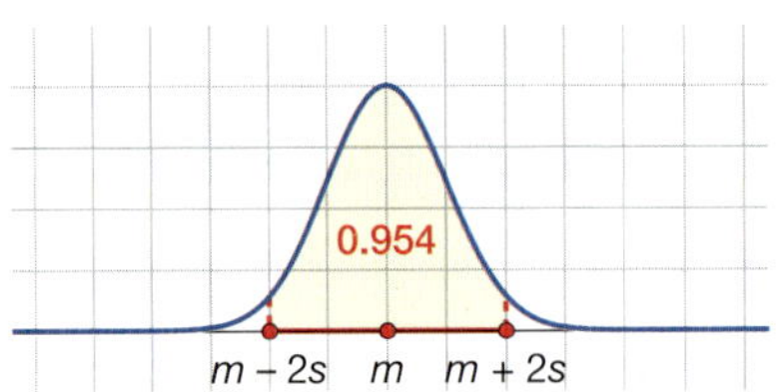

▲ $\Pr(m - 2s \leq X \leq m + 2s) \approx 95.4\%$

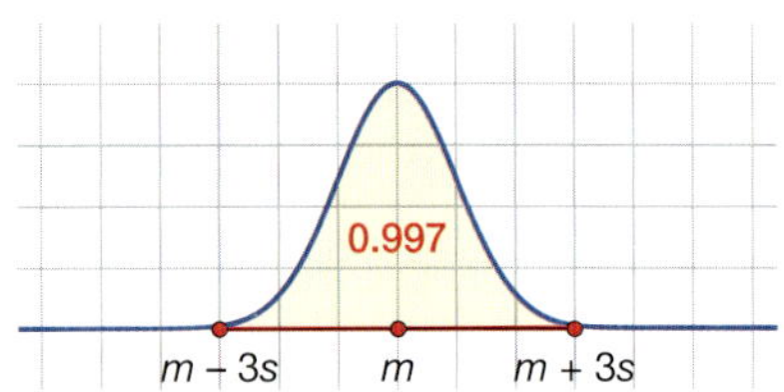

▲ $\Pr(m - 3s \leq X \leq m + 3s) \approx 99.7\%$

Mediante la trasformazione inversa della trasformazione lineare

$$x \rightarrow \frac{x - m}{s}$$

che abbiamo usato per passare da $G_{0,1}$ a $G_{m,s}$, possiamo trasformare una qualunque gaussiana $G_{m,s}$ nella gaussiana standard $G_{0,1}$, cioè quella con $m = 0$ e $s = 1$. Per le proprietà degli integrali definiti risulta:

$$\int_a^b G_{m,s}(x)\mathrm{d}x = \int_{a'}^{b'} G_{0,1}(x)\mathrm{d}x$$

dove

$$a' = \frac{a-m}{s} \qquad \text{e} \qquad b' = \frac{b-m}{s}.$$

Possiamo allora utilizzare, per calcolare una probabilità, solo la funzione di ripartizione $F_{0,1}(x)$ della distribuzione normale standard. Con un foglio elettronico, mediante il comando

=DISTRIB.NORM.ST.N(x;VERO)

possiamo tabulare una volta per tutte i valori della funzione di ripartizione $F_{0,1}(x)$ di $G_{0,1}(x)$, per esempio da 0 a 4 con passo 0.1.

	A	B	C	D	E	F	G	H
1	x	F(x)	x	F(x)	x	F(x)	x	F(x)
2	0	0.5	1	0.84134	2	0.97725	3	0.99865
3	0.1	0.53983	1.1	0.86433	2.1	0.98214	3.1	0.99903
4	0.2	0.57926	1.2	0.88493	2.2	0.9861	3.2	0.99931
5	0.3	0.61791	1.3	0.9032	2.3	0.98928	3.3	0.99952
6	0.4	0.65542	1.4	0.91924	2.4	0.9918	3.4	0.99966
7	0.5	0.69146	1.5	0.93319	2.5	0.99379	3.5	0.99977
8	0.6	0.72575	1.6	0.9452	2.6	0.99534	3.6	0.99984
9	0.7	0.75804	1.7	0.95543	2.7	0.99653	3.7	0.99989
10	0.8	0.78814	1.8	0.96407	2.8	0.99744	3.8	0.99993
11	0.9	0.81594	1.9	0.97128	2.9	0.99813	3.9	0.99995
12	1	0.84134	2	0.97725	3	0.99865	4	0.99997

Per valori negativi di x è sufficiente osservare che, poiché $G_{0,1}$ è simmetrica rispetto a 0, risulta:

$$F(-x) = 1 - F(x)$$

come mostra la figura.

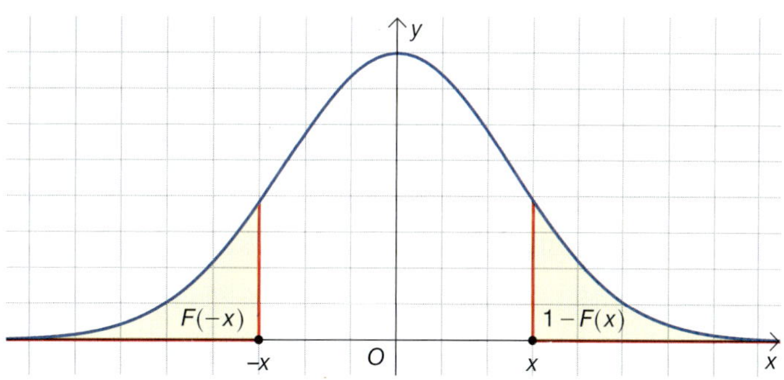

PER ESEMPIO

Un pastificio produce spaghetti la cui lunghezza ha distribuzione normale, con media $m = 25$ cm e deviazione standard $s = 0.4$ cm. Per esigenze di confezionamento la lunghezza degli spaghetti deve necessariamente essere compresa tra 24.4 e 25.6 cm. Qual è la percentuale di spaghetti che sarà scartata?

Poiché

$$\frac{24.4-25}{0.4} = -1.5 \qquad \text{e} \qquad \frac{25.6-25}{0.4} = 1.5$$

risulta

$$\int_{24.4}^{25.6} G_{25,\,0.4}(x)\mathrm{d}x = \int_{-1.5}^{1.5} G_{0,1}(x)\mathrm{d}x = F_{0,1}(1.5) - F_{0,1}(-1.5) =$$

$$= F_{0,1}(1.5) - 1 + F_{0,1}(1.5) = 2F_{0,1}(1.5) - 1$$

Consultando le tavole sopra riportate otteniamo:

$$F_{0,1}(1.5) \approx 0.93319$$

da cui

$$\int_{-1.5}^{1.5} G_{0,1}(x)\mathrm{d}x = 2F_{0,1}(1.5) - 1 \approx 2 \cdot 0.93319 - 1 \approx 0.866.$$

La percentuale di spaghetti da scartare è quindi circa $1 - 0.866 = 13.4\%$.

Nella pratica si ipotizza un modello normale tutte le volte che la distribuzione di probabilità:

- è simmetrica rispetto a un valore a;
- diminuisce e tende a 0 allontanandosi da a;
- è trascurabile al di fuori di un intervallo del tipo $[a - b, a + b]$.

Si pone allora $m = a$ e $s = \dfrac{b}{3}$.

Il teorema centrale della probabilità

In questo capitolo abbiamo già notato che la densità di probabilità della somma di n variabili aleatorie indipendenti e tutte con distribuzione uniforme tra 0 e 1, al crescere di n tende a comportarsi come una distribuzione normale.
Abbiamo notato che anche la funzione di probabilità di una distribuzione binomiale di parametri $n = 40$ e $p = 0.5$ segue con ottima approssimazione il profilo della gaussiana che ha lo stesso valore atteso e la stessa deviazione standard. D'altra parte sappiamo che una variabile binomiale di parametri n e p è la somma di n variabili di Bernoulli, cioè di n variabili aleatorie indipendenti con la stessa distribuzione:

$$\begin{cases} 0 & 1 \\ 1-p & p \end{cases}.$$

Questo comportamento della somma di variabili aleatorie indipendenti e con la stessa distribuzione è legato al *teorema centrale della probabilità* (o anche *teorema centrale del limite)*, che enunciamo senza dimostrazione, in una delle tante formulazioni possibili.

Teorema centrale della probabilità

Siano:

- $X_1, X_2, \ldots, X_n$ n variabili aleatorie continue tra loro indipendenti e tutte con la stessa distribuzione di probabilità;
- S la variabile aleatoria che si ottiene dalla loro somma: $S = X_1 + X_2 + \ldots + X_n$;
- $m = E(S)$ e $s^2 = Var(S)$;
- $G_{m,s}(x)$ la funzione gaussiana di parametri m e s.

Allora qualunque siano a e b risulta:

$$\lim_{n \to +\infty} \Pr(a \leq S \leq b) = \int_a^b G_{m,s}(x)\mathrm{d}x.$$

Utilizzando la distribuzione normale standard otteniamo la forma equivalente:

$$\lim_{n \to +\infty} \Pr(a \leq S \leq b) = \int_{\frac{a-m}{s}}^{\frac{b-m}{s}} G_{0,1}(x)\mathrm{d}x.$$

Il teorema centrale afferma, in sostanza, che la distribuzione di probabilità della somma $S = X_1 + \ldots + X_n$ di n variabili aleatorie è approssimata sempre meglio, al crescere di n, dalla distribuzione normale.
La potenza di questo teorema risiede anche nel fatto che la convergenza alla distribuzione normale vale qualunque sia la distribuzione delle variabili aleatorie X_k.
Abbiamo enunciato il teorema per la somma di variabili aleatorie continue, ma questo vale, con le dovute precisazioni, anche per variabili aleatorie discrete.

PER ESEMPIO

Sappiamo che una variabile aleatoria X con distribuzione binomiale di parametri n e p è la somma di n variabili aleatorie di Bernoulli di parametro p. L'approssimazione di X alla normale è tanto migliore quanto più n è grande e, una volta fissato n, quanto più p è vicino a 0.5.

Nella pratica si approssima la binomiale con la normale se $np \geq 10$ e $n(1-p) \geq 10$. Per esempio, se $n = 50$ e $p = 0.2$ si ha $m = 50 \cdot 0.2 = 10$ e $s^2 = 50 \cdot 0.2 \cdot 0.8 = 8$. Il grafico mostra le due distribuzioni (una discreta e l'altra continua).

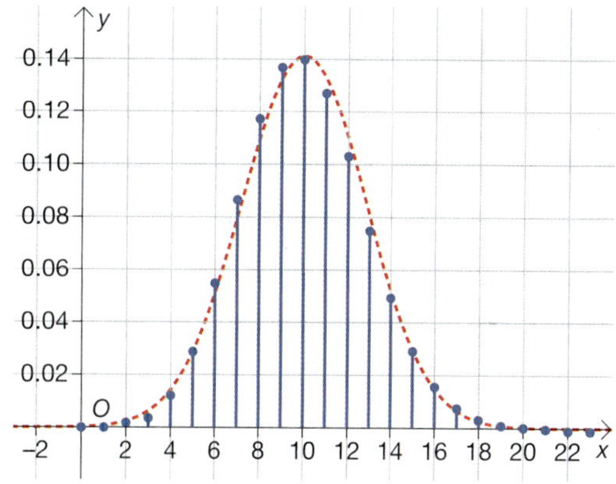

Uno dei più importanti problemi della statistica consiste nello stimare una certa grandezza caratteristica di una popolazione. Se la popolazione è numerosa, la misurazione di tutti gli elementi della popolazione potrebbe comportare costi enormi, non essere realizzabile oppure richiedere tempi troppo lunghi. È ragionevole allora scegliere un campione, di solito piccolo rispetto alla numerosità della popolazione, e stimare la grandezza in questione con il valore medio del campione. Questa soluzione è corretta?
Per mostrare le possibili insidie di questo procedimento supponiamo che la popolazione sia di 5 individui: siamo interessati a stimare l'altezza media di questa popolazione.
Supponiamo di scegliere un campione di 2 elementi e di misurare le loro altezze, ottenendo 172 cm e 176 cm. La media è 174 cm: è corretto affermare che l'altezza media della popolazione è 174 cm?
Se le altezze dell'intera popolazione fossero

172, 176, 186, 188, 190

la media sarebbe ben lontana dalla nostra stima di 174 cm:

$$\frac{172 + 176 + 186 + 188 + 190}{5} = 182.4.$$

Il Teorema Centrale può aiutarci ad analizzare quantitativamente questo problema.

Supponiamo di scegliere a caso, in una popolazione molto numerosa, un campione di n elementi; le loro altezze, prima di misurarle, sono n variabili aleatorie $X_1, \ldots, X_n$

- indipendenti, visto che sono state scelte a caso;
- con la stessa distribuzione di probabilità, visto che sono state estratte dalla stessa popolazione.

Quindi ciascuna delle X_k ha lo stesso valore atteso μ e la stessa varianza σ^2 della popolazione stessa.

Consideriamo la **media campionaria**, cioè la variabile aleatoria M_n che si ottiene dalla media aritmetica delle X_k:

$$M_n = \frac{X_1 + \ldots + X_n}{n}.$$

Poiché M_n è una funzione lineare delle X_k, risulta:

$$E(M_n) = E\left(\frac{1}{n}X_1 + \ldots + \frac{1}{n}X_n\right) = E\left(\frac{1}{n}X_1\right) + \ldots + E\left(\frac{1}{n}X_n\right) =$$

$$= \frac{1}{n}E(X_1) + \ldots + \frac{1}{n}E(X_n) = \frac{n\mu}{n} = \mu.$$

Quindi il valore atteso di M_n coincide con la media della popolazione. Si dice che la media campionaria M_n è uno stimatore **corretto** della grandezza che si vuole stimare. Calcoliamo la varianza di M_n. Poiché le X_k sono indipendenti, tutte le covarianze sono nulle e risulta:

$$\mathrm{Var}(M_n) = \mathrm{Var}\left(\frac{1}{n}X_1 + \ldots + \frac{1}{n}X_n\right) = \mathrm{Var}\left(\frac{1}{n}X_1\right) + \ldots + \mathrm{Var}\left(\frac{1}{n}X_n\right) =$$

$$= \frac{1}{n^2}\mathrm{Var}(X_1) + \ldots + \frac{1}{n^2}\mathrm{Var}(X_n) =$$

$$= \frac{n}{n^2}\sigma^2 = \frac{\sigma^2}{n}.$$

Di conseguenza $\sigma(M_n) = \dfrac{\sigma}{\sqrt{n}}$.

Quindi la varianza di M_n tende a 0 se il numero n di elementi del campione cresce; questo significa che M_n assume con probabilità tendente a 1 valori sempre più vicini a μ. Si dice che la media campionaria è uno stimatore **coerente** della grandezza che si vuole stimare.

D'altra parte M_n è la somma di n variabili aleatorie indipendenti e con la stessa distribuzione:

$$M_n = \frac{1}{n}X_1 + \frac{1}{n}X_2 + \ldots + \frac{1}{n}X_n.$$

Come sappiamo dal Teorema centrale, se n è sufficientemente grande la distribuzione di M_n è approssimata dalla normale di valore atteso $m = \mu$ e deviazione standard $s = \dfrac{\sigma}{\sqrt{n}}$.

Quindi la media campionaria standardizzata è ben approssimata dalla distribuzione normale standard e risulta:

$$\frac{M_n - m}{s} = \frac{M_n - \mu}{\frac{\sigma}{\sqrt{n}}}.$$

$$\Pr\left(a \le \frac{M_n - \mu}{\frac{\sigma}{\sqrt{n}}} \le b\right) = \int_a^b G_{0,1}(x)\mathrm{d}x.$$

PER ESEMPIO

Un numero considerevole di studenti affronta il test di ammissione a una facoltà universitaria. Dalle esperienze degli anni precedenti si sa che il risultato medio del test è di 55 punti sui 100 disponibili, con una deviazione standard di 20 punti. Se si sceglie un campione di 10 studenti, qual è la probabilità che la media del punteggio sia maggiore di 60 punti? E se il campione è di 100 studenti?

Indichiamo con M_{10} la media campionaria del punteggio ottenuto dal campione di 10 studenti. Se approssimiamo M_{10} con una normale di parametri $m = 55$ e $s = \dfrac{20}{\sqrt{10}} = 2\sqrt{10} \approx$ ≈ 6.3 risulta:

$$\Pr(M_{10} > 60) \approx \int_{60}^{+\infty} G_{55,\,2\sqrt{10}}(x)\mathrm{d}x = \int_{\frac{60-55}{2\sqrt{10}}}^{+\infty} G_{0,1}(x)\mathrm{d}x \approx \int_{0.79}^{+\infty} G_{0,1}(x)\mathrm{d}x =$$

$$= 1 - F_{0,1}(0.79) \approx 0.215 = 21.5\%.$$

Indichiamo con M_{100} la media campionaria del punteggio ottenuto dal campione di 100 studenti. Se approssimiamo la media campionaria M_{100} con una normale di parametri $m = 55$ e $s = \frac{20}{\sqrt{100}} = 2$ otteniamo:

$$\Pr(M_{100} > 60) \approx \int_{60}^{+\infty} G_{55,2}\mathrm{d}x = \int_{2.5}^{+\infty} G_{0,1}(x)\mathrm{d}x = 1 - F_{0,1}(2.5) \approx 0.006 = 0.6\%.$$

Al crescere del numero n di elementi del campione la deviazione standard tende a 0 e di conseguenza aumenta la probabilità che il punteggio medio sia vicino a 55; per M_{10} il punteggio 60 è lontano da 55 circa 0.79 deviazioni standard, mentre per M_{100} il punteggio 60 è lontano da 55 ben 2.5 deviazioni standard: è dunque ragionevole che la probabilità che il punteggio medio sia maggiore di 60 è nettamente minore per M_{100} rispetto a M_{10}.

ESERCIZI

Nella risoluzione degli esercizi puoi usare, quando lo ritieni utile, un foglio elettronico.

1 Si sceglie a caso un numero reale X nell'intervallo $[2, 7]$.

a] Qual è la probabilità che X sia compreso tra 2.2 e 2.5? [0.06]

b] Qual è la probabilità che X sia compreso tra 2.2 e 2.5 se si sa che è compreso tra 2.3 e 2.6? $\left[\frac{2}{3}\right]$

2 Dimostra che se X è una variabile aleatoria continua con distribuzione uniforme tra a e b allora $E(X) = \frac{a+b}{2}$ e $Var(X) = \frac{(b-a)^2}{12}$.

3 X è una variabile aleatoria continua con distribuzione uniforme tra 0 e 1.

a] Calcola $Pr(X \leq 0.6 \mid X > 0.4)$. $\left[\frac{1}{3}\right]$

b] Calcola $E(X^2)$. $\left[\frac{1}{3}\right]$

c] Calcola $E(\sqrt{X})$. $\left[\frac{2}{3}\right]$

4 Una variabile aleatoria continua X che ha valore atteso 1.6 ha la seguente densità di probabilità.

$$f(x) = \begin{cases} mx + q & \text{se } 1 \leq x \leq 2 \\ 0 & \text{altrove} \end{cases}$$

Determina m e q. $[m = 1.2, q = -0.8]$

5 Una variabile aleatoria continua X ha la seguente densità di probabilità $f(x)$.

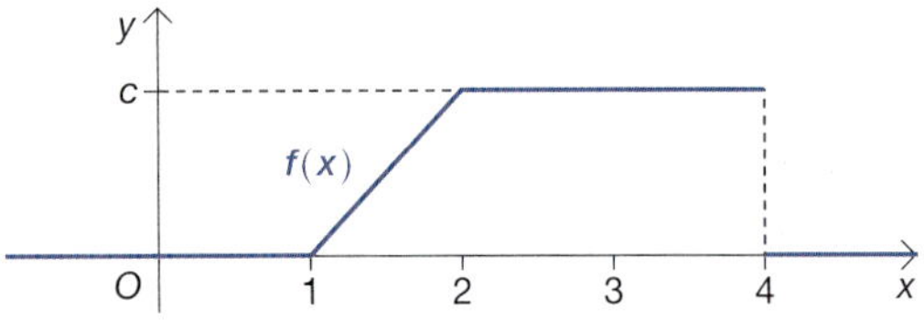

a] Determina c. [0.4]

b] Scrivi un'espressione per $f(x)$.

c] Calcola $E(X)$. $\left[\frac{41}{15} \approx 2.73\right]$

d] Scrivi un'espressione per la funzione di ripartizione $F(x)$.

e] Calcola $Pr(1.5 \leq X \leq 3)$. $\left[\frac{11}{20}\right]$

6 Considera la funzione $f(x) = \begin{cases} ax^2 & \text{se } 0 \leq x \leq 1 \\ 0 & \text{altrove} \end{cases}$

a] Calcola il valore di a per cui f è una densità di probabilità. [3]

b] Scrivi un'espressione per la corrispondente funzione di ripartizione F.

7 La variabile aleatoria continua X ha la seguente funzione di densità di probabilità:

$$f(x) = \begin{cases} ax(1-x) & \text{se } 0 \leq x \leq 1 \\ 0 & \text{altrove} \end{cases}$$

a] Calcola il valore di a e traccia il grafico di f. [6]

b] Calcola $\Pr(0.4 \leq X \leq 0.6)$, $\Pr(X \geq 0.4 \mid X \geq 0.6)$ e $\Pr(X \geq 0.6 \mid X \geq 0.4)$. [0.296, 1, circa 0.543]

c] Solo osservando il grafico di f: qual è il valore atteso di X? [0.5]

d] Scrivi un'espressione per la funzione di ripartizione di X.

8 Una variabile aleatoria continua X ha densità di probabilità definita da

$$f(x) = \begin{cases} \dfrac{a}{x^4} & \text{se } x \geq 2 \\ 0 & \text{altrove} \end{cases}$$

a] Calcola il valore di a. [24]

b] Calcola $E(X)$. [3]

c] Calcola $Var(X)$. [3]

9 Si può dimostrare che se X_1 e X_2 sono due variabili aleatorie continue uniformi tra 0 e 1 allora la variabile aleatoria $X = |X_1 - X_2|$, che rappresenta la distanza aleatoria tra due numeri scelti a caso in $[0, 1]$, ha densità di probabilità

$$f(x) = \begin{cases} 2 - 2x & \text{se } 0 \leq x \leq 1 \\ 0 & \text{altrove} \end{cases}$$

a] Traccia il grafico di f e solo osservando il grafico stabilisci se $E(X)$ è minore o maggiore di 0.5. [Minore di 0.5, perché...]

b] Calcola $m = E(X)$ e $s^2 = Var(X)$. $\left[\frac{1}{3}; \frac{1}{18}\right]$

c] Calcola $\Pr(0.4 \leq X \leq 0.6 \mid 0.5 \leq X \leq 0.7)$. [0.5625]

d] Scrivi un'espressione per la funzione di ripartizione di X.

10 X è una variabile aleatoria continua con distribuzione uniforme tra 0 e $\frac{\pi}{2}$. Calcola il valore atteso di $\sin(X)$. $\left[\frac{2}{\pi}\right]$

11 Considera una variabile aleatoria continua X la cui densità di probabilità è

$$f(x) = \begin{cases} 0 & \text{se } x < 1 \\ \dfrac{1}{x^2} & \text{se } x \geq 1 \end{cases}$$

a] Verifica la condizione di normalizzazione.

b] Verifica che X non ammette valore atteso.

12 Considera una variabile aleatoria continua X la cui densità di probabilità è

$$f(x) = \begin{cases} 0 & \text{se } x < 1 \\ \dfrac{a}{x^3} & \text{se } x \geq 1 \end{cases}$$

a] Calcola il valore di a. [2]

b] Verifica che X ammette 2 come valore atteso ma non ammette varianza.

13 In una catena di montaggio si verifica un guasto ogni 5 giorni. Supponi che il tempo di attesa X del prossimo guasto abbia distribuzione esponenziale di parametro $a = \frac{1}{5}$ e cioè che la funzione di densità di probabilità di X sia $f(x) = \begin{cases} 0.2e^{-0.2x} & \text{se } x \geq 0 \\ 0 & \text{se } x < 0 \end{cases}$

a] Scrivi un'espressione per la funzione di ripartizione F di X.

b] Verifica che $\Pr\big(X \leq E(X)\big) \neq \frac{1}{2}$.

c] Calcola $\Pr(2 \leq X \leq 4)$. [Circa 0.221]

d] Calcola $\sigma(X)$ e la probabilità $\Pr(m - \sigma \leq X \leq m + \sigma)$. [$5; = 1 - e^{-2} \approx 0.865$]

e] Si è appena verificato un guasto. Calcola la probabilità che non si verifichino guasti nei prossimi 3 giorni. [$e^{-0.6} \approx 0.549$]

f] L'ultimo guasto si è verificato 4 giorni fa. Calcola la probabilità che non si verifichino guasti nei prossimi 3 giorni. Verifica che il risultato è lo stesso del punto precedente.

g] Dimostra che in generale, per una qualunque distribuzione esponenziale di parametro a, risulta $\Pr(X > k) = \Pr\big(X > h + k \mid X > h\big)$ per ogni $h, k \geq 0$. Questa proprietà si chiama **assenza di memoria** della distribuzione esponenziale: la probabilità di aspettare per un tempo maggiore di k non dipende da quanto tempo h ho già aspettato.

14 Un'azienda agricola produce un vitigno assai raro che cresce solo in una certa area. La quantità Q prodotta annualmente, in kg, dipende dalle condizioni meteorologiche e la sua distribuzione di probabilità è descritta dalla funzione di densità seguente:

$$f(x) = \begin{cases} \dfrac{x}{7200} & \text{se } 0 \leq x \leq 120 \\ 0 & \text{altrove} \end{cases}$$

Anche il prezzo unitario P di vendita, in € al litro, è aleatorio perché dipende dalle condizioni di mercato e la sua distribuzione di probabilità è la seguente:

$$\begin{cases} 200 & 250 & 300 \\ 0.15 & 0.7 & 0.15 \end{cases}$$

a] Calcola la quantità prodotta attesa $E(Q)$ e la sua deviazione standard $\sigma(Q)$. [80, circa 28.3]

b] Calcola il prezzo unitario atteso $E(P)$ e la sua deviazione standard $\sigma(P)$. [250, circa 27.4]

c] Calcola il fatturato atteso PQ sapendo dall'esperienza che il coefficiente di correlazione lineare tra Q e P è $\rho = -0.6$. [Circa 19535]

15 Una variabile aleatoria continua X ha distribuzione normale di parametri $m = 10$ e $s = 2$.

a] Calcola $\Pr(X \leq 8.2)$. [Circa 0.184]

b] Calcola $\Pr(X > 11.8)$. [Circa 0.184]

c] Calcola $\Pr(8.2 < X \leq 11.8)$. [Circa 0.632]

d] Spiega perché le risposte ai punti a) e b) sono uguali.

e] Spiega perché la somma delle risposte ai punti a), b) e c) è 1.

f] Calcola le probabilità ai punti a), b) e c) utilizzando la funzione di ripartizione $F_{0,1}$ della distribuzione normale standard.

16 Una variabile aleatoria continua X ha distribuzione normale di parametri $m = 10$ e $s = 2$.

a] Calcola x tale che $\Pr(X \leq x) = 10\%$. [Circa 7.44]

b] Calcola x tale che $\Pr(X \leq x) = 75\%$. [Circa 11.35]

c] Calcola a tale che $\Pr(m - a \leq X \leq m + a) = 40\%$. [Circa 1.049]

d] Calcola b tale che $\Pr(X > b) = 80\%$. [Circa 8.317]

17 La durata di una lampadina ha distribuzione normale, con media 1200 ore e deviazione standard 300 ore. Calcola la probabilità che la lampadina duri più di 2000 ore. [Circa 0.4%]

18 Un test a risposta multipla viene sottoposto a un gran numero di studenti; il punteggio medio è $m = 60$ e la deviazione standard è $s = 15$. Ipotizziamo che il punteggio si distribuisca normalmente.

a] Qual è la percentuale di studenti il cui punteggio è maggiore di 75? [Circa 16%]

b] Qual è il valore soglia di punteggio per il 10% degli studenti migliori? [Circa 79.2]

19 Il rendimento percentuale X di un titolo finanziario ha distribuzione normale con valore atteso $m = 4\%$ e deviazione standard 6%.

a] Scrivi un'espressione per la funzione di densità di probabilità di X.

b] Calcola la probabilità che il rendimento sia negativo. [Circa 0.252]

20 La quantità di colesterolo HDL nel sangue di una popolazione, in mg/dl, ha una distribuzione normale di media $m = 50$ e deviazione standard $s = 10$.

a] La quantità di colesterolo HDL non dovrebbe scendere sotto i 40 mg/dl. Qual è la percentuale della popolazione con HDL troppo basso? [Circa 16%]

b] Qual è l'intervallo $[m - a, m + a]$ che comprende il 50% della popolazione?
[Circa [43.3, 56.7]]

c] Quale sarebbe l'intervallo se la deviazione standard fosse $s = 5$? [Circa [46.6, 53.4]]

21 Il diametro di un cuscinetto a sfere prodotto da una macchina è una variabile aleatoria continua X con distribuzione normale di parametri $m = 12$ mm e $s = 0.02$ mm. Il controllo di qualità prevede che possano essere messi in vendita solo pezzi con diametro compreso tra 11.98 mm e 12.02 mm. Qual è la probabilità che un pezzo scelto a caso debba essere scartato? [Circa 31.7%]

22 Supponi di avere un campione di 100 valori estratti casualmente da una popolazione con media $\mu = 500$ e deviazione standard $\sigma = 80$.

a] Qual è la probabilità che la media campionaria sia compresa tra 490 e 510? [Circa 79%]

b] Trova un intervallo che copra il 95% centrale della distribuzione di probabilità della media campionaria. [Circa [484.3, 515.7]]

23 Una variabile aleatoria continua X ha distribuzione normale di parametri $m = 2$ e $s = 2$. Calcola la probabilità che X assuma valori negativi. [Circa 16%]

24 Uno studente deve prendere un autobus per arrivare a scuola. L'autobus arriva in media all'orario stabilito, ma con una deviazione standard di 4 minuti. Supponendo che l'istante in cui l'autobus arriva alla fermata abbia una distribuzione normale, quanti minuti prima dell'orario stabilito lo studente deve essere alla fermata se vuole avere una probabilità almeno del 99% di prendere l'autobus? [Almeno 9.3 minuti]

25

a] Determina l'intervallo $[-a, a]$ che copre il 95% centrale della distribuzione normale standard. $[a \approx 1.96]$

b] Determina l'intervallo $[-b, b]$ che copre il 99% della distribuzione normale standard. $[b \approx 2.58]$

26 Le variabili aleatorie non sono solo di tipo discreto o continuo, esistono anche distribuzioni "miste", un po' discrete e un po' continue. Per esempio: il ciclo di funzionamento di un semaforo prevede il verde per 30″, il rosso per 40″ e il giallo per 5″.

a] Se arrivi in un istante a caso qual è il tempo di attesa? (Chiediamo, come al solito, una distribuzione di probabilità).

b] Scrivi un'espressione per la funzione di ripartizione della variabile aleatoria X = tempo di attesa.

ESAME DI STATO **27** Durante il picco massimo di un'epidemia di influenza il 15% della popolazione è a casa ammalato.

a] Qual è la probabilità che in una classe di 20 alunni ce ne siano più di due assenti per influenza? [Circa 60%]

b] Descrivi le operazioni da compiere per verificare che, se l'intera scuola ha 500 alunni, la probabilità che ce ne siano più di 50 influenzati è maggiore del 99%.
[ESAME DI STATO – Simulazione della seconda prova del 29/04/2016]

ESAME DI STATO **28** Una macchina produce barre di acciaio a sezione circolare la cui lunghezza ottimale dovrebbe essere di 5 metri e il diametro della sezione di 4 centimetri. Le barre effettivamente prodotte, che si suppongono tra loro indipendenti, hanno una lunghezza aleatoria con distribuzione normale di media $m_1 = 5$ m e scarto standard $\sigma_1 = 4$ cm. Il diametro della sezione è una variabile aleatoria, indipendente dalla precedente, e con distribuzione normale di media $m_2 = 4$ cm e scarto standard $\sigma_2 = 0.8$ cm. Una generica barra prodotta può essere direttamente venduta senza modifiche se la sua lunghezza è compresa tra 4.95 m e 5.05 m e la sua sezione tra 2.8 cm e 5.2 cm. La tavola della funzione di ripartizione della normale standardizzata è data.

Ascissa: x	F(x)
−1,50	0,067
−1,45	0,074
−1,35	0,089
−1,25	0,106
−1,15	0,125
−1,05	0,147
−0,95	0,171

Ascissa: x	F(x)
+0,95	0,829
+1,05	0,853
+1,15	0,875
+1,25	0,894
+1,35	0,912
+1,45	0,927
+1,50	0,933

a] Verifica che la probabilità p di poter mettere in vendita senza modifiche una generica barra prodotta è 0.68.

b] Indicata con f_n la frequenza relativa delle barre direttamente vendibili su n barre prodotte, esprimi, in funzione di p, la numerosità n necessaria perché la probabilità che f_n disti da p più di 0.05 sia non superiore a 0.05. [Circa 334]

[ESAME DI STATO – Sessione ordinaria per il liceo scientifico, corso sperimentale P.N.I., A.S. 1997/1998]

ESAME DI STATO **29** Supponiamo che l'intervallo di tempo t (in anni) tra due cadute di fulmini in un'area di 100 m^2 sia dato da una variabile casuale continua con funzione di ripartizione:

$$P(t \leq z) = \int_0^z 0.01e^{-0.01s}ds.$$

a] Calcola la probabilità che, in tale area, i prossimi due fulmini cadano entro non più di 200 anni l'uno dall'altro.

b] Determina qual è il minimo numero di anni z, tale che sia almeno del 95% la probabilità che i prossimi due fulmini cadano in tale area entro non più di z anni l'uno dall'altro.

[a) Circa 0.865, b) circa 300 anni]

[ESAME DI STATO – Sessione suppletiva per il liceo scientifico e delle scienze applicate, A.S. 2015/2016]

MATEMATICA & ECONOMIA POLITICA

Dalle teorie classiche alla teoria dell'utilità e al modello keynesiano

L'economia politica

Quando si parla di economia politica si fa in genere riferimento alla scienza che si occupa delle modalità con cui una società organizza la produzione e la distribuzione delle ricchezze.

Riflessioni di economia politica sono proprie di ogni società, fin dalle civiltà più antiche, anche se il suo strutturarsi come scienza non iniziò prima del Rinascimento e si consolidò solo a partire dall'epoca della prima rivoluzione industriale. Infatti questo periodo fu caratterizzato da profonde innovazioni tecnologiche e da un ampliamento dei mercati e degli scambi commerciali fra i Paesi.

La mano invisibile di Smith e Ricardo

Le trasformazioni economiche che caratterizzarono la prima rivoluzione industriale hanno avuto ripercussioni nell'organizzazione sociale e politica di molti Paesi, in cui perdevano sempre più di importanza i grandi proprietari terrieri a favore dei nuovi imprenditori, proprietari di imprese agricole e industriali.

È in questo periodo che l'economista scozzese Adam Smith teorizza, nel suo libro del 1776 *Ricchezza delle nazioni*, il cosiddetto *teorema della mano invisibile*, secondo cui ciascun individuo, guidato dal proprio egoismo nella ricerca del massimo benessere personale, contribuisce inconsapevolmente allo sviluppo economico della collettività. Usando le parole di Smith, gli individui sono guidati «da una mano invisibile a promuovere un fine che non era parte delle proprie intenzioni». Questa *mano invisibile* è costituita dalle forze del mercato che quindi deve essere lasciato libero, senza ingerenze da parte dello Stato, in modo tale che possa portare al punto di equilibrio, caratterizzato dal massimo benessere possibile della collettività.

L'economista inglese David Ricardo nei *Principi di economia politica e della tassazione*, pubblicato nel 1817, estese l'idea della mano invisibile anche al caso dei rapporti commerciali tra i vari Paesi, affermando che il libero scambio, e quindi la rinuncia a qualsiasi forma di protezionismo, è vantaggioso per tutti nel lungo periodo.

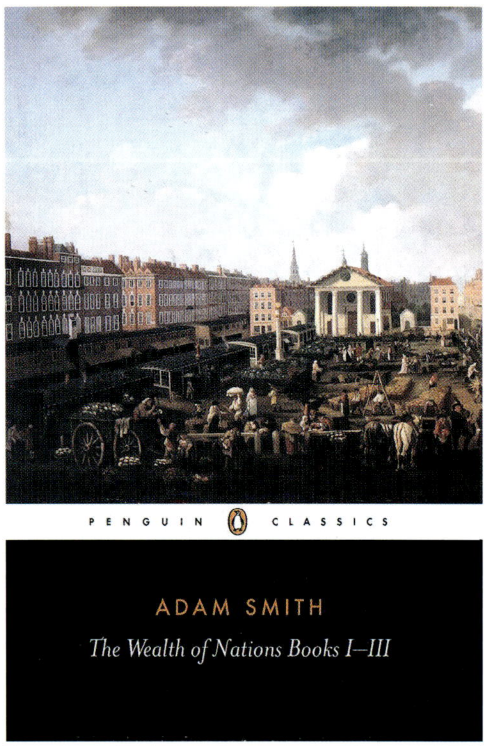

▸▸ **Adam Smith, *Ricchezza delle nazioni*.** Copertina..

La teoria dell'utilità marginale

Intorno alla seconda metà del secolo XIX nasce una nuova teoria, detta *neoclassica* o *marginalista*, fra i cui esponenti si trovano il francese Léon Walras e lo svizzero Vilfredo Pareto.
Gli economisti neoclassici basano la loro analisi sul comportamento dell'individuo e cercano di arrivare a una teoria economica indipendente dal tipo di organizzazione sociale o politica di una società. La tesi fondamentale della loro analisi è che ogni individuo o gruppo di individui sia interessato a rendere efficienti gli scarsi mezzi disponibili per ottimizzare il proprio benessere. Questo desiderio, secondo gli economisti neoclassici, è ciò che caratterizza l'oggetto dell'economia: *l'economia è quella scienza che consente di massimizzare, in presenza di vincoli costituiti dalle risorse disponibili, il proprio benessere.*

Cerchiamo di dare, attraverso un esempio, un'idea di come conducevano le loro analisi. Consideriamo il caso della produzione di un'impresa e dell'occupazione salariale. Secondo gli economisti neoclassici, in una data impresa, per una quantità di macchinari di produzione fissata, l'aumento di occupazione darebbe luogo a una crescita di produttività sempre minore. In altri termini, la produttività in funzione del numero di occupati è concava: ogni occupato in più fa aumentare sempre meno la produttività.
Per l'impresa è possibile individuare una funzione di utilità che tenga conto da un lato dei benefici legati all'incremento dell'occupazione e dall'altro dei costi: l'impresa sarà disponibile ad assumere nuovi lavoratori, con un determinato salario, solo se la produttività che si ottiene in seguito all'assunzione è maggiore del costo dell'assunzione.
Naturalmente l'analisi può essere effettuata dal punto di vista dell'operaio, per esempio sugli straordinari; in questo caso la funzione di utilità deve tenere conto dei benefici del salario accessorio e dei costi del lavoro in più, per esempio perdita di tempo libero. L'analisi viene sempre fatta su piccole variazioni, dette anche *marginali*, delle variabili indipendenti: l'operaio sarà disponibile ad accettare di lavorare un'ora in più fino a che il costo personale di questo lavoro sarà inferiore al salario in più che otterrà.

L'analisi degli economisti neoclassici può applicarsi in generale a qualsiasi tipo di individuo e non è vincolata a determinati modelli di società o a determinati periodi storici: anche per questi economisti, se si evitano ingerenze esterne e si lasciano libere le forze del mercato, si arriverà inevitabilmente a un equilibrio complessivo efficiente. Si tratta di una teoria che prospetta la possibilità di un rapporto sociale armonioso e non conflittuale, purché lasci del tutto libero il mercato, evitando di intervenire su di esso. Probabilmente fu anche per questa visione ottimistica, che descriveva il mercato come un sistema efficiente e capace di autogovernarsi, che la teoria neoclassica si impose e divenne dominante nel periodo fra il 1870 e il 1914. Tra l'altro questa teoria aveva la possibilità di applicarsi a qualunque tipo di società, indipendentemente dal contesto storico.

UT = Utilità totale

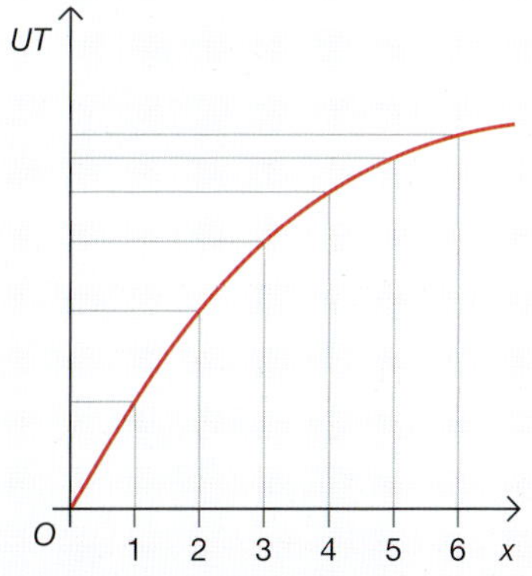

UM = Utilità marginale

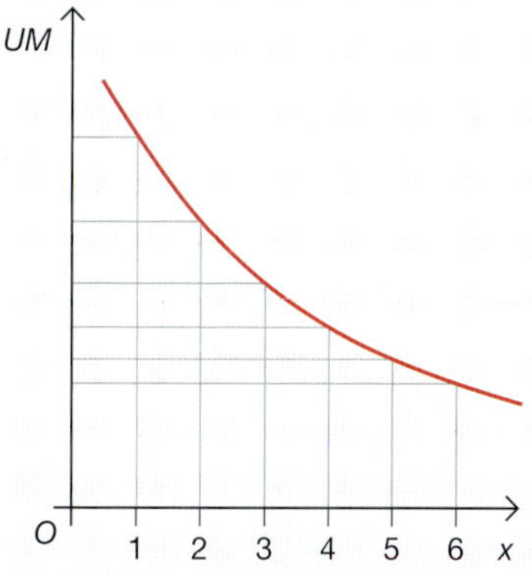

Il modello keynesiano

Dal 1915 al 1945 il mondo fu sconvolto dalle due guerre mondiali e dalla Grande Crisi Economica del 1929 che creò in pochi anni 12 milioni di disoccupati negli Stati Uniti e 6 milioni in Germania, contribuendo a creare le condizioni politiche e sociali per l'affermarsi del nazismo.

CITY EDITION London Herald LATE PRICES

FRIDAY 25th OCTOBER 1929

WALL STREET CRASH!

Black Thursday in America

Stocks Plunge and Eleven Commit Suicide

What Went Wrong?

OTHER NEWS

COLEMAN'S "WINCARNIS"

Questi drammatici sconvolgimenti portarono a ripensare in termini critici le teorie dei neoclassicisti o almeno parti di esse. Alcuni economisti cercarono una sintesi tra le teorie neoclassiche e le critiche più feroci alle stesse. Tra essi ricordiamo l'inglese **John Maynard Keynes** che propose di assumere il cosiddetto *principio della domanda effettiva* secondo cui l'occupazione dipende dalla domanda effettiva di merci, servizi e infrastrutture.
Una conseguenza è che le imprese sono disponibili ad assumere solo quei lavoratori che servono a soddisfare le esigenze del mercato. Quindi, in periodi di crisi, che portano alla diminuzione della domanda, l'occupazione e i salari inevitabilmente diminuiscono. Ciò però rischia di creare una reazione a catena dagli effetti devastanti. Infatti un aumento della disoccupazione e una diminuzione dei salari amplificano la diminuzione della domanda e quindi portano a ulteriore disoccupazione e diminuzione dei salari in una spirale che può provocare il collasso di una società.
Ecco perché Keynes teorizzava, in determinati momenti di crisi, l'intervento di un'azione regolatrice dello Stato che garantisse occupazione e tenuta dei salari, per esempio investendo in opere pubbliche o in servizi sociali, anche indebitandosi.
Le idee di Keynes trovarono ampia applicazione dopo la seconda guerra mondiale e si può dire che il piano Marshall messo in atto per aiutare la ripersa economica europea dopo la seconda guerra mondiale, fu una loro applicazione.

La teoria dei giochi

Nel 1944 viene pubblicato negli Stati Uniti un libro destinato a modificare radicalmente i modelli economici: *Theory of Games and Economic Behavior* del matematico John von Neumann e dell'economista Oskar Morgenstern. La teoria dei giochi cerca di descrivere dal punto di vista matematico l'interazione tra individui razionali che vogliono ottenere un certo risultato e ha una scala di applicazioni vastissima, dalla riunione di condominio ai mercati economici e finanziari globali.

▶ Il film *A Beautiful mind* (2001), diretto da Ron Howard e interpretato da Russel Crowe, racconta la vita del Matematico John Nash.

Uno dei più grandi interpreti della teoria dei giochi è stato John Nash (1928-2015), che nel 1994 ha vinto il Premio Nobel per l'economia e nel 2001 ha ispirato il film *A beatiful mind*.
Un gioco, dal punto di vista matematico, è un insieme di giocatori, ciascuno dei quali ha a disposizione diverse possibili strategie, e una funzione di utilità, che associa a ogni combinazione di strategie l'utilità che il giocatore ne trae.

Un semplice esempio di teoria dei giochi è il cosiddetto *dilemma del prigioniero*.
Due persone sono accusate di un certo reato e hanno due possibili strategie: confessare oppure non confessare.
Se nessuno dei due confessa saranno condannati a 1 anno di reclusione per reati minori; se uno solo confessa, questi verrà assolto, mentre l'altro sarà condannato a 10 anni di reclusione.
Se entrambi confessano potranno godere delle attenuanti generiche e saranno condannati entrambi a 5 anni di reclusione. Qual è la strategia migliore?
La tabella seguente mostra le possibili strategie e le corrispondenti utilità (negative, in questo caso), in anni di reclusione, che derivano per ciascun giocatore.

P2 → / **P1 ↓**	**confessa**	**non confessa**
confessa	$(-5, -5)$	$(0, -10)$
non confessa	$(-10, 0)$	$(-1, -1)$

Per ciascuno di essi il risultato migliore sarebbe confessare (utilità 0) e sperare che l'altro non confessi (utilità -10); ma i due giocatori sono razionali e sanno che difficilmente questa situazione potrà avverarsi.
Potrebbero pensare di accordarsi per non confessare entrambi (utilità -1 per entrambi). Ma in questo caso nessuno dei due ha la certezza che l'altro non tradisca il patto. Dunque la scelta più razionale è quella che condurrà entrambi a confessare e a prendersi 5 anni di carcere.
Questo esempio può essere applicato a due aziende, a due soggetti economici, a due nazioni e offre un modello di comportamento razionale condizionato dalle strategie adottate dall'altro.

A partire dalla teoria dei giochi, le teorie e i modelli economici hanno fatto uso via via maggiore di strumenti matematici e non pochi matematici hanno vinto, per merito di questi modelli, il premio Nobel per l'economia.

▶▶ Vincent Van Gogh, *La ronda dei prigionieri*, 1890.

LABORATORIO DI **MATEMATICA CON LO SMARTPHONE**

Variabili aleatorie discrete e continue

1 **Come puoi visualizzare nel tuo smartphone la distribuzione di una variabile aleatoria discreta?**
Come puoi calcolare la probabilità che una variabile aleatoria assuma certi valori?

2 **Come puoi visualizzare nel tuo smartphone la distribuzione di una variabile aleatoria continua?**
Come puoi calcolare la probabilità che una variabile aleatoria assuma valori in un certo intervallo?

1 **Esistono app che permettono di gestire le distribuzioni di probabilità**: alcune di queste visualizzano grafici di funzioni e calcolano una tabella di valori utilizzando i cursori per i parametri significativi di una distribuzione.

Utilizza un'app per analizzare la distribuzione binomiale: puoi impostare il numero n di prove e la probabilità p di successo, come mostrato in figura 1. Puoi visualizzare il grafico della distribuzione binomiale con i parametri voluti (figura 2).

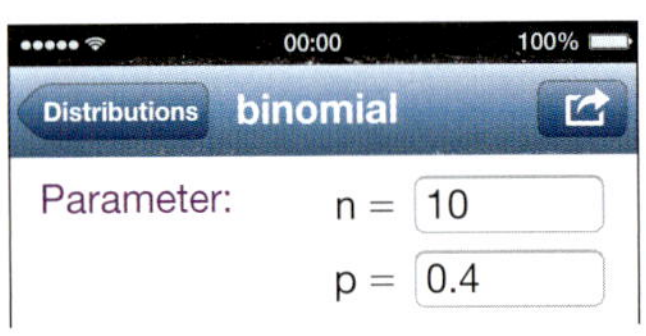

▲ **Figura 1** Parametri.

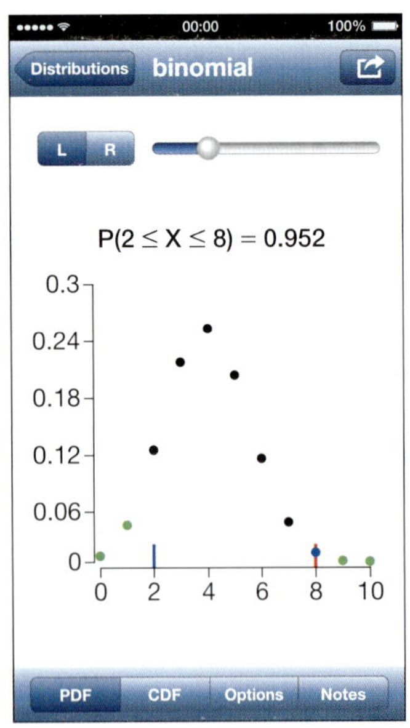

► **Figura 2** Grafico della distribuzione di probabilità di una variabile aleatoria binomiale.

Puoi calcolare la probabilità che la variabile aleatoria assuma certi valori, per esempio puoi calcolare la probabilità che in $n = 10$ prove si abbiano tra i 2 e gli 8 successi, oppure la probabilità di avere almeno 2 successi.
Le figure 2 e 3 rappresentano queste situazioni. La figura 4 rappresenta la funzione di ripartizione associata alla distribuzione binomiale di parametri $n = 10$ e $p = 0.4$.

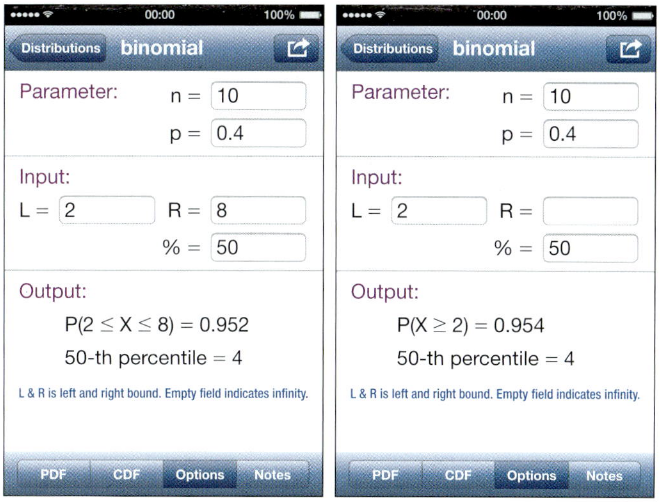

▲ **Figura 3** Calcolo di una probabilità di una variabile aleatoria binomiale.

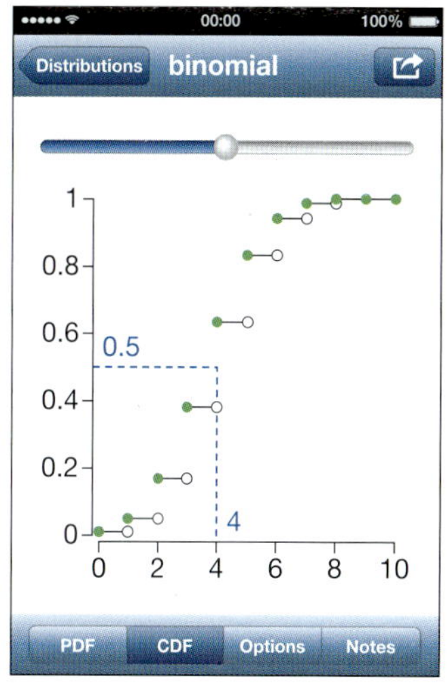

▲ **Figura 4** Funzione di ripartizione associata.

In modo analogo puoi rappresentare una distribuzione di Poisson.

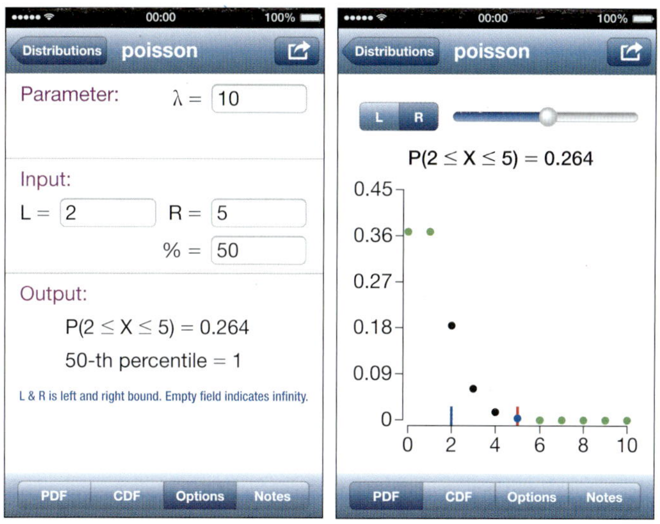

► **Figura 5** Parametro, distribuzione di probabilità e funzione di ripartizione di una variabile aleatoria di Poisson.

Puoi approssimare la distribuzione di Poisson di media m con la distribuzione binomiale di parametri n e p, con $m = np$, se n è sufficientemente grande e p sufficientemente piccolo.

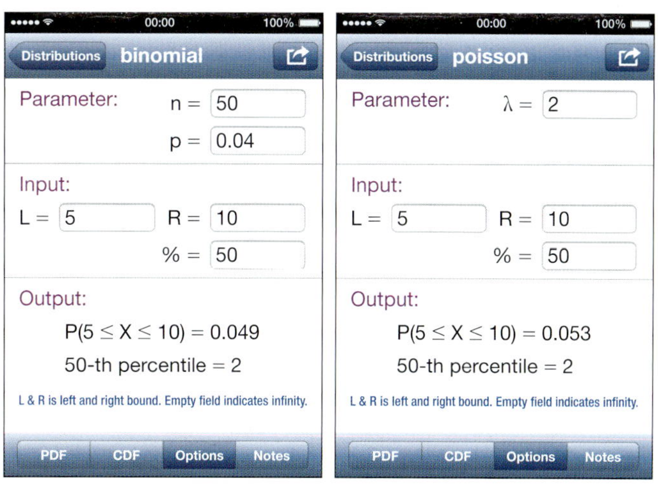

► **Figura 6** Approssimazione di una variabile di Poisson con una variabile binomiale.

2 **È interessante esaminare anche alcune variabili aleatorie continue come le variabili normali.** Puoi impostare i parametri media μ e deviazione standard σ e puoi visualizzare la corrispondente funzione di densità e la funzione di ripartizione.
Per esempio, con $\mu = 1$ e $\sigma = 2$ puoi calcolare

$$F(4) - F(1.5) = \Pr(1.5 \leq X \leq 4) \approx 0.93 - 0.60 = 0.33;$$

con $\mu = 0$ e $\sigma = 1$ puoi calcolare

$$\Pr(-1 \leq X \leq 2) \approx 0.82.$$

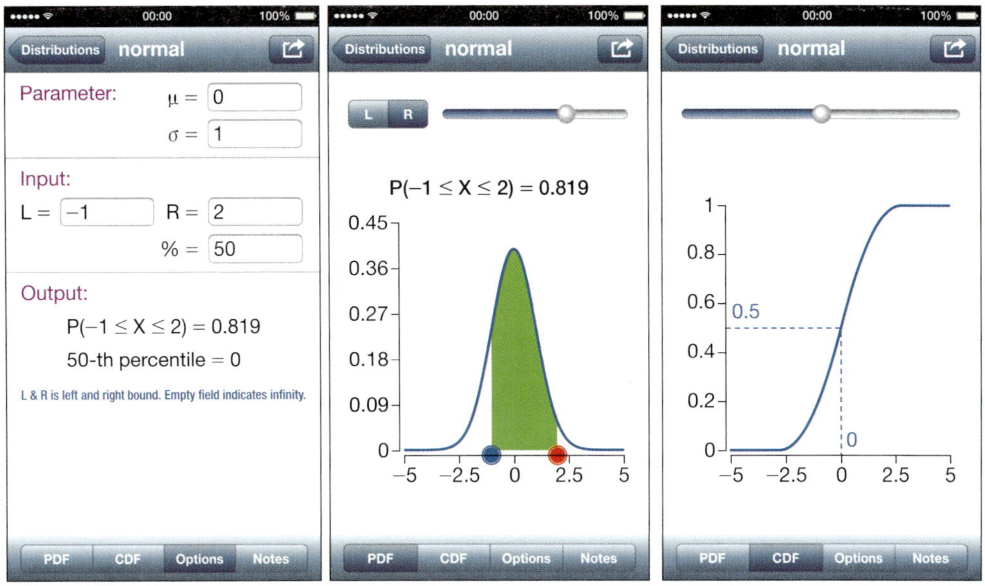

▶ **Figura 7** Parametri, distribuzione, densità di probabilità e funzione di ripartizione di una variabile aleatoria normale.

Puoi calcolare le probabilità $\Pr(\mu - \sigma \leq X \leq \mu + \sigma)$, $\Pr(\mu - 2\sigma \leq X \leq \mu + 2\sigma)$, $\Pr(\mu - 3\sigma \leq X \leq \mu + 3\sigma)$ e controllare che sono uguali rispettivamente a circa 0.683, 0.954, 0.997.
Inoltre puoi verificare che, data una variabile normale X con $\mu = 5$ e $\sigma = 2$, la probabilità $\Pr(4 \leq X \leq 7)$ è uguale alla probabilità che la normale standardizzata, cioè con $\mu = 0$ e $\sigma = 1$, assuma valori tra $(4 - 5)/2 = -0.5$ e $(7 - 5)/2 = 1$.

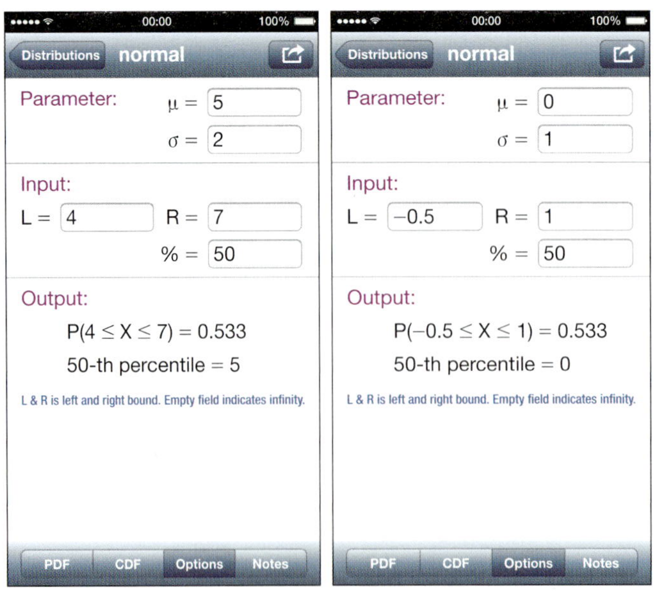

▶ **Figura 8** Confronto tra il calcolo della probabilità con variabile aleatoria normale e con variabile aleatoria normale standardizzata.

ESERCIZI DI CONSOLIDAMENTO

DIMOSTRAZIONI PER INDUZIONE

1 Dimostra utilizzando il principio di induzione che il prodotto di tre numeri naturali consecutivi è divisibile per 6.

2 Dimostra utilizzando il principio di induzione che $n! \geq 2^{n-1}$ per ogni numero naturale

3 Dimostra utilizzando il principio di induzione che $n^2 > 2n + 1$ per ogni numero naturale $n \geq 3$.

PROGRESSIONI ARITMETICHE E GEOMETRICHE

4 Calcola il primo termine a_0 della progressione aritmetica di ragione r della quale sai che:
$a_{20} = 60 \quad r = \frac{3}{2}$ [30]

5 Calcola il primo termine a_0 della progressione aritmetica di ragione r della quale sai che:
$a_{99} = 98 \quad r = 2$ [−100]

6 Calcola il primo termine a_1 della progressione aritmetica di ragione 2 della quale sai che:
$a_3 = 1$ [−3]

7 Calcola la ragione della progressione aritmetica della quale sai che:
$a_{20} = 75 \quad a_5 = 30$ [3]

8 Calcola la ragione della progressione aritmetica della quale sai che:
$a_{50} = -90 \quad a_{10} = 10$ $\left[-\frac{5}{2}\right]$

9 Calcola la somma dei primi 50 termini della progressione aritmetica di primo termine a_0 della quale sai che:
$a_0 = 10 \quad a_{20} = 46$ [2705]

10 Calcola la somma dei primi 200 termini della progressione aritmetica di primo termine a_0 della quale sai che:
$a_{20} = -60 \quad r = 2$ [19 800]

11 Determina tre numeri in progressione aritmetica sapendo che la loro somma è 200 e che il primo numero è i $\frac{3}{4}$ del secondo. $\left[50, \frac{200}{3}, \frac{250}{3}\right]$

12 Calcola il primo termine b_0 della progressione geometrica di ragione q della quale sai che:
$b_5 = 72 \quad q = 2$ $\left[\frac{9}{4}\right]$

13 Calcola il primo termine b_0 della progressione geometrica di ragione q della quale sai che:
$b_{11} = 243 \quad q = 3$ $\left[\frac{1}{729}\right]$

14 Calcola la ragione q della progressione geometrica della quale sai che:
$b_7 = 200 \quad b_3 = 25$ $\left[\sqrt[4]{8}\right]$

15 Calcola la ragione q della progressione geometrica della quale sai che:
$b_{13} = 6 \quad b_{20} = 21$ $\left[\sqrt[7]{\frac{7}{2}}\right]$

16 Calcola il primo termine b_0 della progressione geometrica della quale sai che:
$b_{10} = 81 \quad b_7 = 3$ $\left[\frac{1}{729}\right]$

17 Calcola la somma dei primi 9 termini della progressione geometrica di ragione q e primo termine b_0 della quale sai che:
$b_4 = 4 \quad b_8 = 1024$ $\left[\frac{87\,381}{64} \approx 1365.33\right]$

18 Considera un triangolo isoscele ABC in cui AB e AC sono i lati di uguali lunghezze. Dimostra che l'altezza AH relativa al lato BC, il lato AB e il diametro della circonferenza circoscritta sono in progressione geometrica. [Detto AD il diametro su cui giace l'altezza AH e α l'ampiezza dell'angolo $B\widehat{A}D$ si ha $\mathrm{AB} = \frac{\mathrm{AH}}{\cos(\alpha)}$ e $AD = \frac{AB}{\cos(\alpha)}$]

LIMITI DI SUCCESSIONI

Calcola il limite per n che tende a $+\infty$ delle seguenti successioni.

19 $f(n) = \frac{3 + 2n^2 - n}{n^2 + 1}$ $[2]$

20 $f(n) = \frac{2n^3 + 3n + 1}{4n^2 + 100}$ $[+\infty]$

21 $f(n) = \frac{2}{n+1} - \frac{2}{n}$ $[0]$

22 $f(n) = \frac{100 + \cos(n)}{n - 1000}$ $[0]$

23 $f(n) = \sqrt{\frac{3 + n^3}{n + n^4}}$ $[0]$

24 $f(n) = \frac{2n^2 + \frac{\sin(n)}{n}}{100n + 1}$ $[+\infty]$

25 $f(n) = \frac{n(n-20)(n-100)}{n^3 + 1}$ $[1]$

PUNTI, RETTE E PIANI

In ciascuno dei seguenti (esercizi 26-31) determina un'equazione vettoriale e un sistema di equazioni parametriche della retta passante per i punti A e B.

26 $A(0, 0, 0), B(1, 0, 0)$ $\left[[x, y, z] = t[1, 0, 0]; \begin{cases} x = t \\ y = 0 \\ z = 0 \end{cases}\right]$

27 $A(1, 1, 0), B(1, 1, 1)$ $\left[[x, y, z] = [1, 1, 0] + t[0, 0, 1]; \begin{cases} x = 1 \\ y = 1 \\ z = t \end{cases}\right]$

28 $A(2, 2, 0), B(1, 2, -2)$ $\left[[x, y, z] = [2, 2, 0] + t[-1, 0, -2]; \begin{cases} x = 2 - t \\ y = 2 \\ z = -2t \end{cases}\right]$

29 $A(4, -1, -8), B(2, 1, -4)$ $\left[[x, y, z] = [4, -1, -8] + t[-2, 2, 4]; \begin{cases} x = 4 - 2t \\ y = -1 + 2t \\ z = -8 + 4t \end{cases}\right]$

30 $A(0,0,0), B(2,-1,-3)$ $\left[[x, y, z] = t[2,-1,-3]; \begin{cases} x = 2t \\ y = -t \\ z = -3t \end{cases}\right]$

31 $A(-1,2,1), B(-1,0,1)$ $\left[[x, y, z] = [-1,2,1] + t[0,-2,0]; \begin{cases} x = -1 \\ y = 2 - 2t \\ z = 1 \end{cases}\right]$

In ognuno dei seguenti (esercizi 32-37) determina un'equazione vettoriale e un sistema di equazioni parametriche della retta passante per il punto A e avente la direzione del vettore **v**.

32 $A(-1,1,5), \mathbf{v} = [1,3,-3]$ $\left[[x, y, z] = [-1,1,5] + t[1,3,-3]; \begin{cases} x = -1 + t \\ y = 1 + 3t \\ z = 5 - 3t \end{cases}\right]$

33 $A(0,0,0), \mathbf{v} = [1,-2,3]$ $\left[[x, y, z] = t[1,-2,3]; \begin{cases} x = t \\ y = -2t \\ z = 3t \end{cases}\right]$

34 $A(2,2,6), \mathbf{v} = [0,1,0]$ $\left[[x, y, z] = [2,2,6] + t[0,1,0]; \begin{cases} x = 2 \\ y = 2 + t \\ z = 6 \end{cases}\right]$

35 $A(2,3,-1), \mathbf{v} = [4,-2,3]$ $\left[[x, y, z] = [2,3,-1] + t[4,-2,3]; \begin{cases} x = 2 + 4t \\ y = 3 - 2t \\ z = -1 + 3t \end{cases}\right]$

36 $A(0,0,0), \mathbf{v} = [2,-1,2]$ $\left[[x, y, z] = t[2,-1,2]; \begin{cases} x = 2t \\ y = -t \\ z = 2t \end{cases}\right]$

37 $A(0,1,-2), \mathbf{v} = [1,-1,3]$ $\left[[x, y, z] = [0,1,-2] + t[1,-1,3]; \begin{cases} x = t \\ y = 1 - t \\ z = -2 + 3t \end{cases}\right]$

38 Sono dati i punti $P(-5,1,6)$ e $Q(5,-4,5)$ e la retta r di equazione $[x, y, z] = [1,-2,3] + t[4,-2,-2]$. Verifica che $P \in r$ e $Q \notin r$.

39 Sono dati il punto $Q(3,-9,4)$ e la retta r di equazione $[x, y, z] = [-1,0,3] + t[2,-2,1]$. Determina un punto $P \in r$ tale che il vettore $\overrightarrow{PQ}$ sia ortogonale alla retta r. Determina poi la distanza del punto Q dalla retta r. $\left[P(5,-6,6), d(Q,r) = \sqrt{17}\right]$

40 La retta r passa per i punti $A(2,1,5)$ e $B(3,-6,-4)$.

a] Scrivi un'equazione vettoriale di r. $\left[[x, y, z] = [2,1,5] + t[1,-7,-9]\right]$

b] Scrivi un sistema di equazioni parametriche di r. $\left[\begin{cases} x = 2 + t \\ y = 1 - 7t \\ z = 5 - 9t \end{cases}\right]$

c] Stabilisci se il punto $C(0,15,9)$ appartiene o meno a r. $[C \notin r]$

41

a] Stabilisci se ognuno dei vettori sotto riportati è ortogonale alla retta r di equazione vettoriale $[x, y, z] = [3, 1, 5] + t[2, 3, -1]$.

$$\mathbf{a} = [1, 1, 5]; \mathbf{b} = [2, -2, 2]; \mathbf{c} = [-4, 7, 13].$$

b] Determina tre vettori che siano perpendicolari a r, ma non paralleli ad alcuno dei vettori considerati al punto a). [a) **a** ortogonale, **b** non ortogonale, **c** ortogonale; b) per esempio possiamo avere: $\mathbf{d} = [1, 2, 8]$, $\mathbf{e} = [3, 1, 9]$, $\mathbf{f} = [-1, 2, 4]$]

42 Studia la posizione reciproca delle rette r e r' di equazioni

$$r: [x, y, z] = [2, 2, 5] + s[1, 1, 1] \quad r': [x, y, z] = [-3, 0, 1] + t[2, -1, 1].$$

Se r e r' sono incidenti, determina il loro punto di intersezione e l'ampiezza dell'angolo acuto tra le due rette. [r e r' sono incidenti, il loro punto di intersezione è $P(-1, -1, 2)$, l'ampiezza dell'angolo è circa 61.9°]

43 Studia la posizione reciproca delle seguenti coppie di rette:

a] $r: [x, y, z] = [2, -1, 3] + s[1, 3, -2] \quad r': [x, y, z] = [3, -4, 5] + t[-2, -6, 4]$.

b] $r: [x, y, z] = [-4, -5, 1] + s[3, -1, 1] \quad r': [x, y, z] = [2, 0, 3] + t[1, -3, 1]$.

[a) r e r' sono parallele e distinte; b) r e r' sono sghembe]

44 Stabilisci se le due rette di equazioni parametriche:

$$\begin{cases} x = 3 + t \\ y = -2 + 2t \\ z = 4 + t \end{cases} \text{ e } \begin{cases} x = 5 - 2s \\ y = 2 - 4s \\ z = 1 - 2s \end{cases}$$

sono incidenti, sghembe o parallele. Se sono parallele stabilisci se sono coincidenti o parallele e distinte. [Parallele e distinte]

45 Stabilisci se le due rette di equazioni parametriche:

$$\begin{cases} x = 3 + 2s \\ y = 2s \\ z = -4 + s \end{cases} \text{ e } \begin{cases} x = 4 - t \\ y = -3 - 5t \\ z = -2 + t \end{cases}$$

sono incidenti o sghembe. Se sono incidenti determina le coordinate del punto di intersezione e l'ampiezza dell'angolo acuto tra le due rette. [Le rette sono incidenti. Il punto di intersezione è $P_0(5, 2, -3)$. $\theta \approx 45.1°$]

46 Scrivi un sistema di equazioni parametriche della retta passante per il punto $A(6, -2, -1)$ e ortogonale a entrambe le rette di equazioni vettoriali $[x, y, z] = [1, 4, 2] + t[3, -1, -1]$ e $[x, y, z] = [9, 5, 3] + s[1, -3, -7]$.

$$\left[\text{Una possibile soluzione è } \begin{cases} x = 6 + t \\ y = -2 + 5t \\ z = -1 - 2t \end{cases}\right]$$

47 Scrivi un'equazione vettoriale per ciascuna delle due rette che si intersecano nel punto $A(3, 1, 1)$ e che sono tra loro perpendicolari. [Una possibile soluzione è $[x, y, z] = [3, 1, 1] + s[1, -1, 5]$ e $[x, y, z] = [3, 1, 1] + t[2, -3, -1]$]

48 Stabilisci se ognuno dei punti sotto elencati appartiene al piano α di equazione vettoriale: $[x, y, z] = [6, 7, 10] + s[1, -3, -1] + t[2, 2, 1]$.

a] $P(10, 19, 15)$; **b]** $Q(-4, 13, 10)$; **c]** $R\left(\frac{17}{2}, \frac{7}{2}, 9\right)$. $[P \in \alpha, Q \notin \alpha, R \in \alpha]$

49 Determina la distanza del punto $P(3, -2, 3)$ dalla retta r di equazione $[x, y, z] = [1, -2, 3] + t[1, -1, 1]$. $\left[d(P, r) = \frac{2\sqrt{6}}{3}\right]$

50 Determina un'equazione vettoriale e un sistema di equazioni parametriche del piano passante per i punti $A(3, 0, 6)$, $B(6, 6, -4)$ e $C(8, -4, 8)$. $\left[[x, y, z] = [3, 0, 6] + s[3, 6, -10] + t[5, -4, 2]; \begin{cases} x = 3 + 3s + 5t \\ y = 6s - 4t \\ z = 6 - 10s + 2t \end{cases}\right]$

51 Determina un'equazione cartesiana del piano passante per i punti $A(3, 0, 6)$, $B(6, 6, -4)$ e $C(8, -4, 8)$. $[2x + 4y + 3z - 24 = 0]$

52 Determina un'equazione cartesiana del piano passante per il punto $P(1, 0, 3)$ e ortogonale al vettore $\mathbf{n} = [-1, 1, 2]$. $[x - y - 2z + 5 = 0]$

53 Determina il valore di k per il quale i punti $A(4, -2, -6)$, $B(0, 1, 0)$, $C(1, 0, 5)$ e $D(1, k, 2)$ appartengono tutti allo stesso piano. $\left[k = \frac{3}{26}\right]$

54 Considera i due piani di equazioni $2x - 6y - 2z - 5 = 0$ e $5x - 15y + kz - 7 = 0$.

a] Per quale valore di k i due piani sono paralleli? $[k = -5]$

b] Per quale valore di k i due piani sono perpendicolari? $[k = 50]$

55 Determina l'ampiezza dell'angolo acuto tra i piani di equazione

$$2x + y + 3 = 0;\ x - y - 6z = 0.$$

$\left[\theta = \cos^{-1}\left(\frac{1}{\sqrt{190}}\right) \approx 85.8°\right]$

56 Determina la distanza del punto $A(5, -1, -1)$ dal piano α di equazione $x + 2y - 2z + 4 = 0$. $[d(A, \alpha) = 3]$

57 Determina un'equazione della retta r intersezione dei due piani di equazione

$$x + 2y + 2z - 1 = 0;\ 2x + 3y - z + 2 = 0.$$

$[[x, y, z] = [1, -1, 1] + t[-8, 5, -1]]$

58 Determina, se esiste, il punto di intersezione tra il piano α di equazione $2x + 2y - z + 17 = 0$ e la retta r di equazione $[x, y, z] = [7, -6, 3] + t[2, 1, -2]$. $[P_0(3, -8, 7)]$

59 Scrivi un'equazione per ciascuna delle due rette sghembe tali che una giace nel piano α_1 di equazione $x + 3y + 2z - 5 = 0$ e l'altra nel piano α_2 di equazione $x + 3y + 2z + 8 = 0$.
[Una possibile soluzione è: $[x, y, z] = [0, 1, 1] + s[2, 0, -1]$ e $[x, y, z] = [0, 0, -4] + t[1, 1, -2]$]

60 Determina un'equazione della retta individuata dall'intersezione dei due piani di equazioni:

$$\alpha_1\colon 5x + 4y + z - 3 = 0;\ \alpha_2\colon x - 3y - 9 = 0.$$

$[[x, y, z] = [0, -3, 15] + t[3, 1, -19]]$

TETRAEDRO E SFERA

61 Considera il tetraedro che ha un vertice nell'origine $O(0, 0, 0)$ e gli altri tre vertici nei punti $A(5, 0, 0)$, $B(0, -6, 0)$ e $C(0, 0, 2)$. Determina un'equazione per ciascuno dei piani che contengono le diverse facce del tetraedro. Determina l'area delle diverse facce del tetraedro. Indica una relazione tra le aree delle diverse facce. Di che tipo di tetraedro si tratta? [Faccia OAB: $z = 0$; Faccia OAC: $y = 0$; Faccia OBC: $x = 0$; Faccia ABC: $6x - 5y + 15z - 30 = 0$; $A_1 = \text{Area}(OAB) = 15$; $A_2 = \text{Area}(OAC) = 5$; $A_3 = \text{Area}(OBC) = 6$; $A_4 = \text{Area}(ABC) = \sqrt{286}$; $A_1^2 + A_2^2 + A_3^2 = A_4^2$; è un tetraedro rettangolo.]

62 È dato il tetraedro di vertici $A(4, 3, 0)$, $B(3, -4, 0)$, $C(-4, 3, 0)$ e $D(0, 0, k)$. Determina per quali valori di k il volume del tetraedro $ABCD$ vale 112. [$k = 12$ e $k = -12$]

63 Determina un'equazione della sfera di centro $C(-1, 3, 5)$ e raggio $r = 6$. [$(x+1)^2 + (y-3)^2 + (z-5)^2 = 36$]

64 Determina il centro e il raggio della sfera di equazione $x^2 + y^2 + z^2 - 2x - 8y + 6z - 8 = 0$. [$C(1, 4, -3)$, $r = \sqrt{34}$]

65 Determina un'equazione cartesiana del piano tangente alla sfera di centro $C(-1, 2, 3)$ e raggio $r = 3$ nel suo punto $P_0(-3, 0, 4)$. [$2x + 2y - z + 10 = 0$]

66 Determina gli eventuali punti di intersezione tra le retta di equazione $[x, y, z] = [4, -5, 7] + t[3, -2, 5]$ e la sfera di centro $O(0, 0, 0)$ e raggio $r = \sqrt{14}$. [$P_1(1, -3, 2)$ e $P_2(-2, -1, -3)$]

67 Determina i punti di intersezione della sfera di equazione $x^2 + y^2 + z^2 = 36$ con la retta di equazione $[x, y, z] = t[1, 1, 1]$ e verifica che tali punti sono diametralmente opposti. Puoi generalizzare il risultato ottenuto a una qualunque retta di equazione $[x, y, z] = t[a, b, c]$ con a, b, c non tutti nulli? [$P_1(2\sqrt{3}, 2\sqrt{3}, 2\sqrt{3})$, $P_2(-2\sqrt{3}, -2\sqrt{3}, -2\sqrt{3})$; Sì, perché...]

INSIEME DI CONTINUITÀ DI UNA FUNZIONE

Determina l'insieme di continuità delle seguenti funzioni (esercizi 68-79) nel loro dominio (dove il dominio non è specificato si intende nel loro dominio naturale).

68 $f(x) = |x^2 - 4|$ [$]-\infty, +\infty[$]

69 $f(x) = \arccos\left(\frac{x}{2}\right)$ [$[-2, +2]$]

70 $f(x) = \ln(2x - 1) + \ln(2x + 1)$ [$\left]\frac{1}{2}, +\infty\right[$]

71 $f(x) = e^{\frac{2x}{x-1}} - 3e^{\frac{1}{x}}$ [$]-\infty, 0[\cup]0, 1[\cup]1, +\infty[$]

72 $f(x) = \ln\left(\frac{2x - 1}{2x + 1}\right)$ [$\left]-\infty, -\frac{1}{2}\right[\cup \left]\frac{1}{2}, +\infty\right[$]

73 $f(x) = \sqrt{2x - 5} \cdot \sqrt{2x + 5}$ [$\left]\frac{5}{2}, +\infty\right[$]

74 $f(x) = \sqrt{4x^2 - 25}$ [$\left]-\infty, -\frac{5}{2}\right[\cup \left]\frac{5}{2}, +\infty\right[$]

75 $f(x) = \arcsin(2x - 1)$ [$[0, 1]$]

76 $f(x)=\sqrt{\dfrac{2x-1}{x^2-4}}$ $\left[\left]-2,\frac{1}{2}\right]\cup\left]2,+\infty\right[\right]$

77 $f(x)=\begin{cases}x^3-x, & x\geq 0\\ \sin(x), & x<0\end{cases}$ $\left[\left]-\infty,+\infty\right[\right]$

78 $f(x)=\begin{cases}\arctan(2x-2), & x<1\\ e^{x-1}+x-1, & 1\leq x<2\\ \ln(x-1)+e^{\frac{x}{2}}, & x\geq 2\end{cases}$ $\left[\left]-\infty,1\right[\cup\left]1,2\right[\cup\left]2,+\infty\right[\right]$

79 $f(x)=\begin{cases}1-\cos^2\left(\frac{x}{2}\right), & x<0\\ e^x-1, & 0\leq x<1\\ ex-1, & x\geq 1\end{cases}$ $\left[\left]-\infty,+\infty\right[\right]$

▶ Determina se ciascuna delle seguenti funzioni è continua sull'insieme $\mathbb{R}$ dei numeri reali. Precisa inoltre gli eventuali punti di discontinuità, il tipo di discontinuità e se esistono punti in cui la funzione può essere prolungabile per continuità. (Esercizi 80-85)

80 $f(x)=\dfrac{2x^2-2}{x+1}$ [La funzione non esiste in $x=-1$ quindi non è continua su $\mathbb{R}$. In $x=-1$ la funzione può essere prolungata per continuità]

81 $f(x)=\dfrac{x^2-3x+8}{x-3}$ [La funzione non esiste in $x=3$ quindi non è continua su $\mathbb{R}$]

82 $f(x)=\begin{cases}2x^2, & x\leq 0\\ \sin(x), & x>0\end{cases}$ [f è continua su $\mathbb{R}$]

83 $f(x)=\begin{cases}2x^2+1, & x<0\\ 2, & x\geq 0\end{cases}$ [f è continua su $\mathbb{R}-\{0\}$. In $x=0$ ha un salto finito]

84 $f(x)=\begin{cases}\dfrac{1}{x-1}, & x<1\\ 1, & x=1\\ \ln(x), & x>1\end{cases}$ [f è discontinua in $x=1$, dove presenta un salto non finito]

85 $f(x)=\begin{cases}3x+2, & x<0\\ 8, & x=0\\ \log_2(4+x), & x>0\end{cases}$ [f è discontinua in $x=0$, che è un punto di discontinuità eliminabile]

▶ Per ciascuna delle seguenti funzioni (esercizi 86-91) determina, se esistono, i valori dei parametri *a* e *b* per cui la funzione è continua sull'insieme dei numeri reali. Nel caso tali valori non esistano, precisa la caratteristica del punto di discontinuità.

86 $f(x)=\begin{cases}2x^3-2ax+a, & x<1\\ 2ae^{x-1}, & x\geq 1\end{cases}$ $\left[a=\frac{2}{3}\right]$

87 $f(x)=\begin{cases}2\tan(x)-3\cos(x)+a, & x<\pi\\ 3x^2-a, & x\geq\pi\end{cases}$ $\left[a=\frac{3\pi^2-3}{2}\right]$

88 $f(x)=\begin{cases}\dfrac{a+1}{x}, & x<0\\ e^x+b, & x\geq 0\end{cases}$ $\left[\begin{cases}a=-1\\ b=-1\end{cases}\right]$

89 $f(x)=\begin{cases}\dfrac{x}{2x-1}+a+b, & x<\dfrac{1}{2}\\ 2x^2+a-1, & x\geq\dfrac{1}{2}\end{cases}$ [Per nessuna coppia di numeri reali (a, b). In $x=\frac{1}{2}$ la funzione ha un salto infinito]

90 $f(x)=\begin{cases}(2a+1)(\sin(x)-1), & x<0\\ 3e^x-b+2, & x\geq 0\end{cases}$ [Per tutte le coppie di numeri reali (a, b) tali che $b=2a+6$]

91 $f(x)=\begin{cases}3ax^2-bx, & x<1\\ a+b, & x=1\\ 2x^3+bx, & x>1\end{cases}$ $\left[\begin{cases}a=2\\ b=2\end{cases}\right]$

È vero che ciascuna delle seguenti equazioni (esercizi 92-94) ammette almeno una soluzione nell'intervallo a fianco indicato? Giustifica la risposta.

92 $4x^{20}-5x^3-20=0$ $\quad I=[1, 2]$ [Sì, perché...]

93 $\sin(3x+1)+3x^3=0$ $\quad I=[-1, 1]$ [Sì, perché...]

94 $\cos(x)-x=0$ $\quad I=\left[0, \frac{\pi}{2}\right]$ [Sì, perché...]

95 Dimostra che la funzione di variabile reale definita da $f(x)=\ln(x)+3x$ ammette un solo zero c nell'intervallo $]0, 1]$ e poi usa il metodo di bisezione per approssimare c a meno di 10^{-1}.
[Un'approssimazione dello zero a meno di 10^{-1} è $\frac{5}{16}=0.3125$]

96 Sia f la funzione definita sui numeri naturali tale che $f(n)=\dfrac{2n-1}{n}$. È vero che $\lim_{n\to 1} f(n)=2$? Giustifica la risposta. [No, perché...]

97 Sia f la funzione definita, sul suo dominio naturale, da $f(x)=\sqrt{4-x}+\sqrt{x-4}$. È vero che $\lim_{x\to 4} f(x)=0$? Giustifica la risposta. [No, perché...]

98 È possibile calcolare $\lim_{x\to 20}\ln(10-x)$? Giustifica la risposta. [No, perché...]

99 Sia f la funzione definita sui numeri naturali tale che $f(n)=\dfrac{2n^2-1}{n^2-n}$. È possibile calcolare $\lim_{n\to+\infty} f(n)$? Giustifica la risposta. [Sì, perché...]

100 Sia f la funzione di variabile reale definita da $f(x)=\tan(x)$. Esiste $\lim_{x\to+\infty} f(x)$? Giustifica la risposta. [No, perché...]

101 Sia f la funzione di variabile reale definita da $f(x)=e^{\sin(x)}$. Esiste $\lim_{x\to+\infty} f(x)$? Giustifica la risposta. [No, perché...]

Calcola i seguenti limiti (esercizi 102-140) di funzioni definite nel loro dominio naturale.

102 $\lim_{x\to 2}(3x^2-x+1)$ [11]

103 $\lim_{x\to 2}\dfrac{x^2-4}{x+2}$ [0]

104 $\lim_{x \to -4} \frac{2}{x-4}$ $\left[-\frac{1}{4}\right]$

105 $\lim_{x \to -\infty} \frac{11x}{x^2+11}$ $[0]$

106 $\lim_{x \to 1} \sqrt{x^3-1}$ $[0]$

107 $\lim_{x \to 1} \left(\tan(x)\cos(x)\right)$ $[\sin(1)]$

108 $\lim_{x \to -1^-} e^{\frac{1}{x+1}}$ $[0]$

109 $\lim_{x \to -1^+} e^{\frac{1}{x+1}}$ $[+\infty]$

110 $\lim_{x \to 0^+} e^{\frac{x-\sqrt{x}}{x}}$ $[0]$

111 $\lim_{x \to 0^+} e^{\frac{x+\sqrt{x}}{x}}$ $[+\infty]$

112 $\lim_{x \to \frac{\pi}{3}^-} \frac{\sqrt{3}\sin(x)+\cos(x)-1}{x-\frac{\pi}{3}}$ $[-\infty]$

113 $\lim_{x \to 1^-} \ln\left(\ln\left(\frac{1}{x}\right)\right)$ $[-\infty]$

114 $\lim_{x \to -\infty} \frac{3x^3+x^2-1}{x^2+1}$ $[-\infty]$

115 $\lim_{x \to +\infty} \frac{3x^2+5x-1}{1-2x}$ $[-\infty]$

116 $\lim_{x \to +\infty} \frac{x^4+3x-7}{5x^4-x}$ $\left[\frac{1}{5}\right]$

117 $\lim_{x \to +\infty} \frac{5x^2+4x^4-x}{x^2-3x}$ $[+\infty]$

118 $\lim_{x \to +\infty} \frac{\sqrt{x+1}-\sqrt{x^2+x}}{x-3}$ $[-1]$

119 $\lim_{x \to -\infty} \frac{2x^2-\sqrt{3x^2+1}}{2x}$ $[-\infty]$

120 $\lim_{x \to +\infty} \frac{x^3-x^2}{\sqrt{x^5-4x}}$ $[+\infty]$

124 $\lim_{x \to +\infty} \frac{\sqrt{x^2-2x}}{\sqrt{3x^3-2x}}$ $[0]$

125 $\lim_{x \to +\infty} \frac{\sqrt{4x+2}}{\sqrt{7x-10}}$ $\left[\frac{2}{\sqrt{7}}\right]$

126 $\lim_{x \to 3} \frac{x^3-27}{x^4-81}$ $\left[\frac{1}{4}\right]$

127 $\lim_{x \to \frac{1}{2}} \frac{2x-1}{4x^2-1}$ $\left[\frac{1}{2}\right]$

128 $\lim_{x \to +\infty} \left(\frac{x^3}{3x^2-4} - \frac{x^2}{3x+2}\right)$ $\left[\frac{2}{9}\right]$

129 $\lim_{x \to 1} \frac{|x^2-1|}{|x-1|}$ $[2]$

130 $\lim_{x \to 3} e^{\frac{x^2-9}{x-3}}$ $[e^6]$

131 $\lim_{x \to +\infty} \left(\frac{1}{e}\right)^{\frac{5x^2-3}{x^2-9}}$ $[e^{-5}]$

132 $\lim_{x \to 0} \frac{2x\sin(2x)}{x^2}$ $[4]$

133 $\lim_{x \to \frac{\pi}{2}} \frac{\cos(x)}{x-\frac{\pi}{2}}$ $[-1]$

134 $\lim_{x \to 0} \frac{x\cos(x)}{\sin^3(x)}$ $[+\infty]$

135 $\lim_{x \to +\infty} \frac{x\cos^2(x)}{x^2+1}$ $[0]$

136 $\lim_{x \to 0} \frac{\tan(x)-\sin(x)}{x^3}$ $\left[\frac{1}{2}\right]$

137 $\lim_{x \to 0} \frac{x^2-x\sin(x)}{\sin^2(x)}$ $[0]$

138 $\lim_{x \to 0} \frac{\tan^2(x)}{\cos^2(x)-1}$ $[-1]$

139 $\lim_{x \to -\infty} \left(\sqrt{2x^2-3}-5x\right)$ $[+\infty]$

140 $\lim_{x \to +\infty} \left(\sqrt{2x^2-3}-5x\right)$ $[-\infty]$

121 $\lim_{x \to 4} \frac{2}{x-4}$ [$-\infty$ a sinistra di 4 e $+\infty$ a destra, quindi il limite non esiste]

122 $\lim_{x \to 1} \frac{x^2-1}{|x-1|}$ [-2 a sinistra di 1 e 2 a destra, quindi il limite non esiste]

123 $\lim_{x \to 0} \frac{x\cos(x)}{\sin^2(x)}$ [$-\infty$ a sinistra di 0 e $+\infty$ a destra, quindi il limite non esiste]

141 Considera la funzione di variabile reale definita da $f(x) = \begin{cases} 3\ln(x+1) - 2, & x \leq 0 \\ a + 1 + \dfrac{\tan(x)}{x}, & x > 0 \end{cases}$. Esiste un valore del parametro reale a per cui f è continua sull'insieme dei numeri reali? Giustifica la risposta. [Sì, $a = -4$, perché...]

142 Considera la funzione di variabile reale definita da $f(x) = \begin{cases} a2^{x-1} - b, & x < 1 \\ a - b, & x = 1 \\ x^2 - ax, & x > 1 \end{cases}$. Esistono valori dei parametri reali a e b per cui f è continua sull'insieme dei numeri reali? Giustifica la risposta. [Sì, tutte le coppie del tipo (a, b) con $b = 2a - 1$, perché...]

143 Considera la funzione di variabile reale definita da $f(x) = \begin{cases} a \cdot 3^x - bx + 1, & x < 0 \\ a + b, & x = 0 \\ x^2 - ax + b, & x > 0 \end{cases}$. Esistono valori dei parametri reali a e b per cui f è continua sull'insieme dei numeri reali? Giustifica la risposta. [Sì, $a = 0$ e $b = 1$, perché...]

144 Considera la funzione di variabile reale definita da $f(x) = \begin{cases} \dfrac{a\sin(x)}{x}, & x < 0 \\ b, & x = 0 \\ 2b\ln(x+1) + 1, & x > 0 \end{cases}$. Esistono valori dei parametri reali a e b per cui f è continua sull'insieme dei numeri reali? Giustifica la risposta. [Sì, $a = 1$ e $b = 1$, perché...]

RETTA TANGENTE AL GRAFICO DI UNA FUNZIONE IN UN PUNTO E DERIVATA COME VELOCITÀ ISTANTANEA DI VARIAZIONE

▶ Utilizzando la definizione di derivata, determina, per ciascuno degli esercizi 145-148 un'equazione della retta tangente al grafico della funzione f nel punto di ascissa x_0.

145 $f(x) = -\dfrac{1}{2}x^3 + 2x^2 - 3x - 1$ $\quad x_0 = 1$ $\quad\left[y = -\dfrac{1}{2}x - 2\right]$

146 $f(x) = 4x^4 - 3x$ $\quad x_0 = 0$ $\quad[y = -3x]$

147 $f(x) = -2x^3 - x^2$ $\quad x_0 = -1$ $\quad[y = -4x - 3]$

148 $f(x) = -\dfrac{2}{3}x^3 - x + 1$ $\quad x_0 = 3$ $\quad[y = -19x + 37]$

149 I grafici di due funzioni f e g si dicono *perpendicolari* in un punto di ascissa x_0 del loro dominio se le rette a essi tangenti in x_0 sono fra loro perpendicolari. Dimostra che i grafici di $f(x) = \dfrac{\sqrt{2}}{4x}$ e di $g(x) = x^2$ sono fra loro perpendicolari nel loro punto di intersezione.

150 Determina il numero reale k per cui la retta tangente in $x = 0$ alla parabola di equazione $y = x^2 - kx + 2$ forma un angolo di 60° con il semiasse positivo delle ascisse. $[-\sqrt{3}]$

151 Un punto P si muove, in un certo intervallo di tempo di ampiezza Δt, su una traiettoria rettilinea con una legge oraria descritta dall'equazione $x(t) = -0.01t^3 + 0.03t^2 + 0.1t$, dove x è misurato in metri e t in secondi.

a] Determina il valore della velocità di P nell'istante $t = 4$s sapendo che questo istante appartiene all'intervallo di tempo sul quale vale la legge oraria; [−0.14 m/s]

b] Determina il valore dell'accelerazione di P all'istante $t = 4$s. [-0.18 m/s^2]

152 Il costo C di produzione (in €) di x oggetti prodotti è dato da

$C(x) = 5500 + 380x - 0.6x^2$ con $50 \le x \le 500$

a] Qual è il costo marginale in funzione di x? $[C'(x) = -1.2x + 380,\ 50 \le x \le 500]$

b] Qual è il costo marginale se si producono 100 oggetti? E se si producono 500 oggetti? [260 €; −220 €]

c] Qual è la differenza fra il costo per produrre 100 oggetti e quello per produrne 101? È normale che questa differenza sia vicina al costo marginale per produrre 100 oggetti? Giustifica la risposta. [259.4 €; sì, perché...]

d] Per quale numero di oggetti il costo è massimo? Per quale numero è minimo? [317; 50]

153 Il profitto giornaliero P in € di una piccola industria in funzione del numero x di oggetti prodotti è dato da $P(x) = 3.8x - 1.2 \cdot 10^{-3}x^2 - 1200$ con $500 \le x \le 2500$

a] Calcola il profitto marginale in funzione di x. $[P'(x) = -2.4 \cdot 10^{-3}x + 3.8]$

b] Per quali valori di x il profitto marginale è positivo e per quali è negativo? [Se $500 \le x < 1583$, allora $P'(x) > 0$; se $1583 < x \le 2500$ allora $P'(x) < 0$]

c] Che conseguenza ha il segno del profitto marginale sulla funzione profitto P?

d] Quanti oggetti dovrebbero essere prodotti ogni giorno per avere massimo profitto [1583]

154 Determina la velocità di variazione del volume di un cubo rispetto al suo lato x. $[3x^2]$

155 Determina la velocità di variazione del volume di una sfera rispetto al suo raggio x. $[4\pi x^2]$

CONTINUITÀ E DERIVABILITÀ

Considera le seguenti funzioni (esercizi 156-162) definite nel loro dominio naturale D. Determina in quali punti di D sono continue e in quali punti sono derivabili.

156 $f(x) = \sin(x)$ [Continua e derivabile su $\mathbb{R}$]

157 $f(x) = x^3 + x + 1$ [Continua e derivabile su $\mathbb{R}$]

158 $f(x) = |3x^3 - 2x^2|$ $\left[\text{Continua su } \mathbb{R}, \text{ non derivabile in } x = \frac{2}{3}\right]$

159 $f(x) = |2x^2 - x| + |x+1|^3$ $\left[\text{Continua su } \mathbb{R}, \text{ non derivabile in } x = 0 \text{ e in } x = \frac{1}{2}\right]$

160 $f(x) = |x^3 + 3x + 4|$ $[\text{Continua su } \mathbb{R}, \text{ non derivabile in } x = -1]$

161 $f(x) = |(4x+1)^3|$ $[\text{Continua e derivabile su } \mathbb{R}]$

162 $f(x) = \dfrac{|x-1|}{x-1}$ $[\text{Continua e derivabile su }]-\infty, 1[\cup]1, +\infty[]$

Determina, se esistono, i valori reali dei parametri *a* e *b* affinché le seguenti funzioni siano derivabili nel loro dominio naturale (esercizi 163-165).

163 $f(x) = \begin{cases} \frac{5}{2}ax + 1, & x \leq 2 \\ \left(3a + \frac{1}{2}\right)x - 3b, & x > 2 \end{cases}$ $\left[a = -1 \text{ e } b = -\frac{1}{3}\right]$

164 $f(x) = \begin{cases} 3ax^2 - 2bx + a, & x \leq 0 \\ 3ax - b + 2, & x > 0 \end{cases}$ $[a = -4 \text{ e } b = 6]$

165 $f(x) = \begin{cases} ax^3 + 2bx^2 + 1, & x \leq 1 \\ 3bx^3 - ax^2, & x > 1 \end{cases}$ $[a = -1 \text{ e } b = -1]$

REGOLE DI DERIVAZIONE

Calcola le derivate delle seguenti funzioni nel loro insieme di derivabilità (esercizi 166-178).

166 $f(x) = \tan(2e^2)$ $[0]$

167 $f(x) = 4\cos^2\left(\frac{x}{2}\right)$ $[-2\sin(x)]$

168 $f(x) = \tan\left(\frac{3x^3}{2}\right)$ $\left[\dfrac{9x^2}{2\cos^2\left(\frac{3x^3}{2}\right)}\right]$

169 $f(x) = \sqrt{\sqrt{\ln(x)}}$ $\left[\dfrac{1}{4x\sqrt[4]{\ln^3(x)}}\right]$

170 $f(x) = x\cos(x)$ $[\cos(x) - x\sin(x)]$

171 $f(x) = (2x - 3x^2)^{15}$ $[15(2-6x)(2x-3x^2)^{14}]$

172 $f(x) = \tan^2(-x^2)$ $\left[\dfrac{4x\sin(x^2)}{\cos^3(x^2)}\right]$

173 $f(x)=\cos(\sqrt{x})$ $\left[\frac{-\sin(\sqrt{x})}{2\sqrt{x}}\right]$

174 $f(x)=\tan(\sin(x))$ $\left[\frac{\cos(x)}{\cos^2(\sin(x))}\right]$

175 $f(x)=\frac{2x-1}{3x+1}$ $\left[\frac{5}{(3x+1)^2}\right]$

176 $f(x)=\frac{2x^2-x+1}{x^2+3x-1}$ $\left[\frac{7x^2-6x-2}{(x^2+3x-1)^2}\right]$

177 $f(x)=\frac{\sin(x)+x}{\cos(x)-x}$ $\left[\frac{1-x\cos(x)+\cos(x)+x\sin(x)+\sin(x)}{(\cos(x)-x)^2}\right]$

178 $f(x)=x^{2x}$ $\left[x^{2x}(2\ln(x)+2)\right]$

CALCOLO DI LIMITI CON L'USO DEL TEOREMA DI DE L'HÔPITAL

Risolvi i seguenti limiti (esercizi 179-190) utilizzando il teorema di de L'Hôpital

179 $\lim_{x\to 0}\frac{e^{2x}-1}{x}$ $[2]$

180 $\lim_{x\to 0}\frac{\ln(2x+1)}{3x}$ $\left[\frac{2}{3}\right]$

181 $\lim_{x\to +\infty}\frac{(x+1)\ln(x)}{x^2}$ $[0]$

182 $\lim_{x\to 0}\frac{e^{x^2}-1}{x}$ $[0]$

183 $\lim_{x\to +\infty}\frac{\ln(x^3)}{x}$ $[0]$

184 $\lim_{x\to 0^+}\frac{\sin(\sqrt{x})}{x}$ $[+\infty]$

185 $\lim_{x\to 9}\frac{\sqrt{x}-3}{x-9}$ $\left[\frac{1}{6}\right]$

186 $\lim_{x\to +\infty}\frac{\sqrt{x}}{\ln(x^5)}$ $[+\infty]$

187 $\lim_{x\to 0}\frac{e^{5x}-1}{x}$ $[5]$

188 $\lim_{x\to 0^+}\frac{e^{2x}-x-1}{3x^2}$ $[+\infty]$

189 $\lim_{x\to 0^+}\frac{e^{2x}-2x-1}{3x^2}$ $\left[\frac{2}{3}\right]$

190 $\lim_{x\to 0}\frac{\sin^2\left(\frac{x}{2}\right)}{x^2}$ $\left[\frac{1}{4}\right]$

PROBLEMI CHE UTILIZZANO IL CALCOLO DELLE DERIVATE

191 La carica elettrica q che attraversa la sezione di un conduttore è espressa, in funzione del tempo t, dalla legge $q(t)=ke^{a-bt}$ dove a è un numero reale positivo e k e b $(b>0)$ sono opportune costanti dimensionate. Determina l'intensità i della corrente in funzione del tempo t. $[i(t)=-kbe^{a-bt}]$

192 Considera un segmento AB e prendi un punto C su di esso. Costrusci due triangoli equilateri di lati rispettivi AC e CB. Quale è la posizione di C su AB che rende minima la somma delle aree dei triangoli equilateri così costruiti? [C è punto medio di AB]

193 Considera un triangolo ABC che ha il lato AB di misura a e l'altezza a esso relativa di misura h. Inscrivi in esso un rettangolo $MNPQ$ in modo tale che il lato MN giaccia su AB. Determina, in funzione di h, la misura del lato NP che rende massima l'area del rettangolo inscritto. $\left[\frac{h}{2}\right]$

194 Dimostra che tra tutti i triangoli isosceli di perimetro assegnato, il triangolo equilatero è quello di area massima.

195 Dimostra che tra tutti i coni circoscritti a una sfera di raggio r quello di volume minimo ha l'altezza che è il quadruplo del raggio della sfera.

196 Inscrivi un triangolo equilatero ABC in una circonferenza di raggio r. Considera il maggiore dei due segmenti circolari individuati dalla corda AB e in tale segmento traccia una corda MN uguale a r. Considera ora il quadrilatero convesso $ABMN$: che tipo di quadrilatero è quello di area massima? [Trapezio isoscele]

197 Considera una semicirconferenza di diametro $AB = 2r$. Sia C il punto medio della semicirconferenza. Traccia una corda DE parallela ad AB in modo tale che il perimetro del poligono convesso $ADCEB$ sia massimo. $[DE = r\sqrt{2}]$

198 Considera l'arco di parabola di equazione $y = 4x - x^2$ appartenente al semipiano delle ordinate positive. Traccia una retta parallela all'asse delle x che intersechi l'arco di parabola in due punti C e D, in modo tale che sia massima l'area del triangolo che ha per vertici i punti C, D e l'origine O del sistema cartesiano. $\left[\text{Un'equazione della retta è } y = \frac{8}{3}\right]$

199 Tra tutti i rettangoli che hanno perimetro assegnato $3k$ determina quello che in una rotazione attorno a un suo lato genera il solido di volume massimo.
[Il lato attorno a cui avviene la rotazione è la metà dell'altro]

STUDI DI FUNZIONE

Studia ciascuna delle seguenti funzioni (esercizi 200-213) disegna il suo grafico e poi verifica la correttezza delle tue risposte aiutandoti con un software grafico.

200 $f(x) = \sqrt[3]{1 - x^3}$

201 $f(x) = x^4 + 5x^3 + 2x^2$

202 $f(x) = \dfrac{2x^2 - 1}{x + 1}$

203 $f(x) = x - \sqrt{x}$

204 $f(x) = \dfrac{2x}{x^2 + 1}$

205 $f(x) = e^{\frac{x}{x+1}} - 1$

206 $f(x) = x + \ln(x)$

207 $f(x) = x + e^x$

208 $f(x) = \dfrac{\sin(x) + 1}{\cos(x) - 1}$

209 $f(x) = \sqrt{1 + \sin(x)}$

210 $f(x) = x - \ln(x)$

211 $f(x) = \ln\left(\dfrac{x}{x + 1}\right)$

212 $f(x) = \dfrac{x}{\sqrt{1 + x^2}}$

213 $f(x) = (x^2 - 1)e^x$

214 Determina un'equazione della cubica il cui grafico ha un massimo relativo in $A(0, 1)$ e un minimo relativo in $B(2, 0)$. Quindi studia la funzione così ottenuta. $\left[f(x) = \frac{1}{4}x^3 - \frac{3}{4}x^2 + 1\right]$

215 Determina un'equazione della cubica il cui grafico ha un minimo relativo in $A(-1, -1)$ e passa per $\left(0, -\frac{4}{9}\right)$ e per $(2, 0)$. Quindi studia la funzione così ottenuta.
$\left[f(x) = -\frac{2}{9}x^3 + \frac{1}{9}x^2 + \frac{8}{9}x - \frac{4}{9}\right]$

216 Determina un'equazione della cubica il cui grafico ha un massimo relativo in $O(0, 0)$, un flesso in $x = \frac{2}{3}$ e passa per $A(1, -1)$. Quindi studia la funzione così ottenuta.
$[f(x) = x^3 - 2x^2]$

217 Determina per quale valore reale del parametro k il grafico della funzione $f(x) = \frac{x^2 - x + k}{x^2 + 2}$ ha un minimo relativo in $x = 1$. Quindi studia la funzione così ottenuta. $\left[k = \frac{3}{2}\right]$

218 Determina per quali valori reali dei parametri h e k il grafico della funzione $f(x) = \frac{x^2 + k}{x + h}$ ha un massimo relativo in $x = -2$ e un minimo relativo in $x = 3$. Quindi studia la funzione così ottenuta. $\left[k = 6 \text{ e } h = -\frac{1}{2}\right]$

219 Determina una formula per la funzione polinomiale di quarto grado sapendo che

a] un suo zero è 0;

b] le rette tangenti al suo grafico in $x = 0$, $x = 1$ e $x = 2$ hanno pendenza nulla;

c] la retta tangente al suo grafico in $x = -1$ ha pendenza uguale a -1.

Quindi studia la funzione così ottenuta. $\left[f(x) = \frac{1}{24}x^4 - \frac{1}{6}x^3 + \frac{1}{6}x^2\right]$

220 Determina per quali valori reali dei parametri a e b il grafico della funzione $f(x) = a\ln^2(x) + b\ln(x)$ ha un minimo relativo nel punto $A\left(\sqrt{e}, -\frac{1}{4}\right)$. Quindi studia la funzione così ottenuta. $[a = 1 \text{ e } b = -1]$
Tratto dal terzo problema assegnato alla maturità PNI sessione ordinaria 2000

CALCOLO DI INTEGRALI INDEFINITI

Calcola i seguenti integrali indefiniti (esercizi 221-247).

221 $\int (x^3 + 7x)\,dx$ $\left[\frac{x^4}{4} + \frac{7x^2}{2} + c\right]$

222 $\int (3x^2 - x^6 - 8)\,dx$ $\left[x^3 - \frac{x^7}{7} - 8x + c\right]$

223 $\int \left(\frac{1}{3}x^2 - 5x^3 - 8x\right)dx + \int (x - 2)\,dx$ $\left[\frac{x^3}{9} - \frac{5x^4}{4} - \frac{7x^2}{2} - 2x + c\right]$

224 $\int (x + \sin(x))\,dx$ $\left[\frac{x^2}{2} - \cos(x) + c\right]$

225 $\int(2x-e^x)\mathrm{d}x$ $[x^2-e^x+c]$

226 $\int(\sqrt{x}-e^x)\mathrm{d}x$ per ogni $x \geq 0$ $\left[\frac{2}{3}x\sqrt{x}-e^x+c\right]$

227 $\int(\sqrt{x}-x^2)\mathrm{d}x$ per ogni $x \geq 0$ $\left[\frac{2}{3}x\sqrt{x}-\frac{x^3}{3}+c\right]$

228 $\int\frac{1}{\sqrt{x^3}}\mathrm{d}x$ per ogni $x > 0$ $\left[\frac{-2}{\sqrt{x}}+c\right]$

229 $\int\frac{x-\sqrt{x}+x^2}{x}\mathrm{d}x$ per ogni $x > 0$ $\left[x-2\sqrt{x}+\frac{x^2}{2}+c\right]$

230 $\int\frac{\sqrt{x}-2\sqrt[3]{x^2}}{x}\mathrm{d}x$ per ogni $x > 0$ $[2\sqrt{x}-3\sqrt[3]{x^2}+c]$

231 $\int\frac{1}{2x^2+1}\mathrm{d}x$ $\left[\frac{1}{\sqrt{2}}\arctan(\sqrt{2}\,x)+c\right]$

232 $\int\frac{1}{2x^2+5}\mathrm{d}x$ $\left[\frac{\sqrt{10}}{10}\arctan\left(\frac{\sqrt{10}}{5}x\right)+c\right]$

233 $\int\frac{1}{\cos^2(x)}\mathrm{d}x$ per ogni x appartenente all'intervallo $\left]0, \frac{\pi}{2}\right[$ $[\tan(x)+c]$

234 $\int(2^x e^x)\mathrm{d}x$ $\left[\frac{(2e)^x}{\ln(2)+1}+c\right]$

235 $\int\frac{1}{\sqrt{5x-2}}\mathrm{d}x$ per ogni x appartenente all'intervallo $\left]\frac{2}{5}, +\infty\right[$ $\left[\frac{2}{5}\sqrt{5x-2}+c\right]$

236 $\int\frac{\sqrt{x}+\ln(x)}{x}\mathrm{d}x$ per ogni $x > 0$ $\left[2\sqrt{x}+\frac{\ln^2(x)}{2}+c\right]$

237 $\int\frac{x^2+1}{x-1}\mathrm{d}x$ per ogni $x > 1$ $\left[\frac{x^2}{2}+x+2\ln(x-1)+c\right]$

238 $\int\frac{x^2+1}{x-1}\mathrm{d}x$ per ogni $x < 1$ $\left[\frac{x^2}{2}+x+2\ln(1-x)+c\right]$

239 $\int\frac{x^2}{x^2+2}\mathrm{d}x$ $\left[x-\sqrt{2}\arctan\frac{x}{\sqrt{2}}+c\right]$

240 $\int\frac{x}{\sqrt{x^2+1}}\mathrm{d}x$ $[\sqrt{x^2+1}+c]$

241 $\int\frac{e^{\frac{1}{x}}}{x^2}\mathrm{d}x$ per ogni $x > 0$ $\left[-e^{\frac{1}{x}}+c\right]$

242 $\int\frac{\sin(\ln(x))}{x}\mathrm{d}x$ per ogni $x > 0$ $[-\cos(\ln(x))+c]$

243 $\int 2x(x^2-5)^4\mathrm{d}x$ $\left[\frac{(x^2-5)^5}{5}+c\right]$

244 $\int(2x-3)(x^2-3x)^6\mathrm{d}x$ $\left[\frac{(x^2-3x)^7}{7}+c\right]$

245 $\int x\cos(3x)\mathrm{d}x$ $\left[\frac{x\sin(3x)}{3}+\frac{\cos(3x)}{9}+c\right]$

246 $\int e^x\sin(x)\mathrm{d}x$ $\left[\frac{e^x(\sin(x)-\cos(x))}{2}+c\right]$

247 $\int x\sin(2x)\mathrm{d}x$ $\left[\frac{-x\cos(2x)}{2}+\frac{\sin(2x)}{4}+c\right]$

Calcola i seguenti integrali definiti (esercizi 248-257).

248 $\int_0^1(x^2-3x+1)\mathrm{d}x$ $\left[-\frac{1}{6}\right]$

249 $\int_{-1}^1(2x^3-4x^2-1)\mathrm{d}x$ $\left[-\frac{14}{3}\right]$

250 $\int_1^2(2\sqrt{x}-4x-1)\mathrm{d}x$ $\left[\frac{8\sqrt{2}}{3}-\frac{25}{3}\right]$

251 $\int_1^3(\ln(x)-x^2)\mathrm{d}x$ $\left[3\ln(3)-\frac{32}{3}\right]$

252 $\int_{-1}^1(e^x-x+2)\mathrm{d}x$ $\left[\frac{e^2+4e-1}{e}\right]$

253 $\int_1^4\frac{1+\sqrt{x}}{x^2}\mathrm{d}x$ $\left[\frac{7}{4}\right]$

254 $\int_2^6(\sqrt{x}-2)\mathrm{d}x$ $\left[4\sqrt{6}-\frac{4\sqrt{2}}{3}-8\right]$

255 $\int_{-\frac{\pi}{3}}^{\frac{\pi}{3}}\tan(x)\mathrm{d}x$ $[0]$

256 $\int_0^{\frac{\pi}{4}}\cos^2(x)\mathrm{d}x$ $\left[\frac{\pi+2}{8}\right]$

257 $\int_0^3\frac{1}{\sqrt{1+x}}\mathrm{d}x$ $[2]$

258 Dal punto $A(2,0)$ di un piano cartesiano Oxy traccia le rette r e s parallele alle bisettrici dei quadranti del piano.
Considera le intersezioni B e C di r e s con il grafico della funzione $f(x)=\sqrt{x}$. Calcola l'area della regione finita di piano delimitata dai segmenti AB, AC e dall'arco BC del grafico di f.
$\left[\frac{13}{6}\right]$

259 Calcola l'area della regione finita di piano delimitata dalle due parabole di equazioni $y = x^2$ e $y = -\frac{1}{4}x^2 + 5$ $\left[\frac{40}{3}\right]$

260 Calcola l'area della regione finita di piano appartenente al primo quadrante e delimitata dalla parabola di equazione $y = -x^2 + 4x + 1$ e dall'iperbole di equazione $xy = 4$ $[12 - 4\ln(4)]$

261 Considera:

- la funzione $f(x) = x^4 - 2x^2 + 1$;
- i due punti A e B di minimo relativo e del punto C di massimo relativo del grafico di f.

Calcola l'area della regione finita di piano delimitata dai due archi AC e BC del grafico di f e dal segmento AB $\left[\frac{16}{15}\right]$

262 Calcola l'area della superficie delimitata dall'asse delle ascisse, dalle rette di equazioni $x = 0$ e $x = 4$ e dal grafico funzione $f(x) = \frac{x^2 + 3x + 3}{x + 1}$ $[\ln(5) + 16 \approx 17.61]$

263 Considera l'area della superficie delimitata dal grafico della funzione $f(x) = 5x - x^2$ dall'asse x e dalle rette di equazione $x = 0$ e $x = a$, con $0 < a < 5$. Determina il valore di a per cui la retta passante per l'origine e per il punto $Q\big(a; f(a)\big)$ divide la superficie considerata in due parti di aree uguali. $\left[\frac{15}{4}\right]$

264 Considera la funzione definita da $f(x) = (2x + 1)e^{-x}$.

a] Calcola l'area della superficie delimitata dal grafico di f, dall'asse x e dalle rette di equazioni $x = 0$ e $x = k$, con $k > 0$. $[3 - e^{-k}(2k + 3)]$

b] Calcola, se esiste, $\int_0^{+\infty} f(x)\mathrm{d}x$. $[3]$

INDICE ANALITICO